图1 容器屈曲外观

图2 厚壁容器脆性断裂外观

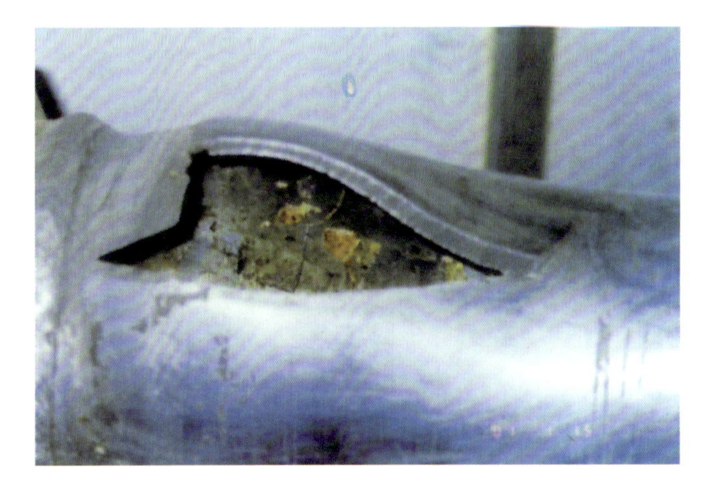

图3 厚壁容器韧性断裂外观

图4 管道泄漏

图5 换热器壳体表面腐蚀失效照片

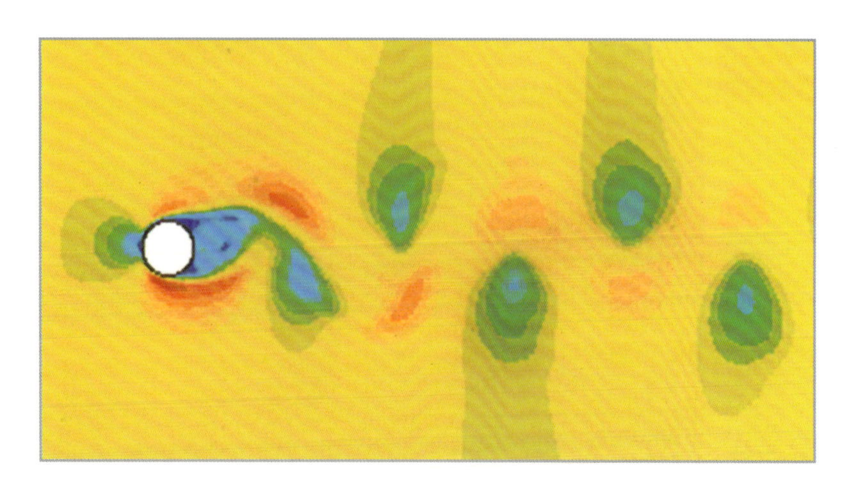

图6 卡门涡街数值模拟照片

教育中国·院士精品系列

"十二五"普通高等教育本科国家级规划教材

教育部国家级一流本科课程建设成果教材

PROCESS
EQUIPMENT
DESIGN

过程设备设计

第五版

郑津洋　桑芝富　主编

化学工业出版社

·北　京·

内容简介

本书在修订过程中仍保留了第4版的编排结构，以及由浅入深、内容丰富、突出基本概念和设计思想的风格，补充和修改了部分内容，更新了相关标准，章前增加了学习意义和学习目标，章中添加了动画、微课等新形态素材。

全书分绪论、压力容器部分和过程设备部分。在绪论中综合介绍过程设备特点、基本要求和设计内涵；压力容器部分包括压力容器结构、应力分析、材料及时间和环境对其性能的影响、设计准则、常规设计、分析设计、疲劳和棘轮分析等；过程设备部分包括储运设备、换热设备、塔设备和反应设备。

本书适合作为“过程装备与控制工程”专业的教材或教学参考资料，也可供其他专业选用和社会读者阅读。

图书在版编目（CIP）数据

过程设备设计 / 郑津洋，桑芝富主编. —5版. —北京：化学工业出版社，2020.11（2023.4重印）

“十二五”普通高等教育本科国家级规划教材　中国石油和化学工业优秀出版物（教材奖）一等奖

ISBN 978-7-122-37974-0

Ⅰ.①过…　Ⅱ.①郑…②桑…　Ⅲ.①化工过程-化工设备-设计-高等学校-教材　Ⅳ.①TQ051.02

中国版本图书馆CIP数据核字（2020）第221143号

责任编辑：丁文璇
责任校对：边　涛
装帧设计：李子姮

出版发行：化学工业出版社
（北京市东城区青年湖南街13号 邮政编码100011）
印　　装：大厂聚鑫印刷有限责任公司
880mm×1230mm　1/16　印张27½　彩插1　字数714千字
2023年4月北京第5版第3次印刷

购书咨询：010－64518888
售后服务：010－64518899
网　　址：http://www.cip.com.cn
凡购买本书，如有缺损质量问题，本社销售中心负责调换。

定　价：79.00元

第一版序

按照国际标准化组织的认定（ISO/DIS 9000：2000），社会经济过程中的全部产品通常分为四类，即硬件产品（hardware）、软件产品（software）、流程性材料产品（processed material）和服务型产品（service）。在新世纪初，世界上各主要发达国家和我国都已把“先进制造技术”列为优先发展的战略性高技术之一。先进制造技术主要是指硬件产品的先进制造技术和流程性材料产品的先进制造技术。所谓“流程性材料”是指以流体（气、液、粉粒体等）形态为主的材料。

过程工业是加工制造流程性材料产品的现代国民经济的支柱产业之一。成套过程装置则是组成过程工业的工作母机群，它通常是由一系列的过程机器和过程设备，按一定的流程方式，用管道、阀门等连接起来的一个独立的密闭连续系统，再配以必要的控制仪表和设备，即能平稳连续地让以流体为主的各种流程性材料在装置内部经历必要的物理化学过程，制造出人们需要的新的流程性材料产品。单元过程设备（如塔、换热器、反应器与储罐等）与单元过程机器（如压缩机、泵与分离机等）二者统称为过程装备。为此，有关涉及流程性材料产品先进制造技术的主要研究发展领域应该包括以下几个方面：①过程原理与技术的创新；②成套装置流程技术的创新；③过程设备与过程机器——过程装备技术的创新；④过程控制技术的创新。于是把过程工业需要实现的最佳技术经济指标：高效、节能、清洁和安全不断推向新的技术水平，确保该产业在国际上的竞争力。

过程装备技术的创新，其关键首先应着重于装备内件技术的创新，而其内件技术的创新又与过程原理和技术的创新以及成套装置工艺流程技术的创新密不可分，它们互为依托，相辅相成。这一切也是流程性产品先进制造技术与一般硬件产品的先进制造技术的重大区别所在。另外，这两类不同的先进制造技术的理论基础也有着重大的区别，前者的理论基础主要是化学、固体力学、流体力学、热力学、机械学、化学工程与工艺学、电工电子学和信息技术科学等，而后者则主要侧重于固体力学、材料与加工学、机械机构学、电工电子学和信息技术科学等。

“过程装备与控制工程”本科专业在新世纪的根本任务是为国民经济培养大批优秀的能够掌握流程性材料产品先进制造技术的高级专业人才。

四年多来，教学指导委员会以邓小平同志提出的“教育要面向现代化，面向世界，面向未来”的思想为指针，在广泛调查研讨的基础上，分析了国内外化工类与机械类高等教育的现状、存在的问题和未来的发展，向教育部提出了把原“化工设备与机械”本科专业改造建设为“过程装备与控制工程”本科专业的总体设想和专业发展规划建议书，于 1998 年 3 月获得教育部的正式批准，设立了“过程装备与控制工程”本科专业。以此为契机，教学指导委员会制订了“高等教育面向 21 世纪‘过程装备与控制工程’本科专业建设与人才培养的总体思路”，要求各院校从转变传统教育思想出发，拓宽专业范围，以培养学生的素质、知识与能力为目标，以发展先进制造技术作为本专业改革发展的出发点，重组课程体系，在加强通用基础理论与实践环节教学的同时，强化专业技术基础理论的教学，削减专业课程的分量，淡化专业技术教学，从而较大幅度地减少总的授课时数，以拓展学生自学、自由探讨和发展的空间，有利于逐步树立本科学生勇于思考与创新的精神。

高质量的教材是培养高素质人才的重要基础，因此组织编写面向21世纪的6种迫切需要的核心课程教材，是专业建设的重要内容。同时，还编写了6种选修课程教材。教学指导委员会明确要求教材作者以“教改”精神为指导，力求新教材从认知规律出发，阐明本课程的基本理论与应用及其现代进展，做到新体系、厚基础、重实践、易自学、引思考。新教材的编写实施主编负责制，主编都经过了投标竞聘，专家择优选定的过程，核心课程教材在完成主审程序后，还增设了审定制度。为确保教材编写质量，在开始编写时，主编、教学指导委员会和化学工业出版社三方面签订了正式出版合同，明确了各自的责、权、利。

“过程装备与控制工程”本科专业的建设将是一项长期的任务，以上所列工作只是一个开端。尽管我们在这套教材中，力求在内容和体系上能够体现创新，注重拓宽基础，强调能力培养，但是由于我们目前对教学改革的研究深度和认识水平所限，必然会有许多不妥之处。为此，恳请广大读者予以批评和指正。

全国高等学校化工类及相关专业教学指导委员会
副主任委员兼化工装备教学指导组组长
大连理工大学　博士生导师
丁信伟　教授
2001年3月于大连

过程装备与控制工程学科的研究方向、趋势和前沿

代序

人类的主要特点是能制造工具，富兰克林曾把人定义为制造工具的动物。通过制造和使用工具，人把自然物变成他的活动器官，从而延伸了他的肢体和感官。人们制造和使用工具，有目的、有计划地改造自然、变革自然，才有了名副其实的生产劳动。

现代人越来越依赖高度机械化、自动化和智能化的产业来创造财富，因此必然要创造出现代化的工业装备和控制系统来满足生产的需要。流程工业是加工制造流程性材料产品的现代国民经济支柱产业之一，必然要求越来越高度机械化、自动化和智能化的过程装备与控制工程。如果说制造工具是原始人与动物区别的最主要标志，那么就可以说，现代过程装备与控制系统是现代人类文明的最主要标志。

工程是人类将现有状态改造成所需状态的实践活动，而工程科学是关于工程实践的科学基础。现代工程科学是自然科学和工程技术的桥梁。工程科学具有宽广的研究领域和学科分支，如机械工程科学、化学工程科学、材料工程科学、信息工程科学、控制工程科学、能源工程科学、冶金工程科学、建筑与土木工程科学、水利工程科学、采矿工程科学和电子 / 电气工程科学等。

现代过程装备与控制工程是工程科学的一个分支，严格地讲它并不能完全归属于上述任何一个研究领域或学科。它是机械、化学、电、能源、信息、材料工程乃至医学、系统学等学科的交叉学科，是在多个大学科发展的基础上交叉、融合而出现的新兴学科分支，也是生产需求牵引、工程科技发展的必然产物。显而易见，过程装备与控制工程学科具有强大的生命力和广阔的发展前景。

学科交叉、融合和用信息化改造传统的“化工设备与机械”学科产生了过程装备与控制工程学科。化工设备与机械专业是在新中国成立初期向苏联学习，在我国几所高校首先设立后发展起来的，半个世纪以来，毕业生几乎一直供不应求，为我国社会主义建设输送了大批优秀工程科技人才。1998 年 3 月教育部应上届教学指导委员会建议正式批准建立了“过程装备与控制工程”学科。这一学科在美欧等国家本科和研究生专业目录上是没有的，在我国已有 60 多所高校开设这一专业，是适合我国国情，具有中国特色的一门新兴交叉学科。其主要特点如下。

（1）过程装备　与生产工艺即加工流程性材料紧密结合，有其独特的过程单元设备和工程技术，如混合工程、反应工程、分离工程及其设备等，与一般机械设备完全不同，有其独特之处。

（2）控制工程　对过程装备及其系统的状态和工况进行监测、控制，以确保生产

工艺有序稳定运行，提高过程装备的可靠度和功能可利用度。

（3）过程装备与控制工程　是指机、电、仪一体化连续的复杂系统，它需要长周期稳定运行；并且系统中的各组成部分（机泵、过程单元设备、管道、阀、监测仪表、计算机系统等）均互相关联、互相作用和互相制约，任何一点发生故障都会影响整个系统；又由于加工的过程材料有些易燃易爆、有毒或是加工要在高温、高压下进行，系统的安全可靠性十分重要。

过程装备与控制工程的上述特点就决定了其学科研究的领域十分宽广，一是要以机电工程为主干与工艺过程密切结合，创新单元工艺装备；二是与信息技术和知识工程密切结合，实现智能监控和机电一体化；三是不仅研究单一的设备和机器，而且更主要的是要研究与过程生产融为一体的机、电、仪连续复杂系统，在工程上就是要设计建造过程工业大型成套装备。因此，要密切关注其他学科的新的发展动向，博采众长、集成创新，把诸多学科最新研究成果之他山之石为我所用；同时要以现代系统论（Systemics）和耗散结构理论为指导，研究本学科过程装备与控制工程复杂系统独特的工程理论，不断创新和发展过程装备与控制工程学科是我们的重要研究方向。

我国科技部和国家自然科学基金委员会在21世纪初发表了《中国基础学科发展报告》，其中分析了世界工程科学研究的发展趋势和前沿，这也为过程装备与控制工程学科的发展指明了方向，值得借鉴和参考。

（1）全生命周期的设计/制造正成为研究的重要发展趋势。由过去单纯考虑正常使用的设计，前后延伸到考虑建造、生产、使用、维修、废弃、回收和再利用在内的全生命周期的综合决策。

过程装备的监测与诊断工程、绿色再制造工程和装备的全寿命周期费用分析、安全和风险评估等正在流程工业开始得到应用。工程科技界已开始移植和借鉴现代医学与疾病作斗争的理论和方法，去研究过程装备故障自愈调控（Fault Self-recovering Regulation），探讨装备医工程（Plant Medical Engineering）理论。

（2）工程科学的研究尺度向两极延伸。过程装备的大型化是多年发展方向，近年来又有向小型化集成化发展的趋势。

（3）广泛的学科交叉、融合，推动了工程科学不断深入、不断精细化，同时也提出了更高的前沿科学问题，尤其是计算机科学和信息技术的发展冲击着每个工程科学领域，影响着学科的基础格局。过程装备与控制工程学科的发展也必须依靠学科交叉和信息化，改变传统的生产观念和生产模式，过程装备复杂系统的监控一体化和数字化是发展的必然趋势。

（4）产品的个性化、多样化和标准化已经成为工程领域竞争力的标志，要求产品更精细、灵巧并满足特殊的功能要求。产品创新和功能扩展 / 强化是工程科学研究的首要目标，柔性制造和快速重组技术在大流程工业中也得到了重视。

（5）先进工艺技术得到前所未有的广泛重视，如精密、高效、短流程、敏捷制造、虚拟制造等先进制造技术对机械、冶金、化工、石油等制造工业产生了重要影响。

（6）可持续发展的战略思想渗透到工程科学的多个方面，表现了人类社会与自然相协调的发展趋势。制造工业和大型工程建设都面临着资源有限和环境破坏等迫切需要解决的难题，从源头控制污染的绿色设计和制造系统为今后发展的主要趋势之一。

众所周知，过程工业是国民经济的支柱产业；是发展经济提高我国国际竞争力的不可缺少的基础；过程工业是提高人民生活水平的基础；过程工业是保障国家安全、打赢现代战争的重要支撑，没有过程工业就没有强大的国防；过程工业是实现经济、社会发展与自然相协调从而实现可持续发展的重要基础和手段。因而，过程装备与控制工程在发展国民经济中的重要地位是显而易见的。

新中国成立以来，特别是改革开放以来，中国的制造业得到蓬勃发展。中国的制造业和装备制造业的工业增加值已居世界第四位，仅次于美国、日本和德国。但中国制造业的劳动生产率远低于发达国家，约为美国的 5.76%、日本的 5.35%、德国的 7.32%。其中最主要原因是技术创新能力十分薄弱，基本上停留在仿制，实现国产化的低层次阶段。从 20 世纪 70 年代末，中国大规模、全方位地引进国外技术和进口国外设备，但没做好引进技术装备的消化、吸收和创新，没有同时加快装备制造业的发展，因此，步入引进—落后—再引进的怪圈。以石油化工设备为例，20 年来，化肥生产企业先后共引进 31 套合成氨装置、26 套尿素装置、47 套磷复肥装置，总计耗资 48 亿美元；乙烯生产企业先后引进 18 套乙烯装置，总计耗资 200 亿美元。因此，要振兴我国的装备制造业，必须变“国际引进型”为“自主集成创新型”，这是历史赋予我们过程装备与控制工程教育和科技工作者的历史重任。过程装备与控制工程学科的发展不仅仅要发表 EI、SCI 文章，而且要十分重视发明专利和标准，也要重视工程实践，实现产、学、研相结合。这样才能为结束我国过程装备“出不去，挡不住”的局面做出应有的贡献。

过程装备与控制工程是应用科学和工程技术，这一学科的发展会立竿见影，直接促进国民经济的发展。过程装备的现代化也会促进机械工程、材料工程、热能动力工程、化学工程、电子 / 电气工程、信息工程等工程技术的发展。我们不能只看到过程装备与控制工程是一个新兴的学科，是博采诸多自然科学学科的成果而综合集成的一项工程科学技术，而忽略了反过来的一面，一个反馈作用，也就是过程装备与控制工程学科也应对自然科学的发展做出应有的贡献。

实际上，早在18世纪末期，自然科学的研究就超出了自然界，从而包括了整个世界，即自然界和人工自然物。过程装备与控制工程属人工自然物，它也理所当然是自然科学研究的对象之一。工程科学能把过程装备与控制工程在工程实践中的宝贵经验和初步理论精练成具有普遍意义的规律，这些工程科学的规律就可能含有自然科学里现在没有的东西。所以对工程科学研究的成果即工程理论加以分析，再加以提高就可能成为自然科学的一部分。钱学森先生曾提出："工程控制论的内容就是完全从实际自动控制技术总结出来的，没有设计和运用控制系统的经验，绝不会有工程控制论。也可以说工程控制论在自然科学中是没有它的祖先的。"因此，对现代过程装备与工程的研究也有可能创造出新的工程理论，为自然科学的发展做出贡献。

过程装备与控制工程学科的发展历史性地落在我们这一代人的肩上，任重道远。我们深信，经过一代又一代人的努力奋斗，过程装备与控制工程这一新兴学科一定会兴旺发达，不但会为国民经济的发展建功立业，而且会为自然科学的发展做出应有的贡献。

高质量的精品教材是培养高素质人才的重要基础，因此编写面向21世纪的迫切需要的过程装备与控制工程"十五"规划教材，是学科建设的重要内容。遵照教育部《关于"十五"期间普通高等教育教材建设与改革的意见》，以邓小平理论为指导，全面贯彻国家的教育方针和科教兴国战略，面向现代化、面向世界、面向未来，充分发挥高等学校在教材建设中的主体作用，在有关教师和教学指导委员会委员的共同努力下，过程装备与控制工程的"十五"规划教材陆续与广大师生和工程科技界读者见面了。这套教材力求反映近年来教学改革成果，适应多样化的教学需要；在选择教材内容和编写体系时注意体现素质教育和创新能力和实践能力的培养，为学生知识、能力、素质协调发展创造条件。在此向所有为这些教材问世付出辛勤劳动的人们表示诚挚的敬意。

教材的建设往往滞后于教学改革的实践，教材的内容很难包含最新的科研成果，这套教材还要在教学和教改实践中不断丰富和完善；由于对教学改革研究深度和认识水平都有限，在这套书中不妥之处在所难免。为此，恳请广大读者予以批评指正。

教育部高等学校机械学科教学指导委员会副主任委员
过程装备与控制工程专业教学指导分委员会主任委员
北京化工大学教授
中国工程院院士
高金吉
2003年5月于北京

前言

本书第一版、第二版和第四版分别荣获“第六届全国石油和化学工业优秀教材一等奖”“第八届全国石油和化学工业优秀教材一等奖”和“2016 年中国石油和化学工业优秀出版物（教材奖）一等奖”，第二版、第三版为普通高等教育“十五”“十一五”国家级规划教材，第四版为“十二五”普通高等教育本科国家级规划教材。本书对应课程曾获浙江省教学成果奖一等奖，亦为首批线下国家级一流本科课程。

自 2015 年本书第四版出版以来，国内外出现了许多与过程设备设计有关的新概念、新观点、新方法、新标准。例如，椭圆形封头、内压圆筒等压力容器典型零部件出现了新的设计方法；2017 年颁布了 GB/T 34019《超高压容器》。因此，有必要对本书第四版进行修订。考虑到本书前四版使用范围较广，修订过程中仍遵循了保持编排结构相对稳定、反映过程设备设计最新成果、展现学科发展前沿的原则。

本书与第四版相比，主要变化为：改写了第 4 章 4.4 节和 4.5 节，丰富了分析设计和疲劳分析内容，增加公式法和弹塑性分析法，更加详细地介绍了应力分类法，更新疲劳设计曲线，增加了棘轮失效评定；章前增加学习意义和学习目标，明确了知识重难点；章中增设二维码，以新形态素材形式提供了微课、动画、拓展案例等资源（获取方式见封底引导）。此外，结合最新的国内外标准，修订了第四版中与现行标准不一致的内容。为配套课程立体化建设，同时上线了“过程设备设计”在线课程及数字教材。

本书由浙江大学郑津洋教授主持修订和统稿工作。参加修订的有浙江大学郑津洋教授［绪论、第 1 章、第 2 章、第 3 章（除 3.3.2.3 节）、第 4 章 4.2 节］、陈志平教授（第 4 章 4.1 节、4.3 节、4.6 节和第 5 章）、刘宝庆教授（第 8 章和附录部分）；郑州大学刘敏珊教授和浙江大学刘宝庆教授（第 6 章）；南京工业大学桑芝富教授、董金善教授、王海峰副教授（第 7 章）；北京化工大学钱才富教授（第 4 章 4.4 节和 4.5 节）；常州大学偶国富教授（第 3 章 3.3.2.3 节）；浙江大学刘宝庆教授、郑津洋教授等（新形态素材建设）。清华大学刘应华教授审阅了第 4 章 4.4 节和 4.5 节。

借此机会，向对本书提出过建设性修改意见的苏义脑院士、王玉明院士、高金吉院士、陈学东院士、涂善东院士、陈钢、宋继红、寿比南、高继轩、王晓雷、李军、张建荣、郝刚、黄强华、徐峰、丁信伟、朱国辉、李培宁、王志文、陆明万、程光旭、李志义、王冰、巩建鸣、刘应华、向志海、陈旭、薛明德、孙国有、陈志伟、高增梁、轩福贞、范志超、王威强等，以及参加过本书前四版编写工作的董其伍、林兴华、魏新利、卓震、徐思浩、秦叔经、王非等老师，深表谢意。浙江大学余婷、陈琪、张子璇、陈伟锋、刘亚宇在本书校对、新形态素材建设方面付出了辛勤劳动，特此致谢。

限于编者水平，虽经努力，修改后的教材恐仍有不妥之处，敬请读者批评指正。

编 者

2020.9

第一版前言

为适应专业调整和学科发展的要求，1998年5月浙江大学、郑州大学、南京化工大学、北京化工大学和江苏石油化工学院决定编写教材《过程设备设计》，并于1998年12月提出编写大纲初稿。经竞标，于1999年被“全国高等学校化工类及相关专业教学指导委员会化工装备教学指导组”列入“过程装备与控制工程”专业核心课教材。在研究教学指导组关于教材建设意见、吸收国内外相关教材和著作优点、广泛征求国内外同行专家教授意见和建议、收集最新资料的基础上，以减少学时、加强基础、拓宽知识面、增强适应性、展示学科发展趋势为目标，经过三年时间的努力，完成了本书的编写工作。本书是著作者们长期从事过程设备教学、课程改革和科学研究的结晶，也是教育部21世纪初高等教育教学改革项目“过程装备与控制工程人才培养方案研究与实践”的一项重要研究成果。

本书的主要特点体现在以下几个方面。

1. 通过精选、贯通、融合和相互渗透，对编排结构进行了创新处理。全书分绪论、压力容器部分和过程设备部分。在绪论中综合介绍过程设备特点、基本要求和设计内涵；压力容器部分以防止失效、确保安全经济可靠运行为主线，以结构分析、应力分析、材料在载荷和环境作用下的性能为重点，从失效方式、失效判据和设计准则中派生出常规设计、分析设计、疲劳设计等不同设计理念与方法；过程设备部分突出结构对功能的影响，重点介绍各种结构的演变。

2. 在内容取舍和表达上有所创新，反映了学科的最新发展趋势，具有一定的前瞻性。本书精简了在有限篇幅中难以讲透或学生难以理解或实际工作中不易遇到的部分经典内容，如法兰、管板、膨胀节的应力分析，有力矩理论的推导，高压和超高压容器设计等。与此同时，本书还结合学科的发展以及New Jersey Institute of Technology、University of Waterloo等国外部分高校相关课程的教学内容，充实了一些必要的或新的内容，如焊接接头基本知识、环境和时间对材料性能的影响、过程设备设计文件、失效判据和设计准则、安全附件、球罐和余热锅炉结构、生物反应器结构特点、中英文名词术语对照等，并精心设计了插图。

3. 注重培养学生解决工程实际问题的能力。本书在介绍压力容器应力分析时，注意理论表达深度，以力学模型建立、应力求解思路、应力分布特点和工程意义为重点，把一些复杂的推导通过指出参考文献留给学生自学；在附录中除给出钢制压力容器常用标准和材料外，还结合工程设计实例介绍过程设备图的表达特点；采用最新的中国、美国、欧盟和日本相关规范、标准，不简单罗列规范、标准中的公式，注重介绍规范制定的理论依据和适用范围；介绍制造工艺（塑性变形、焊接、热处理）和环境（温度、介质、载荷特性）对材料性能的影响，以便在设计阶段对材料或设备使用提出更深层次的要求。

4. 重视学生在学习活动中的主体地位，不将学生单纯视为传授知识的对象，注重他们的自主学习精神，给他们留下思考的空间。为此本书在编写过程中做了如下处理：提供了相当数量的思考题和习题；列出了经过精选的参考文献；在有些内容的表达上，不求面面俱到，而是突出重点，点到为止，列出参考文献，如螺栓法兰连接设计新方法、大开孔补强、破损安全设计、先漏后破设计、流体诱导振动等，使学生有问题可思考，有问题可研究。

本书由郑津洋教授、董其伍教授、桑芝富教授主编；大连理工大学丁信伟教授主审；华东理工大学蔡仁良教授审定。郑津洋教授负责全书统稿和修改工作。参加编写的有浙江大学郑津洋教授（序、绪论、附录A、附录C、附录D）、林兴华教授（第8章）、陈志平副教授（第1章和第4章第1、2、3节）、叶德潜副教授（附录B）；郑州大学董其伍教授（第2章第1至第4节），刘敏珊教授（第6章）、魏新利教授（第4章第6节）；南京化工大学桑芝富教授（第7章）、徐思浩副教授（第2章第5节、第3章）；北京化工大学钱才富教授（第4章第4、5节）；江苏石油化工学院卓震教授（第5章）。

国内兄弟院校的戴树和教授、贺匡国教授、朱国辉教授、柳曾典教授、王志文教授、张康达教授、聂清德教授、黄载生教授、蒋家羚教授、王宽福教授、陈柏暖教授、方善如教授、冯兴奎教授、涂善东教授、黄振仁教授、黄卫星教授、张石铭教授、胡家顺教授、王祖荫教授，Oak Ridge National Laboratory 的 Rusi P. Taleyarkhan 博士、Seokho Kim 博士，以及 ASME Boiler & Pressure Vessel Committee 的 Sam Y. Zamrik 教授和 Mark Sheehan 博士等专家教授对本书大纲进行了认真评审，在充分肯定的同时，提出了许多建设性意见；在统稿过程中，主审丁信伟教授和审定蔡仁良教授，对书稿提出了详尽而中肯的意见，对书稿质量的提高起到了很大的作用；孙国有副教授、蒋家羚教授、叶德潜副教授、沈祖凤副教授、徐平副教授、俞群高级工程师和张炯祥高级工程师等对书稿提出了许多中肯的意见；黄冰、刘育明、苏文献、李晓红、刘爱萍等同学在本书制图、校对等方面付出了辛勤劳动，在此一并表示衷心的感谢。

限于水平，虽经努力，书中不妥甚至错误之处在所难免，敬请读者指正。

编　者

2001.4

第二版前言

自2001年8月出版以来，本书受到了广大教师和学生的欢迎，荣获“第六届全国石油和化学工业优秀教材一等奖”，被列入普通高等教育“十五”国家级规划教材，并得到教育部“新世纪优秀人才支持计划”的支持。

近几年来，国内外过程设备的研究、开发和标准化工作有了较大的发展，有必要对本书第一版进行修订。考虑到本书第一版使用范围较广，修订过程中遵循了保持编排结构相对稳定、反映过程设备设计最新发展趋势、展现学科发展前沿的原则。

本书仍由郑津洋教授、董其伍教授和桑芝富教授主编；大连理工大学丁信伟教授主审；华东理工大学蔡仁良教授审定。浙江大学郑津洋教授主持修订和统稿工作。参加修订的有浙江大学郑津洋教授［绪论、第1章、第3章、第4章（除4.2.5节）、第5章、第8章，以及附录A、附录C、附录D和附录E］、叶德潜副教授（附录B）；郑州大学董其伍教授和刘敏珊教授（第2章、第6章）；南京工业大学桑芝富教授（第7章）；华东理工大学蔡仁良教授（4.2.5节）。

使用过本书第一版的广大教师陆续提出过许多建设性的修改意见；全国锅炉压力容器标准化委员会寿比南，国家质量监督检验检疫总局特种设备局宋继红、高继轩和张建荣，浙江省特种设备检验中心马夏康等专家也对本书的修订提出了许多有益的建议。为此，我们非常珍视，谨此致谢。借此机会，还向参加过本书第一版编写工作的钱才富、林兴华、魏新利、卓震、陈志平、徐思浩等老师，深表谢意。

限于编者水平，虽经努力，修改后的教材恐仍有不妥甚至错误之处，敬请读者批评指正。

编　者

2005. 3

第三版前言

本书第一版和第二版分别荣获“第六届全国石油和化学工业优秀教材一等奖”和“第八届全国石油和化学工业优秀教材一等奖”，第二版为普通高等教育“十五”国家级规划教材，本版为普通高等教育“十一五”国家级规划教材，并得到教育部“新世纪优秀人才支持计划”和浙江省新世纪高等教育教学改革项目“基于提高学生实践能力的过控专业教材和虚拟实验室建设”的支持。

考虑到本书前两版使用范围较广，在修订过程中遵循了保持编排结构相对稳定、反映过程设备设计最新成果、展现学科发展前沿的原则；同时也介绍了由于近几年来，具有极端尺度或者在极端条件下工作的过程设备日趋增加，材料、设计、制造、检测、运输和安装等方面的新难题不断出现，过程设备制造、使用过程中节能降耗的绿色环保要求越来越高，出现的许多与过程设备设计有关的新概念、新观点、新方法和新标准。

本书由郑津洋、董其伍和桑芝富主编；大连理工大学丁信伟教授主审；华东理工大学蔡仁良教授审定。浙江大学郑津洋教授主持修订和统稿工作。参加修订工作的有浙江大学郑津洋教授（绪论、第1章、第4章4.2节和4.6节，以及附录A、附录C、附录D和附录E）、陈志平教授［4.1节、4.3节（除4.3.4）、第5章］、叶德潜副教授（附录B）；浙江大学杨健副教授和杭州杭氧股份有限公司张淑文高工（第8章）；郑州大学董其伍教授和刘敏珊教授（第2章、第6章）；南京工业大学桑芝富教授（第7章）；北京化工大学钱才富教授和浙江大学郑津洋教授（4.4节、4.5节）；辽宁省石油化工规划设计院王非教授级高工［第3章（除3.3节中的流动腐蚀部分）］；全国化工设备设计技术中心站秦叔经教授级高工（4.3.4节）；浙江理工大学偶国富教授（3.3节中的流动腐蚀部分）。

借此机会，向对本书提出过建设性修改意见的苏义脑院士、王玉明院士、高金吉院士、陈钢、宋继红、高继轩、王晓雷、李军、张建荣、黄强华、陈学东、涂善东、寿比南、朱国辉、李培宁、王志文、潘家祯等，以及参加过本书前两版编写工作的林兴华、魏新利、卓震、徐思浩等，深表谢意。全国锅炉压力容器标准化技术委员会陈志伟、中国五环化学工程公司王荣贵及浙江大学刘鹏飞、叶建军、唐萍、师俊、石丽娜等在本书制图、校对方面付出了辛勤劳动，特此致谢。

限于编者水平，虽经努力，修改后的教材恐仍有不妥甚至错误之处，敬请读者批评指正。

编　者

2010.3

第四版前言

本书第一版和第二版分别荣获"第六届全国石油和化学工业优秀教材一等奖"和"第八届全国石油和化学工业优秀教材一等奖"，第二版和第三版分别为普通高等教育"十五"和"十一五"国家级规划教材，本版为"十二五"普通高等教育本科国家级规划教材。

自 2010 年本书第三版出版以来，国内外出现了许多与过程设备设计有关的新概念、新观点、新方法、新结构和新法规标准。例如，凸形封头、外压圆筒等压力容器典型零部件出现了新的设计方法；非焊接大容积瓶式压力容器等特殊结构储存容器的使用量越来越大；在法规标准方面，2013 年 6 月颁布了《中华人民共和国特种设备法》，2011 年颁布了 GB 150—2011《压力容器》。因此，有必要对本书第三版进行修订。考虑到本书前三版使用范围较广，修订过程中仍遵循了保持编排结构相对稳定、反映过程设备设计最新成果、展现学科发展前沿的原则。

本书与第三版相比，改写了 1.3 节，特种设备法规体系由原来的四个层次变为五个层次；2.5 节改为"壳体屈曲分析"，简化了长圆筒临界压力公式的推导；第 3 章增加了钢材常用的本构模型，更新了与氢脆相关的内容；改写了 4.2.1 节和 4.3.4 节，简要介绍了基于失效模式设计；5.4 节中增加"长管拖车"；第 7 章更新了风载荷、地震载荷的计算。此外，结合最新的国内外标准，修订了第三版中与现行标准不一致的内容。

本书由浙江大学郑津洋教授主持修订和统稿工作。参加修订工作的有浙江大学郑津洋教授［绪论、第 1 章、第 2 章（除 2.5 节）、第 4 章 4.6 节，附录 A、附录 B 和附录 D］、陈志平教授［第 4 章 4.1 节、4.3 节（除 4.3.4 节）、4.5 节和第 5 章］、杨健副教授（第 8 章）；郑州大学刘敏珊教授和浙江大学郑津洋教授（第 6 章）；南京工业大学桑芝富教授和浙江大学郑津洋教授（第 7 章）；北京化工大学钱才富教授和浙江大学郑津洋教授（第 4 章 4.2 节）；中国天辰工程有限公司曲建平教授级高工和浙江大学郑津洋教授（第 3 章）；华东理工大学蔡仁良教授（4.3.4 节）；浙江工业大学高增梁教授和陈冰冰副教授（2.5 节）。

借此机会，向对本书提出过建设性修改意见的苏义脑院士、王玉明院士、高金吉院士、陈学东院士、陈钢、宋继红、涂善东、寿比南、高继轩、贾国栋、王晓雷、李军、张建荣、郝刚、黄强华、徐峰、丁信伟、朱国辉、李培宁、王志文、薛明德、陆明万、刘应华、陈旭、向志海、谢铁军、杨国义、陈朝晖、孙国有、刘鹏飞等，以及参加过本书前三版编写工作的董其伍、林兴华、魏新利、卓震、徐思浩、偶国富、秦叔经、王非等老师，深表谢意。浙江大学惠培子、周方浩、余泽超、伍柯霖、蔡建成、彭彪，以及全国锅炉压力容器标准化技术委员会陈志伟、浙江金盾压力容器有限公司尹谢平等在本书制图、校对方面付出了辛勤劳动，特此致谢。

限于编者水平，虽经努力，修改后的教材恐仍有不妥甚至错误之处，敬请读者批评指正。

编　者

2015.3

绪 论

学习意义

过程设备应用十分广泛，不但是能源、化工、炼油、交通、食品、制药、冶金等传统领域不可或缺的关键设备，还在国防、宇航、海洋工程等高新技术领域发挥着关键作用。学习过程设备的应用、特点、基本要求、设计步骤，有助于了解过程设备在国民经济和社会发展中的地位，理解过程设备的特殊性。

学习目标

○ 了解过程设备在国民经济和社会发展中的地位与作用；
○ 掌握过程设备的特点、基本要求、设计理论和步骤；
○ 树立安全与经济并重的工程设计观，并将其贯穿于过程设备设计的全过程。

从原材料到产品，要经过一系列物理的、化学的或者生物的加工处理步骤，这一系列加工处理步骤称为过程。过程需要由设备来完成物料的粉碎、混合、储存、分离、传热、反应等操作。例如，流体输送过程需要有泵、压缩机、管道、储罐等设备。过程设备必须满足过程的要求。设备的新设计、新材料和新制造技术是在过程的要求下发展起来的，没有相应的设备，过程也就无法实现。

过程设备设计是根据产品在全寿命周期内的功能和市场竞争（性能、质量、成本等）要求，综合考虑环境要求和资源利用率，运用工艺、机械、控制、力学、材料，以及美学、经济学等知识，经过设计师的创造性劳动，制定可用于制造的技术文件。

本课程主要介绍流体储运、传热、传质和反应设备的一般设计方法，是一门涉及多门学科、综合性很强的课程。

（1）过程设备的应用

过程设备在生产技术领域中的应用十分广泛，是化工、炼油、轻工、交通、食品、制药、冶金、纺织、城建、海洋工程等传统部门所必需的关键设备。一些高新技术领域，如航空航天技术、先进能源技术、先进防御技术等，也离不开过程设备。现举几个典型例子如下。

① 加氢反应器　加氢反应是现代石油炼制工艺中最重要的转化过程之一，无论是加氢精制还是加氢裂化，都得到了广泛应用。例如，石油的加氢精制是将品质低劣的油品，在一定温度（200～450℃）、压力和氢气存在的条件下，通过催化剂床层，将非烃化合物中的 S、N、O 转化为易于除去的 H_2S、NH_3 和 H_2O，使不安定的烯烃，特别是二烯烃和某些稠环芳烃饱和，从而改善油品的性能。加氢反应器是加氢过程的关键设备。

② 储氢容器　氢气是一种清洁、可储存、可循环、可持续的能源。液态氢已被用作新型火箭发动机、人造卫星和宇宙飞船中的液态燃料。这种液态燃料必须储存在深冷容器中。例如液氢 - 液氧火箭发动机推力测试时，需要有液氢和液氧深冷高压容器，其中液氢高压容器的设计压力达 40MPa，设计温度为 −253℃。高压气态氢是现阶段氢能汽车的主导储氢方式。车载高压氢气瓶的公称工作压力通常为 35MPa 或 70MPa。加氢站用储氢容器的压力达到 98MPa。

③ 超高压食品杀菌釜　为避免因加热而破坏食品的风味和营养，保持食品的色、香、味，出现了一种新的食品杀菌技术——超高压食品杀菌。其大致过程是先将食品充填到柔软的塑料容器之中，再放到工作压力为 150～700MPa 的压力容器中，在常温下保压一段时间，然后卸压取出食品，以达到灭菌、延长保存期的目的。

④ 核反应堆　核能发电是利用原子核裂变反应释放的能量来发电的，其大致过程为：在反应堆工作时放出的热量，由冷却剂带到蒸发器，加热流过蒸发器内的水产生的饱和蒸汽带动汽轮机发电。可见，反应堆是核电站的核心设备。压水堆和沸水堆都利用水做冷却剂，是广泛使用的反应堆。为使水加热到 300～330℃的高温也不会沸腾，压水堆需要在 12.2～16.2MPa 高压下工作。沸水堆允许产生蒸汽，工作压力较低，一般在 7.2MPa 左右。

⑤ 超临界流体萃取装置　超临界流体萃取是一种新型的分离技术，具有无污染、能耗低、可在常温下分离等优点，特别适用于提取和分离难挥发和热敏性物质，在食品、化工、医药等领域有广阔的应用前景。超临界流体萃取过程由萃取和分离组合而成。萃取阶段，在一定的温度和压力下，超临界气体将所需组分从原料中提取出来；分离阶段，则通过改变温度、压力或采用其他方法，使萃取组分从超临界气体中分离出来，并回收气体供循环使用。在萃取和分离过程中，需要萃取釜、换热器、分离器等设备。

此外，许多军工产品也属于过程设备。例如潜艇的外壳就是一个承受外压作用的容器。日本于 1988 年研制成功的潜深为 6000m 的深海潜艇，其耐压舱为一壁厚 70mm 的钛合金制球形壳体。

（2）过程设备的特点

随着科学技术的发展，过程设备向多功能、大型化、成套化和轻量化方向发展，呈现出以下特点。

① 功能原理多种多样　过程设备的用途、介质特性、操作条件、安装位置和生产能力千差万别，往往要根据功能、使用寿命、质量、环境保护等要求，采用不同的工作原理、材料、结构和制造工艺单独设计，因而过程设备的功能原理多种多样，是典型的非标准设备。例如，传热设备的传热过程可以是传导、对流和辐射中的任一种；搅拌设备中，有的搅拌轴用电动机驱动，有的用磁力带动。

② 化机电一体化　新设备是新工艺的摇篮。为使过程设备高效、安全地运行，需要控制物料的流量、温度、压力、停留时间等参数，检测设备的安全状况。化机电一体化是过程设备的一个重要特点。

③ 外壳一般为压力容器　过程设备通常是在一定温度和压力下工作的，虽然形式繁多，但是一般都由限制其工作空间且能承受一定压力的外壳和各种各样的内件组成。这种能承受压力的外壳就是压力容器。

压力容器往往在高温、高压、低温、高真空、强腐蚀等苛刻条件下工作，是一种具有潜在泄漏、爆炸危险的特种设备。例如，氨合成塔工作时承受高温、高压的作用，尿素合成塔在高压腐蚀条件下工作。由于设计寿命较长，在使用期间，除受到压力、重量等静载荷作用外，还可能受风载荷、地震载荷、冲击载荷等动载荷的作用。

由于选材不当、材料误用、材料缺陷、材质劣化、介质腐蚀、制造缺陷、设计失误、缺陷漏检、操作不当、意外操作条件、难以控制的环境等原因，压力容器比较容易发生事故。国内外每年都有过程设备爆炸和泄漏事故发生，造成人员伤亡、企业停产、财产损坏和环境污染。连续生产的现代化企业，技术和资金密集，过程设备失效会导致全线停产，损失就更大了。

弗里次 · 哈伯简介

为确保压力容器安全运行，许多国家都结合本国的国情制定了强制性或推荐性的压力容器规范标准，如中国的 GB/T 150《压力容器》、JB/T 4732《钢制压力容器——分析设计标准》、NB/T 47003.1《钢制焊接常压容器》和技术法规 TSG 21《固定式压力容器安全技术监察规程》等，对其材料、设计、制造、安装、使用、检验和修理改造提出相应的要求。

（3）过程设备的基本要求

① 安全可靠　为保证过程设备安全可靠地运行，过程设备应具有足够的能力来承受设计寿命内可能遇到的各种载荷。影响过程设备安全可靠性的因素主要有：材料的强度、韧性和与介质的相容性；设备的刚度、抗屈曲能力和密封性能。

ⅰ. 材料的强度高、韧性好。材料强度是指载荷作用下材料抵抗永久变形和断裂的能力。屈服强度和抗拉强度是钢材常用的强度判据。过程设备是由各种材料制造而成的，其安全性与材料强度紧密相关。在相同设计条件下，提高材料强度，可以增大许用应力，减薄过程设备的壁厚，减轻重量，简化制造、安装和运输，从而降低成本，提高综合经济性。对于大型过程设备，采用高强度材料的效果尤为显著。但是，除材料强度外，过程设备强度还与结构、制造质量等因素有关。

过程设备各零部件的强度并不相同，整体强度往往取决于强度最弱的零部件的强度。使过程设备各零部件的强度相等，即采用等强度设计，可以充分利用材料的强度，节省材料，减轻重量。

韧性是指材料断裂前吸收变形能量的能力。由于原材料、制造（特别是焊接）和使用（如疲劳、应力腐蚀）等方面的原因，过程设备常带有各种各样的缺陷，如裂纹、气孔、夹渣等。研究表明，并不是所有缺陷都会危及过程设备的安全运行，只有当缺陷尺寸达到某一临界尺寸时，才会发生快速扩展而导致过程设备破坏。临界尺寸与缺陷所在处的应力水平、材料韧性以及缺陷的形状和方向等因素有关，它随着材料韧性的提高而增大。材料韧性越好，临界尺寸越大，过程设备对缺陷就越不敏感；反之，在载荷作用下，很小的缺陷就有可能快速扩展而导致过程设备破坏。因此，材料韧性是过程设备材料的一个重要指标。

材料韧性一般随着材料强度的提高而降低。在选择材料时，应特别注意材料强度和韧性的合理匹配。在满足强度要求的前提下，尽可能选用高韧性材料。过分追求强度而忽略韧性是非常危险的。国内外曾发生多起因韧性不足引起的过程设备爆炸事故。

除强度外，环境也会影响材料韧性。低温、受中子辐照或在高温高压临氢条件下工作，都会降低材料韧性，使材料脆化。掌握材料性能随环境的变化规律，防止材料脆化或将其限制在许可范围内，是提高过程设备可靠性的有效措施之一。

ⅱ. 材料与介质相容。过程设备的介质往往是腐蚀性强的酸、碱、盐。材料被腐蚀后，不仅会导致壁厚减薄，而且有可能改变其组织和性能。因此，材料必须与介质相容。

ⅲ. 结构有足够的刚度和抗屈曲能力。刚度是过程设备在载荷作用下保持原有形状的能力。刚度不足是过程设备过度变形的主要原因之一。例如，螺栓、法兰和垫片组成的连接结构，若法兰因刚度不足而发生过度变形，将导致密封失效而泄漏。

屈曲是过程设备常见的失效形式之一。过程设备应有足够的抗屈曲能力。例如，在真空下工作和承受外压的过程设备，若壳体厚度不够或外压太大，将引起屈曲破坏。

ⅳ. 密封性能好。密封性是指过程设备防止介质或空气泄漏的能力。过程设备的泄漏可分为内泄漏和外泄漏。内泄漏是指过程设备内部各腔体间的泄漏，如管壳式换热器中，管程介质通过管板泄漏至壳程。这种泄漏轻者会引起产品污染，重者会引起爆炸事故。外泄漏是指介质通过可拆接头或者穿透性缺陷泄漏到周围环境中，或空气漏入过程设备内的泄漏。过程设备内的介质往往具有危害性，外泄漏不仅有可能引起中毒、燃烧和爆炸等事故，而且会造成环境污染。因此，密封是过程设备安全操作的必要条件。

② 满足过程要求　主要有功能要求和寿命要求。

ⅰ. 功能要求。过程设备都有一定的功能要求，以满足生产的需要，如储罐的储存量、换热器的传热量和压力降、反应器的反应速率等。功能要求得不到满足，会影响整个过程的生产效率，造成经济损失。

ⅱ. 寿命要求。过程设备还有寿命要求。例如，在石油化工行业中，一般要求高压容器的使用年限不少于 20 年；塔设备和反应设备不少于 15 年。腐蚀、疲劳、蠕变是影响过程设备寿命的主要因素。设计时应综合考虑温度和压力的高低及波动情况、介质的腐蚀性、环境对材料性能的影响、流体与结构的相互作用，采取有效措施，确保过程设备在设计寿命内安全可靠地运行。

③ 综合经济性好　综合经济性是衡量过程设备优劣的重要指标。如果综合经济性差，过程设备就缺乏市场竞争力，最终被淘汰，即发生经济失效。过程设备的综合经济性主要体现在以下几个方面。

ⅰ. 生产效率高、消耗低。过程设备常用单位时间内单位容积（或面积）处理物料或所得产品的数量来衡量其生产效率。如换热器在单位时间单位容积内的传热量、反应器在单位时间单位容积内的产品数量等。低耗包括两层含义：一是指降低过程设备制造过程中的资源消耗，如原材料、能耗等；二是指降低过程设备使用过程中生产单位质量或体积产品所需的资源消耗。

工艺流程和结构形式都对过程设备经济性有显著影响。由于工艺流程或催化剂等反应条件的不同，反应设备的生产效率和能耗相差很大。相同工艺流程、相同外壳结构的塔设备，若采用不同的内件，如塔板、液体分布器、填料等，其传质效率相差很大。从工艺、结构两方面综合考虑，可以提高过程设备的生产效率，降低消耗。

ⅱ. 结构合理、制造简便。结构紧凑，充分利用材料的性能，尽量避免采用复杂或质量难以保证的制造方法，实现机械化或自动化生产，减轻劳动强度，减少占地面积，缩短制造周期，降低制造成本。

ⅲ. 易于运输和安装。过程设备往往先在车间内制造，再运至使用单位安装。对于中、小型过程设备，运输和安装较为方便。然而，对于大型设备，尺寸和质量都很大，有的质量超过 1000t，必须考虑运输的可能性与安装的方便性，如轮船、火车、汽车等运输工具的运载能力和空间大小、码头的深度、桥梁和路面的承载能力、隧道的尺寸、吊装设备的吨位和吊装方法等。

为解决运输中存在的问题，一些高、大、重的过程设备，往往先在车间内加工好部分或全部零部件，再到现场组装和检验。例如，大型球罐制造时，一般先在车间内压制球瓣，再到现场将球瓣拼焊成球罐。

④ 易于操作、维护和控制　主要有以下几方面。

ⅰ. 操作简单。误操作时可发出报警信号，甚至防止误操作。如需要频繁开关盖的压力容器，在卸压未尽或带压下打开，以及端盖未完全闭合前升压，是酿成事故的主要原因之一。若在这种压力容器中设置安全联锁装置，使之在端盖未完全闭合前，容器内不能升压；在压力未完全泄放前，端盖无法松开，这样就可以防止误操作造成事故。

ⅱ.可维护性（maintainability）和可修理性（reparability）好。过程设备通常需要定期检验安全状态、更换易损零部件、清洗易结垢表面，在结构设计时应充分考虑这方面的要求，使之便于清洗、装拆和检修。

ⅲ.便于控制。带有测量、报警和自动调节装置，能手动或自动检测流量、温度、压力、浓度、液位等状态参数，防止超温、超压和异常振动、噪声，适应操作条件的波动。

对于失效危害特别严重的过程设备，往往需要实时监控其安全状态，如利用红外技术实时监测设备温度变化情况、声发射技术实时监控裂纹类缺陷的扩展动态等。根据检测结果、自动判断过程设备的安全状态，必要时自动采取有效措施，避免事故的发生。

⑤ 优良的环境性能　随着社会的进步，人们的环保意识日益加强，产品的竞争趋向国际化，过程设备失效的外延也在不断扩大，它不仅仅是指爆炸、泄漏、生产效率降低等功能失效，还应包括环境失效。如有害物质泄漏至环境中、噪声、设备服役期满后无法清除有害物质、无法翻新或循环利用等也应作为设计考虑的因素。

有害物质的泄漏是过程设备污染环境的主要因素之一。例如，埋地储罐内有害物质的泄漏会污染地下水；化工厂地面设备的跑、冒、滴、漏会污染空气和水。泄漏检测是发现泄漏源、控制有害物质浓度和保护环境的有效措施。有的发达国家已制定出强制性的规范标准，要求一些过程设备必须设有在线泄漏检测装置。

上述要求很难全部满足，设计时应针对具体情况具体分析，满足主要要求，兼顾次要要求。

（4）过程设备设计概述

设计是过程设备研制的第一道工序，设计工作的质量和水平，对产品的质量、性能、研制周期和经济效益往往起着决定性的作用。

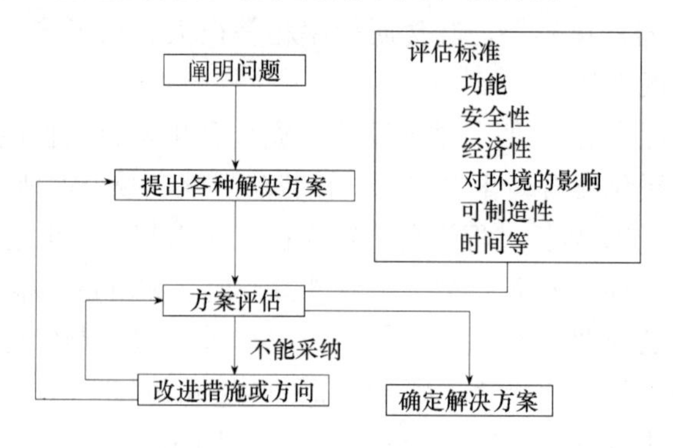

图 0-1　设计常用的决策过程

① 基本设计步骤　过程设备设计一般要经历以下几个阶段：需求分析、目标界定、总体结构设计、零部件结构设计、参数设计和设计实施等，是一个不断决策的过程。在总体结构设计、零部件结构设计和参数设计中都要反复应用图 0-1 所示的决策过程。显然，可供评估的方案越多、评估体系越完善，最终确定的设计方案就越理想。成功的过程设备设计最终必须综合平衡产品性能、

成本和环境这三个方面的设计要求。

ⅰ.需求分析和目标界定。设计的第一步就是认识需求，并由此决定是否要设计一种过程设备来满足它。认识需求有时是一种有很高创造性的活动。明确需求后，就要确定过程设备开发的目的和范围，明确用户对产品质量、供货时间、价格的要求，限定满足需求的一些特殊的技术要求和特性。

ⅱ.总体结构设计。总体结构设计的任务是确定过程设备的工作原理、总体布局和零部件之间的相互关系，它对过程设备的效率、安全性、可靠性、可制造性等有显著的影响，有时甚至起到决定性的作用。

总体结构设计时，常常根据设计要求，将过程设备功能逐步分解，直至零部件。例如，压力容器可分解为筒体、封头、支座、开孔接管、密封装置、安全附件等，筒体和封头的作用是提供所需的承压空间；密封装置的作用是便于内件的装拆和检修以及容器内表面的检测；支座用于支承压力容器；安全附件主要是防止压力容器超压、超温；开孔接管主要用于物料进出、提供检查和控制件接口。密封装置又可分解为密封件和承力件，密封件的作用是通过变形堵塞泄漏通道；承力件主要用于提供初始密封所需的预紧力，承受压力、温度等载荷产生的作用力。在功能分解过程中，可以得到子结构的各种设计方案。设计师应对这些设计方案进行认真评估，直至找到满意的方案。

ⅲ.零部件结构设计。过程设备是由零部件组成的。零部件结构设计时，先要确认其必要性，检查其作用能否由其他零部件来代替，以尽可能减少零部件数量，选择材料类别，再根据其作用确定结构形式，并画出草图。

材料类别一般包括金属、塑料、橡胶、陶瓷、玻璃和复合材料六大类。在零部件结构设计阶段，一般只确定材料类别，而不涉及具体的材料规格。因为不同类别的材料，其制造方法、连接方式差异很大。

零部件结构的评估，应综合考虑材料利用率、制造难易程度、是否超出现有设备的制造能力、使用时最有可能的失效方式、最有可能导致故障的原因和可分析性。可分析性是指应力、振动、传热等分析的难易程度，如果难度很大，则有可能影响设计进度。

ⅳ.参数设计。确定零部件的材料、结构尺寸和精度。参数大致可分为四类：确定参数、设计参数、状态参数和性能参数。确定参数是指那些由工艺计算确定且在设计中不允许改变的参数，如工作压力、工作温度、容积等。设计参数是指那些可以在一定范围内变化的参数，由设计计算确定，如压力容器壁厚、搅拌轴直径、换热管的长度等。根据确定参数、设计参数和工作条件，按计算模型或经验公式（包括图表等）计算得到，需按强度、刚度、稳定性等要求控制的量称为状态参数，如应力、应变、位移、固有频率等。性能参数是指描述过程设备性能的参数，如重量、成本、生产效率、寿命等，是设计时所追求的目标。状态参数和性能参数都与设计参数有关，一般随设计参数的改变而改变。参数设计的目的是合理确定设计参数，提高过程设备的性能。

② 影响参数设计的因素　影响设计参数、状态参数和性能参数的因素主要有以下几点。

ⅰ.设计准则。过程设备设计时，一般应先确定最有可能的失效方式，选择合适的失效判据，再将应力或与应力有关的参量限制在许用值以内，这种限制条件称为设计准则。例如，为防止搅拌轴扭断，通常把切应力控制在许用值以内。设计准则是确定设计参数的基础。合理的设计准则可以提高零部件的材料利用率，充分挖掘材料的潜力。正确计算过程设备在各种载荷作用下的响应（包括动态和静态）特性、揭示失效机理、掌握材料特性及其在载荷和环境作用下的变化规律，是建立合理设计准则的基础。

随着经验的积累、测试手段的改进、计算技术的提高和研究的深入，设计准则不断得到丰富和发展。例如，早期的压力容器强度设计，一般都采用弹性失效设计准则，容器总体部位的应力等于或超过材料屈服强度就认为是失效，把应力控制在材料屈服强度以内。基于弹性失效设计准则的压力容器设计方法，虽能满足大多数压力容器强度设计的需要，但也遇到一些难以克服的困难。事实上，应力对压力容器失效的影响与诸多因素有关，如应力产生的原因、沿壁厚的分布规律、作用范围、变化幅度等，所有应力

采用相同的许用应力并不合理。20 世纪 60 年代初，出现了新的应力限制准则，即根据应力产生的原因、沿壁厚分布规律和作用范围，将应力进行分类，对不同类型的应力及其组合采用不同的应力限制值。

ⅱ. 材料。影响过程设备参数设计的材料性能主要有：屈服强度、抗拉强度、断后伸长率、断面收缩率、弹性模量、泊松比、应力 - 应变关系、持久强度、夏比 V 型缺口冲击功、断裂韧性、裂纹扩展速率、热膨胀系数等。

ⅲ. 规范标准。过程设备设计需要满足许多规范标准的要求。熟悉和使用相应的规范标准是设计师的必备条件。随着基础研究的深入，材料、制造和检验水平的提高，规范标准是不断丰富和发展的。在使用规范标准时，一要采用最新的规范标准，二要全面正确地使用规范标准，不要套用或混用。

过程设备的更新换代有三个途径：一是改变工作原理；二是改进制造工艺、结构和材料以提高综合技术性能；三是加强辅助功能使其更适应使用者。设计时应从实际出发，调查研究，综合运用多学科知识，跟踪学科的发展，特别是新材料、先进制造技术、新设计方法和控制技术，在设计、制造、安装、调试和使用中及时发现问题，反复修改，以取得最佳效果，并从中积累设计经验。

（5）本课程的内容

考虑到过程设备的外壳一般为压力容器，以防止压力容器失效、确保其安全可靠地运行为主线，在压力容器部分中介绍压力容器总体结构、应力分析模型、环境和时间对材料性能的影响、失效形式及各种设计方法等，提高学生在设计阶段分析和解决压力容器全寿命过程中安全问题的能力；在过程设备部分中介绍储运设备、传热设备、塔设备和反应设备等典型过程设备，突出功能要求、结构特点与设计选用的联系。

第 1 章在介绍压力容器总体结构的基础上，结合介质的危害程度、操作条件和生产中的作用，较为全面地阐述了压力容器分类概念，再给出中国常用压力容器标准的适用范围和选用注意事项，并简要介绍了美国、日本和欧盟压力容器规范标准。

应力分析是压力容器设计的基础。第 2 章以载荷分析、力学模型建立和应力特性为重点，较为全面地介绍了薄壁回转壳体、厚壁圆筒和平板的应力分析方法，圆筒、锥壳和球壳临界压力计算方法，以及局部应力的求解思路和降低局部应力的技术措施。

第 3 章介绍了压力容器常用材料、制造工艺和时间环境对钢材性能的影响、选材原则。

第 4 章主要介绍压力容器设计方法，先介绍设计要求、设计文件、设计准则、设计技术参数的概念和确定方法，再介绍常规设计、分析设计和疲劳设计。常规设计包括圆柱形筒体、封头、密封装置、开孔和开孔补强、支座和检查孔、安全泄放装置的设计和选用。设计准则是连接力学分析结果和材料性能的桥梁，也是压力容器各种设计方法的基础，正确理解设计准则，结合力学分析结果，就可以方便地导出筒体、封头、法兰等零部件的厚度计算公式。在介绍压力容器设计方法时，十分重视设计思想的阐述，即采用哪些技术措施来预防失效。

第 5 章重点介绍卧式储罐的结构和设计方法，以及球形储罐和移动容器的结构。

换热设备的压力降和传热效率与流体特性、温度、压力、流速及换热器的结构有关。第 6 章介绍了换热设备的分类和选型原则，管壳式换热器的结构、管板和膨胀节设计思想、防止管束振动的措施，以及传热强化技术。

塔设备的长径比较大，强度设计时往往要考虑风载荷和地震载荷。内件的结构形式、放置方式和位置等对塔设备的性能有显著的影响。第 7 章先介绍塔设备的总体结构和选型原则，内件对塔设备性能的影响，再阐述了塔设备的强度设计方法。

第 8 章在简要介绍各种反应设备类型和特点的基础上，重点介绍了机械搅拌釜式反应器的基本结构、设计方法、搅拌器的传动装置和微反应器的最新进展。

附录给出了压力容器设计常用标准、过程设备设计图样的表达特点和设计实例等。

1 压力容器导言

学习意义

压力容器是盛装气体或者液体，承受一定压力的密闭设备，包括固定式压力容器、移动式压力容器、气瓶和氧舱等。压力容器具有潜在的泄漏和爆炸危险，为确保使用安全，世界各工业国家制定了一系列压力容器规范标准。设计压力容器，必须掌握压力容器基本结构及其分类方法，了解国内外主要的压力容器规范标准。

学习目标

○ 掌握压力容器的基本组成及各组成部分的功能；
○ 掌握常见的压力容器分类方法，能对压力容器进行正确分类；
○ 熟悉美国、欧盟和中国主要压力容器规范标准的适用条件和基本内容，能够根据设计条件正确地选择和应用压力容器规范标准。

1.1 压力容器总体结构

1.1.1 压力容器基本组成

压力容器通常是由板、壳组合而成的焊接结构。受压元件中，圆柱形筒体、球罐（或球形封头）、椭圆形封头、碟形封头、球冠形封头、锥形封头和膨胀节所对应的壳分别是圆柱壳、球壳、椭球壳、球冠＋环壳、球冠、锥壳和环形板＋环壳，而平盖（或平封头）、环形板、法兰、管板等受压元件分别对应于圆平板、环形板（外半径与内半径之差大于 10 倍的板厚）、环（外半径与内半径之差小于 10 倍的板厚）以及弹性基础圆平板。上述 7 种壳和 4 种板可以组合成各种压力容器结构形式，再加上密封元件、支座、安全附件等，就构成了一台完整的压力容器。图 1-1 为一台卧式压力容器的总体结构图，下面结合该图对压力容器的基本组成作简单介绍。

（1）筒体

筒体的作用是提供工艺所需的承压空间，是压力容器最主要的受压元件之一，其内直径和容积往往需由工艺计算确定。圆柱形筒体（即圆筒）和球形筒体是工程中最常用的筒体结构。

筒体直径较小（一般小于 1000mm）时，圆筒可用无缝钢管制作，此时筒体上没有纵焊缝；直径较大时，可用钢板在卷板机上卷成圆筒或用钢板在水压机上压制成两个半圆筒，再用焊缝将两者焊接在一起，形成整圆筒。由于该焊缝的方向和圆筒的纵向（即轴向）平行，因此称为纵向焊缝，简称纵焊缝。

若容器的直径不是很大，一般只有一条纵焊缝；随着容器直径的增大，由于钢板幅面尺寸的限制，可能有两条或两条以上的纵焊缝。另外，长度较短的容器可直接在一个圆筒的两端连接封头，构成一个封闭的压力空间，也就制成了一台压力容器外壳。但当容器较长时，由于钢板幅面尺寸的限制，就需要先用钢板卷焊成若干段筒体（某一段筒体称为一个筒节），再由两个或两个以上筒节组焊成所需长度的筒体。筒节与筒节之间、筒体与端部封头之间的连接焊缝，由于其方向与筒体轴向垂直，因此称为环向焊缝，简称环焊缝。

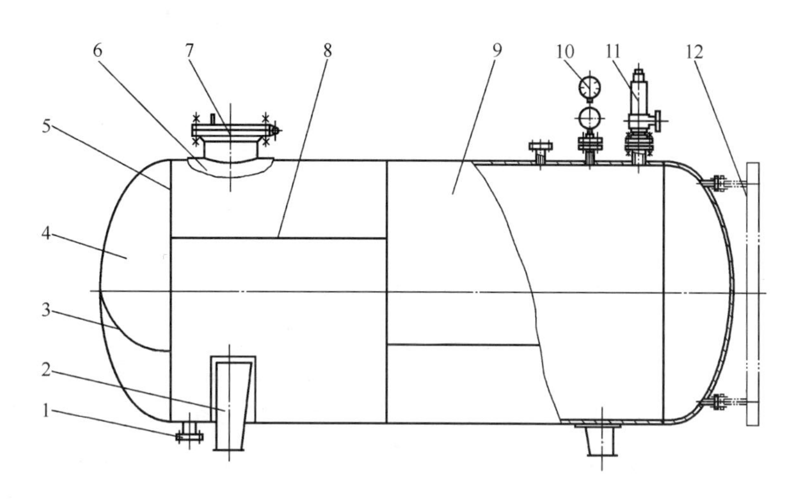

图 1-1 卧式压力容器的总体结构图

1—法兰；2—支座；3—封头拼接焊缝；4—封头；5—环焊缝；6—补强圈；7—人孔；8—纵焊缝；9—筒体；10—压力表；11—安全阀；12—液面计

圆筒按其结构可分为单层式和组合式两大类。

① 单层式筒体　筒体的器壁在厚度方向是由一整体材料所构成，也就是器壁只有一层（为防止内部介质腐蚀，衬上的防腐层不包括在内）。单层筒体按制造方式又可分为单层卷焊式、整体锻造式、锻焊式、非焊接瓶式、3D 打印等几种。其中单层卷焊式结构是目前制造和使用最多的一种筒体形式，钢板在大型卷板机上卷成圆筒，经焊接纵焊缝成为筒节，然后与封头或端部法兰组装焊接成容器，图 1-1 所示筒体即为单层卷焊式结构。而整体锻造式结构是最早采用的筒体形式，制造时筒体与法兰可整锻为一体或用螺纹连接，整个筒身没有焊缝。焊接技术发展后出现了分段锻造，然后焊接拼合成整体的锻焊式筒体。非焊接瓶式筒体主要有两种制造方法：一种是由优质无缝钢管通过两端热旋压收口制成；另一种是钢锭冲压后再经过热旋压收口。通常，整体锻造式和锻焊式筒体主要用于高压和超高压容器中，而非焊接瓶式筒体常用于制造非焊接大容积瓶式压力容器。

整体锻造式筒体的材料金相组织致密，强度高，因而质量较好，特别适合于焊接性能较差的高强度钢所制造的超高压容器。但制造时需要非常大的冶炼、锻压和机加工设备，材料消耗量大，钢材利用率低（仅为 26%～29%），机械加工量大，故一般只用于内径 ϕ300～800mm、长度不超过 12m 的小型超高压容器，如聚乙烯反应釜、人造水晶釜等。

近年来，随着 3D 打印技术的进步，3D 打印可用于压力容器制造，特别适用于制造内部介质流道复杂的压力容器。

3D打印压力容器

② 组合式筒体　筒体的器壁在厚度方向上由两层或两层以上互不连续的材料构成。组合式筒体按结构和制造方式又可分为多层式和缠绕式两大类。具体结构将在本书第 4 章中介绍。

（2）封头

根据几何形状的不同，封头可以分为球形、椭圆形、碟形、球冠形、锥壳和平盖等几种，其中球形、椭圆形、碟形和球冠形封头又统称为凸形封头。

当容器组装后不需要开启时（一般是容器中无内件或虽有内件但无需更换、检修的情况），封头可直接与筒体焊在一起，从而有效地保证密封、节省材料和减少加工制造的工作量。对于因检修或更换内件的原因而需要多次开启的容器，封头和筒体的连接应采用可拆式的，此时在封头和筒体之间就必须要有一个密封装置。

（3）密封装置

压力容器上需要有许多密封装置，如封头和筒体间的可拆式连接，容器接管与外管道间的可拆连接以及人孔、手孔盖的连接等，压力容器能否正常、安全地运行，在很大程度上取决于密封装置的可靠性。

螺栓法兰连接（简称法兰连接）是一种应用最广的密封装置，它的作用是通过螺栓连接，并通过拧紧螺栓使密封元件压紧而保证密封。法兰按其所连接的部件分为容器法兰和管法兰。用于容器封头（或顶盖）与筒体间，以及两筒体间连接的法兰叫容器法兰；用于管道连接的法兰叫管法兰。在高压容器中，用于顶盖和筒体连接并与筒体焊在一起的容器法兰，又称为筒体端部。

（4）开孔与接管

由于工艺要求和检修的需要，常在压力容器的筒体或封头上开设各种大小的孔或安装接管，如人孔、手孔、视镜孔、物料进出口接管，以及安装压力表、液面计、安全阀、测温仪表等接管开孔。

手孔和人孔是用来检查、装拆和洗涤容器内部的装置。手孔内径要使操作人员的手能自由地通过。因此，手孔的直径一般不应小于150mm。考虑到人的手臂长约650～700mm，所以直径大于1000mm的容器就不宜再设手孔，而应改设人孔。常见的人孔形状有圆形和椭圆形两种，为使操作人员能够自由出入，圆形人孔的直径至少应为400mm，椭圆形人孔的尺寸一般为350mm×450mm。

筒体或封头上开孔后，开孔部位的强度被削弱，并使该处的应力增大。这种削弱程度随开孔直径的增大而加大，因而容器上应尽量减少开孔的数量，尤其要避免开大孔。对容器上已开设的孔，还应进行开孔补强设计，以确保所需的强度。

（5）支座

压力容器靠支座支承并固定在基础上。圆筒形容器和球形容器的支座各不相同。随安装位置不同，圆筒形容器支座分立式容器支座和卧式容器支座两类，其中立式容器支座又有腿式支座、支承式支座、耳式支座和裙式支座四种；球形容器多采用柱式或裙式支座。

（6）安全附件

由于压力容器的使用特点及其内部介质的化学工艺特性，往往需要在容器上设置一些安全装置和测量、控制仪表来监控工作介质的参数，以保证压力容器的使用安全和工艺过程的正常进行。

压力容器的安全附件主要有安全阀、爆破片装置、紧急切断阀、安全联锁装置、压力表、液面计、测温仪表等。

上述六大部件（筒体、封头、密封装置、开孔接管、支座及安全附件）即构成了一台压力容器的外壳。对于储存用的容器，这一外壳即为容器本身；对于用于化学反应、传热、分离等工艺过程的容器，则须在外壳内装入工艺所要求的内件，才能构成一个完整的产品。

1.1.2 压力容器零部件间的焊接

上面介绍了压力容器外壳的六大组成部件，而各部件间的连接大多需要经过焊接，因而对焊接进行质量控制是整个容器质量体系中极为重要的一环。虽然焊接质量控制还涉及许多焊接工艺过程问题，但设计环节的主要任务是焊接结构设计和确定无损检测方法、比例及要求。

焊接结构设计涉及接头的形式（如对接、搭接、角接）、接头的坡口形式、几何尺寸等。由于压力容器的特殊性，可以说它对焊接质量的要求是所有焊接设备中最高的。因此，压力容器设计工程师必须懂得容器中的焊接结构设计的特点及对焊接质量进行检验的基本要求。具体的焊接结构设计问题将在本书第 4 章中进行讨论。

1.2 压力容器分类

压力容器的使用范围广、数量多、工作条件复杂，发生事故所造成的危害程度各不相同。危害程度与多种因素有关，如设计压力、设计温度、介质危害性、材料力学性能、使用场合和安装方式等。危害程度愈高，压力容器材料、设计、制造、检验、使用和管理的要求也愈高。因此，需要对压力容器进行合理分类。

1.2.1 介质危害性

介质危害性指介质的毒性、易燃性、腐蚀性、氧化性等，其中影响压力容器分类的主要是毒性和易燃性。

（1）毒性

毒性是指某种化学毒物引起机体损伤的能力，用来表示毒物剂量与毒性反应之间的关系。毒性大小一般以化学物质引起实验动物某种毒性反应所需要的剂量来表示。气态毒物，以空气中该物质的浓度表示。所需剂量的浓度愈低，表示毒性愈大。

设计压力容器时，依据化学介质的最高容许浓度，中国将化学介质分为极度危害（Ⅰ级）、高度危害（Ⅱ级）、中度危害（Ⅲ级）、轻度危害（Ⅳ级）等四个级别。所谓最高容许浓度是指从医学水平上，认为对人体不会发生危害作用的最高浓度，以每立方米的空气中含毒物的毫克数来表示，单位是 mg/m^3。一般划分标准为：

极度危害（Ⅰ级） 最高容许质量浓度＜$0.1mg/m^3$；

高度危害（Ⅱ级） 最高容许质量浓度 0.1～＜$1.0mg/m^3$；

中度危害（Ⅲ级） 最高容许质量浓度 1.0～＜$10mg/m^3$；

轻度危害（Ⅳ级） 最高容许质量浓度≥$10mg/m^3$。

介质毒性程度愈高，压力容器爆炸或泄漏所造成的危害愈严重，对材料选用、制造、检验和管理的要求愈高。如 Q235B 钢板不得用于制造毒性程度为极度或高度危害介质的压力容器；盛装毒性程度为极度或高度危害介质的容器制造时，碳素钢和低合金钢板应逐张进行超声检测，整体必须进行焊后热处理，容器上的 A、B 类焊接接头还应进行 100% 射线或超声检测，且液压试验合格后还须进行气密性试验。而介质毒性程度为中度或轻度的容器，其要求要低得多。毒性程度对法兰的选用影响也甚大，主要体现在法兰的公称压力等级上，如内部介质为中度毒性危害，选用的管法兰的公称压力应不小于 1.0MPa；内部介质为高度或极度毒性危害，选用的管法兰的公称压力应不小于 1.6MPa，且还应尽量选用带颈对焊法兰等。

（2）易燃性

可燃气体或蒸气与空气组成的混合物，并不是在任何比例下都可以燃烧或爆炸的，而是有严格的数量比例，且因条件的变化而改变。研究表明，当混合物中可燃气体含量满足完全燃烧条件时，其燃烧反应最为剧烈。若其含量减少或增加，火焰燃烧速度则会降低，而当浓度低于或高于某一限度值时，就不再燃烧和爆炸。可燃气体或蒸气与空气的混合物遇着火源或者一定的引爆能量就立即发生爆炸的浓度范围称爆炸浓度极限，爆炸时的最低浓度称为爆炸下限，最高浓度称为爆炸上限。爆炸极限一般用可燃气体或蒸气在混合物中的体积分数来表示。爆炸下限小于 10%，或爆炸上限和下限之差值大于等于 20% 的介质，一般称为易燃介质，如甲烷、乙烷、乙烯、氢气、丙烷、丁烷等。易燃介质包括易燃气体、液体和固体。压力容器盛装的易燃介质主要指易燃气体和液化气体。

易燃介质对压力容器的选材、设计、制造和管理等提出了较高的要求。易燃介质压力容器的所有焊缝（包括角焊缝）均应采用全焊透结构等。

1.2.2 压力容器分类

世界各国规范对压力容器分类的方法各不相同，本节着重介绍中国《固定式压力容器安全技术监察规程》中的分类方法。

（1）按压力等级分类

按承压方式分类，压力容器可分为内压容器与外压容器。内压容器又可按设计压力（p）大小分为四个压力等级，具体划分如下：

低压（代号 L）容器　$0.1\text{MPa} \leqslant p < 1.6\text{MPa}$；

中压（代号 M）容器　$1.6\text{MPa} \leqslant p < 10.0\text{MPa}$；

高压（代号 H）容器　$10\text{MPa} \leqslant p < 100\text{MPa}$；

超高压（代号 U）容器　$p \geqslant 100\text{MPa}$。

外压容器中，当容器的内压力小于一个绝对大气压（约 0.1MPa）时又称为真空容器。

（2）按容器在生产中的作用分类

根据压力容器在生产工艺过程中的作用，可分为反应压力容器、换热压力容器、分离压力容器、储存压力容器 4 种。具体划分如下。

① 反应压力容器（代号R） 主要是用于完成介质的物理、化学反应的压力容器，如反应器、反应釜、聚合釜、高压釜、合成塔、蒸压釜、煤气发生炉等。

② 换热压力容器（代号E） 主要是用于完成介质热量交换的压力容器。如管壳式余热锅炉、热交换器、冷却器、冷凝器、蒸发器、加热器等。

③ 分离压力容器（代号S） 主要是用于完成介质流体压力平衡缓冲和气体净化分离的压力容器。如分离器、过滤器、集油器、缓冲器、干燥塔等。

④ 储存压力容器（代号C，其中球罐代号B） 主要是用于储存、盛装气体、液体、液化气体等介质的压力容器。如液氨储罐、液化石油气储罐等。

在一种压力容器中，如同时具备两个以上的工艺作用原理时，应按工艺过程中的主要作用来划分品种。

（3）按安装方式分类

根据安装方式可分为固定式压力容器和移动式压力容器。

① 固定式压力容器 指有固定安装和使用地点，工艺条件和操作人员也较固定的压力容器。如生产车间内的卧式储罐、球罐、塔器、反应釜等。

② 移动式压力容器 指由罐体或者大容积气瓶与行走装置或者框架采用永久性连接组成的运输设备，包括铁路罐车、汽车罐车、长管拖车、罐式集装箱和管束式集装箱等。移动式压力容器需要考虑运输时的惯性力、液体的晃动，因而在结构、使用和安全方面均有其特殊的要求。

具有装卸介质功能，仅在装置或者场区内移动使用，不参与铁路、公路或者水路运输的压力容器不属于移动式压力容器。

（4）按安全技术管理分类

上面所述的几种分类方法仅仅考虑了压力容器的某个设计参数或使用状况，还不能综合反映压力容器面临的整体危害水平。例如储存易燃或毒性程度中度及以上危害介质的压力容器，其危害性要比相同几何尺寸、储存毒性程度轻度或非易燃介质的压力容器大得多。压力容器的危害性还与其设计压力p和全容积V的乘积有关，pV值愈大，则容器破裂时爆炸能量愈大，危害性也愈大，对容器的设计、制造、检验、使用和管理的要求愈高。为此，综合考虑设计压力、容积、介质危害程度、容器在生产中的作用、材料强度、容器结构等因素，《压力容器安全技术监察规程》将所适用范围内的压力容器分为三类，即第一类压力容器、第二类压力容器和第三类压力容器。使用过程中发现，该分类方法重点不突出，对于多功能压力容器，由于难以界定哪个功能在生产中起主要作用，易造成类别划分时意见不统一。同时，随着材料科学、制造技术的进步，材料强度、容器结构等已不再是影响容器危险程度高低的主要因素。针对上述问题，为使分类简单唯一，中国《固定式压力容器安全技术监察规程》根据介质、设计压力和容积等三个因素进行压力容器分类，将所适用范围内的压力容器分为第Ⅰ类压力容器、第Ⅱ类压力容器和第Ⅲ类压力容器，现介绍其分类方法。

① 介质分组 压力容器的介质为气体、液化气体、介质最高工作温度高于或者等于其标准沸点的液体，按其毒性危害程度和爆炸危险程度分为两组。

ⅰ.第一组介质：毒性危害程度为极度危害、高度危害的化学介质，易爆介质，液化气体。

ⅱ.第二组介质：除第一组介质以外的介质。

介质毒性危害程度和爆炸危险程度按GBZ 230《职业性接触毒物危害程度分级》、HG/T 20660《压力容器中化学介质毒性危害和爆炸危险程度分类标准》两个标准确定。两者不一致时，以危害（危险）程度高的为准。

② 压力容器分类 压力容器分类应当先按照介质特性，选择相应的分类图，再根据设计压力p（单

位 MPa）和容积 V（单位 m^3），标出坐标点，确定容器类别。

ⅰ.对于第一组介质，压力容器的分类见图 1-2。

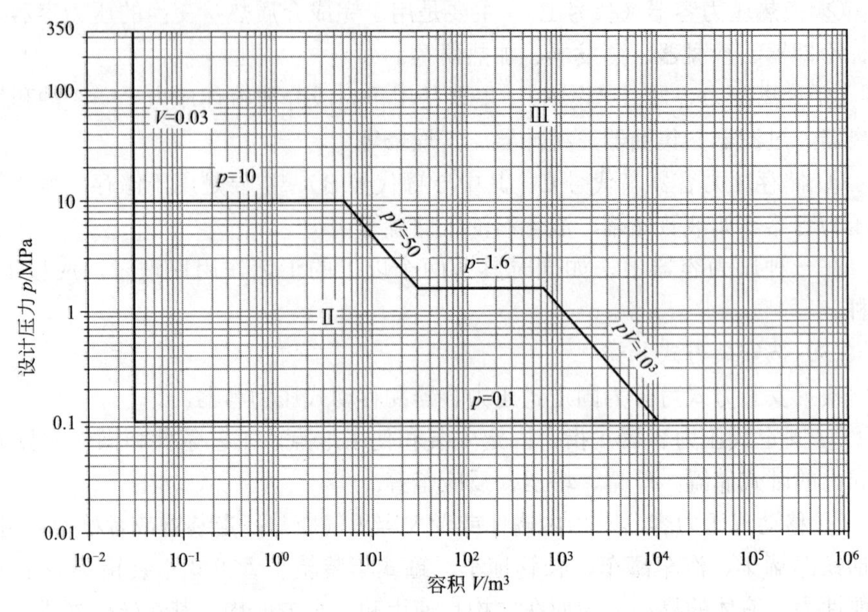

图 1-2 压力容器分类图——第一组介质

ⅱ.对于第二组介质，压力容器的分类见图 1-3。

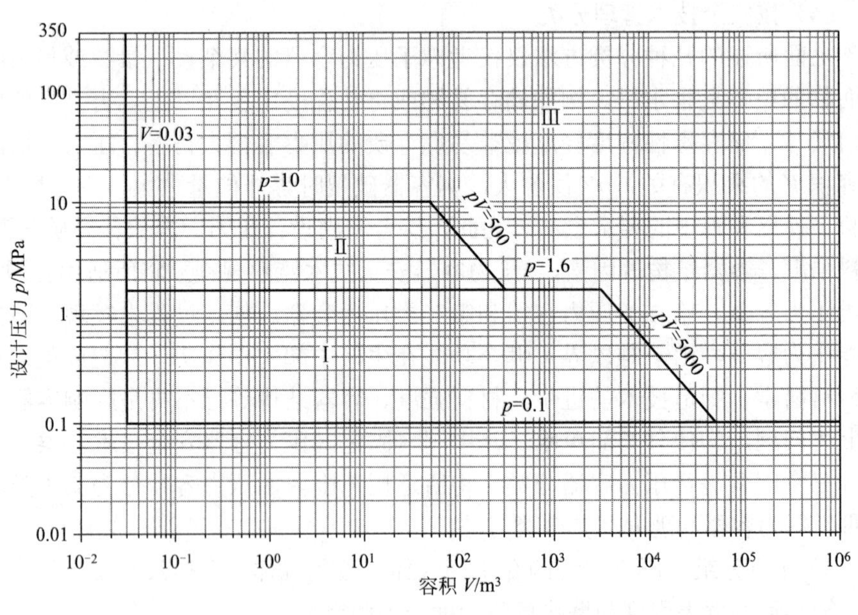

图 1-3 压力容器分类图——第二组介质

对于多腔压力容器（如换热器的管程和壳程、夹套容器等），按照类别高的压力腔类别作为该容器的类别并且按该类别进行使用管理。但应当按照每个压力腔各自的类别分别提出设计、制造技术要求。对各压力腔进行类别划分时，设计压力取本压力腔的设计压力，容积取本压力腔的几何容积。

一个压力腔内有多种介质时，按组别高的介质分类。当某一危害性物质在介质中含量极小时，应当按其危害程度及其含量综合考虑，由压力容器设计单位决定介质组别。

坐标点位于图 1-2 或者图 1-3 的分类线上时，按较高的类别划分；容积小于 30L 或者内直径（对非圆形截面，指宽度、高度或者对角线，如矩形为对角线、椭圆为长轴）小于 150mm 的小容积压力容器，不列入监察范围；GBZ 230 和 HG/T 20660 两个标准中没有规定的介质，应当按其化学性质、危害程度和含量综合考虑，由压力容器设计单位决定介质组别。

由于各国的经济政策、技术政策、工业基础和管理体系的差异，压力容器的分类方法也互不相同。采用国际标准或国外先进标准设计压力容器时，应采用相应的分类方法。例如，欧盟 2014/68/EU《承压设备指令》，根据允许工作压力、最大允许工作温度下的蒸气压力、介质危害性、几何容积或公称尺寸、用途等因素，综合确定承压设备的危害程度，将承压设备分为Ⅰ、Ⅱ、Ⅲ、Ⅳ四类，并给出相应的材料、设计、制造和检验要求。又如 1993 年颁布的日本 JIS B8270《压力容器（基础标准）》，依据设计压力和介质危害性将压力容器分成 3 个等级：第三类压力容器的等级最低，适用范围为设计温度不低于 0℃，设计压力小于 1MPa；第二类压力容器的设计压力小于 30MPa；而第一类压力容器的设计压力一般应小于 100MPa。但是，如果对材料、制造、检验等提出特殊要求，设计压力高于 100MPa 的压力容器也可归入第一类容器。

1.3 压力容器规范标准

为了确保压力容器在设计寿命内安全可靠地运行，世界各工业国家都制定了一系列压力容器规范标准，给出材料、设计、制造、检验、合格评估等方面的基本要求。压力容器的设计必须满足这些要求，否则就要承担相应的后果。然而规范不可能包罗万象，提供压力容器设计的各种细节。设计师需要创造性地使用规范标准，根据具体设计要求，在满足规范标准基本要求的前提下，做出最佳的设计方案。

随着科学技术的不断进步，国际贸易的不断增加，各国压力容器规范标准的内容和形式不断更新，以适应新形势的需要。新版本实施后，老版本便自动作废。因此，设计师应及时了解规范变动情况，采用最新规范标准。

1.3.1 国外主要规范标准简介

（1）ASME 规范

美国是世界上最早制定压力容器规范的国家。19 世纪末到 20 世纪初，锅炉和压力容器事故发生频繁，造成了严重的人员伤亡和财产损失。1911 年，美国机械工程师学会（ASME）成立锅炉和压力容器委员会，负责制定和解释锅炉和压力容器设计、制造、检验规范。1915 年春出现了世界上第一部压力容器规范，即《固定式锅炉建造和允许工作压力规则》[1]。这是 ASME 锅炉和压力容器规范（以下简称 ASME 规范）各篇的开始，后来成为 ASME 规范第Ⅰ篇《动力锅炉》。目前 ASME 规范共有十三篇，包括锅炉、压力容器、核动力装置、焊接、材料、无损检测、超压保护等内容，篇幅庞大，内容丰富，且修订更新及时，全面包括了锅炉和压力容器质量保证的要求。ASME 规范每三年出版一个新的版本（2013 年后改为每两年），每年有两次增补。在形式上，ASME 规范分为 4 个层次，即规范（Code）、规范案例（Code Case）、条款解释（Interpretation）及规范增补（Addenda）。

ASME规范

ASME 规范中与压力容器设计有关的主要是第Ⅱ篇《材料》、第Ⅲ篇《核电厂部件建造规则》、第Ⅴ

[1] 《Rules for the Construction of Stationary Boilers and for the Allowable Working Pressure》。

篇《无损检测》、第Ⅷ篇《压力容器》、第Ⅹ篇《玻璃纤维增强塑料压力容器》、第Ⅺ篇《核电厂部件在用检验规则》、第Ⅻ篇《移动式容器建造和连续使用规则》和第XIII篇《超压保护规则》。第Ⅲ篇包括核1级部件、核2级部件、核3级部件、混凝土安全壳、乏燃料和高放射性废料储运用容器等。第Ⅷ篇又分为三册：第1册《压力容器》，第2册《压力容器另一规则》和第3册《高压容器另一规则》，以下分别简称为ASME Ⅷ-1、ASME Ⅷ-2和ASME Ⅷ-3。1925年首次颁布的ASME Ⅷ-1为常规设计标准，适用压力小于等于20MPa；它以弹性失效设计准则为依据，根据经验确定材料的许用应力，并对零部件尺寸做出一些具体规定。由于它具有较强的经验性，故许用应力较低。ASME Ⅷ-1不包括疲劳设计，但包括静载下进入高温蠕变范围的容器设计。ASME Ⅷ-2为分析设计标准，于1968年首次颁布，它要求对压力容器各区域的应力进行详细分析，并根据应力对容器失效的危害程度进行应力分类，再按不同的安全准则分别予以限制。与ASME Ⅷ-1相比，ASME Ⅷ-2对结构的规定更细，对材料、设计、制造、检验和验收的要求更高，允许采用较高的许用应力，所设计出的容器壁厚较薄。现行ASME Ⅷ-2是基于失效模式的标准，包括了疲劳设计，但设计温度限制在蠕变温度以内。为解决高温压力容器的分析设计，在1974年后又补充了一份《规范案例N—47》。1997年首次颁布的ASME Ⅷ-3主要适用于设计压力不小于70MPa的高压容器，它不仅要求对容器各零部件做详细地应力分析和分类评定，而且要做疲劳分析或断裂力学评估，是到目前为止要求最高的压力容器规范。第Ⅹ篇《玻璃纤维增强塑料压力容器》是现有ASME规范中唯一的非金属材料篇。该篇对玻璃纤维增强塑料压力容器的材料、设计、检验等提出了要求。第Ⅻ篇《移动式容器建造和连续使用规则》于2004年首次颁布，适用于便携式容器、汽车槽车和铁路槽车。

（2）日本压力容器标准

1993年以前，与美国一样，日本也采用压力容器基础标准的双轨制，一部是参照ASME Ⅷ-1制定的JIS B8243《压力容器构造》；另一部是参照ASME Ⅷ-2制定的JIS B8250《压力容器构造——另一标准》。为适应科学技术的进步，在整理和综合原有标准的基础上，日本决定采用新的标准体系，编制基础标准、通用技术标准及相关标准，于1993年3月颁布了新的压力容器标准：JIS B8270《压力容器（基础标准）》和JIS B8271～8285《压力容器（单项标准）》。

JIS B8270《压力容器（基础标准）》为压力容器基础标准，规定了3种压力容器的设计压力、设计温度、焊接接头形式、材料许用应力、应力分析及疲劳分析的适用范围、质量管理及质量保证体系、焊接工艺评定试验及无损检测等内容。JIS B8271～8285《压力容器（单项标准）》由15项单项标准组成，这些标准主要包括压力容器筒体和封头、螺栓法兰连接、平盖、支承装置、快速开关盖装置、膨胀节、换热器管板、开孔补强等主要零部件和卧式压力容器、夹套容器、非圆形截面容器的结构形式和设计计算方法，压力容器应力分析和疲劳分析的分析方法，许用应力强度的规定、焊接接头力学性能试验、焊接工艺评定试验、压力试验的有关规定。

为了使标准尽可能相互通用，避免重复检查、实现有效的认证体制，日本于2000年3月制定并实施了JIS B8265《压力容器构造——一般事项》。随着JIS B8265的实施，日本出现了JIS B8265和JIS B8270双标准并存的状态。为改变这一状态，日本以JIS B8270中的第1种压力容器（设计压力小于100MPa）为对象，制定了JIS B8266《压力容器构造——特定标准》，并修改了JIS B8265，形成了新的压力容器JIS标准体系。该体系已于2003年9月颁布实施。

（3）欧盟压力容器规范标准

欧盟压力容器规范标准

欧盟将压力容器、压力管道、安全附件、承压附件等以流体压力为基本载荷的设备统称为承压设备。随着欧洲统一市场的建立和欧元的面市，为促进承压设备在欧盟成员国内的自由贸易，尽可能在最广泛的工业领域内实施统一的技术法规，欧盟颁布了许多与承压设备有关的EEC/EU指令（DIRECTIVE）和协调标准（HARMONIZED STANDARDS）。

EEC/EU指令侧重于安全管理方面的要求，只涉及产品安全、工业安全、人体健康、消费者权益保护的基本要求，是欧盟各成员国制定相关法律的指南。指令生效后，欧盟各个成员国必须把指令转化为本国监察规程或国家法律，并在指令规定的期限内强制执行。与压力容器有关的EEC/EU指令主要有：76/767/EEC《压力容器一般指令》、2014/29/EU《简单压力容器指令》和2014/68/EU《承压设备指令》。76/767/EEC为压力容器及其检验的一般规定。2014/29/EU仅适用于介质为空气或氮气、压力（表压）超过0.05MPa的简单压力容器。2014/68/EU适用于最高工作压力大于0.05MPa的承压设备的设计、制造和合格评估。

欧洲协调标准一般由欧洲标准化委员会（CEN）、欧洲电工标准化委员会（CENELEC）等技术组织制定。协调标准是非强制的，但企业若采用协调标准，就意味着满足了相应指令的基本要求。EN 13445《非火焰接触压力容器》是与2014/68/EU相对应的欧洲协调标准，其主要内容有：总则、材料、设计、制造、检验和试验、安全系统和铸铁容器。按EN 13445规定设计、制造的压力容器，被自动认为满足2014/68/EU的要求。

一旦欧洲协调标准被正式通过，所有的CEN成员国都应制定与欧洲协调标准等同的国家标准，并废止本国现行标准中与欧洲协调标准规定相冲突的内容。例如，英国废止了原来的BS 5500《非火焰接触压力容器》标准，将其改为不再具有“国家标准”地位的PD 5500《非火焰接触压力容器》。但是，在欧盟各成员国的国家标准中，不是由成员国标准化委员会制定的承压设备标准无需废止。

1.3.2 国内主要规范标准介绍

中国压力容器规范标准

特种设备是对人身和财产安全有较大危险性的设备的总称，包括锅炉、压力容器、压力管道、电梯、起重机械、客运索道、大型游乐设施、场（厂）内机动车辆八类设备。锅炉、压力容器、压力管道统称为承压类特种设备；电梯、起重机械、客运索道、大型游乐设施、场（厂）内机动车辆统称为机电类特种设备。承压类特种设备具有潜在的泄漏和爆炸危险，是流程工业中广泛使用的设备。

（1）锅炉

锅炉是指利用各种燃料、电或者其他能源，将所盛装的液体加热到一定的参数，通过对外输出介质的形式提供热能的设备，包括承压蒸汽锅炉、承压热水锅炉和有机载热体锅炉等。

（2）压力容器

压力容器是指盛装气体或者液体，承载一定压力的密闭设备，包括固定式压力容器、移动式压力容器、气瓶和氧舱等。气瓶是一种比较特殊的移动式压力容器，包括无缝气瓶、焊接气瓶、缠绕气瓶、绝热气瓶和内装填料气瓶。氧舱是指承受内压或者外压，以空气或者氧气为主要加压介质，用于医疗、潜

水和科学试验等活动的载人压力容器，主要包括潜水钟、再压舱、高压氧舱、医用氧舱、高海拔试验舱等。

（3）压力管道

压力管道是指利用一定的压力，用于输送气体或者液体的管状设备，包括公用管道、长输管道和工业管道等。长输管道分为输油管道和输气管道；公用管道包括燃气管道和热力管道；工业管道包括工艺管道、动力管道和制冷管道。

为防止和减少事故，保障人民群众生命和财产安全，促进经济发展，中国对特种设备实施全过程安全监察，形成了“法律—行政法规—部门规章—安全技术规范—引用标准”五个层次的法规体系结构。

1.3.2.1 法律

2013 年 6 月，中华人民共和国主席令第 4 号公布了《中华人民共和国特种设备安全法》（以下简称《特种设备法》）。这是中国历史上第一部对特种设备安全管理做统一、全面规范的法律。该法已于 2014 年 1 月 1 日起施行，对特种设备的生产、经营、使用实施分类的、全过程的安全监督管理。

分类监管是指按照特种设备本身的特性和使用风险不同，采取不同的监管制度和措施。全过程包括特种设备的生产（含设计、制造、安装、改造、维修）、使用、检验检测及监督检查等环节。实施全过程安全监督是保证特种设备安全的行之有效的手段。特种设备安全问题涉及的因素是多方面的，各环节之间相互联系，互相影响。如设计、制造时，不但要考虑设备本身的安全要求，而且要考虑安装、使用、检验等环节的要求。对事故正确的分析，又能促进各个环节工作的改进。

《特种设备法》授权国务院对特种设备采用目录管理方式，决定将哪些设备和设施纳入特种设备范围，并且规定由国务院负责特种设备安全监督管理的部门（国家质量监督检验检疫总局特种设备安全监察局）统一发布国家特种设备目录，以目录的形式进一步明确实施监督管理的特种设备具体种类、品种范围。

1.3.2.2 行政法规

1982 年 2 月，国务院颁布了《锅炉压力容器安全监察暂行条例》（以下简称为《暂行条例》）。《暂行条例》的实施，对规范锅炉压力容器安全监察工作，减少当时高发的锅炉压力容器安全事故，起到了很好的作用。

为适应市场经济体制、国际形势和 WTO 规则的要求，2003 年 3 月，中华人民共和国国务院令 373 号公布了《特种设备安全监察条例》，《暂行条例》同时废止。2009 年 1 月，国务院公布了《国务院关于修订〈特种设备安全监察条例〉的决定》（国务院令 549 号）。

《特种设备安全监察条例》授权国务院特种设备安全监督管理部门负责全国特种设备的安全监察和高能耗特种设备节能监管工作。

特种设备设计、制造、安装、改造、维修、充装活动的主体，通过行政许可实行严格的市场准入制度。特种设备的使用必须经特种设备安全监督管理部门登记；特种设备作业人员必须经特种设备安全监督管理部门考核合格，取得资格证书；检验检测机构应当经国务院特种设备安全监督管理部门核准。

检验检测大致可分为监督检验、定期检验、型式试验和设计文件鉴定等四类。监督检验是指由检验检测机构经核准授权并按照安全技术规范要求对特种设备制造、安装、改造、重大修理过程实施的监督检验性验证；定期检验是指经核准的检验检测机构接到使用单位提出的定期检验要求后，按照安全技术规范对在用特种设备进行的检验；型式试验是指按照安全技术规范要求的内容和方法对特种设备整机或者部件进行全面的技术审查、检验检测和性能试验；设计文件鉴定是指对设计文件的审查和必要的设计验证活动。

1.3.2.3 部门规章

特种设备部门规章是将《特种设备安全监察条例》的各项规定、要求，从行政管理的操作层面具体化，以国家质量监督检验检疫总局令的形式发布。例如，《特种设备事故报告和调查处理规定》《高能耗特种设备节能监督管理办法》《气瓶安全监察规定》和《锅炉压力容器制造监督管理办法》等。

1.3.2.4 安全技术规范

安全技术规范（TSG）是政府对特种设备安全性能和相应的设计、制造、安装、修理、改造、使用和检验检测等环节所提出的一系列安全基本要求，以及许可、考核条件、程序的一系列具有行政强制力的规范性文件，其作用是把行政法规和部门规章的原则规定具体化，由国家质量监督检验检疫总局颁布。目前，与压力容器设计有关的基本安全技术规范为 TSG 21《固定式压力容器安全技术监察规程》和 TSG R0005《移动式压力容器安全技术监察规程》。

（1）TSG 21《固定式压力容器安全技术监察规程》

1981 年原国家劳动总局颁布了《压力容器安全监察规程》。1990 年原劳动部在总结执行经验的基础上，修订了 1981 版的规程，改名为《压力容器安全技术监察规程》，并于 1991 年 1 月正式执行。1999 年原国家质量技术监督局又对《压力容器安全技术监察规程》进行了修订，颁布了 1999 版《压力容器安全技术监察规程》。

考虑到移动式压力容器安全的影响因素比固定式压力容器多，以及罐式集装箱的国际流动性，同时为更好地与国际接轨，中国将固定式和移动式压力容器分开，分别制定安全技术监察规程，并于 2009 年 8 月颁布 TSG R0004《固定式压力容器安全技术监察规程》，于 2011 年 11 月颁布 TSG R0005《移动式压力容器安全技术监察规程》。

2016 年，以 TSG R0001《非金属压力容器安全技术监察规程》、TSG R0002《超高压容器安全技术监察规程》、TSG R0003《简单压力容器安全技术监察规程》、TSG R0004《固定式压力容器安全技术监察规程》、TSG R7001《压力容器定期检验规则》、TSG R5002《压力容器使用规则》、TSG R7004《压力容器监督检验规则》等七个规范为基础，整合形成了综合规范（大规范）TSG 21《固定式压力容器安全技术监察规程》。该规程对固定式压力容器的材料、设计、制造、安装、改造、修理、监督检验、使用管理、在用检验等环节提出了基本安全要求。

TSG 21《固定式压力容器安全技术监察规程》适用于同时具备下列条件的固定式压力容器：

ⅰ. 工作压力大于或者等于 0.1MPa；

ⅱ. 容积大于等于 0.03m^3 且内直径（非圆形截面指截面内边界最大几何尺寸）大于等于 150mm；

ⅲ. 盛装介质为气体、液化气体以及介质最高工作温度高于或者等于其标准沸点的液体。

（2）TSG R0005《移动式压力容器安全技术监察规程》

TSG R0005《移动式压力容器安全技术监察规程》对移动式压力容器罐体材料、设计、制造、使用管理、充装与卸载、改造与维修、定期检验、安全附件和装卸附件等提出了基本安全要求，适用于同时满足下列条件的移动式压力容器：

ⅰ.具有充装与卸载介质功能，并且参与铁路、公路或者水路运输；

ⅱ.罐体工作压力大于或者等于0.1MPa，气瓶公称工作压力大于或者等于0.2MPa；

ⅲ.罐体容积大于或者等于450L，气瓶容积大于或者等于1000L；

ⅳ.充装介质为气体以及最高工作温度高于或者等于其标准沸点的液体。

1.3.2.5 引用标准

因涉及人身和财产安全，压力容器产品设计、制造（含组焊）应符合相应国家标准、行业标准、团体标准或企业标准的要求。国家标准和行业标准由标准化委员会组织制定，政府代表参与。标准是法规标准体系的技术基础，是法规得以实施的重要保证。无相应标准的，不得进行压力容器产品的设计和制造。

1960年原化学工业部等颁布了适用于中低压容器的《石油化工设备零部件标准》。1967年，中国完成了《钢制石油化工压力容器设计规定》（草案），后经修订于1977年开始颁发实施，随后又修订过两次，即82版和85版。该设计规定是由原机械工业部、化学工业部和中国石油化工总公司（83年以前由原石油部负责）组织编制的，属部级标准。

为加强中国压力容器标准修制订工作，1984年7月成立了“全国压力容器标准化技术委员会”。以《钢制石油化工压力容器设计规定》为基础，经充实、完善和提高，于1989年颁布了第1版压力容器国家标准，即GB 150—89《钢制压力容器》。1998年颁布了第一次全面修订后的新版GB 150—1998《钢制压力容器》。

根据锅炉、压力容器标准化工作的需要，2002年，中国国家标准化管理委员会决定成立“全国锅炉压力容器标准化技术委员会”，同时撤销“全国压力容器标准化技术委员会”和“全国锅炉标准化技术委员会”。全国锅炉压力容器标准化技术委员会负责全国锅炉和压力容器国家标准的修制订工作。

为使GB 150符合《固定式压力容器安全技术监察规程》的规定，结合近些年有色金属压力容器的进展，2012年颁布了GB 150《压力容器》。GB 150由GB 150.1《通用要求》、GB 150.2《材料》、GB 150.3《设计》、GB 150.4《制造检验和验收》四部分组成。2017年GB 150改为GB/T 150。

经过几十年的不懈努力，中国构建了以GB/T 150《压力容器》为核心的中国压力容器建造标准体系，颁布并实施了GB/T 150《压力容器》、JB/T 4732《钢制压力容器——分析设计标准》、GB/T 34019《超高压容器》等一系列压力容器基础标准、产品标准和零部件标准。附录A列出了压力容器设计常用的中国标准。

（1）GB/T 150《压力容器》

GB/T 150《压力容器》是第一部中国压力容器国家标准，也是TSG 21《固定式压力容器安全技术监察规程》的协调标准，在中国具有法律效用。其基本思路与 ASME Ⅷ-1 相同，属常规设计标准。该标准规定了压力容器的建造要求，其适用的设计压力（对于钢制压力容器）不大于 35MPa，适用的设计温度范围为 −269～900℃。

GB/T 150《压力容器》不适用于以下 8 种压力容器：直接火焰加热的压力容器；核能装置中存在中子辐射损伤风险的压力容器；旋转或往复运动的机械设备中自成整体或作为部件的受压器室；《移动式压力容器安全技术监察规程》管辖的容器；设计压力低于 0.1MPa 或者真空度低于 0.02MPa 的容器；内直径小于 150mm 的压力容器；搪玻璃容器；制冷空调行业中另有国家标准或者行业标准的容器。

GB/T 150《压力容器》界定的范围除壳体本体外，还包括容器与外部管道焊接连接的第一道环向接头坡口端面、螺纹连接的第一个螺纹接头端面、法兰连接的第一个法兰密封面，以及专用连接件或管件连接的第一个密封面。其他如接管、人孔、手孔等承压封头，平盖及其紧固件，非受压元件与受压元件的焊接接头，以及直接连在容器上的超压泄放装置均应符合 GB/T 150《压力容器》的有关规定。

（2）JB/T 4732《钢制压力容器——分析设计标准》

JB/T 4732《钢制压力容器——分析设计标准》是我国第一部压力容器分析设计的行业标准，其基本思路与 ASME Ⅷ-2 相同。该标准与 GB/T 150《压力容器》同时实施，在满足各自要求的前提下，设计者可选择其中之一使用，但不得混用。

与 GB/T 150 相比，JB/T 4732 允许采用较高的设计应力强度。这意味着，在相同设计条件下，容器的厚度可以减薄，重量可以减轻。但是由于设计计算工作量大，材料、制造、检验及验收等方面的要求较严，有时综合经济效益不一定高，一般推荐用于重量大、结构复杂、操作参数较高和超出 GB/T 150 适用范围的压力容器设计。

（3）GB/T 34019《超高压容器》

该标准是我国首部全面采用基于失效模式设计的压力容器国家标准，其基本思路与 ASME Ⅷ -3 相同，适用于设计温度 −40～400℃、设计压力大于等于 100MPa 的非焊接单层超高压容器。

随着全球经济一体化形势的发展，压力容器标准国际化的趋势已经越来越明显。2007 年，国际标准化组织颁布了国际锅炉压力容器标准 ISO 16528。该标准分两部分，即 ISO 16528-1 锅炉压力容器性能要求（Boilers and Pressure Vessels- Part 1：Performance Requirements）和 ISO 16528-2 证明锅炉压力容器标准满足 ISO 16528-1 要求的程序（Boilers and Pressure Vessels- Part 2：Procedures for fulfilling the Requirements of ISO 16528-1）。ISO 16528-1 的主要内容为：适用范围、术语和定义、失效模式、技术要求（包括材料、设计、制造、检验和检测、标记等）和符合性评估。

思考题

1. 压力容器主要由哪几部分组成？分别起什么作用？
2. 介质的毒性程度和易燃性对压力容器的设计、制造、使用和管理有何影响？
3.《固定式压力容器安全技术监察规程》在确定压力容器类别时，为什么不仅要根据压力高低，还要视容积、介质组别进行分类？

2 压力容器应力分析

学习意义

在运输安装、压力试验、正常操作、开车停车过程中，压力容器往往受到内压、外压、自重、风载荷、地震载荷等的作用。确定压力容器所受的载荷，建立力学模型，分析压力容器在压力等载荷作用下的应力，是压力容器设计计算、结构优化、安全评估和失效分析的重要理论基础。

学习目标

- 掌握压力容器承受载荷的种类和特点、回转薄壳无力矩理论、厚壁圆筒应力分析及其承载能力计算方法、小挠度圆形薄板应力分析方法及应力分布特点，能正确分析容器受到的载荷、在压力作用下的典型回转薄壳应力；
- 熟悉回转薄壳的不连续分析方法、壳体屈曲分析方法，理解边缘应力特点和降低局部应力的措施；
- 能够根据应力产生的原因、作用范围和分布特点，对压力容器结构设计的合理性进行评估。

2.1 载荷分析

载荷是指能够在压力容器上产生应力、应变的因素，如介质压力、风载荷、地震载荷等。下面介绍压力容器全寿命周期内可能遇到的主要载荷。

2.1.1 载荷

（1）压力

压力是压力容器承受的基本载荷。压力可用绝对压力或表压来表示。绝对压力是以绝对真空为基准测得的压力，通常用于过程工艺计算。表压是以大气压为基准测得的压力。压力容器机械设计中，一般采用表压。

作用在容器上的压力，可能是内压、外压或两者均有。压力容器中的压力主要来源于三种情况：一是流体经泵或压缩机，通过与容器相连接的管道，输入容器内而产生压力，如氨合成塔、尿素合成塔、氢气储罐等；二是加热盛装液体的密闭容器，液体膨胀或汽化后使容器内压力升高，如人造水晶釜；三是盛装液化气体的容器，如液氨储罐、液化天然气储罐等，其压力为液体的饱和蒸气压。

装有液体的容器，液体重量将产生压力，即液体静压力。其大小与液柱高度及液体密度成正比。例如，密度为 1000kg/m^3 的 10m 水柱产生的压力为 0.0981MPa（工程上常取为 0.1MPa）。

（2）非压力载荷

非压力载荷可分为整体载荷和局部载荷。整体载荷是作用于整台容器上的载荷，如重力、风、地震、运输等引起的载荷。局部载荷是作用于容器局部区域上的载荷，如管系载荷、支座反力和吊装力等。

① 重力载荷　是指由容器及其附件、内件和物料的重量引起的载荷。计算重力载荷时，除容器自身的重量外，应根据不同的工况考虑隔热层、内件、物料、平台、梯子、管系和由容器支承的附属设备等的重量。

② 风载荷　是根据作用在容器及其附件迎风面上的有效风压来计算的载荷。它是由高度湍流的空气扫过地表时形成的非稳定流动引起的。风的流动方向通常为水平的，但它通过障碍物表面时，可能有垂直分量。

风载荷作用下，除了使容器产生应力和变形外，还可能使容器产生顺风向的振动和垂直于风向的诱导振动。

③ 地震载荷　是指作用在容器上的地震力，它产生于支承容器的地面的突然振动和容器对振动的反应。地震时，作用在容器上的力十分复杂。为简化设计计算，通常采用地震影响系数，把地震力简化为当量剪力和弯矩。

地震影响系数与容器所在地的场地土类别、震区类型和地震烈度等因素有关，具体取值可参阅有关建筑抗震设计规范。

④ 运输载荷　是指运输过程中由不同方向的加速度引起的力。容器经陆路或海路运送到安装地点，由于运输车辆或船舶的运动，容器将承受不同方向上的加速度。

运输载荷可用水平方向和垂直方向加速度给出，也可用加速度除以标准重力加速度所得到的系数表示。

⑤ 波浪载荷　是指固置在船上的容器，由于波浪运动而产生的加速度引起的载荷。波浪载荷的表示方法与运输载荷相同。晃动载荷是交变的，应考虑疲劳的要求，有关设计数据，可参考船舶分类的规范标准。

⑥ 管系载荷　是指管系作用在容器接管上的载荷。当管系与容器接管相连接时，由于管路及管内物料重量，管系的热膨胀和风载荷、地震或其他载荷的作用，在接管处产生的载荷就是管系载荷。

在设计容器时，管路的总体布置通常还没有最后确定，因此不可能通过管路应力分析来确定接管处的载荷。正是由于这个原因，往往要求压力容器设计委托方提供管系载荷。容器设计者必须保证接管能经受住这些载荷，确保不会在容器或接管处产生过大的应力。管线布置最终确定后，管路设计者要确保由接管应力分析得到的载荷不会超出指定的管系载荷。

（3）交变载荷

上述载荷中，有的是大小和 / 或方向随时间变化的交变载荷，有的是大小和方向基本上不随时间变化的静载荷。压力容器交变载荷的典型实例有：

ⅰ. 间歇生产的压力容器的重复加压、卸压；

ⅱ. 由往复式压缩机或泵引起的压力波动；

ⅲ. 生产过程中，因温度变化导致管系热膨胀或收缩，从而引起接管上的载荷变化；

ⅳ. 容器各零部件之间温度差的变化；

ⅴ. 装料、卸料引起的容器支座上的载荷变化；

ⅵ. 液体波动引起的载荷变化；

ⅶ. 振动（例如风诱导振动）引起的载荷变化。

设计者应详细了解容器在全寿命期间内，每个载荷的变化范围（即最大和最小值）和循环次数，以确定容器是否需要进行疲劳设计。交变载荷是容器设计中的一个重要控制因素，小载荷改变量大循环次数与大载荷改变量小循环次数，同样都要认真考虑。

压力容器设计时，并不是每台容器都要考虑以上载荷。设计者应根据全寿命周期内容器所受的载荷，结合规范标准的要求，确定设计载荷。

2.1.2 载荷工况

在制造安装、正常操作、开停工和压力试验等过程中，容器处于不同的载荷工况，所承受的载荷也不相同。设计压力容器时，应根据不同的载荷工况分别计算载荷。通常需要考虑的载荷工况有以下几方面。

① 正常操作工况　容器正常操作时的载荷包括：设计压力、液体静压力、重力载荷（包括隔热材料、衬里、内件、物料、平台、梯子、管系及支承在容器上的其他设备重量）、风载荷和地震载荷及其他操作时容器所承受的载荷。

② 特殊载荷工况　包括压力试验、开停工及检修等工况。

ⅰ.压力试验。制造完工的容器在制造厂进行压力试验时，载荷一般包括试验压力、容器自身的重量。通常，在制造厂车间内进行压力试验时，容器一般处于水平位置。对于立式容器，用卧式试验替代立式试验，当考虑液柱静压力时，容器顶部承受的压力大于立式试验时所承受的压力，有可能导致原设计壁厚不足，试验前应对其做强度校核。液压试验时还应考虑试验液体静压力和试验液体的重量。在压力试验工况下，一般不考虑地震载荷。

因定期检验或其他原因，容器需在安装处的现场进行压力试验，其载荷主要包括试验压力、试验液体静压力和试验时的重力载荷（一般情况下隔热材料已拆除）。

ⅱ.开停工及检修。开停工及检修时的载荷主要包括风载荷，地震载荷，容器自身重量以及内件、平台、梯子、管系及支承在容器上的其他设备重量。

③ 意外载荷工况　紧急状态下容器的快速启动或突然停车、容器内发生化学爆炸、容器周围的设备发生燃烧或爆炸等意外情况下，容器会受到爆炸载荷、热冲击等意外载荷的作用。

2.2 回转薄壳应力分析

如导言所述，压力容器通常是由板、壳等组合而成的焊接结构。常用的壳体分别是圆柱壳、球壳、椭球壳、锥形壳和由它们构成的组合壳。这些壳体多属于回转薄壳。

壳体是一种以两个曲面为界，且曲面之间的距离远比其他方向尺寸小得多的构件，两曲面之间的距离即是壳体的厚度，用 t 表示。与壳体两个曲面等距离的点所组成的曲面称为壳体的中面。按照厚度 t 与其中面曲率半径 R 的比值大小，壳体又可分为薄壳和厚壳。工程上一般把 $(t/R)_{max} \leqslant 1/10$ 的壳体归为薄壳，反之为厚壳。本节讨论薄壳的应力分析。

对于圆柱壳体（又称圆筒），若外直径与内直径的比值 $(D_o/D_i)_{max} \leqslant 1.1 \sim 1.2$，则称为薄壁圆柱壳或薄壁圆筒；反之，则称为厚壁圆柱壳或厚壁圆筒。

不同形状的壳体，受载后的应力分布规律也各不相同。按照“先从特殊到一般，再从一般到特殊”的原则，首先分析薄壁圆筒，然后分析一般形状的回转壳体，最后再应用所得到的结论，去解决球壳、椭球壳以及锥形壳等其他各种形状薄壁壳体的应力分析问题。

在薄壳应力分析中，假设壳体材料连续、均匀、各向同性；受载后的变形是弹性小变形；壳壁各层纤维在变形后互不挤压。

2.2.1　薄壁圆筒的应力

化工、炼油和核电等行业中储存、换热、反应、分离设备以及锅炉汽包均由两端的封头和作为主体的薄壁圆筒组成，如图 2-1 所示。

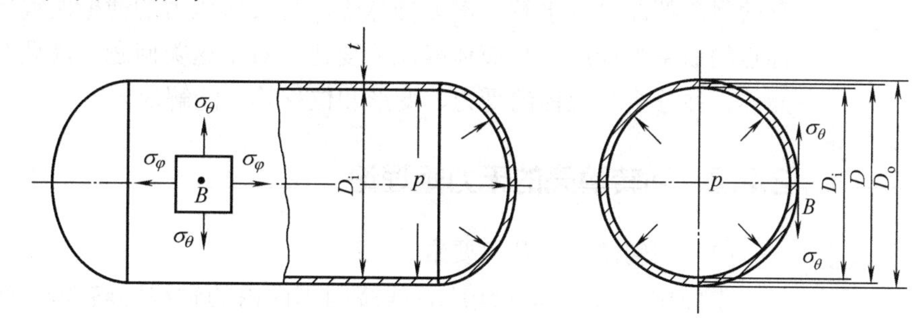

图 2-1　薄壁圆筒在内压作用下的应力

根据材料力学的分析方法，薄壁圆筒在均匀内压 p 作用下，圆筒壁上任一点 B 将产生两个方向的应力：一是由于内压作用于封头上而产生的轴向拉应力，称为“经向应力”或“轴向应力”，用 σ_φ 表示；二是由于内压作用使圆筒均匀向外膨胀，在圆周的切线方向产生的拉应力，称为“周向应力”或“环向应力”，用 σ_θ 表示。除上述两个应力分量外，器壁中沿壁厚方向还存在着径向应力 σ_r，但它相对 σ_φ、σ_θ 要小得多，所以在薄壁圆筒中不予考虑。于是，可以认为圆筒上任意一点处于二向应力状态，如图 2-1 中之 B 点所示。

求解 σ_φ 和 σ_θ，可采用“材料力学”中的“截面法”。作一垂直圆筒轴线的横截面，将圆筒分成两部分，保留右边部分，如图 2-2（a）所示。根据平衡条件，其轴向外力 $\frac{\pi}{4}D_i^2 p$ 必与轴向内力 $\pi D t \sigma_\varphi$ 相等。对于薄壁壳体，可近似认为内直径 D_i 等于壳体的中面直径 D。

$$\frac{\pi}{4}D^2 p = \pi D t \sigma_\varphi$$

由此得

$$\sigma_\varphi = \frac{pD}{4t} \tag{2-1}$$

从圆筒中取出一单位长度圆环，并通过 y 轴作垂直于 x 轴的平面将圆环截成两半。取其右半部分，如图 2-2（b）所示，根据平衡条件，半圆环上其 x 方向外力为 $2\int_0^{\frac{\pi}{2}} pR_i \sin\alpha \, d\alpha$ 必与作用在 y 截面上 x 方向内力 $2\sigma_\theta t$ 相等，得

$$2\int_0^{\frac{\pi}{2}} pR_i \sin\alpha \, d\alpha = 2t\sigma_\theta$$

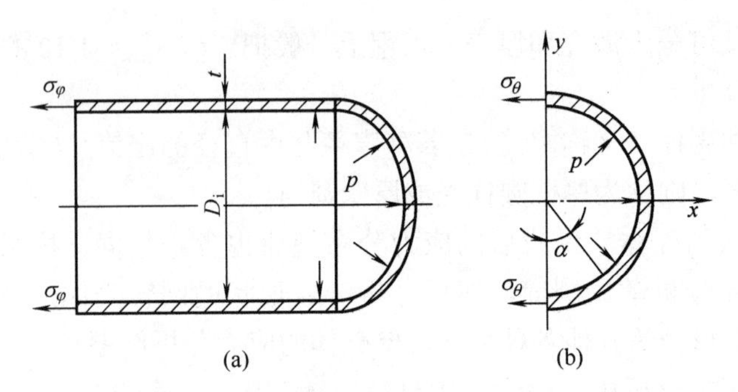

图 2-2 薄壁圆筒在压力作用下的力平衡

考虑到$D \approx 2R_i$，由上式得

$$\sigma_\theta = \frac{pD}{2t} \tag{2-2}$$

上述受均匀内压的薄壁圆筒，用截面法就能计算出它的应力。但并不是所有的问题都能这样求解。例如椭球壳、受液体压力的薄壁圆筒等。由于壳体上各点的曲率半径或承受液体静压的变化，对于这类问题，就要从壳体上取一微元体，并分析微元体的受力、变形和位移等才能解决。

2.2.2 回转薄壳的无力矩理论

（1）回转薄壳的几何要素

中面由一条平面曲线或直线绕同平面内的轴线回转 360° 而成的薄壳称为回转薄壳。绕轴线回转形成中面的平面曲线或直线称为母线。如图 2-3（a）所示，回转壳体的中面上，OA 为母线，OO' 为回转轴，中面与回转轴 OO' 的交点称为极点。通过回转轴的平面为经线平面，经线平面与中面的交线，称为经线，如 OA'。垂直于回转轴的平面与中面的交线称为平行圆。过中面上的点且垂直于中面的直线称为中面在该点的法线。法线必与回转轴相交。

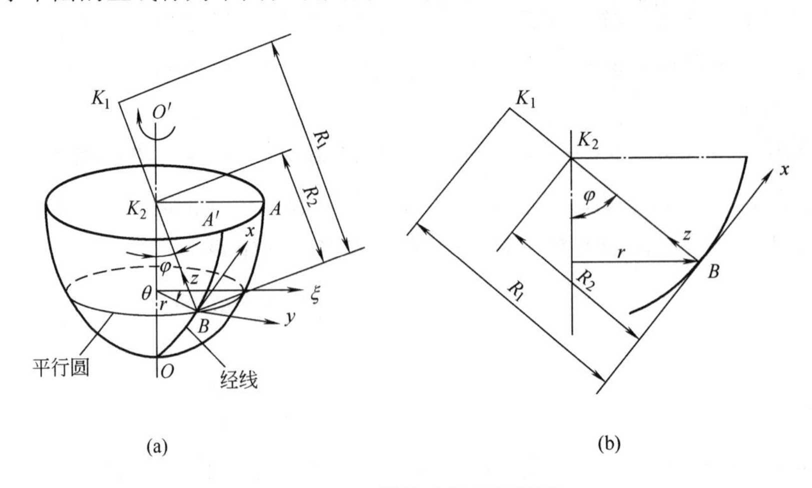

图 2-3 回转薄壳的几何要素

从图 2-3 可以看出：θ 和 φ 角是确定中面上任意一点 B 的两个坐标。θ 是 r 与任意定义的直线 ξ 间的夹角；φ 是壳体回转轴与中面在所考察点 B 处法线间

的夹角。图中 R_1、R_2 和 r 为关于回转壳的曲率半径：R_1 是经线（OA'）在考察点 B 的曲率半径（K_1B），亦即曲面的第一曲率半径；R_2 为壳体中面上所考察点 B 到该点法线与回转轴交点 K_2 之间长度（K_2B），亦即曲面的第二曲率半径；r 为平行圆的半径。同一点的第一与第二曲率半径都在该点的法线上。曲率半径的符号判别：曲率半径指向回转轴时，其值为正，反之为负。如图 2-3 中 B 点的 R_1、R_2 都指向回转轴，所以取正值。

r 与 R_1、R_2 不是完全独立的，从图 2-3（b）中可以得到

$$r=R_2\sin\varphi$$

（2）无力矩理论与有力矩理论

像所有承载的弹性体一样，在承载壳体内部，由于变形，其内部各点均会发生相对位移，因而产生相互作用力，即内力。

如图 2-4 所示，在一般情形下，壳体中面上存在以下十个内力分量：N_φ、N_θ 为法向力，$N_{\varphi\theta}$、$N_{\theta\varphi}$ 为剪力，这四个内力是因中面的拉伸、压缩和剪切变形而产生的，称为薄膜内力（或薄膜力）；Q_φ、Q_θ 为横向剪力；M_φ、M_θ 和 $M_{\varphi\theta}$、$M_{\theta\varphi}$ 分别为弯矩与扭矩，这六个内力是因中面的曲率、扭率改变而产生的，称为弯曲内力。

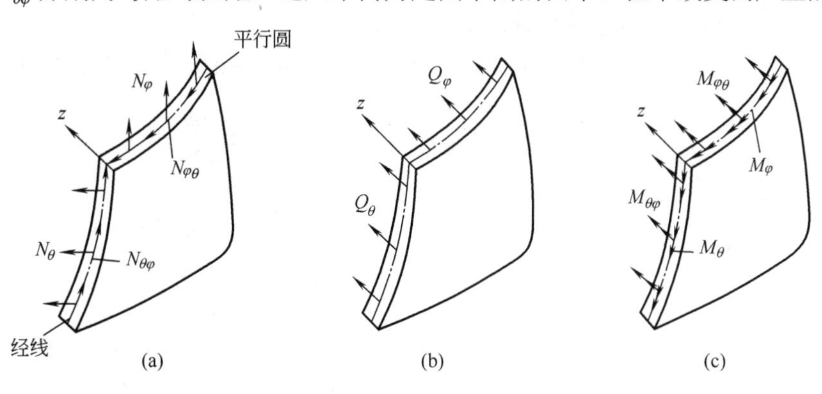

图 2-4 壳中的内力分量

一般情况下，薄壳内薄膜内力和弯曲内力同时存在。在壳体理论中，若同时考虑薄膜内力和弯曲内力，这种理论称为有力矩理论或弯曲理论。当薄壳的抗弯刚度非常小，或者中面的曲率、扭率改变非常小时，弯曲内力很小。这样，在考察薄壳平衡时，就可省略弯曲内力对平衡的影响，于是得到无矩应力状态。省略弯曲内力的壳体理论，称为无力矩理论或薄膜理论。无力矩理论所讨论的问题都是围绕着中面进行的。因壳壁很薄，沿厚度方向的应力与其他应力相比很小，其他应力不随厚度而变，因此中面上的应力和变形可以代表薄壳的应力和变形。

对于承受轴对称载荷的回转薄壳，都有一定的抗弯刚度，可以抵抗弯曲、扭曲变形。但在特定的条件下，壳体的应力状态仅由法向力 N_φ、N_θ 确定，处于无矩应力状态。可见，无矩应力状态只是其可能的应力状态之一。无矩应力状态时，应力沿厚度均匀分布，壳体材料强度可以合理利用，是最理想的应力状态。壳体无力矩理论在工程壳体结构分析中占有重要的地位。

2.2.3 无力矩理论的基本方程

（1）壳体微元及其内力分量

在受压壳体上任一点取一微元体 $abdc$。它由下列三对截面构成：一是壳体内外壁表面；二是两个相邻的经线截面；三是两个相邻的与经线垂直、同壳体正交的圆锥面，如图 2-5 所示。该微元体的经线弧长 $\overset{\frown}{ab}$ 为

$$dl_1=R_1d\varphi$$

与壳体正交的圆锥面截线 $\widehat{bd}$ 长为

$$dl_2=rd\theta$$

微元体$abdc$的面积为

$$dA=R_1rd\varphi d\theta$$

壳体承受轴对称载荷，与壳体表面垂直的压力为

$$p=p(\varphi)$$

据回转薄壳无力矩理论，微元截面上仅产生经向和周向内力 N_φ、N_θ。因为轴对称，N_φ、N_θ 不随 θ 变化，在截面 ab 和 cd 上的 N_θ 值相等。由于 N_φ 随角度 φ 变化，若在 bd 截面上的经向内力为 N_φ，在对应截面 ac 上，因 φ 增加了微量，经向内力变为 $N_\varphi+dN_\varphi$。

（2）微元平衡方程

作用在壳体微元上的内力分量和外载荷组成一平衡力系，根据平衡条件可得各内力分量与外载荷的关系式。

由图 2-5（c）知，经向内力 N_φ 和 $N_\varphi+dN_\varphi$ 在法线上的分量为

$$N_\varphi\sin\frac{d\varphi}{2}+(N_\varphi+dN_\varphi)\sin\frac{d\varphi}{2}=\sigma_\varphi trd\theta\sin\frac{d\varphi}{2}+(\sigma_\varphi+d\sigma_\varphi)t(r+dr)d\theta\sin\frac{d\varphi}{2}$$

将 $\sin\frac{d\varphi}{2}\approx\frac{d\varphi}{2}$，$r=R_2\sin\varphi$代入上式，并略去高阶微量，得

$$\sigma_\varphi tR_2\sin\varphi d\varphi d\theta$$

由图 2-5（d）中 ac 截面知，周向内力在平行圆方向的分量为

$$2N_\theta\sin\frac{d\theta}{2}=2\sigma_\theta tR_1d\varphi\sin\frac{d\theta}{2}$$

再将该分量投影至法线方向，见图2-5（e）中ab截面，并考虑 $\sin\frac{d\theta}{2}\approx\frac{d\theta}{2}$，得

$$\sigma_\theta tR_1d\varphi d\theta\sin\varphi$$

由微元体法线方向的力平衡，得

$$\sigma_\varphi tR_2\sin\varphi d\varphi d\theta+\sigma_\theta tR_1d\varphi d\theta\sin\varphi=pR_1R_2\sin\varphi d\varphi d\theta$$

等式两边同除以$tR_1R_2\sin\varphi d\varphi d\theta$，得

$$\frac{\sigma_\varphi}{R_1}+\frac{\sigma_\theta}{R_2}=\frac{p}{t} \tag{2-3}$$

拉普拉斯简介

这个联系薄膜应力 σ_φ、σ_θ 和压力 p 的方程，称为微元平衡方程。此式由拉普拉斯（Laplace）首先导出，故又称拉普拉斯方程。

（3）区域平衡方程

微元平衡方程式（2-3）中有两个未知量 σ_φ 和 σ_θ。必须再找一个补充方程，此方程可从部分容器的静力平衡条件中求得。

在图 2-5（a）中，过 mm' 作一与壳体正交的圆锥面 mDm'，并取截面以下部分容器作为分离体，如图 2-6 所示。

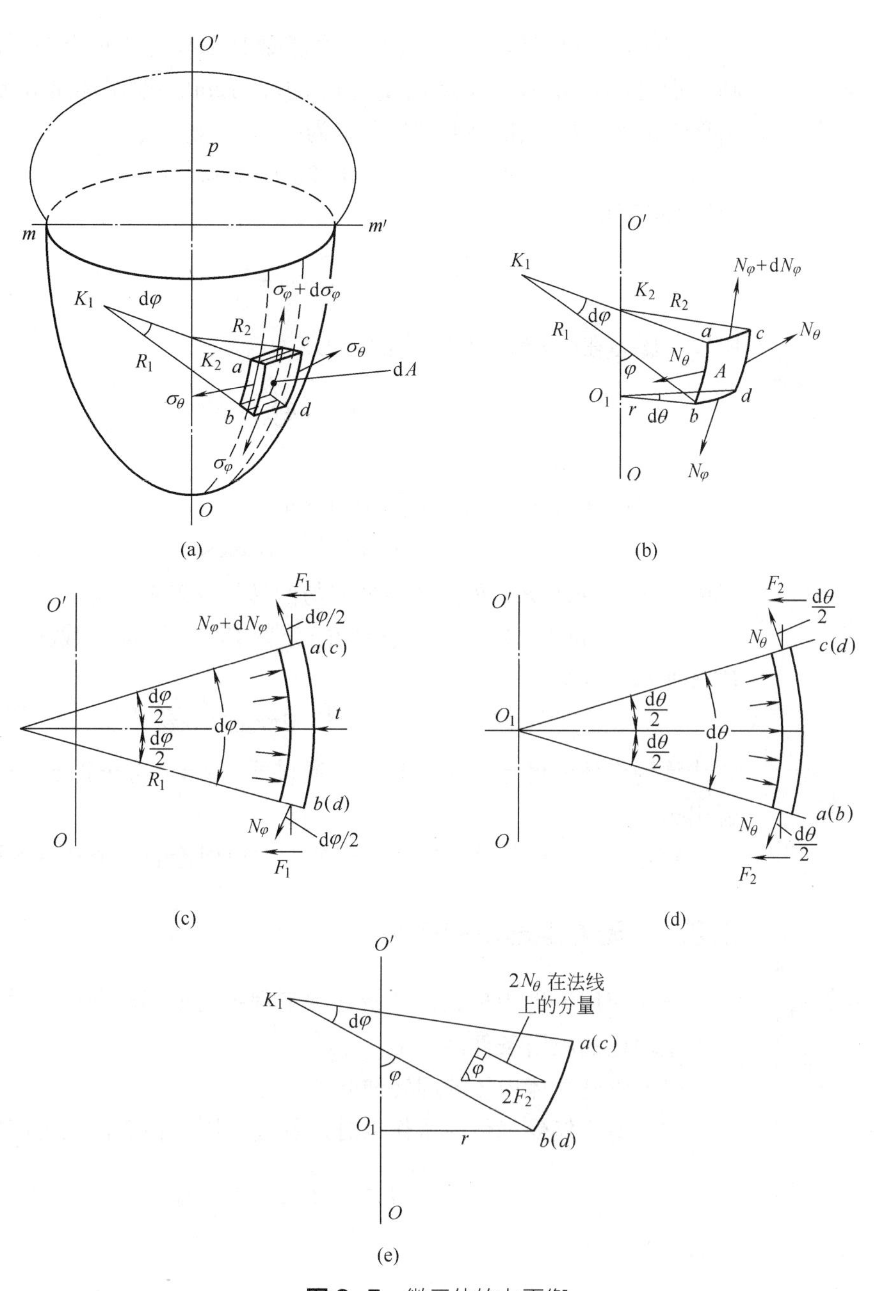

图 2-5 微元体的力平衡

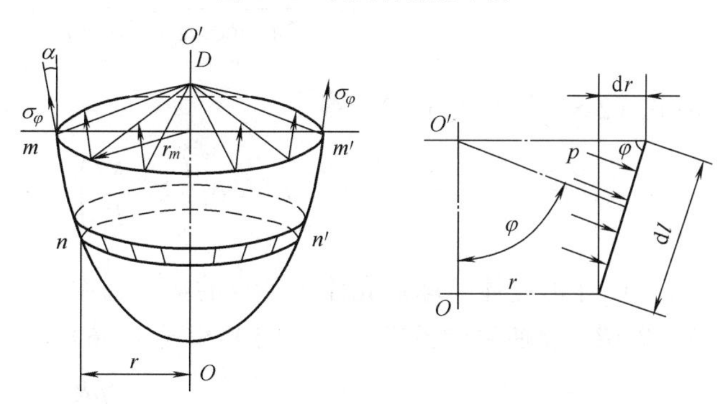

图 2-6 部分容器静力平衡

在容器 mOm' 区域上，任作两个相邻且都与壳体正交的圆锥面。在这两个圆锥面之间，壳体中面是宽度为 dl 的环带 nn'。设在环带处流体内压力为 p，则环带上所受压力沿 OO' 轴的分量为

$$\mathrm{d}V=2\pi rp\mathrm{d}l\cos\varphi$$

由图2-6可知

$$\cos\varphi=\frac{\mathrm{d}r}{\mathrm{d}l}$$

所以，压力在OO'轴方向产生的合力V为

$$V=2\pi\int_0^{r_m}pr\mathrm{d}r$$

式中　r_m——mm'处的平行圆半径。

作用在截面 mm' 上内力的轴向分量 V'

$$V'=2\pi r_m\sigma_\varphi t\cos\alpha$$

式中　α——截面mm'处的经线切向与回转轴OO'的夹角。

容器 mOm' 区域上，外载荷轴向分量 V，应与 mm' 截面上的内力轴向分量 V' 相平衡，所以

$$V=V'=2\pi r_m\sigma_\varphi t\cos\alpha \tag{2-4}$$

此式称为壳体的区域平衡方程式。通过式（2-4）可求得σ_φ，代入式（2-3）可解出σ_θ。

微元平衡方程与区域平衡方程是无力矩理论的两个基本方程。

2.2.4 无力矩理论的应用

下面应用无力矩理论，分析几种工程中典型回转薄壳的薄膜应力，并讨论无力矩理论的应用条件。

（1）承受气体内压的回转薄壳

回转薄壳仅受气体内压作用时，各处的压力相等，压力产生的轴向力 V 为

$$V=2\pi\int_0^{r_m}pr\mathrm{d}r=\pi r_m^2p$$

由式（2-4）得

$$\sigma_\varphi=\frac{V}{2\pi r_m t\cos\alpha}=\frac{pr_m}{2t\cos\alpha}=\frac{pR_2}{2t} \tag{2-5}$$

将式（2-5）代入式（2-3）得

$$\sigma_\theta=\sigma_\varphi\left(2-\frac{R_2}{R_1}\right) \tag{2-6}$$

① 球形壳体　球形壳体上各点的第一曲率半径与第二曲率半径相等，即$R_1=R_2=R$。将曲率半径代入式（2-5）和式（2-6）得

$$\sigma_\varphi=\sigma_\theta=\sigma=\frac{pR}{2t} \tag{2-7}$$

② 薄壁圆筒 薄壁圆筒中各点的第一曲率半径和第二曲率半径分别为 $R_1=\infty$，$R_2=R$。将 R_1、R_2 代入式（2-5）和式（2-6）得

$$\sigma_\theta=\frac{pR}{t}$$

$$\sigma_\varphi=\frac{pR}{2t} \tag{2-8}$$

显然，式（2-8）与前截面法求得的结果相同。薄壁圆筒中，周向应力是轴向应力的2倍。

③ 锥形壳体 单独的锥形壳体作为容器在工程上并不常用，一般都是用以作为收缩或扩大壳体的截面积，以逐渐改变气体或液体的速度，或者便于固体或黏性物料的卸出。承受压力 p 的锥形壳体几何尺寸见图 2-7。现求解锥壳上任一点 A 的应力。

锥形壳体的母线为直线，所以 $R_1=\infty$。壳体上任一点 A 的第二曲率半径 R_2 为 $R_2=x\tan\alpha$。将 R_1 和 R_2 代入式（2-5）和式（2-6），得

$$\sigma_\theta=\frac{pR_2}{t}=\frac{px\tan\alpha}{t}=\frac{pr}{t\cos\alpha}$$

$$\sigma_\varphi=\frac{px\tan\alpha}{2t}=\frac{pr}{2t\cos\alpha} \tag{2-9}$$

由式（2-9）可知：ⅰ周向应力和经向应力与 x 呈线性关系，锥顶处应力为零，离锥顶越远应力越大，且周向应力是经向应力的两倍；ⅱ锥壳的半锥角 α 是确定壳体应力的一个重要参量，当 α 趋于零时，锥壳的应力趋于圆筒的壳体应力；当 α 趋于 90°时，锥体变成平板，其应力就接近无限大。

④ 椭球形壳体 椭球形壳体由四分之一椭圆曲线作为母线绕一固定轴回转而成。它的应力同样可以用式（2-5）和式（2-6）计算。主要问题是如何确定第一和第二曲率半径 R_1 和 R_2，它们都是沿着椭球壳的经线连续变化的。

承受内压 p 的椭球壳的几何尺寸见图 2-8。已知椭圆曲线方程为

$$\frac{x^2}{a^2}+\frac{y^2}{b^2}=1$$

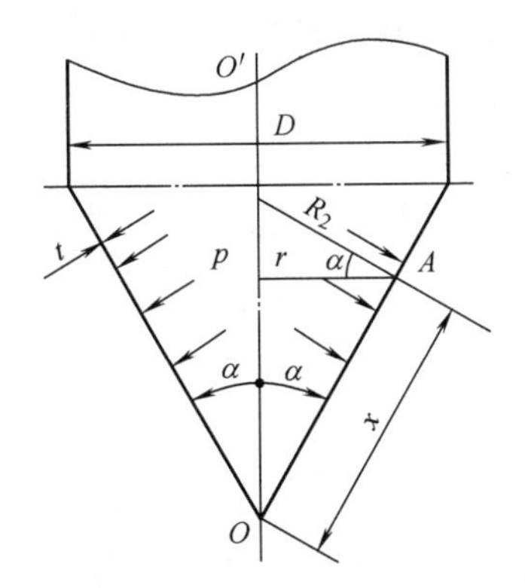

图 2-7 锥形壳体的几何尺寸

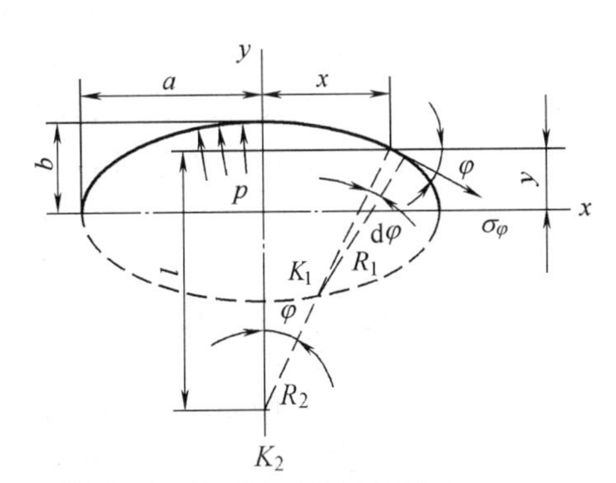

图 2-8 椭球壳体的几何尺寸

即

$$y=\pm\frac{b}{a}\sqrt{a^2-x^2}$$

其一阶导数和两阶导数为

$$y' = \frac{-bx}{a\sqrt{a^2 - x^2}} = -\frac{b^2 x}{a^2 y}$$

和

$$y'' = -\frac{b^4}{a^2 y^3}$$

椭球壳经线曲率半径为

$$R_1 = \frac{[1+(y')^2]^{3/2}}{|y''|}$$

代入y'和y''值可得

$$R_1 = \frac{[a^4 - x^2(a^2 - b^2)]^{3/2}}{a^4 b}$$

第二曲率半径R_2为椭圆至回转轴的法线长度。椭圆切线的斜率（在x-y坐标中）为

$$\tan\varphi = y' = -\frac{bx}{a\sqrt{a^2 - x^2}}$$

从图2-8可知$\tan\varphi = \dfrac{x}{l}$和$R_2 = \sqrt{l^2 + x^2}$，从这三式中可计算得

$$R_2 = \frac{[a^4 - x^2(a^2 - b^2)]^{1/2}}{b}$$

将R_1和R_2代入式（2-5）和式（2-6）得

$$\sigma_\varphi = \frac{pR_2}{2t} = \frac{p}{2t}\frac{[a^4 - x^2(a^2 - b^2)]^{1/2}}{b}$$

$$\sigma_\theta = \frac{p}{2t}\frac{[a^4 - x^2(a^2 - b^2)]^{1/2}}{b}\left[2 - \frac{a^4}{a^4 - x^2(a^2 - b^2)}\right] \tag{2-10}$$

这个用以计算椭球壳薄膜应力的方程式，是由胡金伯格（Huggenberger）在 1925 年首先导出的，故又称胡金伯格方程。

从式（2-10）可以看出：

ⅰ. 椭球壳上各点的应力是不等的，它与各点的坐标有关，在壳体顶点处（x=0，y=b），$R_1 = R_2 = \dfrac{a^2}{b}$，$\sigma_\varphi = \sigma_\theta = \dfrac{pa^2}{2bt}$；在壳体赤道上（$x$=$a$，$y$=0），$R_1 = \dfrac{b^2}{a}$，$R_2$=$a$，$\sigma_\varphi = \dfrac{pa}{2t}$，$\sigma_\theta = \dfrac{pa}{t}\left(1 - \dfrac{a^2}{2b^2}\right)$。

ⅱ. 椭球壳应力的大小除与内压p、壁厚t有关外，还与长轴与短轴之比a/b有很大关系，当a=b时，椭球壳变成球壳，这时最大应力为圆筒壳中的σ_θ的一半，随着a/b值的增大，椭球壳中应力增大，如图 2-9 所示。

内压椭圆形封头失效全过程

ⅲ. 椭球壳承受均匀内压时，在任何a/b值下，σ_φ恒为正值，即拉伸应力，且由顶点处最大值向赤道逐渐递减至最小值，当$a/b > \sqrt{2}$时，应力σ_θ将变号，即从拉应

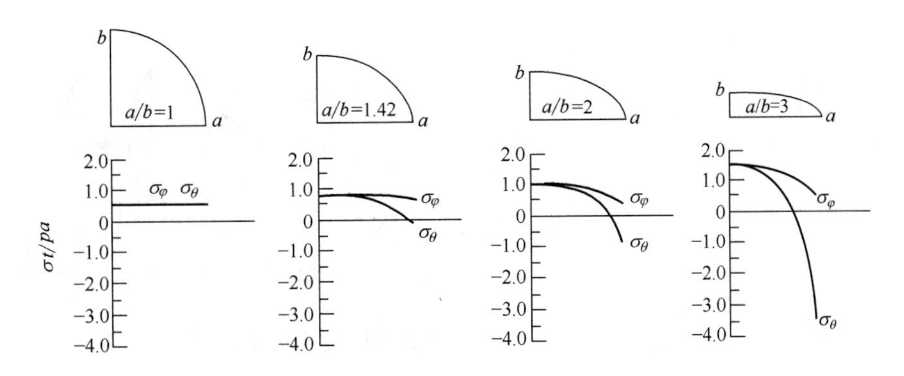

图 2-9 椭球壳中的应力随长轴与短轴之比的变化规律

力变为压应力；随着周向压应力增大，在大直径薄壁椭圆形封头中会出现局部屈曲（local buckling）；这个现象应采用整体或局部增加厚度、局部采用环状加强构件等措施加以预防。

ⅳ. 工程上常用标准椭圆形封头，其 $a/b=2$；此时 σ_θ 的数值在顶点处和赤道处大小相等但符号相反，即顶点处为 pa/t，赤道上为 $-pa/t$，而 σ_φ 恒是拉伸应力，在顶点处达最大值为 pa/t。

（2）储存液体的回转薄壳

与承受气体内压回转薄壳不同，壳壁上的液柱静压力随液层的深度而变化。

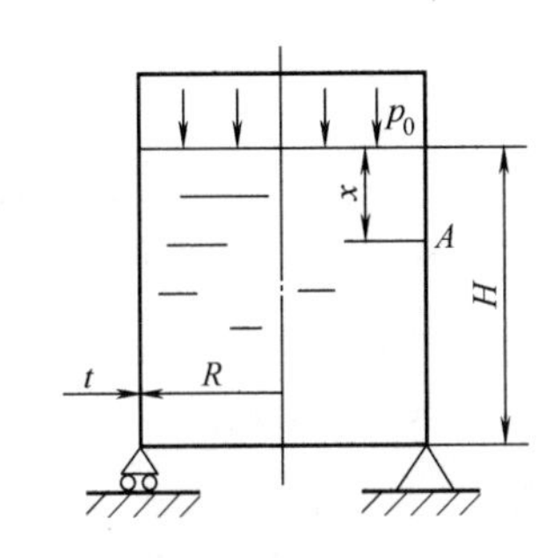

图 2-10 储存液体的圆筒形

① 圆筒形壳体 如图 2-10 所示底部支承的圆筒，液体表面压力为 p_0，液体密度为 ρ，筒壁上任一点 A 承受的压力为

$$p=p_0+\rho g x$$

由式（2-3）得

$$\sigma_\theta=\frac{(p_0+\rho g x)R}{t} \tag{2-11a}$$

作垂直于回转轴的任一横截面，由上部壳体的轴向力平衡可得

$$2\pi R t\sigma_\varphi=\pi R^2 p_0$$

即

$$\sigma_\varphi=\frac{p_0 R}{2t} \tag{2-11b}$$

若支座位置不在底部，应分别计算支座上下的轴向应力。读者可以根据轴向力平衡方程导出轴向应力计算公式。

② 球形壳体 图 2-11 为充满液体的球壳，由沿对应于 φ_0 的平行圆 A—A 裙座支承。液体密度为 ρ，气体压力 $p_0=0$，则作用在壳体上任一点 M 处的液体静压力为

$$p=\rho g R(1-\cos\varphi)$$

当 $\varphi<\varphi_0$，即在裙座 A—A 以上时，该压力作用在 M 点以上部分球壳上的总轴向力为

$$V=2\pi\int_0^{r_m} pr\mathrm{d}r$$

代入 $r=R\sin\varphi$ 和 $\mathrm{d}r=R\cos\varphi\mathrm{d}\varphi$ 可得

$$V=2\pi R^3\rho g\left[\frac{1}{6}-\frac{1}{2}\cos^2\varphi\left(1-\frac{2}{3}\cos\varphi\right)\right]$$

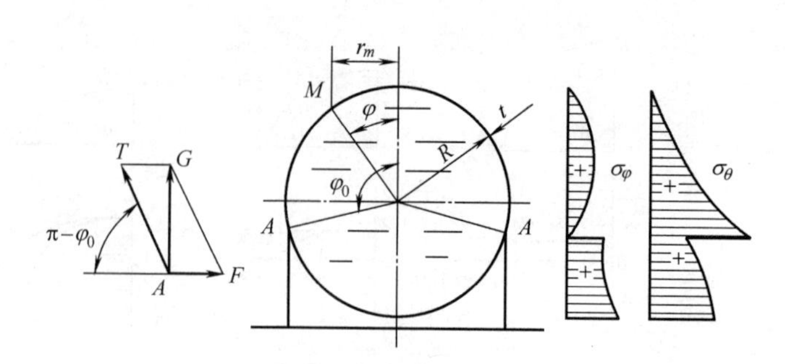

图 2-11 储存液体的圆球壳

将上式代入式（2-4），得

$$2\pi R^3\rho g\left[\frac{1}{6}-\frac{1}{2}\cos^2\varphi\left(1-\frac{2}{3}\cos\varphi\right)\right]=2\pi Rt\sigma_\varphi\sin^2\varphi$$

由此得

$$\sigma_\varphi=\frac{\rho gR^2}{6t}\left(1-\frac{2\cos^2\varphi}{1+\cos\varphi}\right)\tag{2-12a}$$

将上式代入式（2-3），得

$$\sigma_\theta=\frac{\rho gR^2}{6t}\left(5-6\cos\varphi+\frac{2\cos^2\varphi}{1+\cos\varphi}\right)\tag{2-12b}$$

对于裙座 A—A 以下（$\varphi>\varphi_0$）所截取的部分球壳，在轴向，除液体静压力引起的轴向力外，还受到支座 A—A 的反力 G。如忽略壳体自重，支座反力等于球壳内的液体总重量，即 $G=4\pi R^3\rho g/3$ 。

此时，区域平衡方程式为

$$2\pi\rho gR^3\left[\frac{1}{6}-\frac{1}{2}\cos^2\varphi\left(1-\frac{2}{3}\cos\varphi\right)\right]+\frac{4}{3}\pi R^3\rho g=2\pi Rt\sigma_\varphi\sin^2\varphi$$

由此得

$$\sigma_\varphi=\frac{\rho gR^2}{6t}\left(5+\frac{2\cos^2\varphi}{1-\cos\varphi}\right)\tag{2-13a}$$

将上式代入式（2-3），得

$$\sigma_\theta=\frac{\rho gR^2}{6t}\left(1-6\cos\varphi-\frac{2\cos^2\varphi}{1-\cos\varphi}\right)\tag{2-13b}$$

比较式（2-12）和式（2-13），不难发现在支座处（$\varphi=\varphi_0$）σ_φ 和 σ_θ 不连续，突变量为 $\pm\dfrac{2\rho gR^2}{3t\sin^2\varphi_0}$ 。这个突变量，是由支座反力 G 引起的。在支座附近的球壳发生局部弯曲，以保持球壳体应力与位移的连续性。因此，支座处应力的计算，必须用有力矩理论进行分析，而上述用无力矩理论计算得到的壳体薄膜应力，只有远离支座处才与实际相符。

（3）无力矩理论应用条件

需要指出的是，考虑到液体受热会膨胀，在工程实际中，不能将液体充满球壳，必须留出足够的气相空间。

为保证回转薄壳处于薄膜状态，壳体形状、加载方式及支承一般应满足如下条件。

i.壳体的厚度、中面曲率和载荷连续，没有突变，且构成壳体的材料的物理性能相同。因为上述因素之中，无论哪一个有突然变化，如按无力矩理论计算，则在这些突然变化处，中面的变形将是不连续的。而实际薄壳在这些部位必然产生边缘力和边缘弯矩，以保持中面的连续，这自然就破坏了无力矩状态。

ii.壳体的边界处不受横向剪力、弯矩和扭矩作用。

iii.壳体的边界处的约束沿经线的切线方向，不得限制边界处的转角与挠度。

显然，同时满足上述条件非常困难，理想的无矩状态并不容易实现，一般情况下，边界附近往往同时存在弯曲应力和薄膜应力。在很多实际问题中，一方面按无力矩理论求出问题的解，另一方面对弯矩较大的区域再用有力矩理论进行修正。联合使用有力矩理论和无力矩理论，解决了大量的薄壳问题。

2.2.5 回转薄壳的不连续分析

（1）不连续效应与不连续分析的基本方法

① 不连续效应　工程实际中的壳体结构，绝大部分都是由几种简单的壳体组合而成，即由球壳、圆柱壳、锥壳及圆板等连接组成。例如图 2-12 所示的工程实际组合壳结构，包含了球壳、圆柱壳、锥壳和椭球壳等基本壳体。它也可看作是一根曲线绕回转轴旋转而得的回转壳，但其母线不是简单曲线而是由几种形状规则的曲线段，诸如圆弧、椭圆曲线和直线等线段组合而成。此外，在工程的实际壳体中，沿壳体轴线方向的厚度、载荷、温度和材料的物理性能也可能出现突变。这些因素引起了壳体结构中薄膜应力的不连续。

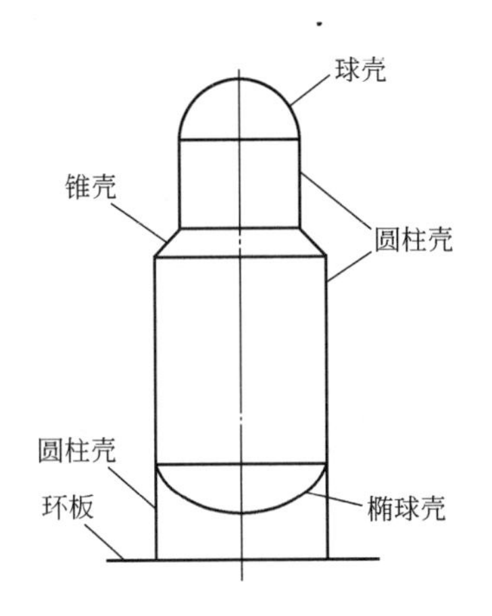

图 2-12 组合壳

在两壳体连接处，若把两壳体作为自由体，即在内压作用下自由变形，在连接处的薄膜位移和转角一般不相等，而实际上这两个壳体是连接在一起的，即两壳体在连接处的位移和转角必须相等。这样在两个壳体连接处附近形成一种约束，迫使连接处壳体发生局部的弯曲变形，在连接边缘产生了附加的边缘力和边缘力矩及抵抗这种变形的局部应力，使这一区域的总应力增大。

由于这种总体结构不连续，组合壳在连接处附近的局部区域出现衰减很快的应力增大现象，称为“不连续效应”或“边缘效应”。由此引起的局部应力称为“不连续应力”或“边缘应力”。分析组合壳不连续应力的方法，在工程上称为“不连续分析”。

② 不连续分析的基本方法　组合壳的不连续应力可以根据一般壳体理论计算，但较复杂。工程上常采用简便的解法，把壳体应力的解分解为两个部分：一是薄膜解或称主要解，即壳体的无力矩理论的解，求得的薄膜应力与相应的载荷同时存在，这类应力称为一次应力，它是由于外载荷所产生而且必须满足内部和外部的力和力矩的平衡关系的应力，随外载荷的增大而增大，因此，当它超过材料屈服强度时就能导致材料的破坏或大面积变形；二是有矩解或称次要解，即在两壳体连接边缘处切开后，自由边界上受到边缘力和边缘力矩作用时的有力矩理论的解，求得的应力称为二次应力，它是由于相邻部分材料的约束或结构自身约束所产生的应力，有自限性，因此，它超过材料屈服强度时就产生局部屈服或较小的变形，连接边缘处壳体不同的变形就可协调，从而得到一个较有利的应力分布结果。将上述两种解叠加后就可以得到保持组合壳总体结构连续的最终解，而总应力由上述一次薄膜应力和二次应力叠加而成。现以图 2-13 所示的半球壳与圆柱壳连接的组合壳为例说明连接边缘的变形。

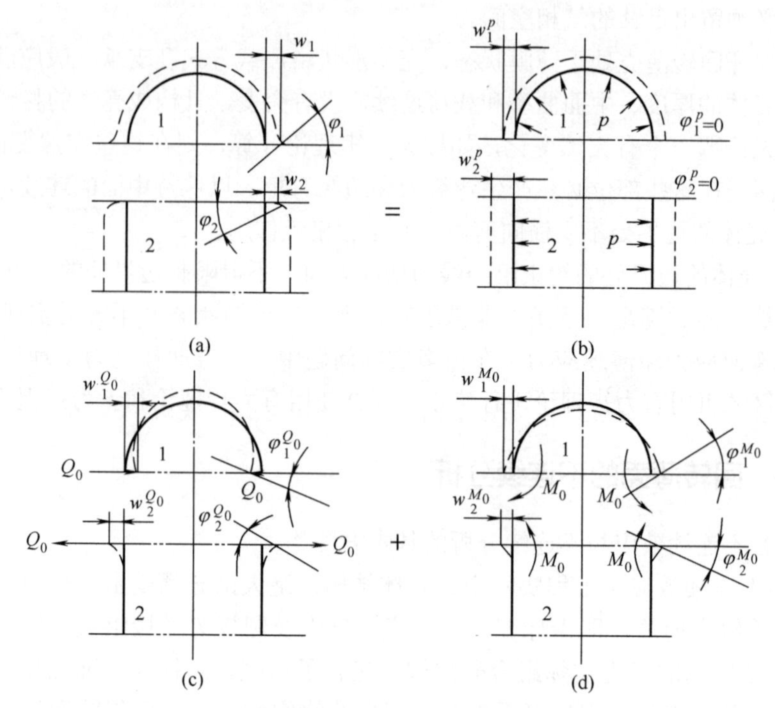

图 2-13 连接边缘的变形

将内压作用下的半球壳和圆柱壳连接边缘处沿平行圆切开，两壳体各自的薄膜变形如图 2-13（b）所示。显然，两壳体平行圆径向位移不相等，$w_1^p \neq w_2^p$，但两壳体实际是连成一体的连续结构，因此两壳体的连接处将产生边缘力 Q_0 和边缘力矩 M_0，并引起弯曲变形，见图 2-13（c）、（d）。根据变形连续性条件

$$w_1=w_2，\varphi_1=\varphi_2 \tag{2-14}$$

即弯曲变形与薄膜变形叠加后，两壳体在连接处的总变形量一定相等，可写出边缘变形的连续性方程（又称变形协调方程），为

$$\begin{aligned} w_1^p + w_1^{Q_0} + w_1^{M_0} &= w_2^p + w_2^{Q_0} + w_2^{M_0} \\ \varphi_1^p + \varphi_1^{Q_0} + \varphi_1^{M_0} &= \varphi_2^p + \varphi_2^{Q_0} + \varphi_2^{M_0} \end{aligned} \tag{2-15}$$

式中，w^p、w^{Q_0}、w^{M_0} 及 φ^p、φ^{Q_0}、φ^{M_0} 分别表示 p、Q_0 和 M_0 在壳体连接处产生的平行圆径向位移和经线转角，下标 1 表示半球壳，下标 2 表示圆柱壳。其中，p、Q_0、M_0 和位移、转角关系分别用无力矩和有力矩理论求得。以图 2-13（c）和（d）所示左半部分圆筒为对象，径向位移 w 以向外为负，转角 φ 以逆时针为正。

将 p、Q_0、M_0 和变形（位移和转角）的关系式代入以上两个方程，可求出 Q_0、M_0 两个未知边缘载荷，于是可求出边缘弯曲解，它与薄膜解叠加，即得问题的全解。

（2）圆柱壳受边缘力和边缘力矩作用的弯曲解

如图 2-13 所示，圆柱壳的边缘上，受到沿圆周均匀分布的边缘力 Q_0 和边缘力矩 M_0 的作用。轴对称加载的圆柱壳有力矩理论基本微分方程为

$$\frac{\mathrm{d}^4 w}{\mathrm{d}x^4}+4\beta^4 w=\frac{p}{D'}+\frac{\mu}{RD'}N_x \tag{2-16}$$

式中 D'——壳体的抗弯刚度，$D'=\dfrac{Et^3}{12(1-\mu^2)}$；

w——径向位移；

N_x——单位圆周长度上的轴向薄膜内力，可直接由圆柱壳轴向力平衡关系求得；

x——所考虑点离圆柱壳边缘的距离；

β——因次为［长度］$^{-1}$的系数，$\beta=\sqrt[4]{\dfrac{3(1-\mu^2)}{R^2t^2}}$。

由圆柱壳有力矩理论，解出 w 后可得内力为

$$\begin{aligned} N_\theta &= -Et\frac{w}{R}+\mu N_x \\ M_x &= -D'\frac{\mathrm{d}^2 w}{\mathrm{d}x^2} \\ M_\theta &= -\mu D'\frac{\mathrm{d}^2 w}{\mathrm{d}x^2} \\ Q_x &= \frac{\mathrm{d}M_x}{\mathrm{d}x}=-D'\frac{\mathrm{d}^3 w}{\mathrm{d}x^3} \end{aligned} \tag{2-17}$$

式中 N_θ——单位长度上的周向薄膜内力；

Q_x——单位圆周长度上横向剪力；

M_x——单位圆周长度上的轴向弯矩；

M_θ——单位长度上的周向弯矩。

上述各内力求解后，就可按材料力学方法计算各应力分量。圆柱壳弯曲问题中的应力由两部分组成：一部分是薄膜内力引起的薄膜应力，它相当于矩形截面的梁（高为 t，宽为单位长度）承受轴向载荷所引起的正应力，这一应力沿厚度均匀分布；另一部分是弯曲应力，包括弯曲内力在同一矩形截面上引起的沿厚度呈线性分布的正应力和抛物线分布的横向切应力。因此，圆柱壳轴对称弯曲应力计算公式为

$$\begin{aligned} \sigma_x &= \frac{N_x}{t}\pm\frac{12M_x}{t^3}z \\ \sigma_\theta &= \frac{N_\theta}{t}\pm\frac{12M_\theta}{t^3}z \\ \sigma_z &= 0 \\ \tau_x &= \frac{6Q_x}{t^3}\left(\frac{t^2}{4}-z^2\right) \end{aligned}$$

式中 z——离壳体中面的距离。

显然，正应力的最大值在壳体的表面上$\left(z=\mp\dfrac{t}{2}\right)$，横向切应力的最大值发生在中面上（$z$=0），即

$$\begin{aligned} \sigma_{x\max} &= \frac{N_x}{t}\mp\frac{6M_x}{t^2} \\ \sigma_{\theta\max} &= \frac{N_\theta}{t}\mp\frac{6M_\theta}{t^2} \end{aligned} \tag{2-18}$$

$$\tau_{x\max}=\frac{3Q_x}{2t}$$

横向切应力与正应力相比数值较小，故一般不予计算。

现由上述方程求解圆柱壳中的各内力。若圆柱壳无表面载荷 p 存在，且 $N_x=0$，于是式（2-16）可写为

$$\frac{d^4w}{dx^4}+4\beta^4w=0 \tag{2-19}$$

此齐次方程通解为

$$w=e^{\beta x}(C_1\cos\beta x+C_2\sin\beta x)+e^{-\beta x}(C_3\cos\beta x+C_4\sin\beta x) \tag{2-20}$$

式中，C_1、C_2、C_3 和 C_4 为积分常数，由圆柱壳两端边界条件确定。

当圆柱壳足够长时，随着 x 的增加，弯曲变形逐渐衰减以至消失，因此式（2-20）中含有 $e^{\beta x}$ 的项为零，亦即要求 $C_1=C_2=0$，于是式（2-20）可写成

$$w=e^{-\beta x}(C_3\cos\beta x+C_4\sin\beta x) \tag{2-21}$$

圆柱壳的边界条件为

$$(M_x)_{x=0}=-D'\left(\frac{d^2w}{dx^2}\right)_{x=0}=M_0$$

$$(Q_x)_{x=0}=-D'\left(\frac{d^3w}{dx^3}\right)_{x=0}=Q_0$$

利用边界条件，可得w表达式为

$$w=\frac{e^{-\beta x}}{2\beta^3D'}\left[\beta M_0(\sin\beta x-\cos\beta x)-Q_0\cos\beta x\right] \tag{2-22}$$

最大挠度和转角发生在$x=0$的边缘上

$$\begin{aligned}(w)_{x=0}&=-\frac{1}{2\beta^2D'}M_0-\frac{1}{2\beta^3D'}Q_0\\(\varphi)_{x=0}&=\left(\frac{dw}{dx}\right)_{x=0}=\frac{1}{\beta D'}M_0+\frac{1}{2\beta^2D'}Q_0\end{aligned} \tag{2-23}$$

式（2-23）中，w和φ即为M_0和Q_0在连接处引起的平行圆径向位移和经线转角，并可改写为

$$w^{M_0}=-\frac{1}{2\beta^2D'}M_0$$

$$w^{Q_0}=-\frac{1}{2\beta^3D'}Q_0$$

$$\varphi^{M_0}=\frac{1}{\beta D'}M_0$$

$$\varphi^{Q_0}=\frac{1}{2\beta^2D'}Q_0$$

将式（2-22）及其各阶导数代入式（2-17），可得圆柱壳中各内力计算式

$$N_x=0$$

$$
\begin{aligned}
&N_\theta = 2\beta R\mathrm{e}^{-\beta x}[\beta M_0(\cos\beta x-\sin\beta x)+Q_0\cos\beta x]\\
&M_x = \frac{\mathrm{e}^{-\beta x}}{\beta}[\beta M_0(\cos\beta x+\sin\beta x)+Q_0\sin\beta x]\\
&M_\theta = \mu M_x\\
&Q_x = -\mathrm{e}^{-\beta x}[2\beta M_0\sin\beta x-Q_0(\cos\beta x-\sin\beta x)]
\end{aligned}
\tag{2-24}
$$

将式（2-24）代入式（2-18），可求得圆柱壳体连接边缘处的应力。

一般回转壳受边缘力和边缘力矩作用，引起的内力和变形的求解，需要应用一般回转壳理论。有兴趣的读者可参阅文献［10］第 373～第 407 页。

（3）组合壳不连续应力的计算举例

现以圆平板与圆柱壳连接时的边缘应力计算为例，说明边缘应力计算方法。

如图 2-14 所示，圆平板与圆柱壳连接处受到边缘力 Q_0 和边缘力矩 M_0 的作用。圆平板的变形有两种情况：一种情况是圆平板很厚，它抵抗变形能力远大于圆筒，可假设连接处没有位移和转角，即

$$w_1^p = w_1^{Q_0} = w_1^{M_0} = 0$$

$$\varphi_1^p = \varphi_1^{Q_0} = \varphi_1^{M_0} = 0$$

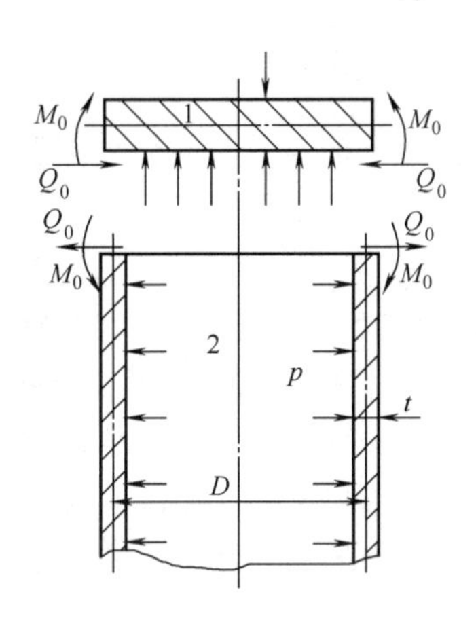

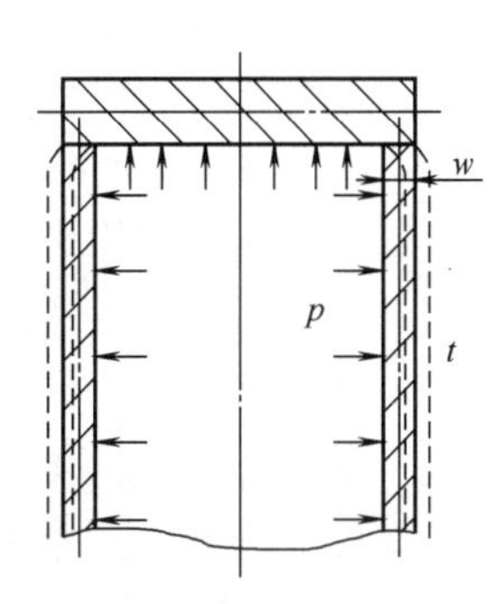

图 2-14 圆平板与圆柱壳的连接

另一种情况是圆平板较薄，刚度有限，在连接边缘处有位移和转角产生，其大小可由平板理论求得。在此仅介绍第一种较简单的情况。第二种情况参见文献［18］第59～第62页。

在内压 p 作用下，薄壁圆柱壳中的应力可按式（2-8）计算。根据广义胡克定律和应变与位移关系式，得内压引起的周向应变 ε_θ^p 为

$$\varepsilon_\theta^p = \frac{2\pi(R-w_2^p)-2\pi R}{2\pi R} = \frac{1}{E}\left(\frac{pR}{t}-\mu\frac{pR}{2t}\right)$$

故

$$w_2^p = -\frac{pR^2}{2Et}(2-\mu)$$

内压引起的转角为零，即 $\varphi_2^p = 0$。

在圆柱壳和圆平板连接处，圆柱壳中由边缘力 Q_0 和边缘力矩 M_0 引起的变形可按式（2-23）计算。

根据变形协调条件，即式（2-15）得

$$w_2^p + w_2^{Q_0} + w_2^{M_0} = 0$$

$$\varphi_2^p + \varphi_2^{Q_0} + \varphi_2^{M_0} = 0$$

将位移和转角代入上式，得

$$-\frac{pR^2}{2Et}(2-\mu)-\frac{1}{2\beta^2 D'}M_0-\frac{1}{2\beta^3 D'}Q_0=0$$

$$\frac{1}{\beta D'}M_0+\frac{1}{2\beta^2 D'}Q_0=0$$

解得

$$M_0=\beta^2 D'\frac{pR^2}{Et}(2-\mu)$$

$$Q_0=-2\beta^3 D'\frac{pR^2}{Et}(2-\mu)$$

式中负号表示Q_0的实际方向与图示方向相反。利用式（2-8）、式（2-18）和式（2-24），可求出圆柱壳中最大经向应力和周向应力为

$$(\sum\sigma_x)_{\max}=2.05\frac{pR}{t} \qquad (\text{在}\beta x=0\text{处，内表面})$$

$$(\sum\sigma_\theta)_{\max}=0.62\frac{pR}{t} \qquad (\text{在}\beta x=0\text{处，内表面})$$

可见，与厚平板连接的圆柱壳边缘处的最大应力为壳体内表面的经向应力，远大于远离结构不连续处圆柱壳中的薄膜应力。

（4）不连续应力的特性

不同结构组合壳，在连接边缘处，有不同的边缘应力，有的边缘效应显著，其应力可达到很大的数值，但它们都有一个共同特性，即影响范围很小，这些应力只存在于连接处附近的局部区域。例如，受边缘力和力矩作用的圆柱壳，由式（2-24）知，随着离边缘距离 x 的增加，各内力呈指数函数迅速衰减直至消失，这种性质称为不连续应力的局部性。当$x=\pi/\beta$时，圆柱壳中产生的纵向弯矩的绝对值为

$$\left|(M_x)_{x=\frac{\pi}{\beta}}\right|=\mathrm{e}^{-\pi}M_0=0.043M_0$$

可见，在离开边缘 π/β 处，其纵向弯矩已衰减掉95.7%；若离边缘的距离大于π/β，则可忽略边缘力和边缘弯矩的作用。对于一般钢材$\mu=0.3$，则

$$x=\frac{\pi}{\beta}=\frac{\pi\sqrt{Rt}}{\sqrt[4]{3(1-\mu^2)}}=2.5\sqrt{Rt}$$

在多数情况下，$2.5\sqrt{Rt}$ 与壳体半径R相比是一个很小的数字，这说明边缘应力具有很大的局部性。

不连续应力的另一个特性是自限性。不连续应力是由于毗邻壳体在连接处的薄膜变形不相等，两壳体连接边缘的变形受到弹性约束所致，因此对于用塑性材料制造的壳体，当连接边缘的局部区产生塑性变形，这种弹性约束就开始缓解，变形不会连续发展，不连续应力也自动限制，这种性质称为不连续应力的自限性。

由于不连续应力具有局部性和自限性两种特性，对于受静载荷作用的塑性材料壳体，在设计中一般不作具体计算，仅采取结构上作局部处理的办法，以限制其应力水平。但对于脆性材料制造的壳体、经受疲劳载荷或低温的壳体等，因对过高的不连续应力十分敏感，可能导致壳体的疲劳失效或脆性破坏，因而在设计中应按有关规定计算并限制不连续应力。

2.3 厚壁圆筒应力分析

在化学工程和反应堆工程等工程实际中，由于承受高温高压，某些设备器壁厚度较大。例如，合成氨、合成甲醇、合成尿素、油类加氢及压水反应堆等工程中使用的容器，圆筒的外直径与内直径之比常大于 1.1，属于厚壁圆筒。

与薄壁圆筒相比，承受压力和温度载荷作用时，厚壁圆筒所产生的应力不仅有经向应力和周向应力，还应考虑径向应力，是三向应力状态，应采用三向应力分析；周向应力和径向应力沿壁厚不是均匀分布，而出现应力梯度。这种应力状态和应力分布的改变，可解释为厚壁圆筒是由许多同心的薄壁圆筒组成，在承受压力和温度载荷时不像独立的薄壁圆筒，变形是自由的，组成厚壁圆筒的每个薄圆筒，它的变形既受到内层圆筒的约束，又受到外层圆筒的限制，变形不再是自由的了。由于各层圆筒的变形受到的约束和限制不一样，因此每个薄圆筒所受内外侧压力也是不相同的，造成应力沿壁厚的分布不均匀。此外，随着壁厚增加，内外壁间的温差加大，由此产生的热应力相应增大，因此应考虑器壁中的热应力。

厚壁圆筒与薄壁圆筒的应力分析方法也不相同。薄壁筒体中，由于壳壁很薄，应力沿厚度均匀分布，可根据微元平衡方程和区域平衡方程，求得壳体中的应力。厚壁圆筒中的三个应力分量，其中周向应力及径向应力沿厚度非均匀分布，其应力值仅取微元平衡不能求解，必须从平衡、几何、物理三个方面分析，才能确定厚壁筒中各点的应力大小。

厚壁圆筒有单层式和组合式两大类。本节将分析单层厚壁圆筒的弹性应力、弹塑性应力、屈服压力和爆破压力。组合式厚壁圆筒的应力分析，需要考虑层间间隙和预应力的影响，已超出本书的范围。有兴趣的读者可参阅文献［48］第 46～第 150 页和文献［49］第 112～第 137 页。

2.3.1 弹性应力

有一两端封闭的厚壁圆筒（图 2-15），受到内压 p_i 和外压 p_o 的作用，圆筒的内半径和外半径分别为 R_i、R_o，任意点的半径为 r。以轴线为 z 轴建立圆柱坐标，现求解其远离两端处筒壁中的三向应力。

（1）压力载荷引起的弹性应力

① 轴向（经向）应力　对两端封闭的圆筒，作一垂直于轴线的横截面，并保留圆筒的左部，见图 2-15（a）、（b）。由变形观察可知，圆筒上的横截面在变形后仍保持平面。所以，假设轴向应力 σ_z 沿厚度方向均匀分布，得 σ_z 为

$$\sigma_z=\frac{\pi R_i^2 p_i-\pi R_o^2 p_o}{\pi(R_o^2-R_i^2)}=\frac{p_i R_i^2-p_o R_o^2}{R_o^2-R_i^2} \tag{2-25}$$

② 周向应力与径向应力　由于轴对称性，在圆柱坐标中，周向应力 σ_θ 和径向应力 σ_r 只是径向坐标 r 的函数。应力分析就是要确定 σ_θ 和 σ_r 与 r 之间的关系。

由于应力分布的不均匀性，进行应力分析时，必须从微元体着手，分析其应力和变形及它们之间的相互关系。

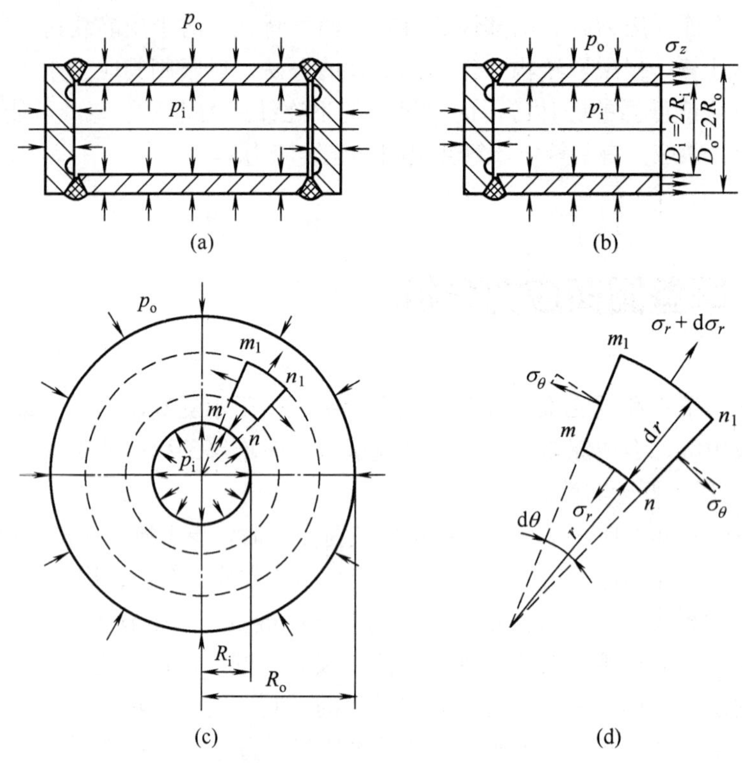

图 2-15 厚壁圆筒中的应力

微元体 如图 2-15（c）、（d）所示，mn 面和 m_1n_1 面分别为半径 r 和半径 r+dr 的两个圆柱面；mm_1 面和 nn_1 面为两相邻的通过轴线的纵截面，其夹角为 dθ；微元在轴线方向的长度为 1 个单位长度。微元体各个面上的应力如下：在 mm_1 和 nn_1 面上的环向应力均为 σ_θ；在半径为 r 的 mn 面上，长度径向应力为 σ_r；在半径为 r+dr 的 m_1n_1 面上，径向应力为 σ_r+dσ_r。

此外，在轴线方向上相距为 1 个单位长度的两个横截面上还有轴向应力 σ_z 的作用，这个应力对微元体的平衡无影响，图中没标出。

平衡方程 如图 2-15（d）所示，由微元体在半径 r 方向上的力平衡关系，得

$$(\sigma_r+\mathrm{d}\sigma_\mathrm{r})(r+\mathrm{d}r)\mathrm{d}\theta-\sigma_\mathrm{r}r\mathrm{d}\theta-2\sigma_\theta\mathrm{d}r\sin\frac{\mathrm{d}\theta}{2}=0$$

因 dθ 极小，故 $\sin\frac{\mathrm{d}\theta}{2}\approx\frac{\mathrm{d}\theta}{2}$，再略去高阶微量 d$\sigma_rdr$，上式可简化为

$$\sigma_\theta-\sigma_r=r\frac{\mathrm{d}\sigma_r}{\mathrm{d}r} \qquad (2\text{-}26)$$

这就是微元体的平衡方程。式中有两个未知数，只靠这一个方程是无法求解的，还必须建立补充方程。这就得借助于几何和物理方程。

几何方程 几何方程就是微元体的位移与其应变之间的关系。

由于结构和受力的对称性，横截面上各点只是在原来所在的半径上发生径向位移。于是，微元体各面位移如图 2-16 所示。其中 mm_1n_1n 为变形前的位置，$m'm_1'n_1'n'$ 为变形后的位置。若半径为 r 的 mn 面之径向位移为 w，则半径为 r+dr 的 m_1n_1 面之径向位移为 w+dw。根据应变的定义，可导出应变的表达式

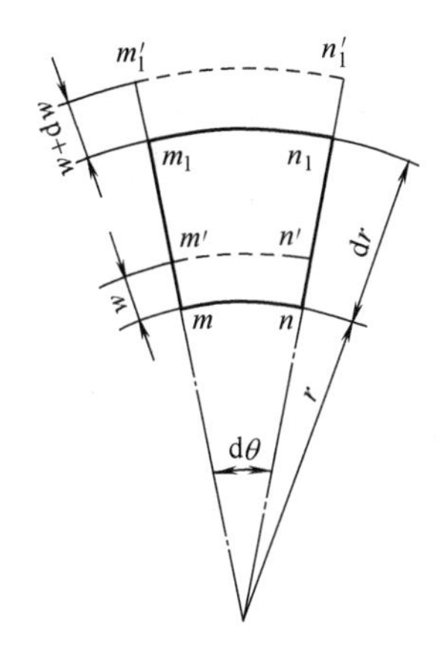

图 2-16 厚壁圆筒中微元体的位移

径向应变 $$\varepsilon_r=\frac{(w+\mathrm{d}w)-w}{\mathrm{d}r}=\frac{\mathrm{d}w}{\mathrm{d}r}$$

周向应变 $$\varepsilon_\theta=\frac{(r+w)\mathrm{d}\theta-r\mathrm{d}\theta}{r\mathrm{d}\theta}=\frac{w}{r} \tag{2-27}$$

式（2-27）就是微元体的几何方程。它表明 ε_r、ε_θ 都是径向位移 w 的函数，因而二者是相互联系的。对第二式求导并变换可得

$$\frac{\mathrm{d}\varepsilon_\theta}{\mathrm{d}r}=\frac{1}{r}(\varepsilon_r-\varepsilon_\theta) \tag{2-28}$$

此方程称为变形协调方程。它表明微元体的应变不能是任意的，而是相互联系着的，即必须满足上述变形协调方程。

物理方程 按广义胡克定律，在弹性范围内，微元体的应力与应变关系必须满足下列关系

$$\varepsilon_r=\frac{1}{E}\left[\sigma_r-\mu(\sigma_\theta+\sigma_z)\right]$$

$$\varepsilon_\theta=\frac{1}{E}\left[\sigma_\theta-\mu(\sigma_r+\sigma_z)\right] \tag{2-29}$$

这就是物理方程。

平衡、几何和物理方程综合——求解应力的微分方程 由式（2-29）可得

$$\varepsilon_r-\varepsilon_\theta=\frac{1+\mu}{E}(\sigma_r-\sigma_\theta) \tag{2-30}$$

同时对式（2-29）的第二式求导，可得（σ_z为沿r均匀分布的常量）

$$\frac{\mathrm{d}\varepsilon_\theta}{\mathrm{d}r}=\frac{1}{E}\left(\frac{\mathrm{d}\sigma_\theta}{\mathrm{d}r}-\mu\frac{\mathrm{d}\sigma_r}{\mathrm{d}r}\right)$$

另将式（2-30）代入式（2-28）得

$$\frac{\mathrm{d}\varepsilon_\theta}{\mathrm{d}r}=\frac{1+\mu}{rE}(\sigma_r-\sigma_\theta)$$

由这两个 $\dfrac{\mathrm{d}\varepsilon_\theta}{\mathrm{d}r}$ 的表达式，得

$$\frac{\mathrm{d}\sigma_\theta}{\mathrm{d}r}-\mu\frac{\mathrm{d}\sigma_r}{\mathrm{d}r}=\frac{1+\mu}{r}(\sigma_r-\sigma_\theta) \tag{2-31}$$

由式（2-26）求出σ_θ，再代入式（2-31），整理得

$$r\frac{\mathrm{d}^2\sigma_r}{\mathrm{d}r^2}+3\frac{\mathrm{d}\sigma_r}{\mathrm{d}r}=0$$

解该微分方程，可得 σ_r 的通解。将 σ_r 再代入式（2-26）得 σ_θ

$$\sigma_r=A-\frac{B}{r^2},\qquad \sigma_\theta=A+\frac{B}{r^2} \tag{2-32}$$

边界条件为：当$r=R_\mathrm{i}$时，$\sigma_r=-p_\mathrm{i}$；当$r=R_\mathrm{o}$时，$\sigma_r=-p_\mathrm{o}$。将边界条件代入式（2-32），解得积分常数A和B为

$$A=\frac{p_\mathrm{i}R_\mathrm{i}^2-p_\mathrm{o}R_\mathrm{o}^2}{R_\mathrm{o}^2-R_\mathrm{i}^2},\qquad B=\frac{(p_\mathrm{i}-p_\mathrm{o})R_\mathrm{i}^2R_\mathrm{o}^2}{R_\mathrm{o}^2-R_\mathrm{i}^2} \tag{2-33}$$

将A与B代入式（2-32）便可得到σ_r和σ_θ的表达式，见式（2-34）。

现将已得到的在内外压力作用下厚壁圆筒的三向应力表达式汇总如下

$$
\begin{aligned}
&\text{周向应力} \quad \sigma_\theta = \frac{p_i R_i^2 - p_o R_o^2}{R_o^2 - R_i^2} + \frac{(p_i - p_o) R_i^2 R_o^2}{R_o^2 - R_i^2} \frac{1}{r^2} \\
&\text{径向应力} \quad \sigma_r = \frac{p_i R_i^2 - p_o R_o^2}{R_o^2 - R_i^2} - \frac{(p_i - p_o) R_i^2 R_o^2}{R_o^2 - R_i^2} \frac{1}{r^2} \\
&\text{轴向应力} \quad \sigma_z = \frac{p_i R_i^2 - p_o R_o^2}{R_o^2 - R_i^2}
\end{aligned}
\tag{2-34}
$$

拉美简介

式（2-34）即为1833年拉美（Lamè）首次对厚壁圆筒进行应力分析，提出的应力计算式，称为Lamè公式。当仅有内压或外压作用时，上式可以简化，厚壁圆筒中应力值和应力分布分别如表2-1和图2-17所示。表中各式采用了径比$K=R_o/R_i$，K值可表示厚壁圆筒的厚度特征。

表2-1　厚壁圆筒的筒壁应力值

受力情况 / 位置 / 应力分析	仅受内压（p_o=0）			仅受外压（p_i=0）		
	任意半径r处	内壁处 $r=R_i$	外壁处 $r=R_o$	任意半径 r处	内壁处 $r=R_i$	外壁处 $r=R_o$
σ_r	$\frac{p_i}{K^2-1}\left(1-\frac{R_o^2}{r^2}\right)$	$-p_i$	0	$\frac{-p_o K^2}{K^2-1}\left(1-\frac{R_i^2}{r^2}\right)$	0	$-p_o$
σ_θ	$\frac{p_i}{K^2-1}\left(1+\frac{R_o^2}{r^2}\right)$	$p_i\left(\frac{K^2+1}{K^2-1}\right)$	$p_i\left(\frac{2}{K^2-1}\right)$	$\frac{-p_o K^2}{K^2-1}\left(1+\frac{R_i^2}{r^2}\right)$	$-p_o\left(\frac{2K^2}{K^2-1}\right)$	$-p_o\left(\frac{K^2+1}{K^2-1}\right)$
σ_z	$p_i\left(\frac{1}{K^2-1}\right)$			$-p_o\left(\frac{K^2}{K^2-1}\right)$		

从图2-17中可见，仅在内压作用下，筒壁中的应力分布规律可归纳为以下几点。

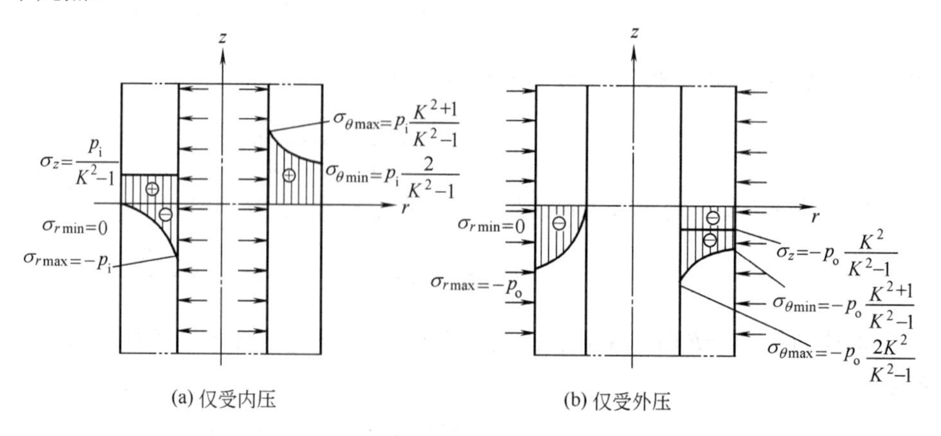

图2-17　厚壁圆筒中各应力分量分布

ⅰ.周向应力σ_θ及轴向应力σ_z均为拉应力（正值），径向应力σ_r为压应力（负值）。在数值上有如下规律：内壁周向应力σ_θ有最大值，其值为$\sigma_{\theta\max}=p_{\rm i}\dfrac{K^2+1}{K^2-1}$，而在外壁处减至最小，其值为$\sigma_{\theta\min}=p_{\rm i}\dfrac{2}{K^2-1}$，内外壁$\sigma_\theta$之差为$p_{\rm i}$；径向应力内壁处为$-p_{\rm i}$，随着$r$增加，径向应力绝对值逐渐减小，在外壁处$\sigma_r$=0。

ⅱ.轴向应力为一常量，沿壁厚均匀分布，且为周向应力与径向应力和的一半，即$\sigma_z=\dfrac{1}{2}(\sigma_\theta+\sigma_r)$。

ⅲ.除σ_z外，其他应力沿厚度的不均匀程度与径比K值有关。以σ_θ为例，外壁与内壁处的周向应力σ_θ之比为$\dfrac{(\sigma_\theta)_{r=R_{\rm o}}}{(\sigma_\theta)_{r=R_{\rm i}}}=\dfrac{2}{K^2+1}$，$K$值愈大，不均匀程度愈严重，当内壁材料开始出现屈服时，外壁材料尚未达到屈服，因此筒体材料强度不能得到充分的利用。当K值趋近于1时，该容器为薄壁容器，其应力沿厚度接近于均布。K=1.1时，内外壁应力只相差10%，而当K=1.3时，内外壁应力差则达35%。由此可见，在K=1.1时，采用薄壁应力公式进行计算，其结果与精确值相差不会很大。当K=1.3时，若仍用薄壁应力公式计算，误差就比较大，所以工程上一般规定K=1.1～1.2，作为区别厚壁与薄壁容器的界限。

（2）温度变化引起的弹性热应力

① 热应力　因温度变化引起的自由膨胀或收缩受到约束，在弹性体内所引起的应力，称为热应力。

任何构件都可以看成由无穷多个微元体构成。如图2-18（a）所示，边长为单位长度的微元体，从初始温度t_1均匀加热到另一个温度t_2时，如果不存在热变形约束，各向的热应变都相同，即$\varepsilon_x^t=\varepsilon_y^t=\varepsilon_z^t=\alpha(t_2-t_1)=\alpha\Delta t$（$\alpha$为材料的线膨胀系数），不产生热应力。但是，若微元体在y方向的膨胀受到刚性约束，见图2-18（b），此时，应变由两部分组成：热应变和y方向热应力σ_y^t所引起的弹性应变，两者之和为零

$$\frac{\sigma_y^t}{E}+\alpha\Delta t=0$$

即
$$\sigma_y^t=-\alpha E\Delta t \tag{2-35}$$

若微元体在x方向也受到刚性约束，见图2-18（c），则

$$\frac{1}{E}(\sigma_y^t-\mu\sigma_x^t)+\alpha\Delta t=0$$
$$\frac{1}{E}(\sigma_x^t-\mu\sigma_y^t)+\alpha\Delta t=0$$

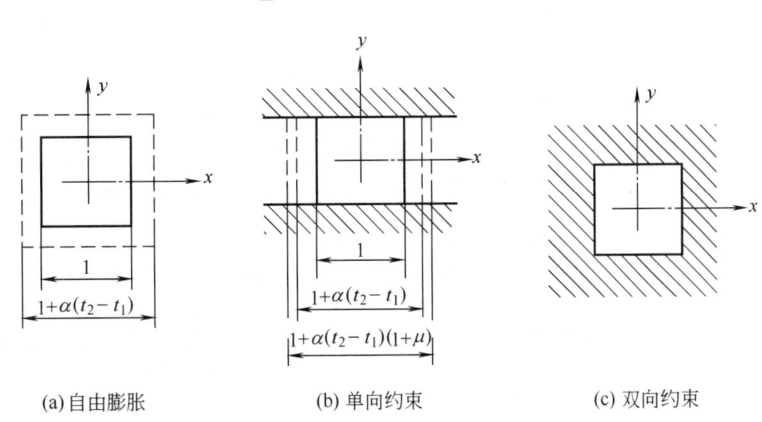

图2-18　热应变

解得
$$\sigma_x^t=\sigma_y^t=-\frac{\alpha E\Delta t}{1-\mu} \tag{2-36}$$

同理，可求得三向都受到刚性约束时的热应力

$$\sigma_x^t = \sigma_y^t = \sigma_z^t = -\frac{\alpha E \Delta t}{1-2\mu} \tag{2-37}$$

由于实际结构常受到弹性约束，因而式（2-35）～式（2-37）中的热应力，分别为一维、二维和三维约束下的最大热应力。

在上述分析中，假设温度在微元体内均匀分布，且受到外部约束。除此之外，构件内部温度分布不均匀或构件之间热变形的相互约束，也会产生热应力。前者，例如沿径向存在温度梯度的厚壁圆筒，若内壁面温度高于外壁面，内层材料的自由热膨胀变形大于外层，但内层变形受到外层材料的限制，因而内层材料出现了压缩热应力，外层材料出现拉伸应力（径向应力除外）。后者，例如固定管板式换热器，管束与外壳都固定在管板上，若管束温度大于外壳，由于管束与外壳的热变形相互牵制，管束出现压缩热应力，外壳出现拉伸热应力。

在一维、二维和三维约束时，根据式（2-35）～式（2-37），图 2-19 给出了碳素钢在不同初始温度下，温度增加 1℃（即 Δt=1℃）时的热应力值。由于 $\mu\approx0.3$，三维、二维和一维刚性约束时，热应力的比值约为 2.50 : 1.43 : 1.00。

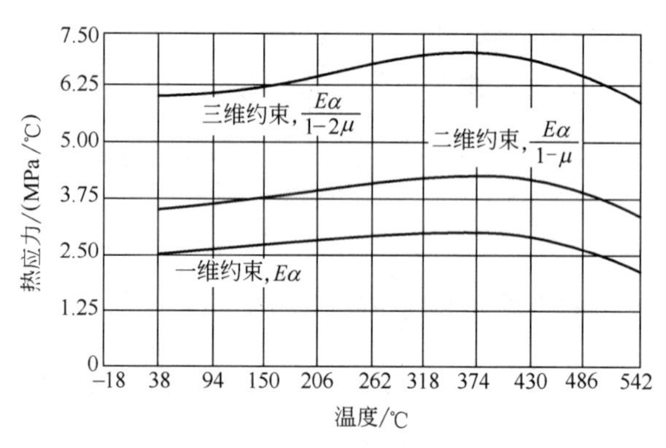

图 2-19 碳素钢的热应力值

② 厚壁圆筒的热应力　为求厚壁圆筒中的热应力，须先确定筒壁中的温度分布，再根据平衡方程、几何方程和物理方程，结合边界条件求解。平衡方程和几何方程与拉美公式推导时所用的方程相同，但物理方程有所不同。因为在温度变化情况下，应变由两部分叠加而成：一是热应变；二是热变形时由于相互约束引起的应变，它与热应力之间满足胡克定律。

当厚壁圆筒处于对称于中心轴且沿轴向不变的温度场时，稳态传热状态下，三向热应力的表达式为（详细推导见文献［11］）

$$\begin{aligned}
&\text{周向热应力} \quad \sigma_\theta^t = \frac{E\alpha\Delta t}{2(1-\mu)}\left(\frac{1-\ln K_r}{\ln K} - \frac{K_r^2+1}{K^2-1}\right) \\
&\text{径向热应力} \quad \sigma_r^t = \frac{E\alpha\Delta t}{2(1-\mu)}\left(-\frac{\ln K_r}{\ln K} + \frac{K_r^2-1}{K^2-1}\right) \\
&\text{轴向热应力} \quad \sigma_z^t = \frac{E\alpha\Delta t}{2(1-\mu)}\left(\frac{1-2\ln K_r}{\ln K} - \frac{2}{K^2-1}\right)
\end{aligned} \tag{2-38}$$

式中　Δt——筒体内外壁的温差，$\Delta t = t_i - t_o$；

t_i——内壁面温度；

t_o——外壁面温度；

K——筒体的外半径与内半径之比，$K = \frac{R_o}{R_i}$；

K_r——筒体的外半径与任意半径之比，$K_r = \frac{R_o}{r}$。

厚壁圆筒各处的热应力见表 2-2，表中 $p_t = \frac{E\alpha\Delta t}{2(1-\mu)}$；分布如图 2-20 所示。可见，厚壁圆筒中热应力及其分布的规律如下。

表2-2　厚壁圆筒中的热应力

热应力	任意半径 r 处	圆筒内壁 K_r=K 处	圆筒外壁 K_r=1 处
σ_r^t	$p_t\left(-\frac{\ln K_r}{\ln K}+\frac{K_r^2-1}{K^2-1}\right)$	0	0
σ_θ^t	$p_t\left(\frac{1-\ln K_r}{\ln K}-\frac{K_r^2+1}{K^2-1}\right)$	$p_t\left(\frac{1}{\ln K}-\frac{2K^2}{K^2-1}\right)$	$p_t\left(\frac{1}{\ln K}-\frac{2}{K^2-1}\right)$
σ_z^t	$p_t\left(\frac{1-2\ln K_r}{\ln K}-\frac{2}{K^2-1}\right)$	$p_t\left(\frac{1}{\ln K}-\frac{2K^2}{K^2-1}\right)$	$p_t\left(\frac{1}{\ln K}-\frac{2}{K^2-1}\right)$

ⅰ. 热应力大小与内外壁温差 Δt 成正比。Δt 取决于厚度，径比 K 值愈大，Δt 值也愈大，表 2-2 中的 p_t 值也愈大。

ⅱ. 热应力沿厚度方向是变化的。径向热应力 σ_r^t 在内外壁面处均为零，在任意半径处的数值均很小，且内加热时，均为压应力（负值），外加热时均为拉应力（正值）。周向热应力 σ_θ^t 和轴向热应力 σ_z^t，在内加热时，外壁面处拉伸应力有最大值，在内壁处为压应力。反之，在外加热时，内壁面处拉伸应力有最大值，在外壁处为压应力。同时，内壁面的 σ_θ^t 与 σ_z^t 相等，外壁面处的 σ_θ^t 和 σ_z^t 也相等。

ⅲ. 内压与温差同时作用引起的弹性应力。在厚壁圆筒中，如果由内压引起的应力与温差所引起的热应力同时存在，在弹性变形前提下筒壁的总应力为两种应力的叠加，即

$$\sum\sigma_r = \sigma_r + \sigma_r^t，\ \sum\sigma_\theta = \sigma_\theta + \sigma_\theta^t，\ \sum\sigma_z = \sigma_z + \sigma_z^t \tag{2-39}$$

具体计算公式见表2-3，分布情况见图2-21。由图可见，内加热情况下内壁应力叠加后得到改善，而外壁应力有所恶化。外加热时则相反，内壁应力恶化，而外壁应力得到很大改善。

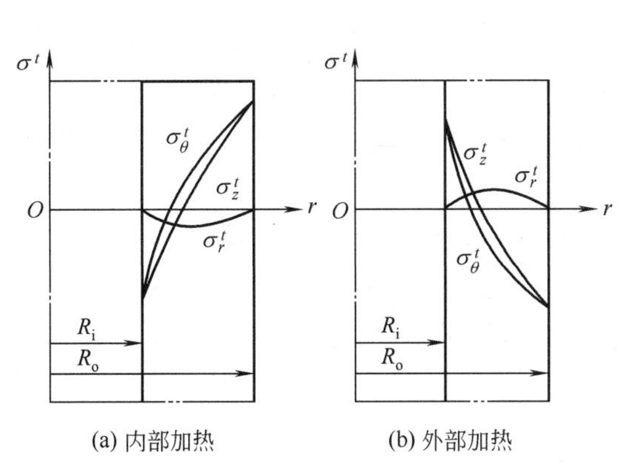

图 2-20　厚壁圆筒中的热应力分布

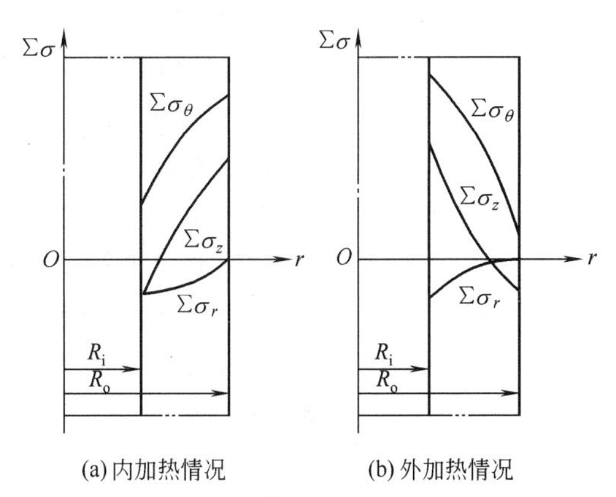

图 2-21　厚壁圆筒内的应力分布

表2-3　厚壁圆筒在内压与温差作用下的总应力

总应力	筒体内壁处（$r=R_i$）	筒体外壁处（$r=R_o$）
$\sum\sigma_r$	$-p$	0
$\sum\sigma_\theta$	$(p-p_t)\dfrac{K^2+1}{K^2-1}+p_t\dfrac{1-\ln K}{\ln K}$	$(p-p_t)\dfrac{2}{K^2-1}+p_t\dfrac{1}{\ln K}$
$\sum\sigma_z$	$(p-2p_t)\dfrac{1}{K^2-1}+p_t\dfrac{1-2\ln K}{\ln K}$	$(p-2p_t)\dfrac{1}{K^2-1}+p_t\dfrac{1}{\ln K}$

③ 热应力的特点　主要有以下几点。

ⅰ. 热应力随约束程度的增大而增大。由于材料的线膨胀系数、弹性模量与泊松比随温度变化而变化，热应力不仅与温度变化量有关，而且受初始温度的影响。

ⅱ. 热应力与零外载相平衡，是由热变形受约束引起的自平衡应力（self-balancing stress），在温度高处发生压缩，温度低处发生拉伸变形。由于温度场不同，热应力既有可能在整台容器中出现，也有可能只是在局部区域产生。

ⅲ. 热应力具有自限性，屈服流动或高温蠕变可使热应力降低。对于塑性材料，热应力不会导致构件断裂，但交变热应力有可能导致构件发生疲劳失效或塑性变形累积。

需要指出的是：热壁设备在开车、停车或变动工况时，温度分布随时间而改变，即处于非稳态温度场，此时的热应力往往要比稳态温度场时大得多，这在温度急剧变化时尤为显著。因此，应严格控制热壁设备的加热、冷却速度。除此之外，为减少热应力，工程上应尽量采取以下措施：避免外部对热变形的约束、设置膨胀节（或柔性元件）、采用良好的保温层等。

2.3.2　弹塑性应力

（1）弹塑性应力

对于承受内压的厚壁圆筒，随着内压的增大，内壁材料先开始屈服，内壁面呈塑性状态。若内压力继续增加，则屈服层向外扩展，从而在近内壁处形成塑性区，塑性区之外仍为弹性区，塑性区与弹性区的交界面为一个与厚壁圆筒同心的圆柱面。

为分析塑性区与弹性区内的应力分布，从厚壁圆筒远离边缘处的筒体中取一筒节。筒节由塑性区与弹性区组成，如图 2-22 所示。设两区分界面的半径为 R_c，界面上的压力为 p_c（即相互间的径向应力），则塑性区所受外压为 p_c，内压为 p_i；而弹性区所受外压为零，内压为 p_c。

为了简化分析，假定材料在屈服阶段的塑性变形过程中，并不发生应变硬化，即材料为理想弹塑性材料，其应力-应变关系如图 2-23 所示。

① 塑性区应力　塑性区筒体材料处于塑性状态，式（2-26）的微元平衡方程仍可适用。

$$\sigma_\theta-\sigma_r=r\frac{d\sigma_r}{dr}$$

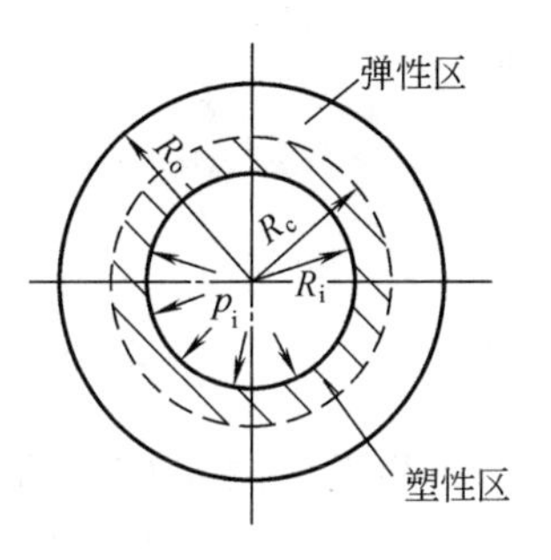

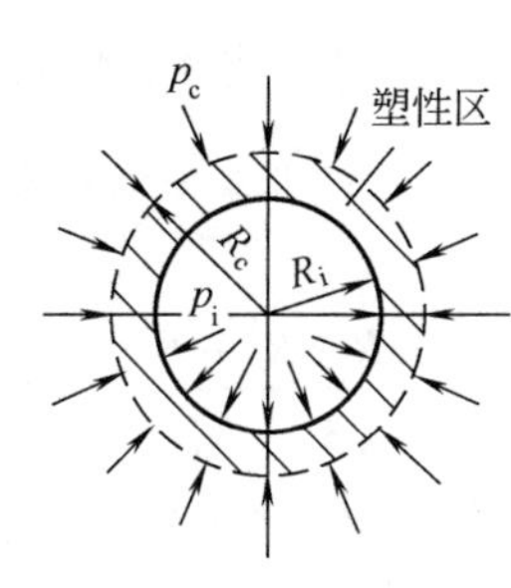

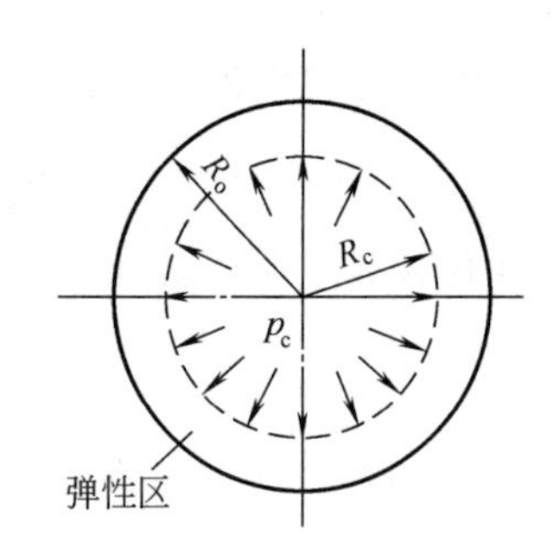

图 2-22 处于弹塑性状态的厚壁圆筒

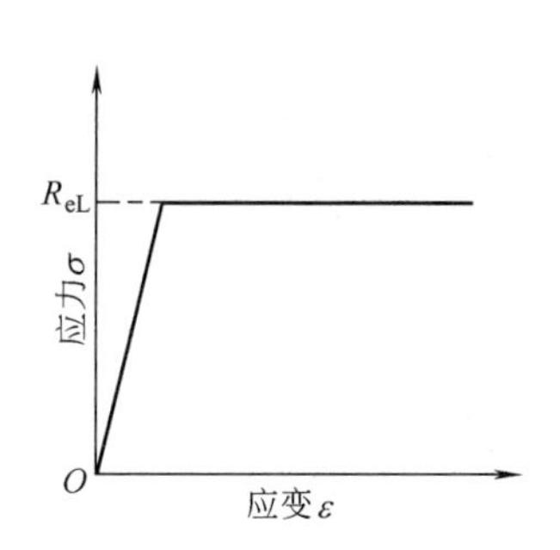

图 2-23 理想弹塑性材料的应力－应变关系

由于圆筒为理想弹塑性材料，且 $\sigma_z=\frac{1}{2}(\sigma_r+\sigma_\theta)$，按 Mises 屈服失效判据得

Mises简介

$$\sigma_\theta-\sigma_r=\frac{2}{\sqrt{3}}R_{eL} \tag{2-40}$$

式中　R_{eL}——材料的屈服强度。

由式（2-26）和式（2-40），得

$$d\sigma_r=\frac{2}{\sqrt{3}}R_{eL}\frac{dr}{r}$$

积分上式得

$$\sigma_r=\frac{2}{\sqrt{3}}R_{eL}\ln r+A \tag{2-41}$$

式中，A 为积分常数，由边界条件确定。在内壁面，即 $r=R_i$ 处，$\sigma_r=-p_i$；在弹塑性交界面，即 $r=R_c$ 处，$\sigma_r=-p_c$。将内壁面边界条件代入式（2-41），求出积分常数 A，再代回式（2-41），得 σ_r 的表达式

$$\sigma_r=\frac{2}{\sqrt{3}}R_{eL}\ln\frac{r}{R_i}-p_i \tag{2-42}$$

将式（2-42）代入式（2-40），得σ_θ的表达式

$$\sigma_\theta=\frac{2}{\sqrt{3}}R_{eL}\left(1+\ln\frac{r}{R_i}\right)-p_i \tag{2-43}$$

由于 $\sigma_z=\frac{1}{2}(\sigma_r+\sigma_\theta)$，可得塑性区内轴向应力$\sigma_z$的表达式

$$\sigma_z=\frac{R_{eL}}{\sqrt{3}}\left(1+2\ln\frac{r}{R_i}\right)-p_i \tag{2-44}$$

利用弹塑性交界面边界条件和式（2-42），可得弹塑性两区交界面上的压力 p_c 为

$$p_c=-\frac{2}{\sqrt{3}}R_{eL}\ln\frac{R_c}{R_i}+p_i \tag{2-45}$$

② 弹性区应力　弹性区相当于承受 p_c 内压的弹性厚壁圆筒，设 $K_c=\frac{R_o}{R_c}$。由表 2-1 得到弹性区内壁 $r=R_c$ 处的应力表达式

$$(\sigma_r)_{r=R_c}=-p_c$$

$$(\sigma_\theta)_{r=R_c}=p_c\left(\frac{K_c^2+1}{K_c^2-1}\right)$$

因弹性区内壁处于屈服状态，应符合式（2-40），即

$$(\sigma_\theta)_{r=R_c}-(\sigma_r)_{r=R_c}=\frac{2}{\sqrt{3}}R_{eL}$$

将各式代入并经简化后得

$$p_c=\frac{R_{eL}}{\sqrt{3}}\frac{R_o^2-R_c^2}{R_o^2} \tag{2-46}$$

考虑到弹性区与塑性区是同一连续体内的两个部分，界面上的 p_c 应为同一数值，令式（2-45）与式（2-46）相等，则可导出内压 p_i 与所对应塑性区圆柱面半径 R_c 间的关系式

$$p_i=\frac{R_{eL}}{\sqrt{3}}\left(1-\frac{R_c^2}{R_o^2}+2\ln\frac{R_c}{R_i}\right) \tag{2-47}$$

由式（2-34），导出弹性区内半径 r 处，以 R_c 表示的各应力表达式为

$$\sigma_r=\frac{R_{eL}}{\sqrt{3}}\frac{R_c^2}{R_o^2}\left(1-\frac{R_o^2}{r^2}\right)$$

$$\sigma_\theta=\frac{R_{eL}}{\sqrt{3}}\frac{R_c^2}{R_o^2}\left(1+\frac{R_o^2}{r^2}\right) \tag{2-48}$$

$$\sigma_z=\frac{R_{eL}}{\sqrt{3}}\frac{R_c^2}{R_o^2}$$

若按 Tresca 屈服失效判据，也可导出类似的表达式。现将弹塑性分析中所导出的各种应力表达式列于表 2-4 中。

表2-4 厚壁圆筒弹塑性区的应力（p_o=0时）

屈服失效判据	应力	塑性区（$R_i\leqslant r\leqslant R_c$）	弹性区（$R_c\leqslant r\leqslant R_o$）
Mises	径向应力 σ_r	$\frac{2}{\sqrt{3}}R_{eL}\ln\frac{r}{R_i}-p_i$	$\frac{R_{eL}}{\sqrt{3}}\frac{R_c^2}{R_o^2}\left(1-\frac{R_o^2}{r^2}\right)$
	周向应力 σ_θ	$\frac{2}{\sqrt{3}}R_{eL}\left(1+\ln\frac{r}{R_i}\right)-p_i$	$\frac{R_{eL}}{\sqrt{3}}\frac{R_c^2}{R_o^2}\left(1+\frac{R_o^2}{r^2}\right)$
	轴向应力 σ_z	$\frac{R_{eL}}{\sqrt{3}}\left(1+2\ln\frac{r}{R_i}\right)-p_i$	$\frac{R_{eL}}{\sqrt{3}}\frac{R_c^2}{R_o^2}$
	p_i 与 R_c 的关系	$p_i=\frac{R_{eL}}{\sqrt{3}}\left(1-\frac{R_c^2}{R_o^2}+2\ln\frac{R_c}{R_i}\right)$	
Tresca	径向应力 σ_r	$R_{eL}\ln\frac{r}{R_i}-p_i$	$\frac{R_{eL}}{2}\frac{R_c^2}{R_o^2}\left(1-\frac{R_o^2}{r^2}\right)$
	周向应力 σ_θ	$R_{eL}\left(1+\ln\frac{r}{R_i}\right)-p_i$	$\frac{R_{eL}}{2}\frac{R_c^2}{R_o^2}\left(1+\frac{R_o^2}{r^2}\right)$
	轴向应力 σ_z	$R_{eL}\left(0.5+\ln\frac{r}{R_i}\right)-p_i$	$\frac{R_{eL}}{2}\frac{R_c^2}{R_o^2}$
	p_i 与 R_c 的关系	$p_i=R_{eL}\left(0.5-\frac{R_c^2}{2R_o^2}+\ln\frac{R_c}{R_i}\right)$	

（2）残余应力

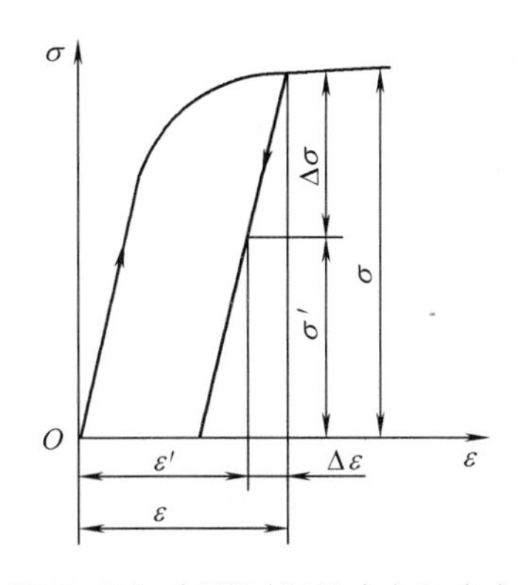

图 2-24 卸载过程的应力和应变

当厚壁圆筒进入弹塑性状态后，若将内压力 p_i 全部卸除，塑性区因存在残余变形不能恢复原来尺寸，而弹性区由于本身弹性收缩，力图恢复原来的形状，但受到塑性区残余变形的阻挡，从而在塑性区中出现压缩应力，在弹性区内产生拉伸应力，这种自平衡的应力就是残余应力。把这种卸载后保留下来的变形称为残余变形。

残余应力的计算，需根据卸载定理进行。卸载定理是：以载荷的改变量为假想载荷，按弹性理论计算该载荷所引起的应力和应变，此应力和应变实际是应力和应变的改变量。用卸载前的应力和应变减去这些改变量就得到卸载后的应力和应变。

如图 2-24 所示，在载荷作用下应力连续增长到 σ，继而卸载应力下降到 σ'，此应力即为卸载后构件中的残余应力。应力改变量为 $\Delta\sigma=\sigma-\sigma'$，应变的改变量为 $\Delta\varepsilon=\varepsilon-\varepsilon'$，$\Delta\sigma$ 与 $\Delta\varepsilon$ 之间存在着弹性关系 $\Delta\varepsilon=\Delta\sigma/E$。因此，厚壁圆筒残余应力 σ'，为卸载前的应力 σ 与在卸载压力 $\Delta p=p_i-0=p_i$ 情况下产生的弹性应力 $\Delta\sigma$ 之差。

内压 p_i 引起的弹性应力可利用式（2-34）确定。将表 2-4 中基于 Mises 屈服失效判据的塑性区和弹性区中的应力分别减去内压引起的弹性应力，得塑性区（$R_i\leqslant r\leqslant R_c$）中的残余应力为

$$\sigma'_\theta=\frac{R_{eL}}{\sqrt{3}}\left\{1+\left(\frac{R_c}{R_o}\right)^2+2\ln\frac{r}{R_c}-\frac{R_i^2}{R_o^2-R_i^2}\left[1+\left(\frac{R_o}{r}\right)^2\right]\left[1-\left(\frac{R_c}{R_o}\right)^2+2\ln\frac{R_c}{R_i}\right]\right\}$$

$$\sigma'_r=\frac{R_{eL}}{\sqrt{3}}\left\{\left(\frac{R_c}{R_o}\right)^2-1+2\ln\frac{r}{R_c}-\frac{R_i^2}{R_o^2-R_i^2}\left[1-\left(\frac{R_o}{r}\right)^2\right]\left[1-\left(\frac{R_c}{R_o}\right)^2+2\ln\frac{R_c}{R_i}\right]\right\}\qquad(2\text{-}49)$$

$$\sigma'_z=\frac{R_{eL}}{\sqrt{3}}\left\{\left(\frac{R_c}{R_o}\right)^2+2\ln\frac{r}{R_c}-\frac{R_i^2}{R_o^2-R_i^2}\left[1-\left(\frac{R_c}{R_o}\right)^2+2\ln\frac{R_c}{R_i}\right]\right\}$$

弹性区（$R_c\leqslant r\leqslant R_o$）中的残余应力为

$$\sigma'_\theta=\frac{R_{eL}}{\sqrt{3}}\left[1+\left(\frac{R_o}{r}\right)^2\right]\left\{\left(\frac{R_c}{R_o}\right)^2-\frac{R_i^2}{R_o^2-R_i^2}\left[1-\left(\frac{R_c}{R_o}\right)^2+2\ln\frac{R_c}{R_i}\right]\right\}$$

$$\sigma'_r=\frac{R_{eL}}{\sqrt{3}}\left[1-\left(\frac{R_o}{r}\right)^2\right]\left\{\left(\frac{R_c}{R_o}\right)^2-\frac{R_i^2}{R_o^2-R_i^2}\left[1-\left(\frac{R_c}{R_o}\right)^2+2\ln\frac{R_c}{R_i}\right]\right\}\qquad(2\text{-}50)$$

$$\sigma'_z=\frac{R_{eL}}{\sqrt{3}}\left\{\left(\frac{R_c}{R_o}\right)^2-\frac{R_i^2}{R_o^2-R_i^2}\left[1-\left(\frac{R_c}{R_o}\right)^2+2\ln\frac{R_c}{R_i}\right]\right\}$$

如图 2-25 所示，在内压作用下，弹塑性区的应力和卸除内压后所产生的残余应力在分布上有明显的不同。不难发现，残余应力与以下因素有关：ⅰ应力 - 应变关系简化模型；ⅱ屈服失效判据；ⅲ弹塑性交界面的半径。有兴趣的读者可参阅文献［63］上册第 294～第 308 页。

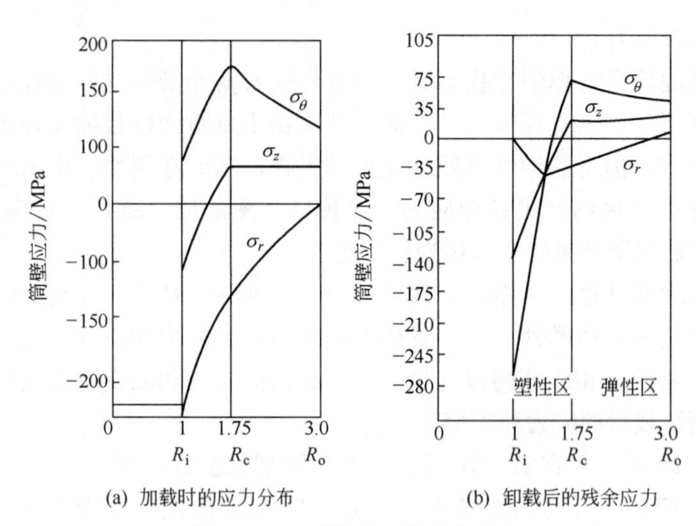

(a) 加载时的应力分布　(b) 卸载后的残余应力

图 2-25 弹塑性区的应力分布

2.3.3 屈服压力和爆破压力

（1）爆破过程

对于塑性材料制造的压力容器，压力与容积变化量的关系曲线如图 2-26 所示。在弹性变形阶段（*OA* 线段），器壁应力较小，产生弹性变形，内压与容积变化量成正比，到 *A* 点时容器内表面开始屈服，与 *A* 点对应的压力为初始屈服压力 p_s。在弹塑性变形阶段（*AC* 线段），随着内压的继续提高，材料从内壁向外壁屈服，此时，一方面塑性变形使材料强化导致承压能力提高；另一方面厚度不断减小使承压能力下降，但材料强化作用大于厚度减小作用，到 *C* 点时两种作用已接近，*C* 点对应的压力是容器所能承受的最大压力，称为塑性垮塌压力（plastic collapse pressure）。在爆破阶段（*CD* 线段），容积突然急剧增大，使容器继续膨胀所需要的压力也相应减小，压力降落到 *D* 点，容器爆炸，*D* 点所对应的压力为爆破压力 p_b（bursting pressure）。

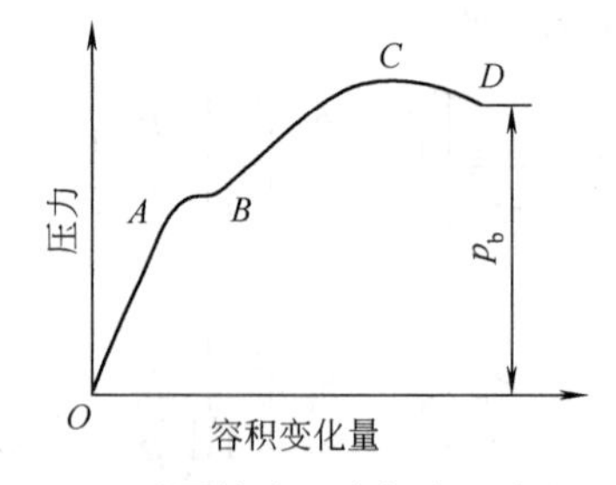

图 2-26 厚壁圆筒中压力与容积变化量的关系

对于内压容器，爆破过程中内压和容积变化量的关系与材料塑性、加压速率、温度、容器容积和厚度等因素有关。对于脆性材料，不会出现弹塑性变形阶段。虽然塑性垮塌压力大于爆破压力，但工程上往往把塑性垮塌压力视为爆破压力。

（2）屈服压力

① 初始屈服压力　受内压作用的厚壁圆筒，将表 2-1 中圆筒内表面的应力

表达式代入式（2-40），并使 $p_i=p_s$，得到基于 Mises 屈服失效判据的圆筒初始屈服压力 p_s

$$p_s=\frac{R_{eL}}{\sqrt{3}}\frac{K^2-1}{K^2} \tag{2-51}$$

② 全屈服压力　假设材料为理想弹塑性，承受内压的厚壁圆筒，当筒壁达到整体屈服状态时所承受的压力，称为圆筒全屈服压力或极限压力（limit pressure），用 p_{so} 表示。

筒壁整体屈服时，弹塑性界面的半径等于外半径。按 Mises 屈服失效判据，只要在式（2-47）中令 $R_c=R_o$，便可导出全屈服压力 p_{so} 表达式

$$p_{so}=\frac{2}{\sqrt{3}}R_{eL}\ln K \tag{2-52}$$

式（2-52）又称为 Nadai 式。若采用 Tresca 屈服失效判据，利用表 2-1 和表 2-4 中的公式，可以导出相应的初始屈服压力和全屈服压力表达式。基于 Tresca 屈服失效判据的全屈服压力计算公式，称为 Turner 公式。

不要把全屈服压力和塑性垮塌压力等同起来。前者假设材料为理想弹塑性，后者利用材料的实际应力 - 应变关系。

（3）爆破压力

厚壁圆筒爆破压力的计算公式较多，但真正在工程设计中应用的并不多，最有代表性的是 Faupel 公式。

Faupel 曾对碳素钢、低合金钢、不锈钢及铝青铜等材料制成的厚壁圆筒做过爆破试验，材料的抗拉强度范围为 R_m=460～1320MPa，断后伸长率范围 A=12%～80%。在整理数据时，他发现爆破压力的上限值为

$$p_{bmax}=\frac{2}{\sqrt{3}}R_m\ln K$$

下限值为

$$p_{bmin}=\frac{2}{\sqrt{3}}R_{eL}\ln K$$

且爆破压力随材料的屈强比 R_{eL}/R_m 呈线性规律变化。于是，Faupel 将爆破压力 p_b 归纳为

$$p_b=p_{bmin}+\frac{R_{eL}}{R_m}(p_{bmax}-p_{bmin})$$

即

$$p_b=\frac{2}{\sqrt{3}}\ R_{eL}\left(2-\frac{R_{eL}}{R_m}\right)\ln K \tag{2-53}$$

Faupel 公式形式简单，计算方便，中国、日本等国把它作为厚壁圆筒强度设计的基本方程。其缺点是计算值与实测值之间的相对误差较大，最大误差达 ±15%。为提高厚壁圆筒爆破压力计算精度，研究者提出了许多爆破压力计算公式。有兴趣的读者可参阅文献［15］第 92～第 103 页。

2.3.4 提高屈服承载能力的措施

由单层厚壁圆筒的应力分析可知，在内压力作用下，筒壁内应力分布是不均匀的，内壁处应力最大，外壁处应力最小，随着厚度或径比 K 值的增大，应力沿厚度方向非均匀分布更为突出，内外壁应力差值也增大。如按内壁最大应力作为强度设计的控制条件，那么除内壁外，其他点处，特别是外层材料，均处于远低于控制条件允许的应力水平，致使大部分筒壁材料没有充分发挥它的承受压力载荷的能

力。同时，从表 2-1 可见，随着厚度的增加，K 值亦相应增加，但应力计算式 $p_\mathrm{i}\dfrac{K^2+1}{K^2-1}$ 中，分子和分母值都要增加，因此，当径比大到一定程度后，用增加厚度的方法降低壁中应力的效果不明显。

为此，对于压力很高的容器，工程上通常对圆筒施加外压或进行自增强处理，使内层材料受到压缩预应力作用，而外层材料处于拉伸状态。当厚壁圆筒承受工作压力时，筒壁内的应力分布由按 Lamè 公式［式（2-34）］确定的弹性应力和残余应力叠加而成。内壁处的总应力有所下降，外壁处的总应力有所上升，均化沿筒壁厚度方向的应力分布。从而提高圆筒的初始屈服压力，更好地利用材料。

对圆筒施加外压的方法有多种，最常用的是采用多层圆筒结构。在内筒外，采用钢板、型带、钢丝等作外层材料，用过盈套合、包扎、缠绕等方法，将内圆筒与外层材料组合成一整体。在施加外层过程中，内筒受到外压作用，处于压缩状态。

需要指出：实际的多层厚壁圆筒，由于层间间隙存在且不均匀，特别是经过水压试验后，层间又有不同程度的间隙改变，应力分布十分复杂。因此，目前在大多数情况下，多层厚壁圆筒不以得到满意的预应力为主要目的，而是为了得到较大的厚度，在设计中不考虑预应力存在的有利影响（除超高压容器），而只是作为强度储备。

在使用之前，对厚壁圆筒进行加压处理，使其内压力超过初始屈服压力。如前所述，当压力卸除后，塑性区中形成残余压缩应力，弹性区中形成残余拉伸应力。这种通过超工作压力处理，由筒壁自身外层材料的弹性收缩引起残余应力的方法，称为自增强。

2.4 平板应力分析

2.4.1 概述

过程设备的平封头、储槽底板、换热器管板、板式塔塔盘及反应器触媒床支承板等均为平板结构。

当一块平板（如圆筒平封头）受到垂直于其表面的载荷作用时，载荷和挠度的关系如图 2-27 所示。从 O 到 A，其挠度是与载荷成正比的，且其挠度只由弯曲变形引起。在 A 到 B 的区域中，整个板厚已发生屈服，如同薄壳或薄壁容器中那样，大部分载荷直接由拉伸变形所承受。板的纯弹性强度与总强度相比较小，对挠度控制要求高的平板构件，就必须有足够的厚度来承载，否则须采用加强筋或拉杆。

（1）平板的几何特征及平板分类

平板与壳体相似之处是也有“中面”，不过它的中面是一平面。平板沿垂直于其中面方向的尺寸，亦即两表面之间的垂直距离，称为板的“厚度”。按照板的厚度与其他方向的尺寸之比，以及板的挠度与其厚度之比，平板可以分为以下几类：厚板与薄板；大挠度板与小挠度板。厚板与薄板、大挠度板与小挠度板均无明确界限，在通常计算精度要求下，平板厚度 t 与中面的最小边长 b（图 2-28）之比，即 $t/b \leqslant 1/5$ 时，平板挠度 w 与厚度 t 之比，即 $w/t \leqslant 1/5$ 时，认为可按小挠度薄板计算。

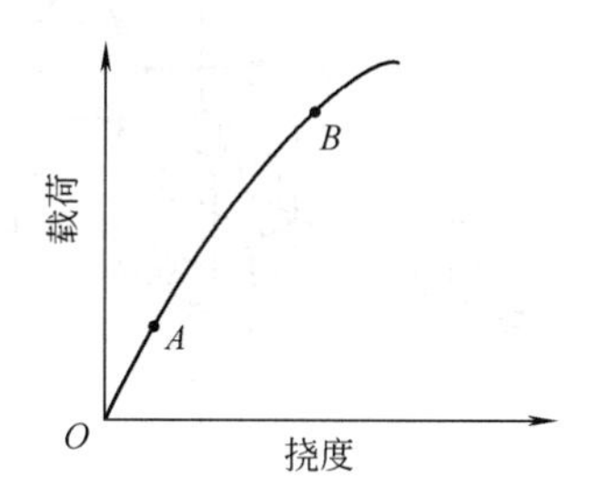

图 2-27 平板载荷和挠度关系曲线

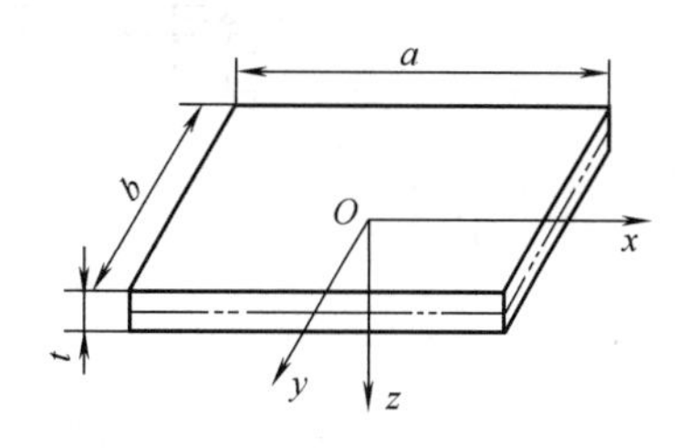

图 2-28 薄板

（2）载荷与内力

板承受载荷有以下三种情况：一是作用于板中面内的载荷；二是垂直于板中面的横向载荷；三是以上两种载荷同时作用。在上述外力作用下，板内将产生薄膜力和弯曲内力。前者是指中面内的拉力、压力和面内剪力，并产生面内变形；后者是指弯矩、扭矩和横向剪力，且产生弯扭变形。但是，当变形很大时，面内载荷也会产生弯曲内力，同时由于板弯曲后的中面已不再是不可展曲面，中面也要变形，因而横向载荷也会产生这种面内力。因此，大挠度的理论分析要比小挠度的理论分析复杂得多。

过程设备中常用的平板，多属受轴对称载荷的小挠度圆形薄板构件，本书仅限于讨论弹性薄板的小挠度理论。这是一种近似理论，它建立在以下基本假设基础上：

ⅰ. 板弯曲时其中面保持中性，即板中面内各点无伸缩和剪切变形，只有沿中面法线的挠度 w；

ⅱ. 变形前位于中面法线上的各点，变形后仍位于弹性曲面的同一法线上，且法线上各点间的距离不变；

ⅲ. 平行于中面的各层材料互不挤压，即板内垂直于板面的正应力较小，可忽略不计。

上述假设统称为克希霍夫（Korchhoff）假设。第一个假设在横向载荷和面内载荷同时作用时是不能成立的，它在仅存在横向载荷时才是正确的。两种载荷同时存在情形下，需考虑面内力对板弯曲的影响。第二个假设即所谓直法线假设，它与梁弯曲理论中的平面假设相似。至于第三个假设，与梁弯曲理论中的纵向纤维之间不存在挤压的假设相似。

2.4.2 圆平板对称弯曲微分方程

半径为 R、厚度为 t、承受轴对称横向载荷 p_z 的圆平板，除满足以上假设外，还具有轴对称性。在 r、θ、z 圆柱坐标系中，圆平板内仅存在 M_r、M_θ、Q_r 三个内力分量（图 2-29），挠度 w 只是 r 的函数，而与 θ 无关。

下面通过平衡、几何和物理三个方程，建立圆平板的挠度微分方程，解得圆平板中的应力。

（1）平衡方程

用半径为 r 和 r+dr 的两个圆柱面以及夹角为 dθ 的两个径向截面，从圆板中截出一微元体，见图 2-29（a）、（b）。

微元体上半径为 r 和 r+dr 的两个圆柱面上的径向弯矩分别为 M_r 和 $M_r+\left(\dfrac{\mathrm{d}M_r}{\mathrm{d}r}\right)\mathrm{d}r$；横向剪力分别为 Q_r 和 $Q_r+\left(\dfrac{\mathrm{d}Q_r}{\mathrm{d}r}\right)\mathrm{d}r$；两径向截面上所作用的周向弯矩均为 M_θ；横向载荷 p_z 作用在微元体上表面的外力

为 P，其值为 $p_z r\mathrm{d}\theta\mathrm{d}r$，如图 2-29（c）、（d）所示。$M_r$、$M_\theta$ 为单位长度上的力矩，Q_r 是单位长度上的剪力，p_z 为单位面积上的外力。

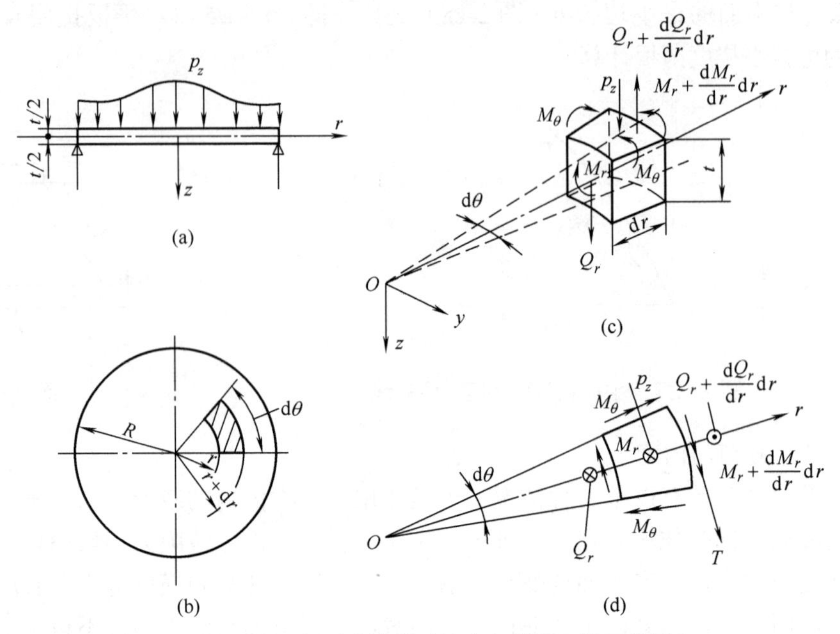

图 2-29 圆平板对称弯曲时的内力分量及微元体受力

根据微元体力矩平衡条件，所有内力与外力对圆柱面切线 T 的力矩代数和应为零，即

$$\left(M_r+\frac{\mathrm{d}M_r}{\mathrm{d}r}\mathrm{d}r\right)(r+\mathrm{d}r)\mathrm{d}\theta-M_r r\mathrm{d}\theta-2M_\theta\mathrm{d}r\sin\frac{\mathrm{d}\theta}{2}+Q_r r\mathrm{d}\theta\mathrm{d}r+p_z r\mathrm{d}\theta\mathrm{d}r\frac{\mathrm{d}r}{2}=0$$

其中第一、第二、第三项分别为径向弯矩矢量和周向弯矩矢量在切线T上的投影；第四、第五项为剪力和外力对T轴的力矩。

将上述方程展开，取 $\sin\frac{\mathrm{d}\theta}{2}\approx\frac{\mathrm{d}\theta}{2}$，略去高阶量，得

$$M_r+\frac{\mathrm{d}M_r}{\mathrm{d}r}r-M_\theta+Q_r r=0 \tag{2-54}$$

这就是圆平板在轴对称横向载荷作用下的平衡方程，它包含着M_r、M_θ和Q_r三个未知量。下面需要利用几何和物理方程将M_r和M_θ用w来表达，进而得到只含一个未知量w的微分方程。

（2）几何方程

受轴对称载荷的圆平板，板中面弯曲变形后的挠曲面也有轴对称性，即挠度 w 仅取决于坐标 r，与 θ 无关。因此，只需研究任一径向截面的变形情况即可建立应变与挠度之间的几何关系。

图 2-30 中，$\overline{AB}$ 是一径向截面上与中面相距为 z，半径为 r 与 $r+\mathrm{d}r$ 的两点 A 与 B 构成的微段，$\overline{AB}=\mathrm{d}r$。$mn$ 和 m_1n_1 分别为过 A 点和 B 点并与中面垂直的直线。在板变形后，A 点和 B 点分别移至 A' 和 B' 位置，根据第二个假设，过 A' 点和 B' 点的直线 $m'n'$ 和 $m_1'n_1'$ 仍垂直于变形后的中曲面，但它们分别转过

了角 φ 和 $\varphi+\mathrm{d}\varphi$，故微段 $\overline{AB}$ 的径向应变为

$$\varepsilon_r=\frac{z(\varphi+\mathrm{d}\varphi)-z\varphi}{\mathrm{d}r}=z\frac{\mathrm{d}\varphi}{\mathrm{d}r}$$

按第一个假设，中面在圆平板弯曲过程中无应变。但中面以上或以下各层弯曲后其周长都要发生相应的变化。距中面为 z 的那一层，其半径由弯曲前的 r 变为 $r+z\varphi$，因此，过 A 点的周向应变为

$$\varepsilon_\theta=\frac{2\pi(r+z\varphi)-2\pi r}{2\pi r}=z\frac{\varphi}{r}$$

作为小挠度 $\varphi=-\frac{\mathrm{d}w}{\mathrm{d}r}$（式中负号表示随着半径 r 的增长，w 却减小），代入上述 ε_r 和 ε_θ 表达式，可得表示应变与挠度关系的几何方程

$$\varepsilon_r=-z\frac{\mathrm{d}^2w}{\mathrm{d}r^2}$$

$$\varepsilon_\theta=-\frac{z}{r}\frac{\mathrm{d}w}{\mathrm{d}r} \tag{2-55}$$

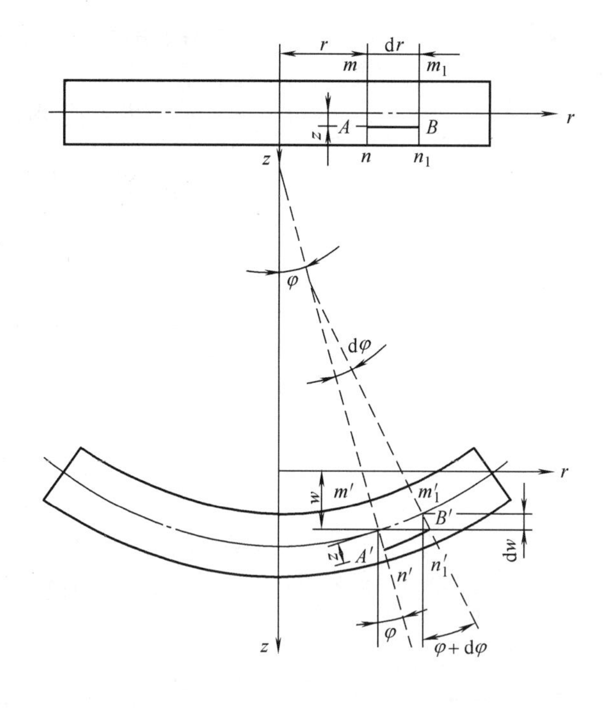

图 2-30 圆平板对称弯曲的变形关系

（3）物理方程

根据第三个假设，圆平板弯曲后，其上任意一点均处于两向应力状态。由广义胡克定律可得圆平板物理方程为

$$\sigma_r=\frac{E}{1-\mu^2}(\varepsilon_r+\mu\varepsilon_\theta)$$

$$\sigma_\theta=\frac{E}{1-\mu^2}(\varepsilon_\theta+\mu\varepsilon_r) \tag{2-56}$$

（4）圆平板轴对称弯曲的小挠度微分方程

将式（2-55）代入式（2-56），得

$$\sigma_r=-\frac{Ez}{1-\mu^2}\left(\frac{\mathrm{d}^2w}{\mathrm{d}r^2}+\frac{\mu}{r}\frac{\mathrm{d}w}{\mathrm{d}r}\right)$$

$$\sigma_\theta=-\frac{Ez}{1-\mu^2}\left(\frac{1}{r}\frac{\mathrm{d}w}{\mathrm{d}r}+\mu\frac{\mathrm{d}^2w}{\mathrm{d}r^2}\right) \tag{2-57}$$

现通过圆平板截面上弯矩与应力的关系，将弯矩 M_r 和 M_θ 表示成 w 的形式。由式（2-57）可见，σ_r 和 σ_θ 沿厚度（即 z 方向）均为线性分布，图 2-31 中所示为径向应力 σ_r 的分布图。

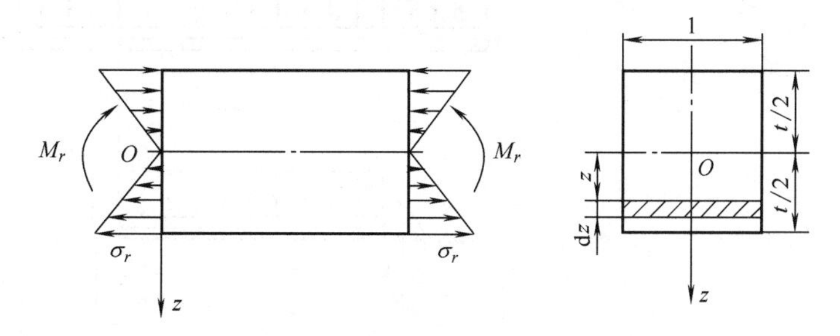

图 2-31 圆平板内的径向应力 σ_r 的分布图

σ_r、σ_θ 的线性分布力系便组成弯矩 M_r、M_θ。单位长度上的径向弯矩为

$$M_r = \int_{-\frac{t}{2}}^{\frac{t}{2}} \sigma_r z \mathrm{d}z = -\int_{-\frac{t}{2}}^{\frac{t}{2}} \frac{E}{1-\mu^2}\left(\frac{\mathrm{d}^2 w}{\mathrm{d}r^2} + \frac{\mu}{r}\frac{\mathrm{d}w}{\mathrm{d}r}\right) z^2 \mathrm{d}z$$

其中 $\frac{\mathrm{d}w}{\mathrm{d}r}$ 和 $\frac{\mathrm{d}^2 w}{\mathrm{d}r^2}$ 均为 r 的函数，而与积分变量 z 无关，于是上式积分可得

$$M_r = -D\left(\frac{\mathrm{d}^2 w}{\mathrm{d}r^2} + \frac{\mu}{r}\frac{\mathrm{d}w}{\mathrm{d}r}\right) \tag{2-58a}$$

同理可得周向弯矩表达式为

$$M_\theta = -D'\left(\frac{1}{r}\frac{\mathrm{d}w}{\mathrm{d}r} + \mu\frac{\mathrm{d}^2 w}{\mathrm{d}r^2}\right) \tag{2-58b}$$

式中，$D' = \frac{Et^3}{12(1-\mu^2)}$，它与圆平板的几何尺寸及材料性能有关，称为圆平板的“抗弯刚度”。

弯矩和应力的关系式为

$$\sigma_r = \frac{12M_r}{t^3} z$$

$$\sigma_\theta = \frac{12M_\theta}{t^3} z \tag{2-59}$$

将式（2-58）代入平衡方程式（2-54），得

$$\frac{\mathrm{d}^3 w}{\mathrm{d}r^3} + \frac{1}{r}\frac{\mathrm{d}^2 w}{\mathrm{d}r^2} - \frac{1}{r^2}\frac{\mathrm{d}w}{\mathrm{d}r} = \frac{Q_r}{D'}$$

上式可改写为

$$\frac{\mathrm{d}}{\mathrm{d}r}\left[\frac{1}{r}\frac{\mathrm{d}}{\mathrm{d}r}\left(r\frac{\mathrm{d}w}{\mathrm{d}r}\right)\right] = \frac{Q_r}{D'} \tag{2-60}$$

式（2-60）即为受轴对称横向载荷圆形薄板小挠度弯曲微分方程式，Q_r值可根据不同载荷情况用静力法求得。

2.4.3 圆平板中的应力

（1）承受均布载荷时圆平板中的应力

过程设备中，圆平板通常受到均布压力的作用，即 p_z=p 为一常量。据图2-32，可确定作用在半径为 r 的圆柱截面上的剪力，即

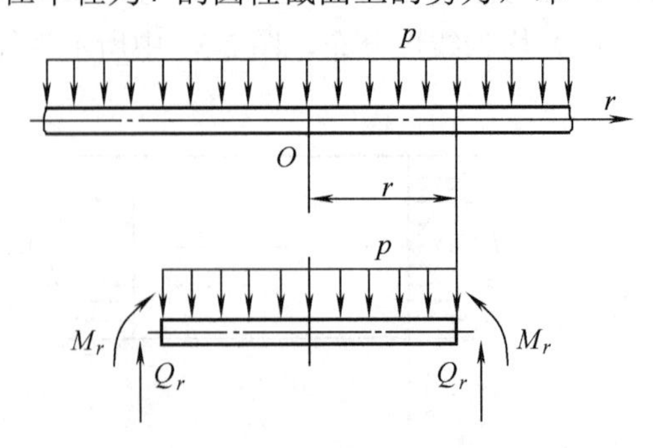

图 2-32 均布载荷作用时圆平板内 Q_r 的确定

$$Q_r = \frac{\pi r^2 p}{2\pi r} = \frac{pr}{2}$$

将Q_r值代入式（2-60），得均布载荷作用下圆平板弯曲微分方程

$$\frac{\mathrm{d}}{\mathrm{d}r}\left[\frac{1}{r}\frac{\mathrm{d}}{\mathrm{d}r}\left(r\frac{\mathrm{d}w}{\mathrm{d}r}\right)\right] = \frac{pr}{2D'}$$

将上述方程连续对 r 积分两次得到挠曲面在半径方向的斜率

$$\frac{\mathrm{d}w}{\mathrm{d}r} = \frac{pr^3}{16D'} + \frac{C_1 r}{2} + \frac{C_2}{r} \tag{2-61}$$

再积分一次，得到中面弯曲后的挠度

$$w = \frac{pr^4}{64D'} + \frac{C_1 r^2}{4} + C_2 \ln r + C_3 \tag{2-62}$$

式中的C_1、C_2、C_3均为积分常数。对于圆平板，板中心处（r=0）挠曲面的斜率与挠度均为有限值，因而要求积分常数C_2=0，于是上述方程改写为

$$\frac{\mathrm{d}w}{\mathrm{d}r} = \frac{pr^3}{16D'} + \frac{C_1 r}{2}$$

$$w = \frac{pr^4}{64D'} + \frac{C_1 r^2}{4} + C_3 \tag{2-63}$$

式中，C_1、C_3 由边界条件确定。

下面讨论两种典型支承情况。

① 周边固支圆平板 图 2-33（a）所示，周边固支的圆板，在支承处不允许有挠度和转角，其边界条件为

$$r=R,\quad \frac{\mathrm{d}w}{\mathrm{d}r} = 0$$

$$r=R,\quad w=0$$

将上述边界条件代入式（2-63），解得积分常数

$$C_1 = -\frac{pR^2}{8D'},\quad C_3 = \frac{pR^4}{64D'}$$

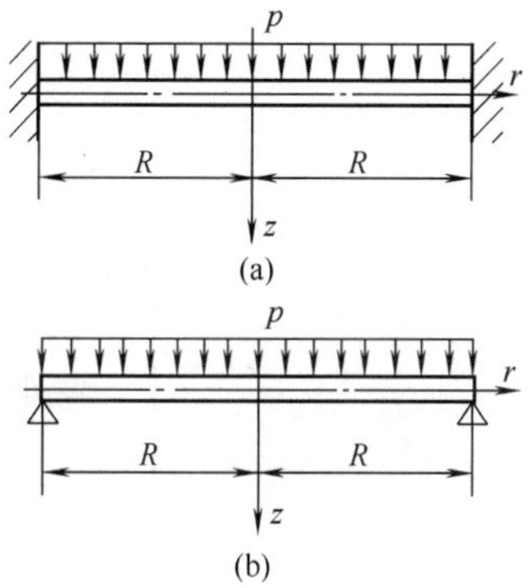

p
r
R
R
z
(a)
p
r
R
R
z
(b)

图 2-33 承受均布横向载荷的圆平板

将C_1、C_3代入式（2-63），得周边固支平板的斜率和挠度方程

$$\frac{\mathrm{d}w}{\mathrm{d}r} = -\frac{pr}{16D'}(R^2 - r^2)$$

$$w = \frac{p}{64D'}(R^2 - r^2)^2 \tag{2-64}$$

将挠度 w 对 r 的一阶导数和二阶导数代入式（2-58），便得固支条件下的弯矩表达式

$$M_r = \frac{p}{16}[R^2(1+\mu) - r^2(3+\mu)]$$

$$M_\theta = \frac{p}{16}[R^2(1+\mu) - r^2(1+3\mu)] \tag{2-65}$$

由此可得r处上、下板面的应力表达式

$$\sigma_r = \mp\frac{M_r}{t^2/6} = \mp\frac{3}{8}\frac{p}{t^2}[R^2(1+\mu)-r^2(3+\mu)]$$

$$\sigma_\theta = \mp\frac{M_\theta}{t^2/6} = \mp\frac{3}{8}\frac{p}{t^2}[R^2(1+\mu)-r^2(1+3\mu)] \tag{2-66}$$

根据式（2-66）可画出周边固支圆平板下表面的应力分布，如图2-34（a）所示。最大应力在板边缘上下表面，即$\sigma_{r\max}=\mp\dfrac{3pR^2}{4t^2}$。

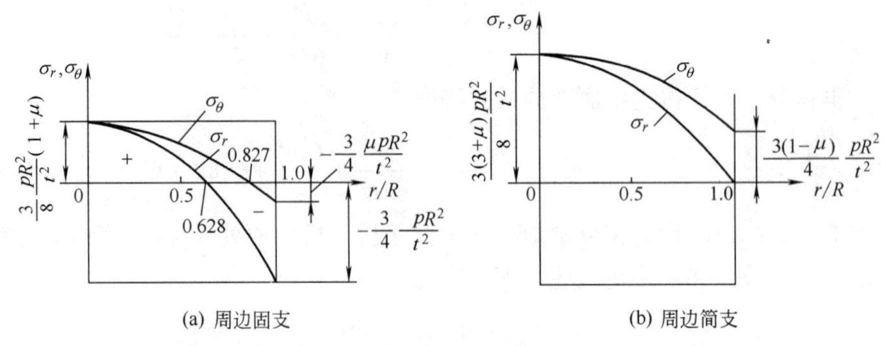

图 2-34 圆平板的弯曲应力分布（板下表面）

② 周边简支圆平板　如图 2-33（b）所示，周边简支的圆平板的支承特点是只限制挠度而不限制转角，因而不存在径向弯矩，此时边界条件为

$$r=R,\ w=0$$
$$r=R,\ M_r=0$$

利用上述边界条件，得周边简支时圆平板在均布载荷作用下的挠度方程

$$w=\frac{p}{64D'}\left[(R^2-r^2)^2+\frac{4R^2(R^2-r^2)}{1+\mu}\right] \tag{2-67}$$

弯矩表达式

$$M_r=\frac{p}{16}(3+\mu)(R^2-r^2)$$

$$M_\theta=\frac{p}{16}[R^2(3+\mu)-r^2(1+3\mu)] \tag{2-68}$$

应力表达式

$$\sigma_r=\mp\frac{3}{8}\frac{p}{t^2}(3+\mu)(R^2-r^2)$$

$$\sigma_\theta=\mp\frac{3}{8}\frac{p}{t^2}[R^2(3+\mu)-r^2(1+3\mu)] \tag{2-69}$$

不难发现，最大弯矩和相应的最大应力均在板中心 $r=0$ 处，$M_{r\max}=M_{\theta\max}=\dfrac{pR^2}{16}(3+\mu)$，$\sigma_{r\max}=\sigma_{\theta\max}=\dfrac{3(3+\mu)}{8}\dfrac{pR^2}{t^2}$。周边简支板下表面的应力分布曲线见图 2-34（b）。

③ 支承对平板刚度和强度的影响　通过周边简支和周边固支圆平板的挠度与应力的讨论，分析支承对板刚度与强度的影响。

挠度 由式（2-64）和式（2-67）知，周边固支和周边简支圆平板的最大挠度都在板中心。周边固支时，最大挠度为

$$w_{\max}^{\mathrm{f}}=\frac{pR^4}{64D'} \tag{2-70}$$

周边简支时，最大挠度为

$$w_{\max}^{\mathrm{s}}=\frac{5+\mu}{1+\mu}\frac{pR^4}{64D'} \tag{2-71}$$

二者之比为

$$\frac{w_{\max}^{\mathrm{s}}}{w_{\max}^{\mathrm{f}}}=\frac{5+\mu}{1+\mu}$$

对于钢材，将μ=0.3代入上式得

$$\frac{w_{\max}^{\mathrm{s}}}{w_{\max}^{\mathrm{f}}}=\frac{5+0.3}{1+0.3}=4.08$$

这表明，周边简支板的最大挠度远大于周边固支板的挠度。

应力 周边固支圆平板中的最大正应力为支承处的径向应力，其值为

$$(\sigma_r)_{\max}^{\mathrm{f}}=\frac{3pR^2}{4t^2} \tag{2-72}$$

周边简支圆平板中的最大正应力为板中心处的径向应力，其值为

$$(\sigma_r)_{\max}^{\mathrm{s}}=\frac{3(3+\mu)}{8}\frac{pR^2}{t^2} \tag{2-73}$$

二者的比值为

$$\frac{(\sigma_r)_{\max}^{\mathrm{s}}}{(\sigma_r)_{\max}^{\mathrm{f}}}=\frac{3+\mu}{2}$$

对于钢材，将 $\mu\approx0.3$ 代入上式得

$$\frac{(\sigma_r)_{\max}^{\mathrm{s}}}{(\sigma_r)_{\max}^{\mathrm{f}}}=\frac{3.3}{2}=1.65$$

这表明周边简支板的最大正应力大于周边固支板的应力。

圆平板受载后，除产生正应力外，还存在由内力 Q_r 引起的切应力。在均布载荷 p 作用下，圆平板柱面上的最大剪力 $Q_{r\max}=\frac{pR}{2}$（$r=R$ 处）。近似采用矩形截面梁中最大切应力公式，得到

$$\tau_{\max}=\frac{3}{2}\frac{Q_{r\max}}{1\times t}=\frac{3}{4}\frac{pR}{t}$$

将其与最大正应力公式对比，最大正应力与（R/t）^{2} 同一量级；而最大切应力则与R/t同一量级。因而对于$R\gg t$的薄板，板内的正应力远比切应力大。

通过对最大挠度和最大应力的比较，可以看出周边固支的圆平板在刚度和强度两方面均优于周边简支圆平板。

通常最大挠度和最大应力与圆平板的材料（E、μ）、半径、厚度有关。因此，若构成板的材料和载荷已确定，则减小半径或增加厚度都可减小挠度和降低最大正应力。当圆平板的几何尺寸和载荷一定时，则选用 E、μ 较大的材料，可以减小最大挠度。然而，在工程实际中，由于材料的 E、μ 变化范围较小，

故采用此法不能获得需要的挠度和应力状态。较多的是采用改变其周边支承结构，使它更趋近于固支条件；增加圆平板厚度或用正交栅格、圆环肋加固平板等方法来提高圆平板的强度与刚度。

④ 薄圆平板应力特点　综合前面分析可见，受轴对称均布载荷薄圆平板的应力有以下特点：

ⅰ. 板内为二向应力 σ_r、σ_θ，平行于中面各层相互之间的正应力 σ_z 及剪力 Q_r 引起的切应力 τ 均可忽略；

ⅱ. 正应力 σ_r、σ_θ 沿板厚度呈直线分布，在板的上下表面有最大值，是纯弯曲应力；

ⅲ. 应力沿半径的分布与周边支承方式有关，工程实际中的圆平板周边支承是介于固支和简支两者之间的形式；

ⅳ. 薄板结构的最大弯曲应力 σ_{max} 与 $(R/t)^2$ 成正比，而薄壳的最大拉（压）应力 σ_{max} 与 R/t 成正比，故在相同 R/t 条件下，薄板所需厚度比薄壳大。

（2）承受集中载荷时圆平板中的应力

提高平板承载能力的措施

圆平板轴对称弯曲中的一个特例是板中心作用一横向集中载荷 F。挠度微分方程式（2-60）中，剪力 Q_r 可由图 2-35 中的平衡条件确定，即 $Q_r = F/2\pi r$。采用与求解均布载荷圆平板应力相同的方法，可求得周边固支与周边简支圆平板的挠度和弯矩方程及计算其应力值，读者可自行导出公式。

2.4.4 承受轴对称载荷时环板中的应力

环板是圆平板的特例，中心开有圆形孔的圆平板称为“环板”，图 2-36 为孔边受均布力矩 M_1 和均布力 f 的圆平板。通常的环板仍主要受弯曲，仍可利用上述圆平板的基本方程求解环板的应力、应变，只是在内孔边缘上增加了一个边界条件。

需要指出，当环板内半径和外半径比较接近时，环板可简化为圆环。圆环在沿其中心线（通过形心）均布力矩 M 作用下，矩形截面只产生微小的转角 ϕ 而无其他变形，从而在圆环上产生周向应力。这类问题虽然为轴对称问题，但不能应用上述圆平板的基本方程求解。

设圆环的内半径为 R_i、外半径为 R_o、形心处的半径为 R_x、厚度 t，沿其中心线（通过形心）均布力矩 M 的作用，如图 2-37 所示。文献［40］给出了导出圆环绕其形心的转角 ϕ 和最大应力 $\sigma_{\theta\max}$（在圆环内侧两表面）

$$\phi = \frac{12MR_x}{Et^3 \ln \dfrac{R_o}{R_i}}$$

$$\sigma_{\theta\max} = \frac{6MR_x}{t^2 R_i \ln \dfrac{R_o}{R_i}} \tag{2-74}$$

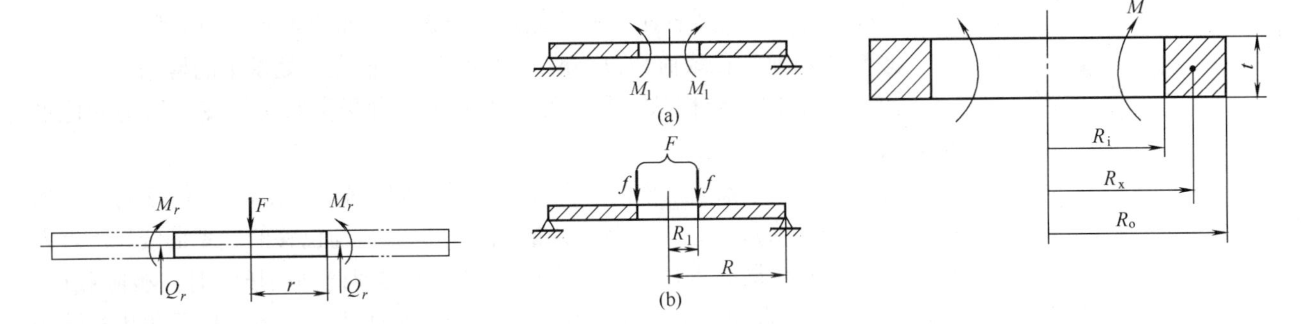

图 2-35 圆平板中心承受集中载荷时板中的剪力 Q_r

图 2-36 外周边简支内周边承受均布载荷的圆环板

图 2-37 圆环转角和应力分析

2.5 壳体屈曲分析

2.5.1 概述

本章前文讨论了回转薄壳和厚壁圆筒的应力分析与强度问题。内压作用时，壳体将产生弹性应力和变形，若内压继续增大，将导致壳体产生塑性变形，直至发生塑性垮塌破坏。在过程设备中，还常遇见承受外压的壳体，如潜海器壳体、深海空间站外壳、减压精馏塔、真空容器、夹套容器的内容器、管壳式换热器的换热管等。在承受外压时，这些壳体上同样会产生应力和变形，但除了可能出现与承受内压壳体类似的破坏现象之外，还可能出现另一种破坏，即当外压载荷增大到某一值时，壳体会突然或者逐渐失去原有的形状，出现被压扁或波折等现象。这种在压应力作用下，处在弹性或者弹塑性状态的容器构件失去原有规则几何形状而导致的失效，称为屈曲。屈曲是压力容器常见的失效模式之一。

除外压壳体外，在较大区域内存在压缩应力的壳体、扭转壳体等也有可能产生屈曲。例如，塔设备受到风载荷作用时，在迎风侧产生拉伸应力，在背风侧产生压缩应力，当压缩应力足够大时，塔设备就会屈曲。

屈曲的形式是多种多样的，它与构件本身的结构尺寸、材料力学性能、载荷条件、边界条件等因素有关。图 2-38 列举了一些圆筒屈曲后的形状。

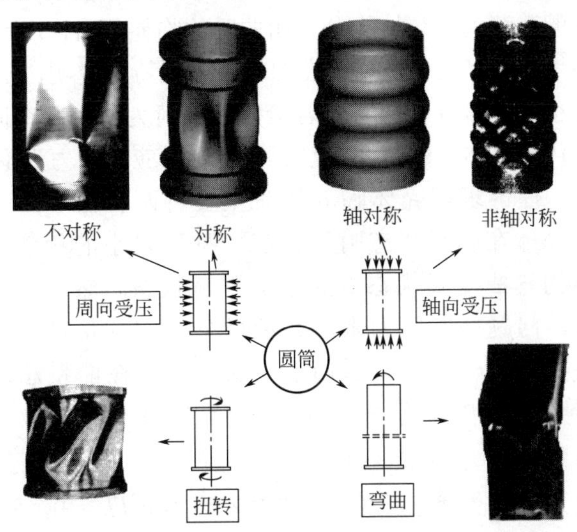

图 2-38 典型圆筒屈曲后的形状

从载荷与位移（或者应变）的关系曲线来看，屈曲可分为如下两种类型。

① 极值屈曲　在载荷与位移曲线最高点（极值点）处发生的垮塌。

② 分叉屈曲　结构从一种平衡状态向另一种平衡状态转变，结构的位形将突然发生很大的改变。

例如，一个受轴向压缩的薄壁圆筒，其轴向载荷与端部轴向位移的关系如图 2-39 所示。实线为几何形状理想的圆筒轴向载荷与位移的关系曲线，*A* 点为载荷与位移曲线最高点，它表示几何形状理想的圆筒轴向压缩时的极限载荷。*B* 点表示几何形状非常理想的薄壁圆筒从一种平衡状态向另一种平衡状态转变时的分叉点。沿平衡路径 *OB*，变形基本上是轴对称均布的。若轴向压缩载荷持续增大，变形至 *B* 点，出现两种平衡路径，一种可能为沿 *BAC* 路径变形，另一种可能为沿 *BD* 路径变形。在本例中，较 *BAC* 路径，*BD* 路径中系统的势能更低，所以，该圆筒将先出现分叉屈曲现象。实际上，圆筒的几何形状不可能非常理想。对于存在一定形状缺陷的实际圆筒，其轴向载荷与位移的关系曲线如图 2-39 中虚线所示，载荷与位移曲线最高点为 *E* 点，是圆筒轴向承载时的最大载荷。上述例子为分叉屈曲先于极值屈曲，当然也存在极值屈曲先于分叉屈曲的情况，如同样为轴向受压，但当圆筒厚度适当增加时，就有可能出现极值屈曲先于分叉屈曲的情况。

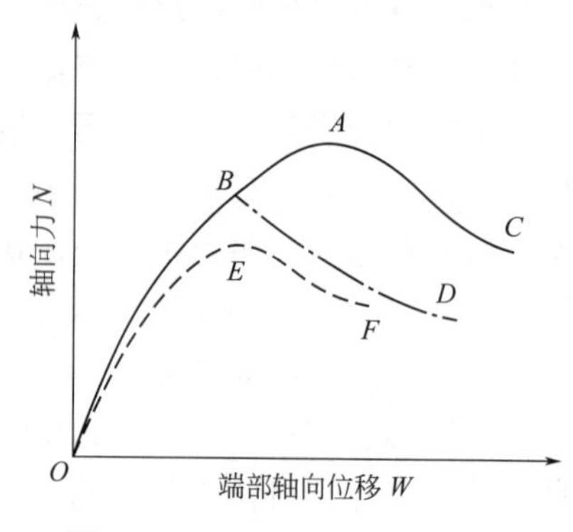

图 2-39　载荷与位移关系曲线

从稳定性观点来看，系统在外界的干扰作用下，离开了原来的平衡状态，当外界干扰作用撤销时，系统无法恢复至原来的平衡状态，这一现象称为失稳（相对于原来的平衡状态而言），该系统失稳时对应的载荷称为临界载荷。在图 2-39 中，*A* 点、*B* 点和 *E* 点所对应的载荷，都具有上述特征，均可视为某一类型的临界载荷，但它们的意义是不一样的，*A* 点为理想结构的极限载荷，是极值屈曲的临界载荷，*B* 对应的载荷为理想结构分叉屈曲时的临界载荷，*E* 点为非理想结构发生屈曲时的临界载荷。在分析壳体屈曲时，若无特别说明，临界载荷通常指上述几类中的最小值。就壳体而言，若给定的载荷为压力载荷时，则通常采用“临界压力”来代替“临界载荷”，以 p_{cr} 表示，对应的应力为临界应力，以 σ_{cr} 表示。

理论求解壳体临界载荷主要有两种方法：静力法和能量法。静力法认为壳体在临界状态附近存在一种无限小的相邻平衡状态，重新建起在极微小的弯曲变形状态下的稳定平衡状态，然后写出它的平衡微分方程组。这时，问题就归结为求解线性微分方程的特征值问题，从而获得需要的临界载荷，这一方法只适用于分叉屈曲。在能量法求解中，认为保守力系统的能量可用势能 Π 来表征，即 $\Pi=U-W$，其中 U 为应变能，W 为外力功。当系统处于平衡状态时，其势能的一阶变分等于零，即 $\delta\Pi=\delta(U-W)=0$。就某一平衡状态，对于一切扰动，有 $\delta^2\Pi>0$，则表示所处的平衡状态是稳定的。若存在一种扰动，使 $\delta^2\Pi=0$，且系统不存在任何使 $\delta^2\Pi<0$ 的其他扰动，

则表示平衡状态是随遇的。若对于某一扰动，有$\delta^2\Pi<0$，则表示所处的平衡状态是不稳定的。可见，当至少有一个可能的变分使$\delta^2\Pi$为非正值时，所得的最小的载荷就是连续结构系统的临界载荷。

2.5.2 均布轴压圆筒的临界应力

对于受轴向均布压缩载荷的薄壁圆筒，当压缩应力达到某一数值时，就会出现轴向分叉屈曲。Timoshenko 在 1911 年按弹性小挠度理论，求解得到轴对称分叉屈曲时临界应力σ_{cr}的计算公式

Timoshenko简介

$$\sigma_{cr}=\frac{1}{\sqrt{3(1-\mu^2)}}\frac{Et}{R} \tag{2-75}$$

式中 E——材料的杨氏弹性模量，MPa；

R——圆筒的半径，mm；

t——圆筒的壁厚，mm；

μ——材料的泊松比。

对于钢材，取μ=0.3，式（2-75）简化为

$$\sigma_{cr}=0.605\frac{Et}{R} \tag{2-76}$$

式（2-76）是基于弹性小挠度理论求得的，它是理想均布轴压圆筒轴对称分叉屈曲时的临界应力计算公式。但是，该公式无法准确预测实际轴向受压圆筒屈曲的临界应力。通常，由实验得到的临界应力仅为该公式求得的 20%～25%。轴向受压圆筒屈曲问题的理论分析是一个复杂的问题，除了对称分叉屈曲可能外，还存在非对称屈曲的可能，同时实际圆筒是不理想的圆柱形，存在各种形状缺陷，且屈曲后变形量较大。可见，上述所提的线弹性小挠度理论已不适用于实际轴向受压圆筒屈曲问题。

在理论上，先后还提出了非线性大挠度理论、非线性前屈曲一致理论、初始后屈曲理论、边界层理论等来分析轴向受压圆筒屈曲问题。然而，由于实际问题的复杂性，迄今为止尚没有形成统一的理论计算公式。在工程设计中，通常先由式（2-76）计算得到理论的临界应力，再引入经验修正系数进行修正，来求得设计的临界应力。

2.5.3 周向受外压圆筒的临界压力

（1）周向受均布外压的无限长圆筒

周向受均布外压的无限长圆筒屈曲时出现两个波纹。Bresse 在 1866 年导出其临界压力计算公式

$$p_{cr}=\frac{2E}{1-\mu^2}\left(\frac{t}{D}\right)^3 \tag{2-77}$$

式中 D——圆筒的直径，mm。

对于单位轴向长度的圆环，若假设屈曲后，圆环成n波，则其分叉屈曲临界压力计算式

$$p_{cr}=\frac{(n^2-1)EI}{R^3} \tag{2-78}$$

式中 I——圆环经线截面的惯性矩，$I=t^3/12$，mm^3。

（2）两端简支的周向受均布外压圆筒

对于两端简支，仅周向受均布外压圆筒，Mises 在 1914 年推导得到的临界压力计算公式为

$$p_{cr}=\frac{Et}{R(n^2-1)\left[1+\left(\frac{nL}{\pi R}\right)^2\right]^2}+\frac{E}{12(1-\mu^2)}\left(\frac{t}{R}\right)^3\left[(n^2-1)+\frac{2n^2-1-\mu}{1+\left(\frac{nL}{\pi R}\right)^2}\right] \quad (2\text{-}79)$$

式中　L——圆筒的长度，mm；

n——屈曲后的波数。

求出式（2-79）的最小值，即得两端简支的周向均布受压圆筒临界压力。

对于同时受周向和轴向外压的圆筒，在屈曲前，同时存在周向压缩应力为$\sigma_\theta=-pR/t$和轴向压缩应力$\sigma_z=-pR/2t$，其临界压力计算公式为

$$p_{cr}=\frac{Et}{R\left[n^2-1+\frac{1}{2}\left(\frac{\pi R}{L}\right)^2\right]}\left\{\frac{\left(\frac{\pi R}{L}\right)^2}{n^2+\left(\frac{\pi R}{L}\right)^2}+\frac{t^2}{12R^2(1-\mu^2)}\left[n^2-1+\left(\frac{\pi R}{L}\right)^2\right]^2\right\} \quad (2\text{-}80)$$

由式（2-79）和式（2-80）计算所得的结果相差很小，且计算结果与实验值吻合较好。

由于式（2-79）和式（2-80）较复杂，工程中常采用其近似公式。例如，假设$n^2\gg\left(\frac{\pi R}{L}\right)^2$，故$1+\frac{n^2L^2}{\pi^2R^2}\approx\frac{n^2L^2}{\pi^2R^2}$，略去式（2-79）第二项方括号中的第二项，得

$$p_{cr}=\frac{Et}{R}\left[\frac{(\pi R/nL)^4}{n^2-1}+\frac{t^2}{12(1-\mu^2)\ R^2}(n^2-1)\right] \quad (2\text{-}81)$$

式（2-81）是由R.V.Southwell提出的短圆筒临界压力计算公式。

若将式（2-81）中的n看成实数，令$\frac{dp_{cr}}{dn}=0$，并取$n^2-1\approx n^2$，μ=0.3，可得与最小临界压力相应的波数

$$n=\sqrt[4]{\frac{7.06}{\left(\frac{L}{D}\right)^2\left(\frac{t}{D}\right)}} \quad (2\text{-}82)$$

将式（2-82）代入式（2-81），仍取$n^2-1\approx n^2$，即得短圆筒的最小临界压力近似计算式

$$p_{cr}=\frac{2.6Et^2}{LD\sqrt{D/t}} \quad (2\text{-}83)$$

式（2-83）亦称为拉姆（B.M.Pamm）公式，其计算结果比Mises公式约低12%，故偏于安全，它仅适用于弹性屈曲。

值得说明的是，以上公式是基于薄壳理论，以中面的直径作为特性尺寸，外压受力面也在中面，而实际圆筒，外压受力面是在圆筒外径D_o上。工程计算中，考虑到外压壳体壁厚比较薄，故直接用外径D_o代替以上公式中的D进行计算。

为便于工程计算，通常采用简单的Bresse公式与简化的短圆筒临界压力计

算公式组合方法进行设计计算。由于 Bresse 公式［式（2-77）］仅适用于长圆筒，而式（2-83）只适用于短圆筒，故提出临界长度概念加以区分。对于给定 D_o 和 t 的圆筒，有一特性长度为区分 $n=2$ 的长圆筒和 $n>2$ 的短圆筒的界限，此特性长度称为临界长度，以 L_{cr} 表示。当圆筒的计算长度 $L>L_{cr}$ 时属长圆筒；当圆筒的计算长度 $L<L_{cr}$ 时属短圆筒。如圆筒的计算长度 $L=L_{cr}$ 时，式（2-77）与式（2-83）相等，求解后即得到临界长度计算公式

$$L_{cr}=1.17D_o\sqrt{\frac{D_o}{t}} \tag{2-84}$$

工程上，计算外压短圆筒临界压力时，还可采用经试验修正的美国海军水槽公式，即

$$p_{cr}=2.6E\frac{\left(\dfrac{t}{D_o}\right)^{2.5}}{\dfrac{L}{D_o}-0.45\left(\dfrac{t}{D_o}\right)^{0.5}} \tag{2-85}$$

2.5.4 其他回转薄壳的临界压力

（1）球壳

按小挠度弹性屈曲理论，对于受均布外压的理想球壳，其临界压力计算公式为

$$p_{cr}=\frac{2E}{\sqrt{3(1-\mu^2)}}\left(\frac{t}{R}\right)^2 \tag{2-86}$$

与轴向受压圆筒问题类似，这一由小挠度理论得出的公式计算所得的临界压力远高于实际值，工程计算中，同样要引入修正系数进行修正，具体可见相关的规范标准。

（2）碟形壳和椭球壳

在均布外压作用下，碟形壳的过渡区受拉应力，而中央球壳部分受压应力，可能产生屈曲。因此，可用球壳临界压力计算式来计算碟形壳的压力，只是其中 R 用碟形壳中央球壳部分的外半径 R_o 代替。对于椭球壳，与碟形壳相类似，用当量半径 $R=K_1D_o$ 代替（K_1 的取值见第 4 章）。

（3）两端简支圆锥壳

两端简支圆锥壳受均布外压时，其临界压力理论求解较复杂。Seide 比较圆锥壳与圆筒的临界压力后，认为圆锥壳屈曲与等效圆筒屈曲相类似。工程中，通常采用这一等效思路进行计算。这个等效圆筒的长度与圆锥壳的母线长度相等，厚度等于圆锥壳的厚度，半径等于圆锥壳两端的第二曲率半径的平均值［$R=(D_1+D_2)/(4\cos\alpha)$，$D_1$ 为小端直径，D_2 为大端直径］。圆锥壳的临界压力可以表示成等效圆筒的临界压力乘以一个关联系数，即 $p_{cr}=\bar{p}\rho$。这里 $\bar{p}$ 是等效圆筒的临界压力，ρ 是关联系数。以上等效方法仅适用于锥顶角小于等于 60°圆锥壳，如锥顶角大于 60°，则按圆平板考虑。

2.5.5 壳体许用临界载荷

上述章节给出了一些典型壳体的临界载荷理论计算公式。然而，由于受到各种因素的影响，实际情况下壳体的临界载荷大小通常不等于理论值，需要对理论值进行适当的修正，才能得出实际情况下的临界载荷。

实际壳体往往存在形状缺陷，如整体不圆和局部区域中的折皱、鼓胀或凹陷等。受内压作用的圆筒，在内压作用下，存在消除筒体不圆等形状缺陷的趋势，所以，这些形状缺陷对内压圆筒的强度影响不大。而对外压壳体，在缺陷处会产生附加的弯矩，这将进一步使形状缺陷增大，同时产生更大的附加应力，对临界压力的影响较大。一般情况下，如图 2-39 中虚线所示，形状缺陷导致临界压力下降。其影响程度

外压壳体临界载荷的影响因素

与结构及其受力情况有关。例如，仅受轴压的薄壁圆筒、受外压的薄壁球壳，形状缺陷对它们的临界压力影响非常大。相比较而言，形状缺陷对周向受外压的圆筒的临界压力影响小一些，但工程设计中这一影响仍必须予以考虑。在工程设计标准中，往往在对临界应力按形状缺陷修正系数进行修正的同时，对其形状缺陷进行严格的限制。

本节提到的临界压力计算公式，均基于线弹性的假设得出，也就是说，上述公式只有在其应力水平小于材料比例极限时才适用。当应力水平超过材料比例极限后，则必须考虑材料的非线性行为。目前工程计算中，通常采用材料的切线模量来代替上述公式的弹性模量，来计算相关的临界载荷。在有些标准中，则直接选取相关的弹塑性修正系数来修正上述公式计算的临界载荷。

影响临界载荷大小的因素较多，采用理论方法确定许用临界载荷的计算流程通常为：对于某一壳体，先由几何形状尺寸、材料性能数据、载荷条件及边界条件等，求得弹性屈曲临界载荷的理论值和塑性极限载荷的理论值。然后，引入修正系数（如形状缺陷修正系数、弹塑性修正系数）进行修正，再考虑一定的设计裕度系数后，确定壳体许用临界载荷。

2.5.6　壳体屈曲数值模拟方法

壳体临界载荷理论计算公式仅适用于一些简单的情况。对于几何形状复杂的实际壳体（如壳体上存在开孔等不连续结构），或相对复杂的载荷条件和边界条件，理论上无法求得临界载荷，也难以用简化方法求得可用于工程设计的临界载荷。这时，可采用数值模拟方法进行求解。目前，常见的预测结构屈曲临界载荷和屈曲模态的方法有两种：特征值屈曲分析和非线性屈曲分析。

特征值屈曲分析可以预测理想线弹性结构的分叉屈曲的理论临界载荷。该方法与前文中弹性屈曲分析相类似。然而，缺陷和非线性使得真实结构不可能达到它们的理论临界载荷。所以，特征值屈曲分析得到的是非保守解，通常不能直接应用于实际工程分析，须进行相关的修正，方可使用。

非线性屈曲分析是一种更精确的方法，通常用于实际结构的抗屈曲能力评估。该方法应用逐步增加载荷的非线性静力分析来寻找极值点的载荷。在非线性分析中，可以包括初始缺陷、材料弹塑性行为、缺口以及大变形行为。另外，应用位移控制加载，可以跟踪分析结构的后屈曲行为。目前有两种方法广泛用于计算非线性有限元刚度矩阵：全量拉格朗日法和更改的拉格朗日法。

2.6　典型局部应力

2.6.1　概述

除受到介质压力作用外，过程设备还承受通过接管或其他附件传递来的局部载荷，如设备的自重、物料的重量、管道及附件的重量、支座的约束反力、温度变化引起的载荷等。这些载荷通常仅对附件与设备相连的局部区域产生影响。此外，在压力作用下，压力容器材料或结构不连续处，如截面尺寸、几何形状突变的区域、两种不同材料的连接处等，也会在局部区域产生附加应力。上述两种情况下产生的应力，均称为局部应力。

局部应力的危害性与材料的韧性和载荷形式密切相关。对于韧性好的材料，当局部应力达到屈服强度时，该处材料的变形可以继续增加，而应力却不再加大，载荷继续增加，增加的力就由其他尚未屈服的材料来承担，这种应力再分配可使局部高应力缓解，或通过几次载荷循环使结构趋于安定，故在一定条件下局部高应力是允许的。但是，过大的局部应力会使结构处于不安定状态；在变动载荷（包括冲击载荷）作用下，局部应力处易形成裂纹，有可能导致疲劳失效。因此，清楚了解局部应力产生的原因，掌握一些简便的计算方法和测试手段，懂得如何采取相应的措施来降低局部应力是十分必要的。

局部应力不仅与载荷大小有关，而且与载荷作用处的局部结构形状和尺寸密切相关，很难甚至无法对其进行精确的理论分析。在大多数情况下，必须依靠有限元、边界元等数值计算方法和实验应力测试方法，以数值解或（和）实测值为基础，整理、归纳出经验公式和图表，供设计计算时使用。

下面以受内压壳体与接管连接处局部应力的分析为例，介绍局部应力求解的常用方法、基本思路，以及降低局部应力的措施。

2.6.2 受内压壳体与接管连接处的局部应力

由于几何形状及尺寸的突变，受内压壳体与接管连接处附近的局部范围内会产生较高的不连续应力。对这类应力的求解相当复杂。工程上常采用应力集中系数法、数值解法、实验测试法和经验公式计算局部应力。

（1）应力集中系数法

在计算壳体与接管连接处的最大应力时，常采用应力集中系数法。受内压壳体与接管连接处的最大弹性应力 $\sigma_{\max}$ 与该壳体不开孔时的环向薄膜应力 σ_θ 之比称为应力集中系数 K_t，即

$$K_t = \frac{\sigma_{\max}}{\sigma_\theta}$$

① 应力集中系数曲线　为了方便设计，通过理论计算，往往将不同直径、不同厚度的壳体，带有不同直径与厚度的接管的应力集中系数综合成一系列曲线，即应力集中系数曲线。利用这种曲线可以方便地计算出最大应力。图 2-40～图 2-42 分别为在内压作用下，球壳带平齐式接管、球壳带内伸式接管和圆柱壳开孔接管的应力集中系数曲线图。

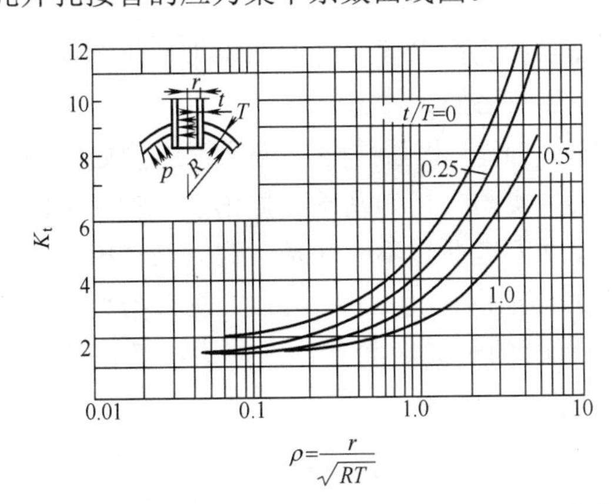

图 2-40 球壳带平齐式接管的应力集中系数曲线

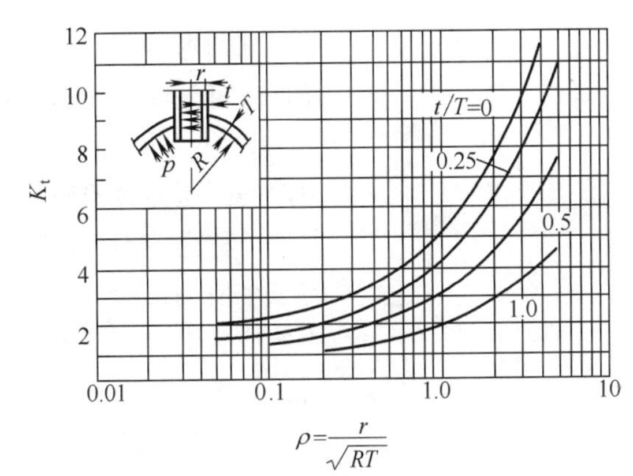

图 2-41 球壳带内伸式接管的应力集中系数曲线

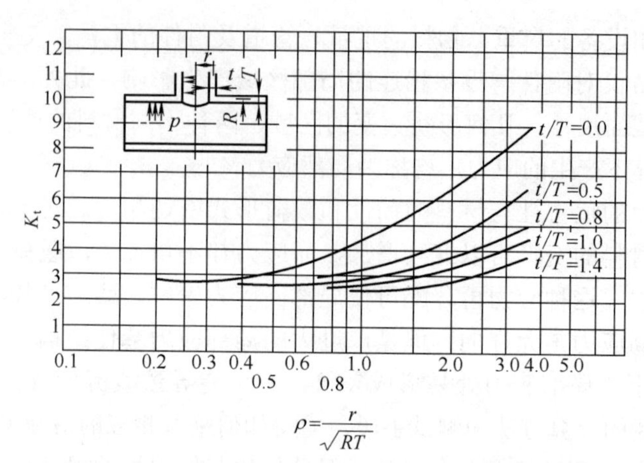

图 2-42 圆柱壳开孔接管的应力集中系数曲线

这些图中，采用了两个与应力集中系数相关的无因次几何参数，即开孔系数 ρ 和接管厚度 t 与壳体厚度 T 之比 t/T。开孔系数 ρ 与壳体平均半径 R、厚度及接管平均半径 r 有关，其表达式为

$$\rho=\frac{r}{\sqrt{RT}}$$

$\sqrt{RT}$ 为边缘效应的衰减长度，故开孔系数表示开孔大小和壳体局部应力衰减长度的比值。从图中可以看出，应力集中系数 K_t 随着开孔系数 ρ 的增大而增大，随厚度比 t/T 的增大而减小。内伸式接管的应力集中系数较小。也就是说，增大接管和壳体的厚度，减小接管半径，有利于降低应力集中系数。

值得注意，当开孔太大或太小，或厚度太大或太小时，应力集中系数并非只是开孔系数的单一函数，应力集中系数曲线都有一定的适用范围。例如，球壳带接管的应力集中系数曲线，对开孔大小和壳体厚度的限制范围为

$$0.01\leqslant\frac{r}{R}\leqslant 0.4$$

$$30\leqslant\frac{R}{T}\leqslant 150$$

椭圆形封头上接管连接处的局部应力，只要将椭圆曲率半径折算成球的半径，就可采用球壳上接管连接处局部应力的计算方法。

② 应力指数法　对于内压壳体（球壳和圆柱壳）与接管连接处的最大应力，美国压力容器研究委员会以大量实验分析为基础，提出了一种简易的计算方法，称为应力指数法。与应力集中系数曲线不同的是，该方法考虑了连接处的三个应力：经向应力、径向应力和法向应力（图 2-43）。应力指数是所考虑的各应力分量与壳体在无开孔接管时的环向应力之比。应力指数法已列入中国、美国、日本等国家压力容器分析设计标准。

（2）经验公式

大量的试验研究、数值计算和理论分析表明，受内压壳体与接管连接处的应力集中系数 K_t 一般可表示为三个无因次参量的函数。这三个无因次参数是：

接管中面直径 d 与壳体中面直径 D 之比 d/D，接管厚度 t 与壳体厚度 T 之比 t/T 和壳体中面直径 D 与其厚度 T 之比 D/T。到目前为止，已提出了许多应力集中系数经验公式。对圆柱壳上的径向接管，常用的经验公式有以下几个。

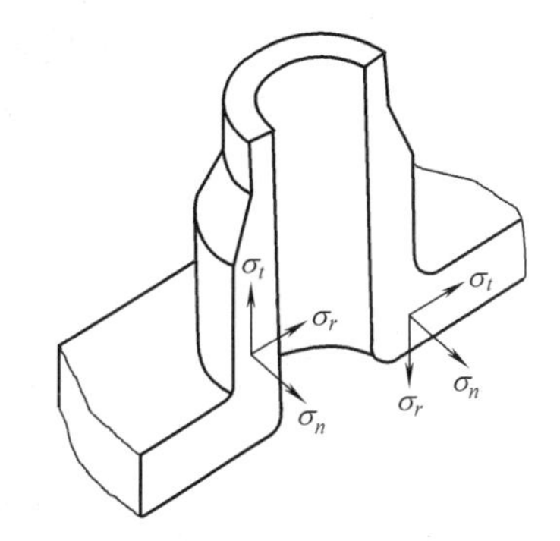

图 2-43 接管连接处的各向应力分量

Rodabaugh 公式

$$K_1 = 2.8\left(\frac{D}{T}\right)^{0.182}\left(\frac{d}{D}\right)^{0.367}\left(\frac{t}{T}\right)^{-0.382}\left(\frac{r_o}{t}\right)^{-0.148} \tag{2-87}$$

该式考虑了接管与圆柱壳过渡处外圆角半径r_o的影响，已被ASME规范第Ⅲ篇NB-3683.8所采用，适用范围为$D/T<100$，$0.09 \leqslant t/T \leqslant 4.3$，$0.5<r_o/t<12.5$，对$d/D$无要求。

Decock 公式

$$K_t = \frac{2+2\dfrac{d}{D}\sqrt{\dfrac{d}{D}\dfrac{t}{T}}+1.25\dfrac{d}{D}\sqrt{\dfrac{D}{T}}}{1+\dfrac{t}{T}\sqrt{\dfrac{d}{D}\dfrac{t}{T}}} \tag{2-88}$$

Decock公式的适用范围为$1.4 \leqslant D/T \leqslant 240$，$0.04 \leqslant d/D \leqslant 1.0$，$0.048 \leqslant t/T \leqslant 2.8$。

（3）数值计算

应力数值计算的方法比较多，如差分法、变分法、有限单元法和边界元法等。但目前使用最广泛的是有限单元法。

有限单元法的基本思路是将连续体离散为有限个单元的组合体，以单元结点的参量为基本未知量，单元内的相应参量用单元结点上的数值插值，将一个连续体的无限自由度问题变成有限自由度的问题，再利用整体分析求出未知量。显然，随着单元数量的增加，解的近似程度将不断改进，如单元满足收敛要求，近似解也最终收敛于精确解。

进入 20 世纪 90 年代以来，有限元法程序的开发得到了迅速的发展，涌现出一批大型通用有限元软件，如：ANSYS，ABAQUS，NASTRAN，COSMOS 等，软件的前后处理功能和人机交互性能也有了很大的改进，使得有限元法不仅可以解决一般结构的弹性问题，而且可以解决弹塑性、断裂力学、动力学、传质和传热等问题。

（4）应力测试

理论计算或数值计算模型都经过一定的简化，用实验应力分析方法直接测量计算部位的应力，是验证计算结果可靠性的有效方法。实验应力分析的方法很多，但最常用的两种方法是电测法和光弹性法。

① 电测法　金属电阻丝承受拉伸或压缩变形时，电阻也将发生改变。将电阻丝往复绕成特殊形状（如栅状），就可做成电阻应变片。测量前，将电阻应变片用特殊的胶合剂粘贴在欲测应变的部位，当壳体受到载荷作用发生变形时，电阻应变片中的电阻丝随之一起变形，导致电阻丝长度及截面积的改变，从而引起其电阻值的变化。可见，电阻的变化与应变有一定的对应关系。通过电阻应变仪，就可测得相应的应变。利用胡克定律或其他理论公式，就可求得应力值。

电测时，应尽量消除产生各种测量误差的因素。例如，应变片位置的偏差，应变片与壳壁接触的紧密程度，应变片与导线的焊接质量，环境、温度的变化等。

② 光弹性法　是一种光学的应力测量方法。采用一种具有双折射性能的透明塑料，如环氧树脂和聚碳酸酯，制成与被测试结构几何形状相似的模型，模拟实际零件的受载情况，将受载后的塑料模型置于

偏振光场中，即可获得干涉条纹图。根据光弹性原理，算出模型中各点的应力大小及其方向，而实际被测试结构上的应力可根据模型相似理论换算得到。

光弹性法的特点是直观性强，可直接看到应力集中的部位，从而能迅速求出应力集中系数。利用光弹性法，不仅能解决二维问题，而且能有效地解决三维问题；不仅能得到边界上的应力分布，而且能得到内部截面的应力分布。而电测法只能获得构件表面的应力分布。

2.6.3　降低局部应力的措施

降低局部应力可以从以下几个方面进行考虑。

（1）合理的结构设计

① 减少两连接件的刚度差　两连接件变形不协调会引起边缘应力。壳体的刚度与材料的弹性模量、曲率半径、厚度等因素有关。设法减少两连接件的刚度差，是降低边缘应力的有效措施之一。例如，直径和材料都相同的两圆筒连接在一起，若两者的厚度不同，在内压作用下，连接处附近会产生较大的边缘应力。将厚圆筒在一定范围内做成削薄过渡，并尽可能使两圆筒的中面重合，可以降低边缘应力，且便于焊接。厚度差较小时，可采用图 2-44（a）所示的单面削薄过渡。此时，两圆筒中面的径向距离为$0.5(\delta_1-\delta_2)$，会产生附加的弯矩和弯曲应力，所以，当厚度差较大时，宜采用图 2-44（b）所示的双面削薄，使两圆筒中面尽可能重合。

② 尽量采用圆弧过渡　几何形状或尺寸的突然改变是产生应力集中的主要原因之一。在结构不连续处应尽可能采用圆弧或经形状优化的特殊曲线过渡。例如，在平盖内表面，其最大应力点位于内侧拐角处，即图 2-45 所示的 A 点附近。因而，在 A 点应尽可能做成光滑圆弧过渡，圆弧半径一般应不小于 $0.5\delta_p$ 和 $D_c/6$。

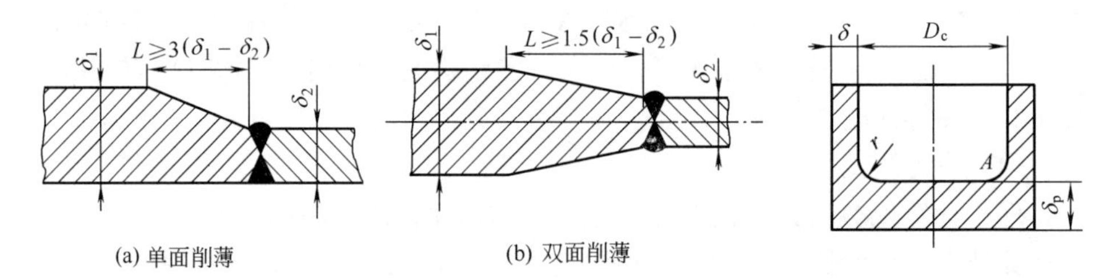

图 2-44　不同厚度筒体的连接

图 2-45　平盖内表面的圆弧过渡

③ 局部区域补强　在有局部载荷作用的壳体处，例如，壳体与吊耳的连接处、卧式容器与鞍式支座连接处，在壳体与附件之间加一块垫板，适当给以补强，可以有效地降低局部应力。

④ 选择合适的开孔方位　根据载荷的情况，选择适当的开孔位置、方向和形状，如椭圆孔的长轴应与开孔处的最大应力方向平行，孔尽量开在原来应力水平比较低的部位，可以降低局部应力。

(2) 减少附件传递的局部载荷

如果对与壳体相连的附件采取一定的措施，就可以减少附件所传递的局部载荷对壳体的影响，从而降低局部应力。例如，对管道、阀门等设备附件设置支承或支架，可降低这些附件的重量对壳体的影响；对接管等附件加设热补偿元件可降低因热胀冷缩所产生的热载荷。

(3) 尽量减少结构中的缺陷

在压力容器制造过程中，由于制造工艺和操作等原因，可能在容器中留下气孔、夹渣、未焊透等缺陷，这些缺陷会造成较高的局部应力，应尽量避免。

思考题

1. 一壳体成为回转薄壳轴对称问题的条件是什么？
2. 推导无力矩理论的基本方程时，在微元截取时，能否采用两个相邻的垂直于轴线的横截面代替教材中与经线垂直、同壳体正交的圆锥面？为什么？
3. 试分析标准椭圆形封头采用长短轴之比 $a/b=2$ 的原因。
4. 何谓回转壳的不连续效应？不连续应力有哪些重要特征，其中 β 与 $\sqrt{Rt}$ 两个参量的物理意义是什么？
5. 单层厚壁圆筒承受内压时，其应力分布有哪些特征？当承受的内压很高时，能否仅用增加壁厚来提高承载能力，为什么？
6. 单层厚壁圆筒同时承受内压 p_i 与外压 p_o 作用时，能否用压差 $\Delta p=p_i-p_o$ 代入仅受内压或仅受外压的厚壁圆筒筒壁应力计算式来计算筒壁应力？为什么？
7. 单层厚壁圆筒在内压与温差同时作用时，其综合应力沿壁厚如何分布？筒壁屈服发生在何处？为什么？
8. 为什么厚壁圆筒微元体的平衡方程 $\sigma_\theta-\sigma_r=r\dfrac{d\sigma_r}{dr}$，在弹塑性应力分析中同样适用？
9. 一厚壁圆筒，两端封闭且能可靠地承受轴向力，试问轴向、环向、径向三应力之关系式 $\sigma_z=\dfrac{\sigma_\theta+\sigma_r}{2}$，对于理想弹塑性材料，在弹性、塑性阶段是否都成立，为什么？
10. 有两个厚壁圆筒，一个是单层，另一个是多层圆筒，二者径比 K 和材料相同，试问这两个厚壁圆筒的爆破压力是否相同？为什么？
11. 预应力法提高厚壁圆筒屈服承载能力的基本原理是什么？
12. 承受横向均布载荷的圆形薄板，其力学特征是什么？其承载能力低于薄壁壳体的承载能力的原因是什么？
13. 试比较承受横向均布载荷作用的圆形薄板，在周边简支和固支情况下的最大弯曲应力和挠度的大小和位置。
14. 试述承受均布外压的回转壳破坏的形式，并与承受均布内压的回转壳相比有何异同？
15. 试述有哪些因素影响承受均布外压圆柱壳的临界压力？提高圆柱壳弹性失稳的临界压力，采用高强度材料是否正确，为什么？
16. 求解内压壳体与接管连接处的局部应力有哪几种方法？
17. 圆柱壳除受到介质压力作用外，还有哪些从附件传递来的外加载荷？
18. 组合载荷作用下，壳体上局部应力的求解的基本思路是什么？试举例说明。

习 题

1. 试应用无力矩理论的基本方程，求解圆柱壳中的应力（壳体承受气体内压 p，壳体中面半径为 R，壳体厚度为 t）。若壳体材料由Q245R（R_m=400MPa，R_{eL}=245MPa）改为Q345R（R_m=510MPa，R_{eL}=345MPa）时，

圆柱壳中的应力如何变化？为什么？

2. 对一标准椭圆形封头（如图 2-46 所示）进行应力测试。该封头中面处的长轴 D=1000mm，厚度 t=10mm，测得 E 点（x=0）处的周向应力为 50MPa。此时，压力表 A 的指示数为 1MPa，压力表 B 的指示数为 2MPa，试问哪一个压力表已失灵，为什么？

3. 有一球罐（如图 2-47 所示），其内径为 20m（可视为中面直径），厚度为 20mm。内储有液氨，球罐上部尚有 3m 的气态氨。设气态氨的压力 p=0.4MPa，液氨密度为 640kg/m^3，球罐沿平行圆 A—A 支承，其对应中心角为 120°，试确定该球壳中的薄膜应力。

4. 有一锥形底的圆筒形密闭容器，如图 2-48 所示，试用无力矩理论求出锥形壳中的最大薄膜应力 σ_θ 与 σ_φ 的值及相应位置。已知圆筒形容器中面半径 R，厚度 t；锥形底的半锥角 α，厚度 t，内装有密度为 ρ 的液体，液面高度为 H，液面上承受气体压力 p_c。

5. 试用圆柱壳有力矩理论，求解列管式换热器管子与管板连接边缘处（如图 2-49 所示）管子的不连续应力表达式（管板刚度很大，管子两端是开口的，不承受轴向拉力）。设管内压力为 p，管外压力为零，管子中面半径为 r，厚度为 t。

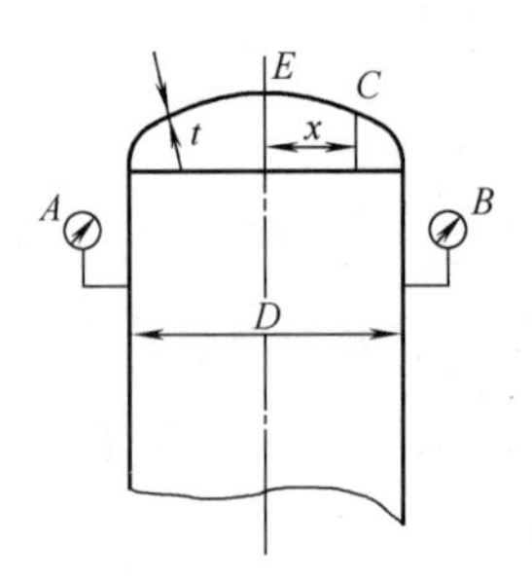

图 2-46 习题 2 附图

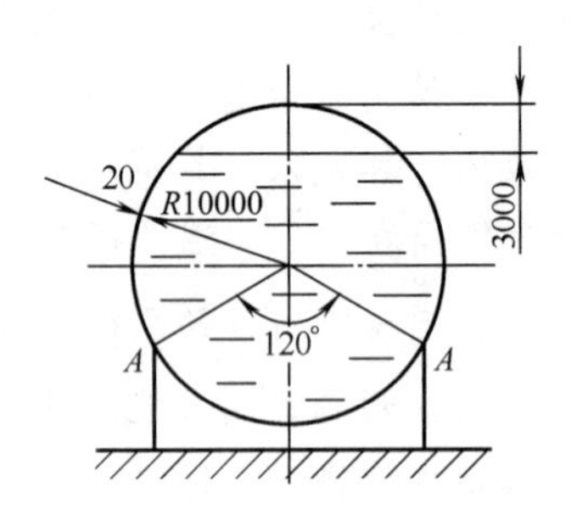

图 2-47 习题 3 附图

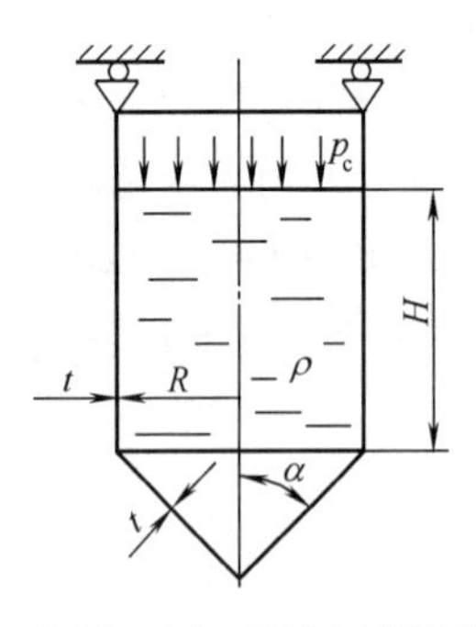

图 2-48 习题 4 附图

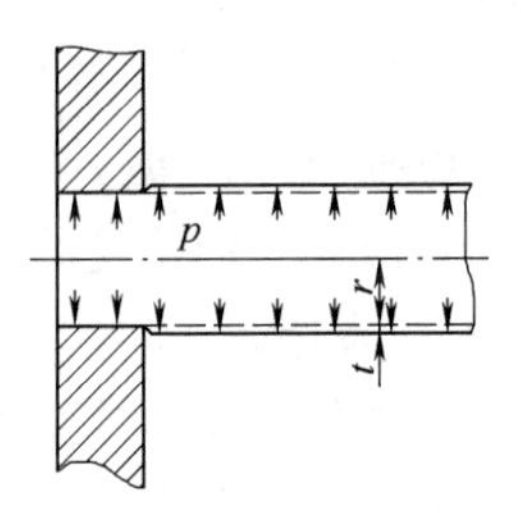

图 2-49 习题 5 附图

6. 两根几何尺寸相同，材料不同的钢管对接焊如图 2-50 所示。管道的操作压力为 p，操作温度为 t_0，环境温度为 t_c，而材料的弹性模量 E 相等，线膨胀系数分别为 α_1 和 α_2，管道半径为 r，厚度为 t，试求焊接处的不连续应力（不计焊缝余高）。

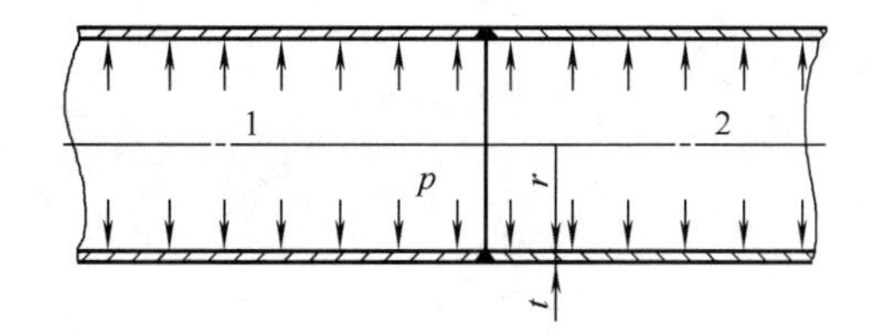

图 2-50 习题 6 附图

7. 一单层厚壁圆筒，承受内压力 p_i=36MPa 时，测得（用千分表）筒壁外表面的径向位移 w_o=0.365mm，圆筒外直径 D_o=980mm，$E=2\times10^5$MPa，μ=0.3。试求圆筒内外壁面应力值。

8. 有一超高压管道，其外直径为 78mm，内直径为 34mm，承受内压力 300MPa，操作温度下材料的 R_m=1000MPa，R_{eL}=900MPa。此管道经自增强处理，试求出最佳自增强处理压力。

9. 承受横向均布载荷作用的圆平板，当其厚度为一定时，试证明板承受的总载荷为一与半径无关的定值。

10. 有一周边固支的圆板，半径 R=500mm，板厚 t=38mm，板面上承受横向均布载荷 p=3MPa，试求板的最大挠度和应力（取板材的 $E=2\times10^5$MPa，μ=0.3）。

11. 上题中的圆平板周边改为简支，试计算其最大挠度和应力，并将计算结果与上题作一分析比较。

12. 一穿流式泡沫塔其内径为 1500mm，塔板上最大液层为 800mm（液体密度为 $\rho=1.5\times10^3$kg/m^3），塔板厚度为 16mm，材料为低碳钢（$E=2\times10^5$MPa，μ=0.3）。周边支承可视为简支，试求塔板中心处的挠度；若挠度必须控制在 1mm 以下，试问塔板的厚度应增加多少？

13. 三个几何尺寸相同的承受周向外压的短圆筒，其材料分别为碳素钢（R_{eL}=220MPa，$E=2\times10^5$MPa，μ=0.3）、铝合金（R_{eL}=110MPa，$E=0.7\times10^5$MPa，μ=0.3）和铜（R_{eL}=100MPa，$E=1.1\times10^5$MPa，μ=0.31），试问哪一个圆筒的临界压力最大，为什么？

14. 两个直径、厚度和材质相同的圆筒，承受相同的周向均布外压，其中一个为长圆筒，另一个为短圆筒，试问它们的临界压力是否相同，为什么？在失稳前，圆筒中周向压应力是否相同，为什么？随着所承受的周向均布外压力不断增加，两个圆筒先后失稳时，圆筒中的周向压应力是否相同，为什么？

15. 承受均布周向外压力的圆筒，只要设置加强圈均可提高其临界压力。对否，为什么？且采用的加强圈愈多，壳壁所需厚度就愈薄，故经济上愈合理。对否，为什么？

16. 有一圆筒，其内径为 1000mm，厚度为 10mm，长度为 20m，材料为 Q245R（R_m=400MPa，R_{eL}=245MPa，$E=2\times10^5$MPa，μ=0.3）。①在承受周向外压力时，求其临界压力 p_{cr}。②在承受内压力时，求其爆破压力 p_b，并比较其结果。

17. 题 16 中的圆筒，其长度改为 2m，再进行上题中的①、②的计算，并与上题结果进行综合比较。

3 压力容器材料及环境和时间对其性能的影响

学习意义

材料是构成压力容器的物质基础，其性能直接影响压力容器的安全性和寿命。材料性能不仅与其化学成分、微观组织有关，还与使用环境、制造工艺密切相关。要对压力容器进行合理选材或提出特殊的材料要求，压力容器设计师不但要掌握压力容器原材料的种类和特点，还要了解时间、环境、制造等因素对材料性能的影响规律以及选材的基本要点。

学习目标

○ 掌握压力容器常用材料的种类和特点；
○ 理解制造和环境对钢材性能的影响，能根据其影响提出合理的防范措施；
○ 能根据压力容器设计条件，进行合理选材，提出材料技术要求。

3.1　压力容器材料

3.1.1　压力容器常用钢材

（1）钢材分类

钢材的形状包括板、管、棒、丝、锻件、铸件等。压力容器本体主要采用板材、管材和锻件，其紧固件采用棒材。

① 钢板　钢板是压力容器最常用的材料，如圆筒一般由钢板卷焊而成，封头一般由钢板通过冲压或旋压制成。在制造过程中，钢板要经过各种冷热加工，如下料、卷板、焊接、热处理等，因此，钢板应具有良好的加工工艺性能。

② 钢管　压力容器的接管、换热管等常用无缝钢管制造。当压力容器直径较小时，可采用无缝钢管作为容器的筒体。

③ 锻件　高压容器的平盖、端部法兰、中（低）压设备法兰、接管法兰等常用锻件制造。根据锻件检验项目和数量的不同，中国压力容器锻件标准将锻件分为Ⅰ、Ⅱ、Ⅲ、Ⅳ四个级别。例如，Ⅰ级锻件只需逐件检验硬度，而Ⅳ级锻件却要逐件进行超声检测，并进行拉伸和冲击试验。由于检验项目的不同，同一材料锻件的价格随级别的提高而升高。钢材及锻件的本质质量并不因检验项目的增加而改变。

碳钢的分类、牌号及命名

（2）钢材类型

压力容器用钢可分为碳素钢、低合金钢和高合金钢。

① 碳素钢　又称碳钢，是含碳量0.02%～2.11%（一般低于1.35%）的铁碳合金。

压力容器用碳素钢主要有三类：第一类是碳素结构钢，如Q235B和Q235C钢板；第二类是优质碳素结构钢，如10、20钢钢管，20、35钢锻件；第三类是压力容器专用钢板，如Q245R（R读音为容，表示压力容器专用钢板）、20G（G读音为高，表示锅炉专用钢板）。Q245R是在20钢基础上发展起来的，主要是对硫、磷等有害元素的控制更加严格，对钢材的表面质量和内部缺陷控制的要求也较高。碳素钢强度较低，塑性和可焊性较好，价格低廉，故常用于常压或中、低压容器的制造，也用作支座、垫板等零部件的材料。

② 低合金钢　低合金钢是在碳素钢基础上加入少量合金元素的合金钢。合金元素的加入使其在热轧或热处理状态下除具有高的强度外，还具有优良的韧性、焊接性能、成形性能和耐腐蚀性能。采用低合金钢，不仅可以减小容器的厚度，减轻重量，节约钢材，而且能解决大型压力容器在制造、检验、运输、安装中因厚度太大所带来的各种困难。

压力容器常用的低合金钢，包括专用钢板Q345R、15CrMoR、16MnDR、15MnNiDR、09MnNiDR、07MnCrMoNbR、07MnCrMoNbDR；钢管16Mn、09MnD；锻件16Mn、20MnMo、16MnD、09MnNiD、12Cr2Mo。符号D表示低温用钢。

ⅰ. Q345R是屈服强度为340MPa级的压力容器专用钢板，也是中国压力容器行业使用量最大的钢板，它具有良好的综合力学性能和制造工艺性能，主要用于制造中低压压力容器和多层高压容器。

ⅱ. 16MnDR、15MnNiDR和09MnNiDR三种钢板是使用温度低于等于−20℃的压力容器专用钢板。16MnDR是制造−40℃级压力容器的经济而成熟的钢板，可用于制造液氨储罐等设备。在16MnDR的基础上，降低碳含量并加镍和微量钒而研制成功的15MnNiDR，提高了低温韧性，常用于制造−40℃级低温球形容器。09MnNiDR是一种−70℃级低温压力容器用钢，用于制造液丙烯储罐（−47.7℃）、液硫化氢储罐（−61℃）等设备。

ⅲ. 15CrMoR属低合金珠光体热强钢，是中温抗氢钢板，常用于设计温度不超过550℃的压力容器。

ⅳ.20MnMo锻件有良好的热加工和焊接工艺性能，常用于设计温度为−19～470℃的压力容器的大中型锻件。09MnNiD锻件有优良的低温韧性，用于设计温度为−70～−45℃的低温容器。

12Cr2Mo1锻件及其加钒的改进型锻件（如2.25Cr-1Mo-0.25V）具有较高的热强性、抗氧化性和良好的焊接性能，常用于制造高温（350～480℃）、高压（约25MPa）、临氢压力容器，如大型煤液化装置和热壁加氢反应器。中国已将此钢用于制造直径达4800mm、重达2100t的煤液化加氢反应器。

SA508 Ⅲ钢是一种Mn-Ni-Mo锻制钢，具有较高的高温强度、抗疲劳强度和良好的低温性能，中子辐照引起的脆化倾向小，可在高温、高压流体冲刷和腐蚀，以及强烈的中子辐照等恶劣条件下使用，常用于制造核压力容器筒体、法兰和封头。

③ 高合金钢　压力容器中采用的低碳或超低碳高合金钢大多是耐腐蚀、耐高温钢，主要有铬钢、铬镍钢和铬镍钼钢。除铬钢外，高合金钢具有良好的低温性能。

高合金钢的特性和应用

铬钢06Cr13（S11306）是常用的铁素体不锈钢，有较高的强度、塑性、韧性和良好的切削加工性能，在室温的稀硝酸以及弱有机酸中有一定的耐腐蚀性，但不耐硫酸、盐酸、热磷酸等介质的腐蚀。

06Cr19Ni10（S30408）、06Cr18Ni11Ti（S32168）、022Cr19Ni10（S30403）这三种钢均属于奥氏体不锈钢。06Cr19Ni10在固溶态下具有良好的塑性、韧性、冷加工性，在氧化性酸和大气、水、蒸汽等介质中耐腐蚀性亦佳。但长期在高温水及蒸汽环境下，06Cr19Ni10有晶间腐蚀倾向，并且在氯化物溶液中易发生应力腐蚀开裂。06Cr18Ni11Ti具有较高的抗晶间腐蚀能力。06Cr18Ni11Ti与06Cr19Ni10可在−196～600℃温度范围内长期使用。022Cr19Ni10为超低碳不锈钢，具有更好的耐蚀性和低温性能。

022Cr19Ni5Mo3Si2N（S21953）是奥氏体-铁素体双相不锈钢，兼有铁素体不锈钢的强度与耐氯化物

应力腐蚀能力和奥氏体不锈钢的韧性与焊接性。

除上述钢材外，耐腐蚀压力容器还采用复合板。复合板由覆层和基层组成。覆层与介质直接接触，要求与介质有良好的相容性，通常为不锈钢、有色金属等耐腐蚀材料，其厚度一般为基层厚度的1/10～1/3，如不锈钢-钢复合板、镍-铜复合板、钛-钢复合板、铜-钢复合板等。基层与介质不接触，主要起承载作用，通常为碳素钢和低合金钢。复合板的使用温度范围应同时满足标准对基层材料和覆层材料使用温度范围的规定，复合质量技术指标为未结合率和复合界面的结合剪切强度，其中结合剪切强度是基层和覆层界面上单位面积的剪切力。一般要求未结合率不超过5%，剪切强度达到100～210MPa。采用复合板制造耐腐蚀压力容器，可节省大量昂贵的耐腐蚀材料，从而降低压力容器的制造成本。但复合钢板的冷热加工及焊接通常比单层钢板复杂。

压力容器零部件间焊接还需要焊条、焊丝、焊剂、电极和衬垫等焊接材料。一般应根据待连接件的化学成分、力学性能、焊接性能，结合压力容器的结构特点和使用条件综合考虑选用焊接材料，必要时还应通过试验确定。压力容器用钢的焊接材料可参阅有关标准。

3.1.2 有色金属和非金属

（1）有色金属

有色金属在退火状态下塑性好，综合指标均衡且性能稳定，所以一般都在退火状态下使用，选用时应注意选择同类有色金属中的合适牌号。中国《固定式压力容器安全技术监察规程》中的有色金属主要有以下几种。

① 铜和铜合金　纯铜和黄铜的设计温度不高于200℃。纯铜的导热率是压力容器用各种金属材料中最高的。在没有氧存在的情况下，铜在许多非氧化性酸中都是比较耐腐蚀的。但铜最有价值的性能是在低温下保持较高的塑性及冲击韧性，是制造深冷设备的良好材料。

② 铝和铝合金　含镁量大于或者等于3%的铝合金（如5083、5086），其设计温度范围为-269～65℃；其他牌号的铝和铝合金，其设计温度范围为-269～200℃。设计压力应不大于16MPa。铝很轻（密度约为钢的1/3），耐浓硝酸、乙酸、碳酸、氢铵、尿素等，不耐碱，在低温下具有良好的塑性和韧性，有良好的成型和焊接性能，可用来制作压力较低的储罐、塔、热交换器，防止铁污染产品的设备及深冷设备。

③ 镍和镍合金　设计温度范围为-268～900℃。在强腐蚀介质中比不锈钢有更好的耐腐蚀性，比耐热钢有更好的抗高温强度，由于价格高，一般只用于制造特殊要求的压力容器。

④ 钛和钛合金　设计温度不高于315℃。对中性、氧化性、弱还原性介质耐腐蚀，如湿氯气、氯化钠和次氯酸盐等氯化物溶液。具有密度小（4510kg/m^3）、强度高（相当于Q245R）、低温性能好、黏附力小等优点。在介质腐蚀性强、寿命长的设备中应用，可获得较好的综合经济效果。

（2）非金属材料

非金属材料具有耐蚀性好、品种多、资源丰富的优点，在容器上也有着广阔的应用前景。它既可以单独用作结构材料，也可用作金属材料保护衬里或涂层，还可以用作设备的密封材料、保温材料和耐火材料。

非金属材料用于压力容器，除要求有良好的耐腐蚀性外，还应有一定的强度、抗老化性和良好的加工制造性能。其缺点一般是：大多数非金属材料耐高温性能不佳，对温度波动比较敏感，与金属相比强度较低（除玻璃钢外）。

压力容器中常用的非金属材料有以下几种。

① 涂料　涂料是一种有机高分子胶体的混合物，将其均匀地涂在容器表面上能形成完整而坚韧的薄膜，起耐腐蚀和保护作用。

② 工程塑料　工程塑料可分为热塑性塑料和热固性塑料。热塑性塑料的特点是加热软化，冷却硬化，过程可逆，可反复进行。如聚乙烯（PE）、聚氯乙烯（PVC）、聚四氟乙烯（PTFE）、改性聚苯乙烯（ABS）等，可用作制造低压容器的壳体、管道，也可用作密封元件、衬里等的材料。热固性塑料在第一次加热时可以软化流动且为不可逆过程。

③ 不透性石墨　具有良好的化学稳定性、导电性和导热性，可用于制造热交换器。

④ 陶瓷　具有良好的耐腐蚀性能，且有一定的强度，被用来制造塔、储槽、反应器和管件。

⑤ 搪瓷　搪瓷设备是由含硅量高的瓷釉通过900℃左右的高温煅烧，使瓷釉密着于金属胎表面而制成的。它具有优良的耐蚀性，较好的耐磨性，广泛用作耐腐蚀、不挂料的反应罐、储罐、塔和反应器等。

需要指出，由于复合材料具有重量轻、强度高、耐腐蚀性好等优点，是一种很有发展前途的压力容器材料，已被用于制造天然气瓶、液化石油气储罐等产品。

3.2 压力容器制造工艺对钢材性能的影响

在压力容器制造中，往往先将钢板进行冷或热压力加工，使它变成所要求的零件形状，再通过焊接等方法将各零部件连接在一起，必要时还应进行热处理。因此，需要了解冷或热压力加工产生的塑性变形及焊接和热处理对钢材性能的影响规律。

3.2.1 塑性变形

在载荷作用下，材料将发生变形。当载荷卸除后能够恢复的变形为弹性变形，载荷卸除后不能够恢复的变形称为塑性变形或永久变形。

（1）应变强化

金属在常温或者低温下发生塑性变形后，随塑性变形量增加，其强度、硬度提高，塑性、韧性下降的现象称为应变强化或加工硬化。奥氏体不锈钢具有优良的塑性，在室温下进行应变强化处理，可以显著提高其屈服强度。在深冷下强化时，效果尤为显著。奥氏体不锈钢的屈强比低，其许用应力由屈服强度决定。采用应变强化技术，可以显著提高奥氏体不锈钢的许用应力，降低容器重量。这种强化技术特别适合于以薄膜应力为主、结构简单的容器。中国、德国、美国、澳大利亚等国家已成功地将应变强化技术用于低温容器产品制造，实现了低温容器的轻量化。

（2）热加工和冷加工

按照金属材料塑性加工时是否完全消除加工硬化，可分为冷加工和热加工。冷、热加工的分界线是金属的再结晶温度。高于再结晶温度的加工为热加工或热变形，低于再结晶温度的加工为冷加工或冷变

形。例如，纯 Fe 的再结晶温度为 451℃，其在 400℃进行的加工属于冷加工。

热变形时加工硬化和再结晶现象同时出现，但加工硬化很快被再结晶软化所抵消，变形后具有再结晶组织，因而无加工硬化现象。冷变形中无再结晶出现，因而有加工硬化现象。冷变形时的加工硬化使塑性降低，每次的冷变形程度不宜过大。如冷加工工件的变形率过大，应于成形后进行退火或固溶处理，以恢复材料的性能。

钢板冲压成各种封头后，由于塑性变形，厚度会发生变化。例如，钢板冲压成半球形封头后，底部变薄，边缘增厚。在压力容器设计时，应注意这种厚度的变化。

爆炸加工不锈钢复合钢板在压力容器的使用逐渐增多。爆炸加工金属复合板的过程，是在金属表面施加能量的过程。在爆炸高速脉冲作用下，复材向基材倾斜碰撞，在金属射流状态下，覆层金属与基层金属间形成锯齿状的复合界面，达到原子间的结合。经过爆炸加工后的基材碳素钢或低合金钢，经受了一次应变硬化的加工过程，使抗拉强度上升（屈服强度变化不明显），塑性指标下降，经过爆炸加工的覆层不锈钢的耐蚀性能会受到削弱。爆炸复合不锈钢需要经过校平、剪边或切割，通常经热处理后供货。热处理对改善基材力学性能有利，但会削弱覆层不锈钢的耐腐蚀性能。此外，当压力容器用爆炸不锈钢复合钢板的基材厚度超过一定值时，需要对其产品进行焊后热处理以改善焊接接头性能，这不可避免地又会削弱覆层不锈钢的耐腐蚀性能。为缓解上述问题，可以选择含有较多镍元素（扩大奥氏体区域）的奥氏体不锈钢，并选择低碳或超低碳奥氏体不锈钢或含钛或铌等稳定化元素的奥氏体不锈钢作为覆层材料。

（3）各向异性

金属发生塑性变形时，不仅外形发生变化，内部的晶粒也相应地被沿着变形方向拉长或压扁，很大的变形量使晶粒被拉长为纤维状，晶界变得模糊不清。通常沿着纤维方向的强度及塑性大于垂直方向的强度及塑性。当金属塑性变形达到一定程度（70% 以上）时，晶粒沿着变形方向发生转动，使各晶粒的位向与外力方向趋于一致，这种现象称为形变织构或择优取向，形变织构使金属性能产生各向异性。

压力容器设计时，应尽可能使零件在工作时产生的最大正应力与纤维方向重合，最大切应力方向与纤维方向垂直。

（4）本构模型

本构模型是一种用数学形式来描述材料在不同条件下变形过程中应力 - 应变关系的方法。它是压力容器弹塑性分析的重要基础。到目前为止，已提出了许多压力容器用钢的本构模型，在准静态下常用的有以下几个。

① 双线性模型　通过两个直线段来模拟弹塑性材料的本构关系，见图 3-1（a）。该模型在弹性阶段和塑性阶段的应力 - 应变关系为

$$\sigma=\begin{cases} E\varepsilon & \varepsilon<\dfrac{R_{eL}}{E} \\ R_{eL}+\left(\varepsilon-\dfrac{R_{eL}}{E}\right)E_T & \varepsilon\geqslant\dfrac{R_{eL}}{E} \end{cases}$$

式中　E——杨氏弹性模量，MPa；

E_T——塑性段的切线模量，MPa；

σ——应力，MPa；

ε——应变。

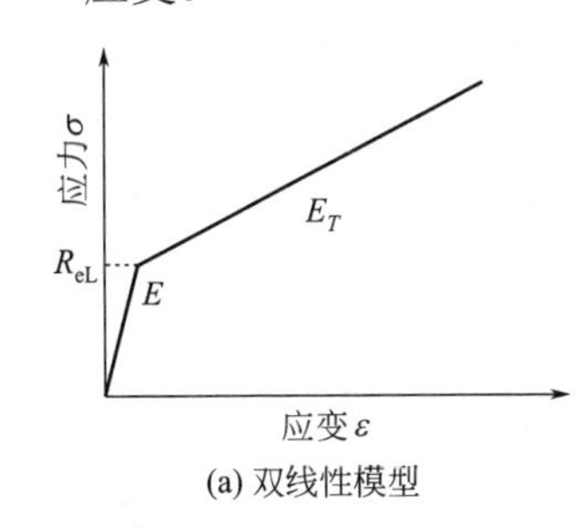

(a) 双线性模型

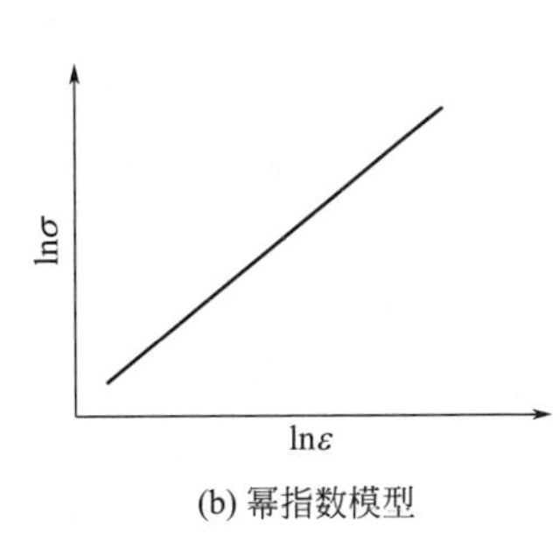

(b) 幂指数模型

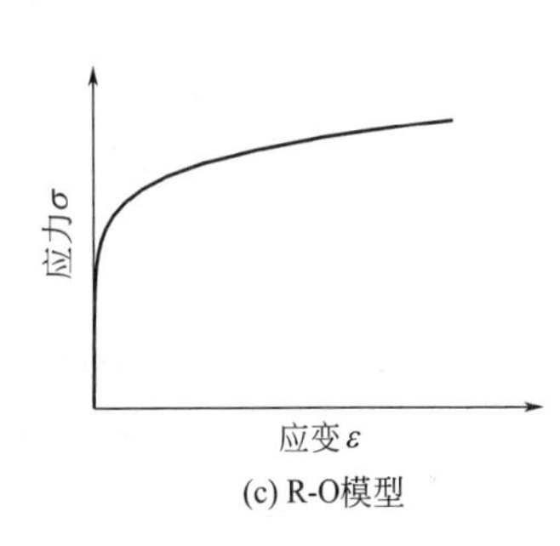

(c) R-O模型

图 3-1　压力容器用钢常用的本构模型

当塑性段的切线模量为零时，双线性模型就变成理想弹塑性模型，如图 2-23 所示。

② 幂指数模型　通过幂指数来模拟弹塑性材料的本构关系，见图 3-1（b），其应力 - 应变关系为

$$\sigma=k\varepsilon^m$$

式中　k——强度因子，MPa；

m——硬化指数。

③ Ramberg-Osgood 模型　简称为 R-O 模型，见图 3-1（c），其应力 - 应变关系为

$$\varepsilon=\frac{\sigma}{E}+0.002\left(\frac{\sigma}{R_{p0.2}}\right)^n$$

式中　n——硬化指数；

$R_{p0.2}$——规定塑性延伸率为 0.2% 时的应力，MPa。

该模型能准确地描述许多金属材料的加工硬化行为，对奥氏体不锈钢在小应变范围内的本构关系拟合精度较高。

3.2.2　焊接

焊接是通过加热或（和）加压，使工件达到结合的一种方法。根据焊接过程的特点不同，一般将焊接方法分为熔焊、压焊和钎焊。在压力容器制造中应用最广的是熔焊。

熔焊时采用局部加热的方法，将焊接接头部位加热至熔化状态，熔化的母材金属和填充金属共同构成熔池，熔池经冷却结晶后，形成牢固的原子间结合，使待连接件成为一体。

（1）焊接接头的组织和性能

焊接接头是指用焊接方法连接的接头。焊接接头包括焊缝、熔合区和热影响区，各区有不同的组织和性能。

① 焊缝　由熔池的液态金属凝固结晶而成，通常由填充金属和部分母材金属组成。因结晶是从熔池边缘的半熔化区开始的，低熔点的硫磷杂质和氧化铁等易偏析集中在焊缝中心区，影响焊缝的力学性能。

② 熔合区　焊接接头中，焊缝向热影响区过渡的区域。熔合区的加热温度在合金的固相和液相线之间，其化学成分和组织性能有很大的不均匀性，因而塑性、韧性差，硬度高，脆性大，易产生焊接裂纹，是焊接接头中最薄弱的环节之一。

③ 热影响区　是焊缝两侧母材因焊接热作用（但未熔化）而发生金相组织和力学性能变化的区域。

在热影响区内，各处离开焊缝金属距离不同，材料被加热和冷却速度也不同，从而形成了多种金相组织区，使其力学性能也不同。

焊缝金属在焊接过程中相当于经历了一次特殊的冶炼、铸造（凝固）过程，热影响区相当于经历了一次特殊的热处理过程。其特点是温度高，温差大，偏析严重，组织差别大。焊接接头区域产生各种缺陷是不可避免的，但可将缺陷控制到最低限度。通常消除这些缺陷和减少内应力及变形的主要方法有制定合理的焊接工艺，选择合适的焊接材料，焊前预热和焊后热处理等。

（2）焊接应力与变形

焊接过程的局部加热导致焊接件产生较大的温度梯度，除引起焊接接头组织和性能不均匀外，还会产生焊接应力和变形。焊接应力是焊接构件因焊接而产生的内应力。焊接变形是焊件因焊接而产生的变形。焊接残余应力是焊后残留在焊件内的焊接应力。焊接残余应力与外载荷产生的应力相叠加，会造成局部区域应力过高，使结构承载能力下降，引起裂纹，甚至导致结构失效。焊接变形使焊件形状和尺寸发生变化，需要进行矫形。变形过大会因无法矫形而报废。

平板对接焊缝焊接残余应力分布如图 3-2 所示。高温对应拉应力，低温对应压应力。焊接时，焊缝和近焊缝区的金属处于高温状态；焊接后，金属冷却沿焊缝纵向收缩时，受到焊件低温部分的阻碍，因此，焊缝和近焊缝区纵向受拉应力，远离焊缝区受压应力，整个工件纵向和横向尺寸有一定量的缩短。由于焊缝和近焊缝区的热变形受到约束，会产生焊接残余变形。如果在焊接过程中，焊件能较自由伸缩，则焊后的变形较大而焊接应力小；反之，变形小，焊接应力大。

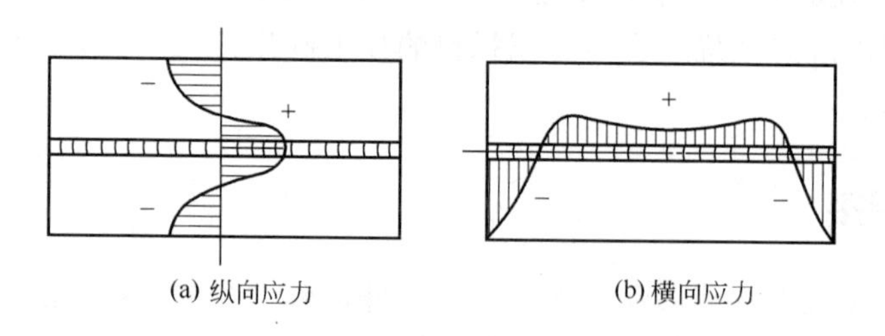

(a) 纵向应力　　(b) 横向应力

图 3-2　平板对接焊缝焊接残余应力分布

此外，焊接前压力容器成形不符合要求或强行组装，例如筒体的不圆度、棱角度、对口错边量也会产生焊接装配应力，使局部区域应力升高。

（3）减少焊接应力和变形的措施

为减少焊接应力和变形，应从结构设计和焊接工艺两个方面采取措施，如尽量减少焊接接头数量，相邻焊缝间应保持足够的间距，尽可能避免交叉，焊缝不要布置在高应力区，避免出现十字焊缝，焊前预热等。当焊接造成的残余应力会影响结构安全运行时，还需设法消除焊接残余应力。

（4）焊接接头常见缺陷

焊接会使压力容器产生各种缺陷，较为常见的有裂纹、夹渣、未熔透、未熔合、焊瘤、气孔和咬边，如图 3-3 所示。

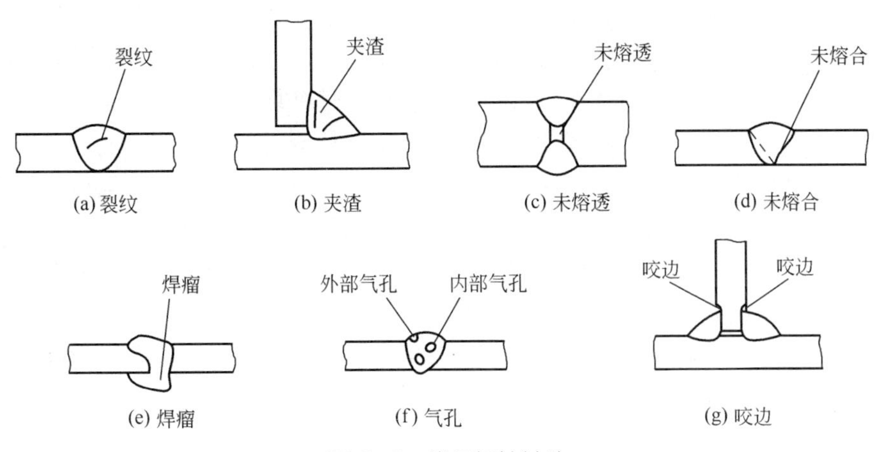

图 3-3 常见焊接缺陷

裂纹 在焊接应力及其他致脆因素共同作用下，焊接接头中局部区域的金属原子结合力遭到破坏而形成的缝隙，它具有尖锐的缺口和大的长宽比。裂纹多数发生在焊缝中，也有的产生在焊缝热影响区。裂纹是焊接接头中最危险的缺陷，压力容器的破坏事故多数是由裂纹引起的。

根据裂纹的形成条件、时间和温度的不同，焊接裂纹一般可分为热裂纹、冷裂纹、再热裂纹、层状撕裂四类。

夹渣 残留在焊缝金属中的熔渣称为夹渣。因夹渣的几何形状不规则，存在棱角或尖角，易造成应力集中，它往往是裂纹的起源，过长和密集的夹渣是不允许存在的。

未熔透 焊接接头根部未完全熔透而留下空隙的现象称为未熔透。它减少了焊缝的有效承载面积，在根部处产生应力集中，容易引起裂纹，导致结构破坏。

未熔合 焊道与母材之间，或焊道与焊道之间，未能完全熔化结合的部分称为未熔合。它类似于裂纹，易产生应力集中，是危险缺陷。

焊瘤 是焊接过程中，熔化金属流到焊缝以外未熔化的母材上所形成的金属堆积。焊瘤的危害在于它易造成应力集中，并伴随着未熔合、未熔透等缺陷。

气孔 气孔是焊接过程中，熔池金属中的气体在金属凝固时未能逸出而残留下来所形成的孔穴。它在一定程度上减少了焊缝的承载面积，但由于没有尖锐的边缘，危害性相对较小。

咬边 沿着焊趾的母材部位产生的凹陷或沟槽，称为咬边。它不仅会减少母材的承载面积，还会产生应力集中，危害较为严重，较深时应予消除。

（5）焊接接头检验

焊接接头的检验方法有破坏性检验和非破坏性检验两类。

① 破坏性检验 从焊件或焊接试板上切取试样，或以产品的整体破坏做试验，以检验焊缝金属的化学成分及金相组织、焊接接头的力学性能。

② 非破坏性检验 利用不同的物理方法，在不破坏焊接结构使用性能的前提下，检测焊接结构的内部或表面缺陷，并判断其位置、大小、形状和类型。压力容器中常用的非破坏性检验方法主要有外观检查、密封性检验和无损检测。

ⅰ. 外观检查：包括直观检验和量具检验，其目的是检查压力容器的结构是否合理；有无禁用的焊接接头形式；焊缝两侧的错边量、棱角度是否超标；焊缝有无未熔合、咬边等。

ⅱ. 密封性检验：通常采用液体或气体来检查焊缝区有无漏水、漏气和渗油、漏油等现象的检验。

ⅲ. 无损检测：常用的无损检测方法有射线透照检测、超声检测、表面检测（包括磁粉检测、渗透检

测和涡流检测等）。前两种方法主要用于探测被检物的内部缺陷。表面检测用于探测被检物的表面和近表面缺陷。详见有关压力容器无损检测标准。

利用射线在穿透一定厚度物体时有衰减的特性，用强度均匀的 X 射线、γ 射线和中子射线等照射焊接接头，使透过的射线在工业胶片上感光，感光后的胶片经过显影、定影、水洗、干燥等过程后，得到与被检物体内部结构和缺陷相对应的灰度不同的图像，即射线底片，在被检物完好部位的黑度较小，在缺陷部位的黑度较大，从而检查内部缺陷的种类、大小和分布状况。这种无损检测方法称为射线透照检测。

超声波在被检工件中传播时，若遇到夹渣、气孔、裂纹等缺陷，则有一部分超声波在缺陷处被反射。根据反射波探测内部缺陷位置和相对尺寸的无损检测方法称为超声检测。

超声检测主要包括衍射时差超声检测（TOFD）、可记录的脉冲发射法超声检测和不可记录的脉冲发射法超声检测。

TOFD 是一种基于超声衍射信号实施检测的技术，其原理是当超声波遇到诸如裂纹等缺陷时，将在缺陷尖端产生叠加到正常反射波上的衍射波，探头探测到衍射波，可以判定缺陷的大小和深度。超声衍射时差检测技术是一种具有发展前途的无损检测技术。可记录的脉冲发射法超声检测是指记录全部检测过程的脉冲发射法超声检测，其检测设备应当记录检测焊接接头的全部超声波形并可回放。不可记录的脉冲发射法超声检测是指仅局部记录检测数据或者不记录检测数据的脉冲发射法超声检测。

磁粉检测是利用强磁场中铁磁性材料表面缺陷产生的漏磁场吸引磁粉的现象的无损检测方法。通过磁场使焊接接头磁化，在工件表面均匀撒上磁粉，有缺陷的位置会出现磁粉聚集现象，从而找到缺陷的位置。

利用带有荧光染料（荧光法）或红色染料（着色法）的渗透剂的渗透作用，经过渗透、清洗、显示处理后，用目视法观察，对表面缺陷的性质和尺寸作出适当的判断，这种方法称为渗透检测。一般探测出的缺陷深度约 0.02mm，宽度约 0.001mm。

涡流检测的原理是电磁感应。当工件接近一个带有交变磁场的测量线圈时，这个磁场在工件中产生涡流状的感应电流，工件中缺陷的存在会影响涡流磁场的变化，因而通过涡流磁场的变化量的测试可检测工件中存在的缺陷。

3.2.3 热处理

压力容器热处理是专业性与实践性都很强的一项工作。按热处理目的可以分为焊后热处理、恢复或改善性能（力学性能、耐腐蚀性能、加工性能）热处理两类；按热处理对象可分为原材料热处理、零部件热处理、产品热处理等三种。

（1）焊后热处理

① 焊后热处理　利用金属在高温下屈服强度的降低，使内应力高的地方产生塑性流变，从而达到消除或者降低焊接残余应力目的的一种热处理，属去应力退火。对碳素钢和低合金钢制压力容器是将产品缓慢加热到 500～650℃，

保温一定时间，然后随炉均匀冷却。焊后热处理的作用主要有：消除或者降低焊接残余应力和冷作硬化，提高接头抗脆断能力；改善焊接接头的塑性和韧性，提高抗应力腐蚀能力；稳定焊接构件形状，避免或者减少在焊后机加工和使用过程中的变形；促使焊缝中的氢向外扩散。对那些安全性能有较高要求的压力容器，进行焊后热处理可以提高其安全性。有时，焊后热处理可以与消氢处理、恢复及改善性能热处理合并进行。

② 消氢处理　焊后立即将焊件加热到较高温度，提高氢在钢中的扩散系数，使焊缝金属中过饱和状态的氢原子加速扩散逸出，以降低容器产生延迟裂纹可能性的一种热处理。通常加热到200～350℃，保温时间一般应不少于0.5h。需要消氢处理的容器，如焊后随即进行焊后消除应力热处理，可免做焊后消氢处理，但保温时间要控制在16～24h以内。并不是所有金属材料焊接时都会产生延迟裂纹。延迟裂纹的产生与材料的强度级别和化学成分有关，只有强度级别较高的低合金钢才可能发生这一现象。一般需要进行消氢处理的压力容器需要进行焊后热处理，而需要焊后热处理的设备不一定都需要消氢处理。

3

（2）恢复或改善性能热处理

① 冷成形及中温成形后恢复性能热处理　当冷成形及中温成形受压元件变形量较大时会产生加工硬化，使钢材的塑性、韧性降低，同时还会产生较大的内应力。为恢复钢材的性能，消除或降低残余加工应力，必要时应对冷成形及中温成形受压元件进行恢复性能热处理。对于碳素钢和低合金钢制受压元件，这种热处理相当于去应力退火或再结晶退火。必要时，可以将恢复性能热处理与焊后热处理合并进行。

② 热加工后恢复性能热处理　热加工可能改变钢材供货状态，可根据设计要求的钢材使用状态对热加工后的受压元件进行必要的热处理。热轧状态使用的钢材，热加工后的受压元件一般可不重新进行热处理；正火状态使用的钢材，热加工后需重新进行正火处理，如果热加工时的加热温度与钢材的正火温度相当，且随炉的热加工工艺试板经评定合格，可不重新进行正火处理；正火加回火使用状态的钢材，热加工后需重新进行正火加回火处理，如果热加工时的加热温度与钢材的正火温度相当，且随炉的热加工工艺试板经回火处理后评定合格，则该受压元件热加工后可仅作回火处理；调质状态使用的钢材，受压元件热加工后应重新进行调质处理；经电渣焊的焊缝组织，应进行正火处理，以达到恢复力学性能和消除应力的目的。

正火与退火的最大区别在于正火的冷却速度快。

③ 固溶处理　固溶处理是将奥氏体不锈钢加热到1010～1120℃，经适当保温使碳化物尽量溶入奥氏体基体，然后快速冷却至室温使碳化物来不及析出呈过饱和状态固溶在基体中，以获得单相奥氏体组织的一种热处理。奥氏体不锈钢的正常交货状态就是固溶状态。在压力容器中，固溶处理可以起到如下作用：对于非超低碳奥氏体不锈钢，固溶处理是防止晶间腐蚀的重要手段；对于经热成形的受压元件可采用固溶处理达到恢复原有性能的目的；对于冷成形或使用工况改变了其奥氏体组织状况时，可以根据实际情况通过固溶处理予以恢复原有性能。例如，冷成形的奥氏体不锈钢受压元件在设计温度处于敏化温度范围并且加工变形率超过某一限度时，应进行成形后的热处理（ASME Ⅷ-2规定：对于304型和316型奥氏体不锈钢受压元件，当设计温度在580～675℃的范围内，且加工变形率超过20%；或者设计温度超过675℃，且加工变形率超过10%时，应在冷成形后进行固溶处理）。奥氏体不锈钢受压元件在深冷工况使用时，可以采用冷成形后进行固溶处理的方式恢复低温韧性。

④ 稳定化处理　稳定化处理是将含有稳定化元素（Ti或Nb）的奥氏体不锈钢加热到850～930℃的高温，经充分保温后，使已在钢中加入的稳定化元素等比较充分地从基体中析出，以TiC、NbC等碳化物的形式沉淀于晶粒边界，使稳定化元素充分发挥作用的一种热处理。稳定化处理只适用于在晶间腐蚀环境下选用含稳定化元素（Ti或Nb）奥氏体不锈钢的场合。

⑤ 调质（淬火加高温回火） 可以使低合金钢具有较好的综合力学性能。如高压紧固件通常采用的 40MnB、35CrMoA 等合金钢通过调质处理才能达到要求的力学性能。

⑥ 中间退火 为消除工件形变强化效应，改善塑性，便于实施后续工序而进行的工序间退火。如在非应力腐蚀环境下，换热管与管板采用强度胀接连接方式时，可以采用管端局部退火方式降低换热管的硬度，以满足换热管材料的硬度低于管板材料硬度的胀接工艺要求。

（3）原材料热处理、零部件热处理、产品热处理的区别

正火（加回火）、淬火（加回火）、固溶处理（加稳定化处理）的共同特点是在高温适当保温后快速冷却，对于具有密闭空间的压力容器产品是难以实现的，其他冷却速度较为平缓的热处理过程在压力容器产品中是可以实现的。要针对压力容器制造过程中的两类热处理分别明确热处理对象（原材料、零部件、产品），避免错将针对原材料或零部件的热处理与压力容器整体热处理合并进行。有些压力容器制造过程中的热处理难题可以通过改变选材方案、更新结构设计、调整加工工艺、更换工装设备等措施予以解决。

3.3 环境对压力容器用钢性能的影响

工作环境对压力容器材料性能也有着显著的影响。环境的影响因素很多，主要有温度高低、载荷波动、介质性质、加载速率等。这些影响因素往往不是单独存在，而是同时存在、交互影响的。

3.3.1 温度

有的压力容器，例如热壁加氢反应器，长期在高温下工作；又如液氢或液氧储罐，在低温下工作。钢材在高温和低温下的性能与常温下并不相同，且高温下往往与作用时间有关。

（1）短期静载条件下温度对钢材力学性能的影响

在高温下，超高压容器用钢 34CrNi3MoVA 的应力 - 应变关系曲线如图 3-4（a）所示。随着温度升高，抗拉强度和屈服强度降低，断后伸长率先降低而后提高。因此，在温度较高时，仅仅根据常温下钢材抗拉强度和屈服强度来决定许用应力是不够的，一般还应考虑设计温度下材料的屈服强度。

在低温下，随着温度降低，碳素钢和低合金钢的强度提高、韧性降低，奥氏体不锈钢在强度提高的同时仍有良好的韧性［如图 3-4（b）所示］。考虑到低温下钢材强度会提高，当压力容器的设计温度低于 20℃时，通常采用钢材在 20℃时的许用应力进行设计计算。降低温度可以显著提高奥氏体不锈钢的强度。例如，当温度从 20℃下降到 −196℃时，S30408 的标准抗拉强度从 520MPa 提高到 1521MPa。因此，奥氏体不锈钢在低温下可以取比常温下更高的许用应力。

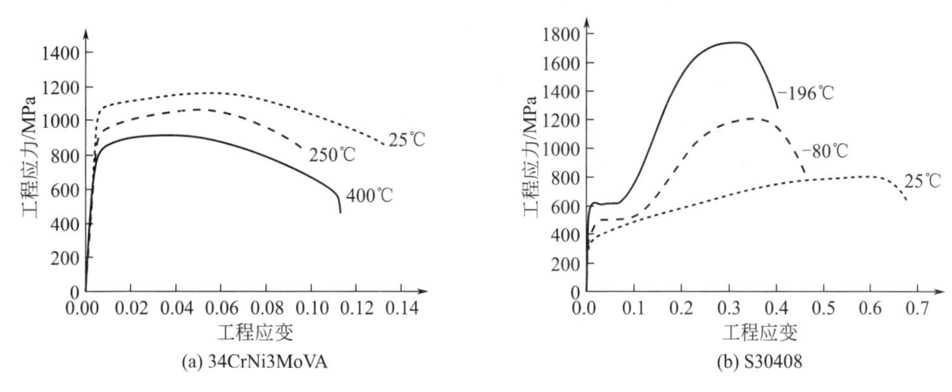

图 3-4 温度对钢材力学性能的影响

碳素钢和低合金钢的冲击吸收能量随温度下降的变化曲线，其形状呈 S 形，且具有下平台区、韧脆转变区和上平台区。当温度低于某一值时，冲击吸收能量开始大幅度地下降，从韧性转变为脆性。图 3-5 为 Q345R 的冲击吸收能量随温度的变化曲线。曲线的形状和试验结果的分散程度依赖于材料、试样形状和冲击速度等因素。

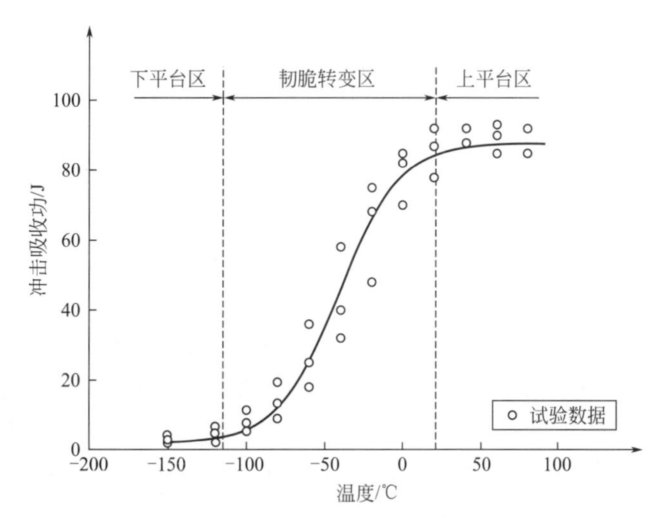

图 3-5 Q345R 冲击吸收能量和温度的关系曲线

从韧性转变为脆性不是在一个特定的温度，而是在特定温度范围内发生的，因此，确定材料的韧脆转变温度，就有不同的方法和手段。一般需要在不同温度下进行系列冲击试验，通过拟合试验结果得到冲击吸收能量和温度的关系曲线、断口形貌中各区所占面积和温度的关系曲线、侧向膨胀量和温度的关系曲线，再按相关产品标准确定韧脆转变温度。

需要注意的是，并不是所有金属都会产生明显的低温变脆现象。一般说来，具有体心立方晶格的金属，如碳素钢和低合金钢，都会产生明显的低温变脆现象；而具有面心立方晶格的金属，如铜、铝和奥氏体不锈钢，冲击吸收功随温度的变化很小，在很低的温度下仍具有较高的韧性。

（2）高温、长期静载荷条件下钢材性能

在室温下，持续载荷对钢材力学性能影响不明显，但是在高温下钢材的强度等性能除随温度的升高而改变外，还和时间有密切关系。金属在长时间的高温、恒载荷作用下缓慢地产生塑性变形的现象称为蠕变。只有当温度达到一定程度时才会出现蠕变现象。碳素钢的温度超过 300～350℃，低合金钢超过 400℃，铬钼低合金钢超过 450℃，高合金钢超过 550℃时，蠕变现象明显。蠕变的结果是使压力容器材

料产生蠕变脆化、应力松弛、蠕变变形和蠕变断裂。因此，高温压力容器设计时应采取措施防止蠕变破坏发生。

① 蠕变曲线　温度和应力给定时，金属材料应变与时间之间的关系可用图 3-6 所示的蠕变曲线来表示。典型的蠕变曲线一般可分为三个阶段：减速蠕变、恒速蠕变和加速蠕变。图中 *Oa* 线段是试样加载后的瞬时应变，从 *a* 点开始随时间增加而产生的应变才属于蠕变。蠕变曲线上任一点的斜率表示该点的蠕变速率。

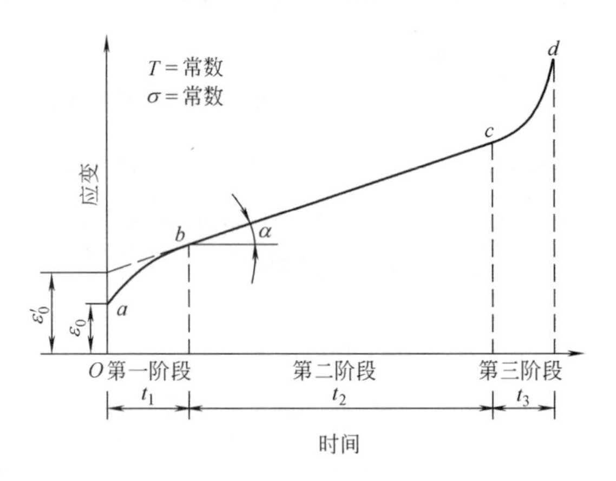

图 3-6　蠕变应变与时间的关系

图 3-6 中，*ab* 为蠕变的第一阶段，即蠕变的不稳定阶段，蠕变速率随时间的增加而逐渐降低，因此也称为减速蠕变阶段；*bc* 为蠕变的第二阶段，在此阶段，材料以接近恒定蠕变速率进行变形，故也称为恒速蠕变阶段；*cd* 为蠕变第三阶段，在这阶段里蠕变速率不断增加，直至断裂，故称为加速蠕变阶段。

同一材料在给定温度不同应力或给定应力不同温度下的蠕变曲线形状并不相同。当应力较小或温度很低时，第二阶段的持续时间长，甚至无第三阶段；相反，当应力较大或温度较高时，第二阶段持续时间短，甚至完全消失。

② 蠕变极限与持久强度　蠕变极限是高温长期载荷作用下，材料对变形的抗力。一般采用在给定温度和规定时间内，使试样产生一定量的蠕变总伸长率的应力值表达。蠕变极限常用 R_n^t 表示，指设计温度下经 10 万小时工作或试验后产生 1% 变形时的应力平均值。

持久强度是在给定温度下，使材料经过规定时间发生断裂的应力值，是材料在高温长期负荷作用下抵抗断裂的能力。持久强度常用 R_D^t 表示，指设计温度下经过 10 万小时工作或试验后不发生断裂的最大应力平均值。在常温下工作的零件，在发生弹性变形后，如果变形总量保持不变，则零件内的应力将保持不变。但在高温和拉应力联合作用下，随着时间的增长，如果变形总量保持不变，因蠕变而逐渐增加的塑性变形将逐步代替原来的弹性变形，从而使零件内的应力逐渐降低，这种构件在高温长期应力作用下，总变形不变，应力随时间增加而自发地逐渐降低的现象称为应力松弛。材料抵抗应力松弛的性能为松弛稳定性。如高温压力容器中的连接螺栓，可能因应力松弛而引起容器泄漏。

（3）高温下材料性能的劣化

材料的室温和短时高温性能好并不意味着长时持久性能好，短时持久性能好也不代表长时持久性能好。在外推高温长时性能指标时，外推时间一般不大于试验时间的3倍。例如，可用3.5万小时（约4年）以上的试验数据外推10万小时性能指标。

在常温下，钢材的金相组织及力学性能一般都相当稳定，不随时间而变化。但在高温下，钢材的表现与室温下材料的表现不同，钢材的金相组织和力学性能发生变化，即发生材料性能的劣化。在高温下长期工作的钢材，除前面介绍的蠕变脆化外，材料性能的劣化主要有：珠光体球化、石墨化、回火脆化和氢脆。

① 珠光体球化　压力容器用碳素钢和低合金钢，在常温下的组织一般为铁素体加珠光体。正常的珠光体组织是片状渗碳体均匀地分布在铁素体基体上，当温度较高时，片状渗碳体会逐渐聚集成球状，使材料的屈服强度、抗拉强度、冲击韧性、蠕变极限和持久强度下降，这种现象称为珠光体球化。例如，中度球化会使碳素钢常温强度下降10%～15%；严重球化时下降20%～30%。已发生球化的钢材可采用热处理的方法使之恢复原来的组织。

② 石墨化　钢在高温长期作用下，珠光体内渗碳体自行分解出石墨的现象，$Fe_3C \rightarrow 3Fe+C$（石墨），称为石墨化或析墨现象。石墨化的第一步是珠光体球化，石墨化是钢中碳化物在高温长期作用下分解的最终后果。石墨化使钢材发生脆化，强度和塑性降低，冲击韧性降低得更多。碳素钢和碳锰钢在高于425℃下长期使用时，应考虑钢中碳化物相的石墨化倾向。设计中可以采取的措施有：改变材质，如选择适合于中温条件下使用的压力容器用Cr-Mo钢；降低容器的设计使用寿命；适当提高容器的壳体厚度和降低受压元件应力水平等。

③ 回火脆化　Cr-Mo钢在脆化温度区间（300～600℃）持续停留后出现的材料及焊接接头常温冲击功显著下降或韧脆转变温度升高的现象称为回火脆化。影响回火脆化的主要因素是化学成分和热处理条件。P、Sb、Sn和As等杂质元素越多，奥氏体化温度越高，Cr-Mo钢对回火脆化越敏感。

④ 氢脆　氢侵入和扩散造成的金属性能劣化现象称为氢脆，如氢鼓泡、高温氢蚀、氢致塑性损减、氢压裂纹、氢致滞后断裂等。图3-7是S30408在高压（87.5MPa）氢气和氩气中的拉伸试样断口形貌，高压氢气使典型韧性材料S30408表现出明显的脆性特征。根据来源不同，氢可分为“内部氢”和“外部氢”。前者是指在冶炼和焊接、酸洗等制造过程中进入的氢；后者是指在含硫化氢或者氢气服役环境中所吸收的氢。

(a) 氩气

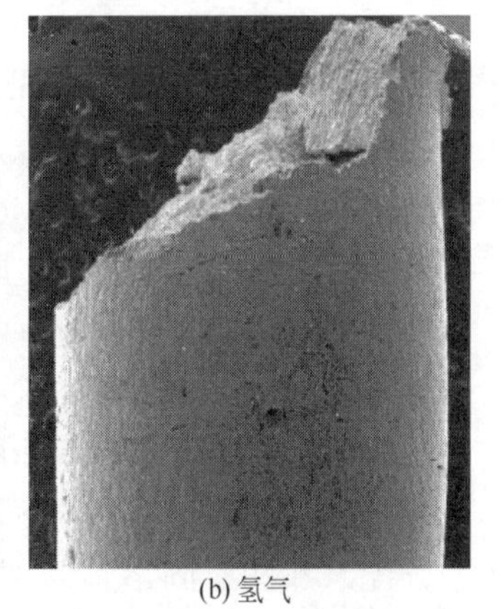

(b) 氢气

图3-7　高压（87.5MPa）气体环境中S30408拉伸试样的断口形貌

氢在金属中的存在形式主要为原子氢和第二相（氢气、甲烷和金属氢化物）。

ⅰ. 原子氢既可以遍布金属，也可以在裂纹尖端附近富集。金属内的原子氢通过应力诱导扩散、富集达到临界值后，会导致裂纹过早地形核和扩展，直至氢致滞后断裂。滞后是指氢扩散富集到临界值需要经过一段时间，故加载后要经过一定时间后氢致裂纹才会形核和扩展。一旦原子氢除去，氢致裂纹就不再形核。这种由原子氢扩散、富集引起的氢脆称为可逆氢脆。

到目前为止，还没有一种理论可以解释所有的氢脆现象。比较有影响的理论是氢致键合力降低理论和氢致局部塑性变形理论。氢致键合力降低理论认为，氢的侵入倾向于降低原子键之间的合力，从而促进裂纹的形核和扩展；裂纹尖端附近氢含量、压力及氢陷阱等均会影响裂纹扩展过程。氢致局部塑性变形理论认为，氢促进位错的发射和运动，促进局部塑性变形而导致低应力下的氢致开裂。

对于高压氢气环境中服役的承载件（如压力高达 70MPa 的车载高压储氢容器），提高抗氢脆能力的措施主要有两条：一是选择与高压氢气相容性优良的材料，如铝合金 6061-T6、奥氏体不锈钢 S31603 等；二是根据高压氢气环境下原位测量获得的力学性能数据，进行基于失效模式的设计。

ⅱ. 当金属中有气孔、夹杂、微裂纹等空腔存在时，固溶在金属中的氢原子将通过扩散、脱附过程在空腔处析出并结合成氢气。材料内部充满氢气（从而带有压力）的空腔称为氢鼓泡。当鼓泡处于构件表面时，塑性变形使鼓泡鼓出表面。当氢压足够大时，其周围就会产生微裂纹，如钢中白点、H_2S浸泡裂纹。

在高压高温氢气环境下使用较长时间后，氢渗透到钢内部，与钢中的碳（来源于 Fe_3C 或其他碳化物）反应生成甲烷。生成的甲烷分子，聚集在晶界或夹杂界面的缝隙，形成压力很高的气泡，从而导致钢材脱碳和微裂纹的形成。在高温高压氢气环境中通过形成甲烷而引起的氢脆称为高温氢蚀。

影响高温氢蚀的主要因素有：温度、氢分压、时间、合金成分、应力等。一般情况下，碳素钢在 250℃以上的高压氢气环境中才会发生高温氢蚀。钢中加入铬、钼、钒、钛、钨、铌等能形成稳定碳化物的元素，可提高钢的抗高温氢蚀能力。奥氏体不锈钢没有碳化物，不存在高温氢蚀。

工程上，对于石油加氢炼制、煤加氢制清洁能源用高压高温容器，通常在设计、制造和使用等环节采取措施，预防高温氢蚀。设计时一般按 Nelson 曲线选择钢材。根据该曲线，碳素钢在氢分压小于 3.45MPa 时，允许的使用温度约为 250℃；1.25Cr-0.5Mo 钢在氢分压小于 6.9MPa 时的允许使用温度大约为 520℃。允许使用温度至少应比压力容器设计温度高出 20℃。制造时通过采用低氢型焊材、焊后热处理等措施来控制“内部氢”含量。氢的溶解度随着温度降低而降低，容器在停车时，应先降压，保温消氢（200℃以上）后，再降至常温，切不可先降温后降压。

钢材长时间在高温下，还会发生合金元素在固溶体和碳化物相之间的重新分配，那些对固溶体起强化作用的合金元素，如铬、钼、锰等，都会不断脱溶，从而使材料高温强度下降。

材料的脆化单靠外观检查和无损检测不能有效地发现，因而由此引起的事故往往具有突发性。在设计阶段，预测材料性能是否会在使用中劣化，并采取有效的防范措施，对提高压力容器的安全性具有重要意义。

3.3.2 介质

压力容器经常与酸、碱、盐等各种各样的介质接触，如液氨储罐中的液氨、煤加氢液化装置中的硫化氢和氢气、人造水晶釜中的氢氧化钠等。介质有可能引起材料腐蚀和组织性能的改变，导致压力容器破坏。

3.3.2.1 腐蚀概述

金属腐蚀是指金属与其周围介质发生化学或电化学作用而产生的破坏现象。

（1）电化学腐蚀

电化学腐蚀是指金属与电解质溶液发生电化学作用而引起的破坏现象。特点是腐蚀过程中同时存在着两个相对独立的反应过程，即阳极反应和阴极反应。腐蚀过程中，电子的传递是通过金属从阳极流向阴极，有电流产生。例如，金属在大气、海水、工业用水、酸、碱、盐溶液中的腐蚀都属于电化学腐蚀。在电化学腐蚀过程中，电极电位较低的金属失去电子的反应被称为阳极反应，又叫氧化反应（金属被腐蚀）；电极电位较高的金属得到电子的反应被称为阴极反应，又叫还原反应（金属被保护）。

（2）化学腐蚀

化学腐蚀是指金属与非电解质介质直接发生纯化学反应而引起的破坏现象，腐蚀过程是腐蚀介质直接与金属表面的原子相互作用形成腐蚀产物。电子的传递是在金属与腐蚀介质之间直接进行的，没有电流产生，这是区别于电化学腐蚀的重要特点。例如，金属在高温气体中发生氧化时刚形成膜的阶段。

按照金属腐蚀的形式又可以分成全面腐蚀和局部腐蚀两大类。

腐蚀发生在整个金属表面上的，称为金属的全面腐蚀；在整个金属表面几乎以相同腐蚀速率进行的全面腐蚀，称为均匀腐蚀；腐蚀只发生在金属表面的局部区域，其余大部分表面不腐蚀的，称之为局部腐蚀。

碳素钢和低合金钢在酸、碱、盐及水中的腐蚀一般呈全面腐蚀。在压力容器设计中，对均匀腐蚀可以按照设计寿命设置一定的腐蚀裕量、选用耐蚀材料、采用耐蚀衬里等措施控制其发展。

局部腐蚀相对均匀腐蚀要困难和复杂得多。局部腐蚀包括晶间腐蚀、小孔腐蚀和缝隙腐蚀等。

① 晶间腐蚀　晶间腐蚀是腐蚀沿着金属的晶粒边界及其临近区域发生或扩展的局部腐蚀形态。

对晶间腐蚀敏感的材料有奥氏体不锈钢、铝合金、镁合金、铜合金等。为防止不锈钢的晶间腐蚀，可以采取在奥氏体不锈钢加入稳定化元素钛或铌，或采用超低碳不锈钢（如 022Cr19Ni10）等措施。

可能引起不锈钢晶间腐蚀的环境必须是存在电解质的电化学腐蚀环境，可能引起奥氏体不锈钢晶间腐蚀的电解质主要是酸性介质。不锈钢产生晶间腐蚀有两个必要条件：一是不锈钢有一定程度的晶间腐蚀敏感性，二是介质具有足够的晶间腐蚀能力。具有晶间腐蚀敏感性的不锈钢在没有晶间腐蚀能力的介质中使用也不会产生晶间腐蚀。

② 小孔腐蚀　又称孔蚀或点蚀，是产生于金属表面的局部区域并向内部扩展的孔穴状局部腐蚀形态。大多数小孔腐蚀与卤素离子有关，影响最大的是氯化物、溴化物和次氯酸盐。小孔腐蚀常发生在静止的液体中，提高流速可减轻小孔腐蚀。此外，在不锈钢中增加钼的含量和尽量降低介质中的氯离子、碘离子的含量，均可有效地减少小孔腐蚀。

为描述不锈钢中主要合金元素铬、钼、氮含量对不锈钢耐点蚀能力的综合影响，建立了以下数学关系式，称为耐点蚀当量数 PRE

$$PRE=[Cr\%]+3.3[Mo\%]+16[N\%]$$

耐点蚀当量数达到40的不锈钢被称为超级不锈钢。

③ 缝隙腐蚀 金属与其他金属或非金属表面形成缝隙，在缝隙内或近旁发生的局部腐蚀形态。例如，换热管与管板连接处、法兰的连接面等。为了尽量避免缝隙腐蚀，在压力容器的结构设计中，常采取措施避免或减少缝隙形成，如避免介质的流动死角或死区，要使液体做到能完全排净，采用胀焊并用，减少管子和管板间的间隙等。

3.3.2.2 应力腐蚀开裂

（1）应力腐蚀开裂特征

金属在拉应力和特定腐蚀介质的共同作用下导致的脆性开裂，称为应力腐蚀开裂，以SCC（stress corrosion cracking）表示。

应力腐蚀开裂一般有以下特征。

① 拉伸应力 除外加载荷引起的应力外，还应考虑热应力、冷加工和（或）热加工（焊接、锻造等）引起的应力，以及裂纹锈蚀产物产生的应力。应力大小影响应力腐蚀开裂历程，同时存在一个临界值，只有当应力大于临界值时才会发生应力腐蚀，反之，则不会发生。压缩应力不会引起应力腐蚀破坏。

② 特定合金和介质的组合 只有特定的合金与介质相组合才会造成应力腐蚀。例如，在氯化物溶液中，面心立方晶体的奥氏体不锈钢容易发生应力腐蚀（又称氯脆），而体心立方晶体的铁素体不锈钢，就不容易发生应力腐蚀。

③ 一般为延迟脆性断裂 应力腐蚀裂纹的形成、扩展需要一定的时间，断裂时没有明显的宏观变形，但断口可为晶间、穿晶或混合型断裂。

（2）常见的应力腐蚀开裂

应力腐蚀开裂引起压力容器断裂或泄漏，后果严重，下面举几个例子。

① 碱溶液（碱脆） 高浓度的NaOH溶液，在溶液沸点附近很容易使碳素钢产生应力腐蚀开裂。铬镍钼钢在NaOH溶液中也会发生应力腐蚀开裂。例如，某人造水晶釜，材料为PCrNi3MoVA，在使用过程中突然爆炸，其原因是内壁高应力区的氢氧化钠浓度大幅度增加，在较高轴向拉伸应力和高浓度的高温碱液作用下产生应力腐蚀断裂。

② 湿硫化氢（硫裂） 在以原油、天然气或煤为原料的压力容器中，湿硫化氢应力腐蚀是一个较普遍的现象。硫化氢浓度越高、溶液的pH越低、钢的强度和硬度越高，就越容易产生硫化氢应力腐蚀开裂。湿硫化氢环境下碳素钢和低合金钢制设备产生应力腐蚀开裂因环境差异，又可产生不同现象，如：氢致开裂（hydrogen induced cracking，HIC）、硫化物应力开裂（sulphide stress cracking，SSC）、氢鼓泡（hydrogen blistering，HB）和应力导向氢致开裂（stress-oriented hydrogen induced cracking，SOHIC）等，应根据设计条件的需要和实施的可能采取有针对性的预防应力腐蚀措施。

③ 液氨（氨脆） 用于液氨储存和运输的压力容器，若在充装、排料及检修过程中，无水液氨受空气污染，溶入氧和二氧化碳，则会引发应力腐蚀开

裂。钢的强度越高发生应力腐蚀开裂的倾向也越大。

④ 氯化物溶液（氯脆） 氯离子不但能引起奥氏体不锈钢产生小孔腐蚀，更能引起奥氏体不锈钢产生应力腐蚀开裂。

（3）应力腐蚀的预防措施

一般从选材、设计、改善介质条件和防护等几个方面采取措施，预防应力腐蚀引起的压力容器失效。

① 合理选择材料 针对压力容器的载荷形式和环境条件选择耐应力腐蚀的材料，如高浓度氯化物介质，一般选用不含镍、铜或者仅含微镍、铜的低碳高铬铁素体不锈钢。

② 减少或消除残余拉应力 残余拉应力是引起应力腐蚀的一个重要原因。据调查，对于奥氏体不锈钢设备，约 80% 的应力腐蚀裂纹是由弯曲成型及焊接残余应力引起的。可采用焊后消除应力热处理；或采用喷丸或其他表面处理方法，使零件与介质接触的表面产生残余压应力，可有效减少应力腐蚀。

③ 改善介质条件 一种方法是设法减少甚至消除促进应力腐蚀的有害离子或某种成分，如减少硫化氢的含量，控制与奥氏体不锈钢接触的介质中的氯离子含量；另一种方法是在腐蚀性介质中添加缓蚀剂，如在液氨中加 0.2% 的蒸馏水或去离子水。

压力容器设计和使用过程中，产生应力腐蚀开裂的临界应力和临界浓度只具有参考价值和相对意义，是可以接受的工程控制指标或合乎使用的实用措施。

④ 涂层保护 在与介质接触的表面施以保护层，避免介质与钢材直接接触。

⑤ 合理设计 避免缝隙等死角，特别是应力集中部位和高温区，以免介质浓缩。

3.3.2.3 流动腐蚀

（1）流动腐蚀的特征

流动腐蚀是一种局部腐蚀，易在多相流变工况过程中形成，具有时空演变特点，防控困难。易发生流动腐蚀的设备为传热设备（反应炉、加热炉、空冷器、水冷器、重沸器、冷凝器等）、阀门（特别是调节阀）和管件（弯头、三通、变径管）。介质的腐蚀性是基础，多相流的相变是关键，流动不但会促进失效，还会影响流动腐蚀机理。通常流速越快，腐蚀越快，但也有流动腐蚀是流速慢造成的。研究表明：不同的流动腐蚀机理都存在临界特征值，流动腐蚀存在安全运行区域，介质的腐蚀性越强，其允许的流速范围越小，即安全运行区域越窄。

（2）流动腐蚀的类型

流动腐蚀可分为流致腐蚀和过程腐蚀。流致腐蚀一般分为多相流冲蚀、多相流磨损、汽蚀三种类型；过程腐蚀可分为露点腐蚀、结晶沉积垢下腐蚀、结焦或结渣堵塞等。

① 多相流冲蚀 腐蚀性流体冲刷金属表面时发生的化学（电化学）腐蚀现象。通常化学（电化学）反应后，会在金属表面形成一层腐蚀产物保护膜。致密的保护膜会有效阻碍腐蚀的进一步发生，降低腐蚀速率。当流体流动较快时，局部区域的切应力使腐蚀产物保护膜发生破损或剥落，金属基体再次裸露于腐蚀环境中，进一步发生电化学（化学）腐蚀。此外，流体的快速流动也会增强内外层间腐蚀性介质与腐蚀产物的传输过程，而局部区域的腐蚀减薄会加剧壁面边界层流场分布的不均匀性，形成一种自催化加速腐蚀体系，进一步加剧局部区域腐蚀，直至穿孔或爆裂。

② 多相流磨损 主要指含固体颗粒的流体与设备或管道内壁面存在相对运动时发生的金属壁面材质的磨损。一方面固体颗粒会击穿紧贴金属表面近乎静态的边界，直接与塑性壁面摩擦切削加速磨损；另一方面，若颗粒硬度较高，流动速度足够大时，会直接撞击脆性金属本体，形成断裂、开裂、剥落，加剧磨损。磨损通常发生在含固体颗粒输送的多相流管道、阀门（特别是调节阀门）等局部位置。

③ 汽蚀 又称空蚀，在多相流动过程中，若工艺过程中环境压力低于液体的饱和蒸气压，便会产生

空化。空化形成的气泡流动到高压区便会发生溃灭，溃灭过程会形成高速射流和冲击波，对金属壁面造成严重的机械破坏作用。同时，大量微小气泡的反复形成和破裂也会影响流体的正常流动，甚至产生噪声和振动。若其发生在过程设备或管道的壁面处，会发生严重的汽蚀。汽蚀通常发生在调节阀、节流装置及换热设备中，其明显特征为材料表面形成蜂窝状或鱼鳞状凹坑。

④ 露点腐蚀　露点腐蚀常发生在腐蚀性介质的冷却过程中，在水的露点温度附近，会析出少量液态水。通常，气相中的腐蚀性介质会大量溶于液态水而形成高浓度、强酸性的腐蚀性水滴。带有腐蚀性介质的液滴一旦与壁面接触，将对设备或管道局部壁面产生强烈的化学或电化学腐蚀。

⑤ 结晶沉积垢下腐蚀　腐蚀性多相流在冷却、相变等关联过程中，会形成铵盐颗粒的结晶，在设备或管道壁面发生黏附和沉积，在腐蚀环境的协同作用下，将产生严重的局部腐蚀现象。例如加氢反应流出物空冷器系统和常减压塔塔顶回流系统中的铵盐（NH_4Cl和NH_4HS）易结晶、流动沉积并吸湿后导致严重的高浓度垢下腐蚀。

⑥ 结焦或结渣堵塞　主要发生在加热炉的运行过程中。炉管内多相流中烯烃类等介质在高温下易聚合结焦堵塞炉管。烟气中灰渣颗粒附着在壁面上，形成疏松灰尘，随着温度升高，灰渣颗粒处于熔融或半熔融状态时，具有较强的黏结力，使得结焦结渣层不断发展，形成局部堵塞。不仅会降低堵塞区域传热效率，还会造成局部超温，可能会引发非堵塞区域严重的流动磨损，从而加速过程设备的失效。

（3）流动腐蚀的主动防控

流动腐蚀的主动防控，需要综合考虑工艺过程、运行工况、流动状态及多相组成相变等复杂过程关联作用，主要措施如下。

① 基于流动腐蚀预测进行设计制造　基于流动腐蚀预测，确定高风险局部区域，进行结构优化、局部材料升级（表面强化、复合材料等）处理，提高整个系统耐流动腐蚀的本质可靠性。同时，预设检测传感器，实现运行过程的流动腐蚀状态智能传感，为智能防控提供依据。

② 基于临界特性模型检测的精准工艺防护　开展流动腐蚀耦合建模，形成流动腐蚀特性参数群的预测模型，基于流动腐蚀状态的模型监测，实现科学精准的工艺防护，主动避免流动腐蚀的发生，切实提高高风险系统的运行安全。

3.3.2.4　辐照损伤

材料的物理化学性质因受电离辐射的照射而引起的有害变化被称为辐照损伤，工程中最重要的是中子的辐照损伤。辐照引起金属材料断后伸长率和冲击吸收功下降、韧脆转变温度提高的现象为辐照脆化；辐照引起蠕变速率增加的现象为辐照蠕变；材料因辐照引起形状改变而无明显的体积改变的现象为辐照生长；材料在辐照条件下体积增加的现象为辐照肿胀；由高能粒子辐照诱发的相变为辐照诱发相变。影响钢材照射损伤的因素有中子通量、辐照温度、应力状态、材料成分以及综合损伤效应。研究材料辐照损伤的过程和机制，发展出抗辐照损伤的金属材料是制造核反应堆主要压力容器的前提。

3.3.3 加载速率

加载速率一般用应力速率（Pa/s）或应变速率（s^{-1}）来表示。通常，应变速率在 10^{-4}～$10^{-1}s^{-1}$ 范围内，金属材料的力学性能没有明显变化。但当应变速率在 $10^{-1}s^{-1}$ 以上时，它对钢材力学性能有显著的影响。因为加载速率较高时，材料没有充分的时间产生正常的滑移变形，从而使材料继续处于一种弹性状态，使屈服强度随应变速率的增大而增大，但一般塑性材料的塑性及韧性下降，即脆性断裂的倾向增加。如果材料中有缺口或裂纹等缺陷，还会加速脆性断裂的发生。

加载速率对钢的韧性影响还与钢的强度水平有关。通常，在一定的加载速率范围内，随着钢材强度水平的提高，韧性的降低减弱。也就是说，在一定的加载速率范围内，加载速率的大小对某些高强度钢和超高强度钢的韧性影响是很小的，但对中、低强度钢的韧性影响则很明显。

3.4 压力容器材料选择

压力容器材料费用占总成本的比例很大，一般超过 30%。材料性能对压力容器运行的安全性有显著的影响。选材不当，不仅会增加总成本，而且有可能导致压力容器破坏事故。

过程生产的多样性和过程设备的多功能性，给选材带来了一定的复杂性；材料科学所具有的半科学半经验（技艺）性质给选材增加了难度；材料在过程设备设计、制造、检验各环节中相对处于比较落后的状态。因此，合理选材是压力容器设计的难点之一。

选材要综合考虑板材、管材、锻材、棒材等不同类型钢材之间的匹配，而不仅仅是确定钢材牌号及其相应的标准。必要时，还要根据实际需要，确定钢材采购的附加保证要求，如：敏感元素的控制、较高性能的要求、由供需双方商议的检测检验项目的确定等。

压力容器用材料多种多样，有钢、有色金属、非金属、复合材料等，如前所述，使用得最多的还是钢。本节重点讨论钢材的基本要求和选用。

3.4.1 压力容器用钢的基本要求

压力容器用钢的基本要求是有较高的强度，良好的塑性、韧性、加工工艺性和与介质相容性。改善钢材性能的途径主要有化学成分的设计、组织结构的改变和零件表面改性。现对压力容器用钢的基本要求作进一步分析。

（1）化学成分

钢材化学成分对其性能和热处理有较大的影响。提高碳含量可能使强度增加，但可焊性变差，焊接时易在热影响区出现裂纹。因此，压力容器用钢的含碳量一般不大于 0.25%。在钢中加入钒、钛、铌等元素，可提高钢的强度和韧性。

硫和磷是钢中最主要的有害元素。硫能促进非金属夹杂物的形成，使塑性和韧性降低。磷能提高钢的强度，但会增加钢的脆性，特别是低温脆性。将硫和磷等有害元素含量控制在低水平，即大大提高钢材的纯净度，可提高钢材的韧性、抗中子辐照脆化能力，改善抗应变时效性能、抗回火脆化性能和耐腐蚀性能。因此，与一般结构钢相比，压力容器用钢对硫、磷、氢等有害杂质元素含量的控制更加严格。

例如，中国压力容器专用碳素钢和低合金钢的硫和磷含量分别应低于 0.020% 和 0.030%。随着冶炼水平的提高，目前已可将硫的含量控制在 0.002% 以内。

另外，化学成分对热处理也有决定性的影响，如果对成分控制不严，就达不到预期的热处理效果。

（2）力学性能

材料力学性能是指材料在不同环境（温度、介质等）下，承受各种外加载荷时所表现出的力学行为。例如，低碳钢拉伸试件缩颈中心部位处于三向应力状态，出现的是大体上与载荷方向垂直的纤维状断口，而边缘区域接近平面应力状态，产生的是与载荷成 45° 的剪切唇。因此，钢材的力学行为，不仅与钢材的化学成分、组织结构有关，还与材料所处的应力状态和环境有密切的关系。

钢材的力学性能主要是表征强度、韧性和塑性变形能力的判据，是机械设计时选材和强度计算的主要依据。压力容器设计中，常用的强度判据包括抗拉强度 R_m、屈服强度 R_{eL}、持久极限 R_D^t、蠕变极限 R_n^t 和疲劳极限；塑性判据包括断后伸长率 A、断面收缩率 Z；韧性判据包括冲击吸收功 KV_2、韧脆转变温度、断裂韧性等。按机械设计观念，静载荷下工作的零件的主要失效形式是断裂或塑性变形。因此，对于塑性材料，许用应力由材料屈服强度 R_{eL} 和相应的材料设计系数确定；对于脆性材料，许用应力由材料抗拉强度 R_m 和相应的材料设计系数确定。压力容器采用了与上述观点不同的设计理念。压力容器用钢具有良好的塑性，确定许用应力时综合考虑了抗拉强度 R_m 和屈服强度 R_{eL}，许用应力取抗拉强度 R_m、屈服强度 R_{eL} 除以各自的材料设计系数 n_b、n_s 后所得的较小值。以抗拉强度 R_m 为判据是为了防止容器的断裂失效；以屈服强度 R_{eL} 为判据是为了防止塑性失效。体现了在满足韧性的前提下提高强度、提高塑性储备量的压力容器选材原则。机械产品通常希望提高材料的屈强比，压力容器对材料的要求则相反，一般情况下应避免采用调质热处理等方法不恰当地提高材料的强度，以留有一定的塑性储备量。钢制压力容器对材料力学性能的要求重视钢材的韧性，重视钢材的塑性储备量。

韧性对压力容器安全运行具有重要意义。韧性是材料在断裂前吸收变形能量的能力，是衡量材料对缺口敏感性的力学性能指标，尤其能反映材料在低温或有冲击载荷作用时对缺口的敏感性。韧性是材料的强度和塑性的综合反映。塑性好的材料其韧性值一般也较高，强度高而且塑性也好的材料其韧性值更高。在载荷作用下，压力容器中的裂纹常会发生扩展，当裂纹扩展到某一临界尺寸时将会引起断裂事故，此临界裂纹尺寸的大小主要取决于钢的韧性和应力水平。如果钢的韧性高，压力容器所允许的临界裂纹尺寸就越大，安全性也越高。因此，为防止发生脆性断裂和裂纹快速扩展，压力容器常选用韧性好的钢材。

夏比 V 型缺口冲击吸收功 KV_2 对温度变化很敏感，能较好地反映材料的断裂韧性。世界各国压力容器规范标准都对钢材的冲击试验温度和 KV_2 提出了相应的要求。如 Q345R 钢板，要求在 0℃时的横向（指冲击试件的取样方向）KV_2 不小于 41J。钢材的 KV_2 与钢材种类、应力水平、热处理状态、使用温度、钢材厚度等因素有关。钢制压力容器产品大都采用焊接制造，与母材相比焊接接头是薄弱环节，设计中需要考虑对接接头冲击韧性相对较低这一因素。应当要求焊接接头在低温冲击试验时的冲击功不低于其母材在设计规定中的相应值，否则容器的最低使用温度应高于低温冲击试验温度。

在一般设计中，力学性能判据数值可从相关的规范标准中查到。但这些数据仅为规定的必须保证值，实际使用的材料是否满足要求，除要查看质量证明书外，有时还要对材料进行复验；必要时，还应模拟使用环境进行测试。现行的最基本试验方法是拉伸试验和冲击试验，其目的是测量钢材的抗拉强度 R_m、屈服强度 R_{eL}、断后伸长率 A、断面收缩率 Z 和冲击吸收功 KV_2。

为测定钢材的化学成分和金相组织，对比分析化学成分、金相组织和力学性能的关系，有时还要进行化学分析和金相检验。

（3）制造工艺性能

材料制造工艺性能的要求与容器结构形式和使用条件紧密相关。制造过程中进行冷卷、冷冲压加工的零部件，要求钢材有良好的冷加工成型性能和塑性，其断后伸长率 A 应在 17% 以上。为检验钢板承受弯曲变形能力，一般应根据钢板的厚度，选用合适的弯心直径，在常温下做弯曲角度为 180°的弯曲实验。试样外表面无裂纹的钢材方可用于压力容器制造。

压力容器各零件间主要采用焊接连接，良好的可焊性是压力容器用钢一项极重要的指标。可焊性是指在一定焊接工艺条件下，获得优质焊接接头的难易程度。钢材的可焊性主要取决于它的化学成分，其中影响最大的是含碳量。含碳量愈低，愈不易产生裂纹，可焊性愈好。各种合金元素对可焊性亦有不同程度的影响，这种影响通常是用碳当量 C_{eq} 来表示。碳当量的估算公式较多，国际焊接学会所推荐的公式为

$$C_{eq}=C+\frac{\text{Mn}}{6}+\frac{\text{Ni}+\text{Cu}}{15}+\frac{\text{Cr}+\text{Mo}+\text{V}}{5}$$

式中的元素符号表示该元素在钢中的百分含量。一般认为，C_{eq}小于0.4%时，可焊性优良；C_{eq}大于0.6%时，可焊性差。中国《锅炉压力容器制造许可条件》中，碳当量的计算公式为

$$C_{eq}=C+\frac{\text{Mn}}{6}+\frac{\text{Si}}{24}+\frac{\text{Ni}}{40}+\frac{\text{Cr}}{5}+\frac{\text{Mo}}{4}+\frac{\text{V}}{14}$$

按上式计算的碳当量不得大于0.45%。

3.4.2 压力容器钢材的选择

压力容器所承受的压力载荷与非压力载荷是影响强度、刚度和稳定性计算的主要因素，通常不是影响选材的主要因素。压力容器零件材料的选择，应综合考虑容器的使用条件、相容性、零件的功能和制造工艺、材料性能、材料使用经验（历史）、综合经济性和规范标准。

（1）压力容器的使用条件

使用条件包括设计温度、设计压力、介质特性和操作特点，材料选择主要由使用条件决定。例如，容器使用温度低于 0℃时，不得选用 Q235 系列钢板；对于高温、高压、临氢压力容器，材料必须满足高温下的热强性（蠕变极限、持久强度）、抗高温氧化性能、抗氢脆性能，应选用抗氢钢，如 15CrMoR、12Cr2Mo1R 等。用碳素钢或珠光体耐热钢作为抗氢钢时，应按 Nelson 设计曲线选用。

流体速度也会影响材料的选择。流体高速流动会产生冲蚀或汽蚀。流体中含有固体颗粒时，冲蚀速度有可能显著增加。

对于压力很高的容器，常选用高强度或超高强度钢。由于钢的韧性往往随着强度的提高而降低，此时应特别注意强度和韧性的匹配，在满足强度要求的前提下，尽量采用塑性和韧性好的材料。这是因为

塑性、韧性好的高强度钢，能降低脆性破坏的概率。在承受交变载荷时，可将失效形式改变为未爆先漏，提高运行安全性。

（2）相容性

相容性一般是指材料与其相接触的介质或其他材料间不会因化学和 / 或物理影响而产生有害的相互作用。对于腐蚀性介质，应选用耐腐蚀材料。当压力容器零部件由多种材料制造时，各种材料必须相容，特别是需要焊接连接的材料。当电负性相差较大的金属在电介质溶液中被不恰当地组合在一起时，会加快腐蚀速率。例如，钢在海水中与铜合金接触时，腐蚀速率明显加快。

（3）零件的功能和制造工艺

明确零件的功能和制造工艺，据此提出相应的材料性能要求，如强度、耐腐蚀性等。例如，筒体和封头的功能主要是形成所需要的承压空间，属于受压元件，且与介质直接接触，对于盛装介质腐蚀性很强的中、低压压力容器，应选用耐腐蚀的压力容器专用钢板；而支座的主要功能是支承容器并将其固定在基础上，属于非受压元件，且不与介质接触，除垫板外，可选用一般结构钢，如普通碳素钢。

选材时还应考虑制造工艺的影响。例如，主要用于强腐蚀场合的搪玻璃压力容器，其耐腐蚀性能主要靠搪玻璃层来保证，由于含碳量超过 0.19% 时玻璃层不易搪牢，且沸腾钢的搪玻璃效果比镇静钢好，可选用沸腾钢。

（4）材料的使用经验（历史）

对成功的材料使用实例，应搞清楚所用材料化学成分（特别是硫和磷等有害元素）的控制要求、载荷作用下的应力水平和状态、操作规程和最长使用时间等。因为这些因素，会影响材料的性能。即使使用相同钢号的材料，由于上述因素的改变，也会使材料具有不同的力学行为。对不成功的材料使用实例，应查阅有关的失效分析报告，根据失效原因，采取有针对性的措施。

（5）综合经济性

影响材料价格的因素主要有冶炼要求（如化学成分、检验项目和要求等）、尺寸要求（厚度及其偏差、长度等）和可获得性（availability）等。

一般情况下，相同规格的碳素钢的价格低于低合金钢，低合金钢的价格低于不锈钢。不锈钢的价格低于大多数有色金属。综合考虑腐蚀裕量、设备规模及重要性、结构复杂程度、加工难度诸因素后，当各种复合结构成本明显低于不锈钢或有色金属成本时，选择复合结构才是合理的。

在有的场合，虽然有色金属的价格高，但由于耐腐蚀性强，使用寿命长，采用有色金属可能更加经济。

（6）规范标准

和一般结构钢相比，压力容器用钢有不少特殊要求，应符合相应国家标准和行业标准的规定。钢材设计温度上限和下限、使用条件应满足标准要求。在中国，钢材的使用温度下限，除奥氏体钢或另有规定的材料外，均高于 −20℃。许用应力也应按标准选取或计算。

采用境外牌号材料时，应选用境外压力容器现行标准规范允许使用且已有成功使用实例的材料，其使用范围应符合材料境外相应产品标准的规定。境外牌号材料的技术要求不得低于境内相近牌号材料的技术要求。

思考题

1. 压力容器用钢有哪些基本要求？
2. 影响压力容器钢材性能的环境因素主要有哪些？
3. 为什么要控制压力容器用钢中的硫、磷含量？
4. 压力容器选材应考虑哪些因素？
5. 为什么说材料性能劣化引起的失效往往具有突发性？工程上可采取哪些措施来预防这种失效？

4 压力容器设计

学习意义

设计是一种富有创造性的劳动。压力容器产品的性能与成本约 70% 是由设计决定的，把好设计关非常重要。压力容器设计的目的是经济地保障压力容器在全寿命周期内安全可靠地运行。为确保压力容器安全运行，保证人民生命财产的安全，必须十分重视压力容器的设计。根据设计条件，确定压力容器基本结构，辨识容器在全寿命周期内有可能出现的所有失效模式，并据此正确选择规范标准进行设计，提出防止失效的措施，是压力容器设计的核心。

学习目标

- ○ 掌握压力容器常见的失效模式和特点、失效判据与设计准则间的关系；
- ○ 能够根据压力容器结构与受载条件，正确地辨识其可能出现的失效模式；
- ○ 能够根据给定的设计条件，依据相关规范标准正确进行压力容器的常规设计；
- ○ 理解压力容器的常规设计与分析设计方法的基本思想及异同；
- ○ 了解压力容器设计技术最新进展。

4.1 概述

4.1.1 设计要求

压力容器设计的基本要求，集中体现在安全性和经济性上。安全是前提，经济是目标，在确保安全的前提下应尽可能做到经济。安全性主要是指结构完整性和密封性。结构完整性是指容器在满足功能要求的基础上，满足强度、刚度、屈曲、密封、寿命、可靠性等要求；密封性是指容器的泄漏率应控制在允许的范围内。经济性包括高的效率、原材料的节省、经济的制造方法、低的操作和维修费用等。对于石油、化工等过程工业来说，企业停工 1 天所造成的损失就可能远大于单台设备的成本。因此，提高容器在全寿命周期内的可靠性，减少容器的停产损失，本身就是最大的经济。

充分保证安全并不等于保守，不必要地采用过厚的厚度，不仅浪费材料，而且原材料和焊接质量难以保证，反而会影响容器的安全性。另外，对一些大型的、重要的容器，采用分析设计方法进行设计，既可以减薄厚度，降低容器重量，又可以提高容器的安全可靠性。如一台操作压力 7MPa、直径 6650mm 核电站用沸水堆，按 ASME Ⅷ-1 常规设计方法设计的厚度为 220mm，重

1040t；而采用 ASME Ⅷ-2 分析设计方法设计的厚度仅 160mm，重量也只有 750t。由此可以看出，采用分析设计方法后该容器的重量降低了 28%，同时也有利于提高制造质量。

4.1.2 设计文件

压力容器的设计文件，包括设计计算书、设计图样、制造技术条件、风险评估报告（适用于第Ⅲ类压力容器或设计委托方要求时）等，必要时，还应当包括安装及使用维修说明。

设计计算书至少应包括：设计条件、依据的主要规范和产品标准、容器结构、材料及其性能、腐蚀裕量、计算厚度、名义厚度、计算结果等，必要时，还应包括应力分析报告。装设超压泄放装置的压力容器，设计计算书还应包括压力容器安全泄放量、安全阀排量或爆破片泄放面积。

设计图样包括总图和零部件图。压力容器总图上，至少应注明下列内容：压力容器名称、分类，设计、制造所依据的主要规范和产品标准；工作条件，包括工作压力、工作温度、介质特性；设计条件，包括设计温度、设计载荷、介质（组分）、腐蚀裕量、焊接接头系数、自然条件等；主要受压元件材料牌号及标准；主要特性参数 (如容积、换热器换热面积与程数等)；压力容器设计寿命 (又称压力容器设计使用年限，疲劳容器标明循环次数)；特殊制造要求；热处理要求；无损检测要求；耐压试验和泄漏试验要求；预防腐蚀要求；安全附件及仪表的规格和订购特殊要求；压力容器铭牌的位置；包装、运输、现场组焊和安装要求；以及其他特殊要求。

对第Ⅲ类压力容器，设计时应出具包括主要失效模式、失效可能性及风险控制等内容的风险评估报告。在设计阶段进行风险评估，是压力容器基于失效设计理念的产物，其目的是：识别压力容器在全寿命周期中可能出现的失效模式，在设计制造阶段提出预防失效的方法和措施，提高容器的本质安全性；告诉用户，容器可能出现的失效模式，在设计、制造阶段已经采取的措施，使用中应注意的事项，以及当发生失效时应该采取的措施，便于制定合适的应急预案。

4.1.3 设计条件

压力容器应根据设计委托方以正式书面形式提供的设计条件进行设计。设计委托方可以是压力容器的使用单位（用户）、制造单位、工程公司或者设计单位自身的工艺室等。设计条件至少包含以下内容：

ⅰ. 操作参数（包括工作压力、工作温度范围、液位高度、接管载荷等）；

ⅱ. 压力容器使用地及其自然条件（包括环境温度、抗震设防烈度、风和雪载荷等）；

ⅲ. 介质组分和特性（介质学名或分子式、密度和危害性等）；

ⅳ. 预期使用年限（设计委托方提出预期使用期限，设计者应当与委托方进行协商，根据压力容器使用工况、选材、安全性和经济性合理确定压力容器的设计寿命），对于承受循环交变载荷的容器，还应注明预期使用年限内载荷波动及循环次数；

ⅴ. 几何参数和管口方位（常用容器结构简图表示，示意性地画出容器本体与几何尺寸、主要内件形状、接管方位、支座形式等）；

ⅵ. 设计需要的其他必要条件（包括选材要求、防腐蚀要求、表面、特殊试验、安装运输要求等）。

为便于填写和表达，设计条件图又分为容器基本条件图、换热器条件图、塔器条件图和搅拌容器条件图四种。表 4-1 给出容器的基本设计条件。其他类的容器设计条件除应包括容器的基本要求外，还应注明各自的特殊要求。如换热器应注明换热管规格、管长及根数、排列形式、换热面积与程数等；塔器应注明塔型（板式塔或填料塔）、塔板数量及间距、基本风压、地震设防烈度和场地土类别等；搅拌容器应注明搅拌器形式、转速及转向、轴功率等。

表4-1 压力容器的基本设计参数及要求

		容器内	夹套（盘管）内	触媒容积		m^3
工作介质	名称			触媒密度		kg/m^3
	组分			传热面积		m^2
	密度			盘管规格 / 级别		
	特性			基本风压		N/m^2
	燃点或毒性			地震设防烈度		
				环境温度		℃
	黏度			场地类别		
				操作方式		
工作压力		MPa	MPa	保温材料	名称	
设计压力		MPa	MPa		厚度	mm
壁温		℃	℃		容重	kg/m^3
工作温度		℃	℃	密封要求		
设计温度		℃	℃	液位计		
安全泄放装置	位置			紧急切断		
	类型			防静电		
	规格			热处理		
	数量			安装检修要求		
	安全阀整定压力	MPa	MPa	预期使用寿命		年
	爆破片设计爆破压力	MPa	MPa	设计规范		
				设计标准		
推荐材料	筒体			其他要求		
	内件					
	衬里					
腐蚀速率		mm/a	mm/a	说明		
腐蚀裕量		mm	mm			
全容积		m^3	m^3			
操作容积		m^3	m^3			

4.2 设计准则

4.2.1 压力容器失效

在外部载荷、服役环境、制造残余影响等因素单独或者共同作用下，往往会造成压力容器损伤。例如，腐蚀引起的壁厚减薄、结构不连续；服役环境作用下材料的微观组织变化（如珠光体球化、石墨化、脱碳等）导致的性能劣化；交变载荷引起的微裂纹。当损伤积累到一定程度，就会危及压力容器安全和功能，导致压力容器失效。

压力容器在规定的服役环境和寿命内，因尺寸、形状或者材料性能变化而危及安全或者丧失规定功能的现象，称为压力容器失效。虽然压力容器失效的原因多种多样，但是失效的最终表现形式主要为过度变形、断裂和泄漏。

防止失效是压力容器设计的重要任务。学习压力容器常见的失效模式及其原因，对于正确理解、使用和制定压力容器规范标准，分析和预防失效，都具有十分重要的意义。

4.2.1.1 压力容器失效模式

压力容器失效模式是指容器失效后可观察和测量的宏观特征，它有多种分类方法。根据失效时间，压力容器失效可分为突发型失效和退化型失效。突发型失效又称短期失效，是指容器在丧失功能之前保持或基本保持所需功能，但由于某种原因在某个时刻突然失效，如塑性垮塌（韧性断裂）、脆性断裂、接头泄漏、局部过度应变等；退化型失效是指随着服役时间的增加，容器性能逐渐下降，直至达到某一临界值而导致的功能丧失，如腐蚀、蠕变、疲劳等。退化型失效又可以分为两类：一类是由非交变载荷长期作用引起的，如蠕变、腐蚀、氢致滞后开裂等；另一类是由交变载荷引起的，如疲劳、棘轮等。按照失效原因，压力容器失效大致又可分为强度失效、刚度失效、屈曲失效和泄漏失效等四类。

（1）强度失效

因材料屈服或者断裂引起的压力容器失效，称为强度失效，包括塑性垮塌、局部过度应变、脆性断裂、疲劳、棘轮、蠕变、腐蚀等。

① 塑性垮塌　是指在单调加载条件下压力容器因过量总体塑性变形而不能继续承载导致的破坏。其特征是：破坏后有肉眼可见的宏观变形，如整体鼓胀，周长伸长率可达10%～50%，破口处壁厚显著减薄；没有碎片，或者偶尔有少量碎片。在这种情况下，按实测厚度计算的爆破压力与实际爆破压力相当接近。

壁厚过薄和超压是引起压力容器塑性垮塌的主要原因。导致壁厚过薄的情况大致有两种：厚度未经正确的设计计算，以及厚度因腐蚀、冲蚀等原因而减薄。而操作失误、液体受热膨胀、化学反应失控等均可引起超压。例如，压力较高的气体进入设计压力较小的容器空间、容器内产生的气体无法及时排出等。

严格按照标准进行设计、制造，并配备相应的超压释放装置，同时遵循有关规定进行运输、安装、使用、检验和检测，可以避免压力容器在设计寿命内发生塑性垮塌。

② 局部过度应变　是指在局部多向拉应力状态下，压力容器因材料延性耗尽而导致裂纹产生或者撕裂。在多向拉应力作用下，材料韧性（断裂应变）会下降。在压力容器结构不连续区，如螺纹根部，有可能在容器没有塑性垮塌前，就因材料延性耗尽产生裂纹而失效。

③ 脆性断裂　是指压力容器未经明显的塑性变形而发生的断裂。这种断裂是在较低应力水平下发生的，断裂时的应力远低于材料强度极限，故又称为低应力脆断。其特征是：断裂时容器没有明显的鼓胀；断口齐平、并与最大主应力方向垂直；断裂速度极快，易形成碎片。由于脆性断裂时容器往往没有超压，爆破片、安全阀等超压释放装置不会动作，其危险性要比塑性垮塌大得多。

材料脆性和缺陷两种原因都会引起压力容器脆性断裂。除材料选用不当、焊接与热处理工艺不合理导致材料脆化外，低温、高压氢环境、中子辐照等也会使材料脆化。压力容器用钢一般韧性较好，但若存在严重的原始缺陷（如原材料的夹渣、分层、折叠等）、制造缺陷（如焊接引起的未熔透、裂纹等）或者使用中产生的缺陷，也会导致脆性断裂发生。

④ 疲劳　是指在交变载荷作用下，容器在应力集中部位产生局部的永久性损伤，并在一定载荷循环次数后形成裂纹或者裂纹进一步扩展至完全断裂。其特征是：每次载荷循环的前半周和后半周在容器的同一部位相继产生方向相反的应变。

交变载荷是指大小和/或方向随时间周期性（或无规则）变化的载荷，它包括运行时的压力波动、开车和停车、加热或冷却时温度变化引起的热应力变化、振动引起的应力变化、容器接管引起的附加载荷的交变而形成的交变载荷等。

压力容器疲劳一般有裂纹萌生、扩展和最后断裂三个阶段，因而其断口一般由疲劳源区、裂纹扩展区和最终断裂区组成。疲劳源区通常位于接管根部、焊接接头等高应力区或者有缺陷的部位，面积较小，色泽光亮。裂纹扩展区是疲劳断口最重要的特征区域，通常比较平整，间隙加载、应力改变较大或者裂纹扩展受阻等过程都会在裂纹扩展前沿形成疲劳弧线或海滩花样。裂纹扩展区的大小和形状主要取决于裂纹处的应力状态、应力变化幅度和结构形状等因素。最终断裂区为裂纹扩展到一定程度时的快速断裂区，它是由于剩余截面不足以承受外载荷造成的。

焊接接头容易产生应力集中、焊接缺陷、残余应力和微裂纹。这些因素的综合作用，使疲劳成为焊接接头的主要失效形式之一。疲劳断裂时容器的总体应力水平较低，断裂往往在容器正常工作条件下发生，没有明显的征兆，是突发性破坏，危险性很大。

⑤ 棘轮　是指压力容器由于同时承受恒定载荷和交变载荷作用而产生且按逐个循环渐增的累积塑性变形。其特征是：每次加载循环的前半周和后半周在容器的不同部位（两个不同部位的范围有部分重叠）轮流产生方向相同的塑性变形。各个循环产生的塑性变形将逐个累积，直至因产生过量塑性变形而失效。

⑥ 蠕变　是指在保持应力不变的条件下，应变随着时间不可逆缓慢增加的现象。长期在高温下工作，蠕变会导致压力容器壁厚变薄、直径增大（鼓胀），甚至造成断裂。从断裂前的变形来看，蠕变具有韧性断裂的特征；而就断裂时的应力而言，蠕变断裂又具有脆性断裂的特征。

⑦ 腐蚀　是指金属与其周围介质发生化学或者电化学作用而产生的破坏现象。因均匀腐蚀导致的厚度减薄，或局部腐蚀造成的凹坑，所引起的压力容器失效一般有明显的塑性变形，具有韧性断裂特征；晶间腐蚀、应力腐蚀等引起的断裂没有明显的塑性变形，具有脆性断裂特征。

（2）刚度失效

由于压力容器的变形大到足以影响其正常工作而引起的失效，称为刚度失效。例如，露天立置的塔在风载荷作用下，发生过大的弯曲变形，造成塔盘倾斜而影响塔的正常工作。

（3）屈曲失效

在压应力作用下，压力容器失去其原有的规则几何形状而引起的失效称为屈曲失效。容器弹性屈曲的一个重要特征是弹性挠度与载荷不成比例，且临界压力与材料的强度无关，主要取决于容器的尺寸和材料的弹性模量。但当容器中的应力水平超过材料的屈服强度而发生非弹性屈曲时，临界压力与材料的强度有关。

（4）泄漏失效

压力容器本体或者连接件失去密封功能，称为泄漏失效。泄漏不仅有可能引起中毒、燃烧和爆炸等事故，而且会造成环境污染。设计压力容器时，应重视各可拆式接头和不同压力腔之间连接接头（如换热管和管板的连接）的密封性能。

除上述单因素导致的失效模式外，在多种因素共同作用下，压力容器有可能同时发生多种模式的失效。例如，羰基合成乙酸装置中，主反应器内有乙酸、碘甲烷、乙酸甲酯、碘化氢、丙酸等强腐蚀性介质，存在均匀腐蚀、晶间腐蚀和应力腐蚀等三种失效模式。

随着社会的进步，压力容器失效的外延不断扩大。除危及安全、丧失功能外，振动、噪声等对操作和环境有影响的失效模式也越来越受到重视。

4.2.1.2 失效判据与设计准则

（1）失效判据

随着损伤的累积，压力容器将进入极限状态。超过它后，设计规定的功能将不再满足或者将危及安全，即失效。极限状态又可分为终极极限状态和可用极限状态。终极极限状态是指超过它后安全要求就不再满足的结构状态，与安全有关，如塑性垮塌、屈曲、剧毒介质泄漏等。可用极限状态是指超过它后规定功能要求就不再满足的结构状态，与功能有关，如过度变形、无危害介质泄漏等。

描述极限状态的方程，称为失效判据。每一种失效模式都有与其对应的极限状态。例如，当内压等于塑性垮塌压力时，压力容器将发生塑性垮塌；当外压等于临界压力时，压力容器将发生屈曲；当应力强度因子等于临界应力强度因子时，压力容器将发生脆性断裂。随着对失效机理认识的深入，会不断提出新的极限状态。与某一失效模式相对应的极限状态，不一定只有一个。例如，塑性垮塌就有容器总体部位的应力等于材料的屈服强度、内压等于全屈服压力、内压等于塑性垮塌压力等极限状态。

失效判据是否正确，适用于什么场合，必须由实践来检验。适用于某种场合的失效判据并不一定适用于另一场合。一些在极端环境服役的压力容器，环境和制造残余影响对容器失效的影响机制极为复杂，尚无法定量分析其影响程度。这方面工作仍有待于进一步深入。

（2）设计准则

失效判据不能直接用于压力容器的设计计算。这是因为压力容器存在许多不确定因素，包括材料质量不稳定性、强度设计准则和设计计算方法的可靠性、建造技术能力的高低、建造质量管理方式和水平、操作条件的波动、超压释放装置动作压力的误差、使用场合的重要性、造成事故后的危害性，以及迄今尚未认识的其他因素。为使压力容器在特定失效模式下有足够的安全裕度，工程上在处理上述不确定因素时，较为常用的方法是引入“安全系数”，得到与失效判据相对应的设计准则。显然，对于不同的设计准则，安全系数的含义并不相同。例如，压力容器塑性垮塌的设计准则为，设计压力与爆破安全系数的乘积小于等于塑性垮塌压力；压力容器屈曲的设计准则为，设计外压与屈曲安全系数的乘积小于等于临界压力。根据设计准则就可以得到相应的设计计算方法。

压力容器设计时，应根据容器设计条件，考虑容器在运输、安装、使用中可能出现的所有失效模式，选择合适的失效判据和相应的设计准则，进行设计计算，并从结构、材料、制造、检验等方面提出建造技术要求。必要时，还应对使用时的检测、诊断、监控和应急提出要求。

压力容器设计准则大致可分为强度失效设计准则、刚度失效设计准则、屈曲失效设计准则和泄漏失效设计准则。

4.2.2 强度失效设计准则

在常温、静载作用下，屈服和断裂是压力容器强度失效的两种主要形式。现介绍几种常用的压力容

器强度失效设计准则。

（1）弹性失效设计准则

弹性失效设计准则将容器总体部位的初始屈服视为失效。对于韧性材料，在单向拉伸应力 σ 作用下，屈服失效判据的数学表达式为

$$\sigma=R_{eL} \tag{4-1}$$

式中 R_{eL}——材料的屈服强度，MPa。

用许用应力 $[\sigma]^t$ 代替式（4-1）中的材料屈服强度，得到相应的设计准则

$$\sigma\leqslant[\sigma]^t \tag{4-2}$$

由于历史的原因，压力容器设计中，常用最大拉应力 σ_1 来代替式（4-2）中的应力 σ，建立设计准则，即

$$\sigma_1\leqslant[\sigma]^t \tag{4-3}$$

在有的科技文献中，称式（4-3）为基于最大拉应力的弹性失效设计准则，简称为最大拉应力准则。

处于任意应力状态的韧性材料，工程上常采用的屈服失效判据主要有：Tresca 屈服失效判据和 Mises 屈服失效判据。

Tresca 屈服失效判据又称为最大切应力屈服失效判据或第三强度理论。这一判据认为：材料屈服的条件是最大切应力达到某个极限值，其数学表达式为

$$\sigma_1-\sigma_3=R_{eL}$$

相应的设计准则为

$$\sigma_1-\sigma_3\leqslant[\sigma]^t \tag{4-4}$$

式（4-4）为最大切应力屈服失效设计准则，简称为最大切应力准则。

Mises 屈服失效判据又称为形状改变比能屈服失效判据或第四强度理论。这一判据认为引起材料屈服的是与应力偏量有关的形状改变比能，其数学表达式为

$$\sqrt{\frac{1}{2}\left[(\sigma_1-\sigma_2)^2+(\sigma_2-\sigma_3)^2+(\sigma_3-\sigma_1)^2\right]}=R_{eL}$$

相应的设计准则为

$$\sqrt{\frac{1}{2}\left[(\sigma_1-\sigma_2)^2+(\sigma_2-\sigma_3)^2+(\sigma_3-\sigma_1)^2\right]}\leqslant[\sigma]^t \tag{4-5}$$

式（4-5）为形状改变比能屈服失效设计准则，简称为形状改变比能准则。

工程上，常常将强度设计准则中直接与许用应力 $[\sigma]^t$ 比较的量，称为应力强度或相当应力，用 σ_{eqi} 表示，i=1, 3, 4 分别表示了最大拉应力、最大切应力和形状改变比能准则的序号。有的文献将许用应力称为设计应力强度。综合式（4-3）～式（4-5），可以把弹性失效设计准则写成统一形式为

$$\sigma_{eqi}\leqslant[\sigma]^t$$

应力强度是由三个主应力按一定形式组合而成的，它本身没有确切的物理含义，只是为了方便而引入的名词和记号。与最大拉应力、最大切应力和形状改变比能准则相对应的应力强度分别为

$$\sigma_{eq1}=\sigma_1$$

$$\sigma_{eq3}=\sigma_1-\sigma_3$$

$$\sigma_{eq4}=\sqrt{\frac{1}{2}\left[(\sigma_1-\sigma_2)^2+(\sigma_2-\sigma_3)^2+(\sigma_3-\sigma_1)^2\right]}$$

（2）塑性失效设计准则

弹性失效设计准则是以危险点的应力强度达到许用应力为依据的。对于各处应力相等的构件，如内压薄壁圆筒，这种设计准则是合理的。但是对于应力分布不均匀的构件，如内压厚壁圆筒，由于材料韧性较好，当危险点（内壁）发生屈服时，其余各点仍处于弹性状态，故不会导致整个截面的屈服，因而构件仍能继续承载。在这种情况下，弹性失效（一点强度）设计准则就显得有些保守。

设材料是理想弹塑性的，以整个危险面屈服作为失效状态的设计准则，称为塑性失效准则。对于内压厚壁圆筒，整个截面屈服时的压力就是全屈服压力 p_{so}，塑性失效判据可表示为

$$p=p_{so} \tag{4-6}$$

式中 p——设计压力。

引入全屈服安全系数 n_{so}，得相应的塑性失效设计准则为

$$p\leqslant\frac{p_{so}}{n_{so}} \tag{4-7}$$

（3）爆破失效设计准则

压力容器用韧性材料一般具有应变硬化现象，爆破压力大于全屈服压力。爆破失效设计准则以容器爆破作为失效状态，相应的设计准则为

$$p\leqslant\frac{p_b}{n_b} \tag{4-8}$$

式中 p_b——爆破压力；

n_b——爆破安全系数。

（4）弹塑性失效设计准则

弹塑性失效设计准则又称为安定性准则，适用于各种载荷不按同一比例递增、载荷大小反复变化的场合。与压力容器内最大应力点进入塑性相对应的载荷称为初始屈服载荷。当容器承受稍大于初始屈服载荷的载荷时，容器内将产生少量的局部塑性变形。因局部塑性区周围的广大区域仍处于弹性状态，会制约塑性变形，当载荷卸除后就形成残余应力场。若容器所受的载荷较小，即载荷引起的应力和残余应力叠加后总是小于屈服强度，则容器在载荷的反复作用下，始终保持弹性行为，不会产生新的塑性变形，处于“安定”状态。随着载荷的继续增大，卸载时的残余应力可能超过屈服强度而导致反向屈服，或者加载时的应力与残余应力之和也可能超过屈服强度，从而导致塑性变形的累积，于是容器就会丧失安定，出现渐增塑性变形。与安定和不安定的临界状态相对应的载荷变化范围称为安定载荷。

弹塑性失效认为只要载荷变化范围达到安定载荷，容器就失效。由于超过安定载荷后容器并不立即破坏，因而危险性较小。工程上一般取安定载荷的安全系数为1.0，即压力容器承受的最大载荷变化范围不大于安定载荷。

（5）疲劳失效设计准则

压力容器疲劳一般属于低周疲劳，循环次数一般在 10^5 次以下。低周疲劳时，每次循环中材料都将产生一定的塑性应变。根据试验研究和理论分析结果，可以得到虚拟应力幅与许用循环次数之间的关系曲线，即低周疲劳设计曲线。由容器应力集中部位的最大虚拟应力幅，按低周疲劳设计曲线可以确定许用循环次数，只要该循环次数不小于容器所需的循环次数，容器就不会发生疲劳失效，这就是疲劳失效设计准则。

此外，按照断裂力学理论可以建立另一种带裂纹的压力容器疲劳设计准则，即按照疲劳裂纹扩展与断

裂的规律对循环载荷作用下的容器作出安全评定。

（6）蠕变失效设计准则

将应力限制在由蠕变极限和持久强度确定的许用应力以内，便可防止容器在使用寿命内发生蠕变失效，这就是蠕变失效设计准则。

（7）脆性断裂失效设计准则

传统强度设计准则假设材料是无缺陷的均匀连续体，因而难以解释脆性断裂现象。脆性断裂属于断裂力学的研究领域。

断裂力学认为材料中存在缺陷，其目的是研究缺陷在载荷和环境作用下的破坏规律，建立缺陷几何参数、材料韧性和结构承载能力之间的定量关系。在压力容器中，断裂力学的应用主要分两类：一类是指导压力容器的选材和设计；另一类是在役压力容器的安全评定，按合乎使用的原则，判断含缺陷压力容器能否继续使用。

研究表明：压力容器是否发生脆性断裂主要取决于材料韧性、缺陷处的应力水平和缺陷的几何参数。因此，防止压力容器发生脆性破坏也应从这三个方面着手。

在材料方面，通常根据受压元件的厚度、应力水平、最低金属温度、载荷性质、介质对材料韧性的影响等因素，提出材料夏比V型缺口冲击吸收功或断裂韧性验收指标。对于相同材料，薄钢板或钢带的性能（特别是韧性）比厚钢板和大型锻件好，因而采用多层结构可以提高抗脆断性能。

在缺陷方面，一是尽量减少焊接接头；二是提高无损检测技术，使之能发现更小的缺陷，不但使缺陷存在的可能性减少，而且使缺陷的尺寸减小。

在设计方面，根据无损检测水平，假设压力容器高应力区存在裂纹，利用断裂力学方法进行裂纹安全性评估，确保容器不发生低应力脆性破坏。

① 破损安全设计　破损安全设计要求当假设裂纹存在时，结构还能承受工作载荷。这是容器裂纹容限的问题，即可以容忍多长多深的裂纹而不发生危险。ASME Ⅲ给出了核容器的防脆断设计方法。

② 未爆先漏设计　应力腐蚀、疲劳等失效过程，一般都是裂纹扩展到一定程度后才突然发生快速断裂。因而这种先爆后漏的失效方式具有很大的危险性。但是，如果材料有足够的韧性，在快速断裂发生前，裂纹已穿透器壁，导致泄漏发生，可避免突然发生快速断裂，减少损失。能够满足这种要求的设计，称为未爆先漏设计。ASME Ⅷ-3给出了压力在70MPa以上压力容器的未爆先漏设计方法。

需要指出，采用防脆断设计方法，并不意味着容器在制造时允许存在假设中所说的裂纹，而是指容器万一有裂纹时（漏检或在使用中产生）要确保不发生脆性断裂事故，其实质是要求材料在使用环境下必须有足够的断裂韧性。

4.2.3　刚度失效设计准则

在载荷作用下，要求构件的弹性位移和（或）转角不超过规定的数值。于是，刚度设计准则为

$$\begin{cases} w \leqslant [w] \\ \theta \leqslant [\theta] \end{cases} \tag{4-9}$$

式中　w——载荷作用下产生的位移；

$[w]$——许用位移；

θ——载荷作用下产生的转角；

$[\theta]$——许用转角。

4.2.4　屈曲失效设计准则

压力容器设计中，应防止屈曲发生。例如，仅受均布外压的圆筒，外压应小于周向临界压力；由弯矩或弯矩和压力共同引起的轴向压缩，压应力应小于轴向临界应力。

4.2.5　泄漏失效设计准则

上述提及的强度、刚度和屈曲失效设计准则都是基于压力容器结构完整性范畴内的失效形式而选定的设计准则。而泄漏失效不仅是由于压力容器遭受机械性损伤，也是容器本身或附件连接部件失去密封功能发生的失效形式，它是直接引发设备燃烧、爆炸、中毒和环境污染等事故的必要条件。

对于泄漏，常用紧密性（tightness）这一概念来比较或评价密封的有效性。紧密性用被密封流体在单位时间内通过泄漏通道的体积或质量，即泄漏率来表示。漏与不漏（或零泄漏）是相对于某种泄漏检测仪器的灵敏度范围而言的。不同的测量方法和仪器有不同的灵敏度范围。不漏的含义是指容器泄漏率小于所用泄漏检测仪器可以分辨的最低泄漏率。因此，泄漏只是一个相对的概念。

压力容器泄漏失效设计准则是指容器发生的泄漏率（L）不超过允许泄漏率（$[L]$），即 $L\leqslant[L]$。一般根据容器内介质的价值、对人员和设备的危害性以及环境保护的要求，确定允许泄漏率。介质危害性越大，环保要求越高，要求的紧密性等级越高，密封设计的要求也越严格。为评定密封件质量，美国压力容器研究委员会（PVRC）对螺栓法兰连接接头定义了五个级别的紧密性水平，即经济、标准、紧密、严密和极密，每级相差 10^{-2} 数量级。标准紧密度是指单位垫片直径（外直径 150mm）的质量泄漏率为 0.002mg/（s·mm）。

由于泄漏是一个受众多因素，包括安装、设计、制造和检验、运行和维护等影响的复杂问题，现有的设计规范中有关密封装置或连接部件的设计多数没有与泄漏发生定量的关系，而是用强度或（和）刚度失效设计准则替代泄漏失效设计准则，并结合使用经验，以满足设备接头的密封要求，如后面将要介绍的 Waters 的法兰设计方法。欧盟 EN 13445 容器设计规范，其附录 G 提供了一螺栓垫片圆形法兰的计算方法。该方法基于欧盟标准 EN 1591《法兰及其接头——带垫片的圆形法兰连接设计规则》，其由两部分构成，第一部分为计算方法；第二部分为垫片参数。该方法将泄漏失效设计准则作为法兰接头设计准则之一融入了规范，从结构的完整性（强度）和密封性，即从应力分析和密封分析两方面保证法兰组合件的使用和安全要求。

4.3　常规设计

4.3.1　概述

（1）设计思想

常规设计又称“按规则设计”，以区别于分析设计。常规设计只考虑单一的最大载荷工况，按一次施

加的静力载荷处理，不考虑交变载荷，也不区分短期载荷和永久载荷，因而不涉及容器的疲劳寿命问题。

在求解压力容器各受压元件应力时，主要采用材料力学及板壳理论，按最大拉应力准则来推导受压元件的强度尺寸计算公式。强度校核时，大部分场合将受压元件的应力强度限制在材料的许用应力以内；对于可能导致失稳的元件，则根据所计算出的临界压力并引入必要的稳定性安全系数，作为其许用外压力。

对结构不连续处的边缘应力，常规设计采用分析设计标准中的有关规定和思想，确定元件结构的某些相关尺寸范围，或借助于大量实践所积累的经验引入各种系数来限制。如在椭圆形封头和碟形封头厚度计算式中引入的形状系数。对于碟形封头，规定其过渡区的内半径 r 应不小于球冠区内半径的6%，以避免球冠区和过渡区曲率半径的突然改变而引起过大的边缘应力；对于不等厚的对接焊，当两板厚度之差超过一定值时，规定对厚板须按一定斜度进行削薄过渡处理等。

（2）弹性失效设计准则

压力容器材料的韧性较好，在弹性失效设计准则中，按理应采用式（4-4）或式（4-5）较为合理。但对于压力容器常用的内压薄壁回转壳体，在远离结构不连续处，周向应力、经向应力和径向应力为三个主应力，且与周向应力和经向应力相比，径向应力可以忽略不计，因此采用式（4-3）和式（4-4）所得到的结果相一致。

考虑到式（4-3）的形式简单，在一定条件下不至于引起大的误差，且使用得最早，有成熟的使用经验，所以不少国家的压力容器标准仍将该式作为设计准则。

对于承受内压的薄壁圆筒，由式（2-8）得，经向和周向薄膜应力为

$$\sigma_\varphi=\frac{pD}{4\delta}$$ [1]

$$\sigma_\theta=\frac{pD}{2\delta}$$

式中 D——圆筒中面直径，mm；

δ——计算厚度，mm。

显然，$\sigma_1=\sigma_\theta$，由式（4-3）得

$$\sigma_1=\sigma_\theta=\frac{pD}{2\delta}\leqslant[\sigma]^t$$

将 $D=\frac{K+1}{2}D_i$、$\delta=\frac{K-1}{2}D_i$（D_i系圆筒内直径）代入上式，经化简得

$$p\frac{K+1}{2(K-1)}\leqslant[\sigma]^t \tag{4-10}$$

取等号得径比K为

[1] 第2章应力分析中的厚度 t 是指实际厚度，与设计中需要确定的厚度并不是同一概念，为此用 δ 代替 t。

$$K=\frac{2[\sigma]^{\mathrm{t}}+p}{2[\sigma]^{\mathrm{t}}-p} \tag{4-11}$$

圆筒厚度计算式为

$$\delta=\frac{2pR_{\mathrm{i}}}{2[\sigma]^{\mathrm{t}}-p} \tag{4-12}$$

式（4-12）称为中径公式。

将第 2 章表 2-1 中仅受内压作用时，厚壁圆筒内壁面处的三向应力分量计算式代入弹性失效设计准则中的式（4-3）~式（4-5），可求得相应设计准则下的径比和圆筒厚度计算公式，结果汇总于表 4-2。当表 4-2 中的应力强度等于材料屈服强度 R_{eL} 时，所对应的压力为内壁初始屈服压力 p_{si}。$p_{\mathrm{si}}/R_{\mathrm{eL}}$ 代表圆筒的弹性承载能力，它和径比 K 的关系见图 4-1。

表 4-2　按弹性失效设计准则的内压厚壁圆筒强度计算式

设计准则	应力强度 $\sigma_{\mathrm{eq}i}$	筒体径比 K	筒体计算厚度 δ
最大拉应力准则	$p\dfrac{K^2+1}{K^2-1}$	$\sqrt{\dfrac{[\sigma]^{\mathrm{t}}+p}{[\sigma]^{\mathrm{t}}-p}}$	$R_i\left(\sqrt{\dfrac{[\sigma]^{\mathrm{t}}+p}{[\sigma]^{\mathrm{t}}-p}}-1\right)$
最大切应力准则	$p\dfrac{2K^2}{K^2-1}$	$\sqrt{\dfrac{[\sigma]^{\mathrm{t}}}{[\sigma]^{\mathrm{t}}-2p}}$	$R_i\left(\sqrt{\dfrac{[\sigma]^{\mathrm{t}}}{[\sigma]^{\mathrm{t}}-2p}}-1\right)$
形状改变比能准则	$p\dfrac{\sqrt{3}K^2}{K^2-1}$	$\sqrt{\dfrac{[\sigma]^{\mathrm{t}}}{[\sigma]^{\mathrm{t}}-\sqrt{3}p}}$	$R_i\left(\sqrt{\dfrac{[\sigma]^{\mathrm{t}}}{[\sigma]^{\mathrm{t}}-\sqrt{3}p}}-1\right)$
中径公式	$p\dfrac{K+1}{2(K-1)}$	$\dfrac{2[\sigma]^{\mathrm{t}}+p}{2[\sigma]^{\mathrm{t}}-p}$	$R_i\left(\dfrac{2p}{2[\sigma]^{\mathrm{t}}-p}\right)$

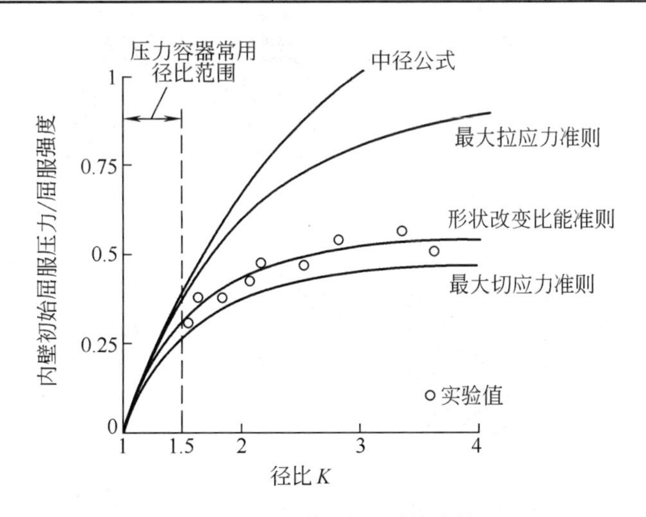

图 4-1　各种强度理论的比较

由图 4-1 可见：

ⅰ. 按形状改变比能屈服失效判据计算出的内壁初始屈服压力和实测值最为接近；

ⅱ. 在厚度较薄时即压力较低时，各种设计准则差别不大；

ⅲ. 在同一承载能力下，最大切应力准则计算出的厚度最厚，中径公式算出的厚度最薄。

4.3.2 圆筒设计

4.3.2.1 结构

圆柱形容器是最常见的一种压力容器结构形式，具有结构简单、易于制造、便于在内部装设附件等优点，被广泛用作反应器、换热器、分离器和中小容积储存容器。圆筒形容器的容积主要由圆柱形筒体（以下简称圆筒）提供。

圆筒可分为单层式和组合式两大类。单层式圆筒结构在第 1 章中已经作过介绍，其优点是结构简单。但厚壁单层式圆筒也存在一些问题，主要表现在：

ⅰ.除整体锻造式厚壁圆筒外，还不能完全避免较薄弱的深环焊缝和纵焊缝，焊接缺陷的检测和消除均较困难，且结构本身缺乏阻止裂纹快速扩展的能力；

ⅱ.大型锻件及厚钢板的性能不及薄钢板，不同方向力学性能差异较大，韧脆转变温度较高，发生低应力脆性破坏的可能性也较大；

ⅲ.加工设备要求高。

为此人们相继研制了多种组合式圆筒。常见的有以下几种。

（1）多层筒节包扎式

这是目前世界上使用最广泛、制造和使用经验最为丰富的组合式圆筒结构。筒节由厚度为 12～25mm 的内筒和厚度为 4～12mm 的多层层板两部分组成，筒节通过深环焊缝组焊成完整的圆筒，如图 4-2（a）所示。为了避免裂纹沿厚度方向扩展，各层板之间的纵焊缝应相互错开 75°。筒节的长度视钢板的宽度而定，层数则随所需的厚度而定。制造时，通过专用装置将层板逐层、同

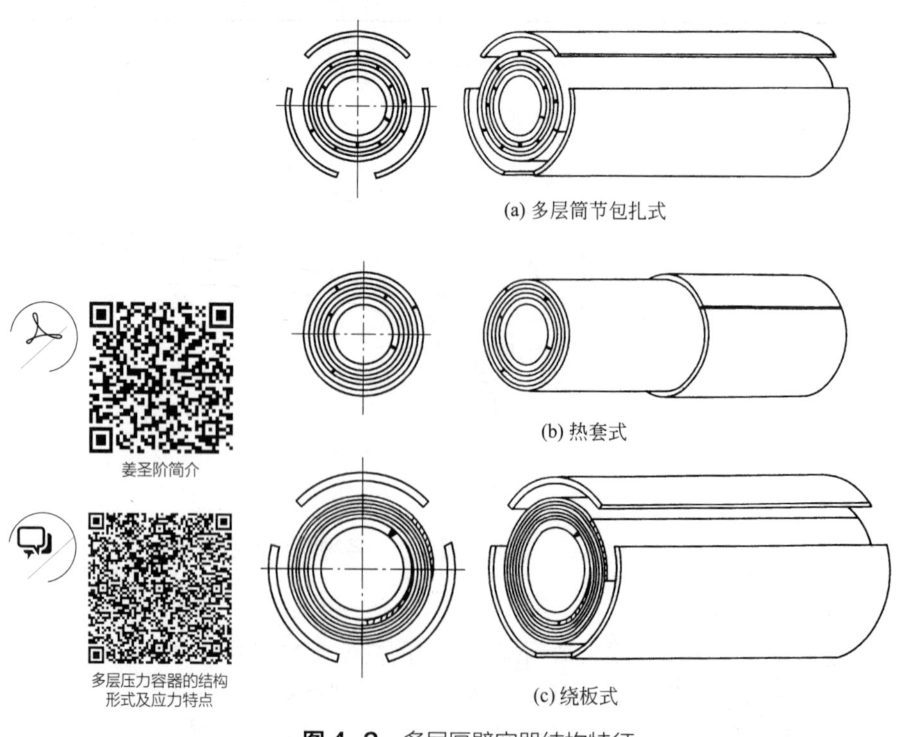

(a) 多层筒节包扎式

(b) 热套式

(c) 绕板式

图 4-2 多层厚壁容器结构特征

心地包扎在内筒上，并借纵焊缝的焊接收缩力使层板和内筒、层板与层板之间互相贴紧，产生一定的预紧力。每个筒节上均开有安全孔，这种小孔可使层间空隙中的气体在工作时因温度升高而排出；当内筒出现泄漏时，泄漏介质可通过小孔排出，起到报警作用。

多层筒节包扎式圆筒制造工艺简单，不需要大型复杂的加工设备；与单层式圆筒相比安全可靠性高，层板间隙具有阻止缺陷和裂纹向厚度方向扩展的能力，减少了脆性破坏的可能性，同时包扎预应力可有效改善圆筒的应力分布；对介质适应性强，可根据介质的特性选择合适的内筒材料。但多层筒节包扎式圆筒制造工序多、周期长、效率低、钢板材料利用率低（仅 60% 左右），尤其是筒节间对接的深环焊缝对容器的制造质量和安全有显著影响。这是因为：

ⅰ. 无损检测困难，环焊缝的两侧均有层板，无法使用超声检测，仅能依靠射线检测；

ⅱ. 焊缝部位存在很大的焊接残余应力，且焊缝晶粒易变得粗大而韧性下降，因而焊缝质量较难保证；

ⅲ. 环焊缝的坡口切削工作量大，且焊接复杂。

（2）热套式

热套式又称套合式，如图 4-2（b）所示，采用厚钢板（30mm 以上）卷焊成直径不同但可过盈配合的筒节，然后将外层筒节加热到计算的温度进行套合，冷却收缩后便得到紧密贴合的厚壁筒节。热套式圆筒需要有较准确的过盈量，对卷筒的精度要求很高，且套合时需选配套合。但即使有过盈量，套合时贴紧程度也不会很均匀。因此，在套合或组装成整体容器后，需再进行热处理以消除套合预应力及深环焊缝的焊接残余应力。热套式圆筒除了具有包扎式圆筒的大多数优点外，还具有工序少，周期短等优点。

（3）绕板式

绕板式圆筒由内筒、绕板层和外筒三部分组成，如图 4-2（c）所示。它是在多层筒节包扎式圆筒的基础上发展起来的，两者的内筒相同，所不同的是多层绕板式圆筒是在内筒外面连续缠绕若干层 3～5mm 厚的薄钢板而构成筒节，绕板层只有内外两道纵焊缝。为了使绕板开始端与终止端能与圆筒形成光滑连接，一般需要有楔形过渡段。外筒作为保护层，由两块半圆或三块“瓦片”制成。绕板式结构机械化程度高，制造效率高，材料的利用率也高（可达 90% 以上）。但由于薄卷板往往存在中间厚两边薄的现象，卷制后筒节两端会出现明显的累积间隙，影响产品的质量。

（4）多层整体包扎式

多层整体包扎式是一种错开环缝和采用液压夹钳逐层包扎的圆筒结构。它首先将内筒拼接到所需的长度，两端焊上法兰或封头，然后在整个长度上逐层包扎层板，待全长度上包扎好并焊完磨平后再包扎第二层，直至所需厚度。这种方法包扎时各层的环焊缝可以相互错开，另外每层层板的纵焊缝也错开一个较大角度，使整个圆筒上避免出现深环焊缝，如图 4-3 所示。圆筒与封头或法兰间的环焊缝改为一定角度的斜面焊缝，承载面积增大，具有高的可靠性。

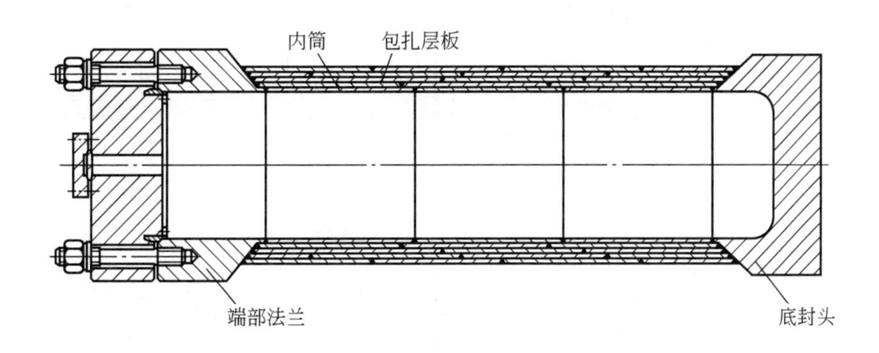

图 4-3 多层整体包扎式厚壁容器筒体

朱国辉简介

（5）绕带式

绕带式是一种以钢带缠绕在内筒外面获得所需厚度圆筒的方法，主要有型槽绕带式和钢带错绕式两种结构形式。

① 型槽绕带式　是用特制的型槽钢带螺旋缠绕在特制的内筒上，型槽钢带的端面形状见图 4-4（a），内筒外表面上预先加工有与钢带相啮合的螺旋状凹槽。缠绕时，钢带先经电加热，再进行螺旋缠绕，绕制后依次用空气和水进行冷却，使其收缩产生预紧力，可保证每层钢带贴紧；各层钢带之间靠凹槽和凸肩相互啮合［见图 4-4（b）］，缠绕层能承受一部分由内压引起的轴向力。这种结构的圆筒具有较高的安全性，机械化程度高，材料损耗少，且由于存在预紧力，在内压作用下，筒壁应力分布较均匀。但钢带需由钢厂专门轧制，尺寸公差要求严，技术要求高；为保证邻层钢带能相互啮合，需采用精度较高的专用缠绕机床。

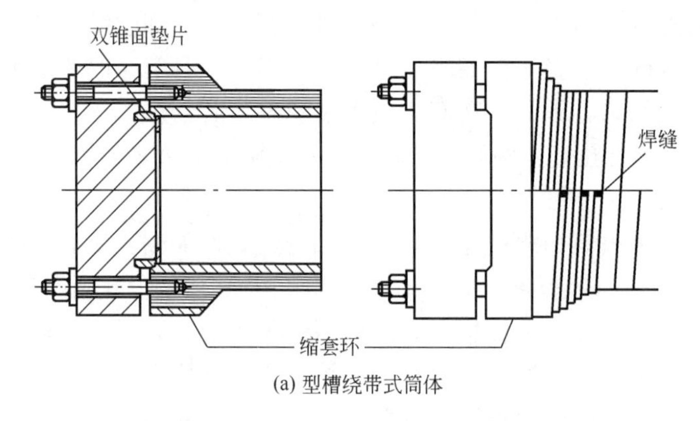

(a) 型槽绕带式筒体

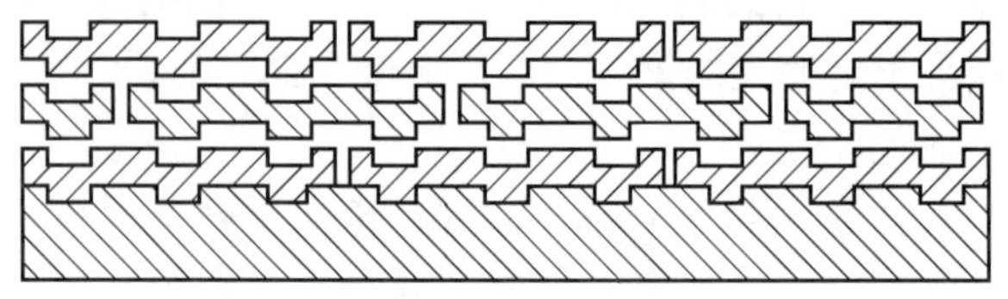

(b) 型槽钢带结构示意

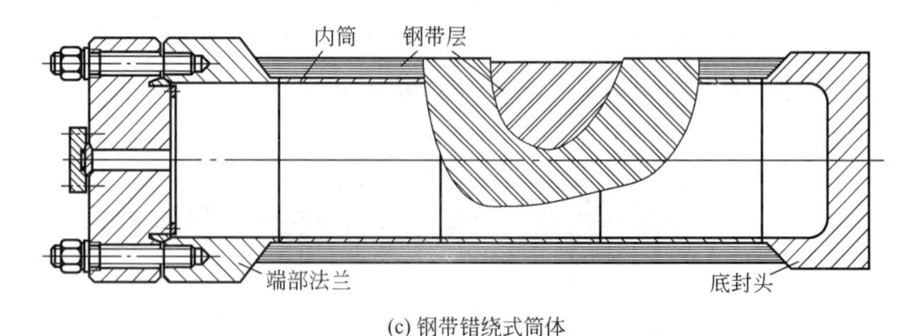

(c) 钢带错绕式筒体

图 4-4　多层绕带式厚壁容器结构形式

② 钢带错绕式　这是中国首创的一种新型绕带式圆筒，结构如图 4-4（c）所示。内筒厚度约占总厚度的 1/8～1/4，采用简单的“预应力冷绕”和“压棍预弯贴紧”技术，以相对于容器环向 15°～30° 倾角在薄内筒外交错缠绕扁平

钢带。钢带宽 80～160mm、厚 4～16mm，其始末两端分别与底封头和端部法兰相焊接。大量的试验研究和长期使用实践证明，与其他类型厚壁圆筒相比，钢带错绕式圆筒结构具有设计灵活、制造方便、可靠性高、在线安全监控容易等优点。

在过去的 50 多年中，中国已制造了大量钢带错绕式氨合成塔、水压机蓄能器、加氢站储氢罐等高压容器，最高设计压力 98MPa，取得了重大社会效益和经济效益。

4.3.2.2 内压圆筒的强度设计

（1）单层圆筒

承受内压圆筒计算厚度的计算可直接采用式（4-12），但式中压力 p 应采用计算压力 p_c，考虑焊接可能引起的强度削弱，$[\sigma]^t$ 应乘以焊接接头系数 ϕ，经化简后可得圆筒的厚度计算式

$$\delta=\frac{p_c D_i}{2[\sigma]^t\phi-p_c} \tag{4-13}$$

式中 δ——计算厚度，mm；

p_c——计算压力，MPa；

ϕ——焊接接头系数。

当已知圆筒尺寸 D_i、δ_n 或 δ_e，需对圆筒进行强度校核时，其应力强度判别按式（4-14）进行。

$$\sigma^t=\frac{p_c(D_i+\delta_e)}{2\delta_e}\leqslant[\sigma]^t\phi \tag{4-14}$$

式中 δ_e——有效厚度，$\delta_e=\delta_n-C$，mm；

δ_n——名义厚度，mm；

C——厚度附加量，mm；

σ^t——设计温度下圆筒的计算应力，MPa。

因此，圆筒的最大允许工作压力 $[p_w]$ 为

$$[p_w]=\frac{2\delta_e[\sigma]^t\phi}{D_i+\delta_e} \tag{4-15}$$

式中 $[p_w]$——圆筒的最大允许工作压力，MPa。

式（4-13）系由圆筒的薄膜应力按最大拉应力准则导出的，因而只能用于一定的厚度范围，如厚度过大，则由于实际应力情况与应力沿厚度均布的假设相差太大而不能使用。按照薄壳理论，它仅能在 $\delta/D\leqslant0.1$ 即 $K\leqslant1.2$ 范围内适用。但作为工程设计，由于采用了最大拉应力准则，且在确定许用应力时引入了材料设计系数，故可将其适用的厚度范围略加扩大，即扩大到在最大承压（液压试验）时圆筒内壁的应力强度在材料屈服强度以内。

如前所述，按形状改变比能屈服失效判据计算出的内压厚壁圆筒初始屈服压力与实测值较为吻合，因而与形状改变比能准则相对应的应力强度 σ_{eq4} 能较好地反映厚壁圆筒的实际应力水平。由表 4-2 知，σ_{eq4} 为

$$\sigma_{eq4}=\frac{\sqrt{3}K^2}{K^2-1}p_c$$

与中径公式相对应的应力强度σ_{eqm}为

$$\sigma_{eqm}=\frac{K+1}{2(K-1)}p_c$$

$\sigma_{eq4}/\sigma_{eqm}$随径比$K$的增大而增大。当$K$=1.5时，比值为

$$\sigma_{eq4}/\sigma_{eqm}\approx 1.25$$

这表明内壁实际应力强度是按中径公式计算的应力强度的1.25倍。TSG 21《固定式压力容器安全技术监察规程》规定，常规设计方法的$n_s\geqslant 1.5$、$n_b\geqslant 2.7$。考虑到厚壁压力容器用钢的屈强比大于0.58，许用应力主要取决于钢材的抗拉强度，相对于屈服强度的安全系数$n_s\geqslant 0.58\times 2.7=1.57$。在这种情况下，若圆筒径比不超过1.5，仍可按式（4-13）计算圆筒厚度。因为在液压试验（$p_T=1.25p$）时，圆筒内表面的实际应力强度最大为许用应力的1.25×1.25=1.56倍，说明圆筒内表面金属仍未达到屈服强度，处于弹性状态。

当K=1.5时，$\delta=D_i(K-1)/2=0.25D_i$，代入式（4-13）得

$$0.25D_i=\frac{p_cD_i}{2[\sigma]^t\phi-p_c}$$

即$p_c=0.4[\sigma]^t\phi$。这就是将式（4-13）的适用范围规定为$p_c\leqslant 0.4[\sigma]^t\phi$的依据所在。

对计算压力大于$0.4[\sigma]^t\phi$的单层厚壁圆筒，常采用塑性失效设计准则或爆破失效设计准则进行设计。

对于内压厚壁圆筒，与Mises屈服失效判据相对应的全屈服压力可按式（2-52）计算。将式（2-52）代入式（4-7），得

$$n_{so}p=\frac{2}{\sqrt{3}}R_{eL}\ln K$$

圆筒计算厚度为

$$\delta=R_i(K-1)=R_i\left(e^{\frac{\sqrt{3}n_{so}}{2R_{eL}}p}-1\right) \tag{4-16}$$

n_{so}的取值范围为2.0～2.2。ASME Ⅷ-3采用了式（4-16）。

当采用爆破失效设计准则时，常采用基于流变应力的爆破压力P_b计算公式

$$P_b=\frac{1}{\sqrt{3}}\left(R_m^t+R_{eL}^t\right)\ln K \tag{4-17}$$

式中 R_m^t——设计温度下材料的抗拉强度；

K——容器外径与内径之比。

按式（4-17）设计时，爆破安全系数应大于或等于2.2。GB/T 34019《超高压容器》采用了该设计方法。

（2）多层厚壁圆筒

多层厚壁圆筒在制造过程中，都施加了一定大小的预应力。在内压作用下，这些预应力将使圆筒内壁应力降低，外壁应力增加，厚度方向应力分布趋向于均匀，从而提高圆筒的弹性承载能力。但由于结构和制造上的原因，要定量地控制预应力的大小是困难的。例如，多层筒节包扎式圆筒的预应力主要是由焊缝冷却收缩所造成的，其大小在制造时不易控制。因为焊缝的宽度、数量、焊接温度、材料等因素都对预应力的大小有影响，层板间摩擦力的存在也会使焊缝收缩所产生的压力不能均匀地分布于整个圆筒表面上。绕带式圆筒的

预应力及其应力分布情况，在很大程度上取决于钢带缠绕的工艺过程及缠绕质量。为此设计计算时，往往偏于安全而不考虑预应力的影响，仅作强度储备之用。只有在压力很高时，才考虑预应力的作用。

热套式、多层筒节包扎式、绕板式、钢带错绕式圆筒的厚度计算方法与单层厚壁圆筒基本相同，即在计算压力不超过 0.4 $[\sigma]^t\phi$ 时，按式（4-13）计算。不同之处是许用应力用组合许用应力代替。多层圆筒的组合许用应力 $[\sigma]^t\phi$ 为

$$[\sigma]^t\phi=\frac{\delta_i}{\delta_n}[\sigma_i]^t\phi_i+\frac{\delta_o}{\delta_n}[\sigma_o]^t\phi_o \tag{4-18}$$

式中 δ_i——多层圆筒内筒的名义厚度，mm；

δ_o——多层圆筒层板或钢带层总厚度，mm；

$[\sigma_i]^t$——设计温度下多层圆筒内筒材料的许用应力，MPa；

$[\sigma_o]^t$——设计温度下多层圆筒层板或带层材料的许用应力，对钢带错绕式筒体，应乘以同层钢带间隙引起的削弱系数 0.98，MPa；

ϕ_i——多层圆筒内筒的焊接接头系数，一般取 ϕ_i=1.0；

ϕ_o——多层圆筒层板层或带层的焊接接头系数取 ϕ_o=1.0。

圆筒除了承受由压力引起的应力外，当容器在较高温度操作时，还将不可避免地承受较大的热应力，按理在圆筒设计时应考虑热应力的影响。但由于热壁容器大都采取了良好的保温设施，且在使用过程中，一般均严格控制其加热和冷却速度，以降低热应力。因而，热应力一般不会影响圆筒的强度，所以在常规设计中不对圆筒的热应力进行校核计算。

4.3.2.3 设计技术参数的确定

压力容器设计技术参数主要有设计压力、设计温度、厚度及其附加量、焊接接头系数和许用应力等。

（1）设计压力

设计压力系指设定的容器顶部的最高压力，它与相应的设计温度一起作为设计载荷条件，其值不得低于工作压力。而工作压力系指容器在正常工作过程中顶部可能产生的最高压力。设计压力应视内压或外压容器分别取值。

当内压容器上装有安全泄放装置时，其设计压力应根据不同形式的安全泄放装置确定。装设安全阀的容器，考虑到安全阀开启动作的滞后，容器不能及时泄压，设计压力不应低于安全阀的整定压力，通常可取最高工作压力的 1.05～1.10 倍；装设爆破片时，设计压力不得低于爆破片的设计爆破压力。

对于盛装液化气体的容器，由于容器内介质压力为液化气体的饱和蒸气压，在规定的装量系数范围内，与体积无关，仅取决于温度的变化，故设计压力与周围的大气环境温度密切相关。此外，还要考虑容器外壁是否有保冷设施，可靠的保冷设施能有效地保证容器内温度不受大气环境温度的影响，即设计压力应根据工作条件下可能达到的最高金属温度确定。

计算压力是指在相应设计温度下，用以确定元件最危险截面厚度的压力，其中包括液柱静压力。通常情况下，计算压力等于设计压力加上液柱静压力。当元件所承受的液柱静压力小于 5% 设计压力时，可忽略不计。

（2）设计温度

设计温度也为压力容器的设计载荷条件之一，它是指容器在正常工作情况下，设定的元件的金属温度（沿元件金属截面的温度平均值）。当元件金属温度不低于 0℃时，设计温度不得低于元件金属可能达到的最高温度；当元件金属温度低于 0℃时，其值不得高于元件金属可能达到的最低温度。GB/T 150.3 规

定设计温度低于 -20℃的碳素钢和低合金钢制容器，以及设计温度低于 -196℃的奥氏体型钢材制容器属于低温容器。元件的金属温度可以通过传热计算或实测得到，也可按内部介质的最高（最低）温度确定，或在此基准上增加（或减少）一定数值。

设计温度与设计压力存在对应关系。当压力容器具有不同的操作工况时，应按最苛刻的压力与温度的组合设定容器的设计条件，而不能按其在不同工况下各自的最苛刻条件确定设计温度和设计压力。

（3）厚度及厚度附加量

式（4-13）所给出的厚度为计算厚度，并未包括厚度附加量。设计时要考虑的厚度附加量 C 由钢材的厚度负偏差 C_1 和腐蚀裕量 C_2 组成，即 $C=C_1+C_2$，不包括加工减薄量 C_3。加工减薄量一般根据具体制造工艺和板材的实际厚度，由制造厂而并非由设计人员确定。因此，出厂时的实际厚度可能和图样厚度不完全一致。

计算厚度（δ）是按有关公式采用计算压力得到的厚度。必要时还应计入其他载荷对厚度的影响。

设计厚度（δ_d）系计算厚度与腐蚀裕量之和。

名义厚度（δ_n）指设计厚度加上钢材厚度负偏差后向上圆整至钢材标准规格的厚度，即标注在图样上的厚度。

有效厚度（δ_e）为名义厚度减去腐蚀裕量和钢材负偏差。

成形后厚度指制造厂考虑加工减薄量并按钢板厚度规格第二次向上圆整得到的坯板厚度，再减去实际加工减薄量后的厚度，也为出厂时容器的实际厚度。一般情况下，只要成形后厚度大于设计厚度就可满足强度要求。

对于压力较低的容器，按强度公式计算出来的厚度很薄，往往会给制造和运输、吊装带来困难，为此对壳体元件规定了不包括腐蚀裕量的最小厚度 δ_{min}。对碳素钢、低合金钢制的容器，δ_{min} 不小于 3mm；对高合金钢制的容器，δ_{min} 不小于 2mm。

各种厚度间的关系见图 4-5。

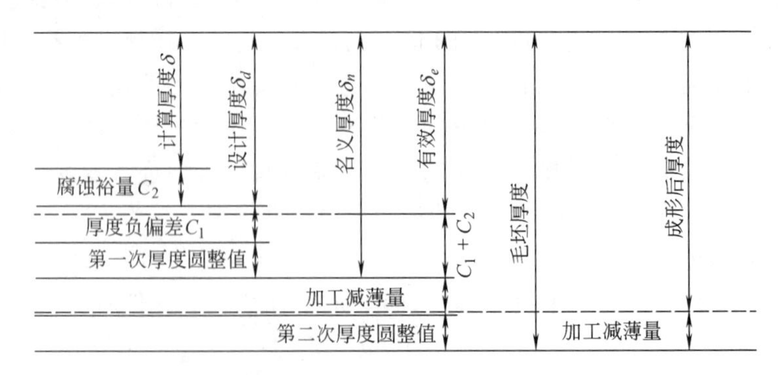

图 4-5 厚度关系示意图

钢板或钢管厚度负偏差 C_1 应按相应钢材标准的规定选取。按 GB/T 709《热轧钢板和钢带的尺寸、外形、重量及允许偏差》的规定，热轧钢板按厚度偏差可分为N、A、B、C四个类别，其中N类正偏差与负偏差相等；A类按公称厚度规定负偏差；B类固定负偏差为0.3mm；C类固定负偏差为零，按公称厚度规定正偏差。普通单轧钢板厚度允许偏差应符合N类的规定。厚度负偏差不仅与钢板厚度有关，还随着钢板宽度的变化有所不同，如同样是10mm的热轧钢板，当钢板宽度为1500～2500mm时，允许负偏差为−0.65mm；当钢板宽度为2500～4000mm时，允许负偏差为−0.80mm；当钢板宽度大于4000mm时，允许负偏差达到−0.90mm。同时，根据需方要求也可以供应厚度偏差类别为A、B、C类的单轧钢板。GB/T 713《锅炉和压力容器用钢板》和GB/T 3531《低温压力容器用钢板》中列举的压力容器专用钢板的厚度负偏差按GB/T 709中的B类要求，即Q245R、Q345R和16MnDR等压力容器常用钢板的负偏差均为−0.30mm。

腐蚀裕量主要是防止容器受压元件由于均匀腐蚀、机械磨损而导致厚度削弱减薄。与腐蚀介质直接接触的筒体、封头、接管等受压元件，均应考虑材料的腐蚀裕量。腐蚀裕量一般可根据钢材在介质中的均匀腐蚀速率和容器的设计寿命确定。在无特殊腐蚀情况下，对于碳素钢和低合金钢，C_2不小于1mm；对于不锈钢，当介质的腐蚀性极微时，可取C_2=0。

但腐蚀裕量只对防止发生均匀腐蚀破坏有意义；对于应力腐蚀、氢脆和缝隙腐蚀等非均匀腐蚀，用增加腐蚀裕量的办法来防止腐蚀效果不佳，此时应着重于选择耐腐蚀材料或进行适当的防腐蚀处理。

（4）焊接接头系数

通过焊接制成的容器，焊缝中可能存在夹渣、未熔透、裂纹、气孔等焊接缺陷，且在焊缝的热影响区很容易形成粗大晶粒而使母材强度或塑性有所降低，因此焊缝往往成为容器强度比较薄弱的环节。为弥补焊缝对容器整体强度的削弱，在强度计算中需引入焊接接头系数。焊接接头系数表示焊缝金属与母材强度的比值，反映容器强度受削弱的程度。

影响焊接接头系数大小的因素较多，但主要与焊接接头形式和焊缝无损检测的要求及长度比例有关。中国钢制压力容器的焊接接头系数可按表4-3选取。

表4-3 钢制压力容器的焊接接头系数ϕ值

焊接接头形式	无损检测比例	ϕ值	焊接接头形式	无损检测比例	ϕ值
双面焊对接接头和相当于双面焊的全熔透对接接头	100%	1.00	单面焊对接接头（沿焊缝根部全长有紧贴基本金属的垫板）	100%	0.90
	局部	0.85		局部	0.80

（5）许用应力

许用应力是容器壳体、封头等受压元件的材料许用强度，取材料强度失效判据的极限值与相应的安全系数之比。压力容器安全系数是中国一个约定俗成的特有名词。它并不代表压力容器的安全性，只是针对塑性垮塌、蠕变等特定失效模式给出安全裕度，称为“确定材料许用应力的系数或者材料设计系数”更为确切。设计时必须合理地选择材料的许用应力，采用过小的许用应力，会使设计的部件过分笨重而浪费材料，反之则使部件过于单薄而容易破损。

材料强度失效判据的极限值可以用各种不同的方式表示，如屈服强度R_{eL}（或$R_{p0.2}$、$R_{p1.0}$）、抗拉强度R_m、持久强度R_D、蠕变极限R_n等。应根据失效类型来确定极限值。

在蠕变温度以下，通常取材料常温下标准抗拉强度下限值R_m、常温或设计温度下的标准屈服强度R_{eL}或R_{eL}^t三者除以各自的安全系数后所得到的最小值，作为压力容器受压元件设计时的许用应力，即按下式取值

$$[\sigma]=\min\left\{\frac{R_m}{n_b},\frac{R_{eL}}{n_s},\frac{R_{eL}^t}{n_s}\right\} \tag{4-19}$$

也就是说在设计受压元件时，以抗拉强度和屈服强度同时来控制许用应力。因为对韧性材料制造的容器，按弹性失效设计准则，容器总体部位的最大应力强度应低于材料的屈服强度，故许用应力应以屈服强度为基准。目前在压力容器设计中，不少规范同时用抗拉强度作为计算许用应力的基准，其目的是在一定程度上防止断裂失效。

当碳素钢或低合金钢的设计温度超过420℃，铬钼合金钢设计温度高于450℃，奥氏体不锈钢设计温度高于550℃时，有可能产生蠕变，因而必须同时考虑基于高温蠕变极限 R_n^t 或持久强度 R_D^t 的许用应力，即

$$[\sigma]^t=\frac{R_D^t}{n_D} \quad \text{或} \quad [\sigma]^t=\frac{R_n^t}{n_n} \tag{4-20}$$

安全系数是一个强度“保险”系数，主要是为了保证受压元件强度有足够的安全储备量，其大小与应力计算的精确性、材料性能的均匀性、载荷的确切程度、制造工艺和使用管理的先进性以及检验水平等因素有着密切关系。安全系数数值的确定，不仅需要一定的理论分析，更需要长期实践经验积累。近年来，随着生产的发展和科学研究的深入，对压力容器设计、制造、检验和使用的认识日益全面、深刻，安全系数也逐步降低。以常规设计为例，20世纪50年代中国取 $n_b \geqslant 4.0$，$n_s \geqslant 3.0$，90年代为 $n_b \geqslant 3.0$，$n_s \geqslant 1.6$（或1.5），而现在则降为 $n_b \geqslant 2.7$，$n_s \geqslant 1.5$。

GB/T 150.2给出了钢板、钢管、锻件以及螺栓材料在设计温度下的许用应力值，同时也列出了确定钢材许用应力的依据，表4-4所示为钢材（除螺栓材料外）许用应力的确定依据。如果引用标准允许采用 $R_{p1.0}^t$，则可以用 $R_{p1.0}^t$ 代替 $R_{p0.2}^t$。设计计算时许用应力可直接从许用应力表（详见附录D）中查得，也可按表4-4规定求得，但须注意钢板许用应力往往随钢板厚度增加或温度升高而降低。螺栓的许用应力应依据材料的不同状态和直径大小而定。为保证螺栓法兰连接结构的密封性，须严格控制螺栓的弹性变形。一般情况下，螺栓材料的许用应力取值比其他受压元件材料低；同时为防止小直径螺栓在安装时断裂，小直径螺栓的许用应力也比大直径的低。

表4-4 钢制压力容器用材料许用应力的取值方法

材料	许用应力（取下列各值中的最小值）/MPa
碳素钢、低合金钢	$\frac{R_m}{2.7}$，$\frac{R_{eL}}{1.5}$，$\frac{R_{eL}^t}{1.5}$，$\frac{R_D^t}{1.5}$，$\frac{R_n^t}{1.0}$
高合金钢	$\frac{R_m}{2.7}$，$\frac{R_{eL}(R_{p0.2})}{1.5}$，$\frac{R_{eL}^t(R_{p0.2}^t)}{1.5}$①，$\frac{R_D^t}{1.5}$，$\frac{R_n^t}{1.0}$

① 对奥氏体高合金钢制受压元件，当设计温度低于蠕变范围，且允许有微量的永久变形时，可适当提高许用应力至 $0.9R_{eL}^t(R_{0.2}^t)$，但不得超过 $\frac{R_{eL}(R_{p0.2})}{1.5}$。此规定不适用于法兰或其他有微量永久变形就产生泄漏或故障的场合。

例 4-1

某内压圆柱形筒体，其设计压力 p=0.4MPa，设计温度 t=70℃，圆筒内径 D_i=1000mm，总高 3000mm，盛装液体介质，介质密度 ρ=1000kg/m^3，圆筒材料为 Q345R，腐蚀裕量 C_2 取 2mm，焊接接头系数 ϕ=0.85。已知设计温度下 Q345R 的许用应力，在厚度为 6～16mm 时，$[\sigma]^t$=189MPa；厚度为 16～36mm 时，$[\sigma]^t$=185MPa。试求该筒体厚度。

解 （1）根据设计压力和液柱静压力确定计算压力

液柱静压力为 0.03MPa，已大于设计压力的 5%，故应计入计算压力中，则 p_c=p+0.03=0.43MPa。

（2）设计厚度

假设材料的许用应力 $[\sigma]^t$=189MPa（厚度为 6～16mm 时）。筒体计算厚度按式（4-13）计算

$$\delta=\frac{p_c D_i}{2[\sigma]^t\phi-p_c}=\frac{0.43\times1000}{2\times189\times0.85-0.43}=1.34(\text{mm})$$

设计厚度 δ_d=δ+C_2=1.34+2=3.34（mm）。

对 Q345R，钢板负偏差 C_1=0.3mm，因而可取名义厚度 δ_n=4mm。但对低合金钢制的容器，规定不包括腐蚀裕量的最小厚度应不小于 3mm，若加上 2mm 的腐蚀裕量，名义厚度至少应取 5mm。由钢材标准规格，名义厚度取为 6mm。

（3）检查

δ_n=6mm，$[\sigma]^t$ 没有变化，故取名义厚度 6mm 合适。

4.3.2.4 外压圆筒设计

由壳体稳定性分析可知，为计算筒体的许用外压力，首先必须假设圆筒的名义厚度 δ_n，计算有效厚度 δ_e，求出临界长度 L_{cr}，将圆筒的外压计算长度 L 与 L_{cr} 进行比较，判断圆筒属于长圆筒还是短圆筒；然后根据圆筒类型，选用相应公式计算临界压力 p_{cr}；再选取合适的稳定性安全系数 m，计算许用外压 $[p]=\frac{p_{cr}}{m}$，比较设计压力 p 和 $[p]$ 的大小。若 p 小于等于 $[p]$ 且较为接近，则假设的名义厚度 δ_n 符合要求；否则应重新假设 δ_n，重复以上步骤，直到满足要求为止。上述过程即为用解析法求取外压容器许用压力的设计步骤，是一个反复试算的过程，因而比较烦琐。为避免解析法设计的不足，各国设计规范均推荐采用图算法。下面介绍外压圆筒及带加强圈圆筒图算法的原理及工程设计方法。

4.3.2.4.1 图算法的原理

假设圆筒仅受径向均匀外压，而不受轴向外压，与圆环一样处于单向（周向）应力状态。从工程设计角度，将式（2-77）中的中面直径 D、厚度 t 相应改为外径 D_o、有效厚度 δ_e，可得长圆筒临界压力

$$p_{cr}=2.2E\left(\frac{\delta_e}{D_o}\right)^3$$

而短圆筒临界压力按美国海军水槽公式计算

$$p_{cr}=2.6E\frac{\left(\frac{\delta_e}{D_o}\right)^{2.5}}{\frac{L}{D_o}-0.45\left(\frac{\delta_e}{D_o}\right)^{0.5}}$$

圆筒在 p_{cr} 作用下，产生的周向应力为

$$\sigma_{cr}=\frac{p_{cr}D_o}{2\delta_e}$$

为避开材料的弹性模量 E（因其在塑性状态时为变量），采用应变表征失稳时的特征。不论长圆筒或短圆筒，失稳时的周向应变（按单向应力时的胡克定律）为

$$\varepsilon_{cr}=\frac{\sigma_{cr}}{E}=\frac{p_{cr}D_o}{2E\delta_e} \tag{4-21}$$

将长、短圆筒的 p_{cr} 公式分别代入上式中，得

长圆筒
$$\varepsilon_{cr}=\frac{1.1}{\left(\frac{D_o}{\delta_e}\right)^2} \tag{4-22}$$

短圆筒
$$\varepsilon_{cr}=\frac{1.3}{\left[\frac{L}{D_o}-0.45\left(\frac{D_o}{\delta_e}\right)^{-0.5}\right]\left(\frac{D_o}{\delta_e}\right)^{1.5}} \tag{4-23}$$

由式（4-22）和式（4-23）可见，失稳时周向应变仅与筒体结构特征参数 L/D_o、D_o/δ_e 有关，因而可以用如下函数式表示

$$\varepsilon_{cr}=f(L/D_o,\ D_o/\delta_e) \tag{4-24}$$

对于径向受均匀外压以及径向和轴向受相同外压的圆筒，令外压应变系数 $A=\varepsilon_{cr}$，并将式（4-22）和式（4-23）以A作为横坐标，L/D_o作为纵坐标，D_o/δ_e作为参量绘成曲线，如图4-6所示。在图4-6曲线中与纵坐标平行的直线簇表示长圆筒，失稳时外压应变系数A与L/D_o无关；图下方的斜平行线簇表示短圆筒，失稳时外压应变系数A与L/D_o、D_o/δ_e都有关。因该图与材料的弹性模量E无关，所以对任何材料的圆筒都适用。

若已知 L/D_o 和 D_o/δ_e 值，即可用图 4-6 找出失稳时的外压应变系数 A。对于不同材料的外压圆筒，还需找出 A 与 p_{cr} 的关系，才能判定圆筒在操作外压力下是否安全。

对于临界压力 p_{cr}，引入稳定性安全系数 m 而得许用外压力［p］，故 $p_{cr}=m[p]$。将此关系代入式（4-21）整理得

$$\varepsilon_{cr}=\frac{m[p]D_o}{2E\delta_e}$$

即
$$\frac{D_o[p]}{\delta_e}=\frac{2}{m}E\varepsilon_{cr}$$

令 $B=\frac{[p]\ D_o}{\delta_e}$，GB/T 150 和 ASME Ⅷ -1 均取圆筒的稳定性安全系数 m=3。将 B 和 m 代入上式可得

$$B=\frac{2}{3}E\varepsilon_{cr}=\frac{2}{3}\sigma_{cr} \tag{4-25}$$

B为外压应力系数（MPa），B和A一起反映了材料应力-应变关系。在弹性范围内，钢的弹性模量E为常数，将纵坐标应力按2/3比例缩小后，就得到B与A的关系。若圆筒失稳时发生塑性变形，工程上通常采用正切弹性模量，即应力-应

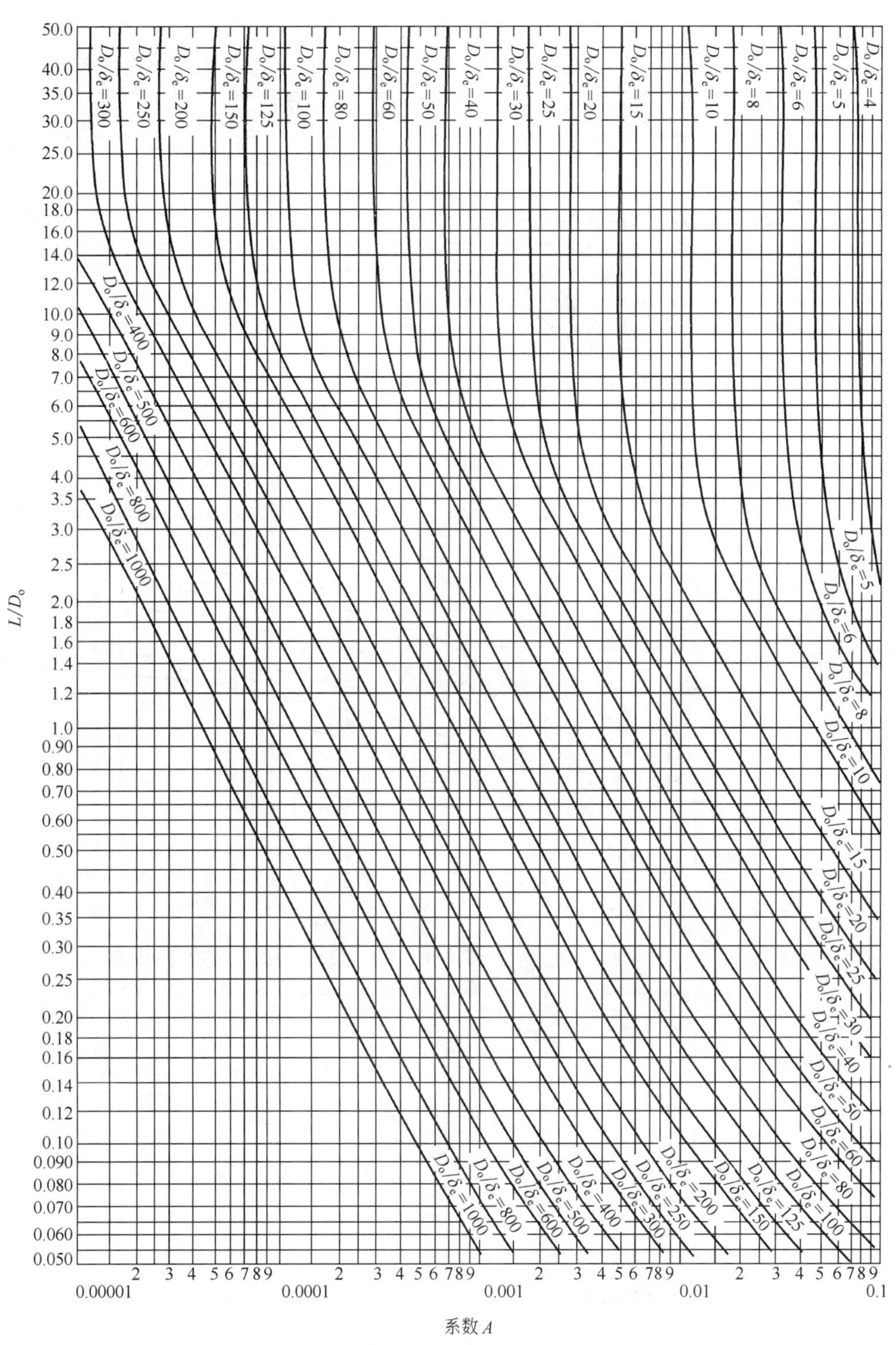

图 4-6 外压应变系数 A 曲线（适用于所有材料）

变曲线上任一点的斜率 $E_t = \mathrm{d}\sigma/\mathrm{d}\varepsilon$，其值随圆筒所处的应力水平而异，此时$B$与$A$关系曲线的绘制步骤参见文献［52］第99和第100页。图4-7～图4-9为几种常用钢材的外压应力系数B曲线。因为同种材料在不同温度下的应力-应变曲线不同，所以图中绘出了不同温度的曲线。显然，不同材料有不同的外压应力系数B曲线。

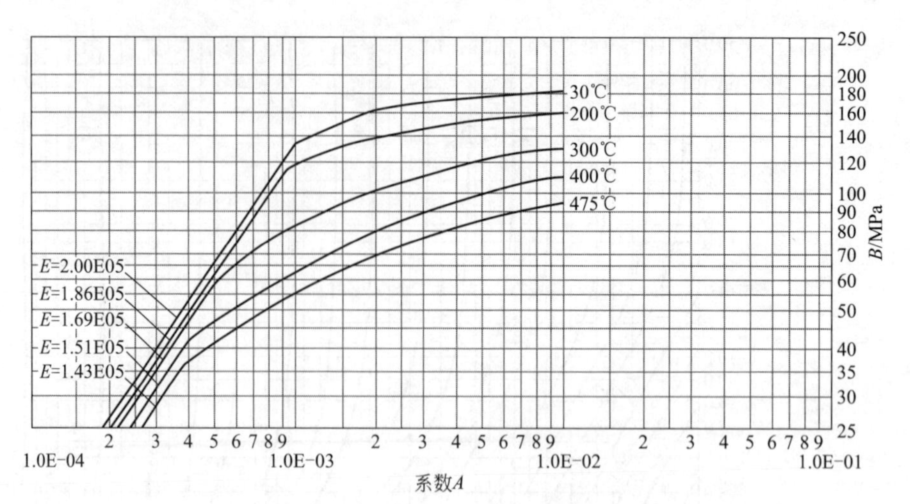

图 4-7 Q345R 外压应力系数 B 曲线

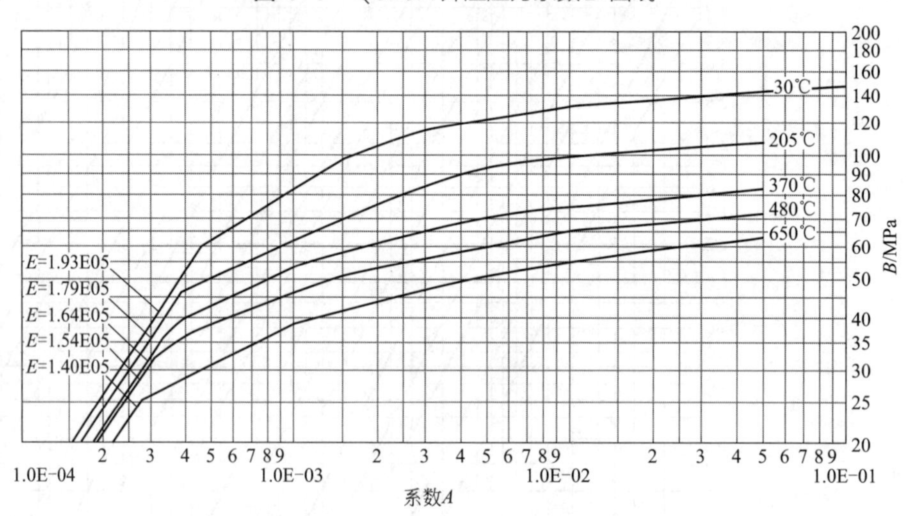

图 4-8 S30408 外压应力系数 B 曲线

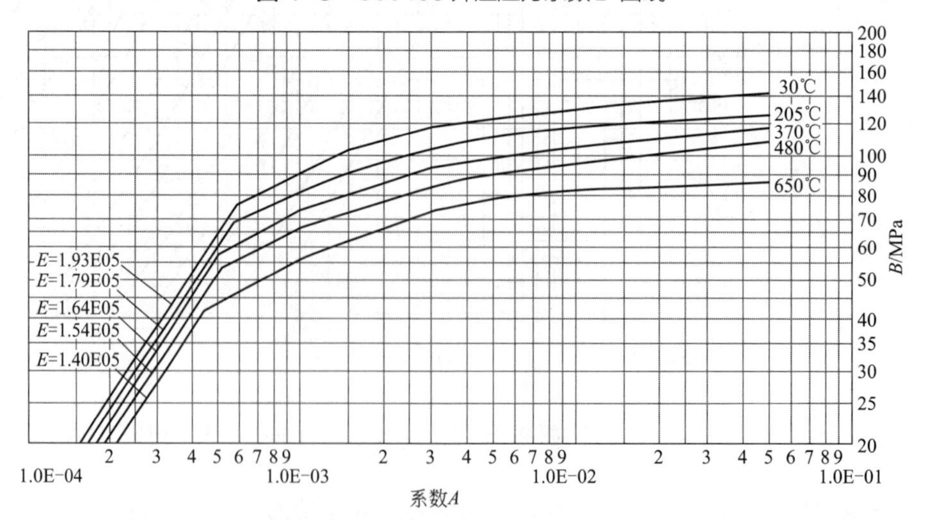

图 4-9 S31608 外压应力系数 B 曲线

外压应力系数 B 曲线图中的直线部分表示材料处于弹性，属于弹性失稳，此时 B 与 A 成正比，为节省篇幅，图 4-7～图 4-9 曲线中弹性范围仅作出一小部分。由 A 查 B 时，若相应温度下的 B 与 A 关系曲线相交不到，则表明筒体属于弹性失稳，可由 $B=2EA/3$ 求取 B。

4.3.2.4.2 工程设计方法

工程设计中，根据 D_o/δ_e 值大小，将外压圆筒划分为厚壁圆筒和薄壁圆筒。薄壁圆筒的外压计算仅考虑失稳问题，而厚壁圆筒则要同时考虑失稳和强度失效。关于厚壁圆筒和薄壁圆筒的界限，GB/T 150.3 按 D_o/δ_e=20 作为界限进行划分，即 D_o/δ_e<20 时为厚壁圆筒，D_o/δ_e≥20 时为薄壁圆筒；而 ASME Ⅷ-1 和日本等国家的标准则以 D_o/δ_e=10 为界限。下面按 GB/T 150.3 的规定介绍外压圆筒的图算法设计步骤。

（1）薄壁圆筒

对于 D_o/δ_e≥20 的薄壁圆筒，仅需进行稳定性校核。

ⅰ. 假设名义厚度 δ_n，令 $\delta_e=\delta_n-C$，计算出 L/D_o 和 D_o/δ_e；

ⅱ. 以 L/D_o、D_o/δ_e 值由图 4-6 查取 A 值，若 L/D_o 值大于 50，则用 L/D_o=50 查取 A 值；

ⅲ. 根据圆筒材料选用相应的外压应力系数 B 曲线（图 4-7～图 4-9），在图的横坐标上找出系数 A 值。在该 A 值和设计温度（遇中间温度用内插法）下求取相应的 B 值，见图 4-10 中标记①。然后按式（4-26）计算许用外压力［p］

$$[p]=\frac{B}{D_o/\delta_e} \tag{4-26}$$

若所得 A 值落在设计温度下材料线的左方，见图 4-10 中标记②，则用式（4-27）计算许用外压力［p］

$$[p]=\frac{2AE}{3(D_o/\delta_e)} \tag{4-27}$$

ⅳ. 比较计算外压力 p_c 与许用外压力［p］，若 p_c≤［p］且较接近，则假设的名义厚度 δ_n 合理，否则应再假设名义厚度，重复上述步骤直到满足要求为止。

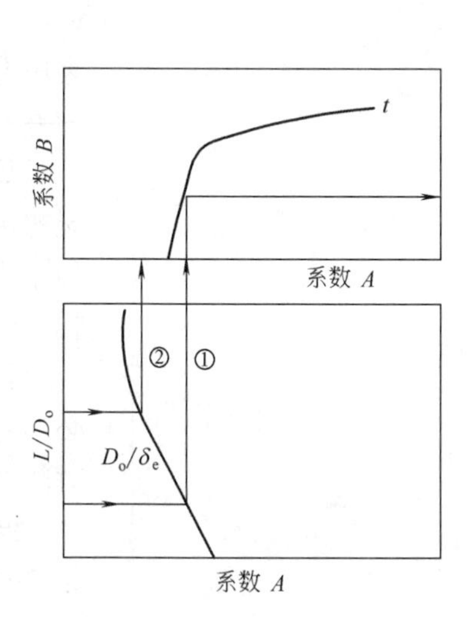

图 4-10 图算法求解过程

（2）厚壁圆筒

对于 D_o/δ_e<20 的厚壁圆筒，求取 B 值的计算步骤同 D_o/δ_e≥20 的薄壁圆筒；但对 D_o/δ_e<4.0 的圆筒，应按式（4-28）求 A 值

$$A=\frac{1.1}{(D_o/\delta_e)^2} \tag{4-28}$$

为满足稳定性，厚壁圆筒的许用外压力应不低于式（4-29）的计算值

$$[p]=\left(\frac{2.25}{D_o/\delta_e}-0.0625\right)B \tag{4-29}$$

为满足强度，厚壁圆筒的许用外压力应不低于式（4-30）的计算值

$$[p]=\frac{2\sigma_o}{D_o/\delta_e}\left(1-\frac{1}{D_o/\delta_e}\right) \tag{4-30}$$

式中　σ_o——应力，$\sigma_o=\min\{\sigma_o=2[\sigma]^t$，$\sigma_o=0.9R_{eL}^t$ 或 $\sigma_o=0.9R_{p0.2}^t\}$，MPa。

为防止圆筒的失稳和强度失效，厚壁圆筒的许用外压力必须取式（4-29）和式（4-30）中的较小值。

（3）圆筒轴向许用压应力的确定

设圆筒最大许用压应力 $[\sigma]_{cr}=B$，求系数 B 步骤如下。

ⅰ.假设 δ_n，令 $\delta_e=\delta_n-C$，按式（4-31）计算系数 A

$$A=\frac{0.094}{R_i/\delta_e} \tag{4-31}$$

ⅱ.选用相应材料的外压应力系数曲线查取 B，此 B 值即为 $[\sigma]_{cr}$。若 A 值落在设计温度下材料线的左方，则表明圆筒属于弹性失稳，可直接由式（4-32）计算

$$B=\frac{2}{3}EA \tag{4-32}$$

（4）有关设计参数的规定

外压容器的设计参数主要有设计压力、稳定性安全系数和外压计算长度等。

① 设计压力　承受外压的容器设计压力定义与内压容器相同，但取值方法不同。确定外压容器设计压力时，应考虑在正常工作情况下可能出现的最大内外压力差。真空容器的设计压力按承受外压考虑；当装有安全控制装置（如真空泄放阀）时，设计压力取 1.25 倍最大内外压力差或 0.1MPa 两者中的较小值；当无安全控制装置时，取 0.1MPa。对于带夹套的容器应考虑可能出现最大压力差的危险工况，如内容器突然泄压而夹套内仍有压力时所产生的最大压力差。

② 稳定性安全系数　由于长、短圆筒的临界压力计算公式，是按理想的无初始不圆度求得的。实际上，圆筒在经历成型、焊接或焊后热处理后存在各种原始缺陷，如几何形状和尺寸的偏差、材料性能不均匀性等，都会直接影响临界压力计算值的准确性；加上受载可能不完全对称，因而根据线性小挠度理论得到的临界压力与试验结果有一定误差。为此，在计算许用设计外压力时，必须考虑一定的稳定性安全系数 m。按 GB/T 150.3 规定，对圆筒，m 取 3.0；对球壳和成形封头，m 取 15。

但在稳定性安全系数 m 取 3 的同时，对外压圆筒的形状偏差还有特殊要求。如 GB/T 150.4 规定，受外压及真空的圆筒在同一断面一定弦长范围内，实际形状与真正圆形之间的正负偏差不得超过一定值，具体规定可参见文献［2］。

③ 外压计算长度　外压圆筒的计算长度系指圆筒外部或内部两相邻刚性构件之间的最大距离，通常封头、法兰、加强圈等均可视为刚性构件。图 4-11 为外压计算长度取法示意图。对于椭圆形封头和碟形封头，应计入直边段以及封头曲面深度的 1/3，这是由于这两种封头与圆筒对接时，在外压作用下，封头的过渡区产生环向拉应力，因此在过渡区不存在外压失稳问题，所以可将该部位视作圆筒的一个顶端。对于带无折边锥壳的容器，则应视锥壳与圆筒连接处的惯性矩大小区别对待：若连接处的截面有足够的惯性矩，不致在圆筒失稳时也出现失稳现象，则量到锥壳和筒体间的焊缝为止［图 4-11(b)］；否则应量到加强圈为止［图 4-11(c)］。而对于带有折边锥壳的容器，还应计入直边段和折边部分的深度。对于带夹套的圆筒，则取承受外压的圆筒长度，对于圆筒部分有加强圈（或可作为加强的构件）时，则取相邻加强圈中心线间的最大距离。

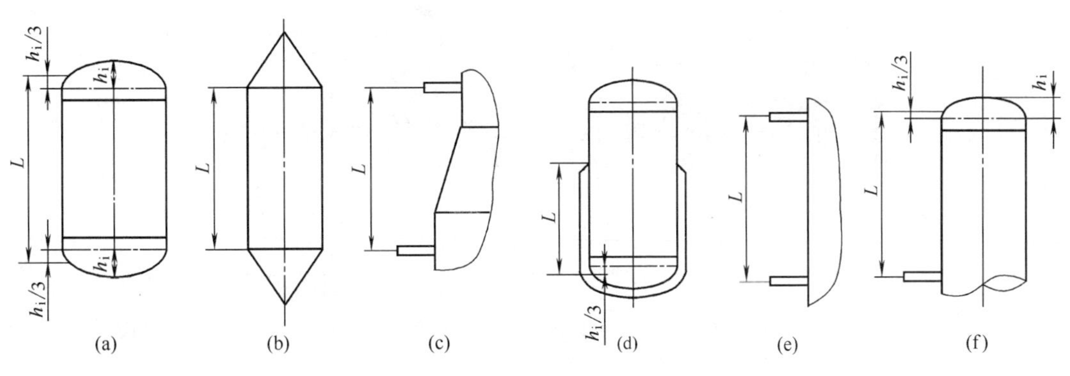

图 4-11 外压圆筒的计算长度

（5）加强圈的设计计算

通过第 2 章分析可知，在外压圆筒上设置加强圈，将长圆筒转化为短圆筒，可以有效地减小圆筒厚度、提高圆筒稳定性。加强圈设计主要是确定加强圈的间距、截面尺寸及结构设计，以保证有足够的稳定性。

① 加强圈的间距　在外压圆筒上设置加强圈，必须使其属于短圆筒才有实际作用。当圆筒的 δ_e/D_o 已知，且计算外压 p_c 值给定时，可由短圆筒许用外压力计算公式（2-83）导出加强圈的最大间距，即

$$L_{max}=\frac{2.6ED_o}{mp_c(D_o/\delta_e)^{2.5}} \tag{4-33}$$

由式（4-33）可知，加强圈数量增多，L_{max} 值减小，则圆筒厚度可减薄；反之，圆筒厚度须增加。

② 加强圈截面尺寸的确定　图 4-12 中，将加强圈当作受压圆环，视每个加强圈承受两侧 $L_s/2$ 范围内的载荷，因而其临界载荷可按圆环失稳公式计算，即

$$\bar{p}_{cr}=\frac{24EI}{D_s^3} \tag{4-34}$$

式中　$\bar{p}_{cr}$——加强圈单位周长上的临界压力，N/mm；

I——加强圈截面对其中性轴的惯性矩，mm^4；

D_s——加强圈中性轴的直径，mm。

因加强圈间距为 L_s，假设圆筒本身无刚性，作用在加强圈中心线两侧范围内圆筒上的临界压力 p_{cr}，全部作用在加强圈上，则每个加强圈单位周长所承受的 $\bar{p}_{cr}$ 公式为

$$\bar{p}_{cr}=\frac{p_{cr}L_s\pi D_s}{\pi D_s}=p_{cr}L_s$$

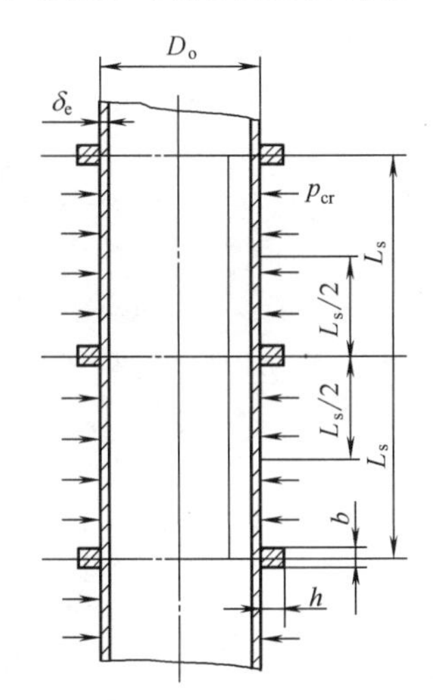

图 4-12 每个加强圈所承受的载荷

将上式代入式（4-34），取 $D_o\approx D_s$，则

$$\bar{p}_{cr}=p_{cr}L_s=\frac{24EI}{D_o^3}$$

或

$$I=\frac{p_{cr}L_sD_o^3}{24E} \tag{4-35}$$

将式（4-35）变换为

$$I=\frac{p_{cr}D_o}{2\delta_e}\frac{\delta_e L_s D_o^2}{12E}$$

并以$\sigma_{cr}=\dfrac{p_{cr}D_o}{2\delta_e}$和$A=\varepsilon_{cr}=\dfrac{\sigma_{cr}}{E}=\dfrac{p_{cr}D_o}{2\delta_e E}$代入上式，得

$$I=\frac{\delta_e L_s D_o^2}{12E}\sigma_{cr}=\frac{\delta_e L_s D_o^2}{12}A \tag{4-36}$$

式（4-36）是假设外压力全部由加强圈承担的情况，实际上加强圈和圆筒共同承受外压力，应计算其组合惯性矩。对图 4-12 等间距设置加强圈的圆筒，可将其视作厚度为δ_y的当量圆筒，此当量厚度为

$$\delta_y=\delta_e+\frac{A_s}{L_s} \tag{4-37}$$

式中 δ_y——当量厚度，mm；

A_s——单个加强圈的截面积，mm^2；

L_s——加强圈的间距，mm。

用δ_y代替式（4-36）中δ_e，并考虑到加强圈和圆筒连接大多采用间断焊，因而增加 10% 的惯性矩以提高稳定性裕度，即将式（4-36）乘以 1.1，得到保持稳定时加强圈和圆筒组合段所需的最小惯性矩

$$I=\frac{D_o^2 L_s(\delta_e+A_s/L_s)}{10.9}A \tag{4-38}$$

和前面介绍的圆筒稳定性计算相比，求解A的过程刚好和假定圆筒厚度求其许用外压力的过程相反。在加强圈设计时，通常是已知加强圈欲承受的外压力p_c，而求解其所需惯性矩。因此先假设加强圈的个数与间距L_s（$L_s \leqslant L_{max}$），然后选择加强圈尺寸（可按型钢规格），计算或由手册查得A_s。并计算加强圈与当量圆筒实际所具有的组合惯性矩I_s；同时，根据已知的p_c、D_o和选择的δ_e、L_s，按下式计算当量圆筒周向失稳时的B值，即

$$B=\frac{p_c D_o}{\delta_y}=\frac{p_c D_o}{\delta_e+A_s/L_s} \tag{4-39}$$

然后按相应材料的外压应力系数曲线，由B值查取A值（若查图时无交点，则按$A=\dfrac{3B}{2E}$计算），再把查得的A值代入式（4-38）中，即可求得所需的最小惯性矩I。比较I_s和I，若I_s大于并接近I，则满足要求，否则应重新选择加强圈尺寸，重复上述计算，直至满足要求为止。

③ 加强圈与圆筒的连接结构　加强圈常用扁钢、角钢、工字钢或其他型钢制成，可以设置在容器的内部或外部，其材料多为碳素钢。当圆筒材料为不锈钢等贵重金属时，在圆筒外部设置碳素钢加强圈，可以节省贵重金属。

加强圈与圆筒连接可采用连续的或间断的焊接，其焊接结构如图 4-13 所示。当加强圈设置在容器外面时，加强圈每侧间断焊接的总长，应不小于圆筒外圆周长的 1/2；当加强圈设置在容器里面时，焊接总长应不小于圆筒内圆周长的 1/3。加强圈两侧的间断焊缝可以错开或并排布置，但焊缝之间的最大间隙对外加强圈为$8\delta_n$，对内加强圈为$12\delta_n$（δ_n为圆筒的名义厚度）。

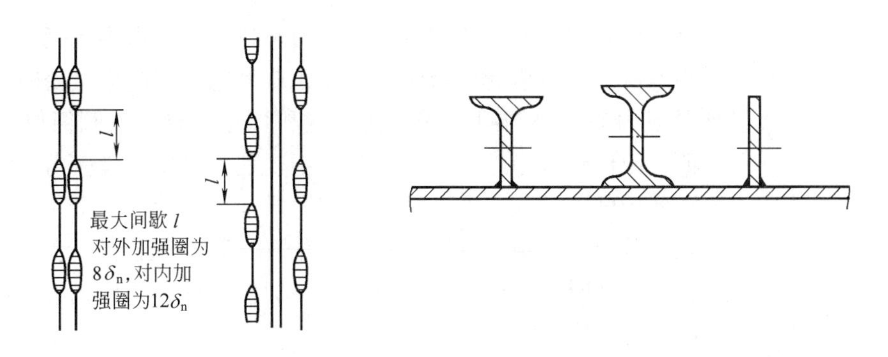

图 4-13 加强圈与圆筒的连接

为保证圆筒与加强圈的加强作用，加强圈应整圈围绕在圆筒的圆周上，而不许任意削弱或割断。对设置在内部的加强圈，若由于工艺需要开设排液孔、排气孔，使加强圈局部有所削弱或割断，则削弱或割断的弧长不得大于图 4-14 所给定的值。

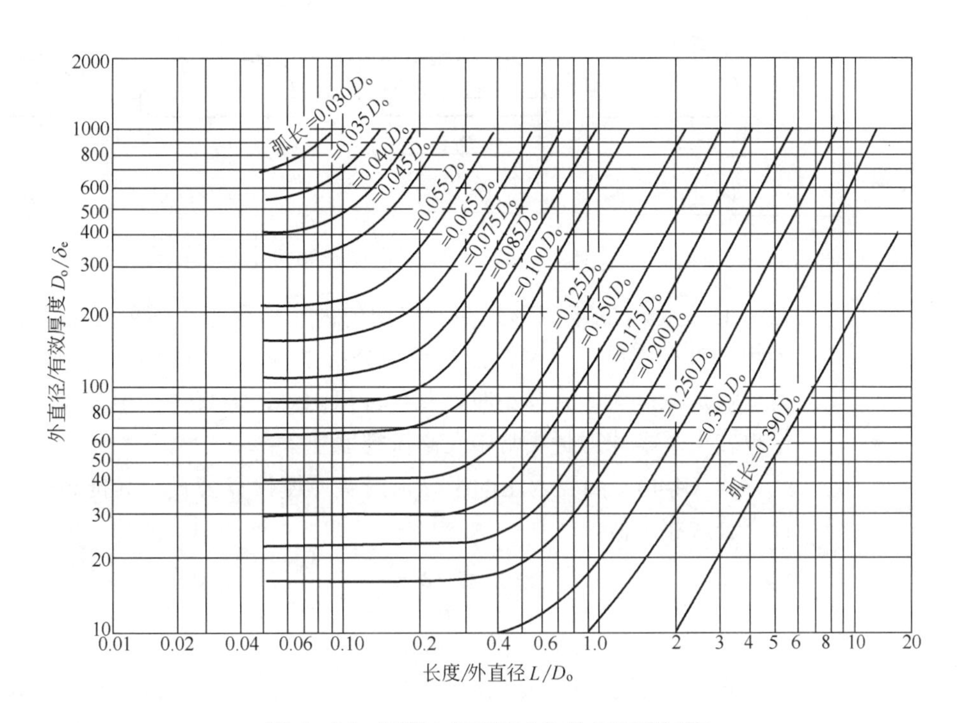

图 4-14 圆筒上加强圈允许的间断弧长值

带加强圈外压圆筒有三种失效形式，即加强圈与圆筒同时失稳、加强圈两侧的圆筒失稳和加强圈本身失稳。当加强圈两侧的圆筒失稳时，为使加强圈承受外压引起的径向压缩载荷，加强圈与圆筒间的焊接接头应能承受单位长度上的径向载荷 p_cL_s；当加强圈本身失稳时，横力弯曲将引起剪力，焊接接头必须能承受剪力 $0.01p_cL_sD_o$ 引起的切应力。根据上述要求，可确定焊缝的尺寸。

4.3.3 封头设计

压力容器封头的种类较多，分为凸形封头、锥壳、变径段、平盖及紧缩口等，其中凸形封头包括半球形封头、椭圆形封头、碟形封头和球冠形封头。采用什么样的封头要根据工艺条件的要求、制造的难易程度和材料的消耗等情况来决定。

对受均匀内压封头的强度计算，由于封头和圆筒相连接，因而不仅需要考虑封头本身因内压引起的薄膜应力，还要考虑与圆筒连接处的不连续应力。连接处总应力的大小与封头的几何形状和尺寸，封头与圆筒厚度的比值大小有关。但在导出封头厚度设计公式时，主要利用内压薄膜应力作为依据，而将因不连续效应产生的应力增强影响以应力增强系数的形式引入厚度计算式中。应力增强系数由有力矩理论解析导出，并辅以实验修正。

封头设计时，一般应优先选用封头标准中推荐的形式与参数，然后根据受压情况进行强度或稳定性计算，确定合适的厚度。

4.3.3.1 凸形封头

（1）半球形封头

半球形封头为半个球壳，如图 4-15（a）所示。

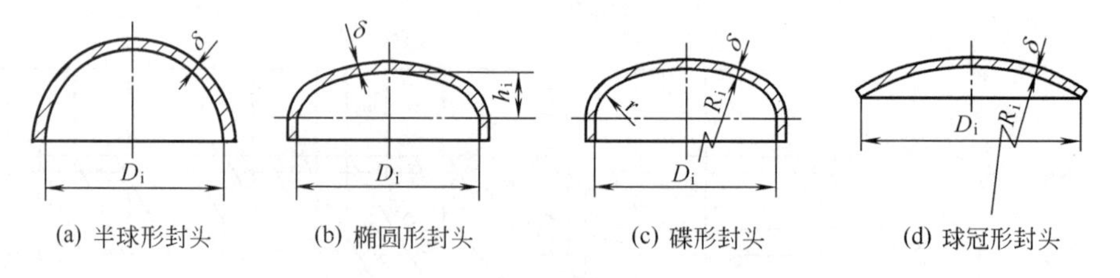

图 4-15 常见容器凸形封头的形式

① 受内压的半球形封头 在均匀内压作用下，薄壁球形容器的薄膜应力为相同直径圆筒的一半，故从受力分析来看，球形封头是最理想的结构形式。但缺点是深度大，直径小时，整体冲压困难，大直径采用分瓣冲压其拼焊工作量也较大。半球形封头常用在高压容器上。

式（4-40）为受内压的半球形封头厚度计算公式，其推导过程与圆筒厚度计算公式相类似。

$$\delta=\frac{p_c D_i}{4[\sigma]^t\phi-p_c} \tag{4-40}$$

式中 D_i——球壳的内直径，mm。

同时为满足弹性要求，将式（4-40）的适用范围限于 $p_c \leqslant 0.6\ [\sigma]^t\phi$，相当于 $K \leqslant 1.33$。

② 受外压的半球形封头 同外压圆筒，受外压的半球形封头（或外压球壳）在工程上广泛采用图算法。球壳临界压力计算公式（2-86）是按小挠度弹性屈曲理论得到的，计算值远高于实测值。工程上，常采用基于非线性大挠度理论并修正的球壳临界压力计算公式

$$p_{cr}=0.25E(\delta_e/R_o)^2$$

引入稳定性安全系数，取$m=3$，可得球壳的许用外压力为

$$[p]=\frac{p_{cr}}{3}=\frac{0.0833E}{(R_o/\delta_e)^2} \tag{4-41}$$

令 $B=\dfrac{[p]R_o}{\delta_e}$，根据 $B=\dfrac{2}{3}EA=\dfrac{[p]R_o}{\delta_e}$，得 $[p]=\dfrac{2EA}{3(R_o/\delta_e)}$ 。将 $[p]$ 代入

式（4-41）得

$$A = \frac{0.125}{R_o/\delta_e} \tag{4-42}$$

与外压圆筒一样，系数B可直接利用前面介绍的外压应力系数B曲线查取。由B和［p］的关系式得半球形封头的许用外压力为

$$[p] = \frac{B}{R_o/\delta_e} \tag{4-43}$$

用图算法设计半球形封头（或外压球壳）时，先假定名义厚度δ_n，令$\delta_e=\delta_n-C$，用式（4-42）计算出A，然后根据所用材料选用外压应力系数曲线，由A查取B，再按式（4-43）计算许用外压力［p］。如所得A值落在设计温度下材料线的左方，则直接用式（4-41）计算［p］。若［p］≥p_c且较接近，则该封头厚度合理，否则应重新假设δ_n，重复上述步骤，直到满足要求为止。

（2）椭圆形封头

椭圆形封头是由半个椭球面和短圆筒组成，如图4-15（b）所示。直边段的作用是避免封头和圆筒的连接焊缝处出现经向曲率半径突变，以改善焊缝的受力状况。由于封头的椭球部分经线曲率变化平滑连续，故应力分布比较均匀，且椭圆形封头深度较半球形封头小得多，易于冲压成型，是目前中、低压容器中应用较多的封头之一。

① 受内压（凹面受压）的椭圆形封头　受内压椭圆形封头中的应力，包括由内压引起的薄膜应力和封头与圆筒连接处不连续应力。研究分析表明，在一定条件下，椭圆形封头中的最大应力和圆筒周向薄膜应力的比值，与椭圆形封头长轴与短轴之比a/b的值有关，见图4-16中虚线。由图可知，封头中最大应力的位置和大小均随a/b的改变而变化，故在a/b=1.0～2.6范围内，工程设计采用以下简化式近似代替该曲线

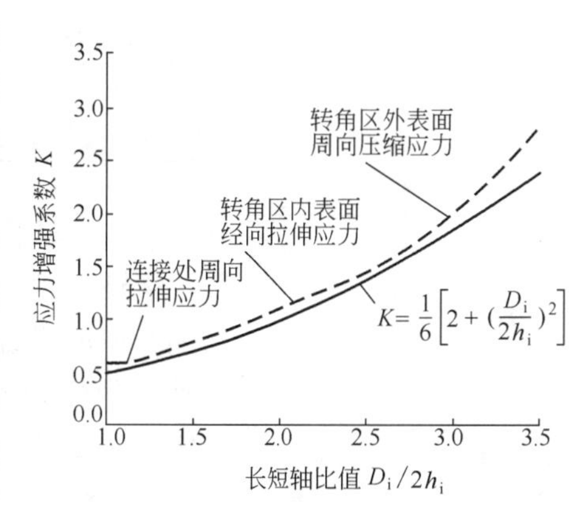

图4-16　椭圆形封头的应力增强系数

$$K = \frac{1}{6}\left[2 + \left(\frac{D_i}{2h_i}\right)^2\right] \tag{4-44}$$

K称为椭圆形封头形状系数或应力增强系数，即$\frac{封头上最大总应力}{圆筒上周向薄膜应力}=K$，相当于$\frac{封头上最大总应力}{球壳上薄膜应力}=2K$，因而，对于$\frac{a}{b}=1.0\sim2.6$的椭圆形封头，其最大总应力为与椭圆形封头等直径的半球形封头薄膜应力的$2K$倍。故其厚度计算式可以用直径为D_i的半球形封头厚度乘以$2K$而得，即

$$\delta = \frac{Kp_cD_i}{2[\sigma]^t\phi - 0.5p_c} \tag{4-45}$$

当$D_i/2h_i$=2时，为标准椭圆形封头，此时K=1，厚度计算式为

$$\delta = \frac{p_cD_i}{2[\sigma]^t\phi - 0.5p_c} \tag{4-46}$$

椭圆形封头的最大允许工作压力按下式确定

$$[p_w] = \frac{2[\sigma]^t\phi\delta_e}{KD_i + 0.5\delta_e} \tag{4-47}$$

按上面的计算式，从强度上避免了封头发生屈服。然而根据应力分析，承受内压的标准椭圆形封头在过渡转角区存在着较高的周向压应力，这样内压椭圆形封头虽然满足强度要求，但仍有可能发生周向皱褶而导致局部屈曲失效。特别是大直径、薄壁椭圆形封头，很容易在弹性范围内因屈曲而破坏。迄今为止，已对这一问题作了深入研究，提出了几种设计方法，但计算过程较为繁复。目前，工程上一般采用限制椭圆形封头最小厚度的方法，如GB/T 150.3规定 $D_i/(2h_i)\leqslant 2$ 的椭圆形封头的有效厚度应不小于封头内直径的0.15%，$D_i/(2h_i)>2$ 的椭圆形封头的有效厚度应不小于0.30%。有兴趣的读者可参阅文献［52］第111～第114页。

② 受外压（凸面受压）的椭圆形封头　其外压稳定性计算公式和图算法步骤同受外压的半球形封头，但公式及算图中的球面外半径 R_o 由椭圆形封头的当量球壳外半径 $R_o=K_1D_o$ 代替，K_1 值是由椭圆长短轴比值 $D_o/(2h_o)$（$h_o=h_i+\delta_n$）决定的系数，其值可由表4-5（遇中间值用内插法求得）查得。

表4-5　系数K_1

$D_o/2h_o$	2.6	2.4	2.2	2.0	1.8	1.6	1.4	1.2	1.0
K_1	1.18	1.08	0.99	0.90	0.81	0.73	0.65	0.57	0.50

（3）碟形封头

碟形封头是带折边的球面封头，由半径为 R_i 的球面体、半径为 r 的过渡环壳和短圆筒等三部分组成，如图4-15（c）所示。从几何形状看，碟形封头是一不连续曲面，在经线曲率半径突变的两个曲面连接处，由于曲率的较大变化而存在着较大边缘弯曲应力。该边缘弯曲应力与薄膜应力叠加，使该部位的应力远远高于其他部位，故受力状况不佳。但过渡环壳的存在降低了封头的深度，方便了成型加工，且压制碟形封头的钢模加工简单，使碟形封头的应用范围较为广泛。

① 受内压（凹面受压）碟形封头　由于存在较大的边缘应力，严格地讲受内压碟形封头的应力分析计算应采用有力矩理论，但其求解甚为复杂。对碟形封头的失效研究表明，在内压作用下，过渡环壳包括不连续应力在内的总应力总比中心球面部分的总应力大。过渡环壳的最大总应力和中心球面部分最大总应力之比可用 $\frac{r}{R_i}$ 的关系式表示为 $\frac{20r/R_i+3}{20r/R_i+1}$，如图4-17中虚线所示的曲线。据此，Marker导出球面部分最大总应力为基础的近似修正系数，可用下式表示

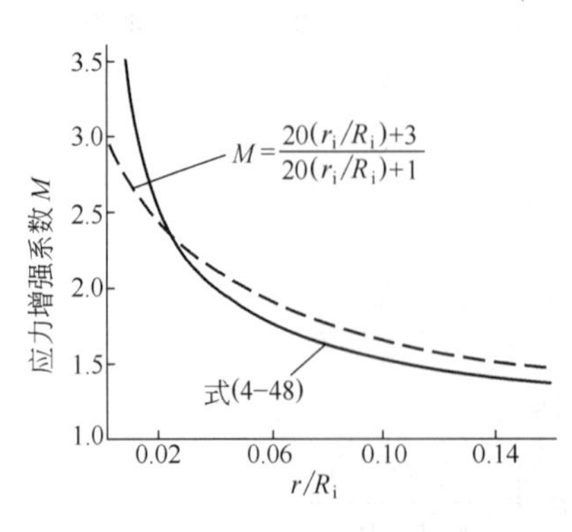

图4-17　碟形封头的应力增强系数

$$M=\frac{1}{4}\left(3+\sqrt{\frac{R_i}{r}}\right) \tag{4-48}$$

式中，M 称为碟形封头形状系数或应力增强系数，即碟形封头过渡区总应力为球面

部分应力的 M 倍，其值见图 4-17 中的实线。据此，由半球壳厚度计算式乘以 M 可得碟形封头的厚度计算式

$$\delta = \frac{Mp_c R_i}{2[\sigma]^t \phi - 0.5p_c} \tag{4-49}$$

承受内压碟形封头的最大允许工作压力按式（4-50）计算

$$[p_w] = \frac{2[\sigma]^t \phi \delta_e}{MR_i + 0.5\delta_e} \tag{4-50}$$

由图 4-17 可知，碟形封头的强度与过渡区半径 r 有关，r 过小，则封头应力过大。因而，将封头的形状限于 $r \geqslant 0.1D_i$，$r \geqslant 3\delta$，且 $R_i \leqslant D_i$。对于标准碟形封头，$R_i=1.0D_i$，$r=0.10D_i$。

与椭圆形封头相仿，内压作用下的碟形封头过渡区也存在着周向屈曲问题，为此 GB/T 150.3 规定，对于 $R_i/r \leqslant 5.5$ 的碟形封头，其有效厚度应不小于内直径的 0.15%，$R_i/r > 5.5$ 的碟形封头的有效厚度应不小于 0.30%。

② 受外压（凸面受压）碟形封头　在均匀外压作用下，碟形封头的过渡区承受拉应力，而球面部分是压应力，有发生屈曲的潜在危险，此时为防止封头屈曲的厚度计算仍可用半球形封头外压计算公式和图算法步骤，只是其中 R_o 用球面部分外半径代替。

（4）球冠形封头

碟形封头当 $r=0$ 时，即成为球冠形封头，它是部分球面与圆筒直接连接，如图 4-15（d）所示，因而结构简单、制造方便，常用作容器中两独立受压室的中间封头，也可用作端盖。由于球面与圆筒连接处没有转角过渡，所以在连接处附近的封头和圆筒上都存在相当大的不连续应力，其应力分布不甚合理。

承受内、外压的球冠形封头厚度计算方法可参阅文献［2］。

4.3.3.2 锥壳

轴对称锥壳可分为无折边锥壳和折边锥壳，如图 4-18 所示。由于结构不连续，锥壳的应力分布并不理想，但其特殊的结构形式有利于固体颗粒和悬浮或黏稠液体的排放，可作为不同直径圆筒的中间过渡段，因而在中、低压容器中使用较为普遍。

在结构设计时，对于锥壳大端，当锥壳半顶角 $\alpha \leqslant 30°$ 时，可以采用无折边结构［图 4-18(a)］；当 $\alpha > 30°$ 时，应采用带过渡段的折边结构［图 4-18(b)和(c)］，否则应按应力分析方法进行设计。大端折边锥壳的过渡段转角半径 r 应不小于封头大端内直径 D_i 的 10%，且不小于该过渡段厚度的 3 倍。对于锥

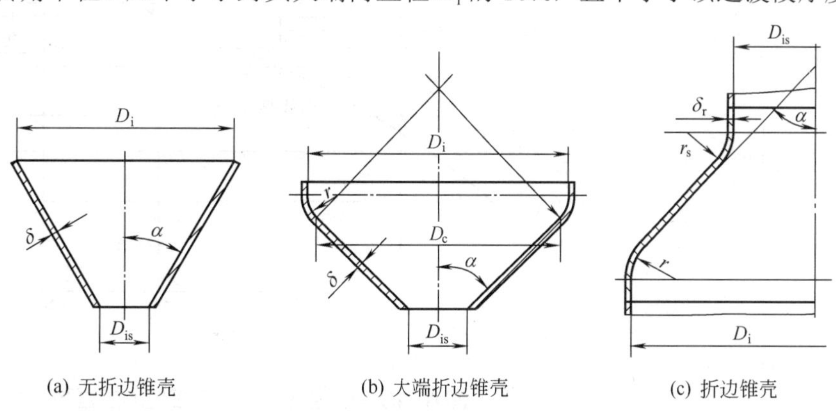

(a) 无折边锥壳　(b) 大端折边锥壳　(c) 折边锥壳

图 4-18　锥壳结构形式

壳小端，当锥壳半顶角 $\alpha \leqslant 45°$，可以采用无折边结构；当 $\alpha > 45°$ 时，应采用带过渡段的折边结构。小端折边锥壳的过渡段转角半径 r_s 应不小于封头小端内直径 D_{is} 的 5%，且不小于该过渡段厚度的 3 倍。

当锥壳半顶角 $\alpha > 60°$ 时，其厚度应按平盖计算，也可用应力分析方法确定。

锥壳的强度由锥壳部分内压引起的薄膜应力和锥壳两端与圆筒连接处的边缘应力决定。锥壳设计时，应分别计算锥壳厚度、锥壳大端和小端加强段厚度。若考虑只有一种厚度组成时，则取上述各部分厚度中的最大值。

（1）受内压无折边锥壳

① 锥壳厚度　按无力矩理论，最大薄膜应力为锥壳大端的周向应力 σ_θ，即

$$\sigma_\theta = \frac{p_c D}{2\delta_c \cos\alpha}$$

由最大拉应力准则，并取 $D=D_c+\delta_c\cos\alpha$，可得厚度计算式

$$\delta_c = \frac{p_c D_c}{2[\sigma]^t\phi - p_c}\frac{1}{\cos\alpha} \tag{4-51}$$

式中　D_c——锥壳计算内直径，mm；

δ_c——锥壳计算厚度，mm；

α——锥壳半顶角，（°）。

当锥壳由同一半顶角的几个不同厚度的锥壳段组成时，式中 D_c 分别为各锥壳段大端内直径。

② 锥壳大端　在锥壳大端与圆筒连接处，曲率半径发生突变，同时两壳体的经向内力不能完全平衡，锥壳将附加给圆柱壳边缘一横向推力。由于连接处的几何不连续和横向推力的存在，使两壳体连接边缘产生显著的边缘应力。因边缘应力具有自限性，可将最大应力限制在 $3[\sigma]^t$ 内。按此条件求得的 $p_c/([\sigma]^t\phi)$ 及 α 之间关系见图 4-19。

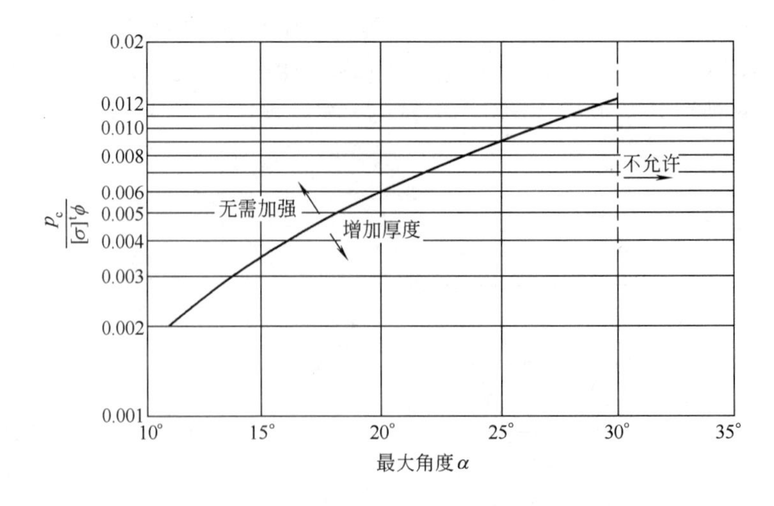

图 4-19　确定锥壳大端连接处的加强图

根据图 4-19，对于同一角度 α，当 $p_c/([\sigma]^t\phi)$ 小于某一值时，锥壳大端需要增加厚度；当 $p_c/([\sigma]^t\phi)$ 大于该值时，锥壳大端无需加强。这是因为，在 p_c 作用下，锥壳大端在连接处的最大边缘应力是经向弯曲应力，对厚度起控制作用。当 p_c 增大到一定程度后，连接处的几何不连续趋于缓和，经向弯曲应力下降反而不需要加强。若坐标点 $[p_c/([\sigma]^t\phi),\alpha]$ 位于图中曲线上方，则无需加强，厚度仍按式（4-51）计算；若坐标点 $[p_c/([\sigma]^t\phi),\alpha]$ 位于图中曲线下方，则需要增加厚度予以加强，应在锥壳与圆筒之间设置加强段，锥壳加强段与圆筒加强段应具有相同的厚度，其厚度按式（4-52）计算

$$\delta_r=\frac{Qp_cD_i}{2[\sigma]^t\phi-p_c} \tag{4-52}$$

式中 δ_r——锥壳及其相邻圆筒的加强段的计算厚度，mm；

D_i——锥壳大端内直径，mm；

Q——应力增强系数，由图 4-20 查取。

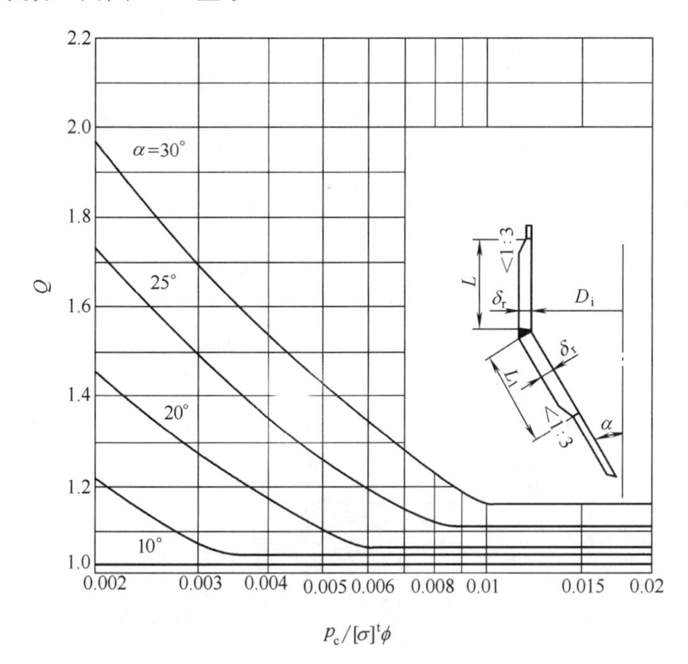

图 4-20 锥壳大端连接处的 Q 值

当 $\delta/R_L<0.002$（R_L 为锥壳大端直边段外半径）时，如果锥壳大端需要设置加强圈，其厚度应另外计算，具体计算方法参阅文献［2］。

在任何情况下，加强段的厚度不得小于相连接的锥壳厚度。锥壳加强段的长度 L_1 应不小于 $2\sqrt{0.5D_i\delta_r/\cos\alpha}$；圆筒加强段的长度 L 应不小于 $2\sqrt{0.5D_i\delta_r}$。

锥壳小端处的厚度计算方法与大端相类似，具体算法参见文献［2］。

（2）受内压折边锥壳

锥壳厚度仍按式（4-51）计算。

① 锥壳大端　其厚度按式（4-53）、式（4-54）计算，并取较大值。

锥壳大端过渡段的厚度类似椭圆形封头的计算公式，即

$$\delta=\frac{Kp_cD_i}{2[\sigma]^t\phi-0.5p_c} \tag{4-53}$$

式中，K 为系数，查表4-6（遇中间值时用内插法）。

与过渡段相接处的锥壳厚度按下式计算

$$\delta=\frac{fp_c D_i}{[\sigma]^t\phi-0.5p_c} \tag{4-54}$$

式中 f——系数，$f=\dfrac{1-\dfrac{2r}{D_i}(1-\cos\alpha)}{2\cos\alpha}$，其值列于表4-7（遇中间值时用内插法）；

r——折边锥壳大端过渡段转角半径，mm。

表4-6 系数K值

α	r/D_i					
	0.10	0.15	0.20	0.30	0.40	0.50
10°	0.6644	0.6111	0.5789	0.5403	0.5168	0.5000
20°	0.6956	0.6357	0.5986	0.5522	0.5223	0.5000
30°	0.7544	0.6819	0.6357	0.5749	0.5329	0.5000
35°	0.7980	0.7161	0.6629	0.5914	0.5407	0.5000
40°	0.8547	0.7604	0.6981	0.6127	0.5506	0.5000
45°	0.9253	0.8181	0.7440	0.6402	0.5635	0.5000
50°	1.0270	0.8944	0.8045	0.6765	0.5804	0.5000
55°	1.1608	0.9980	0.8859	0.7249	0.6028	0.5000
60°	1.3500	1.1433	1.0000	0.7923	0.6337	0.5000

表4-7 系数f值

α	r/D_i					
	0.10	0.15	0.20	0.30	0.40	0.50
10°	0.5062	0.5055	0.5047	0.5032	0.5017	0.5000
20°	0.5257	0.5225	0.5193	0.5128	0.5064	0.5000
30°	0.5619	0.5542	0.5465	0.5310	0.5155	0.5000
35°	0.5883	0.5573	0.5663	0.5442	0.5221	0.5000
40°	0.6222	0.6069	0.5916	0.5611	0.5305	0.5000
45°	0.6657	0.6450	0.6243	0.5828	0.5414	0.5000
50°	0.7223	0.6945	0.6668	0.6112	0.5556	0.5000
55°	0.7973	0.7602	0.7230	0.6486	0.5743	0.5000
60°	0.9000	0.8500	0.8000	0.7000	0.6000	0.5000

② 锥壳小端 应考虑锥壳半顶角$\alpha\leqslant45°$和$\alpha>45°$两种情况，计算原理同小端加强段的强度设计计算方法，具体算法参阅文献［2］。

（3）受外压锥壳

计算锥壳临界外压的理论公式相当复杂，为简化计算，工程上常根据半顶角α的大小，将外压锥壳近似为圆筒或平盖进行计算。当$\alpha\leqslant60°$时，按等效圆筒计算；当$\alpha>60°$时，则按平盖计算。

① 外压锥壳的计算 首先假设锥壳的名义厚度δ_{nc}，再计算锥壳的有效厚度

$\delta_{ec}=(\delta_{nc}-C)\cos\alpha$，然后按外压圆筒的图算法进行外压校核计算，并以 L_e/D_L 代替 L/D_o，D_L/δ_{ec} 代替 D_o/δ_e，其中 L_e 为锥壳当量长度，D_L 是外压计算时的锥壳段大端外直径。

② 锥壳与圆筒连接处的外压加强设计　锥壳大端或小端和圆筒连接处存在压缩强度和周向稳定性问题，在必要时应设置加强结构，具体算法参阅文献［2］。

4.3.3.3 平盖

平盖厚度计算是以圆平板应力分析为基础的。在理论分析时平板的周边支承被视为固支或简支，但实际上平盖与圆筒连接时，真实的支承既不是固支也不是简支，而是介于固支和简支之间。因此工程计算时常采用圆平板理论为基础的经验公式，通过系数 K 来体现平盖周边的支承情况，K 值越小平盖周边越接近固支；反之就越接近于简支。

平盖的几何形状包括圆形、椭圆形、长圆形、矩形及正方形等几种，平盖结构与筒体常见的连接形式见表 4-8。这些平盖厚度可按下述方法计算。

表4-8 平盖系数K选择表

<table>
<tr><th>固定方法</th><th>符号</th><th>简图</th><th>结构特征系数 K</th><th>备注</th></tr>
<tr><td rowspan="3">与圆筒一体或对焊</td><td>1</td><td>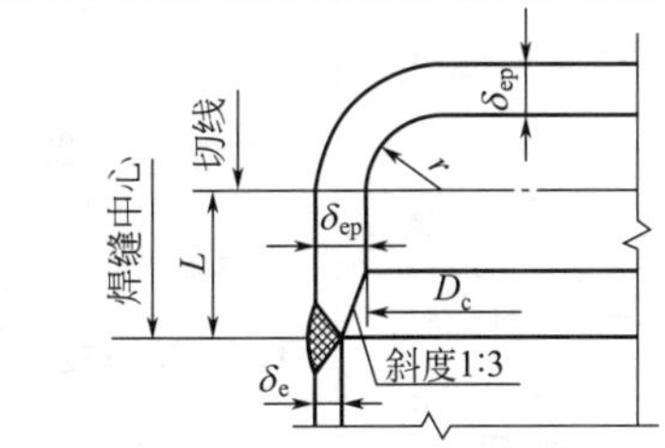
</td><td>0.145</td><td>仅适用于圆形平盖
$p_c\leqslant 0.6$MPa
$L\geqslant 1.1\sqrt{D_c\delta_e}$
$r\geqslant 3\delta_{ep}$</td></tr>
<tr><td>2</td><td>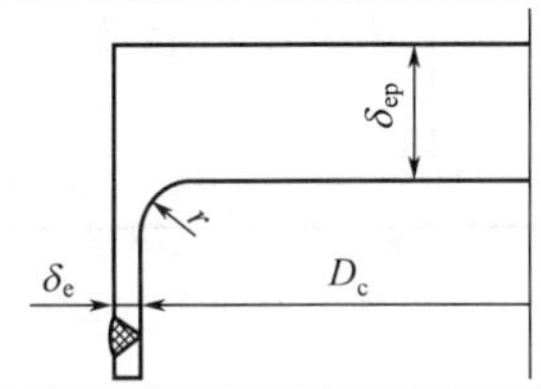
</td><td rowspan="2">查文献［2］图 5-21</td><td rowspan="2">$\delta_e\leqslant$38mm 时，$r\geqslant$10mm；
$\delta_e>$38mm 时，$r\geqslant 0.25\delta_e$
且不超过 20mm</td></tr>
<tr><td>3</td><td>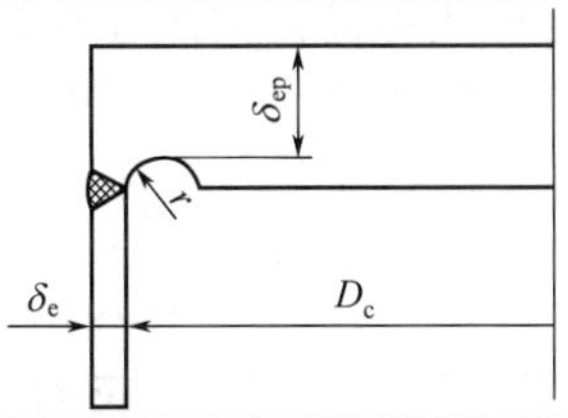
</td></tr>
<tr><td rowspan="2">与圆筒角焊或其他焊接</td><td>4</td><td>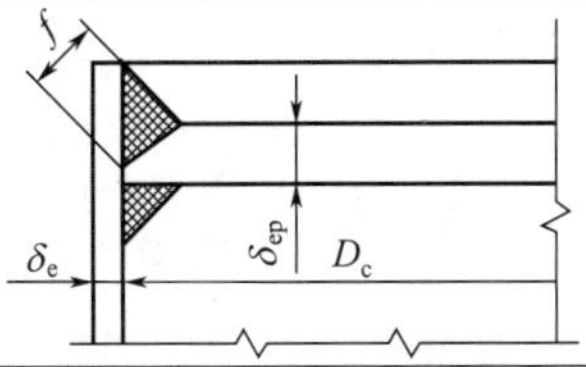
</td><td rowspan="2">圆形平盖：$0.44m$（$m=\delta/\delta_e$），且不小于 0.3；
非圆形平盖 0.44</td><td>$f\geqslant 1.4\delta_e$</td></tr>
<tr><td>5</td><td>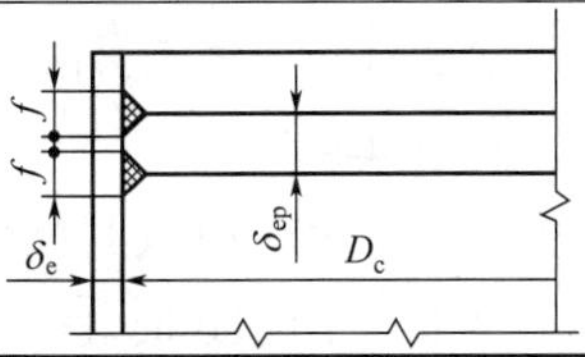
</td><td>$f\geqslant\delta_e$</td></tr>
</table>

续表

固定方法	符号	简图	结构特征系数 K	备注
与圆筒角焊或其他焊接	6		圆形平盖：$0.5m$（$m=\delta/\delta_e$），且不小于 0.3； 非圆形平盖 0.5	$f\geqslant0.7\delta_e$
	7			$f\geqslant1.4\delta_e$
螺栓连接	8		圆形平盖： 操作时，$0.3+\frac{1.78WL_G}{p_cD_c^3}$； 预紧时，$\frac{1.78WL_G}{p_cD_c^3}$ 非圆形平盖： 操作时，$0.3Z+\frac{6WL_G}{p_cL\alpha^2}$； 预紧时，$\frac{6WL_G}{p_cL\alpha^2}$	
	9			

（1）圆形平盖厚度

因平盖与筒体连接结构形式和筒体的尺寸参数的不同，平盖的最大应力既可能出现在中心部位，也可能在圆筒与平盖的连接部位，但都可表示为

$$\sigma_{max}=\pm Kp\left(\frac{D}{\delta}\right)^2 \tag{4-55}$$

考虑到平盖可能由钢板拼焊而成，在许用应力中引入焊接接头系数。由式（4-3）得圆形平盖的厚度计算公式

$$\delta_p=D_c\sqrt{\frac{Kp_c}{[\sigma]^t\phi}} \tag{4-56}$$

式中 δ_p——平盖计算厚度，mm；

D_c——平盖计算直径，见表 4-8 中简图，mm；

K——结构特征系数，查表 4-8。

对于表 4-8 中序号 8、9 所示平盖，应取其操作状态及预紧状态的 K 值代入式（4-56）分别计算，取较大值。当预紧时 $[\sigma]^t$ 取常温的许用应力。

（2）非圆形平盖厚度

不同连接形式的非圆形平盖应采用不同的计算公式。

i. 对于表 4-8 中序号 4～7 所示平盖，按式（4-57）计算

$$\delta_p = a\sqrt{\frac{KZp_c}{[\sigma]^t\phi}} \tag{4-57}$$

式中　Z——非圆形平盖的形状系数，$Z=3.4-2.4\dfrac{a}{b}$，且$Z \leqslant 2.5$；

a，b——非圆形平盖的短轴长度和长轴长度，mm。

ii. 对于表 4-8 中序号 8、9 所示平盖，按式（4-58）计算（当预紧时 $[\sigma]^t$ 取常温的许用应力）

$$\delta_p = a\sqrt{\frac{Kp_c}{[\sigma]^t\phi}} \tag{4-58}$$

4.3.3.4 锻制平封头

锻制平封头结构如图 4-21 所示，主要用于直径较小、压力较高的容器。为了减少边缘应力以及相互之间的影响，平封头的直边高度 L 一般不小于 50mm；过渡区的圆弧半径 $r \geqslant 0.5\delta_p$，且 $r \geqslant \dfrac{1}{6}D_c$；封头与圆筒连接处的厚度不小于与其相对接筒节的厚度。

锻制平封头底部厚度 δ_p 可按式（4-59）计算

$$\delta_p = D_c\sqrt{\frac{0.27p_c}{[\sigma]^t\eta}} \tag{4-59}$$

式中　η——开孔削弱系数，$\eta=\dfrac{D_c-\sum d_i}{D_c}$；

$\sum d_i$——D_c 范围内沿直径断面开孔内径总和的最大值，mm。

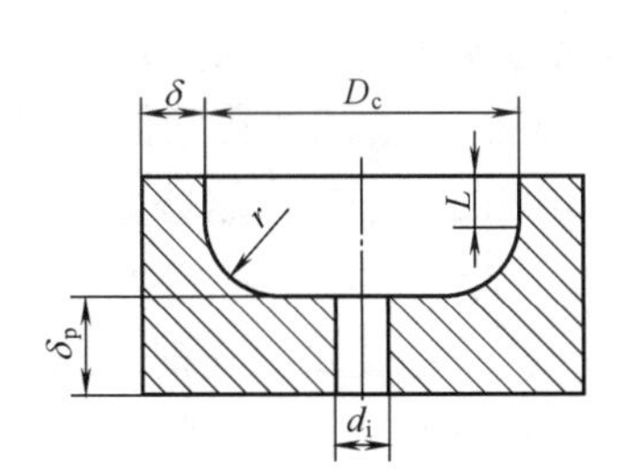

图 4-21 锻制平封头

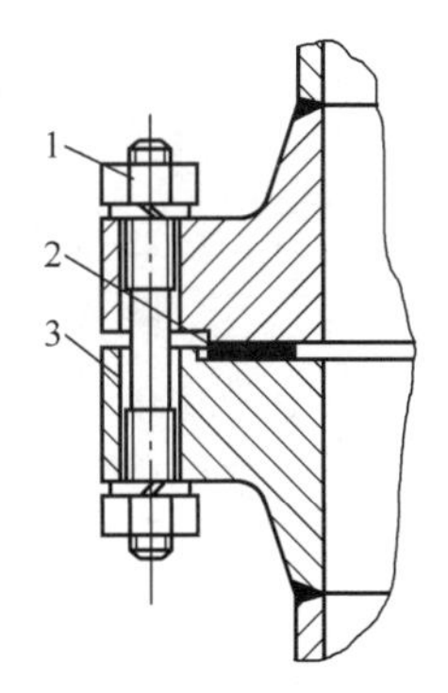

图 4-22 螺栓法兰连接结构

1—螺栓；2—垫片；3—法兰

4.3.4 密封装置设计

压力容器的可拆密封装置形式很多，如中低压容器中的螺纹连接、承插式连接和螺栓法兰连接等，其中以结构简单、装配比较方便的螺栓法兰连接使用最普遍。

螺栓法兰连接主要由法兰、螺栓和垫片组成，如图 4-22 所示。螺栓的作用有两个：一是提供预紧力实现初始密封，并保持操作时的密封；二是使螺栓法兰连接变为可拆连接。垫片装在两个法兰中间，作

用是防止容器发生泄漏。法兰上有螺栓孔，以容纳螺栓。螺栓力、垫片反力与作用在筒体中面上的压力载荷不在同一直线上，法兰受到弯矩的作用，会发生弯曲变形。螺栓法兰连接设计的一般目的是：对于已知的垫片特性，确定安全、经济的法兰和螺栓尺寸，使接头的泄漏率在工艺和环境允许范围内，使接头内的应力在材料允许范围内，即确保密封性和结构完整性。

下面主要介绍密封装置的密封原理、影响密封的因素、密封结构的分类及选用原则、密封结构强度计算等内容。

4.3.4.1 密封机理及分类

（1）密封机理

下面以螺栓法兰连接结构为例，说明其密封机理。

螺栓法兰连接结构

流体在密封口泄漏有两条途径：一是"渗透泄漏"，即通过垫片材料本体毛细管的渗透泄漏，除了受介质压力、温度、黏度、分子结构等流体状态性质影响外，主要与垫片的结构与材料性质有关，可通过对渗透性垫片材料添加某些填充剂进行改良，或与不透性材料组合成型来避免"渗透泄漏"；二是"界面泄漏"，即沿着垫片与压紧面之间的泄漏，泄漏量大小主要与界面间隙尺寸有关。压紧面就是指上、下法兰与垫片的接触面。加工时压紧面上凹凸不平的间隙及压紧力不足是造成"界面泄漏"的直接原因。"界面泄漏"是密封失效的主要途径。

防止流体泄漏的基本方法是在密封口增加流体流动的阻力，当介质通过密封口的阻力大于密封口两侧的介质压力差时，介质就被密封。而介质通过密封口的阻力是借施加于压紧面上的比压力来实现的，作用在压紧面上的密封比压力越大，则介质通过密封口的阻力越大，越有利于密封。螺栓法兰连接的整个工作过程可用尚未预紧工况、预紧工况与操作工况来说明。

图 4-23（a）为尚未预紧的工况。将上、下法兰压紧面和垫片的接触处的微观尺寸放大，可以看到它们的表面是凹凸不平的，这些凹凸不平处就是流体泄漏的通道。图 4-23（b）为预紧工况。拧紧螺栓，螺栓力通过法兰压紧面作用到垫片上。由于垫片的材料为非金属、有色金属或软钢，其强度和硬度比钢制的法兰低得多，因而当垫片表面单位面积上所受的压紧力达到一定值时，垫片便产生弹性或屈服变形，填满上、下压紧面处原有的凹凸不平处，堵塞了流体泄漏的通道，形成初始密封条件。形成初始密封条件时垫片单位面积上所受的最小压紧力，称为"垫片比压力"，用 y 表示，单位为 MPa。在预紧工况下，如垫片单位面积上所受的压紧力小于比压力 y，介质即

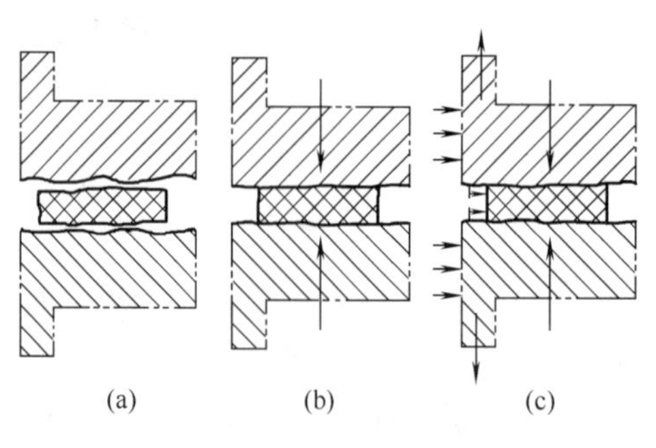

图 4-23 密封机理图

表4-9 垫片性能参数

垫片材料		垫片系数 m	比压力 y /MPa	简图	适用法兰面序号（见表 4-12）	列号
无纤维或高含量矿物纤维的橡胶	肖氏硬度＜75	0.50	0		1（a、b、c、d）4、5	Ⅱ
	肖氏硬度≥75	1.00	1.4			
具有符合操作工况黏结剂的矿物纤维	3mm 厚	2.00	11			
	1.5mm 厚	2.75	26			
	0.75mm 厚	3.50	45			
内有棉纤维的橡胶		1.25	2.8			
内有矿物纤维织物的橡胶（有或没有金属丝增强）	1 层	2.25	15			
	2 层	2.50	20			
	3 层	2.75	26			
植物纤维		1.75	7.6			
填充矿物纤维金属缠绕式垫片	碳钢	2.50	69		1（a、b）	
	不锈钢或蒙乃尔和镍基合金	3.00	69			
填充矿物纤维波纹金属垫片或包覆矿物纤维波纹金属垫片	软铝	2.50	20			
	软铜或黄铜	2.75	26			
	铁或软钢	3.00	31			
	蒙乃尔或 4%～6% 铬钢	3.25	38			
	不锈钢和镍基合金	3.50	45			
波纹金属垫片	软铝	2.75	26		1（a、b、c、d）	
	软铜或黄铜	3.00	31			
	铁或软钢	3.25	38			
	蒙乃尔或 4%～6% 铬钢	3.50	45			
	不锈钢和镍基合金	3.75	52			
包覆矿物纤维平金属垫片	软铝	3.25	38		1（a、b、c、d），2	
	软铜或黄铜	3.50	45			
	铁或软钢	3.75	52			
	蒙乃尔	3.50	55			
	4%～6% 铬钢	3.75	62			
	不锈钢和镍基合金	3.75	62			
槽形金属垫片	软铝	3.25	38		1（a、b、c、d）、2、3	Ⅱ
	软铜或黄铜	3.50	45			
	铁或软钢	3.75	52			
	蒙乃尔或 4%～6% 铬钢	3.75	62			
	不锈钢和镍基合金	4.25	70			
实心金属平垫片	软铝	4.0	61		1（a、b、c、d）、2、3、4、5	Ⅰ
	软铜或黄铜	4.75	90			
	铁或软钢	5.50	124			
	蒙乃尔或 4%～6% 铬钢	6.00	150			
	不锈钢和镍基合金	6.50	180			
金属环垫	铁或软钢	5.50	124		6	Ⅰ
	蒙乃尔或 4%～6% 铬钢	6.00	150			
	不锈钢和镍基合金	6.50	180			

注：本表所列各种垫片的 m、y 值及适用的压紧面形状，均属推荐性资料。采用本表推荐的垫片参数（m、y）并按本章规定设计的法兰，在一般使用条件下，通常能得到比较满意的使用效果。但在使用条件特别苛刻的场合，如在诸如氰化物介质中使用的垫片，其参数 m、y，应根据成熟的使用经验谨慎确定。

发生泄漏。图4-23（c）为操作工况。此时通入介质，随着介质压力的上升，一方面，介质内压引起的轴向力，将促使上下法兰的压紧面分离，垫片在预紧工况所形成的压缩量随之减少，压紧面上的密封比压力下降；另一方面，垫片预紧时的弹性压缩变形部分产生回弹，其压缩变形的回弹量补偿因螺栓伸长所引起的压紧面分离，使作用在压紧面上的密封比压力仍能维持一定值以保持密封性能。为保证在操作状态时法兰的密封性能而必须施加在垫片上的压应力，称为操作密封比压。操作密封比压往往用介质计算压力的m倍表示，这里m称为“垫片系数”，无因次。

（2）密封分类

根据获得密封比压力方法的不同，压力容器密封可分为强制式密封和自紧式密封两种。强制式密封完全依靠连接件的作用力（如扳紧连接螺栓的预紧力）强行挤压密封元件达到密封，因而需要较大的预紧力，预紧力约为工作压力产生的轴向力的 1.1～1.6 倍；而自紧式密封主要依靠容器内部的介质压力压紧密封元件实现密封，介质压力越高，密封越可靠，因而密封所需的预紧力较小，通常在工作压力产生的轴向力的 20% 以下。自紧式密封根据密封元件的主要变形形式，又可分为轴向自紧式密封和径向自紧式密封，前者的密封性能主要依靠密封元件的轴向刚度小于被连接件的轴向刚度来保证；后者的密封性能则主要依靠密封元件的径向刚度小于被连接件的径向刚度来实现。另外，还有一种半自紧式密封，其密封结构按分类原则属于非自紧式的强制式密封，但又具有一定的自紧性能，如高压容器密封中的双锥密封结构。

按被密封介质的压力大小，压力容器密封又可分为中低压密封和高压密封。中低压密封以螺栓法兰连接结构最为常用，它广泛应用于容器的开孔接管和封头与筒体的连接中，属于强制式密封。

4.3.4.2　影响密封性能的主要因素

影响密封性能的因素与密封结构有关。现以螺栓法兰连接结构为例加以说明。

（1）螺栓预紧力

螺栓预紧力是影响密封的一个重要因素。预紧力必须使垫片压紧以实现初始密封。适当提高螺栓预紧力可以增加垫片的密封能力，因为加大预紧力可使垫片在正常工况下保留较大的接触面比压力。但预紧力不宜过大，否则会使垫片整体屈服而丧失回弹能力，甚至将垫片挤出或压坏。另外预紧力应尽可能均匀地作用到垫片上。通常采取减小螺栓直径、增加螺栓个数等措施来提高密封性能。

（2）垫片性能

垫片是密封结构中的重要元件，其变形能力和回弹能力是形成密封的必要条件。变形能力大的密封垫易填满压紧面上的间隙，并使预紧力不致太大；回弹能力大的密封垫，能适应操作压力和温度的波动。又因为垫片是与介质直接接触的，所以还应具有能适应介质的温度、压力和腐蚀等性能。

几种常用垫片材料的比压力 y 和垫片系数 m 见表 4-9。这些数据在 1943 年由 Rossheim 和 Markl 推荐而沿用至今，大多为经验数据，仅考虑了 m、y 值与垫片材料、结构与厚度的关系。但生产实践和广泛的研究表明，m 和 y 值还与介质性质、压力、温度、压紧面粗糙度等因素有关，而且 m 和 y 之间也存在内在联系。

（3）压紧面的质量

压紧面又称密封面，它直接与垫片接触。压紧面的形状和粗糙度应与垫片相匹配，一般来说，使用金属垫片时其压紧面的质量要求比使用非金属垫片时高。压紧面表面不允许有刀痕和划痕；同时为了均匀地压紧垫片，应保证压紧面的平面度和压紧面与法兰中心轴线的垂直度。

（4）法兰刚度

因法兰刚度不足而产生过大的翘曲变形（如图 4-24 所示），往往是实际生产中造成螺栓法兰连接密封失效的主要原因之一。刚度大的法兰变形小，可将螺栓预紧力均匀地传递给垫片，从而提高法兰的密封性能。

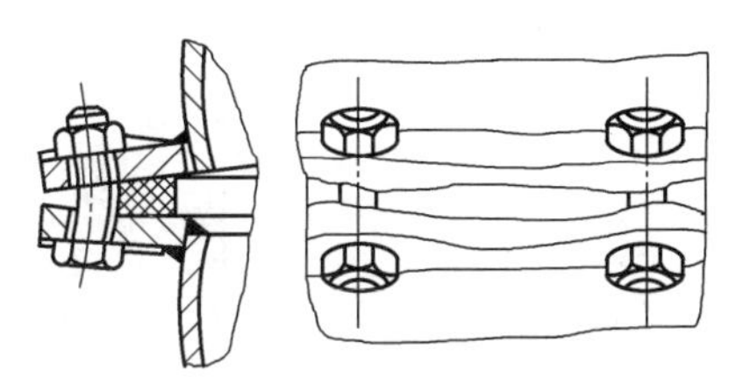

图 4-24 法兰的翘曲变形

法兰刚度与很多因素有关，其中适当增加法兰环的厚度、缩小螺栓中心圆直径和增大法兰环外径，都能提高法兰刚度，采用带颈法兰或增大锥颈部分尺寸，可显著提高法兰的抗弯能力。但无原则地提高法兰刚度，将使法兰变得笨重，造价提高。

（5）操作条件

主要是指压力、温度及介质的物理化学性质对密封性能的影响。操作条件对密封的影响很复杂，单纯的压力及介质对密封的影响并不显著，但在温度的联合作用下，尤其是波动的高温下，会严重影响密封性能，甚至使密封因疲劳而完全失效。因为在高温下，介质的黏度小，渗透性大，易泄漏；介质对垫片和法兰的腐蚀作用加剧，增加了泄漏的可能性；法兰、螺栓和垫片均会产生较大的高温蠕变与应力松弛，使密封失效；某些非金属垫片还会加速老化、变质，甚至烧毁。

总之，影响螺栓法兰连接密封性能的因素很多，在密封设计时，应根据具体工况综合考虑。

4.3.4.3 螺栓法兰连接设计

4.3.4.3.1 法兰结构类型及标准

法兰有多种分类方法，如按法兰接触面宽窄，可分为宽面法兰与窄面法兰。法兰的接触面处在螺栓孔圆周以内的叫“窄面法兰”；法兰的接触面扩展到螺栓中心圆外侧的叫“宽面法兰”。按应用场合又可分为容器法兰和管法兰，与此相对应，法兰标准也有容器法兰和管法兰两大类。

（1）法兰结构类型

法兰的基本结构形式按组成法兰的圆筒、法兰环及锥颈三部分的整体性程度可分为松式法兰、整体法兰和任意式法兰三种，如图 4-25 所示。

① 松式法兰　指法兰不直接固定在壳体上或者虽固定但不能保证与壳体作为一个整体承受螺栓载荷的结构，如活套法兰、螺纹法兰、搭接法兰等，这些法兰可以带颈或者不带颈，见图 4-25（a）～（c）。其中活套法兰是典型的松式法兰，其法兰的力矩完全由法兰环本身来承担，对设备或管道不产生附加弯曲应力。因而适用于有色金属和不锈钢制设备或管道，且法兰可采用碳素钢制作，以节约贵重金属。但法兰刚度小，厚度较厚，一般只适用于压力较低的场合。

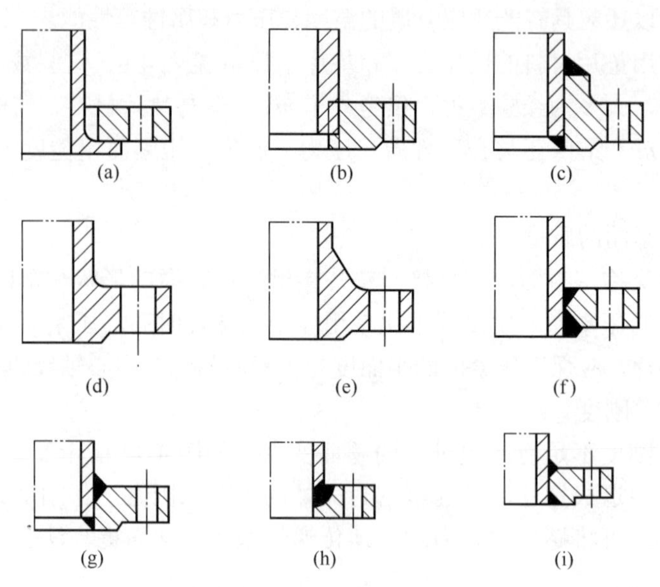

图 4-25 法兰结构类型

② 整体法兰　将法兰与壳体锻或铸成一体或经全熔透的平焊法兰，如图 4-25（d）～（f）所示。这种结构能保证壳体与法兰同时受力，使法兰厚度适当减薄，但会在壳体上产生较大应力。其中的带颈法兰可以提高法兰与壳体的连接刚度，适用于压力、温度较高的重要场合。

③ 任意式法兰　从结构来看，这种法兰与壳体连成一体，但刚性介于整体法兰和松式法兰之间，见图 4-25（g）～（i）。

（2）法兰标准

为简化计算、降低成本、增加互换性，世界各国都制定了一系列法兰标准。实际使用时，应尽可能选用标准法兰。只有使用大直径、特殊工作参数和结构形式时才需自行设计。法兰标准根据用途分管法兰和容器法兰两套标准。相同公称直径、公称压力的管法兰与容器法兰的连接尺寸各不相同，二者不能相互套用。

选择法兰的主要参数是公称压力和公称直径。

① 公称直径　是容器和管道标准化后的尺寸系列，以 *DN* 表示。对容器而言是指容器的内径（用管子作筒体的容器除外）；对于管子或管件而言，公称直径仅为名义直径，是与内径相近的某个数值，公称直径相同的钢管，外径一般相同，由于厚度是变化的，所以内径也是变化的，如 *DN*100 的无缝钢管有 $\phi 108\times 4$、$\phi 108\times 4.5$、$\phi 108\times 5$ 等规格。容器与管道的公称直径应按国家标准规定的系列选用。

② 公称压力　是压力容器或管道的标准化压力等级，即按标准化要求将工作压力划分为若干个压力等级。指规定温度下的最大工作压力，也是一种经过标准化后的压力数值。在容器设计选用零部件时，应选取与设计压力相近且又稍高一级的公称压力。

国际通用的公称压力等级有两大系列，即 *PN* 系列和 Class 系列。欧洲等一些国家采用 *PN* 系列表示公称压力等级，如 *PN*2.5、*PN*40 等；美国等一些国家习惯采用 Class 系列表示公称压力等级，如 Class 150、Class 600 等。要注意的是*PN*和Class都是用来表示公称压力等级系列的符号，其本身并无量纲。*PN*系列的公称压力等级有2.5，6.0，10，16，25，40，63，100，160，250等；Class系列中常用的公称压力等级有Class 150，Class 300，Class 600，Class 900，Class 1500，Class 2500等。*PN*和Class后面的数字并不代表法兰实际所能承受的工作压力，对于给定的*PN*或Class法兰的最大允许工作压力要根据法兰材料和工作温度，在相应法兰标准的压力-温度额定值中查取。*PN*系列与Class系列间的相互对应关系见表4-10。

表4-10 *PN*系列与Class系列公称压力的对照

PN	20	50	110	150	260	420
Class	150	300	600	900	1500	2500

③ 容器法兰标准　中国压力容器法兰标准为NB/T 47020～47027《压力容器法兰、垫片、紧固件》。标准中给出了甲型平焊法兰、乙型平焊法兰和长颈对焊法兰等三种法兰的分类、技术条件、结构形式和尺寸，以及相关垫片、螺栓形式等。公称压力范围为0.25～6.4MPa，公称直径为300～3000mm。

④ 管法兰标准　国际上Class系列的管法兰以ASME/ANSI B16.5《管法兰和附件》、ASME/ANSI B16.47《大直径钢法兰》标准为代表，*PN*系列的管法兰以EN 1092.1～1092.4为代表。同一系列内，各国的管法兰标准基本上可以互相配套（指连接尺寸和密封面尺寸），但两个系列之间不能互相配合，较明显的区分标志为公称压力等级不同。

目前，中国管法兰标准较多，主要有GB/T 9112～9125《钢制管法兰》，JB/T 74～86.2《管路法兰》以及HG/T 20592～20635《钢制管法兰、垫片、紧固件》（包括*PN*系列和Class系列）等。考虑到HG/T 20592～20635管法兰标准系列的适用范围广、材料品种齐全，在选用管法兰时建议优先采用该标准。

⑤ 标准法兰的选用　法兰应根据容器或管道公称直径、公称压力、工作温度、工作介质特性以及法兰材料进行选用。

容器法兰的公称压力是以16Mn或Q345R在200℃时的最高工作压力为依据制定的，因此当法兰材料和工作温度不同时，最大工作压力将降低或升高。

不管是容器法兰标准还是管法兰标准，都会有一个压力-温度额定值表。在选用标准法兰时，应首先按法兰的设计温度和材料（或材料类别），在该标准的压力-温度额定值表中查得一个法兰的最大允许工作压力，使得该最大允许工作压力大于法兰的设计压力，然后将该最大允许工作压力所对应的公称压力作为所选用的标准法兰的压力等级。例如，*PN*2.5长颈对焊法兰（NB/T 47023），在设计温度为-20～200℃时的最大允许工作压力为2.5MPa，但在设计温度为400℃时，它的最高允许工作压力将仅为1.93MPa；若法兰材料改用20钢，则在-20～200℃时的最大允许工作压力就仅为1.81MPa，而设计温度如升高到400℃时，最大允许工作压力更将降为1.26MPa。

4.3.4.3.2　法兰密封面和垫片的选择

螺栓法兰连接设计关键要解决两个问题：一是保证连接处“紧密不漏”；二是法兰应具有足够的强度，不致因受力而破坏。实际应用中，螺栓法兰连接很少因强度不足而破坏，大多因密封性能不良而导致泄漏。因此密封设计是螺栓法兰连接中的重要环节，而密封性能的优劣又与压紧面和垫片有关。下面主要介绍法兰压紧面及垫片的选用。

（1）法兰压紧面的选择

压紧面主要应根据工艺条件、密封口径以及垫片等进行选择。常用的压紧面形式有全平面［图4-26（a）］、突面［图4-26（b）］、凹凸面［图4-26（c）］、榫槽面［图4-26（d）］及环连接面（或称T形槽）［图4-26（e）］等，其中以突面、凹凸面、榫槽面最为常用。

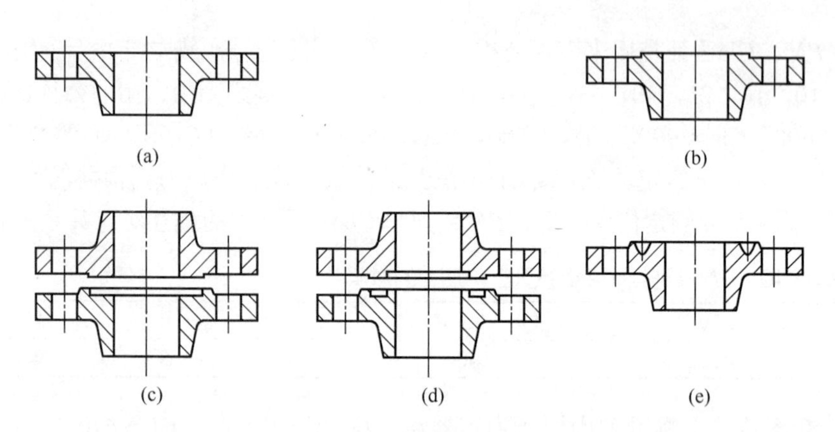

图 4-26　压紧面的形式

突面结构简单，加工方便，装卸容易，且便于进行防腐衬里。压紧面可以做成平滑的，也可以在压紧面上开 2～4 条、宽×深为 0.8mm×0.4mm、截面为三角形的周向沟槽，这种带沟槽的突面能较为有效地防止非金属垫片被挤出压紧面，因而适用场合更广。一般完全平滑的突面仅适用于公称压力≤2.5MPa 场合，带沟槽后容器法兰可用至 6.4MPa，管法兰甚至可用至 25～42MPa，但随着公称压力的提高，适用的公称直径相应减小。

凹凸压紧面安装时易于对中，还能有效地防止垫片被挤出压紧面，适用于公称压力≤6.4MPa 的容器法兰和管法兰。

榫槽压紧面是由一个榫面和一个槽面相配合构成，垫片安放在槽内。由于垫片较窄，并受槽面的阻挡，所以不会被挤出压紧面，且少受介质的冲刷和腐蚀，所需螺栓力相应较小，但结构复杂，更换垫片较难，只适用于易燃、易爆和高度或极度毒性危害介质等重要场合。

（2）垫片的选择

垫片是螺栓法兰连接的核心，密封效果的好坏主要取决于垫片的密封性能。设计时，主要应根据介质特性、压力、温度和压紧面的形状来选择垫片的结构形式、材料和尺寸，同时兼顾价格、制造和更换是否方便等因素。基本要求是制作垫片的材料不污染工作介质、耐腐蚀、具有良好的变形能力和回弹能力，以及在工作温度下不易变质硬化或软化等。对于化工、石油、轻工、食品等生产中常用的介质，可以参阅表 4-11 选用垫片。

4.3.4.3.3　非标法兰设计方法简介

4.3.4.3.3.1　Waters方法

螺栓法兰连接结构的失效模式既有强度失效又有密封失效，而这两种失效中，密封失效又是主要的失效模式。但由于首先被认识到的是结构的强度失效以及在研究基于密封失效的设计方法中所遇到的困难，长期以来，各国规范和标准主要采用了以弹性分析为基础的强度设计方法，使用最为广泛的是 Waters 法（或又称为 Taylor-Forge 法）。

表4-11 垫片选用表

介质	法兰公称压力/MPa	工作温度/℃	密封面	垫片	
				形式	材料
油品、油气，溶剂（丙烷、丙酮、苯、酚、糠醛、异丙醇），石油化工原料及产品	≤1.6	≤200	突（凹凸）	耐油垫、四氟垫	耐油橡胶石棉板、聚四氟乙烯板
		201～250	突（凹凸）	缠绕垫、金属包垫、柔性石墨复合垫	06Cr13钢带-石棉板石墨-06Cr13等骨架
	2.5	≤200	突（凹凸）	耐油垫、缠绕垫、金属包垫、柔性石墨复合垫	耐油橡胶石棉板、06Cr13钢带-石棉板
		201～450	突（凹凸）	缠绕垫、金属包垫、柔性石墨复合垫	06Cr13钢带-石棉板石墨-06Cr13等骨架
	4.0	≤40	凹凸	缠绕垫、柔性石墨复合垫	06Cr13钢带-石棉板石墨-06Cr13等骨架
		41～450	凹凸	缠绕垫、金属包垫、柔性石墨复合垫	06Cr13钢带-石棉板石墨-06Cr13等骨架
	6.4 10.0	≤450	凹凸	金属齿形垫	10、06Cr13、06Cr19Ni10
		451～530	环连接面	金属环垫	06Cr13、06Cr19Ni10、06Cr17Ni12Mo2
氢气、氢气与油气混合物	4.0	≤250	凹凸	缠绕垫、柔性石墨复合垫	06Cr13钢带-石棉板、石墨-06Cr13等骨架
		251～450	凹凸	缠绕垫、柔性石墨复合垫	0Cr18Ni19钢带-石墨带石墨-0Cr18Ni19等骨架
		451～530	凹凸	缠绕垫、金属齿形垫	0Cr18Ni19钢带-石墨带、06Cr19Ni10、06Cr17Ni12Mo2
氢气、氢气与油气混合物	6.4 10.0	≤250	环连接面	金属环垫	10、06Cr13、06Cr19Ni10
		251～400	环连接面	金属环垫	06Cr13、06Cr19Ni10
		401～530	环连接面	金属环垫	06Cr19Ni10、06Cr17Ni12Mo2
氨	2.5	≤150	凹凸	橡胶垫	中压橡胶石棉板
压缩空气	1.6	≤150	突	橡胶垫	中压橡胶石棉板
蒸汽 0.3MPa	1.0	≤200	突	橡胶垫	中压橡胶石棉板
蒸汽 1.0MPa	1.6	≤280	突	缠绕垫、柔性石墨复合垫	06Cr13钢带-石棉板、石墨-06Cr13等骨架
蒸汽 2.5MPa	4.0	300		缠绕垫、柔性石墨复合垫、紫铜垫	06Cr13钢带-石棉板、石墨-06Cr13等骨架、紫铜板
蒸汽 3.5MPa	6.4	400	凹凸	紫铜垫	紫铜板
	10.0	450	环连接面	金属环垫	06Cr13、06Cr19Ni10
惰性气体	1.6	≤200	突	橡胶垫	中压橡胶石棉板
	4.0	≤60	凹凸	缠绕垫、柔性石墨复合垫	06Cr13钢带-石棉板、石墨-06Cr13等骨架
	6.4	≤60	凹凸	缠绕垫	06Cr13（06Cr19Ni10）钢带-石棉板
水	≤1.6	≤300	突	橡胶垫	中压橡胶石棉板

续表

介质	法兰公称压力 /MPa	工作温度 /℃	密封面	垫片	
				形式	材料
剧毒介质	≥1.6		环连接面	缠绕垫	06Cr13 钢带 - 石墨带
弱酸、弱碱、酸渣、碱渣≥2.5	≤1.6	≤300	突	橡胶垫	中压橡胶石棉板
	≤450		凹凸	缠绕垫、柔性石墨复合垫	06Cr13 钢带 - 石棉板、石墨 -06Cr13 等骨架
液化石油气	1.6	≤50	突	耐油垫	耐油橡胶石棉板
	2.5	≤50	突	缠绕垫、柔性石墨复合垫	06Cr13 钢带 - 石棉板、石墨-06Cr13 等骨架
环氧乙烷	1.0	260		金属平垫	紫铜
氢氟酸	4.0	170	凹凸	缠绕垫、金属平垫	蒙乃尔合金带 - 石墨带、蒙乃尔合金板
低温油气	4.0	−20～0	突	耐油垫、柔性石墨复合垫	耐油橡胶石棉板、石墨 -06Cr13 等骨架

Waters 法的应力模型是将法兰结构分成壳体、锥颈和法兰环三部分（见图 4-27），壳体、锥颈部分受到压力的作用，法兰环受到压力、垫片反力和螺栓力的作用，根据这三部分在连接处的变形协调方程求得边缘力和边缘力矩，然后，分别计算壳体、锥颈、法兰环在外载荷、边缘力和边缘力矩作用下的应力。Waters 法在推导中作了如下的假定：

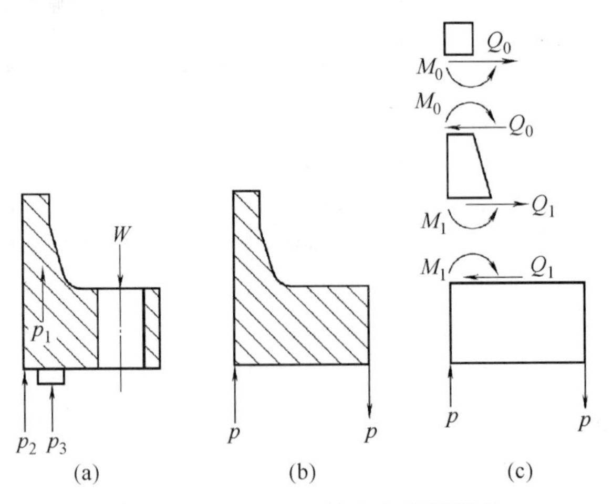

图 4-27 Waters 法应力分析模型

ⅰ. 法兰环和壳体（或接管）均处在弹性状态，即不发生屈服或蠕变；

ⅱ. 作用于法兰的外力矩，近似地认为由均匀作用于法兰环内外圆周上的力所组成的力偶来代替；

ⅲ. 把法兰环视为一矩形截面的圆环或环板，在外力矩作用下，矩形截面的变形只是使横截面旋转一定的角度 θ，法兰的截面并不发生任何畸变和弯曲；

ⅳ.将螺栓孔的影响略去，把法兰视为实心圆环或环板；

ⅴ.法兰环和壳体都只受螺栓力所引起的力矩作用，忽略介质内压（或外压）对法兰环或壳体直接引起的应力。

使用 Waters 法对法兰结构进行分析时还假定，为了达到密封的目的，在法兰的预紧工况和操作工况下，垫片反力必须达到一定的数值。预紧工况下所需要的单位面积上的垫片反力为 y，而操作工况下所需要的单位面积上的垫片反力以 $2mp$ 表示。

按 Waters 法进行法兰设计应按以下步骤。

（1）选定法兰结构

按工艺操作条件所给出的压力、温度、介质的危害程度等确定法兰形式、密封面的形式、垫片种类和尺寸以及大部分法兰的结构尺寸。

在按操作条件确定了法兰形式以后，法兰的内径和外径、锥颈高度等结构尺寸可参考相近公称直径的标准法兰。

垫片是螺栓法兰连接的核心，密封效果的好坏主要取决于垫片的密封性能。设计时，主要应根据介质特性、压力、温度和压紧面的形状来选择垫片的结构形式、材料和尺寸，同时兼顾价格、制造和更换是否方便等因素。基本要求是制作垫片的材料不污染工作介质、耐腐蚀、具有良好的变形能力和回弹能力，以及在工作温度下不易变质硬化或软化等。对于化工、石油、轻工、食品等生产中常用的介质，可以参阅表 4-9 选用垫片。

（2）螺栓设计

根据密封所需压紧力大小计算螺栓载荷，选择合适的螺栓材料，计算螺栓直径与个数，按螺纹和螺栓标准确定螺栓尺寸，最后验算螺栓间距。

① 垫片压紧力　已知垫片材料的性能（m，y）及垫片的计算密封宽度，就可计算出一定直径和压力下垫片所需的压紧力。

预紧时需要的压紧力按式（4-60）计算

$$F_a=\pi D_G by \tag{4-60}$$

式中　F_a——预紧状态下，需要的最小垫片压紧力，N；

b——垫片有效密封宽度，mm；

D_G——垫片压紧力作用中心圆计算直径，mm；

当密封基本宽度 $b_o \leqslant 6.4$mm 时，D_G 等于垫片接触的平均直径；

当密封基本宽度 $b_o > 6.4$mm 时，D_G 等于垫片接触的外径减去 $2b$；

y——垫片比压力，由表 4-9 查得，MPa。

操作时需要的压紧力由操作密封比压引起，由于原始定义 m 时是取 2 倍垫片有效接触面积上的压紧载荷等于操作压力的 m 倍，所以计算时操作密封比压应为 $2mp_c$，则

$$F_p=2\pi D_G bmp_c \tag{4-61}$$

式中　F_p——操作状态下，需要的最小垫片压紧力，N；

m——垫片系数，由表 4-9 查得；

p_c——计算压力，MPa。

需要注意的是，式（4-60）和式（4-61）中用以计算接触面积的垫片宽度不是垫片的实际宽度，而是它的一部分，即密封基本宽度 b_o，其大小与压紧面形状有关，见表 4-12。在 b_o 的宽度范围内，比压力 y 视作均匀分布。当垫片较宽时，由于螺栓载荷和内压的作用使法兰发生偏转，因此垫片外侧比内侧压得紧一些，为此实际计算中垫片宽度要比 b_o 更小一些，称为有效密封宽度 b，它与密封基本宽度 b_o 的关系如下：

当 $b_o \leqslant 6.4\text{mm}$ 时，$b=b_o$；

当 $b_o > 6.4\text{mm}$ 时，$b=2.53\sqrt{b_o}$。

表4-12 垫片密封基本宽度b_o

压紧面形状（简图）		垫片基本密封宽度 b_o	
		Ⅰ	Ⅱ
1a	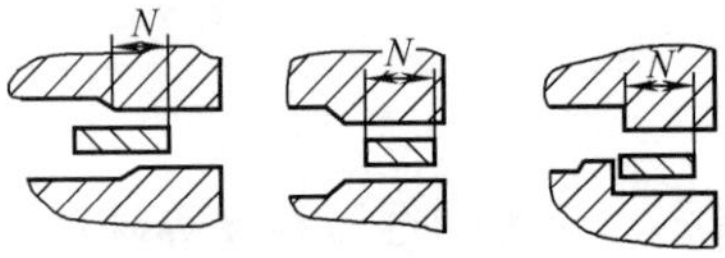	$\dfrac{N}{2}$	$\dfrac{N}{2}$
1b	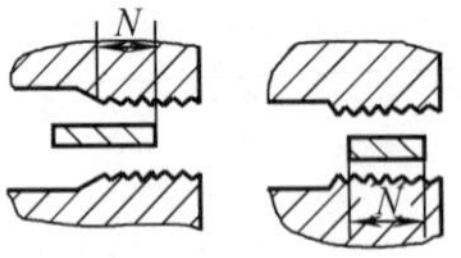		
1c	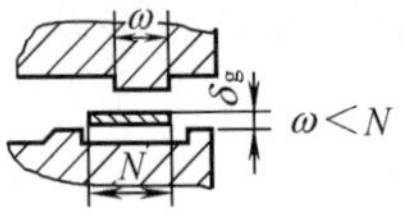 $\omega<N$	$\dfrac{\omega+\delta_g}{2}$ $\left(\dfrac{\omega+N}{4}\text{最大}\right)$	$\dfrac{\omega+\delta_g}{2}$ $\left(\dfrac{\omega+N}{4}\text{最大}\right)$
1d	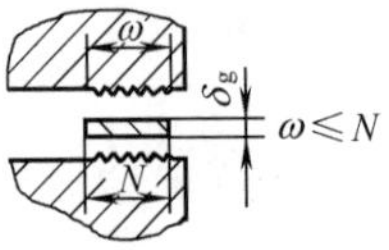 $\omega \leqslant N$		
2	$\omega<N/2$	$\dfrac{\omega+N}{4}$	$\dfrac{\omega+3N}{8}$
3	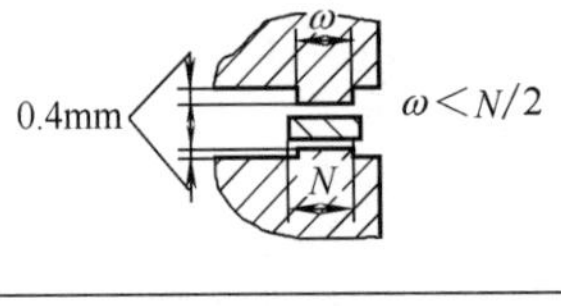 $\omega<N/2$	$\dfrac{N}{4}$	$\dfrac{3N}{8}$
4①	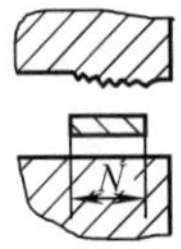	$\dfrac{3N}{8}$	$\dfrac{7N}{16}$
5①	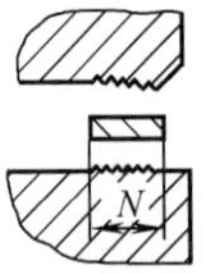	$\dfrac{N}{4}$	$\dfrac{3N}{8}$
6	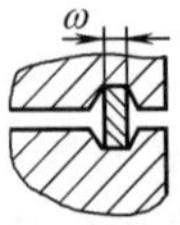	$\dfrac{\omega}{8}$	

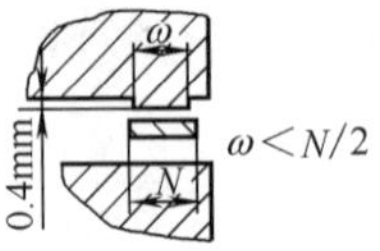

① 当锯齿深度不超过0.4mm，齿距不超过0.8mm时，应采用1b或1d的压紧面形状。

② 螺栓载荷计算 预紧状态下，需要的最小螺栓载荷等于保证垫片初始密封所需的压紧力，故可按式（4-62）计算，即

$$W_a=F_a \tag{4-62}$$

式中 W_a——预紧状态下需要的最小螺栓载荷，N。

操作状态下需要的最小螺栓载荷由两部分组成：介质产生的轴向力和保持垫片密封所需的垫片压紧力，即

$$W_p = F + F_p = \frac{\pi}{4}D_G^2 p_c + 2\pi D_G bmp_c \tag{4-63}$$

式中 W_p——操作状态下需要的最小螺栓载荷，N。

③ 螺栓设计 通常螺栓与螺母应采用不同材料或同种材料但不同的热处理条件，使其具有不同的硬度，螺栓材料硬度应比螺母高 30HB 以上。

为了保证预紧和操作时都能形成可靠的密封，应分别求出两种工况下螺栓的截面积，择其大者为所需螺栓截面积，从而确定螺栓直径与个数。

预紧状态下，按常温计算，螺栓所需截面积 A_a 为

$$A_a \geqslant \frac{W_a}{[\sigma]_b} \tag{4-64}$$

式中 $[\sigma]_b$——常温下螺栓材料的许用应力，MPa。

操作状态下，按螺栓设计温度计算，螺栓所需截面积 A_p

$$A_p = \frac{W_p}{[\sigma]_b^t} \tag{4-65}$$

式中 $[\sigma]_b^t$——设计温度下螺栓材料的许用应力，MPa。

需要的螺栓截面积 A_m 取 A_a 与 A_p 中较大值。由 A_m 即可确定螺栓直径与个数

$$d_o = \sqrt{\frac{4A_m}{\pi n}} \tag{4-66}$$

式中 d_o——螺纹根径或螺栓最小截面直径，mm；

n——螺栓个数。

设计时，d_o 与 n 是互相关联的未知数，一般先根据经验或参考有关标准假设螺栓个数 n（n 应为偶数，最好为 4 的倍数），算出螺栓根径 d_o，然后根据螺栓标准，将 d_o 圆整为螺纹根径，并使实际螺栓截面积不小于 A_m。小直径螺栓拧紧时容易折断，所以螺栓公称直径一般不应小于 M12。

确定螺栓个数时不仅要考虑螺栓法兰连接的密封性，还要考虑安装的方便。螺栓个数多，垫片受力均匀，密封效果好。但螺栓个数太多，螺栓间距变小，可能放不下扳手，引起装拆困难。法兰环上两个螺栓孔中心距 $\widehat{L} = \pi D_b/n$ 应在（3.5～4）d_B 的范围（D_b 为螺栓中心圆直径）。若螺栓间距太大，在螺栓孔之间将引起附加的法兰弯矩，且垫片受力不均导致密封性下降，为此螺栓最大间距不得超过式（4-67）所确定的数值

$$\widehat{L}_{max} = 2d_B + \frac{6\delta_f}{m+0.5} \tag{4-67}$$

式中 d_B——螺栓公称直径，mm；

δ_f——法兰有效厚度，mm。

法兰的最小径向尺寸 L_A、L_e 及螺栓间距 $\widehat{L}$ 的最小值按表 4-13 选取。

表4-13 L_A、L_e及螺栓间距$\hat{L}$的最小值 mm

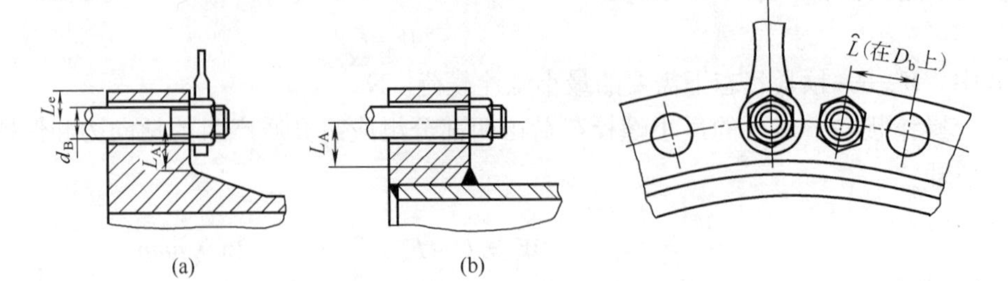

(a) (b)

螺栓公称直径 d_B	L_A		L_e	螺栓最小间距 $\hat{L}$	螺栓公称直径 d_B	L_A		L_e	螺栓最小间距 $\hat{L}$
	A组	B组				A组	B组		
12	20	16	16	32	30	44	35	30	70
16	24	20	18	38	36	48	38	36	80
20	30	24	20	46	42	56		42	90
22	32	26	24	52	48	60		48	102
24	34	27	26	56	56	70		55	116
27	38	30	28	62					

注：A组数据适用于图（a）所示的带颈法兰结构；B组数据适用于图（b）所示的焊制法兰结构。

（3）法兰力矩计算

同螺栓设计一样，计算法兰受到的扭矩也应考虑预紧和操作两个工况。在预紧工况中仅由垫片反力和螺栓力所产生的力矩作用在法兰上。这时，考虑到螺栓装配时预紧力矩的不确定性，标准中规定螺栓力为

$$W=\frac{A_m+A_b}{2}[\sigma]_b \tag{4-68}$$

所产生的扭矩为

$$M_a=WL_G \tag{4-69}$$

式中 A_m——所需要的螺栓截面积，mm^2；

A_b——实际的螺栓截面积，mm^2；

L_G——螺栓中心至垫片力作用点的距离，mm。

操作工况下的法兰力矩 M_p 可通过作用在筒体和法兰环上的压力以及作用在密封面上的垫片反力对螺栓中心取矩得到。然后，取法兰设计力矩为

$$M_o=\begin{cases} M_a\dfrac{[\sigma]_f^t}{[\sigma]_f} \\ M_p \end{cases} \text{中大值} \tag{4-70}$$

式中 $[\sigma]_f^t$——设计温度下法兰材料的许用应力，MPa；

$[\sigma]_f$——常温下法兰材料的许用应力，MPa。

（4）应力计算和校核

壳体、锥颈、法兰环之间作用的边缘力和边缘力矩可以通过三者的变形协调得到，并以法兰设计力矩 M_o 表示，这样便可计算得到锥颈大、小端的应力

以及法兰环中的应力。具体应力计算表达式可见参考文献［2］。

在压力容器设计中，对于法兰连接结构，不但要避免其强度失效，更要避免其密封失效。因此，压力容器标准中法兰设计规定的强度条件实际上是采用限制法兰环中的应力来同时限制法兰变形。考虑到法兰环中的最大应力与法兰变形成线性关系，虽然，当法兰环中的某一点应力达到屈服强度时，法兰环中其他部位的应力水平还处在一个很低的水平，即法兰环仍存在很充裕的承载强度，但为了控制法兰环的扭转变形以满足一定的密封要求，在压力容器标准中规定法兰环中的最大径向应力 σ_R 和最大环向应力 σ_T 需满足

$$\sigma_R \leqslant [\sigma]_f^t \qquad 和 \qquad \sigma_T \leqslant [\sigma]_f^t \tag{4-71}$$

式中　$[\sigma]_f^t$ ——法兰材料在设计温度下的许用应力，MPa。

法兰锥颈处的轴向应力被认为对法兰环的变形影响不大，又是局部的线性分布的弯曲应力，因此采用极限载荷设计法，可限制其为

$$\sigma_H \leqslant \min\left\{1.5[\sigma]_f^t, 2.5[\sigma]_n^t\right\} \tag{4-72}$$

式中　$[\sigma]_n^t$ ——与法兰连接的筒体材料在设计温度下的许用应力，MPa。

但当锥颈部分发生屈服以后，法兰结构已不满足 Waters 法关于弹性假定的条件，同时，法兰结构各部分承受的载荷将重新分配，使得计算得到的各部分应力与实际应力水平存在差异，即未屈服部分的实际应力水平可能高于计算得到的应力水平。因此，当法兰锥颈处开始发生屈服后，需要降低法兰环中最大应力的许用应力值，以避免法兰环产生较大的变形，因此，压力容器标准还要求满足以下两个强度条件

$$\frac{\sigma_H + \sigma_R}{2} \leqslant [\sigma]_f^t \qquad 和 \qquad \frac{\sigma_H + \sigma_T}{2} \leqslant [\sigma]_f^t \tag{4-73}$$

另外，对于焊接法兰的角焊缝以及松式法兰支承凸缘处的切应力 τ，在预紧工况时不得大于 $0.8[\sigma]_n$，在操作工况下不得大于 $0.8[\sigma]_n^t$ 。

法兰连接接头除了受到压力载荷外，还可能受到轴向拉力和弯矩的作用，如管道的连接法兰接头和连接小直径塔的筒节的法兰等。这时可将轴向拉力和弯矩折算成当量压力，与设计压力叠加形成计算压力后，再按以上的方法进行计算和校核。轴向拉力 F 和弯矩 M 可按以下公式折算成当量压力

$$P_e = \frac{4F}{\pi D_G^2} + \frac{16M}{\pi D_G^3} \tag{4-74}$$

Waters 方法自 1940 年被 ASME 引入其锅炉和压力容器设计规范以来，相继为中国 GB/T 150.3、英国 PD5500、法国 CODAP2000、日本 JIS B8265、欧盟 EN 13445.3 等压力容器规范或标准所引用。大半个世纪以来，虽然该方法没有实质性的变化，但迄今为止仍是国际上最广为接受的法兰设计方法。实践表明，按照该方法设计的绝大多数法兰没有因设计问题而发生明显的泄漏事故。但是在实际使用中发现该方法存在如下几个问题，以致造成少数按规范设计的螺栓法兰接头发生泄漏。

ⅰ.Waters 方法采用垫片系数 m 和垫片比压力 y 来简化法兰设计计算，但未能真实反映垫片的密封行为。m 和 y 是基于经验和某些试验的，没有理论依据，不能基于这些系数确定的垫片应力来预测法兰接头的泄漏率，且自进入 ASME 设计规范以来，这些数据几无变化，更别说对替代石棉材料和新型垫片给出相应的数据了。

ⅱ.Waters 方法无法得到实际密封所需要的螺栓载荷，由其计算得到的螺栓载荷仅用于确定螺栓和法兰的尺寸，与安装时所需的实际螺栓载荷不一致，后者往往远大于前者。可能会因螺栓载荷不足而不能保证在所有变动工况下都能满足密封要求，或可能会因螺栓载荷过大而导致法兰、螺栓发生屈服，垫片

过分压缩使其回弹不足或者压溃而造成泄漏。

ⅲ.Waters 方法没有考虑流体静压力作用下垫片 - 螺栓 - 法兰间的机械相互作用，温度瞬变时螺栓与法兰不同热膨胀可能引起的螺栓载荷变化，也没有考虑各个部件材料在高温下蠕变 / 松弛的影响。这些因素在温度瞬变、压力波动时会导致螺栓法兰连接接头的泄漏。

针对上述问题，近年来 ASME 对 Waters 法兰设计方法进行了某些改进。这主要体现在：增加法兰刚度校核的要求，规定整体法兰和松式法兰的转角应分别小于等于 0.3°和 0.2°，以通过限制法兰转角控制其泄漏；考虑到大多数螺栓法兰连接接头泄漏是由于安装问题，增加安装法兰时应遵循 ASME PCC-1《压力边界螺栓法兰连接安装指南》的条款，包括安装螺栓载荷选取方法、减少法兰接头泄漏的非设计因素等。对设计未考虑的安装、高温、法兰转动等实际问题，ASME Ⅷ -1 早就在非规定性附录 S 中给予了诠释和建议。

4.3.4.3.3.2 基于泄漏率的设计方法

正常设计的法兰失效案例中，因强度不足的失效很少，而泄漏失效则并非罕见。因此，法兰设计除了应满足强度失效设计准则外，更核心的是应满足泄漏失效设计准则。设计人员需要确定一个允许的泄漏率，要求拟设计法兰接头的泄漏率不超过允许值。

自 20 世纪 70 年代以来，国际上先后出现了基于泄漏率的法兰设计方法，有的已纳入压力容器或压力管道设计规范或标准。这些方法中，最具代表性的有两个，即美国压力容器研究委员会（PVRC）提出的法兰设计方法（以下简称为“PVRC 方法”）和欧洲标准委员会（CEN）提出的法兰设计方法（以下简称为“EN 方法”）。

（1）PVRC 方法

PVRC 长期致力于螺栓法兰连接接头密封设计方法研究，认为所有法兰接头都会发生泄漏，法兰设计的宗旨是使所设计的螺栓法兰连接接头在所有载荷工况下，不超过密封流体所允许的泄漏率。

PVRC 方法最显著的特征是引入了紧密度概念，建立了流体压力和泄漏率之间的关联关系。该方法将螺栓法兰连接接头的泄漏失效判据定义为五个紧密度等级，每个紧密度等级对应一定水平的质量泄漏率，相邻紧密度等级的质量泄漏率相差两个数量级。例如，T2 级为标准级，相应的单位垫片直径的质量泄漏率为 2×10^{-3}mg/（mm · s）；T3 级为紧密级，其质量泄漏率为 2×10^{-5}mg/（mm · s）。法兰设计时首先要选择紧密度等级，使设计的接头泄漏率不超过该紧密度等级下的允许泄漏率。这就意味着更高的紧密度等级需要更大的螺栓和更厚的法兰，而选取哪一紧密度等级作为设计法兰的密封判据，则取决于所设计设备的工艺条件、操作工况和生态环保等要求。例如，T2 级适用于一般性密封要求，而 T5 级则用于核电、宇航等重要场合。

PVRC 方法的另一个特征是以试验数据为基础建立了新的垫片设计参数，即用通过关联紧密度与垫片应力的双对数关系获得的垫片设计参数（a、G_b、G_s）替代 m 和 y。这些新的垫片设计参数源自 PVRC 对过去和新型垫片进行的大量试验数据，并与紧密度等级对应的允许泄漏率相关。

PVRC 方法先要选定紧密度等级，根据垫片设计参数，计算预紧工况和操作工况下达到设计紧密度要求的最小垫片应力和螺栓载荷，再按 Waters 方法同样的步骤和方法进行法兰强度、刚度校核。

在工程应用中，PVRC 方法仍面临诸多问题。例如，如何确定合适的紧密度；设计的紧密度不等同于实际泄漏水平。故该方法仍未进入 ASME 规范，还需要做进一步的验证、完善和改进。

（2）EN 方法

从 20 世纪 90 年代以来，欧洲标准化委员会（CEN）在对法兰设计方法开展系列研究的同时，吸收了部分 PVRC 研究成果。2001 年，颁布了 EN 1591-1《法兰及其接头——带垫片圆形法兰连接设计规则 第 1 部分：计算方法》（最新版本 2013 年）和 EN 1591-2《法兰及其接头——带垫片圆形法兰连接设计规则 第 2 部分：垫片参数》（最新版本 2008 年），即 EN 方法。2002 年，EN 方法进入 EN 13445《非直接接触火焰压力容器》标准的第 3 部分，作为其非规定性附录 G。

EN 方法同样改革了垫片设计基础。与 PVRC 方法类似，EN 方法将允许泄漏率划分成三个紧密度等级，发展了基于泄漏率的新的垫片参数，包括最小安装垫片应力、最大安装垫片应力、最小工作垫片应力、最大工作垫片应力、卸载回弹模量、蠕变系数和轴向热膨胀系数。相比 PVRC 方法提出的垫片参数，这些垫片参数更直接和周全地表征了垫片的力学和密封行为。与此同时，CEN 颁布了 EN 13555《法兰及其接头——带垫片圆形法兰连接设计规则用垫片系数和试验方法》（最新版本 2013 年），作为测试这些垫片参数的标准方法。

EN 方法的另一个明显特点是将螺栓法兰连接作为一个系统进行分析，考虑其从安装与服役全过程的强度和密封要求。较为完整地考虑了垫片 - 螺栓 - 法兰间的机械相互作用，及其对密封性能的影响，在满足各载荷工况密封要求的前提下，同时考虑了实际安装中的螺栓交互作用，较为周密地确定了法兰接头装配时所需要的螺栓预紧力。

除了压力载荷外，EN 方法还考虑了温度瞬变引起的轴向热膨胀差对螺栓载荷和垫片应力的影响，也考虑了外加弯矩和轴向力的影响。此外，EN 方法采用极限载荷法对法兰强度进行校核。

与 Waters 法和 PVRC 方法相比，EN 方法在设计准则、参数选择、计算方法和失效评定等方面考虑更加周全、计算更趋精确、结果更为合理，更加符合螺栓法兰连接接头的实际情况，故越来越为欧盟国家所接受。由于 EN 方法考虑了更多的因素，计算过程需要多次迭代运算，一般需要通过计算机程序才能完成。因此，EN 方法特别适用于以下场合：法兰承受热循环载荷，且其影响是主要的；需要采用规定的拧紧方法控制螺栓载荷；存在较大的附加载荷或者密封特别重要。

综上所述，法兰设计方法可分为两类。一类是以结构完整性为基本设计准则，它是控制螺栓和法兰应力在其许用范围内，即满足强度失效设计准则，而密封则通过提高螺栓承载能力或（和）控制法兰环变形给予间接的保证，如 Waters 法；另一类是兼容结构完整性和密封性，同时考虑强度失效和泄漏失效这两个设计准则，与实际情况比较接近，如 EN 方法、PVRC 方法。

有关 PVRC 方法和 EN 方法的具体计算过程，读者可参见文献［72］。

4.3.4.4 高压密封设计

由于压力高，高压密封装置的重量约占容器总重的 10%～30%，而成本则占总成本的 15%～40%，其设计是高压容器设计的重要组成部分。

（1）高压密封的基本特点

高压密封装置的结构形式多种多样，但都具有下列特点。

① 一般采用金属密封元件　高压密封接触面上所需的密封比压很高，非金属密封元件无法达到如此大的密封比压。金属密封元件的常用材料是退火铝、退火紫铜和软钢。

② 采用窄面或线接触密封　因压力较高，为使密封元件达到足够的密封比压往往需要较大的预紧力，减小密封元件和密封面的接触面积，可大大降低预紧力，减小螺栓的直径，从而减小整个法兰与封头的结构尺寸。有时甚至采用线接触密封。

③ 尽可能采用自紧或半自紧式密封　尽量利用操作压力压紧密封元件实现自紧密封。预紧螺栓仅提供初始密封所需的力，压力越高，密封越可靠，因而比强制式密封更为可靠和紧凑。

常见高压密封结构

（2）高压密封的结构形式

高压密封有多种结构形式，采用什么形式的密封结构是高压密封结构设计的中心问题。以下介绍几种常用的结构形式。

① 平垫密封　结构形式如图 4-28 所示。属于强制式密封，圆筒端部与平盖之间的密封依靠主螺栓的预紧作用，使金属平垫片产生一定的塑性变形，填满压紧面的高低不平处，从而达到密封目的。该结构与中低压容器中常用的螺栓法兰连接结构相似，只是将宽面非金属垫片改为窄面金属平垫片。平垫片材料常用退火铝、退火紫铜或 10 号钢。

这种密封结构一般只适用于温度不超过 200℃、内径不超过 1000mm 的中小型高压容器上。它的结构简单，在压力不高、直径较小时密封可靠。但其主螺栓直径过大，不适用于温度与压力波动较大的场合。

② 卡扎里密封　有外螺纹、内螺纹和改良卡扎里密封三种结构形式，图 4-29 为外螺纹卡扎里密封结构示意图。卡扎里密封属强制式密封，其特点是利用压环和预紧螺栓将三角形垫片压紧来保证密封，因而装卸方便，安装时预紧力较小。介质产生的轴向力由螺纹套筒承担，不需要大直径主螺栓。这种密封结构适用于大直径和较高的压力范围，但锯齿形螺纹加工精度要求高，造价较高。

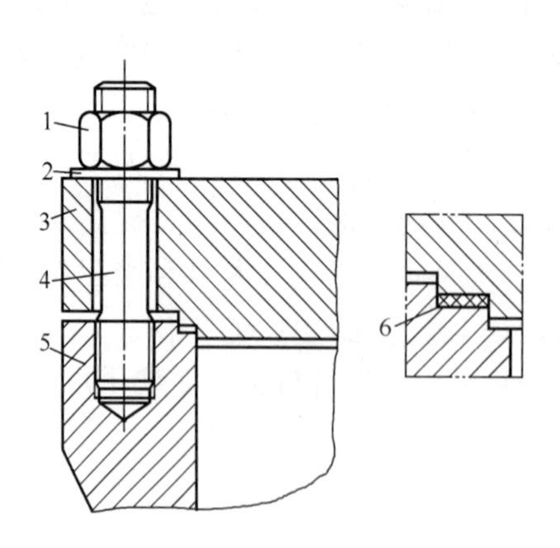

图 4-28　平垫密封结构

1—主螺母；2—垫圈；3—平盖；4—主螺栓；5—圆筒端部；6—平垫片

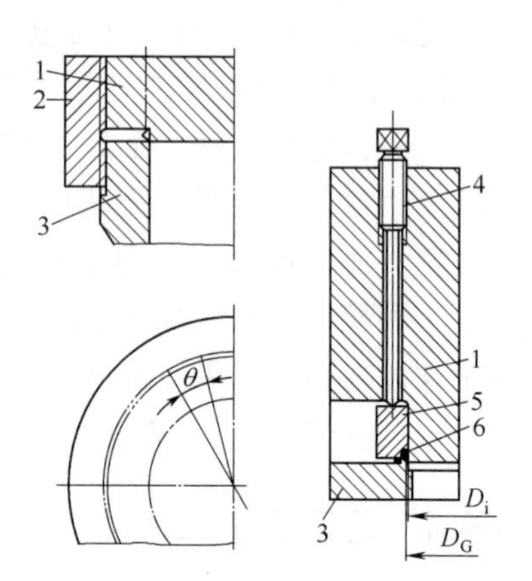

图 4-29　外螺纹卡扎里密封结构

1—平盖；2—螺纹套筒；3—圆筒端部；4—预紧螺栓；5—压环；6—密封垫片

③ 双锥密封　这是一种保留了主螺栓但属于有径向自紧作用的半自紧式密封结构，见图 4-30。在预紧状态，拧紧主螺栓使衬于双锥环两锥面上的软金

属垫片和平盖、筒体端部上的锥面相接触并压紧，导致两锥面上的软金属垫片达到足够的预紧密封比压；同时，双锥环本身产生径向收缩，使其内圆柱面和平盖凸出部分外圆柱面间的间隙g值消失而紧靠在封头凸出部分上。为保证预紧密封，两锥面上的比压应达到软金属垫片所需的预紧密封比压。内压升高时，平盖有向上抬起的趋势，从而使施加在两锥面上的、在预紧时所达到的比压趋于减小；双锥环由于在预紧时的径向收缩产生回弹，使两锥面上继续保留一部分比压；在介质压力的作用下，双锥环内圆柱表面向外扩张，导致两锥面上的比压进一步增大。为保持良好的密封性，两锥面上的比压必须大于软金属垫片所需要的操作密封比压。

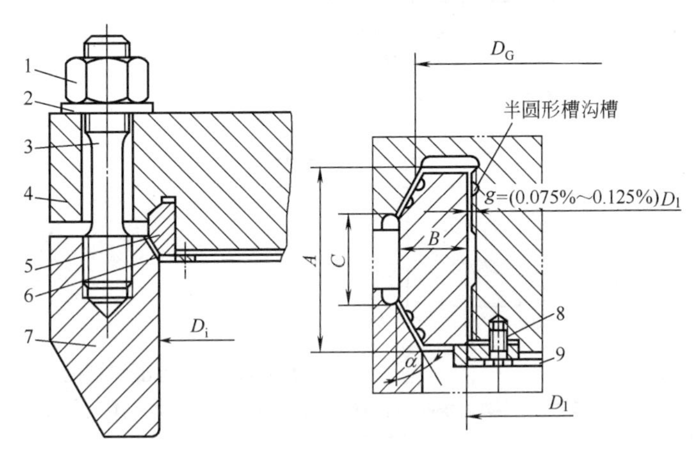

图 4-30 双锥密封结构

1—主螺母；2—垫圈；3—主螺栓；4—平盖；5—双锥环；6—软金属垫片；7—圆筒端部；8—螺栓；9—托环

该结构中双锥环可选用 20、25、35、16Mn、20MnMo、15CrMo 及 06Cr19Ni10 等材料制成，在其两个密封面上均开有半圆形沟槽，并衬有软金属垫，如退火铝或退火紫铜等。合理地设计双锥环的尺寸，使其有适当的刚性，保持有适当的回弹自紧力是很重要的。当截面尺寸过大时，双锥环的刚性也过大，不仅预紧时使双锥环压缩弹性变形的螺栓力要求过大，而且工作时介质压力使其径向扩张的力显得不够，自紧作用力小。反之，则刚性不足，工作时弹性回弹力也不足，从而影响自紧力。研究表明，采用以下尺寸数据设计的双锥环其密封效果较好。

双锥环高度

$$A=2.7\sqrt{D_i}$$

$$C=(0.5\sim0.6)A$$

双锥环厚度

$$B=\frac{A+C}{2}\sqrt{\frac{0.75p_c}{\sigma_m}}$$

式中 A——双锥环高度，mm；

B——双锥环厚度，mm；

C——双锥环外侧面高度，mm；

σ_m——双锥环中点处的弯曲应力，一般可按 50～100MPa 选取。

双锥密封结构简单，密封可靠，加工精度要求不高，制造容易，可用于直径大、压力和温度高的容器。在压力和温度波动的情况下，密封性能也良好。

④ 伍德密封　这是一种最早使用的自紧式密封结构，如图4-31所示。牵制螺栓通过牵制环拧入顶盖。在预紧状态，拧紧牵制螺栓，使压垫和顶盖及筒体端部间产生预紧密封力。当内压作用后，它们之间相

互作用的密封力随压力升高、顶盖向上顶起而迅速增大，同时卸去牵制螺栓与牵制环的部分甚至全部载荷。因此伍德密封属于轴向自紧式密封。

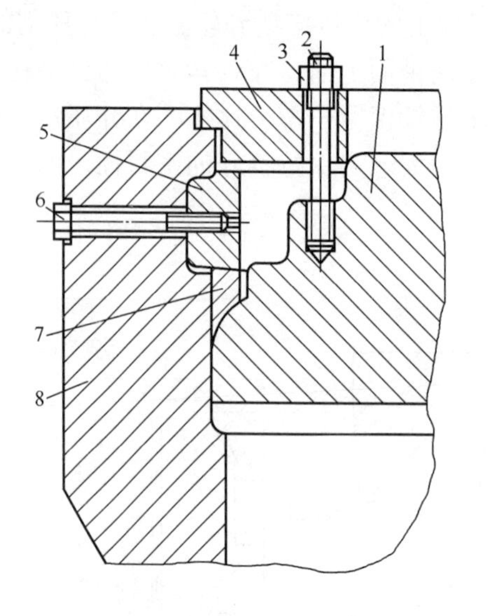

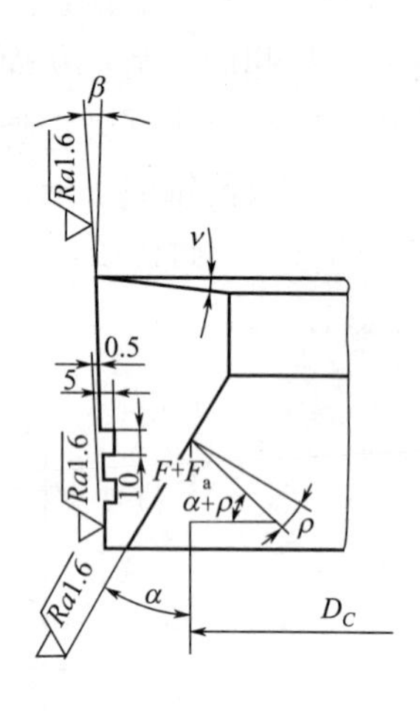

图 4-31　伍德密封结构

1—顶盖；2—牵制螺栓；3—螺母；4—牵制环；5—四合环；6—拉紧螺栓；7—压垫；8—筒体端部

该结构中压垫和顶盖之间按线接触密封设计。压垫与圆筒端部接触的密封面略有夹角（β=5°），另一个与端盖球形部分接触的密封面做成倾角较大的斜面（α=30°～35°）。

伍德密封无主螺栓连接，密封可靠，开启速度快，压垫可多次使用；对顶盖安装误差要求不高；在温度和压力波动的情况下，密封性能仍良好。但其结构复杂，装配要求高，高压空间占用较多。

此外还有“C”形环密封、金属“O”形环密封、三角垫密封、八角垫密封、“B”形环密封及楔形垫自紧密封（N.E.C）等高压密封结构。

⑤ 高压管道密封　与容器密封一样，要求具有密封性能良好、制造容易、结构简单合理、安装维修方便等特点。除此之外，管道密封还有它的特殊之处：ⅰ管道所承受的载荷，除内压外，往往还承受其他附加外载荷或弯矩，如管道现场安装时，常出现强制连接情况，这将产生很大的附加弯矩或剪力；ⅱ因管线延续较长，热膨胀值大，故温度波动的影响也较大；ⅲ管道接头拆装次数较容器要多，要求管道的密封结构更便于拆装。

高压管道密封的形式很多，也有强制式和自紧式两种。强制式密封主要为平垫密封，而自紧式多采用径向自紧式密封。下面介绍一种使用较多的透镜自紧式高压管道密封结构。

透镜式密封结构如图 4-32 所示，将管端加工成 β=20°的锥面作为密封面，透镜垫有 2 个球面，预紧时拧紧螺栓，使透镜球面与管端锥面形成线接触密封，因而单位面积上的压紧力就很大，使透镜垫与管端锥面之间有足够的弹性变形和局部塑性变形。升压后透镜垫径向膨胀，产生自紧作用，使密封面贴合得更为紧密。高温透镜垫常加工成如图 4-32（b）所示的结构，这种透镜垫有一个内环形空腔，当受内压作用后，内部介质压力作用在透镜垫的环形空腔内，使透镜垫向外膨胀，更紧密地与密封面贴合，使密封效果更好，同时还有一定的弹性，能补偿温度波动所造成的密封不实的影响。

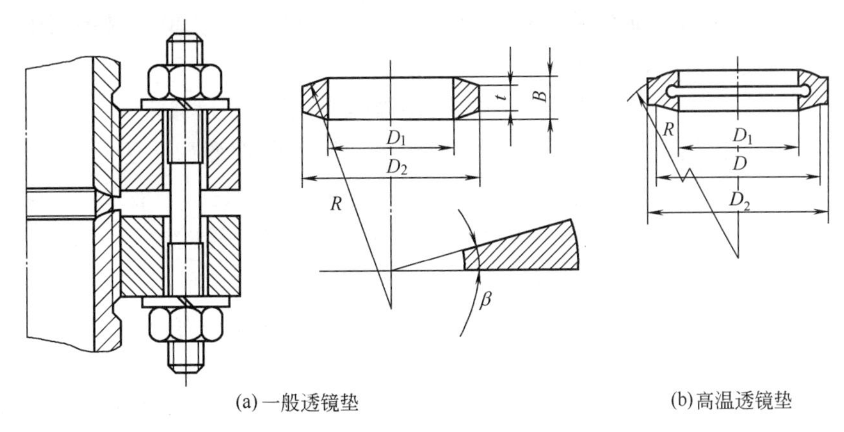

图 4-32 高压管道的透镜式密封

采用这种密封结构，管道与法兰不用焊接，而用螺纹连接，因而特别适合不宜焊接的高强度合金钢管的连接。

（3）提高高压密封性能的措施

为提高高压密封性能，常采取以下三种技术措施。

① 改善密封接触表面　即在保持密封元件原有的力学性能和回弹性能等特性的前提下，通过改善密封表面接触状况来提高密封元件的密封性能。常用的方法有：ⅰ密封面电镀或喷镀软金属、塑料等，以提高密封面的耐磨性能，保护密封面不受擦伤，同时降低实现密封所需的密封比压，减小预紧力，如在空心金属“O”形环表面镀银；ⅱ密封接触面之间衬软金属或非金属薄垫片，如在双锥密封面衬退火铝或退火紫铜等；ⅲ密封面上镶软金属丝或非金属材料。

② 改进垫片结构　采用由弹性件和塑性软垫组合而成的密封元件，依靠弹性件获得良好的回弹能力和必要的密封比压，同时依靠塑性软垫获得良好的密封接触面。图 4-33 为超高压聚乙烯反应釜用的组合式“B”形环，其特点是在“B”形环中镶入软材料以改善“B”形环的低压密封性能。工作时，利用软材料与过盈配合，建立初始密封来实现低压密封（60MPa 以下），当压力继续升高，“B”形环和密封面的接触比压也上升，构成了高压下的密封。该结构还可减小“B”形环的过盈量，易于安装。

③ 采用焊接密封元件　当容器或管道内盛装易燃、易爆、剧毒介质，或处于高温、高压、温度压力波动频繁等场合，要求封口完全密封时，可采用焊接密封元件结构，如图 4-34 所示。它是在两法兰面上先行焊接不同形式的密封焊元件，然后在装配时再将密封焊元件的外缘予以焊接。当容器或管道内清洁、无需更换内件时也可采用该方法。

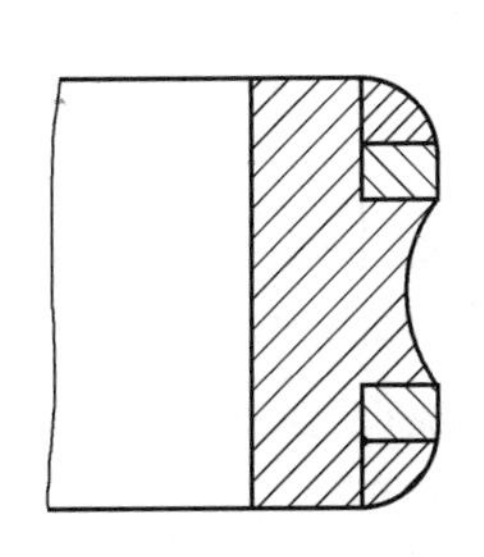

图 4-33 组合式“B”形环

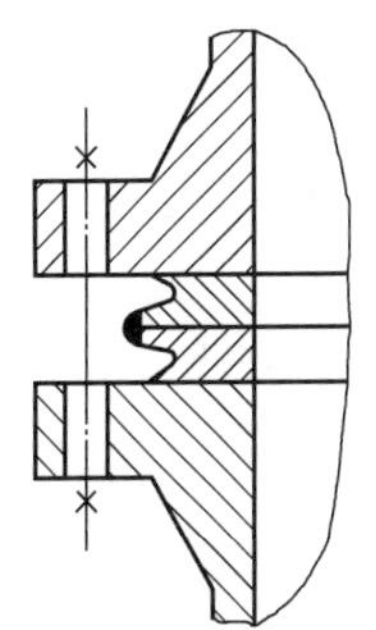

图 4-34 焊接密封元件结构

（4）螺栓载荷计算

螺栓载荷是主螺栓、筒体端部和顶盖设计的基础。下面对最基本的平垫密封和双锥密封结构进行分析。伍德密封、卡扎里密封等高压密封的主螺栓载荷计算方法参阅文献［2］。

① 平垫密封　与中低压容器的平垫密封原理一样，密封力全部由主螺栓提供。既要保证预紧时能使垫片发生塑性变形（达到预紧比压 y），又要保证工作时仍有足够的密封比压（即 mp_c）。但高压平垫采用窄面的金属垫片。垫片的 y、m 值按表 4-9 选用，密封载荷和主螺栓的设计计算见螺栓法兰连接。

② 双锥密封　根据双锥环的密封原理计算出预紧状态下主螺栓载荷 W_a 和操作状态下主螺栓载荷 W_p，并根据 W_a、W_p 进行主螺栓设计。

ⅰ. 预紧状态下主螺栓载荷 W_a。预紧时应保证密封面上的软金属垫片达到初始密封条件，同时又应使双锥环产生径向弹性压缩以消除双锥环与平盖之间的径向间隙。

为达到初始预紧密封，双锥密封面上必须施加的法向压紧力 $W_0=\pi D_G by$。预紧时，双锥环收缩，与顶盖有相对滑动趋势，使双锥环受到摩擦力 F_m 的作用，摩擦力的方向如图 4-35 所示，其大小为 $F_m=W_0\tan\rho=\pi D_G by\tan\rho$。$F_m$ 和 W_0 作矢量合成后再分解到垂直方向就是预紧时主螺栓必须提供的载荷 W_1，即

$$W_1=\pi D_G by\frac{\sin(\alpha+\rho)}{\cos\rho} \tag{4-75}$$

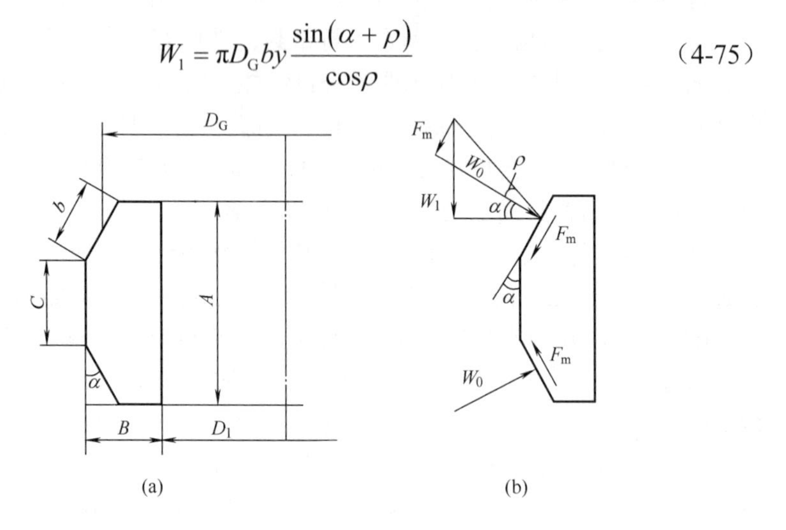

图 4-35　双锥环几何与预紧时的力分析

由图4-35（a）可知 $b=\dfrac{A-C}{2\cos\alpha}$，代入上式得

$$W_1=\frac{\pi}{2}D_G(A-C)\ y\frac{\sin(\alpha+\rho)}{\cos\alpha\cos\rho} \tag{4-76}$$

式中　D_G——双锥环的密封面平均直径，$D_G=D_1+2B-\dfrac{A-C}{2}\tan\alpha$，mm；

D_1——双锥环内圆柱面直径，mm；

ρ——摩擦角，钢与钢接触时 ρ=8°30′，钢与铜接触时 ρ=10°31′，钢与铝接触时 ρ=15°；

A，B，C，α——双锥环的几何尺寸，见图4-35（a）。

预紧时还同时应使双锥环产生径向弹性压缩，一般压缩至径向间隙 g 值完全消除，即双锥环的内侧面与平盖的支承面相贴合。此时的主螺栓载荷 W_1' 为

$$W_1' = \pi E f \frac{2g}{D_1}\tan(\alpha+\rho) \tag{4-77}$$

式中 E——双锥环材料的弹性模量，MPa；

f——双锥环的截面积，$f = AB - \left(\frac{A-C}{2}\right)^2\tan\alpha$，mm²；

g——径向间隙，g=（0.075%～0.125%）D_1，mm。

一般情况下，W_1 要比 W_1' 大得多，这样主螺栓的预紧载荷只要按式（4-76）计算就可满足要求。

ⅱ. 双锥环操作状态时的主螺栓载荷 W_p。操作状态下主螺栓将承受三部分力：内压引起的总轴向力 F、双锥环自紧作用的轴向分力 F_p 和双锥环回弹力的轴向分力 F_c，即

$$W_p = F + F_p + F_c \tag{4-78}$$

内压对平盖的轴向力

$$F = \frac{\pi}{4} D_G^2 p_c \tag{4-79}$$

双锥环自紧作用的轴向分力 F_p，由内压作用在密封环内圆柱表面的径向扩张力 V_p 引起。V_p 可由下式求出

$$V_p = \pi D_G b p_c$$

式中 b——双锥环的有效高度，$b = 0.5(A+C)$，mm。

因双锥面有两个锥面，每一锥面受到的推力为 $V_p/2$，锥面上相应有一法向力 G。向外扩张时受到摩擦力 f_m 的作用，方向与预紧时相反，如图 4-36（a）所示。G 与 f_m 的合力再分解，其垂直分力即为 F_p

$$F_p = \frac{V_p}{2}\tan(\alpha-\rho) = \frac{\pi}{2} D_G b p_c \tan(\alpha-\rho) \tag{4-80}$$

双锥环回弹力的轴向分力 F_c，由环内的变形回弹力引起。存在回弹力的条件是双锥环始终处于压缩状态。压缩越大，环的回弹力越大。最大回弹力 V_R 为

$$V_R = 4\pi E f \frac{g}{D_G}$$

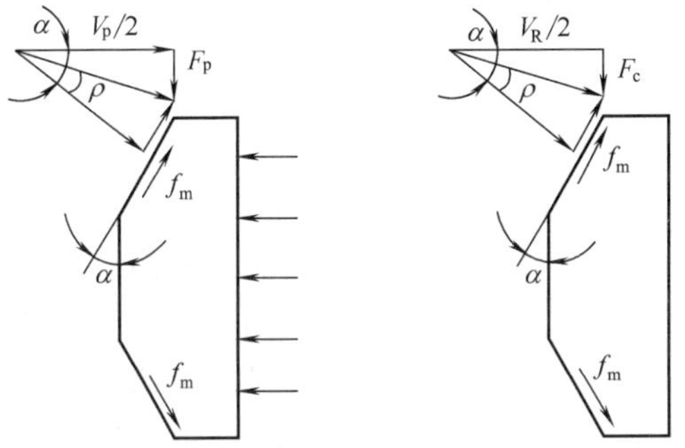

(a) 压力自紧力分析　　(b) 回弹自紧力分析

图 4-36 双锥环工作时的力分析

操作状态压紧面上的摩擦力方向如图4-36（b）所示，压紧面上的法向力和摩擦力的合力在垂直方向的分力 F_c 为

$$F_c = \frac{V_R}{2}\tan(\alpha-\rho) = 2\pi E f \frac{g}{D_1}\tan(\alpha-\rho) \tag{4-81}$$

将式（4-79）～式（4-81）代入式（4-78）即得操作状态下主螺栓载荷 W_p

$$W_p = \frac{\pi}{4} D_G^2 p_c + \frac{\pi}{2} D_G b p_c \tan(\alpha-\rho) + 2\pi E f \frac{g}{D_1}\tan(\alpha-\rho) \tag{4-82}$$

4.3.5 开孔和开孔补强设计

由于各种工艺和结构上的要求，不可避免地要在容器上开孔并安装接管。开孔以后，除削弱器壁的

强度外，在壳体和接管的连接处，因结构的连续性被破坏，会产生很高的局部应力，给容器的安全操作带来隐患，因此压力容器设计必须充分考虑开孔的补强问题。

（1）补强结构

压力容器接管补强结构通常采用局部补强结构，主要有补强圈补强、厚壁接管补强和整锻件补强三种形式，如图 4-37 所示。

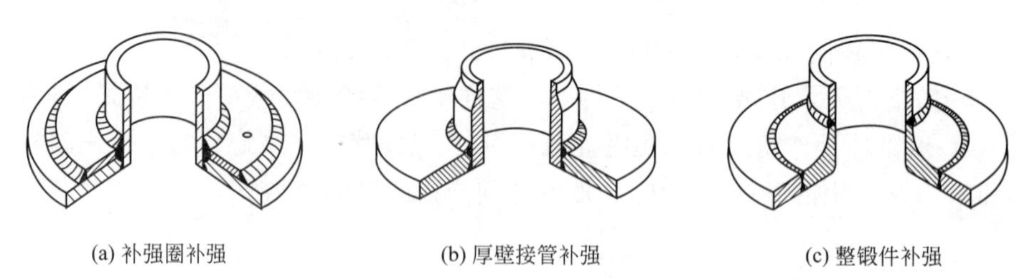

图 4-37 补强元件的基本类型

① 补强圈补强　这是中低压容器应用最多的补强结构，补强圈贴焊在壳体与接管连接处，如图 4-37（a）所示。它结构简单，制造方便，使用经验丰富，但补强圈与壳体金属之间不能完全贴合，传热效果差，在中温以上使用时，二者存在较大的热膨胀差，因而使补强局部区域产生较大的热应力；另外，补强圈与壳体采用搭接连接，难以与壳体形成整体，所以抗疲劳性能差。这种补强结构一般使用在静载、常温、中低压、材料的标准抗拉强度下限值低于 540MPa、补强圈厚度小于或等于 $1.5\delta_n$、壳体名义厚度 δ_n 不大于 38mm 的场合。

② 厚壁接管补强　即在开孔处焊上一段厚壁接管，如图 4-37（b）所示。由于接管的加厚部分正处于最大应力区域内，故比补强圈更能有效地降低应力集中系数。接管补强结构简单，焊缝少，焊接质量容易检验，因此补强效果较好。高强度低合金钢制压力容器由于材料缺口敏感性较高，一般都采用该结构，但必须保证焊缝全熔透。

③ 整锻件补强　该补强结构是将接管和部分壳体连同补强部分做成整体锻件，再与壳体和接管焊接，如图 4-37（c）所示。其优点是：补强金属集中于开孔应力最大部位，能最有效地降低应力集中系数；可采用对接焊缝，并使焊缝及其热影响区离开最大应力点，抗疲劳性能好，疲劳寿命只降低 10%～15%。缺点是锻件供应困难，制造成本较高，所以只在重要压力容器中应用，如核容器，材料屈服强度在 500MPa 以上的容器开孔及受低温、高温、疲劳载荷容器的大直径开孔等。

（2）开孔补强设计准则

开孔补强设计就是指采取适当增加壳体或接管厚度的方法将应力集中系数减小到某一允许数值。目前通用的、也是最早的开孔补强设计准则是基于弹性失效设计准则的等面积补强法。但随着各国对开孔补强研究的深入，出现了许多新的设计思想，形成了新的设计准则，如建立了以塑性失效准则为基础的极限载荷补强法、基于弹性薄壳理论解的圆柱壳接管开孔补强法等。设计时，对于不同的使用场合和载荷性质可采用不同的设计方法。

① 等面积补强法 认为壳体因开孔被削弱的承载面积，须有补强材料在离孔边一定距离范围内予以等面积补偿。该方法是以双向受拉伸的无限大平板上开有小孔时孔边的应力集中作为理论基础的，即仅考虑壳体中存在的拉伸薄膜应力，且以补强壳体的一次应力强度作为设计准则，故对小直径的开孔来说安全可靠。由于该补强法未计及开孔处的应力集中的影响，也没有计入容器直径变化的影响，补强后对不同接管会得到不同的应力集中系数，即安全裕量不同，因此有时显得富裕，有时显得不足。

等面积补强准则的优点是有长期的实践经验，简单易行，当开孔较大时，只要对其开孔尺寸和形状等予以一定的配套限制，在一般压力容器使用条件下能够保证安全，因此不少国家的容器设计规范主要采用该方法，如 ASME Ⅷ-1 和 GB/T 150.3 等。

4

② 压力面积补强法 要求壳体的承压投影面积对压力的乘积和壳壁的承载截面积对许用应力的乘积相平衡。该法仅考虑开孔边缘一次总体及局部薄膜应力的静力要求，在本质上与等面积补强法相同，没有考虑弯曲应力的影响。

③ 极限载荷补强法 要求带补强接管的壳体极限压力与无接管的壳体极限压力基本相同。

（3）允许不另行补强的最大开孔直径

压力容器常常存在各种强度裕量，例如接管和壳体实际厚度往往大于强度需要的厚度；接管根部有填角焊缝；焊接接头系数小于 1 但开孔位置不在焊缝上。这些因素相当于对壳体进行了局部加强，降低了薄膜应力从而也降低了开孔处的最大应力。因此，对于满足一定条件的开孔接管，可以不予补强。

GB/T 150.3 规定，当在设计压力小于或等于 2.5MPa 的壳体上开孔，两相邻开孔中心的间距（对曲面间距以弧长计算）大于两孔直径之和的两倍，且接管公称外径小于或等于 89mm 时，只要接管最小厚度满足表 4-14 要求，就可不另行补强。

表4-14 不另行补强的接管最小厚度 mm

接管公称外径	25	32	38	45	48	57	65	76	89
最小厚度	3.5			4.0		5.0		6.0	

注：1. 钢材的标准抗拉强度下限值 $R_m \geqslant 540$MPa时，接管与壳体的连接宜采用全熔透的结构形式；

2. 表中接管的腐蚀裕量为1mm，当腐蚀裕量加大时，须相应增加接管壁厚。

（4）等面积补强计算

等面积补强设计方法主要用于补强圈结构的补强计算。基本原则如前所述，就是使有效补强的金属面积等于或大于开孔所削弱的金属面积。

① 允许开孔的范围 等面积补强法是以无限大平板上开小圆孔的孔边应力分析作为其理论依据。但实际的开孔接管是位于壳体而不是平板上，壳体总有一定的曲率，为减少实际应力集中系数与理论分析结果之间的差异，必须对开孔的尺寸和形状给予一定的限制。GB/T 150.3 对开孔最大直径作了如下限制。

ⅰ. 圆筒上开孔的限制：当其内径 $D_i \leqslant 1500$mm 时，开孔最大直径 $d \leqslant \frac{1}{2}D_i$，且 $d \leqslant 520$mm；当其内径 $D_i > 1500$mm 时，开孔最大直径 $d \leqslant \frac{1}{3}D_i$，且 $d \leqslant 1000$mm。

ⅱ. 凸形封头或球壳上开孔最大直径 $d \leqslant \frac{1}{2}D_i$。

ⅲ. 锥壳（或锥形封头）上开孔最大直径 $d \leqslant \frac{1}{3}D_i$，$D_i$ 为开孔中心处的锥壳内直径。

ⅳ. 在椭圆形或碟形封头过渡部分开孔时，其孔的中心线宜垂直于封头表面。

② 所需最小补强面积 A 对受内压的圆筒或球壳，所需要的补强面积 A 为

$$A=d\delta+2\delta\delta_{et}(1-f_r) \tag{4-83}$$

式中 A——开孔削弱所需要的补强面积，mm^2；

d——开孔直径，圆形孔等于接管内直径加 2 倍厚度附加量，椭圆形或长圆形孔取所考虑截面上的尺寸（弦长）加 2 倍厚度附加量，mm；

δ——壳体开孔处的计算厚度，mm；

δ_{et}——接管有效厚度，$\delta_{et}=\delta_{nt}-C$，mm；

f_r——强度削弱系数，等于设计温度下接管材料与壳体材料许用应力之比，当该值大于 1.0 时，取 $f_r=1.0$。

对于受外压或平盖上的开孔，开孔造成的削弱是抗弯截面模量而不是指承载截面积。按照等面积补强的基本出发点，因开孔引起的抗弯截面模量的削弱必须在有效补强范围内得到补强，且所需补强的截面积仅为因开孔而引起削弱截面积的一半。

对受外压的圆筒或球壳，所需最小补强面积 A 为

$$A=0.5\left[d\delta+2\delta\delta_{et}(1-f_r)\right] \tag{4-84}$$

对平盖开孔直径 $d\leqslant 0.5D_i$ 时，所需最小补强面积 A 为

$$A=0.5d\delta_p \tag{4-85}$$

式中　δ_p——平盖计算厚度，mm。

③ 有效补强范围　开孔后壳体上的最大应力在孔边，并随离孔边距离的增加而减少。如果在离孔边一定距离的补强范围内，加上补强材料，可有效降低应力水平。壳体进行开孔补强时，其补强区的有效范围按图 4-38 中的矩形 $WXYZ$ 范围确定，超此范围的补强是没有作用的。

有效宽度 B 按式（4-86）计算，取二者中较大值

$$\begin{cases} B=2d \\ B=d+2\delta_n+2\delta_{nt} \end{cases} \tag{4-86}$$

式中　B——补强有效宽度，mm；

δ_n——壳体开孔处的名义厚度，mm；

δ_{nt}——接管名义厚度，mm。

内外侧有效高度按式（4-87）和式（4-88）计算，分别取式中较小值

外侧高度
$$\begin{cases} h_1=\sqrt{d\delta_{nt}} \\ h_1=\text{接管实际外伸高度} \end{cases} \tag{4-87}$$

内侧高度
$$\begin{cases} h_2=\sqrt{d\delta_{nt}} \\ h_2=\text{接管实际内伸高度} \end{cases} \tag{4-88}$$

④ 补强范围内补强金属面积 A_e　在有效补强区 $WXYZ$ 范围内，可作为有效补强的金属面积有以下几部分。

A_1：壳体有效厚度减去计算厚度之外的多余面积

$$A_1=(B-d)(\delta_e-\delta)-2\delta_{et}(\delta_e-\delta)(1-f_r) \tag{4-89}$$

A_2：接管有效厚度减去计算厚度之外的多余面积

$$A_2=2h_1(\delta_{et}-\delta_t)f_r+2h_2(\delta_{et}-C_2)f_r \tag{4-90}$$

A_3：有效补强区内焊缝金属的截面积。

A_4：有效补强区内另外再增加的补强元件的金属截面积。

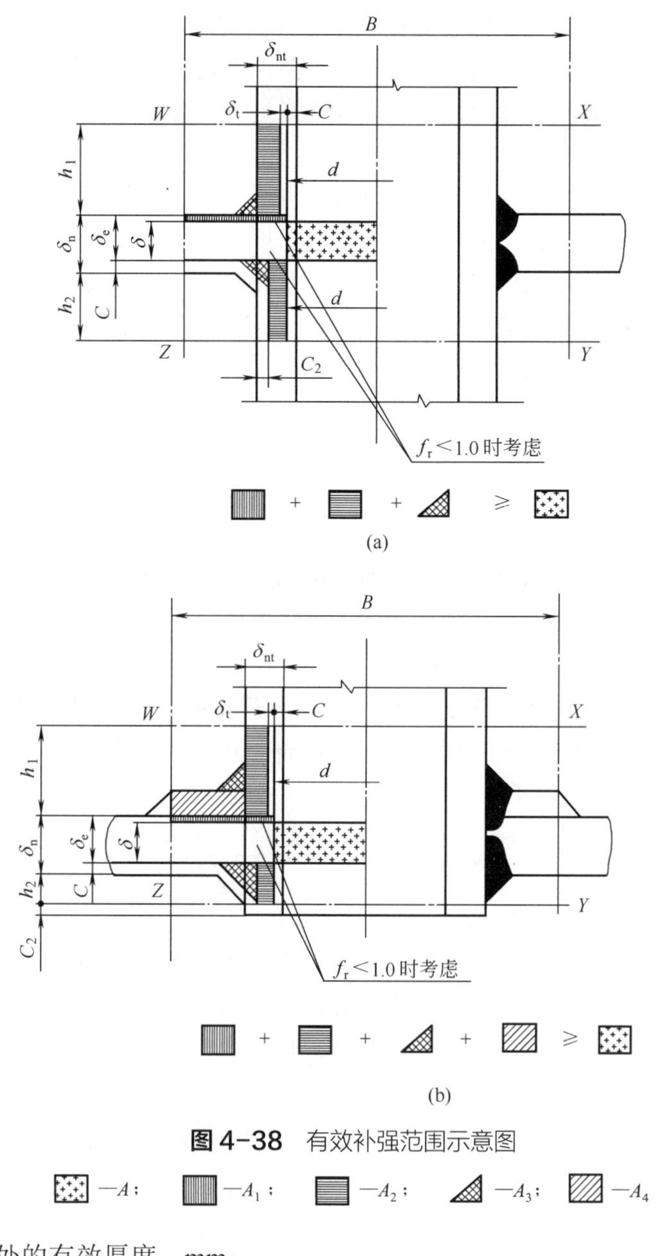

图4-38 有效补强范围示意图

式中 δ_e——壳体开孔处的有效厚度，mm；

δ_t——接管计算厚度，mm。

若

$$A_e=A_1+A_2+A_3\geqslant A$$

则开孔后不需要另行补强。

若

$$A_e=A_1+A_2+A_3<A$$

则开孔需要另外补强，所增加的补强金属截面积A_4应满足

$$A_4\geqslant A-A_e \tag{4-91}$$

式中 A_e——有效补强范围内另加的补强面积，mm^2。

补强材料一般需与壳体材料相同，若补强材料许用应力小于壳体材料许用应力，则补强面积按壳体材料与补强材料许用应力之比而增加。若补强材料许用应力大于壳体材料许用应力，则所需补强面积不得减少。

以上介绍的是壳体上单个开孔的等面积补强计算方法。当存在多个开孔，且各相邻孔之间的中心距小于两孔平均直径的两倍时，这些相邻孔就不能再以单孔计算，而应作为并联开孔来进行联合补强计算。多个开孔补强设计方法可参阅文献［2］。

承受内压的壳体，有时不可避免地要出现大开孔。当开孔直径超过标准中允许的开孔范围时，孔周边会出现较大的局部应力，因而不能采用等面积补强法进行补强计算。目前，对大开孔的补强，常采用基于弹性薄壳理论解的圆柱壳接管补强法、压力面积法和有限单元法等方法进行设计。

（5）接管方位

根据等面积补强设计准则，开孔所需最小补强面积主要由 $d\delta$ 确定，这里的 δ 为按壳体开孔处的最大应力计算而得的计算厚度。对于内压圆筒上的开孔，δ 为按周向应力计算而得的计算厚度。当在内压椭圆形封头或内压碟形封头上开孔时，则应区分不同的开孔位置取不同的计算厚度。这是由于常规设计中，内压椭圆形封头和内压碟形封头的计算厚度都是由转角过渡区的最大应力确定的，而中心部位的应力则比转角过渡区的应力要小，因而所需的计算厚度也较小。

为此，对于椭圆形封头，当开孔位于以椭圆形封头中心为中心 80% 封头内直径的范围内时，由于中心部位可视为当量半径 $R_i=K_1D_i$ 的球壳，计算厚度 δ 可按式（4-92）计算

$$\delta=\frac{p_cK_1D_i}{2[\sigma]^t\phi-0.5p_c} \tag{4-92}$$

其中，K_1 为椭圆形长短轴比值决定的系数，由表 4-5 查得。而在此范围以外开孔时，其 δ 按椭圆形封头的厚度计算式（4-45）计算。

对于碟形封头，当开孔位于封头球面部分内时，则取式（4-49）中的碟形封头形状系数 M=1，即计算厚度按式（4-93）计算

$$\delta=\frac{p_cR_i}{2[\sigma]^t\phi-0.5p_c} \tag{4-93}$$

在此范围之外的开孔，其 δ 按碟形封头的厚度计算式（4-49）计算。

对于非径向接管，圆筒或封头上需开椭圆形孔。与径向接管相比，接管和壳体连接处的应力集中系数增大，抗疲劳失效的能力降低。因此，设计时应尽量避免选用非径向接管。

非径向接管的开孔补强计算时，若椭圆孔的长轴和短轴之比不超过 2.5，一般仍采用等面积补强法。

 例 4-2

内径 D_i=1800mm 的圆柱形容器，采用标准椭圆形封头，在封头中心位置设置 ϕ159mm×4.5mm 的内平齐接管，封头名义厚度 δ_n=18mm，设计压力 p=2.5MPa，设计温度 t=150℃，接管外伸高度 h_1=200mm，封头和补强圈材料为 Q345R，其许用应力 $[\sigma]^t$=183MPa，接管材料为 10 钢，其许用应力

$[\sigma]_n^t=115\text{MPa}$，封头和接管的厚度附加量 C 均取 2mm。液柱静压力可以忽略，焊接接头系数 $\phi=1.0$。试作补强圈设计。

解（1）补强及补强方法判别

① 补强判别　根据表 4-14，允许不另行补强的最大接管外径为 ϕ89mm。本开孔外径等于 159mm，故需另行考虑其补强。

② 补强计算方法判别

开孔直径　$d=d_i+2C=150+2\times2=154$（mm）

本凸形封头开孔直径 $d=154\text{mm}<D_i/2=900\text{mm}$，满足等面积法开孔补强计算的适用条件，故可用等面积法进行开孔补强计算。

（2）开孔所需补强面积

① 封头计算厚度　由于在椭圆形封头中心区域开孔，所以封头计算厚度按式（4-92）确定

$$\delta=\frac{K_1 p_c D_i}{2[\sigma]^t\phi-0.5p_c}=\frac{0.9\times2.5\times1800}{2\times183\times1-0.5\times2.5}=11.1\ \text{(mm)}$$

式中，$K_1=0.9$（查表 4-5）。

② 开孔所需补强面积　先计算强度削弱系数 f_r，$f_r=\dfrac{[\sigma]_n^t}{[\sigma]^t}=\dfrac{115}{183}=0.6284$，接管有效厚度为

$$\delta_{et}=\delta_{nt}-C=4.5-2=2.5\ \text{(mm)}$$

开孔所需补强面积按式（4-83）计算

$$A=d\delta+2\delta\delta_{et}(1-f_r)=154\times11.1+2\times11.1\times2.5\times(1-0.6284)=1730\ (\text{mm}^2)$$

（3）有效补强范围

① 有效宽度 B　按式（4-86）确定

$$\begin{cases}B=2d=2\times154=308\ (\text{mm})\\ B=d+2\delta_n+2\delta_{nt}=154+2\times18+2\times4.5=199\ (\text{mm})\end{cases}\quad \text{取大值}$$

故 $B=308\text{mm}$。

② 有效高度　外侧有效高度 h_1 按式（4-87）确定

$$\begin{cases}h_1=\sqrt{d\delta_{nt}}=\sqrt{154\times4.5}=26.3\ (\text{mm})\\ h_1=200\text{mm}\ (\text{实际外伸高度})\end{cases}\quad \text{取小值}$$

故 $h_1=26.3\text{mm}$。

内侧有效高度 h_2 按式（4-88）确定

$$\begin{cases}h_2=\sqrt{d\delta_{nt}}=\sqrt{154\times4.5}=26.3\ (\text{mm})\\ h_2=0\ (\text{实际内伸高度})\end{cases}\quad \text{取小值}$$

故 $h_2=0$。

（4）有效补强面积

① 封头多余金属面积

封头有效厚度　$\delta_e=\delta_n-C=18-2=16$（mm）

封头多余金属面积 A_1 按式（4-89）计算

$$\begin{aligned}A_1&=(B-d)(\delta_e-\delta)-2\delta_{et}(\delta_e-\delta)(1-f_r)\\&=(308-154)\times(16-11.1)-2\times2.5\times(16-11.1)(1-0.6284)=745.5\ (\text{mm}^2)\end{aligned}$$

② 接管多余金属面积

接管计算厚度

$$\delta_t = \frac{p_c d_i}{2[\sigma]_n^t \phi - p_c} = \frac{2.5 \times 150}{2 \times 115 \times 1 - 2.5} = 1.65 \text{（mm）}$$

接管多余金属面积A_2按式（4-90）计算

$$A_2 = 2h_1(\delta_{et} - \delta_t) f_r + 2h_2(\delta_{et} - C_2) f_r$$
$$= 2 \times 26.3 \times (2.5 - 1.65) \times 0.6284 + 0 = 28.1 \text{（mm}^2\text{）}$$

③ 接管区焊缝面积（焊脚取 6.0mm）

$$A_3 = 2 \times \frac{1}{2} \times 6.0 \times 6.0 = 36.0 \text{（mm}^2\text{）}$$

④ 有效补强面积

$$A_e = A_1 + A_2 + A_3 = 745.5 + 28.1 + 36.0 = 809.6 \text{（mm}^2\text{）}$$

（5）所需另行补强面积

$$A_4 = A - (A_1 + A_2 + A_3) = 1730 - 809.6 = 920.4 \text{（mm}^2\text{）}$$

拟采用补强圈补强。

（6）补强圈设计

根据接管公称直径 $DN150$ 选补强圈，参照补强圈标准 JB/T 4736 取补强圈外径 D'=300mm，内径 d'=163mm。因 B=308mm＞D'，补强圈在有效补强范围内。

补强圈厚度为

$$\delta' = \frac{A_4}{D' - d'} = \frac{920.4}{300 - 163} = 6.72 \text{（mm）}$$

考虑钢板负偏差并经圆整，取补强圈名义厚度为 8mm。但为便于制造时准备材料，补强圈名义厚度也可取为封头的厚度，即 δ'=18mm。

4.3.6　支座和检查孔

4.3.6.1　支座

支座是用来支承容器及设备重量，并使其固定在某一位置的压力容器附件。在某些场合还受到风载荷、地震载荷等动载荷的作用。

压力容器支座的结构形式很多，根据容器自身的安装形式，支座可以分为两大类：立式容器支座和卧式容器支座。

（1）立式容器支座

立式容器有耳式支座、支承式支座、腿式支座和裙式支座等四种支座。中、小型直立容器常采用前三种支座，高大的塔设备则广泛采用裙式支座。

常见支座类型

① 耳式支座　又称悬挂式支座，它由筋板和支脚板组成，广泛用于反应釜及立式换热器等直立设备。优点是简单、轻便，但对器壁会产生较大的局部应力。因而，耳式支座均应带垫板，垫板的材料最好与筒体相同，厚度尽量与筒体厚度相同，但也可根据实际需要增加垫板厚度。

例如：不锈钢容器用碳素钢作支座时，为防止器壁与支座在焊接过程中合金元素的流失，应在支座与器壁间加一不锈钢垫板。图 4-39 是一带有垫板的耳式支座。

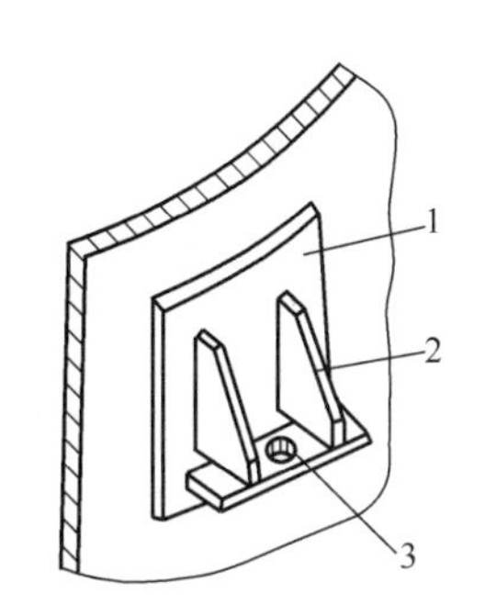

图 4-39 耳式支座

1—垫板；2—筋板；3—支脚板

耳式支座推荐用的标准为 NB/T 47065.3《容器支座 第 3 部分：耳式支座》，它将耳式支座分为 A 型（短臂）、B 型（长臂）和 C 型（加长臂）三类。其中 A 型和 B 型耳座有带盖板与不带盖板两种结构，C 型耳座都带有盖板。

② 支承式支座 对于高度不大、安装位置距基础面较近且具有凸形封头的立式容器，可采用支承式支座，它是在容器封头底部焊上数根支柱，直接支承在基础地面上，如图 4-40 所示。支承式支座的主要优点是简单方便，但它对容器封头会产生较大的局部应力，因此当容器较大或壳体较薄时，必须在支座和封头间加垫板，以改善壳体局部受力情况。

支承式支座推荐用的标准为 NB/T 47065.4《容器支座 第 4 部分：支承式支座》。它将支承式支座分为 A 型和 B 型，A 型支座由钢板焊制而成，B 型支座采用钢管作支柱。支承式支座适用于 DN800～4000mm，圆筒长径比 $L/DN \leqslant 5$，且容器总高度小于 10m 的钢制立式圆筒形容器。

③ 腿式支座 简称支腿，多用于高度较小的中小型立式容器中，它与支承式支座的最大区别在于：腿式支座是支承在容器的圆柱体部分，而支承式支座是支承在容器的底封头上，如图 4-41 所示。腿式支座具有结构简单、轻巧、安装方便等优点，并在容器下面有较大的操作维修空间。但当容器上的管线直接与产生脉动载荷的机器设备刚性连接时，不宜选用腿式支座。

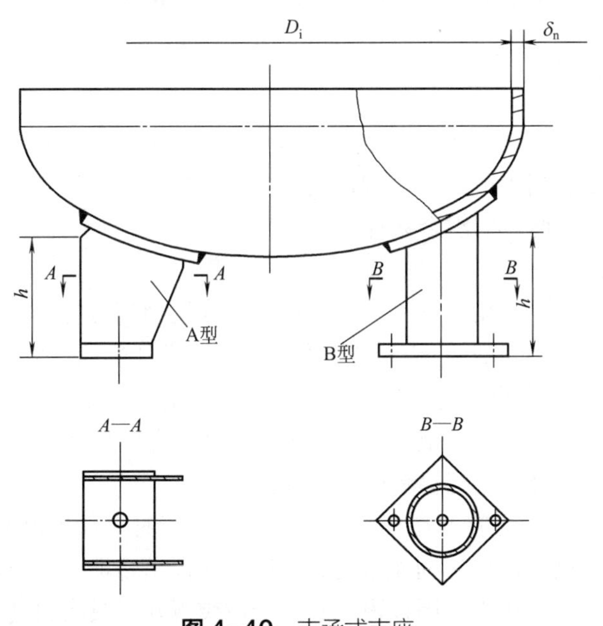

图 4-40 支承式支座

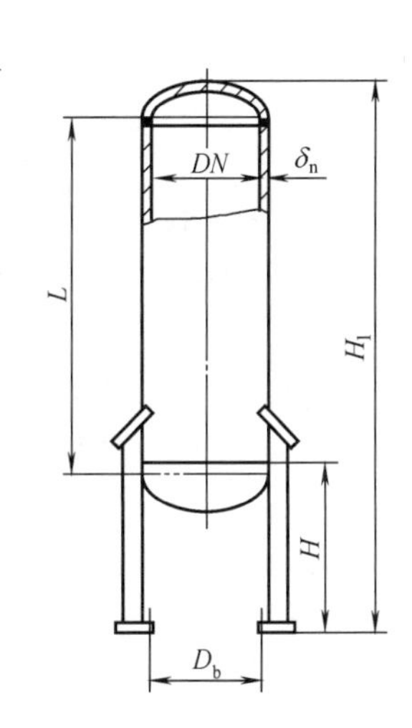

图 4-41 腿式支座

腿式支座推荐用的标准为 NB/T 47065.2《容器支座 第 2 部分：腿式支座》。它将腿式支座分为 A 型、B 型和 C 型三大类，其中 A 型支腿选用角钢作为支柱，与容器圆筒吻合较好，焊接安装较为容易；B 型支腿采用钢管作为支柱，在所有方向上都具有相同截面系数，具有较高的抗受压失稳能力；C 型支腿则采用焊接 H 型钢作为支柱，比 A 型和 B 型具有更大的抗弯截面模量。腿式支座适用于 DN300～2000mm，容器总高度 H_1 小于 5m（对 B 类支腿，$H_1 \leqslant 5.6$m；对 C 类支腿，$H_1 \leqslant 7$m）的钢制立式圆筒形容器。

选用立式容器支座时，先根据容器公称直径 DN 和总质量选取相应的支座号和支座数量，然后计算支

座承受的实际载荷，使其不大于支座允许载荷。除容器总质量外，实际载荷还应综合考虑风载荷、地震载荷和偏心载荷。详见相应的支座标准。

④ 裙式支座 对于比较高大的立式容器，特别是塔器，应采用裙式支座。裙式支座有两种形式：圆筒形裙座和圆锥形裙座。裙式支座将在本书第 7 章中作详细介绍。

（2）卧式容器支座

主要有鞍座、圈座及支腿三种形式。常见的大型卧式储罐、换热器等多采用鞍座。鞍座是应用最为广泛的一种卧式容器支座。但对于大直径的薄壁容器和真空容器，为增加筒体支座处的局部刚度常采用圈座。重量较轻的小型容器采用结构简单的支腿。各种卧式容器支座的结构与选用将在本书第 5 章作详细介绍。

4.3.6.2 检查孔

为了检查压力容器在使用过程中是否有裂纹、变形、腐蚀等缺陷产生，壳体上必须开设检查孔。检查孔包括人孔、手孔等，其开设位置、数量和尺寸等应当满足容器内部可检验的需要。

对不开设检查孔的压力容器，设计者应当提出具体技术措施，如对所有 A、B 类对接接头进行全部射线或超声检测；在图样上注明设计厚度，且在压力容器在用期间或检验时重点进行测厚检查；相应缩短检验周期等。

4.3.7 超压泄放装置

超压泄放装置是一种为保证压力容器安全运行，超压时能自动卸压，防止发生超压爆炸而装设在容器上的附属机构，是压力容器的安全附件之一。主要包括安全阀、爆破片以及两者的组合装置。

（1）超压泄放原理

压力容器在运行过程中，由于种种原因，可能出现压力超过容器最高许用压力的情况，如盛装液化气体的储罐，因装液过量或因意外受热而温度骤升，致使内部液体膨胀，压力骤然增高。超压运行是不允许的，也是十分危险的。为此，除了采取措施消除或减少可能引起压力容器超压的各种因素外，一个很重要的预防措施是在压力容器上配置超压泄放装置。

超压泄放装置的作用是当容器在正常工作压力下运行时，保持严密不漏，若容器内的压力一旦超过限定值，则能自动、迅速地排泄出容器内介质，使容器内的压力始终保持在许用压力范围以内。超压泄放装置除了具有自动泄压这一主要功能外，还兼有自动报警的作用。这是因为它排放气体时，介质是以高速喷出，常常发出较大的响声，相当于发出了压力容器超压的报警音响讯号。

但是并非每台容器都必须直接配置超压泄放装置。当压力源来自压力容器外部，且得到可靠控制时，超压泄放装置可以不直接安装在压力容器上。超压泄放装置的额定泄放量应不小于容器的超压泄放量。只有这样，才能保证超压泄放装置完全开启后，容器内的压力不会继续升高。超压泄放装置的额定泄放量，是指它在全开状态时，在排放压力下单位时间内所能排出的气量。容器的安全泄放量，则是指容器超压时为保证它的压力不会再升高而在单位时间内所必须泄放的气量。

压力容器的安全泄放量为容器在单位时间由产生气体压力的设备（如压缩机、蒸汽锅炉等）所能输入的最大气量；或容器在受热时，单位时间容器内所能蒸发、分解出的最大气量；或容器内部工作介质发生化学反应，在单位时间所能产生的最大气量。因而，对于各种压力容器，应分别按不同的方法确定其安全泄放量。具体计算可参见文献［2］。

（2）安全阀

安全阀的作用是通过阀的自动开启排出气体来降低容器内过高的压力。其优点是仅排放容器内高于规定值的部分压力，当容器内的压力降至稍低于正常操作压力时，能自动关闭，避免一旦容器超压就把全部气体排出而造成浪费和中断生产；可重复使用多次，安装调整也比较容易。但密封性能较差，阀的开启有滞后现象，泄压反应较慢。

① 结构与类型　安全阀主要由阀座、阀瓣和加载机构组成。阀瓣与阀座紧扣在一起，形成一密封面，阀瓣上面是加载机构。当容器内的压力处于正常工作压力时，容器内介质作用于阀瓣上的力小于加载机构施加在它上面的力，两力之差在阀瓣与阀座之间构成密封比压，使阀瓣紧压着阀座，容器内的气体无法排出；当容器内压力超过额定的压力并达到安全阀的开启压力时，介质作用于阀瓣上的力大于加载机构加在它上面的力，于是阀瓣离开阀座，安全阀开启，容器内的气体通过阀座排出。如果容器的安全泄放量小于安全阀的额定排放量，经一段时间泄放后，容器内压力会降到正常工作压力以下（即回座压力），此时介质作用于阀瓣上的力已低于加载机构施加在它上面的力，阀瓣又回落到阀座上，安全阀停止排气，容器可继续工作。安全阀通过作用在阀瓣上的两个力的不平衡作用，使其关闭或开启，达到自动控制压力容器超压的目的。

安全阀有多种分类方式，按加载机构可分为重锤杠杆式和弹簧式；按阀瓣开启高度的不同，可分为微启式和全启式；按气体排放方式的不同，可分为全封闭式、半封闭式和开放式；按作用原理可分为直接作用式和非直接作用式等。

图 4-42 所示为弹簧式安全阀的结构示意图。它是利用弹簧压缩力来平衡作用在阀瓣上的力。调节螺旋弹簧的压缩量，就可以调整安全阀的开启（整定）压力。图中所示为带上下调节圈的弹簧全启式安全阀。装在阀瓣外面的上调节圈和装在阀座上的下调节圈在密封面周围形成一个很窄的缝隙，当开启高度不大时，气流两次冲击阀瓣，使它继续升高，开启高度增大后，上调节圈又迫使气流弯转向下，反作用力使阀瓣进一步开启。因此改变调节圈的位置，可以调整安全阀开启压力和回座压力。弹簧式安全阀具有结构紧凑、灵敏度高、安装方位不受限制及对振动不敏感等优点，随着结构的不断改进和完善，其使用范围越来越广。

② 安全阀的选用　安全阀的选用应综合考虑压力容器的操作条件、介质特性、载荷特点、容器的安全泄放量、防超压动作的要求（动作特点、灵敏性、可靠性、密闭性）、生产运行特点、安全技术要求以及维修更换等因素。一般应掌握下列基本原则：ⅰ对于易燃、毒性程度为中度以上危害的介质，必须选用封闭式安全阀，如需带有手动提升机构，须采用封闭式带扳手的安全阀；对空气或其他不会污染环境的非易燃气体，可选用敞开式安全阀。ⅱ高压容器及安全泄放量较大而壳体的强度裕度又不太大的容器，应选用全启式安全阀；微启式安全阀宜用于排量不大，要求不高的场合。ⅲ高温容器宜选用重锤杠杆式安全阀或带散热器的安全阀，不宜选用弹簧式安全阀。

（3）爆破片

爆破片是一种断裂型超压泄放装置，它利用爆破片在标定爆破压力下即发生断裂来达到泄压目的，泄压后爆破片不能继续有效使用，容器也被迫停止运行。虽然爆破片是一种爆破后不重新闭合的泄放装置，但与安全阀相比，它有两个特点：一是密闭性能好，能做到完全密封；二是破裂速度快，泄压反应

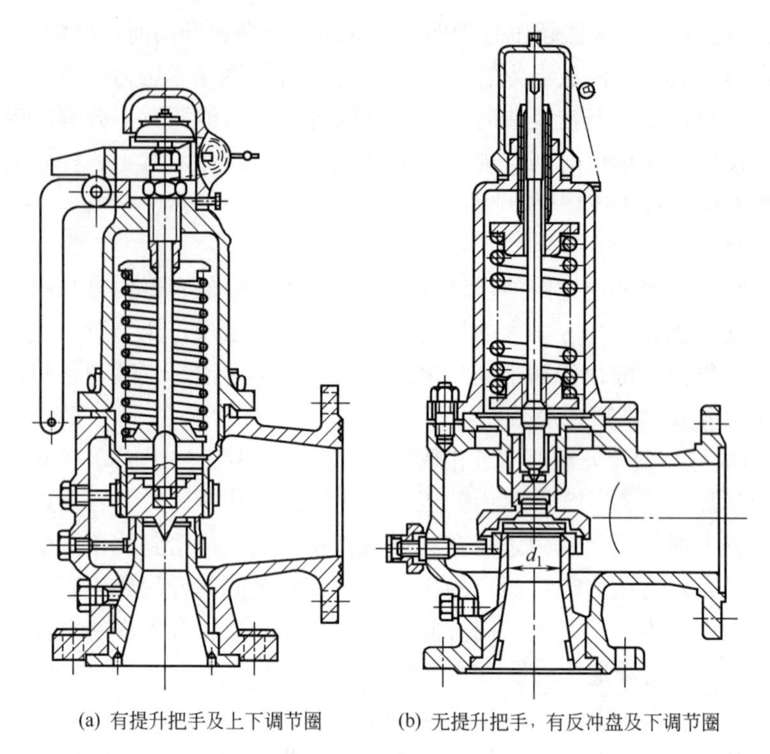

(a) 有提升把手及上下调节圈　(b) 无提升把手，有反冲盘及下调节圈

图 4-42　弹簧式安全阀

迅速。因此，当安全阀不能起到有效保护作用时，必须使用爆破片或爆破片与安全阀的组合装置。

① 结构与类型　爆破片由爆破片元件和夹持器等组成。爆破片元件是关键的压力敏感元件，要求在标定的爆破压力和爆破温度下能够迅速断裂或脱落。夹持器是固定爆破片元件位置的辅助部件，具有额定的泄放口径。

爆破片分类方法较多，按其破坏时的受力形式分为拉伸型、压缩型、剪切型和弯曲型；按产品外观分正拱形、反拱形和平板形；按破坏动作分爆破型、触破型及脱落型等。下面介绍最常见的普通正拱形爆破片的结构特点。

如图 4-43 所示，普通正拱形爆破片的压力敏感元件是一完整的膜片，事先经液压预拱成凸形［图 4-43（a）与（b）］，装在一副螺栓紧固的夹持器内［图 4-43（c）］，其中膜片按周边夹持方式分为锥面夹持［图 4-43（a）］和平面夹持［图 4-43（b）］。爆破片安装在压力容器上时，其凹面朝被保护的容器一侧。当

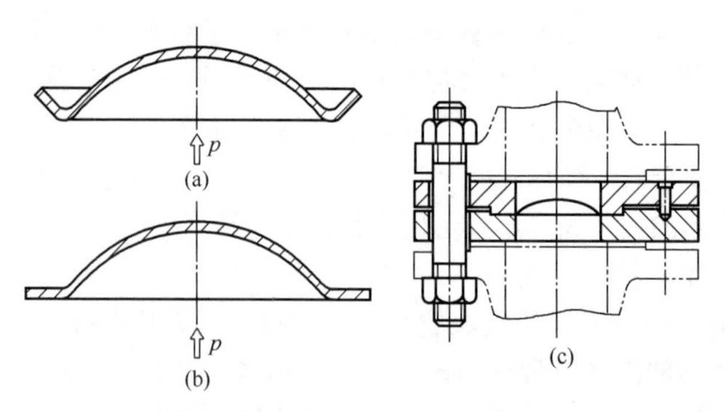

图 4-43　正拱形爆破片及夹持器

系统超压达到爆破片的最低标定爆破压力时，爆破片在双向等轴拉应力作用下爆破，使系统的压力得到泄放。另外，夹持器的内圈与平面应有圆角，以免爆破片元件变形时周边受剪切，影响动作压力的稳定。

② 爆破片的选用　目前，绝大多数压力容器都使用安全阀作为泄放装置，然而安全阀一直存在“关不严、打不开”的隐患，因而在某些场合应优先选用爆破片作为超压泄放装置。这些场合主要是：

ⅰ.介质为不洁净气体的压力容器，这些介质易堵塞安全阀通道，或使安全阀开启失灵；

ⅱ.由于物料的化学反应压力可能迅速上升的压力容器，这类容器内的压力可能会急剧增加，而安全阀动作滞后，不能有效地起到超压泄放作用；

ⅲ.毒性程度为极度、高度危害的气体介质或盛装贵重介质的压力容器，由于对安全阀来说，微量泄漏是难免的，故为防止污染环境或不允许存在微量泄漏，宜选用爆破片；

ⅳ.介质为强腐蚀性气体的压力容器，腐蚀性大的介质，用耐腐蚀的贵重材料制造安全阀成本高，而用其制造爆破片，成本非常低廉。

4.3.8　焊接结构设计

压力容器各受压部件的组装大多采用焊接方式，焊缝的接头形式和坡口形式的设计直接影响到焊接的质量与容器的安全，因而必须对容器焊接接头的结构进行合理设计。

（1）焊接接头形式

焊缝系指焊件经焊接所形成的结合部分，而焊接接头是焊缝、熔合线和热影响区的总称。焊接接头形式一般由被焊接两金属件的相互结构位置来决定，通常分为对接接头、角接接头及T形接头、搭接接头。

① 对接接头　系两个相互连接零件在接头处的中面处于同一平面或同一弧面内进行焊接的接头，见图4-44（a）。这种焊接接头受热均匀，受力对称，便于无损检测，焊接质量容易得到保证，因此，是压力容器中最常用的焊接结构形式。

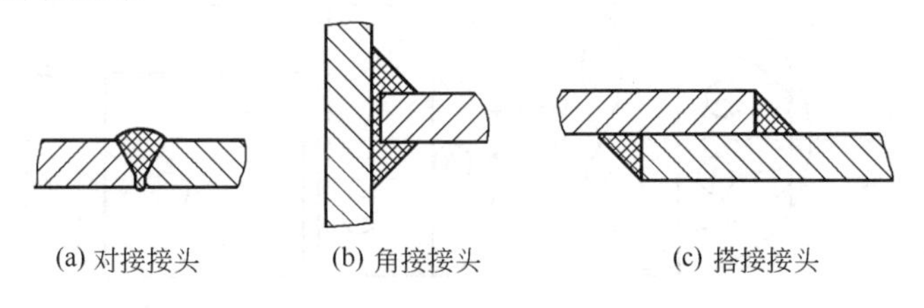

(a) 对接接头　(b) 角接接头　(c) 搭接接头

图4-44　焊接接头的三种形式

② 角接接头及T形接头　系两个相互连接零件在接头处的中面相互垂直或相交成某一角度进行焊接的接头，见图4-44（b）。两构件成T字形焊接在一起的接头，叫T形接头。角接接头和T形接头都形成角焊缝。

角接接头和T形接头，在接头处构件结构是不连续的，承载后受力状态不如对接接头，应力集中比较严重，且焊接质量也不易得到保证。但是在容器的某些特殊部位，由于结构的限制，不得不采用这种焊接结构，如接管、法兰、夹套、管板和凸缘的焊接，多为角接接头或T形接头。

③ 搭接接头　系两个相互连接零件在接头处有部分重合在一起，中面相互平行，进行焊接的接头，见图4-44（c）。

搭接接头的焊缝属于角焊缝，与角接接头一样，在接头处结构明显不连续，承载后接头部位受力情况较差。在压力容器中，搭接接头主要用于加强圈与壳体、支座垫板与器壁以及凸缘与容器的焊接。

（2）坡口形式

为了保证全熔透和焊接质量，减少焊接变形，施焊前，一般需将焊件连接处预先加工成各种形状，

称为焊接坡口。不同的焊接坡口，适用于不同的焊接方法和焊件厚度。

基本的坡口形式有5种，即I形、V形、单边V形、U形和J形，如图4-45所示。基本坡口可以单独应用，也可两种或两种以上组合使用，如X形坡口是由两个V形坡口和一个I形组合而成，见图4-46。

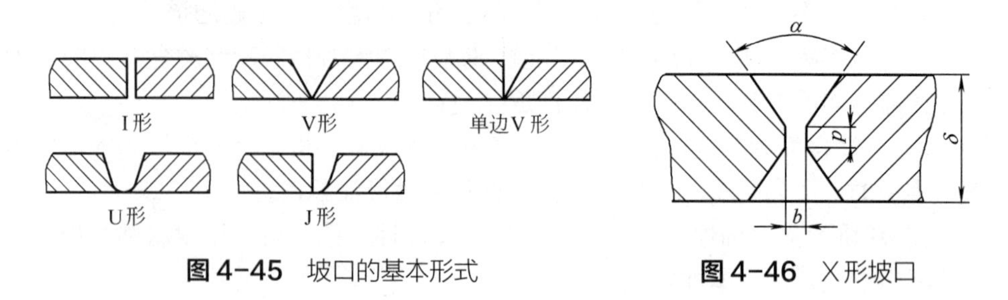

图4-45 坡口的基本形式　　**图4-46** X形坡口

压力容器用对接接头、角接接头和T形接头，施焊前，一般应开设坡口，而搭接接头无需开坡口即可焊接。

（3）压力容器焊接接头分类

为对不同类别的焊接接头在对口错边量、热处理、无损检测、焊缝尺寸等方面有针对性地提出不同的要求，GB/T 150.1根据焊接接头在容器上的位置，即根据该焊接接头所连接两元件的结构类型以及由此而确定的应力水平，把压力容器中受压元件之间的焊接接头分成A、B、C、D、E五类，如图4-47所示。

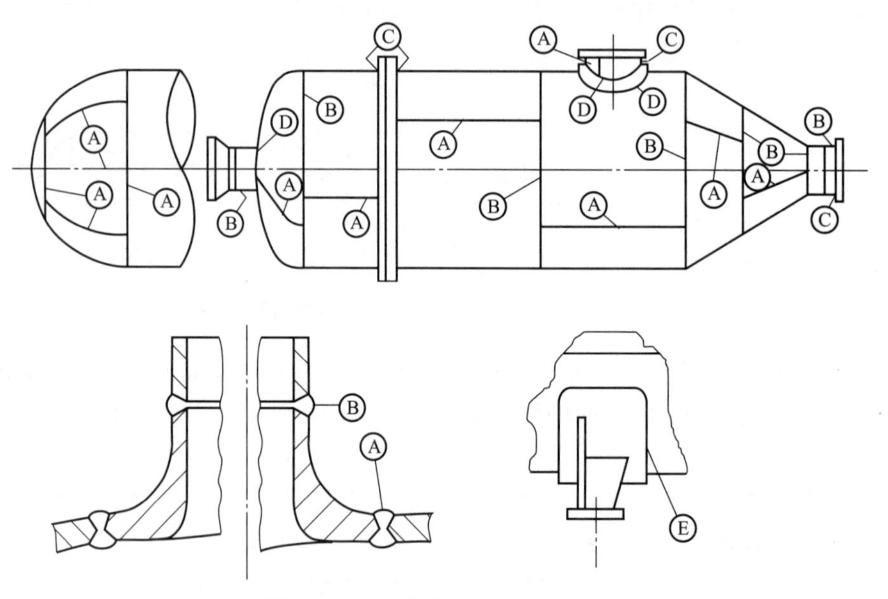

图4-47 压力容器焊接接头分类

ⅰ.圆筒部分（包括接管）和锥壳部分的纵向接头（多层包扎容器层板层纵向接头除外）、球形封头与圆筒连接的环向接头、各类凸形封头和平封头中的所有拼焊接头以及嵌入式的接管或凸缘与壳体对接连接的接头，均属A类焊接接头。

ⅱ.壳体部分的环向接头、锥形封头小端与接管连接的接头、长颈法兰与壳体或接管连接的接头、平盖或管板与圆筒对接连接的接头以及接管间的对接环向接头，均属 B 类焊接接头，但已规定为 A 类的焊接接头除外。

ⅲ. 球冠形封头、平盖、管板与圆筒非对接连接的接头，法兰与壳体或接管连接的接头，内封头与圆筒的搭接接头以及多层包扎容器层板层纵向接头，均属 C 类焊接接头，但已规定为 A、B 类的焊接接头除外。

ⅳ. 接管（包括人孔圆筒）、凸缘、补强圈等与壳体连接的接头，均属 D 类焊接接头，但已规定为 A、B、C 类的焊接接头除外。

ⅴ. 非受压元件与受压元件的连接接头为 E 类焊接接头。

值得注意的是，焊接接头分类的原则仅根据焊接接头在容器所处的位置而不是按焊接接头的结构形式分类，所以，在设计焊接接头形式时，应由容器的重要性、设计条件以及施焊条件等确定焊接结构。这样，同一类别的焊接接头在不同的容器条件下，就可能有不同的焊接接头形式。

（4）压力容器焊接结构设计的基本原则

压力容器焊接结构的设计应遵循以下基本原则。

① 尽量采用对接接头　前已述及，对接接头易于保证焊接质量，因而除容器壳体上所有的纵向及环向焊接接头、凸形封头上的拼接焊接接头，必须采用对接接头外，其他位置的焊接结构也应尽量采用对接接头。例如壳体和接管的连接焊缝，一般都是角焊缝，但如改用整锻件补强接管，就可把连接焊缝由角接［图 4-48（a）］改为对接［图 4-48（b）和（c）］。这样不但减小了结构应力集中程度，而且方便了无损检测，故有利于保证焊接接头的内部质量。

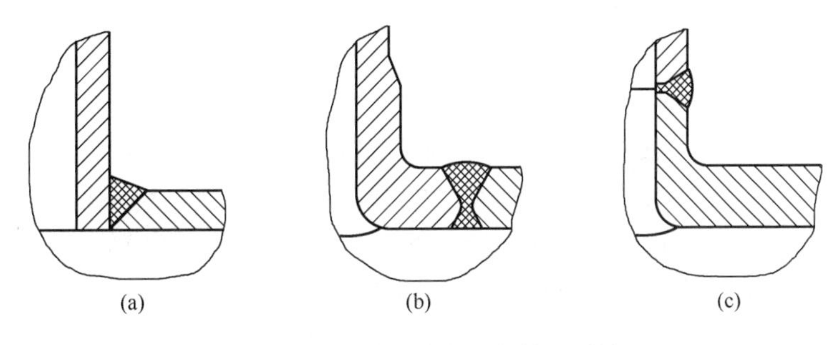

图 4-48　容器接管的角接和对接

② 尽量采用全熔透的结构，不允许产生未熔透缺陷　所谓未熔透是指基体金属和焊缝金属局部未完全熔合而留下空隙的现象。未熔透往往是导致脆性破坏的起裂点，在交变载荷作用下，它也可能诱发疲劳。为避免发生未熔透，在结构设计时应选择合适的坡口形式，一般双面焊接的对接接头不易发生未熔透，当容器直径较小，且无法从容器内部清根时，应选用单面焊双面成型的对接接头，如用氩弧焊打底，或采用带垫板的坡口等。

③ 尽量减少焊缝处的应力集中　焊接接头常常是脆性断裂和疲劳的起源处，因此，在设计焊接结构时必须尽量减少应力集中。如对接接头应尽可能采用等厚度焊接，对于不等厚钢板的对接，应将较厚板按一定斜度削薄过渡，然后再进行焊接，以避免形状突变，减缓应力集中程度。一般当薄板厚度 δ_2 不大于 10mm，两板厚度差超过 3mm；或当薄板厚度 δ_2 大于 10mm，两板厚度差超过薄板的 30%，或超过 5mm 时，均需按图 4-49 的要求削薄厚板边缘。

（5）压力容器常用焊接结构设计

焊接结构设计的基本内容是确定接头类型，坡口形式和尺寸、检验要求等。坡口的选择主要应考虑以下因素：

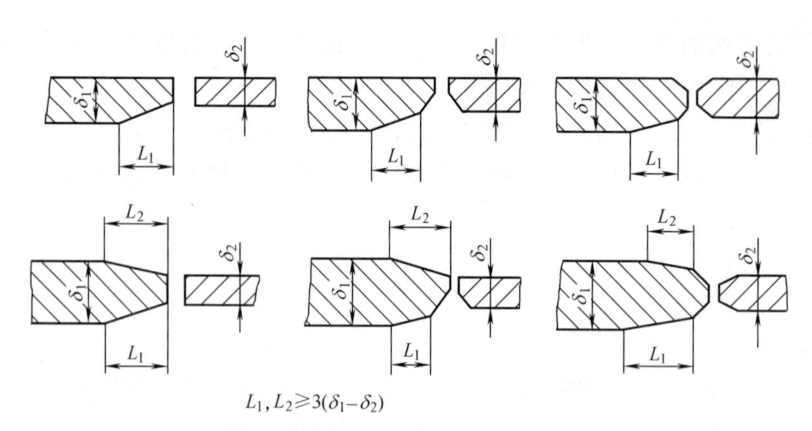

图 4-49 板厚不等时的对接接头

ⅰ. 尽量减少填充金属量，这样既可节省焊接材料，又可减少焊接工作量；

ⅱ. 保证熔透，避免产生各种焊接缺陷；

ⅲ. 便于施焊，改善劳动条件；

ⅳ. 减少焊接变形和残余变形量，对较厚元件焊接应尽量选用沿厚度对称的坡口形式，如 X 形坡口等。

① 筒体、封头及其相互间连接的焊接结构　筒体、封头拼接及其相互间的连接纵、环焊缝必须采用对接接头。对接接头的坡口形式可分为不开坡口（又称齐边坡口）、V 形坡口、X 形坡口、单 U 形坡口和双 U 形坡口等数种，应根据筒体或封头厚度、压力高低、介质特性及操作工况选择合适的坡口形式。

② 接管与壳体及补强圈间的焊接结构　接管与壳体及补强圈之间的焊接一般只能采用角接焊和搭接焊，具体的焊接结构还与容器的强度和安全性要求有关。其有多种焊接接头形式，涉及是否开坡口、单面焊与双面焊、熔透与不熔透等问题。设计时，应根据压力高低、介质特性、是否低温、是否需要考虑交变载荷与疲劳问题等来选择合理的焊接结构。下面介绍常用的几种结构。

ⅰ. 不带补强圈的插入式接管焊接结构是中低压容器不需另做补强的小直径接管用得最多的焊接结构，接管插入处与壳体总有一定间隙，但此间隙应小于 3mm，否则在焊接收缩时易产生裂纹或其他焊接缺陷。图 4-50（a）为单面焊接结构形式，一般适用于内径小于 600mm、盛装无腐蚀性介质的常压容器的接管与壳体之间的焊接，接管厚度应小于 6mm；图 4-50（b）为最常用的插入式接管焊接结构之一，为全熔透结构。适用于具备从内部清根及施焊条件、壳体厚度在 4～25mm、接管厚度大于等于 0.5 倍壳体厚度的情况；假如将接管内径边角处倒圆，则可用于疲劳、低温及有较大温度梯度的操作工况，如图 4-50（c）所示。

ⅱ. 带补强圈的插入式接管焊接结构作为开孔补强元件的补强圈，一方面要求尽量与补强处的壳体贴合紧密，另外与接管及壳体之间的焊接结构设计也应力求完善合理。但由于补强圈与壳体及接管的焊接只能采用塔接和角接，难以保证全熔透，也无法进行射线透照检测和超声检测，因而焊接质量不易保证。一般要求补强圈内侧与接管焊接处的坡口设计成大间隙小角度，既利于焊条伸入到底，又减少焊接工作量。对于一般要求的容器，即非低温、无交变载荷的容器，可采用图 4-51（a）所示结构；而对承受低温、疲劳及温度梯度较大工况的容器，则应保证接管根部及补强圈内侧焊缝熔透，可采用图 4-51（b）所示结构。

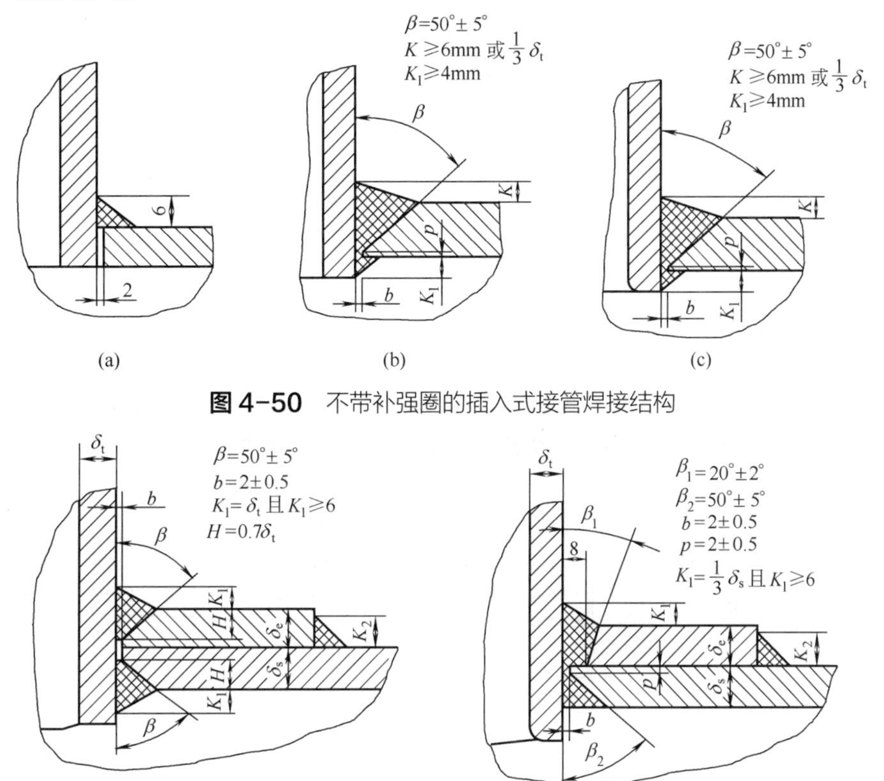

图 4-50 不带补强圈的插入式接管焊接结构

图 4-51 带补强圈的插入式接管焊接结构

ⅲ. 安放式接管的焊接结构具有拘束度低、焊缝截面小、可以进行射线检测等优点。图 4-52（a）一般适用于接管内径小于或等于 100mm 的场合；而图（b）和图（c）适用于壳体厚度 $\delta_n \leqslant$16mm 的碳素钢和碳锰钢，或 $\delta_n \leqslant$25mm 的奥氏体不锈钢容器，其中图（b）的接管内径应小于或等于 50mm，厚度 $\delta_{nt} \leqslant$6mm，图（c）的接管内径应大于 50mm，且小于或等于 150mm，厚度 δ_{nt}>6mm。

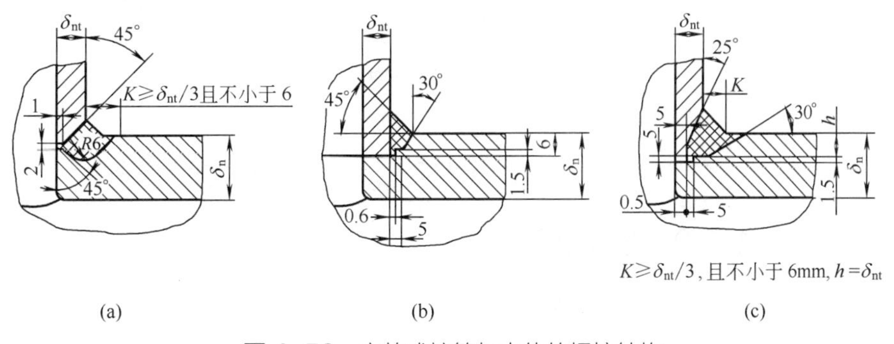

图 4-52 安放式接管与壳体的焊接结构

ⅳ. 嵌入式接管的焊接结构属于整体补强结构中的一种，适用于承受交变载荷、低温和大温度梯度等较苛刻的工况，如图 4-53 所示。图（a）一般适用于球形封头或椭圆形封头中心部位的接管与封头的连接，且封头厚度 $\delta_n \leqslant$50mm。

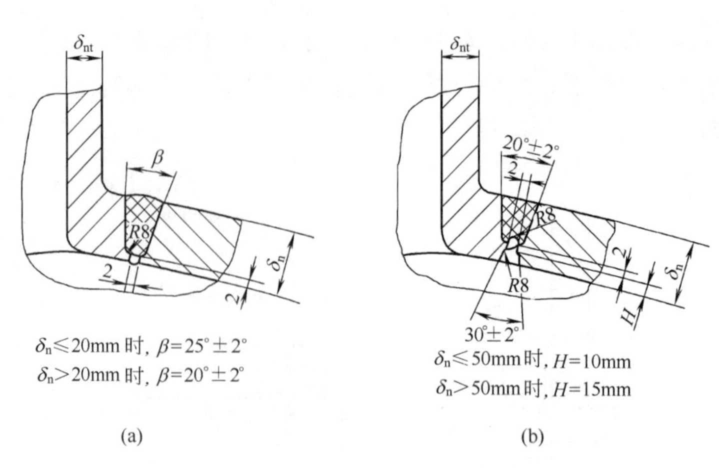

图 4-53 嵌入式接管与封头的焊接结构

③ 凸缘与壳体的焊接结构　压力容器中常会遇到各种凸缘结构，如搅拌容器中的凸缘法兰等。对不承受脉动载荷的容器凸缘与壳体可用角焊连接，如图 4-54 所示。

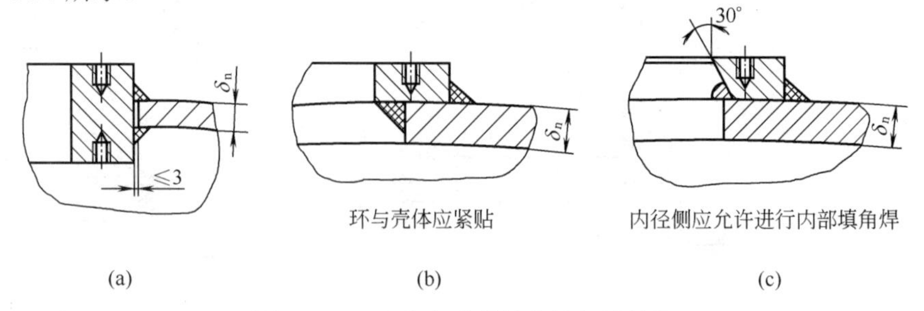

图 4-54 凸缘与壳体的角接焊接结构

压力较高或要求全熔透的容器，凸缘与壳体的连接应采用对接焊接结构，其结构形式见图 4-55。

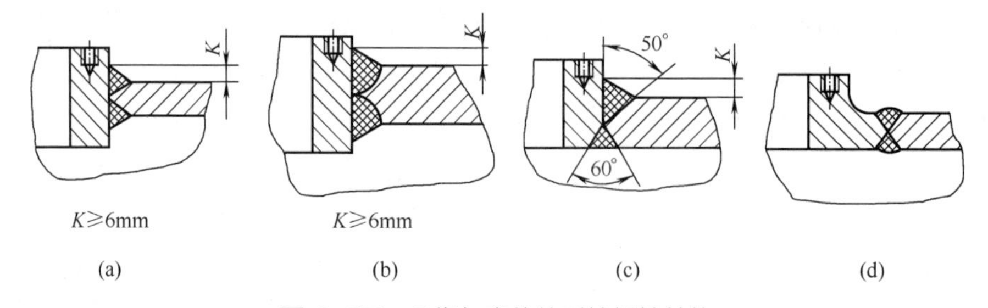

图 4-55 凸缘与壳体的对接焊接结构

4.3.9 耐压试验

4.3.9.1 试验目的

耐压试验

除材料本身的缺陷外，容器在制造（特别是焊接过程）和使用中会产生各种缺陷。为考核缺陷对压力容器安全性的影响，压力容器制成后或定期检验（必要时）中，需要进行耐压试验。耐压试验是在超设计压力下进行的，可分为液压试验、气压试验及气 - 液组合试验。

对于内压容器，耐压试验的目的是：在超设计压力下，考察容器的整体强度、刚度和稳定性，检查焊接接头的致密性，验证密封结构的密封性能，消除或降低焊接残余应力、局部不连续区的峰值应力，同时对微裂纹产生闭合效应，钝化微裂纹尖端。对于外压容器，在外压作用下，容器中的缺陷受压应力的作用，不可能发生开裂，且外压临界失稳压力主要与容器的几何尺寸、制造精度有关，跟缺陷无关，一般不用外压试验来考核其稳定性，而以内压试验进行“试漏”，检查焊接接头的致密性并验证密封结构的密封性能。

4.3.9.2 试验介质与试验压力

（1）试验介质

耐压试验是容器在使用之前的第一次承压，且试验压力要比容器最高工作压力高，容器发生爆破的可能性比使用时大。由于在相同压力和容积下，试验介质的压缩系数越大，容器所储存的能量也越大，爆炸也就越危险，故应选用压缩系数小的流体作为试验介质。常温时，水的压缩系数比气体要小得多，且来源丰富，因而是常用的试验介质。只有因结构或支承等原因，不能向容器内充灌水或其他液体，以及运行条件不允许残留液体时，才用气压试验。

气 - 液组合试验是近年来为适应容器大型化需要新增的试验种类。需进行气 - 液组合试验的容器，多为压力低、容积大、主要盛装气态介质的容器。这类容器需在使用现场制造或组装并进行耐压试验。由于承重等原因，这类容器可能无法进行液压试验。若进行气压试验，则因气体的可压缩性大使试验耗时过长，甚至难以实现。气 - 液组合试验则是解决这一问题的有效途径。它可根据容器及其基础的承重能力，先向容器内部注入一定量的液体，然后再注入气体直至达到指定的试验压力。考虑到气 - 液组合试验存在一定气相空间，为安全起见，其压力系数、容器设计、制造、无损检测要求以及安全防护要求等均应与气压试验的要求相同。

以水为介质进行液压试验时，其所用的水应当是洁净的。氯离子能破坏奥氏体不锈钢表面钝化膜，使其在拉应力作用下发生应力腐蚀破坏。因此，水压试验合格后应立即将水排净吹干；无法完全排净吹干时，对奥氏体不锈钢制压力容器，应控制水的氯离子含量不超过 25mg/L。

气压试验时，试验所用气体应当为干燥洁净的空气、氮气或者其他惰性气体。

（2）耐压试验温度

一般情况下，为防止材料发生低应力脆性破坏，耐压试验时容器器壁金属温度应当比容器器壁金属的韧脆转变温度高 30℃。器壁金属温度可按有关产品标准取值。如果因板厚等因素造成材料韧脆转变温度升高，则需相应提高试验温度。考虑到气体快速充放有可能引起温度升降，必要时还应在气压试验或者气密性试验过程中监测器壁金属温度，并考虑温度变化对容器强度的影响。小容积容器尤应注意这种温度的变化。

（3）耐压试验压力

① 内压容器 试验压力应当符合设计图样要求，并且不小于式（4-94）的计算值

$$p_{\mathrm{T}}=\eta p\frac{[\sigma]}{[\sigma]^{\mathrm{t}}} \tag{4-94}$$

式中 p——压力容器的设计压力或者压力容器铭牌上规定的最大允许工作压力（对在用压力容器为工作压力），MPa；

p_{T}——耐压试验压力；当设计考虑液柱静压力时，应当加上液柱静压力，MPa；

η——耐压试验压力系数；对于钢和有色金属，液压试验时 η=1.25，气压和气-液组合试验时 η=1.10；对于超高压容器液压试验，η=1.12；

$[\sigma]$——试验时器壁金属温度下材料的许用应力，MPa；

$[\sigma]^t$——设计温度下材料的许用应力，MPa。

当压力容器各元件［圆筒、封头、接管、设备法兰（或人孔、手孔法兰）及其紧固件等］所用材料不同时，应取各元件材料 $[\sigma]/[\sigma]^t$ 比值中最小者。$[\sigma]^t$ 不应低于材料受抗拉强度和屈服强度控制的许用应力最小值。

② 外压容器和真空容器　由于是以内压代替外压进行试验，已将工作时趋于闭合状态的器壁和焊缝中缺陷改以"张开"状态接受检验，因而无须考虑温度修正。其试验压力按式（4-95）确定

$$p_T = \eta p \tag{4-95}$$

③ 夹套容器　夹套容器是由内筒和夹套组成的多腔压力容器，各腔的设计压力通常是不同的，应在图样上分别注明内筒和夹套的试验压力值。当内筒为外压容器时，按式（4-95）确定试验压力；否则按式（4-94）确定试验压力。夹套按内压容器确定试验压力。在确定了夹套试验压力后，还必须校核内筒在该试验压力下的稳定性。如不能满足外压稳定性要求，则在做夹套的耐压试验时，必须同时在内筒保持一定的压力，以确保夹套试压时内筒的稳定性。

④ 耐压试验时容器强度校核　为保证耐压试验时容器材料处于弹性状态，在耐压试验前必须按式（4-96）校核试验时筒体的薄膜应力 σ_T

$$\sigma_T = \frac{p_T(D_i + \delta_e)}{2\delta_e} \tag{4-96}$$

式中　σ_T——试验压力下圆筒的应力，MPa；

δ_e——圆筒的有效厚度，mm。

液压试验时，σ_T 应满足式（4-97）的要求

$$\sigma_T \leqslant 0.9\phi R_{eL}(R_{p0.2}) \tag{4-97}$$

气压试验或气-液组合压力试验时，σ_T 应满足式（4-98）的要求

$$\sigma_T \leqslant 0.8\phi R_{eL}(R_{p0.2}) \tag{4-98}$$

4.3.10 泄漏试验

（1）试验目的

泄漏试验的目的是考察焊接接头的致密性和密封结构的密封性，检查的重点是可拆的密封装置和焊接接头等部位。泄漏试验应在耐压试验合格后进行。它并不是每台压力容器制造过程中必做的试验项目，这是因为多数容器没有严格的致密性要求，且耐压试验也同时具备一定的检漏功能。

当介质毒性程度为极度、高度危害或设计上不允许有微量泄漏（如真空度要求较高时）的压力容器，必须进行泄漏试验。

（2）试验方法

根据试验介质的不同，泄漏试验可分为气密性试验、氨检漏试验、卤素检漏试验和氦检漏试验等。NB/T 47013.8《承压设备无损检测　第 8 部分：泄漏

检测》详细介绍了气密性试验、氨检漏试验、卤素检漏试验和氦检漏试验等11种泄漏试验方法，提供了确定泄漏部位或测量泄漏率的具体检验方法。

① 气密性试验 气密性试验一般采用干燥洁净的空气、氮气或者其他惰性气体作为试验介质，试验压力为压力容器的设计压力。

应视具体情况，确定气密性试验时是否应当装配齐全安全阀、爆破片等安全附件。如果安全附件由制造单位选购，气密性试验时应装配齐全安全附件。通常情况下安全附件的动作压力低于设计压力，气密性试验难以进行。这种情况下，应采用设计给出的容器最高允许工作压力作为安全附件动作压力的最高值，以保证试验能够进行。如果安全附件由用户选购并现场安装，则在制造单位进行气密性试验时无法安装安全附件，安全附件接口应用强度足够的盲板封闭，但制造单位应在安装使用说明书或者产品质量文件中注明，并要求在现场进行的气密性试验或者运行试验时，安装安全附件，对其连接处的密封性能进行检测。

有时，在制造单位进行的气密性试验中安装了安全阀，但出厂时，为便于运输，也可能拆下安全附件。在现场安装后，运行试验时仍需检查安全附件连接处的密封性能。

② 氨检漏试验 由于氨具有较强的渗透性且极易在水中扩散被水吸收，因此对有较高致密性要求的容器，如液氨蒸发器、衬里容器等，常进行以氨为试验介质的泄漏试验。具体可根据设计要求选用氨-空气法、氨-氮气法和100%氨气法等方法中的一种。试验前在待检部位贴上5%硝酸亚汞或酚酞水溶液浸渍过的试纸，试验后若试纸变为黑色或红色，即表示该部位有泄漏。

③ 卤素检漏试验 这是一种高灵敏度的检漏方法，常用于不锈钢及钛设备的泄漏试验。试验时需将容器抽成真空，利用氟利昂和其他卤素压缩气体作为示踪气体，在容器待检部位用铂离子吸气探针进行探测，以发现泄漏。

④ 氦检漏试验 这是一种特高灵敏度的检漏方法，试验费用也较高，一般仅用于对泄漏有特殊要求的场合。试验时需将容器抽成真空，利用氦压缩气体作为示踪气体，在待检部位用氦质谱分析仪的吸气探针进行探测，以发现泄漏。该方法对试验容器和试验环境的清洁度有很高要求。

气压试验合格的容器在某些情况下还必须开展泄漏试验，主要是考虑到空气、氨、卤素及氦的渗透性强弱差异较大，用空气进行气压试验时不漏，并不能保证用氨、卤素或氦进行泄漏试验时也不漏。这类容器是否还需进行泄漏试验，需要设计者根据气压试验与泄漏试验所选择的介质进行判断，如二者选择的试验介质相同，则气压试验合格的容器无需再进行泄漏试验。

4.4 分析设计

4.4.1 概述

常规设计经过了长期的实践考验，简便可靠，目前仍为各国压力容器设计规范所采用。然而，常规设计也有其局限性，主要表现在以下几方面。

i. 常规设计将容器承受的“最大载荷”按一次施加的静载荷处理，不涉及容器的疲劳寿命问题，不考虑热应力。然而，压力容器在实际运行中所承受的载荷不仅有机械载荷，还有热载荷，同时，这些载荷还可能有较大的波动。提高安全系数或加大厚度的办法不能有效改善热载荷引起的热应力对容器失效的影响，有时厚度的增加会起相反的作用。例如，厚壁容器的热应力随厚度的增加而增大；而交变载荷引起的交变应力对容器的破坏作用通常是不能通过静载分析来进行合理评定和预防的。

ⅱ. 常规设计以材料力学和弹性力学中的简化模型为基础，确定容器中平均应力的大小，只要此值限制在以弹性失效设计准则所确定的许用应力范围之内，则认为容器是安全的。显然，这种做法的不足之处在于没有对容器重要区域的应力进行严格且详细的计算，无法对不同部位、不同载荷引起、对容器失效有不同影响的应力加以不同的限制。同时，由于不能确定实际的应力、应变水平，也就难以进行疲劳分析。例如，在一些结构不连续的局部区域，由于影响的局部性，这里的应力即使超过材料的屈服强度也不会造成容器整体强度失效，可以给予较高的许用应力限值。不过，由于应力集中，该区域往往又是容器疲劳失效的“源区”，因此，一旦承受循环载荷作用，则有可能需要进行疲劳失效校核。

ⅲ. 常规设计规范中规定了具体的容器结构形式，它无法应用于规范中未包含的其他容器结构和载荷形式，因此，不利于新型设备的开发和使用。

20 世纪 50 年代以来，压力容器出现了大型化、轻量化、智能化、介质苛刻化以及服役温度极端化的发展趋势。随着数值分析方法和计算机技术的发展，压力容器设计思想也由传统的防止容器发生弹性失效思想发展为针对不同失效模式的多种设计思想，形成了分析设计体系。

与常规设计相比，分析设计的材料抗拉强度安全系数相对降低。对于屈强比较大的材料，许用应力由抗拉强度控制，分析设计中的许用应力大于常规设计中的许用应力，这意味着采用分析设计可以适当减薄厚度、减轻重量。但分析设计对容器的材料、设计、制造、试验和检验等方面都提出了较高要求和较多限制条件。常规设计标准和分析设计标准各为整体，独立使用。

一般认为在下列情况之一时，考虑采用分析设计标准。

ⅰ. 压力高、直径大的高参数压力容器或批量生产的压力容器。这类容器若按分析设计，可节约材料、降低成本。

ⅱ. 常规设计适用范围以外的压力容器，如受变动载荷作用的压力容器、结构或者载荷特殊的压力容器。

压力容器分析设计可分为公式法、应力分类法和弹塑性分析法。本节主要介绍应力分类法，对公式法和弹塑性分析法只作简单介绍。

4.4.2 公式法

对于一些在压力载荷（内压或外压）作用下的典型受压元件及结构，可采用公式法进行设计计算，其思路和常规设计基本一致，但具体计算公式和应用条件可能有所不同。我国分析设计标准提供了以下结构的设计计算公式：ⓘ防止塑性垮塌失效的典型内压元件厚度计算公式，包括圆筒、锥壳、球壳、半球形封头、碟形封头、椭圆形封头和球冠形封头等；ⓘⓘ仅受外压的圆筒、锥壳（包括筒 - 锥结构）、球壳和凸形封头等壳体的设计方法；ⓘⓘⓘ受内压或外压的无孔或有孔但已被加强的平盖防塑性垮塌失效设计；ⓘⓥ承受流体静压力、采用螺栓连接且垫片位于螺栓孔包围的圆周范围以内的窄面法兰设计；ⓥ U 形管式、浮头式、填函式、固定管板式热交换器管板及其相关元件的弹性计算，管板塑性失效准则评定及基本结构要求；ⓥⓘ容器开孔补强设计。

下面以圆筒、球壳、椭圆形封头为例，简单介绍防止塑性垮塌失效的公式法强度设计。

4.4.2.1 圆筒

受内压的圆筒的厚度计算公式见式（4-99），该公式是基于 Tresca 屈服准则，依据受内压作用的圆筒全屈服压力（即极限载荷）推导得到的，适用于薄壁圆筒和厚壁圆筒

$$\delta=\frac{D_\mathrm{i}}{2}\left(\mathrm{e}^{\frac{p_\mathrm{c}}{S_\mathrm{m}^\mathrm{t}}}-1\right) \tag{4-99}$$

式中 D_i——圆筒内直径，mm；

p_c——计算压力，以内压为正，MPa；

S_m^t——壳体材料在设计温度下的许用应力，MPa。

事实上，若厚度相对于直径不是很大，按式（4-99）和式（4-13）得到的计算结果几乎是一样的。不过，虽然式（4-99）适用范围更广，但式（4-13）的物理意义更清晰，厚度估算更容易。

需要说明的是，式（4-99）是基于 Tresca 屈服准则的，而在应力分类法和弹塑性分析法中，设计规则是基于 Mises 屈服准则的，其结果有大约 15% 的差异。

4.4.2.2 球壳和半球形封头

内压作用下的球壳体或半球形封头的厚度计算公式见式（4-100）。这个公式也是基于 Tresca 屈服准则，依据受内压作用的球壳全屈服压力（即极限载荷）推导得到的，可以用于薄壁和厚壁球壳

$$\delta=\frac{D_\mathrm{i}}{2}\left(\mathrm{e}^{\frac{0.5p_\mathrm{c}}{S_\mathrm{m}^\mathrm{t}}}-1\right) \tag{4-100}$$

4.4.2.3 椭圆形封头

对于内压椭圆形封头，浙江大学的学者们提出了基于失效模式的设计新方法，该方法经过了系列工业规模椭圆形封头试验验证。

该方法中，椭圆封头的厚度计算公式有使用条件，若不满足该条件，应按应力分类法或弹塑性法设计。具体条件为

$$20\leqslant\frac{D_\mathrm{i}}{\delta}\leqslant 2000,\ 1.7\leqslant\frac{D_\mathrm{i}}{2h_\mathrm{i}}\leqslant 2.2$$

防止椭圆形封头发生塑性垮塌所需要的计算厚度按式（4-101）确定

$$\delta_\mathrm{s}=\frac{\alpha_\mathrm{eh}p_\mathrm{c}D_\mathrm{i}}{S_\mathrm{m}^\mathrm{t}} \tag{4-101}$$

椭圆形封头上有开孔时，取 $\alpha_\mathrm{eh}=0.45$；其他情况，可取 $\alpha_\mathrm{eh}=0.42$。

若 $D_\mathrm{i}/\delta_\mathrm{s}\leqslant 200$，椭圆形封头的计算厚度 $\delta=\delta_\mathrm{s}$。然而，正如 4.3.3.1 节所述，对于大直径薄壁椭圆形封头，即使承受内压作用，在长轴端点区域也会产生周向压应力，存在局部屈曲失效的可能。因此，对于 $D_\mathrm{i}/\delta_\mathrm{s}>200$ 的椭圆形封头，应保证足够的厚度以防止屈曲失效，所需的计算厚度按式（4-102）确定，椭圆形封头的计算厚度取 δ_s 和 δ_b 中的较大值

$$\delta_b=D_\mathrm{i}\left[\frac{p_\mathrm{c}}{23R_\mathrm{eL}^\mathrm{t}}\left(\frac{D_\mathrm{i}}{2h_\mathrm{i}}\right)^{1.93}\right]^{0.77} \tag{4-102}$$

4.4.3　应力分类法

以线弹性分析为基础的应力分类法是分析设计中常用的强度设计方法。本小节着重介绍应力分类法的基本思想、具体方法和基于失效模式的应力评定。

4.4.3.1　应力分类法基本思想

压力容器所承受的载荷有多种类型，如机械载荷（包括压力、重力、支座反力、风载荷及地震载荷等）、热载荷等。它们可能是施加在整个容器上（如压力），也可能施加在容器的局部部位（如支座反力）。因此，载荷在容器中所产生的应力与分布以及对容器失效的影响也就各不相同。就分布范围来看，有些应力遍布于整个容器壳体，可能会造成容器整体范围内的弹性或塑性失效；而有些应力只存在于容器的局部部位，只会造成容器局部弹塑性失效或疲劳失效。从应力产生的原因来看，有些应力必须满足与外载荷的静力平衡关系，随着外载荷的增加而增加，会直接导致容器失效；而有些应力则是在载荷作用下由于变形不协调引起的，具有自限性，不会直接导致容器失效。因此，按等强度设计原则，针对应力对容器强度失效所起作用的大小，可给予不同的限制，这就是以应力分类为基础的分析设计基本思想。

采用应力分类法进行压力容器分析设计时，先进行详细的应力分析，即通过解析法或数值法，将各种外载荷或变形约束产生的应力分别计算出来，然后进行应力分类，再按不同的设计准则来进行限制，保证容器在使用期内不发生各种形式的失效。分析设计可应用于承受各种载荷、任意结构形式的压力容器设计，克服了常规设计及公式法的不足。

4.4.3.2　载荷和载荷组合

应力分析时应考虑表 4-15 所列出的所有载荷，当有多个载荷同时作用时，应按表 4-16 的规定考虑多个载荷的组合。

4.4.3.3　应力分类

压力容器应力分类的依据是应力对容器强度失效所起作用的大小。这种作用取决于两个因素：①应力产生的原因，即应力是平衡机械载荷所必须的还是变形协调所必须的，不同原因产生的应力具有不同的性质，所具有的危险性、失效模式也不同；ⅱ应力的作用区域与分布形式，即应力的分布区域是总体范围还是局部范围的，是总体范围就影响很大，是局部范围就影响相对要小；应力沿壁厚分布的情况是均匀的还是线性的或非线性的，不同的应力分布形式具有不同的应力重分布能力，并与承载能力有关。

目前，比较通用的应力分类方法是将压力容器中的应力分为三大类：一次应力、二次应力和峰值应力。下面分别予以介绍。

（1）一次应力 P

一次应力是指平衡外加机械载荷所必须的应力。一次应力必须满足外载

表4-15 载荷说明

载荷参数			说明
设计条件	工作条件	耐压试验条件	
P	P_o		内压、外压或最大压差
P_s	P_{so}	P_{st}	由液体或内装物料（如催化剂）引起的静压头
		P_T	耐压试验压力
D	D_o	D_t	① 容器的自重（包括内件和填料等）以及内装介质的重力载荷 ② 附属设备及隔热材料、衬里、管道、扶梯、平台等的重力载荷 ③ 运输或吊装时的动载荷经等效后的静载荷
L	L_o		① 附属设备的活载荷 ② 由稳态或瞬态的流体动量效应引起的载荷 ③ 由波浪作用引起的载荷
E	E		地震作用引起的载荷
W	W	W_{pt}	风载荷［耐压试验时的风载荷 W_{pt} 由容器设计条件（UDS）规定］
S_s	S_s		雪载荷
T	T_o		具有自限性的热和位移载荷，通常这类载荷并不会对垮塌载荷产生影响，但由于弹性跟随引起的应力，当其充分释放会导致过量塑性变形时，应予以考虑

表4-16 载荷组合工况和当量应力的许用极限

载荷组合			当量应力的许用极限
设计条件	1	$P+P_s+D$	使用设计载荷计算 S_I、S_{II}、S_{III}，许用极限见表 4-19
	2	$P+P_s+D+L$	
	3	$P+P_s+D+L+T$	
	4	$P+P_s+D+S_s$	
	5	$\Omega_pP+P_s+D+(0.6W$ 或 $0.7E)$	
	6	$\Omega_pP+P_s+D+0.75(L+T)+0.75S_s$	
	7	$\Omega_pP+P_s+D+0.75(0.6W$ 或 $0.7E)+0.75L+0.75S_s$	
	8	容器设计条件（UDS）中指定的其他设计载荷组合	
工作条件	1	$P_o+P_{so}+D_o$	使用工作载荷计算 S_{IV}、S_{alt}，许用极限见表 4-19
	2	$P_o+P_{so}+D_o+L_o$	
	3	$P_o+P_{so}+D_o+L_o+T_o$	
	4	$P_o+P_{so}+D_o+S_s$	
	5	$P_o+P_{so}+D_o+(0.6W$ 或 $0.7E)$	
	6	$P_o+P_{so}+D_o+0.75(L_o+T_o)+0.75S_s$	
	7	$P_o+P_{so}+D_o+0.75(0.6W$ 或 $0.7E)+0.75L_o+0.75S_s$	
	8	容器设计条件（UDS）中指定的其他工作载荷组合	
耐压试压条件		$P_T+P_{st}+D_t+0.6W_{pt}$	见表 4-20

注：Ω_pP 为预计的可能与偶发载荷 L、S_s、W 或E同时发生的最大工作载荷。载荷系数 Ω_p 应根据用户提供的容器设计条件（UDS）中提供的信息确定，如没有规定则取 Ω_p=1。

荷与内力及内力矩的静力平衡关系，它随外载荷的增加而增大，不会因达到材料的屈服强度而自行停止，所以，一次应力的基本特征是“非自限性”。另外，当一次应力超过屈服强度时，将引起容器总体范围内的显著变形或破坏，对容器的失效影响最大。一次应力还可分为以下三种。

① 一次总体薄膜应力 P_m　在容器总体范围内存在的薄膜应力即为一次总体薄膜应力。这里的薄膜应力是指沿厚度方向均匀分布的应力，等于沿厚度方向的应力平均值。一次总体薄膜应力达到材料的屈服强度就意味着筒体或封头在整体范围内发生屈服，应力不重新分布，而是直接导致结构破坏。一次总体薄膜应力的实例有：薄壁圆筒或球壳中远离结构不连续部位、由内压力引起的环向和轴向薄膜应力，厚壁圆筒中由内压产生的轴向应力以及周向应力沿厚度的平均值。

② 一次弯曲应力 P_b　一次弯曲应力是指沿厚度方向线性分布的应力。它在内、外表面上大小相等、方向相反。由于沿厚度呈线性分布，随外载荷的增大，首先是内、外表面进入屈服，但此时内部材料仍处于弹性状态。若载荷继续增大，应力沿厚度的分布将重新调整。因此这种应力对容器强度失效的危害性没有一次总体薄膜应力那么大。一次弯曲应力的典型实例是平封头中心部位在压力作用下产生的弯曲应力。

③ 一次局部薄膜应力 P_L　在结构不连续区由内压或其他机械载荷产生的薄膜应力和结构不连续效应产生的薄膜应力统称为一次局部薄膜应力。一次局部薄膜应力的作用范围是局部区域。由于包含了结构不连续效应产生的薄膜应力，它还具有一些自限性，表现出二次应力的一些特征，不过从保守角度考虑，仍将它划为一次应力。一次局部薄膜应力的实例有：壳体和封头连接处的薄膜应力、在容器的支座或接管处由外部的力或力矩引起的薄膜应力。

一次总体薄膜应力和一次局部薄膜应力是按薄膜应力沿经线方向的作用长度划分的。若薄膜当量应力超过 $1.1S_m^t$ 的区域沿经线方向延伸的距离不大于 $1.0\sqrt{R\delta}$，则认为是局部的。此处 R 为该区域内壳体中面的第二曲率半径，δ 为该区域的最小厚度，S_m^t 为设计温度下的许用应力。一次局部薄膜当量应力超过 $1.1S_m^t$ 的两个相邻应力区之间应彼此隔开，它们之间沿经线方向的间距不得小于 $2.5\sqrt{R_m\delta_m}$，否则应划为一次总体薄膜应力，其中 R_m=0.5（R_1+R_2），δ_m=0.5（$\delta_1+\delta_2$），而 R_1 与 R_2 分别为所考虑两个区域的壳体中面第二曲率半径，δ_1 与 δ_2 分别为所考虑区域的最小厚度。

（2）二次应力 Q

二次应力是指由相邻部件的约束或结构的自身约束所引起的正应力或切应力。二次应力不是由外载荷直接产生的，其作用不是为平衡外载荷，而是使结构在受载时变形协调。二次应力的基本特征是具有自限性，也就是当局部范围内的材料发生屈服或小量的塑性流动时，相邻部分之间的变形约束得到缓解而不再继续发展，应力就自动地限制在一定范围内。

二次应力的实例有：ⓘ总体结构不连续处的弯曲应力。总体结构不连续对结构总体应力分布和变形有显著的影响，如筒体与封头、筒体与法兰、筒体与接管以及不同厚度筒体连接处。ⓘⓘ总体热应力。它指的是解除约束后，会引起结构显著变形的热应力。例如圆筒壳中轴向温度梯度所引起的热应力；壳体与接管间的温差所引起的热应力；厚壁圆筒中径向温度梯度引起的当量线性热应力。

（3）峰值应力 F

峰值应力是由局部结构不连续和局部热应力的影响而叠加到一次加二次应力之上的应力增量，介质温度急剧变化在器壁或管壁中引起的热应力也归入峰值应力。峰值应力最主要的特点是自限性和局部性。因为自限性，结构的变形不会无限增大；因为局部性，峰值应力的影响区被周围的弹性材料包围。因此，峰值应力不引起任何明显的变形，比二次应力的危险性还低，其危害性仅是可能引起疲劳破坏或脆性断裂。

局部结构不连续是指几何形状或材料在很小区域内的不连续，只在很小范围内引起应力和应变增大，即应力集中，但对结构总体应力分布和变形没有显著的影响。结构上的小半径过渡圆角、未熔透、咬边、裂纹等都会引起应力集中，在这些部位存在峰值应力。例如，受均匀拉应力 σ 作用的平板，若缺口的应力集中系数为 K_t，则 $F=\sigma(K_t-1)$。

局部热应力指的是解除约束后，不会引起结构显著变形的热应力。例如结构上的小热点处（如加热蛇管与容器壳壁连接处）的热应力；碳素钢容器内壁奥氏体堆焊层或衬里中的热应力；复合钢板中因覆层与基层金属线膨胀系数不同而在覆层中引起的热应力；厚壁圆筒中径向温度梯度引起的热应力中的非线性分量。

应当指出的是，只有材料具有较高的韧性，允许出现局部塑性变形，上述应力分类才有意义。若是脆性材料，一次应力和二次应力的影响没有明显不同，对应力进行分类也就没有意义了。压缩应力主要与容器的屈曲有关，也不需要加以分类。

（4）容器典型部位的应力分类

为便于对压力容器进行应力分类，分析设计标准给出了压力容器典型结构的应力类别，见表 4-17。

表4-17　典型结构的应力类别

容器部件	位置	应力来源	应力类型	应力分类
包括圆筒形、锥形、球形和成形封头等的任意壳体	远离不连续处的壳体	内压	总体薄膜应力 沿壁厚的应力梯度	P_m Q
		轴向温度梯度	薄膜应力 弯曲应力	Q Q
	接管或其他开孔附近	作用在接管净截面上的轴向力和/或弯矩和/或内压	局部薄膜应力 弯曲应力 峰值应力（填角或直角）	P_L Q F
	任意位置	壳体和封头间的温差	薄膜应力 弯曲应力	Q Q
	壳体形状偏差，如不圆度和凹陷等	内压	薄膜应力 弯曲应力	P_m Q
圆筒形或锥形的壳体	整个容器中的任意横截面	作用在圆筒形或锥形壳体净截面上的轴向力和/或弯矩和/或内压	远离结构不连续处的、沿截面平均分布的薄膜应力（垂直于壁厚横截面的应力分量）	P_m
			沿截面分布的弯曲应力（垂直于壁厚横截面的应力分量）	P_b
	与封头或法兰连接处	内压	薄膜应力 弯曲应力	P_L Q

续表

容器部件	位置	应力来源	应力类型	应力分类
碟形封头或锥形封头	球冠	内压	薄膜应力 弯曲应力	P_m P_b
	过渡区或和筒体连接处	内压	薄膜应力 弯曲应力	P_L① Q
平盖	中心区	内压	薄膜应力 弯曲应力	P_m P_b
	和筒体连接处	内压	薄膜应力 弯曲应力	P_L Q②
多孔的封头或壳体	均匀布置的典型管孔带	压力	薄膜应力（沿截面平均）	P_m
			弯曲应力（沿管孔带宽度平均，沿壁厚有应力梯度）	P_b
			峰值应力	F
	分离的或非典型的孔带	压力	薄膜应力 弯曲应力 峰值应力	Q F F
接管	补强范围内③	压力、外部载荷和力矩（包括由于连接的管道自由端位移受限引起的）	总体薄膜应力	P_m
			沿接管壁厚平均的弯曲应力（不包括总体结构不连续）	P_m
	补强范围外③	压力，外部的轴向、剪切和扭转载荷（包括由于连接的管道自由端位移受限引起的）	总体薄膜应力	P_m
		压力、外部载荷和力矩（不包括由于连接的管道自由端位移受限引起的）	薄膜应力	P_L
			弯曲应力	P_b
		压力、所有外部载荷和力矩	薄膜应力 弯曲应力 峰值应力	P_L Q F
	接管壁	总体结构不连续处	薄膜应力 弯曲应力 峰值应力	P_L Q F
		膨胀差	薄膜应力 弯曲应力 峰值应力	Q Q F
覆层	任意	膨胀差	薄膜应力 弯曲应力	F F
任意	任意	径向温度分布④	当量线性应力⑤	Q
			应力分布的非线性部分	F
任意	任意	任意	应力集中（缺口效应）	F

① 必须考虑在直径与厚度比大的容器中发生屈曲或过度变形的可能性；

② 若周边弯矩是为保持平盖中心处弯曲应力在允许限度内所需要的，则在连接处的弯曲应力应划为P_b类，否则为Q类；

③ 补强范围见分析设计标准；

④ 应考虑热应力棘轮的可能性；

⑤ 当量线性应力定义为与实际应力分布具有相同净弯矩作用的线性分布应力。

4.4.3.4 弹性应力线性化

（1）弹性应力线性化原理

为了进行应力分类，需沿壳体厚度方向对应力进行线性化处理，分离出薄膜应力、弯曲应力和峰值应力。这里介绍基于应力积分方法进行线性化处理的原理。如图 4-56 所示，对于沿壁厚不均匀分布的应力分量 σ_{ij}，按式（4-103）和式（4-104）计算可得到沿壁厚的平均应力分量（亦即薄膜应力分量）σ_{ij}^{m} 和位于内、外表面的最大弯曲应力分量 σ_{ij}^{b}；按式（4-105）和式（4-106）计算可以得到位于内、外表面的峰值应力分量 σ_{ij}^{F}

$$\sigma_{ij}^{\mathrm{m}}=\frac{1}{t}\int_{0}^{t}\sigma_{ij}\mathrm{d}x \tag{4-103}$$

$$\sigma_{ij}^{\mathrm{b}}=\frac{6}{t^{2}}\int_{0}^{t}(\sigma_{ij}-\sigma_{ij}^{\mathrm{m}})\left(\frac{t}{2}-x\right)\mathrm{d}x \tag{4-104}$$

$$\sigma_{ij}^{\mathrm{F}}(x)|_{x=0}=\sigma_{ij}(x)|_{x=0}-(\sigma_{ij}^{\mathrm{m}}+\sigma_{ij}^{\mathrm{b}}) \tag{4-105}$$

$$\sigma_{ij}^{\mathrm{F}}(x)|_{x=t}=\sigma_{ij}(x)|_{x=t}-(\sigma_{ij}^{\mathrm{m}}-\sigma_{ij}^{\mathrm{b}}) \tag{4-106}$$

（2）有限元分析应力校核线

若采用壳单元进行有限元分析，则可直接得到薄膜应力和弯曲应力，不需要进行应力的线性化处理，但采用壳单元无法得到峰值应力。若用轴对称单元或三维实体单元进行有限元分析，则需要对应力分析结果进行线性化处理。

应力的线性化处理是在部件厚度截面内进行的，该截面称之为校核面。在校核面内沿部件厚度方向划分的直线称之为校核线，又称应力分类线（SCL）。对于轴对称部件，校核线代表的是绕回转轴一周的面。校核面和校核线的示例见图 4-57。在压力容器的几何形状、材料或载荷发生突变的部位存在着高应力，在评判塑性垮塌、安定和棘轮失效模式时，通常在整体结构不连续区设置校核线；在评判局部和疲劳失效模式时，通常将校核线设置在局部结构不连续区。在材料不连续区（如基层和覆层），校核线的设置应包含所有的材料和相关的载荷。在进行塑性垮塌评判时，若可以忽略覆层的影响，则仅需在基层上布置校核线。

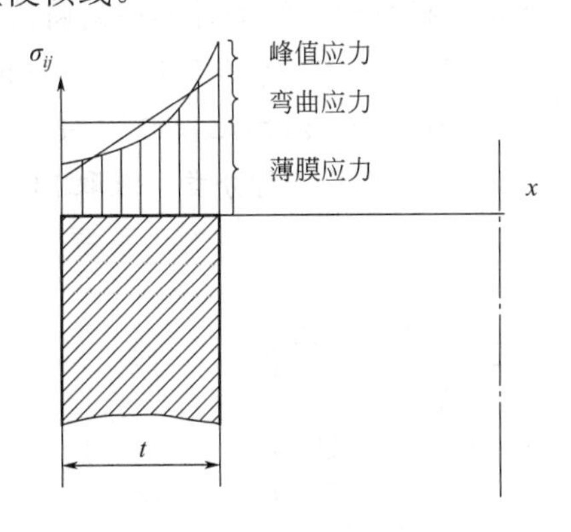

图 4-56 应力线性化处理

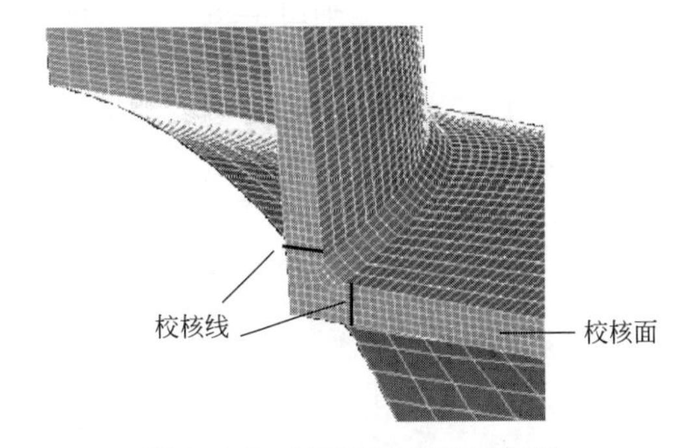

图 4-57 校核面和校核线示例

4.4.3.5 当量应力计算

详细的弹性应力分析是应力分类方法的基础。应力分类中使用的弹性名义应力是假定材料始终为线

弹性时计算所得的应力。在分析设计中，考虑各种载荷及载荷组合，按以下步骤对当量应力进行计算。

（1）应力分量计算

对所有适用的载荷，计算各载荷下的应力张量（含6个应力分量），并根据4.4.3.3节中的定义将这些应力分量归入5个类别：P_m、P_L、P_b、Q、F。

（2）应力分量叠加

将各类应力的应力分量按同种类别分别叠加，即可得到所考虑载荷组合工况下的五组应力分量：P_m、P_L、P_L+P_b、P_L+P_b+Q 和 P_L+P_b+Q+F。

（3）计算当量应力

由各类应力叠加后的五组应力分量分别计算各自的主应力 σ_1、σ_2、σ_3，然后采用第四强度理论（最大畸变能屈服准则）按式（4-107）计算各组的Mises当量应力 S_e

$$S_e=\frac{1}{\sqrt{2}}\left[\left(\sigma_1-\sigma_2\right)^2+\left(\sigma_2-\sigma_3\right)^2+\left(\sigma_3-\sigma_1\right)^2\right]^{\frac{1}{2}} \quad (4\text{-}107)$$

（4）当量应力分组

计算得到的当量应力分别归入5组：ⓘ一次总体薄膜当量应力 S_{I}（由 P_m 算得）；ⓘⓘ一次局部薄膜当量应力 S_{II}（由 P_L 算得）；ⓘⓘⓘ一次薄膜（总体或局部）加一次弯曲当量应力 S_{III}（由 P_L+P_b 算得）；ⓘⓥ一次加二次应力范围的当量应力 S_{IV}（由 P_L+P_b+Q 算得）；ⓥ总应力（一次加二次加峰值）范围的当量应力 S_{V}（由 P_L+P_b+Q+F 组算得）。

以上包含弯曲应力的 S_{III} 和 S_{IV} 应同时计算内、外表面的当量应力，并取其中较大者。

例 4-3

某一钢制容器，内径 D_i=800mm，厚度 t=36mm，工作压力 p_w=10MPa，设计压力 p=11MPa。圆筒体与一平封头连接，根据设计压力计算得到圆筒体与平封头连接处的边缘力 $Q_0=-1.102\times10^6$N/m，边缘弯矩 $M_0=5.725\times10^4$N·m/m，如图4-58所示。设容器材料的弹性模量 $E=2\times10^5$MPa、泊松比 μ=0.3。若不考虑角焊缝引起的应力集中，试计算圆筒体边缘处的应力并进行分类，求取Mises当量应力。

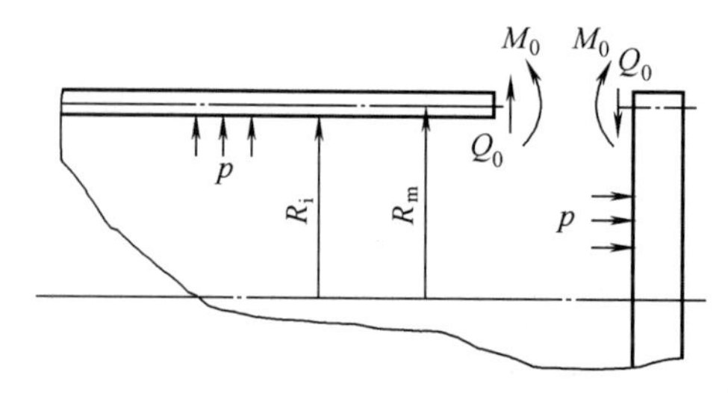

图 4-58 圆筒体与平封头连接

解 筒体内半径 R_i=400mm，厚度 t=36mm，则外半径 R_o=436mm，径比 $K=R_o/R_i$=436/400=1.09。现以筒体环向应力 σ_θ 为例说明在筒体边缘处环向薄膜应力

的计算及分类过程。

不计边缘效应时，设计压力在圆筒体中产生的应力，可按式（2-34）计算，因此，环向应力分量沿筒体厚度的平均值，也就是环向薄膜应力 $\sigma_{\theta,1}^{\mathrm{p}}$ 为

$$\sigma_{\theta,1}^{\mathrm{p}}=\frac{1}{R_{\mathrm{o}}-R_{\mathrm{i}}}\int_{R_{\mathrm{i}}}^{R_{\mathrm{o}}}\sigma_{\theta}\mathrm{d}r=\frac{1}{R_{\mathrm{o}}-R_{\mathrm{i}}}\int_{R_{\mathrm{i}}}^{R_{\mathrm{o}}}\left[\frac{pR_{\mathrm{i}}^{2}}{R_{\mathrm{o}}^{2}-R_{\mathrm{i}}^{2}}+\frac{pR_{\mathrm{o}}^{2}R_{\mathrm{i}}^{2}}{(R_{\mathrm{o}}^{2}-R_{\mathrm{i}}^{2})r^{2}}\right]\mathrm{d}r$$
$$=\frac{p}{K-1}=\frac{11}{1.09-1}=122.22\ (\mathrm{MPa})$$

沿厚度方向，环向应力呈非线性分布，内壁面最大，外壁面最小。内壁面处的环向应力 $\sigma_{\theta}^{\mathrm{p}}$ 为

$$\sigma_{\theta}^{\mathrm{p}}=\frac{p(K^{2}+1)}{K^{2}-1}=\frac{11\times(1.09^{2}+1)}{1.09^{2}-1}=127.96\ (\mathrm{MPa})$$

因此，环向应力 $\sigma_{\theta}^{\mathrm{p}}$ 与其沿厚度平均值 $\sigma_{\theta,1}^{\mathrm{p}}$ 的差在筒体内壁面的数值为

$$\sigma_{\theta,2}^{\mathrm{p}}=\sigma_{\theta}^{\mathrm{p}}-\sigma_{\theta,1}^{\mathrm{p}}=127.96-122.22=5.74\ (\mathrm{MPa})$$

由于环向应力和压力成正比，所以，若是按工作压力计算，$\sigma_{\theta,1}^{\mathrm{p}}$ 和 $\sigma_{\theta,2}^{\mathrm{p}}$ 为

$$\sigma_{\theta,1}^{\mathrm{p}}=122.22\times\frac{10}{11}=111.11\ (\mathrm{MPa})$$

$$\sigma_{\theta,2}^{\mathrm{p}}=5.74\times\frac{10}{11}=5.22\ (\mathrm{MPa})$$

令 $x=0$，由式（2-24）得，在筒体与平封头连接处，边缘载荷 Q_0 和 M_0 引起的轴向薄膜内力 N_x、环向薄膜内力 N_θ、轴向弯曲内力 M_x 和环向弯曲内力 M_θ 分别为

$$N_x=0,\ N_\theta=2\beta R(Q_0+\beta M_0),\ M_x=M_0,\ M_\theta=\mu M_0$$

式中，$\beta=\sqrt[4]{3(1-\mu^{2})}\Big/\sqrt{Rt}=\sqrt[4]{3\times(1-0.3^{2})}\Big/\sqrt{418\times10^{-3}\times36\times10^{-3}}=10.4785\ (\mathrm{m}^{-1})$。

上述边缘内力在圆筒体内壁面中产生的环向薄膜应力 $\sigma_{\theta,1}^{\mathrm{e}}$ 和环向弯曲应力 $\sigma_{\theta,2}^{\mathrm{e}}$ 分别为

$$\sigma_{\theta,1}^{\mathrm{e}}=\frac{N_\theta}{t}=\frac{2\beta R}{t}(Q_0+\beta M_0)$$
$$=\frac{2\times10.4785\times418\times10^{-3}}{36\times10^{-3}}\times(-1.102\times10^{6}+10.4785\times5.725\times10^{4})=-122.15\ (\mathrm{MPa})$$

$$\sigma_{\theta,2}^{\mathrm{e}}=\frac{6M_\theta}{t^{2}}=\frac{6\mu M_0}{t^{2}}=\frac{6\times0.3\times5.725\times10^{4}}{(36\times10^{-3})^{2}}=79.51\ (\mathrm{MPa})$$

同理，若按工作压力计算，$\sigma_{\theta,1}^{\mathrm{e}}$ 和 $\sigma_{\theta,2}^{\mathrm{e}}$ 为

$$\sigma_{\theta,1}^{\mathrm{e}}=-122.15\times\frac{10}{11}=-111.05\ (\mathrm{MPa})$$

$$\sigma_{\theta,2}^{\mathrm{e}}=79.51\times\frac{10}{11}=72.28\ (\mathrm{MPa})$$

由表 4-17 知，由内压产生的沿筒体厚度的应力平均值 $\sigma_{\theta,1}^{\mathrm{p}}$ 在边缘处属于一次局部薄膜应力 P_{L}，沿筒体厚度的应力梯度 $\sigma_{\theta,2}^{\mathrm{p}}$ 属于二次应力 Q；由边缘载荷产生的薄膜应力 $\sigma_{\theta,1}^{\mathrm{e}}$ 属于一次局部薄膜应力 P_{L}，弯曲应力 $\sigma_{\theta,2}^{\mathrm{e}}$ 属于二次应力 Q；于是在边缘处筒体内壁面有

$$P_{\mathrm{L}}=122.22-122.15=0.07\ (\mathrm{MPa})$$

$$P_L+Q=(111.11-111.05)+(5.22+72.28)=77.56\text{（MPa）}$$

类似地，可以计算边缘处筒体中的经向应力σ_x和径向应力σ_z并对内壁面应力进行分类，得到应力分量P_L和P_L+P_b。

由分类并叠加后的内壁面各向（环向、径向、经向）应力分量计算主应力σ_1、σ_2、σ_3，然后按式（4-107）计算当量应力S_e，并按P_L和P_L+P_b分别归入$S_{Ⅱ}$和$S_{Ⅳ}$。在大多数容器的计算中，$\tau_{x\theta}=\tau_{z\theta}=0$，$\tau_{xz}$与$\sigma_x$、$\sigma_\theta$相比是一个小量，一般可略去，$x$、$\theta$、$z$的方向与主应力方向近似相同，因而，$\sigma_x$、$\sigma_\theta$、$\sigma_z$即为三个主应力。所以$\sigma_x$、$\sigma_\theta$、$\sigma_z$为本例的三个主应力。对于外壁面，计算过程类似。所有计算结果按Mises当量应力的计算步骤列于表4-18。表中括号内的数据是按工作压力计算得到。

4.4.3.6　应力评定

（1）许用应力

许用应力是按材料的短时拉伸性能除以相应的安全系数而得，为$\dfrac{R_m}{n_b}$、$\dfrac{R_{eL}^t}{n_s}$、$\dfrac{R_D^t}{n_d}$和$\dfrac{R_n^t}{n_n}$中的最小值，以符号S_m^t表示。R_m是室温下材料的抗拉强度；R_{eL}^t是设计温度下材料的屈服强度；R_D^t是设计温度下材料的持久强度极限平均值；R_n^t是设计温度下材料的蠕变极限平均值，n_b、n_s、n_d、n_n为相应的安全系数。

由于分析设计中对容器重要区域的应力进行了严格而详细的计算，且在选材、制造和检验等方面也有更严格的要求，因而采取了比常规设计低的抗拉强度安全系数。TSG21《固定式压力容器安全技术监察规程》规定的材料设计系数为$n_b\geqslant2.4$、$n_s\geqslant1.5$、$n_d\geqslant1.5$、$n_n\geqslant1.0$。

（2）极限分析

极限分析假定结构所用材料为理想弹塑性材料。在某一载荷作用下结构进入整体或局部区域的全域屈服后，变形将无限制地增大，结构达到了它的极限承载能力，这种状态即为塑性失效的极限状态，这一载荷即为塑性失效时的极限载荷。下面以纯弯曲梁为例进行说明。

设有一矩形截面梁，宽度为b，高为h，受弯矩M作用，如图4-59所示。由材料力学可知，矩形截面梁在弹性情况下，截面应力呈线形分布，即上、下表面处应力最大，一边受拉，一边受压。最大应力为$\sigma_{max}=\dfrac{6M}{bh^2}$。当$\sigma_{max}=R_{eL}$，上下表面屈服时梁达到了弹性失效状态，对应的弯矩为弹性失效弯矩，即$M_e=R_{eL}\dfrac{bh^2}{6}$。但从塑性失效观点看，此梁除上下表面材料屈服外，其余材料仍处于弹性状态，还可继续承载。随着载荷增大，梁内弹性区减少，塑性区扩大，当达到全塑性状态时，由平衡关系可得极限弯矩为$M_p=R_{eL}\dfrac{bh^2}{4}$。显然$M_p=1.5M_e$，即塑性失效时的极限弯矩为弹性失效时的弯矩的1.5倍。若按弹性应力分布，则极限弯矩下的虚拟应力（图4-59中虚线）为

$$\sigma'_{max}=\frac{6M_p}{bh^2}=1.5R_{eL}\qquad(4\text{-}108)$$

表4-18 圆筒体中边缘处应力计算、分类及当量应力计算结果 MPa

<table>
<tr><th rowspan="2">内容</th><th rowspan="2" colspan="2">应力类别</th><th colspan="6">内壁</th><th colspan="6">外壁</th></tr>
<tr><th colspan="3">P_L</th><th colspan="3">Q</th><th colspan="3">P_L</th><th colspan="3">Q</th></tr>
<tr><td rowspan="6">求应力并进行分类</td><td rowspan="3">内压</td><td>σ_θ</td><td colspan="3">122.22（111.11）</td><td colspan="3">（5.22）</td><td colspan="3">122.22（111.11）</td><td colspan="3">（-4.78）</td></tr>
<tr><td>σ_x</td><td colspan="3">58.48（53.16）</td><td colspan="3">0</td><td colspan="3">58.48（53.16）</td><td colspan="3">0</td></tr>
<tr><td>σ_z</td><td colspan="3">-5.26（-4.78）</td><td colspan="3">（-5.22）</td><td colspan="3">-5.26（-4.78）</td><td colspan="3">（4.78）</td></tr>
<tr><td rowspan="3">边缘载荷</td><td>σ_θ</td><td colspan="3">-122.15（-111.05）</td><td colspan="3">（72.28）</td><td colspan="3">-122.15（-111.05）</td><td colspan="3">（-72.28）</td></tr>
<tr><td>σ_x</td><td colspan="3">0</td><td colspan="3">（240.94）</td><td colspan="3">0</td><td colspan="3">（-240.94）</td></tr>
<tr><td>σ_z</td><td colspan="3">0</td><td colspan="3">0</td><td colspan="3">0</td><td colspan="3">0</td></tr>
<tr><td rowspan="4">同类应力叠加</td><td colspan="2">应力分组</td><td colspan="3">P_L</td><td colspan="3">P_L+Q</td><td colspan="3">P_L</td><td colspan="3">P_L+Q</td></tr>
<tr><td colspan="2">σ_θ</td><td colspan="3">0.07</td><td colspan="3">77.56</td><td colspan="3">0.07</td><td colspan="3">-77</td></tr>
<tr><td colspan="2">σ_x</td><td colspan="3">58.48</td><td colspan="3">294.1</td><td colspan="3">58.48</td><td colspan="3">-187.78</td></tr>
<tr><td colspan="2">σ_z</td><td colspan="3">-5.26</td><td colspan="3">-10</td><td colspan="3">-5.26</td><td colspan="3">0</td></tr>
<tr><td rowspan="3">求各主应力</td><td colspan="2">主应力</td><td colspan="2">σ_1</td><td colspan="2">σ_2</td><td colspan="2">σ_3</td><td colspan="2">σ_1</td><td colspan="2">σ_2</td><td colspan="2">σ_3</td></tr>
<tr><td colspan="2">P_L</td><td colspan="2">58.48</td><td colspan="2">0.07</td><td colspan="2">-5.26</td><td colspan="2">58.48</td><td colspan="2">0.07</td><td colspan="2">-5.26</td></tr>
<tr><td colspan="2">P_L+Q</td><td colspan="2">294.1</td><td colspan="2">77.56</td><td colspan="2">-10</td><td colspan="2">0</td><td colspan="2">-77</td><td colspan="2">-187.78</td></tr>
<tr><td rowspan="3">求 Mises 当量应力</td><td colspan="2">当量应力</td><td colspan="6">$S_e=\frac{1}{\sqrt{2}}\left[(\sigma_1-\sigma_2)^2+(\sigma_2-\sigma_3)^2+(\sigma_3-\sigma_1)^2\right]^{\frac{1}{2}}$</td><td colspan="6">$S_e=\frac{1}{\sqrt{2}}\left[(\sigma_1-\sigma_2)^2+(\sigma_2-\sigma_3)^2+(\sigma_3-\sigma_1)^2\right]^{\frac{1}{2}}$</td></tr>
<tr><td colspan="2">P_L</td><td colspan="6">61.26</td><td colspan="6">61.26</td></tr>
<tr><td colspan="2">P_L+Q</td><td colspan="6">271.18</td><td colspan="6">163.52</td></tr>
<tr><td rowspan="2">当量应力计算结果</td><td colspan="2">S_{II}</td><td colspan="6">61.26</td><td colspan="6">61.26</td></tr>
<tr><td colspan="2">S_{IV}</td><td colspan="6">271.18</td><td colspan="6">163.52</td></tr>
</table>

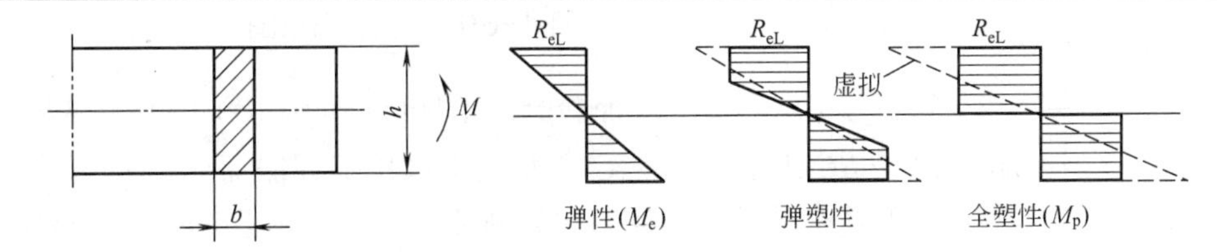

图4-59 纯弯曲矩形截面梁的极限分析

当截面达到塑性极限状态时，中性轴上下各点应力全都达到受压和受拉的屈服强度，截面两侧可以互相转动，从变形上看，如同出现一个铰，称为塑性铰。不过塑性铰与普通铰是不同的，主要表现为：ⓘ塑性铰是单向铰，只能向同一方向发生有限的转动；ⓘⓘ塑性铰承受并传递极限弯矩 M_p；ⓘⓘⓘ塑性铰不是一个铰点，而是具有一定的长度。

上面求的极限弯矩 M_p 是梁截面能承受的最大弯矩，由此确定梁能承受的极限载荷。

对于结构极限载荷，理论上按上限定理和下限定理来确定，而工程上通常采用非线性有限元的方法进行分析，依据载荷 - 位移曲线确定极限载荷，常见的有三种：两倍斜率法、双切线相交法、零曲率法。关于求解结构极限载荷过程，这里不再细述。

（3）安定性分析

如果一个结构经几次反复加载后，其变形趋于稳定，或者说不再出现渐增的非弹性变形，则认为此结构是安定的。丧失安定后的结构会在反复加载卸载中引起新的塑性变形，并可能因塑性疲劳或大变形而发生破坏。

定义名义应力为不考虑材料屈服时应变所对应的弹性应力，以此表征所施加的载荷大小。若名义应

力超过材料屈服强度，局部高应力区由塑性区和弹性区两部分组成。塑性区被弹性区包围，弹性区力图使塑性区恢复原状，从而在塑性区中出现残余压缩应力。残余压缩应力的大小与名义应力有关。设结构由理想弹塑性材料制造，现根据名义应力 σ_1 的大小简单分析结构处于安定状态的条件。

① $R_{eL}<\sigma_1<2R_{eL}$　当结构第一次加载时，塑性区中应力 - 应变关系按 OAB 线变化，名义应力 - 应变线为 OAB'。卸载时，在周围弹性区的作用下，塑性区中的应力沿 BC 线下降，且平行于 OA，如图 4-60（a）所示。塑性区便存在了残余压缩应力 $E(\varepsilon_1-\varepsilon_s)$，即纵坐标上的 OC 值。若载荷大小不变，则以后的加载、卸载循环中，应力将分别沿 CB、BC 线变化，不会出现新的塑性变形，在新的状态下保持弹性行为，这时结构是安定的。

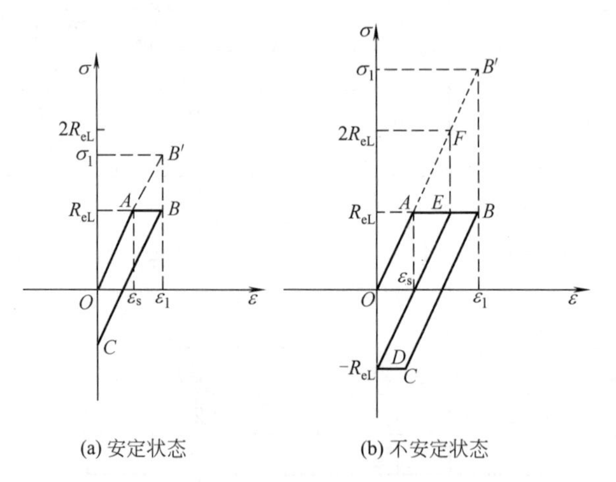

图 4-60　安定性分析图

② $\sigma_1>2R_{eL}$　第一次加载时，塑性区中的应力 - 应变关系按 OAB 线变化，卸载时沿 BC 线下降，在 C 点发生反向压缩屈服而到达 D 点，如图 4-60（b）所示。于是在以后的加载、卸载循环中，应力将沿 $DEBCD$ 回线变化。如此多次循环，即反复出现拉伸屈服和压缩屈服，将引起塑性疲劳或塑性变形逐次递增而导致破坏，这时结构是不安定的。

可见，保证结构安定的条件是 $\sigma_1\leqslant 2R_{eL}$。由于 $R_{eL}\geqslant 1.5S_m^t$，分析设计标准中，将一次加二次应力强度限制在 $3S_m^t$ 以内。

由于实际材料并非理想弹塑性材料，屈服后还有应变强化能力。因此，上面由极限分析和安定性分析导出的应力限制条件是偏于保守的，使结构增加了一定的安全裕度。

（4）当量应力评定原则

由于各类应力对容器强度危害程度不同，所以对它们的限制条件也各不相同，不采用统一的许用极限。在分析设计中，一次应力的许用值是由极限分析确定，主要目的是防止过度弹性或塑性变形；二次应力的许用值是由安定性分析确定，目的在于防止塑性疲劳或过度塑性变形；而峰值应力的许用值是由疲劳分析确定的，目的在于防止由大小和（或）方向改变的载荷引起的疲劳破坏。下面具体给出五类当量应力的限制原则。

① 一次总体薄膜当量应力 $S_{\rm I}$　总体薄膜应力是容器承受外载荷的应力成分，在容器的整体范围内存在，没有自限性，对容器失效的影响最大。一次总体薄膜当量应力 $S_{\rm I}$ 的许用值是以极限分析原理来确定的。一次总体薄膜当量应力 $S_{\rm I}$ 的限制条件为 $S_{\rm I} \leqslant S_{\rm m}^{\rm t}$。

② 一次局部薄膜当量应力 $S_{\rm II}$　局部薄膜应力是相对于总体薄膜应力而言，它的影响仅限于结构局部区域，同时，由于包含了边缘效应所引起的薄膜应力，它还具有二次应力的性质。因此，在设计中，允许它有比一次总体薄膜应力高、但比二次应力低的许用值。一次局部薄膜当量应力 $S_{\rm II}$ 的限制条件为 $S_{\rm II} \leqslant S_{\rm PL}$。许用极限 $S_{\rm PL}$ 取以下计算值：

ⅰ. 当设计温度下材料的屈服强度 $R_{\rm eL}^{\rm t}$ 与标准抗拉强度下限 $R_{\rm m}$ 的比值大于 0.7，或材料的许用应力 $S_{\rm m}^{\rm t}$ 与时间相关时，取设计温度下材料许用应力 $S_{\rm m}^{\rm t}$ 的 1.5 倍；

ⅱ. 其他情况下取设计温度下材料的屈服强度 $R_{\rm eL}^{\rm t}$。

③ 一次薄膜（总体或局部）加一次弯曲当量应力 $S_{\rm III}$　弯曲应力沿厚度呈线性变化，其危害性比薄膜应力小。矩形截面梁的极限分析表明，在极限状态时，拉弯组合应力的上限是材料屈服强度的 1.5 倍。因此，在 $S_{\rm I}$ 和 $S_{\rm II}$ 满足各自强度条件的前提下，一次薄膜（总体或局部）加一次弯曲当量应力 $S_{\rm III}$ 的限制条件为 $S_{\rm III} \leqslant S_{\rm PL}$。

④ 一次加二次应力范围的当量应力 $S_{\rm IV}$　根据安定性分析，确定一次加二次应力范围的当量应力 $S_{\rm IV}$ 的限制条件为 $S_{\rm IV} \leqslant S_{\rm PS}$。

⑤ 总应力（一次加二次加峰值）范围的当量应力 $S_{\rm V}$　由于峰值应力同时具有自限性与局部性，它不会引起明显的变形，其危害性在于可能导致疲劳失效或脆性断裂。按疲劳失效设计准则，总应力（一次加二次加峰值）范围的当量应力应由疲劳设计曲线得到的应力幅 $S_{\rm a}$ 进行评定，即 $\frac{1}{2}S_{\rm V} \leqslant S_{\rm a}$。

表 4-19 总结了各当量应力的许用极限，表 4-20 为耐压试验下的当量应力校核。

表4-19　应力分类及 $S_{\rm I}$、$S_{\rm II}$、$S_{\rm III}$、$S_{\rm IV}$、$S_{\rm V}$ 的许用极限

应力种类	一次应力			二次应力	峰值应力
	总体薄膜	局部薄膜	弯曲		
典型结构的应力分类	沿实心截面的平均一次应力。不包括不连续和应力集中。仅由机械载荷引起	沿任意实心截面的平均应力。包括不连续但不包括应力集中。仅由机械载荷引起的	和离实心截面形心的距离成正比的一次应力分量。不包括不连续和应力集中。仅由机械载荷引起的	满足结构连续所需要的自平衡 应力。发生在结构的不连续处，可由机械载荷或热膨胀差引起的。不包括局部应力集中	①因应力集中（缺口）而加到一次或二次应力上的增量 ②能引起疲劳但不引起容器形状突化的某些热应力
符号	$P_{\rm m}$	$P_{\rm L}$	$P_{\rm b}$	Q	F
许用极限	$P_{\rm m}$ $S_{\rm I} \leqslant S_{\rm m}^{\rm t}$ ——用设计载荷 ----用工作载荷	$P_{\rm L}$ $S_{\rm II} \leqslant S_{\rm PL}$	$P_{\rm L}+P_{\rm b}$ $S_{\rm III} \leqslant S_{\rm PL}$	$P_{\rm L}+P_{\rm b}+Q$ $S_{\rm IV} \leqslant S_{\rm PS}$	$P_{\rm L}+P_{\rm b}+Q+F$ $S_{\rm V}$ $S_{\rm alt} \leqslant S_{\rm a}$

注：表中 $S_{\rm alt}$、$S_{\rm PS}$ 及 $S_{\rm a}$ 的定义及计算见4.5节。

表4-20 耐压试验下的当量应力校核

试验＼当量应力	S_{I}	S_{III}	
		当 $S_{\mathrm{I}} \leqslant \frac{2}{3}R$ 时	当 $S_{\mathrm{I}} > \frac{2}{3}R$ 时
液压试验	$\leqslant 0.9R$	$\leqslant 1.35R$	$\leqslant 2.35R-1.5S_{\mathrm{I}}$
气压、气液组合压力试验	$\leqslant 0.8R$	$\leqslant 1.2R$	$\leqslant 2.2R-1.5S_{\mathrm{I}}$

注：表中R代表$R_{\mathrm{eL}}(R_{\mathrm{p02}})$

在应力分类及应力分量的计算中，对于二次应力，无需区分薄膜成分及弯曲成分，因为二者许用值相同。如果设计载荷与工作载荷不相同，计算S_{IV}和S_{V}时应采用工作载荷，若按设计载荷则偏于保守。

在应力分类设计中，强度设计是依据失效模式进行的，下面介绍针对塑性垮塌及局部过度应变失效的应力评定。疲劳和棘轮失效评定见4.5节。

（5）塑性垮塌应力评定

为防止塑性垮塌失效，根据设计载荷组合分别计算各类当量应力，并以S_{I}、S_{II}和S_{III}同时满足以下的许用极限为评定合格。

ⅰ. 一次总体薄膜当量应力S_{I}的许用极限为设计温度下材料的许用应力$S_{\mathrm{m}}^{\mathrm{t}}$；

ⅱ. 一次局部薄膜当量应力S_{II}的许用极限为S_{PL}；

ⅲ. 一次薄膜（总体或局部）加一次弯曲当量应力S_{III}的许用极限为S_{PL}。

当难以区分一次应力和二次应力时，可保守地将二次应力归入一次应力处理，更好的处理方法是采用较为精确的弹塑性分析方法。

（6）局部过度应变失效评定

除防止塑性垮塌外，为防止局部过度应变失效，元件中可能发生局部失效的点，一次应力的三个主应力的代数和应不超过设计温度下材料许用应力的4倍，即

$$\sigma_1+\sigma_2+\sigma_3 \leqslant 4S_{\mathrm{m}}^{\mathrm{t}} \tag{4-109}$$

如受压元件的载荷条件和结构细节等均符合公式法设计，则无需进行局部过度应变评定。

4.4.4 弹塑性分析法

弹性应力分析简便易实施，通常与应力分类法配合使用，保守又安全。但随着科学技术的发展，许多工程问题（如材料的破坏与失效等）仅靠线性理论无法解决，必须借助非线性分析来考虑，如结构的大位移、大应变和塑性问题。压力容器的分析设计也正在经历从求解线性问题向求解非线性问题的重大转变。同时，计算机技术的日趋成熟，为进行复杂的非线性计算，准确地模拟材料屈服以后的力学行为提供了良好的软硬件基础。使用弹塑性分析方法可以对压力容器进行更精细的设计，各国规范标准都相继提出了新的设计理论和设计方法，如2002版EN 13445《非火焰接触压力容器》给出了压力容器分析设计的直接法，2007年修订的ASME Ⅷ-2全面引入弹塑性分析和数值计算技术。我国分析设计标准，针对塑性垮塌、局部过度应变、屈曲、棘轮和疲劳等失效模式，引入了基于弹塑性分析的方法。

弹塑性分析法的核心思想是允许在压力容器及其部件中出现少量且能保持

结构完整性的局部塑性变形，但不允许出现过量的整体塑性流动或循环塑性变形。弹塑性分析能更精确地反映结构在载荷作用下的塑性变形行为和实际承载能力。弹塑性分析不需要将应力进行分类，可以有效地避免应力分类过程中遇到的一些困难，同时也可以充分发挥材料性能的潜力。

下面简单介绍针对塑性垮塌、局部过度应变及屈曲失效模式的弹塑性分析方法。疲劳和棘轮失效分析见 4.5 节。

4.4.4.1 塑性垮塌

为防止塑性垮塌，弹塑性分析设计法采用极限分析或弹塑性分析方法，对标准中规定的载荷组合工况条件下的容器或元件进行合格评定。

（1）载荷组合工况

弹塑性分析设计法应考虑的载荷组合工况见表 4-21，同时应考虑其中一个或多个载荷不起作用时可能引起的更危险的组合工况。表中 β 为载荷系数，其他符号说明见表 4-15。

表4-21 载荷组合工况

条件和组合序号			载荷组合工况
塑性垮塌		1	$\beta(P+P_s+D)$
		2	$\beta[0.87(P+P_s+D+T)+1.13L+0.36S_s]$
		3	$\beta[0.87(P+P_s+D)+1.13S_s+(0.73L$ 或 $0.36W)]$
		4	$\beta[0.87(P+P_s+D)+0.73W+0.73L+0.36S_s]$
		5	$\beta[0.87(P+P_s+D)+0.73E+0.73L+0.14S_s]$
耐压试验	液压试验	6	$\beta[0.74(P+P_s+D+0.6W_{pt})]$
	气压试验	7	$\beta[0.83(P+P_s+D+0.6W_{pt})]$

按极限分析或弹塑性分析进行分析的容器或元件应根据总体准则进行合格性评定，必要时再按使用准则评定。

① 总体准则　要求元件在指定的设计载荷情况下不得产生韧性断裂或总体塑性变形。通过对指定载荷条件的元件进行极限载荷分析来确定总体塑性垮塌载荷。

② 使用准则　使用准则是用户提出的准则，其目的是使容器元件所有部位在按照总体准则计算的许用载荷的作用下不会出现过大的变形。

（2）极限分析

极限分析是塑性分析中基本的强度设计方法。它假定材料是理想弹塑性的，其应力 - 应变关系无硬化阶段，如图 2-23 所示。

极限分析是基于极限分析理论评定元件是否发生塑性垮塌的一种方法，为工程技术人员对结构的一次应力评定提供另外一种可选择的方法。这种方法通过确定容器元件的极限载荷的下限值来防止塑性垮塌，适用于单一或多种静载荷。当采用数值计算进行极限分析时，材料应力 - 应变关系是理想弹塑性，屈服强度取 $1.5S_m^t$，采用小变形的应变 - 位移线性关系，以变形前几何形状下的力平衡关系为基础，满足 Mises 屈服条件和关联流动准则，以此确定的极限载荷的下限即为总体塑性垮塌载荷。极限载荷值可用微小载荷增量下不能获得平衡解的那个点（即此解无收敛）来表示。

极限载荷分析的元件是否合格由总体准则和使用准则决定。

极限分析又包括载荷系数法和垮塌载荷法。载荷系数法取表 4-21 中载荷系数 β=1.5，若数值计算能够得到收敛解，则元件在此载荷工况下处于稳定，评定通过，所以载荷系数法一般用于强度校核。而垮

塌载荷法假定载荷系数，若数值计算得到的收敛解载荷系数 $\beta\geqslant1.5$，则评定合格，所以垮塌载荷法能给出结构的承载裕度。

（3）弹塑性分析

采用弹塑性应力 - 应变关系进行弹塑性分析，确定元件垮塌载荷。分析时采用的应力 - 应变关系应具有与温度有关的硬化或软化行为，同时考虑结构非线性的影响，即采用大变形的应变 - 位移非线性关系。以变形前几何形状下的力平衡关系为基础，满足 Mises 屈服条件和关联流动准则，以此确定元件的塑性垮塌载荷。弹塑性分析和上述极限分析法相比，由于采用真实的应力 - 应变曲线，能更为精确地评定元件塑性垮塌载荷。有关弹塑性分析的载荷组合及其载荷系数见表 4-21。与极限分析一样，采用弹塑性分析时，元件合格判据也是总体准则和使用准则。

同样，弹塑性分析也包括载荷系数法和垮塌载荷法。载荷系数法取表 4-21 中载荷系数 β=2.4，若数值计算能够得到收敛解，则元件在此载荷工况下处于稳定，评定通过。垮塌载荷法假定载荷系数，若数值计算得到的收敛解载荷系数 $\beta\geqslant2.4$，则评定合格。

4.4.4.2 局部过度应变

除了满足塑性垮塌的评定外，元件还应满足局部过度应变准则。评定时对每种载荷工况组合均应进行弹塑性数值计算。在计算中应采用材料弹塑性应力 - 应变关系、Mises 屈服理论和相关联的流动法则，同时应考虑几何非线性。如果元件的细节结构是按照公式法设计的，则可不进行局部过度应变的评定。

4.4.4.3 屈曲失效

在第 2 章中对结构屈曲已有定义，这里不再赘述。结构的屈曲一般可分为两种形式：分叉点屈曲和极值点屈曲。对于无缺陷结构，分叉点屈曲和极值点屈曲都是可能的失稳形式；有缺陷结构只能发生极值点屈曲。

实际工程结构中往往存在各类几何或材料初始缺陷，或者制造偏差等外部扰动，利用有限元进行屈曲分析时，通常引入初始缺陷。常用的方法是采用弹性屈曲模态的线性组合作为假想的初始缺陷，实际上在数值模拟中，引入初始缺陷的意义在于在模型中引入初始扰动。对于对称载荷作用下的对称结构，若没有引入初始缺陷，便会缺乏足够的扰动，导致计算机在分叉屈曲点处无法对两条或者几条平衡路径做出取舍和判断，表现为计算结果不能收敛。

4.5 疲劳和棘轮分析

4.5.1 概述

在石油化工和其他工业领域，许多压力容器要承受交变载荷，例如频繁的开、停车以及压力波动、温度变化等，使容器中应力随时间呈周期性变化（即所谓交变应力）。生产规模的大型化和高参数（高压、高温、低温）也使得高强度材料广泛应用于压力容器。这些因素的组合造成了压力容器疲劳失效事故的增加。此外，因产生渐增性塑性变形而发生的棘轮失效也与交变应力相关。

对于图 4-61 所示的交变应力，可以用最大应力 σ_{max}、最小应力 σ_{min}、平均应力 σ_m、交变应力幅 σ_a 及应力比 R 等特征参量表示，它们之间的相互关系为 $\sigma_m=0.5(\sigma_{max}+\sigma_{min})$、$\sigma_a=0.5(\sigma_{max}-\sigma_{min})$、$\sigma_{max}=\sigma_m+\sigma_a$、$R=\sigma_{min}/\sigma_{max}$。当 $R=-1$ 即 $\sigma_m=0$ 时，为对称循环；当 $R=0$ 即 $\sigma_{min}=0$ 时，为脉动循环；而 $R=+1$ 即 $\sigma_{min}=\sigma_{max}$ 时，为静载。

疲劳可分为高周疲劳和低周疲劳两类。一般在使用期内，应力循环次数超过 10^5 次的称为高周疲劳，循环次数在 10^2～10^5 次范围内的称为低周疲劳。绝大多数压力容器的应力循环次数少于 10^5 次，属于低周疲劳的范围。

本节主要对基于弹性分析方法的疲劳失效和热应力棘轮失效的评定准则进行介绍。

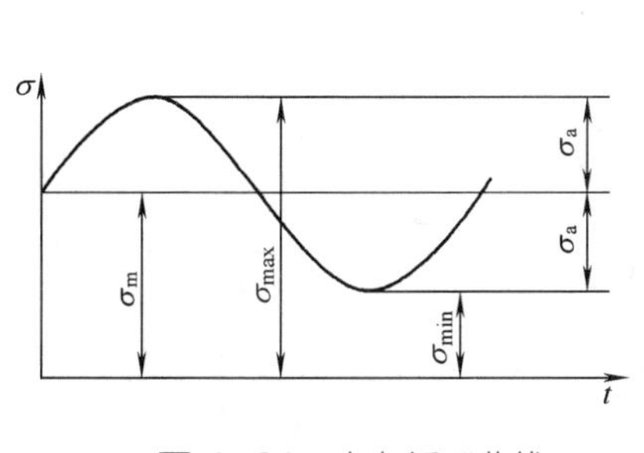

图 4-61 应力循环曲线

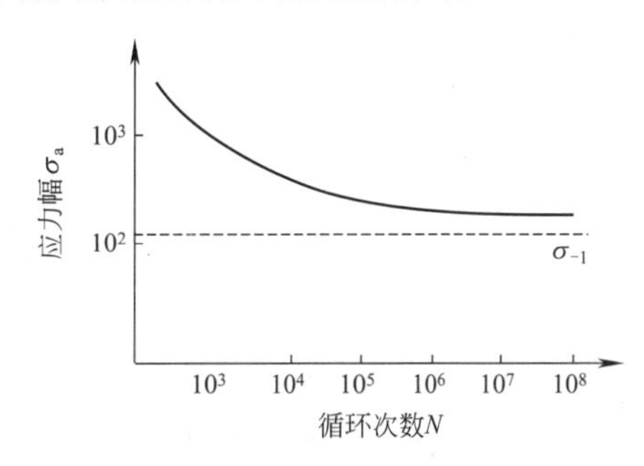

图 4-62 疲劳应力循环次数曲线

4.5.2 压力容器疲劳设计曲线

（1）疲劳计算曲线

描述疲劳破坏前交变应力循环次数 N 与交变应力幅 σ_a 大小关系的曲线称为材料的疲劳曲线。对于高周疲劳，材料的疲劳曲线是采用标准光滑圆截面试样在对称循环下试验测得的，如图 4-62 所示。由图可见，当 σ_a 低到一定数值时，曲线趋向于一水平渐近线，表示在该应力幅下材料经无限次循环（10^7 以上）也不发生疲劳破坏。通常，将与此渐近线对应的应力幅称为材料的疲劳极限 σ_{-1}。σ_{-1} 是金属力学性能之一，常用于构件的高周疲劳设计，其值一般为抗拉强度 R_m 的一半左右。

在疲劳试验中，当应力超过材料的屈服强度时，如果仍采用应力作为控制变量，发现试验所得数据非常分散，这是由材料屈服后呈现的塑性不稳定状态导致的。而改用应变作为控制变量，所得的数据有明显的规律性，且可靠。因此，在低周疲劳试验中是以应变作为控制变量的，但为了和高周疲劳曲线中纵坐标表示的应力幅相一致，在整理数据时，将应变按弹性规律转化为应力幅，由此提出了虚拟应力幅 S 的概念。虚拟应力幅 S 等于材料弹性模量 E 与真实总应变幅 $\varepsilon_t/2$ 的乘积，即

$$S=\frac{1}{2}E\varepsilon_t \tag{4-110}$$

由于疲劳试验费时耗资，低周疲劳试验数据相对较少。不过其疲劳曲线可通过材料的持久极限及其他力学性能计算得到。Coffin 指出，当温度低于蠕变温度时，许多材料在低循环区域中的塑性应变 ε_p 与循环次数 N 之间的关系为

$$\sqrt{N}\varepsilon_{\mathrm{p}}=C \tag{4-111}$$

式中，常数 C 为材料拉伸试验中断裂时的真实应变的一半，即 $C=\frac{1}{2}\varepsilon_{\mathrm{f}}$。利用塑性变形时体积不变的规律，可以推导出 ε_{f} 与断裂时的断面收缩率 ψ 的关系为 $\varepsilon_{\mathrm{f}}=\ln\frac{100}{100-\psi}$，于是

$$C=\frac{1}{2}\ln\frac{100}{100-\psi} \tag{4-112}$$

另外，疲劳试验中的总应变 ε_{t} 应为塑性应变 ε_{p} 与弹性应变 ε_{e} 之和

$$\varepsilon_{\mathrm{t}}=\varepsilon_{\mathrm{p}}+\varepsilon_{\mathrm{e}}$$

将总应变 ε_{t} 代入式（4-110）得

$$S=\frac{1}{2}E\varepsilon_{\mathrm{t}}=\frac{1}{2}E\varepsilon_{\mathrm{p}}+\frac{1}{2}E\varepsilon_{\mathrm{e}}$$

对应于弹性应变 ε_{e} 的交变应力幅为

$$\sigma_{\mathrm{a}}=\frac{1}{2}E\varepsilon_{\mathrm{e}}$$

所以

$$S=\frac{1}{2}E\varepsilon_{\mathrm{p}}+\sigma_{\mathrm{a}} \tag{4-113}$$

将式（4-111）与式（4-112）一起代入式（4-113），得

$$S=\frac{E}{4\sqrt{N}}\ln\frac{100}{100-\psi}+\sigma_{\mathrm{a}}$$

上式表达了疲劳中虚拟应力幅S与疲劳寿命N之间的关系。$N\to\infty$ 时为高循环疲劳问题，此时 $\sigma_{\mathrm{a}}=\sigma_{-1}$。于是上式变为

$$S=\frac{E}{4\sqrt{N}}\ln\frac{100}{100-\psi}+\sigma_{-1} \tag{4-114}$$

按此方程所绘制的 S-N 曲线即为低周疲劳的计算曲线，如图 4-63 所示，它与试验曲线很接近。应注意的是按式（4-114）计算的应力幅 S 是虚拟疲劳应力变化范围的一半，即交变应力幅。

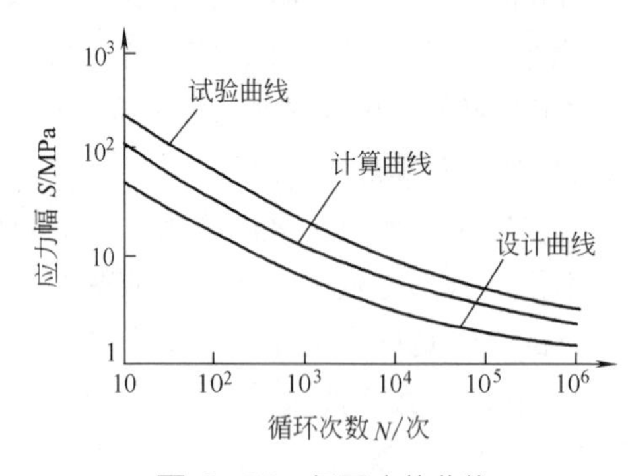

图 4-63 低周疲劳曲线

（2）平均应力对疲劳寿命的影响

疲劳试验曲线或计算曲线是在平均应力为零的对称应力循环下绘制的，但压力容器往往是在非对称应力循环下工作的，例如内压容器的开、停工操作实际上是 $\sigma_{\min}=0$、$\sigma_{\mathrm{m}}=\sigma_{\max}/2$ 的脉动循环，因此，要将疲劳试验曲线或计算曲线转化为可用于工程应用的设计疲劳曲线，除了要取一定的安全系数外，还必须考虑平均应力的影响。

试验表明，平均应力增加时，在同一循环次数下结构发生破坏的交变应力

幅下降，也就是说，在非对称循环的交变应力作用下，平均应力增加将会使疲劳寿命下降。关于同一疲劳寿命下平均应力与交变应力幅之间关系的描述，有多种形式，最简单的是Goodman提出的方程

$$\frac{\sigma_a}{\sigma_{-1}}+\frac{\sigma_m}{R_m}=1 \tag{4-115}$$

上式在横坐标为σ_m、纵坐标为σ_a的图上为一直线，如图4-64中AB所示。当平均应力$\sigma_m=0$或交变应力幅σ_a等于持久极限σ_{-1}时，为对称的高周疲劳失效；当平均应力σ_m等于抗拉强度R_m或交变应力幅$\sigma_a=0$时，为静载失效。而Goodman线代表了不同平均应力时的失效情况，显然，σ_m越大，σ_a越小。当（σ_m，σ_a）点落到直线以上时发生疲劳破坏，而在直线以下则不发生疲劳破坏。为了比较，图中还画了CD线，它的两端均为屈服强度R_{eL}，当最大应力等于屈服强度（即$\sigma_{max}=\sigma_m+\sigma_a=R_{eL}$）时，就位于$CD$线上，所以它是材料不发生屈服的上限线。可以看到，在△BED内，交变应力幅较小，此时，虽然最大应力超过屈服强度，也不发生疲劳破坏；而在△AEC内，交变应力幅较大，此时即使最大应力低于屈服强度，也会发生疲劳破坏。

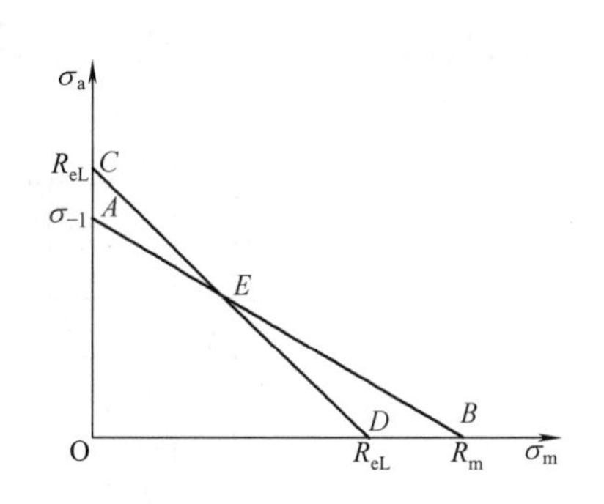

图4-64 平均应力的影响——Goodman直线

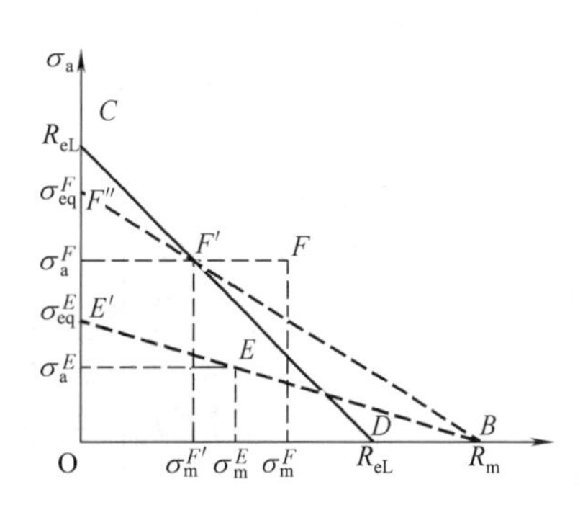

图4-65 平均应力的调整

（3）平均应力调整以及当量交变应力幅的求法

在低周疲劳中，最大应力（$\sigma_{max}=\sigma_m+\sigma_a$）往往大于材料的屈服强度，此时平均应力在循环过程中可能会发生调整。另外，为了计及平均应力对疲劳寿命的影响，需要将相应的交变应力幅根据等寿命原则，按式（4-115）折算成相当于平均应力为零的一个当量交变应力幅。下面结合图4-65，根据最大应力的大小分三种情况进行分析。

① $\sigma_a+\sigma_m\leqslant R_{eL}$　在图4-65中，CD线以下的任一点均符合此情况，此时不论平均应力多大，在应力循环中，σ_a、σ_m等各种参量不发生任何变化。现以图4-65中E（σ_m^E, σ_a^E）点为例，对交变应力幅σ_a^E进行修正，即求$\sigma_m=0$时的当量交变应力幅σ_{eq}^E。从横坐标上的B点引一直线通过E点并与纵坐标相交，交点的纵坐标即为所求的当量交变应力幅σ_{eq}^E。按几何关系有

$$\frac{\sigma_{eq}^E}{\sigma_a^E}=\frac{R_m}{R_m-\sigma_m^E}$$

所以

$$\sigma_{eq}^E=\frac{\sigma_a^E}{1-\sigma_m^E/R_m} \tag{4-116}$$

② $R_{eL}<\sigma_a+\sigma_m<2R_{eL}$　假设材料为理想弹塑性，初次加载时，应力-应变沿图4-66中OAB变化，卸载时沿BC线变化。在随后的载荷循环中，应力-应变的变化关系就保持在BC线所示的弹性状态。此时$\sigma'_{min}=-(\sigma_{max}-R_{eL})$，$\sigma'_{max}=R_{eL}$。于是，交变应力幅$\sigma'_a=(\sigma'_{max}-\sigma'_{min})/2=\sigma_{max}/2$，平均应力$\sigma'_m=(\sigma'_{max}+$

$\sigma'_{min})/2 = R_{eL} - \sigma_a$。可见，交变应力幅未改变，但平均应力降低了。因此，当$R_{eL} < \sigma_a + \sigma_m < 2R_{eL}$时，平均应力对疲劳寿命的影响将会减小。现以图4-65中F（σ_m^F, σ_a^F）点为例，求当量交变应力幅σ_{eq}^F。由于$\sigma_{max}^F = \sigma_m^F + \sigma_a^F > R_{eL}$，所以$F$点在$CD$线之外。$F'$为纵坐标与$F$点相同但落在$CD$线上的点，其横坐标为$\sigma_m^{F'} = R_{eL} - \sigma_a^F$，所以$F'$就是$F$点在平均应力调整后的位置。从横坐标上的$B$点，引一直线通过$F'$点并与纵坐标相交，交点的纵坐标即为对交变应力幅$\sigma_a^F$进行修正后的当量交变应力幅$\sigma_{eq}^F$，按几何关系可得

$$\sigma_{eq}^F = \frac{\sigma_a^F}{1-(R_{eL} - \sigma_a^F)/R_m} \tag{4-117}$$

③ $\sigma_a + \sigma_m \geqslant 2R_{eL}$ 此时的应力-应变关系如图4-67所示，第一个循环沿OAB加载，其卸载以及随后的循环沿平行四边形$BCDEB$变化，即在每次循环中均不断发生拉伸与压缩屈服。因此，调整后的平均应力为$\sigma_m = \dfrac{R_{eL} - R_{eL}}{2} = 0$，这表示当$\sigma_a + \sigma_m \geqslant 2R_{eL}$时，平均应力自行调整为零，因此，无需对交变应力幅进行修正。

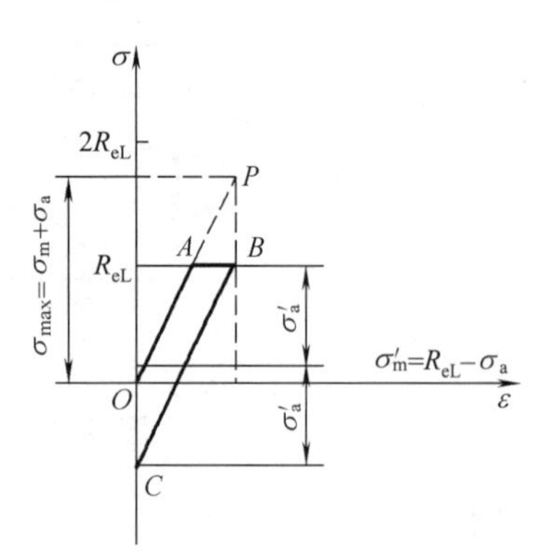

图4-66 当$R_{eL} < \sigma_a + \sigma_m < 2R_{eL}$时应力-应变关系

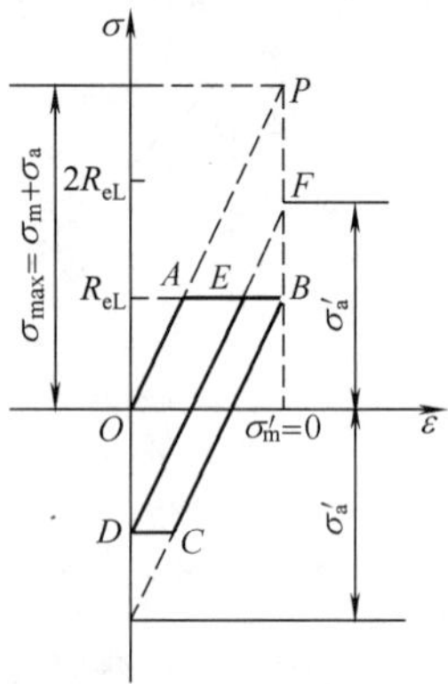

图4-67 当$\sigma_a + \sigma_m \geqslant 2R_{eL}$时应力-应变关系

（4）低周疲劳曲线的修正

由前面的分析可以看出，当量交变应力幅总是大于或等于实际交变应力幅。因此，在有平均应力的情况下，若仍利用平均应力为零的S-N疲劳曲线来进行工程设计，就应该将许用交变应力幅S减小到某一程度。然而，对应于任何一个当量交变应力幅都可以有无数个平均应力和交变应力幅的组合，要找出每一个组合中的交变应力幅是不现实的。工程上既方便又安全的做法是找出最大平均应力所对应的交变应力幅，或者说找出一个最小的许用交变应力幅S_a，并以此对平均应力为零的S-N疲劳曲线进行修正。由于这个过程实际上是上述求当量交变应力幅的逆过程，因此仍可用图4-65进行分析。根据前面的分析，有相同当量交变应力幅σ_{eq}^F的点均落在线段$F''F'$和线段$F'F$及$F'F$向右的延长线上，显然，最小的交变应力幅是σ_a^F，它是落在CD线上F'点的纵坐标。由前面的分析可知，横坐标$\sigma_m^{F'}$为对应于当量交变应力幅σ_{eq}^F的最大平均应力。由几何关系可得

$$\sigma_{a}^{F}=\sigma_{eq}^{F}\left(\frac{R_{m}-R_{eL}}{R_{m}-\sigma_{eq}^{F}}\right) \tag{4-118}$$

将 σ_{eq}^{F} 换为*S-N*疲劳曲线中的交变应力幅*S*，σ_{a}^{F} 即为经平均应力修正后的疲劳曲线中的交变应力幅 S_a 。图4-68给出了经平均应力修正前后的疲劳曲线。在曲线左半部，由于 $\sigma_{max}\geqslant 2R_{eL}$，因而无需修正。

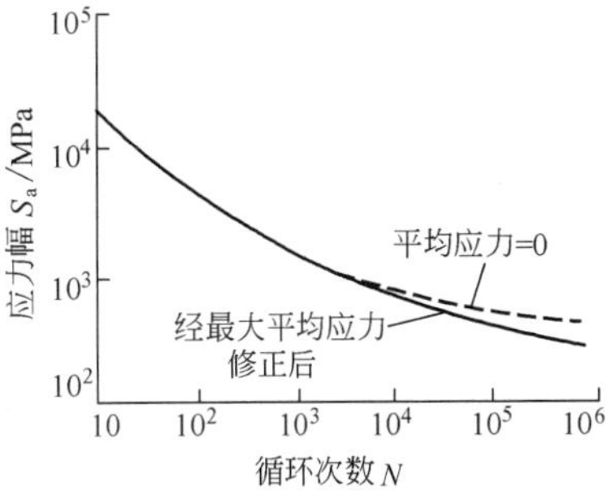

图 4-68 经平均应力修正后的疲劳曲线

（5）设计疲劳曲线

我国的分析设计标准提供了循环次数在 10～10^7 以内，抗拉强度在 540MPa 以下及 793～896MPa 之间的两类碳素钢、低合金钢的设计疲劳曲线（使用温度不超过 371℃，如图 4-69 和图 4-70 所示），循环次数在 10～10^{11} 以内，温度不超过 427 ℃的奥氏体不锈钢的设计疲劳曲线（如图 4-71 所示）。这些曲线均根据应变控制的低周疲劳试验曲线，经最大平均应力影响的修正，取设计系数而得。由于疲劳数据的分散性大，因此取较大的设计系数。在 ASME 及我国的标准中，应力幅的设计系数为 2，疲劳寿命的设计系数为 20（20=数据分散度 2× 尺寸因素 2.5× 表面粗糙及环境因素 4）。

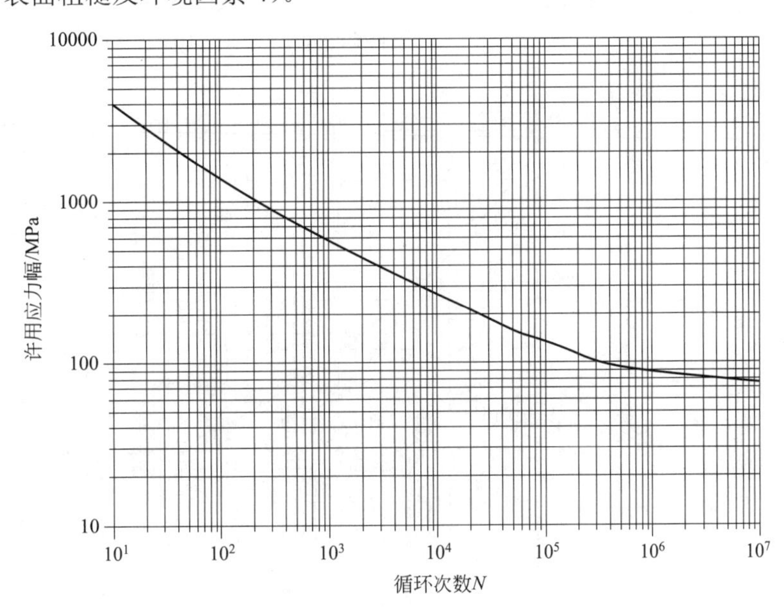

图 4-69 $R_m \leqslant 540MPa$，温度不超过 371 ℃的碳素钢、低合金钢的设计疲劳曲线（$E_c=210\times10^3 MPa$）

4.5.3 基于线弹性分析的疲劳失效评定

疲劳评定针对的是包括峰值应力的总当量应力幅 S_V，其目的是防止结构在循环载荷和循环次数作用下出现疲劳失效。

4.5.3.1 疲劳分析免除准则

压力容器的疲劳分析在设计过程中颇费时费力，且不是所有承受疲劳载荷作用的容器都要进行疲劳分析，标准规定当满足一定的疲劳分析豁免条件时，可不作疲劳分析。

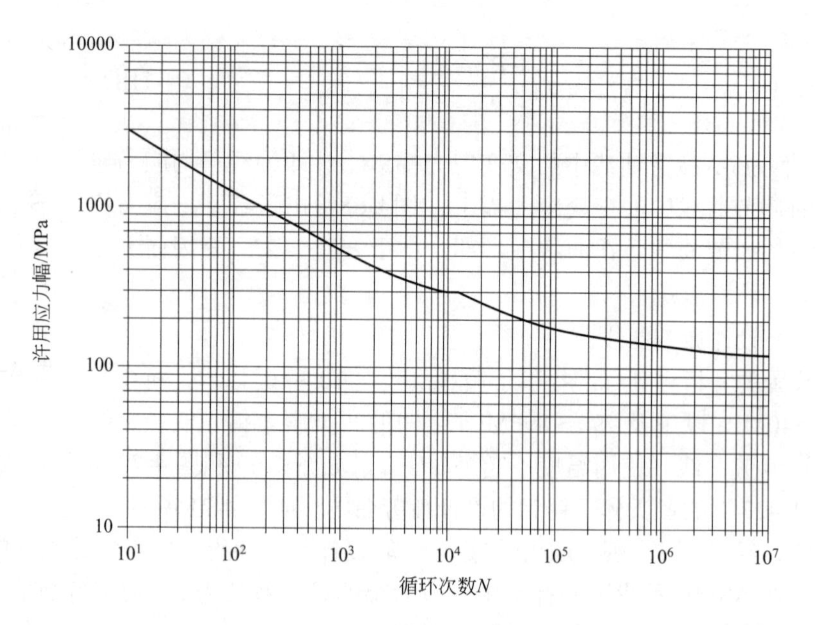

图 4-70　793MPa ≤ R_m ≤ 892MPa，温度不超过 371℃的碳钢、低合金钢的设计疲劳曲线（$E_c = 210 \times 10^3$ MPa）

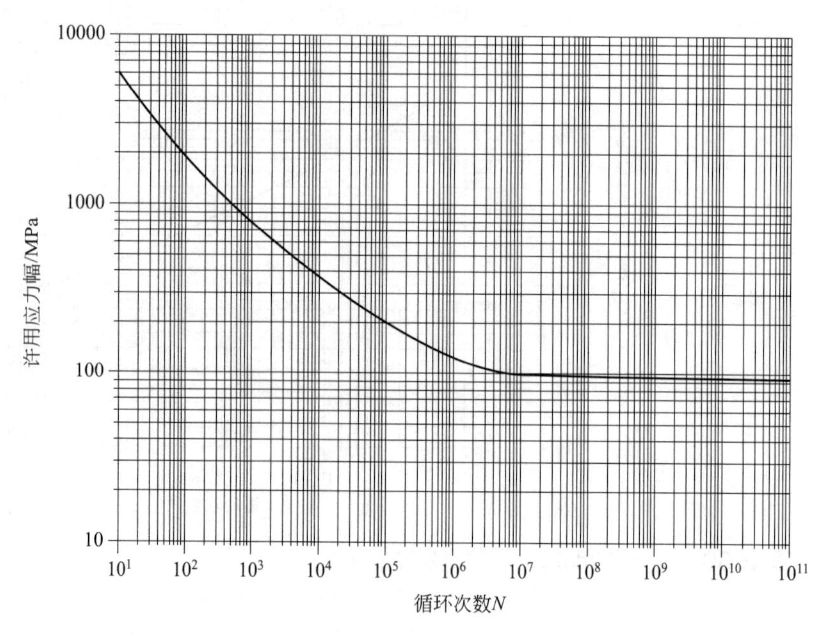

图 4-71　温度不超过 427 ℃的奥氏体不锈钢的设计疲劳曲线（$E_c = 195 \times 10^3$ MPa）

判断容器是否需做疲劳分析，有三种免除准则：ⓘ基于使用经验的疲劳分析免除准则，如果所设计的容器与已有成功使用经验的容器具有可类比的形状与载荷条件，可根据其运行经验免除疲劳分析；ⓘⓘ以各种载荷波动的总有效次数 n 作为判据；ⓘⓘⓘ以各种载荷的应力波动范围是否超过疲劳设计曲线的许用范围作为判据。疲劳分析免除准则ⓘⓘ和ⓘⓘⓘ以光滑试件试验得出的疲劳曲线作为基础，在工程设计中针对整体结构和非整体结构，按成形封头过渡区的连接件和接管、其他部件给出不同的免除准则或免除准则系数。

4.5.3.2 疲劳失效－弹性应力分析

压力容器的疲劳设计基础是应力分析，首先应满足一次应力和二次应力的限制条件。其过程包括确定交变应力幅、根据交变应力幅由设计疲劳曲线确定允许循环次数、疲劳强度校核等。

（1）变幅载荷与疲劳累积损伤

疲劳损伤就是指交变载荷作用下材料损坏的程度，而累积损伤就是指每一个加载循环下损伤增量的累积情况。压力容器在实际运行中所受的交变载荷幅有时是随时间变化的，其大小载荷幅的作用顺序甚至是随机的，若总按其中的最大幅值来计算交变应力幅就太保守。对于变幅疲劳或随机疲劳问题，工程上普遍采用线性疲劳累积损伤准则来解决。

4

假设压力容器所受的各种交变当量应力幅为 S_{a1}，S_{a2}，S_{a3}，…，它们单独作用时的疲劳寿命分别为 N_1，N_2，N_3，…。若 S_{a1}，S_{a2}，S_{a3}，…作用次数分别为 n_1，n_2，n_3…，则各交变应力幅对结构造成的损伤程度分别为 n_1/N_1，n_2/N_2，n_3/N_3，…。线性疲劳累积损伤准则认为各交变应力幅造成的损伤程度累计叠加不应超过 1，即

$$\sum\frac{n_i}{N_i}=\frac{n_1}{N_1}+\frac{n_2}{N_2}+\frac{n_3}{N_3}+\cdots\leqslant 1 \tag{4-119}$$

显然，线性疲劳累积损伤准则认为累积损伤的结果与不同交变应力幅作用顺序无关，而实际上作用顺序是有影响的，例如高应力幅作用在前，造成应力集中区屈服，卸载后便会产生一定的残余压缩应力，这将使以后的低应力幅造成的损伤程度下降，在这种情况下，累积损伤可以超过 1。不过压力容器在设计时很难预测使用中不同交变载荷的作用顺序，鉴于线性累积损伤准则计算方便，工程上仍大量使用。如果考虑作用顺序及其他因素的影响，问题则复杂得多，目前尚无成熟的理论和方法。

（2）疲劳强度减弱系数

4.5.2 节中给出的设计疲劳曲线是基于光滑试件测定的，为此在疲劳评定中采用疲劳强度减弱系数 K_f 来考虑真实构件的不光滑程度对疲劳寿命的影响。K_f 按以下规定确定：

ⅰ. 若应力分析时已经充分考虑了局部缺陷或焊接的影响，则 $K_f=1.0$；

ⅱ. 若应力分析时没有考虑焊接的影响，则可按照标准由焊接接头形式、表面加工方式和焊缝检验条件选取 K_f；

ⅲ. 当采用规定的实验方法确定了疲劳强度减弱系数时，可使用该系数代替上面的规定；

ⅳ. 螺柱的疲劳强度减弱系数见相关规定。

（3）疲劳损失系数

通常情况下，疲劳评定采用弹性分析。当一次加二次应力范围小于 3S 时，结构处于安定状态，这时使用应力集中系数或疲劳强度减弱系数就足以完成低周疲劳的评定。但压力容器很多时候也会经历热瞬态，这个过程中可能会产生较大的热应力，此时，很可能已不满足 3S 准则，即不处于弹性安定状态，在应力集中区域呈现循环的交替塑性。而低周疲劳裂纹的萌生是由局部塑性应变控制的，为了继续采用弹性分析的结果，就需要采用一个修正系数，对局部应变重分布进行修正。因此，当 $S_{Ⅳ}>S_{PS}$ 时，根据材料不同（碳素钢、低合金钢、奥氏体不锈钢），确定疲劳损失系数 $K_{e,k}$，其值大于 1，可采用疲劳评定。

（4）疲劳分析步骤

ⅰ. 根据容器设计条件（UDS）给出的加载历史和按循环计数法制定载荷直方图。载荷直方图中应包括所有显著的操作载荷和作用在元件上的重要事件。如果无法确定准确的加载顺序，应选用能产生最短疲劳寿命的最苛刻的加载顺序。

ⅱ. 按循环计数法确定疲劳寿命校核点处的应力循环。将应力循环的总次数记为 M。

ⅲ. 按以下步骤确定第 k 次循环中的总当量应力幅 $S_{alt,k}$。

a. 计算疲劳寿命校核点在第 k 次应力循环的起始时刻 ${}^{m}t$ 和终止时刻 ${}^{n}t$ 的6个应力分量，分别记为 ${}^{m}\sigma_{ij,k}$ 和 ${}^{n}\sigma_{ij,k}$（$i,j=1,2,\cdots,6$）。开孔接管周围的应力分量可以按应力指数法确定，以替代详细的应力分析。

b. 按下式计算各应力分量的波动范围

$$\Delta\sigma_{ij,k} = {}^{m}\sigma_{ij,k} - {}^{n}\sigma_{ij,k} \tag{4-120}$$

c. 按下式计算峰值当量应力的范围

$$\Delta S_{e,k} = \frac{1}{\sqrt{2}}\Big[\left(\Delta\sigma_{11,k} - \Delta\sigma_{22,k}\right)^2 + \left(\Delta\sigma_{22,k} - \Delta\sigma_{33,k}\right)^2 + \left(\Delta\sigma_{33,k} - \Delta\sigma_{11,k}\right)^2 + 6\left(\Delta\sigma_{12,k}^2 + \Delta\sigma_{23,k}^2 + \Delta\sigma_{31,k}^2\right)\Big]^{0.5} \tag{4-121}$$

d. 按下式计算总当量应力幅

$$S_{alt,k} = 0.5K_f K_{e,k}\left(\frac{E_c}{E_T}\right)\Delta S_{e,k} \tag{4-122}$$

式中　E_c——设计疲劳曲线中给定材料的弹性模量，MPa；

E_T——材料在循环平均温度 T 时的弹性模量，MPa；

K_f——疲劳强度减弱系数；

$K_{e,k}$——疲劳损失系数。

ⅳ. 在所用的设计疲劳曲线图上的纵坐标上取 $S_{alt,k}$，过此点作水平线与所用设计疲劳曲线相交，交点的横坐标值即为所对应载荷循环的允许循环次数 N_k。

ⅴ. 允许循环次数 N_k 应不小于由容器设计条件（UDS）和按循环计数法所给出的预计操作载荷循环次数 n_k，否则须采用降低峰值应力、改变操作条件等措施，从步骤ⅰ.开始重新计算，直到满足本条要求为止。记本次循环的使用系数为

$$U_k = \frac{n_k}{N_k} \tag{4-123}$$

ⅵ. 对所有 M 个应力循环，重复计算得到所有的 U_k。

ⅶ. 按下式计算累积使用系数

$$U = \sum_{k=1}^{M} U_k \tag{4-124}$$

若 U 小于等于1.0，则该校核点不会发生疲劳失效，否则应采用降低峰值应力、改变操作条件等措施，从步骤ⅰ开始重新计算，直到满足本条要求为止。

ⅷ. 对所有的疲劳寿命校核点，重复步骤ⅰ～ⅶ。

4.5.4　基于线弹性分析的热应力棘轮失效评定

为防止循环载荷引起的失效，应根据容器设计条件（UDS）中规定的加载历史对以下可能存在的失效模式进行评定。对所有操作载荷都应考虑防止棘轮

失效，即使满足了疲劳分析免除准则而无需做疲劳分析的容器也不例外。当由机械载荷引起的恒定的一次当量应力（薄膜和弯曲）和热载荷引起的交变的二次薄膜加弯曲当量应力共同作用时，应进行热应力棘轮的评定。

4.5.4.1 弹性分析的棘轮评定

对于各种不同循环，由工作载荷和热载荷引起的包括总体结构不连续但不包括局部结构不连续的应力分量 P_L+P_b+Q，按以下两个公式计算当量应力 $S_Ⅳ$

$$\Delta\sigma_{ij}={}^{m}\sigma_{ij}-{}^{n}\sigma_{ij} \tag{4-125}$$

$$S_Ⅳ=\frac{1}{\sqrt{2}}\left[(\Delta\sigma_{11}-\Delta\sigma_{22})^2+(\Delta\sigma_{22}-\Delta\sigma_{33})^2+(\Delta\sigma_{33}-\Delta\sigma_{11})^2\right]^{0.5} \tag{4-126}$$

式中 ${}^{m}\sigma_{ij}$——循环起始时6个应力分量，i、j=1，2，3，MPa；

${}^{n}\sigma_{ij}$——循环终止时6个应力分量，i、j=1，2，3，MPa；

为防止交替塑性失效，限制 $S_Ⅳ$ 不得超过其许用极限 S_{PS}，即

$$S_Ⅳ\leqslant S_{PS} \tag{4-127}$$

在确定 $S_Ⅳ$ 的许用极限 S_{PS} 时，应考虑循环重叠作用时的应力范围可能大于任一单独循环时的应力范围。在这种情况下，由于每个循环的温度极值可能不同，许用极限 S_{PS} 的值也可能不同，因此，应根据循环组合的具体情况确定并采用合适的 S_{PS} 值。S_{PS} 取值方式如下：

ⅰ. 正常操作期间，当设计温度下材料的屈服强度 R_{eL}^{t} 与标准抗拉强度下限值 R_m 的比值大于 0.7，或材料的许用应力 S_m^t 与时间相关时，取最高和最低操作温度下材料许用应力 S_m^t 平均值的 3 倍；

ⅱ. 其他情况下取正常操作期间最高和最低温度下材料屈服强度 R_{eL}^{t} 平均值的 2 倍。

4.5.4.2 简化的弹塑性分析

若满足以下全部要求，$S_Ⅳ$ 允许超出其许用极限 S_{PS}：

ⅰ. 不计入热应力的一次加二次应力范围的当量应力 $S_Ⅳ$ 小于 S_{PS}；

ⅱ. 材料的屈服强度 R_{eL} 与标准抗拉强度下限 R_m 的比值小于等于 0.8；

ⅲ. 正常操作期间，最高温度下材料的许用应力应与时间无关；

ⅳ. 疲劳分析不能免除，疲劳分析中需考虑的疲劳损失系数 $K_{e,k}$ 按标准给定公式确定；

ⅴ. 满足热应力棘轮评定的要求，即不出现热应力棘轮。

4.5.4.3 热应力棘轮的评定

当循环的二次当量应力（如热应力）和稳定的一次总体或局部薄膜当量应力共同作用时，为防止棘轮发生，依据Bree热应力分析图确定二次当量热应力范围或棘轮边界。以下步骤适用于二次当量应力（如热应力）范围呈线性或抛物线分布的情况。

ⅰ. 确定在循环的平均温度下一次薄膜当量应力和材料屈服强度的比值 X

$$X=S_Ⅰ(\text{或}S_Ⅱ)/R_{eL}^{t} \tag{4-128}$$

ⅱ. 采用弹性分析方法，计算二次薄膜当量热应力范围 ΔQ_m

ⅲ. 采用弹性分析方法，计算二次薄膜加弯曲当量热应力范围 ΔQ_{mb}；

ⅳ. 确定二次薄膜加弯曲当量热应力范围的许用极限 $S_{Q\mathrm{mb}}$；

a. 当二次当量热应力范围沿壁厚是线性变化时

$$\begin{cases} S_{Q\mathrm{mb}} = R_{\mathrm{eL}}^{\mathrm{t}} \dfrac{1}{X} & (0<X<0.5) \\ S_{Q\mathrm{mb}} = 4.0R_{\mathrm{eL}}^{\mathrm{t}}(1-X) & (0.5\leqslant X\leqslant 1.0) \end{cases} \tag{4-129}$$

b. 当二次当量热应力范围沿壁厚按抛物线单调增加或减小时

$$\begin{cases} S_{Q\mathrm{mb}} = \dfrac{R_{\mathrm{eL}}^{\mathrm{t}}}{0.1224+0.9944X^2} & (0<X<0.615) \\ S_{Q\mathrm{mb}} = 5.2R_{\mathrm{eL}}^{\mathrm{t}}(1-X) & (0.615\leqslant X\leqslant 1.0) \end{cases} \tag{4-130}$$

Ⅴ. 确定二次薄膜当量热应力范围的许用极限 $S_{Q\mathrm{m}}$

$$S_{Q\mathrm{m}}=2.0R_{\mathrm{eL}}^{\mathrm{t}}(1-X) \quad (0<X<1.0) \tag{4-131}$$

ⅵ. 为防止棘轮现象，应满足以下两个要求

$$\Delta Q_{\mathrm{m}} \leqslant S_{Q\mathrm{m}} \tag{4-132}$$

$$\Delta Q_{\mathrm{mb}} \leqslant S_{Q\mathrm{mb}} \tag{4-133}$$

4.5.5　基于弹塑性分析的疲劳和棘轮失效评定

（1）疲劳失效

弹性疲劳分析方法因采用弹性应力分析，简单易实施，可操作性强，在工程设计中广为应用。设计疲劳曲线描述的是循环次数和应力范围之间的函数关系，但应变才是导致疲劳的本质原因。弹塑性疲劳分析方法通过计算有效应变范围来评定疲劳强度。有效应变范围由两部分组成，一部分是弹性应变范围，即线弹性分析得到的当量总应力范围除以弹性模量；另一部分是当量塑性应变范围，将有效应变范围与弹性模量的乘积除以 2，即得有效交变当量应力幅，按该应力幅即可从光滑试件的疲劳曲线查得许用疲劳次数。

（2）棘轮

棘轮与循环塑性有关。在某些循环条件下，容器会随着每一次循环而渐增变形，最后或趋于安定或发生垮塌。棘轮是在变化的机械应力、热应力或两者同时存在下发生的渐增性非弹性变形或应变现象。如果几次循环之后结构趋于安定，则棘轮不会发生。

对于棘轮的评定，如果载荷在结构中只引起一次应力而没有任何循环的二次应力，那么对棘轮的评定可以免除。如果不能免除，过去常用的方法是完成弹性应力分析后，对一次加二次当量应力范围加以限制。在棘轮评定的弹塑性应力分析方法中，使用理想弹塑性材料模型，对元件进行循环载荷下的非弹性分析，直接对棘轮进行评定，即直接得出每个循环载荷下的位移增量或渐增性应变增量。

进行弹塑性棘轮分析，至少应施加三个完整循环以后，按照以下准则对

棘轮进行评定。为证实其收敛性，可能需要施加额外的循环。如果满足以下准则，则棘轮失效评定通过。如果不满足，则应修正元件的结构（即厚度）或降低外加载荷，重新进行分析。

ⅰ. 结构中无塑性行为（即所引起的塑性应变为零）。零塑性应变判据为安定的弹性评定判据。当采用弹性理想塑性材料时，如果载荷反向加载时材料没有发生反向屈服，那么结构处于安定。也就是说，在经历最初半个循环后，所有的循环应力路径处于屈服面内，结构表现为纯弹性行为和零塑性应变。

ⅱ. 结构中，在承受压力和其他机械载荷的截面上存在弹性核。弹性核的定义为：在整个循环加载历史中，沿壁厚始终保持弹性的那部分壁厚。如果可以表明整个加载历史过程，元件壁厚上始终存在弹性核，那么在连续的循环中，沿壁厚上就不会产生渐增的塑性变形累积，也就不会发生棘轮。通过有限元软件得到的云图直接判断是否发生棘轮，更直观且方便。

ⅲ. 结构的总体尺寸无永久性改变。可以通过绘制最后一个及倒数第二个循环之间的相关结构的尺寸-时间曲线来加以证实。对于典型的棘轮问题，最直观的表现就是总体尺寸出现渐增性增大。所以，对总体尺寸的限定显然可以作为棘轮的判据。

4.5.6 影响疲劳寿命的其他因素

影响疲劳寿命的因素很多，除了材料本身的抗疲劳性能以及交变载荷作用下的应力幅（包括考虑平均应力影响）外，主要还有容器结构、容器表面质量和环境。

（1）容器结构

工程上，由于材料韧性较好，容器结构的疲劳破坏多数是伴随裂纹产生和扩展的亚临界过程，容器发生疲劳失效时一般没有明显的塑性变形。裂纹总是起源于局部高应力区，因为当局部高应力区中的应力超过材料的屈服强度时，在载荷反复作用下，微裂纹于滑移带或晶界处形成，这种微裂纹不断扩展，形成宏观疲劳裂纹并扩展而导致容器发生疲劳失效。所以，对受疲劳载荷作用的容器结构，减少应力集中对容器的疲劳寿命起决定性的作用，采取的措施可包括减少连接件刚度差、在结构不连续处采用圆弧过渡、打磨焊缝余高等。对于一些特定结构，在进行疲劳评定时，为考虑结构对疲劳寿命的影响，以疲劳强度减弱系数 K_f 作为影响因子，参与总当量应力幅计算，见式（4-122）。不过对于疲劳裂纹扩展和疲劳寿命估算，更合理的计算是采用断裂力学理论，该理论可解决含缺陷构件的安全评定问题。

（2）容器表面质量

疲劳裂纹一般在容器表面上形核，容器表面质量对疲劳寿命有显著的影响。粗糙表面上的沟痕会引起应力集中，改变材料对疲劳裂纹形核的能力。残余应力会改变平均应力和容器的疲劳寿命。压缩残余应力可提高疲劳寿命，拉伸残余应力则起降低作用。提高容器的表面质量、在表面引入压缩残余应力都是提高压力容器疲劳寿命的有效途径。

（3）环境

许多压力容器并非在室温下承受交变载荷，因此，应考虑温度对容器疲劳寿命的影响。在低于材料蠕变温度的范围内，温度升高，容器的疲劳寿命下降，但不严重，可以通过温度对材料弹性模量的影响来反映。如果温度超过蠕变温度，容器受蠕变和交变载荷联合作用，情况会变得非常复杂，目前尚缺乏足够的实验数据。因此，分析设计标准要求设计温度低于钢材蠕变温度。

腐蚀性介质对容器的腐蚀表现在使容器表面的粗糙度增加、降低材料抗疲劳性能以及减小容器有效承载截面、提高实际工作应力，从而使得容器的疲劳寿命大大降低。腐蚀与交变载荷联合作用所引起的腐蚀疲劳是压力容器最危险的失效形式之一，但由于腐蚀介质的多样化，使得对腐蚀和交变载荷共同作用下的研究变得十分复杂，尚未形成规范，因而分析设计标准中未考虑腐蚀对钢材抗疲劳性能的影响。

4.6 压力容器设计技术进展

为提高压力容器的安全性和经济性，相继出现了一些新的设计方法和设计规范。本节仅就压力容器的可靠性设计、优化设计及基于失效模式设计等方面的进展作一简要介绍。

4.6.1 可靠性设计

前面在介绍压力容器设计方法时，总是把各种参数，如材料的强度、零部件的尺寸、所受的载荷等看成是确定量，忽略了由于各种条件的变化而使这些参数发生变化的随机因素。由于对这些参数的统计规律缺乏了解，取值往往偏于保守，使所设计的压力容器及零部件的结构尺寸偏大，造成不必要的浪费。

在设计中考虑各种随机因素的影响，将全部或部分参数作为随机变量处理，对其进行统计分析并建立统计模型，运用概率统计方法进行设计计算，可更全面地描述设计对象，所得的结果更符合实际情况。把这种用概率统计方法进行的设计称为可靠性设计。

在可靠性设计中，认为所设计的对象总存在着一定的失效可能。施加于设备或零部件上的物理量，如各种机械载荷、热载荷、介质特性等，所有可能引起设计对象失效的因素，一概称之为应力。所有阻止设计对象失效的因素，即设备或零部件能够承受这种应力的程度称为强度或抗力。如果应力作用效果大于强度，则设计对象失效；反之，设计对象可靠。

4.6.2 优化设计

传统的压力容器设计往往是先拟定一个设计方案，对形状较为规则的承压元件，利用规范标准中的计算公式确定尺寸，而对局部结构则根据经验确定形状和估算尺寸，再进行结构分析，计算出各种载荷作用下的结构响应，并判断其是否满足规范和预先规定的要求。如果不满足要求，则需调整形状或尺寸，重新进行计算校核，直到满足要求为止。有时，先拟定几个方案，对每个方案进行结构分析和计算，并作比较，选择最满意的方案。因此，传统设计方法仅限于方案比较，是一个试凑的过程。

压力容器优化设计是在给定基本结构形式、材料和载荷的情况下，确定结构的形状或尺寸，使某项或几项设计指标取得最优值，其实质是在满足一定的约束条件下，选取适当的设计变量，使目标函数的值最小。目标函数可以是最轻重量、最低寿命周期费用、最小应力集中系数和其他指标。优化设计可以在保证压力容器安全的情况下，有效减轻压力容器重量、降低成本、延长寿命。

约束条件大致可分为两类：设计变量上的尺寸限制和状态参数的限制。前者往往来源于生产工艺上的要求和原材料的供货状况，如钢板厚度、卷板机的卷板能力等；后者来源于设计规范、标准、连续性、相容性等要求，如应力不能超过许用应力、许用外压力应大于设计外压力等。这些约束常用等式或不等式来表示。

如带标准椭圆形封头的圆筒形立式储罐，为节省材料，优化设计时常以最小质量为目标函数。质量是内直径、长度、厚度等设计变量的函数。约束条件一般包括：满足容积要求；封头和圆筒的厚度应满足强度、最小厚度和钢板规格要求；内直径应在容器公称直径中选取等。

4.6.3 基于失效模式设计

基于失效模式的压力容器设计基本思想是：在设计阶段，根据设计条件，识别压力容器在运输、吊装和使用中可能出现的所有失效模式，针对不同的失效模式确定相应的设计准则，提出防止失效的措施。其核心是失效模式识别和设计准则建立。

压力容器失效模式与结构、材料、载荷、制造、环境等因素有关。有的是单一因素引起的，如超压引起的塑性垮塌、屈曲等；有的是多种因素共同作用的结果，如高温和交变载荷联合作用引起的蠕变疲劳、腐蚀介质和交变载荷交互作用引起的腐蚀疲劳等。失效模式有时还会随着操作条件的变化而改变。压力容器标准没有必要、也不可能囊括所有失效模式。除考虑标准所涵盖的失效模式外，设计师在设计时还应充分考虑容器可能出现的其他失效模式。

针对不同的失效模式确定相应的设计准则时，通常有两种情况。对于标准涵盖的失效模式，选用标准中给出的设计准则，包括设计计算方法以及结构、材料、制造和检验等建造要求；对于标准没有涵盖的失效模式，需要通过试验研究、理论分析、数值模拟等方法，确定失效判据，再引入安全系数，建立与失效判据相对应的设计计算方法，并提出相应的建造要求和使用要求。失效判据随着科学技术的进步在不断发展。

近年来，压力容器设计呈现出一些新的发展趋势，如基于风险的压力容器设计、全弹塑性分析设计、根据使用环境和危害程度确定安全裕度的设计方法、压力容器轻量化设计等。

思考题

1. 为保证安全，压力容器设计时应综合考虑哪些因素？具体有哪些要求？
2. 压力容器的设计文件应包括哪些内容？
3. 压力容器设计有哪些设计准则？它们和压力容器失效形式有什么关系？
4. 什么叫设计压力？液化气体储存压力容器的设计压力如何确定？
5. 一容器壳体的内壁温度为 T_i，外壁温度为 T_o，通过传热计算得出的元件金属截面的温度平均值为 T，请问设计温度取哪个？选材以哪个温度为依据？
6. 根据定义，用图标出计算厚度、设计厚度、名义厚度和最小厚度之间的关系；在上述厚度中，满足强度（刚度、稳定性）及使用寿命要求的最小厚度是哪一个？为什么？
7. 影响材料设计系数的主要因素有哪些？
8. 压力容器的常规设计法和分析设计法有何主要区别？
9. 薄壁圆筒和厚壁圆筒如何划分？其强度设计的理论基础是什么？有何区别？
10. 高压容器的圆筒有哪些结构形式？它们各有什么特点和适用范围？
11. 高压容器圆筒的对接深环焊缝有什么不足？如何避免？
12. 对于内压厚壁圆筒，中径公式也可按第三强度理论导出，试作推导。

13. 为什么 GB/T 150 中规定内压圆筒厚度计算公式仅适用于设计压力 $p \leqslant 0.4[\sigma]^t\phi$？
14. 椭圆形封头、碟形封头为何均设置短圆筒？
15. 从受力和制造两方面比较半球形、椭圆形、碟形、锥壳和平盖封头的特点，并说明其主要应用场合。
16. 螺栓法兰连接密封中，垫片的性能参数有哪些？它们各自的物理意义是什么？
17. 法兰标准化有何意义？选择标准法兰时，应按哪些因素确定法兰的公称压力？
18. 在法兰强度校核时，为什么要对锥颈和法兰环的应力平均值加以限制？
19. 简述强制式密封、径向或轴向自紧式密封的原理，并以双锥环密封为例说明保证自紧密封正常工作的条件。
20. 按 GB/T 150 规定，在什么情况下壳体上开孔可不另行补强？为什么这些孔可不另行补强？
21. 采用补强圈补强时，GB/T 150 对其使用范围作了何种限制，其原因是什么？
22. 在什么情况下，压力容器可以允许不设置检查孔？
23. 试比较安全阀和爆破片各自的优缺点？在什么情况下必须采用爆破片装置？
24. 压力试验的目的是什么？为什么要尽可能采用液压试验？
25. 简述带夹套压力容器的压力试验步骤，以及内筒与夹套的组装顺序。
26. 为什么要对压力容器中的应力进行分类？应力分类的依据和原则是什么？
27. 一次应力、二次应力和峰值应力的区别是什么？
28. 分析设计标准划分了哪五组应力强度？许用值分别是多少？是如何确定的？
29. 在疲劳分析中，为什么要考虑平均应力的影响？如何考虑？

习 题

1. 一内压容器，设计（计算）压力为 0.85MPa，设计温度为 50℃；圆筒内径 D_i=1200mm，对接焊缝采用双面全熔透焊接接头，并进行局部无损检测；工作介质无毒性，非易燃，但对碳素钢、低合金钢有轻微腐蚀，腐蚀速率 $K \leqslant 0.1$mm/a，设计寿命 B=20 年。试在 Q235C、Q245R、Q345R 三种材料中选用两种作为圆筒材料，并分别计算圆筒厚度。

2. 一顶部装有安全阀的卧式圆筒形储存容器，两端采用标准椭圆形封头，没有保冷措施；内装混合液化石油气，经测试其在 50℃时的最大饱和蒸气压小于 1.62MPa（即 50℃时丙烷的饱和蒸气压）；圆筒内径 D_i=2600mm，筒长 L=8000mm；材料为 Q345R，腐蚀裕量 C_2=2mm，焊接接头系数 ϕ=1.0，装量系数为 0.9。试确定：①各设计参数；②该容器属第几类压力容器；③圆筒和封头的厚度（不考虑支座的影响）；④水压试验时的压力，并进行应力校核。

3. 今欲设计一台乙烯精馏塔。已知该塔内径 D_i=600mm，厚度 δ_n=7mm，材料选用 Q345R，计算压力 p_c=2.2MPa，工作温度 t=−20～−3℃。试分别采用半球形、椭圆形、碟形和平盖作为封头计算其厚度，并将各种形式封头的计算结果进行分析比较，最后确定该塔的封头形式与尺寸。

4. 一多层筒节包扎式氨合成塔，内径 D_i=800mm，设计压力为 31.4MPa，工作温度小于 200℃，内筒材料为 Q345R，层板材料为 Q345R，取 C_2=1.0mm，试确定圆筒的厚度。

5. 今需制造一台分馏塔，塔的内径 D_i=2000mm，塔身长（指圆筒长＋两端椭圆形封头直边高度）L_1=6000mm，封头曲面深度 h_i=500mm，塔在 370℃及真空条件下操作，现库存有 8mm、12mm、14mm 厚的 Q235B 钢板，问能否用这三种钢板来制造这台设备？

6. 图 4-72 所示为一立式夹套反应容器，两端均采用椭圆形封头。反应器圆筒内反应液的最高工作压力 p_w=3.0MPa，工作温度 T_w=50℃，反应液密度 ρ=1000kg/m^3，顶部设有爆破片，圆筒内径 D_i=1000mm，圆筒长度 L=4000mm，材料为 Q345R，腐蚀裕量 C_2=2mm，对接焊缝采用双面全熔透焊接接头，且进行 100% 无损检测；夹套内为冷却水，温度 10℃，最高压力 0.4MPa，夹套圆筒内径 D_i=1100mm，腐蚀裕量 C_2=1mm，焊接接头系数 ϕ=0.85。试进行如下设计：①确定各设计参数；②计算并确定为保证足够的强度和稳定性，内筒和夹套的厚度；③确定水压试验压力，并校核在水压试验时，各壳体的强度和稳定性是否满足要求。

7. 有一受内压圆筒形容器，两端为椭圆形封头，内径 D_i=1000mm，设计（计算）压力为 2.5MPa，设计温度 300℃，材料为 Q345R，厚度 δ_n=14mm，腐蚀裕量 C_2=2mm，焊接接头系数 ϕ=0.85；在圆筒和封头上焊有三个接管（方位见图 4-73），材料均为 20 号无缝钢管，接管 a 规格为 ϕ89mm×6.0mm，接管 b 规格为 ϕ219×8，接管 c 规格为 ϕ159×6，试问上述开孔结构是否需要补强？

8. 具有椭圆形封头的卧式氯甲烷（可燃液化气体）储罐，内径 D_i=2600mm，厚度 δ_n=20mm，储罐总长 10000mm，已知排放状态下氯甲烷的汽化热为 335kJ/kg，储罐无隔热保温层和水喷淋装置，试确定该容器安全泄放量。

9. 求出例 4-3 中远离边缘处筒体内外壁的应力和应力强度。

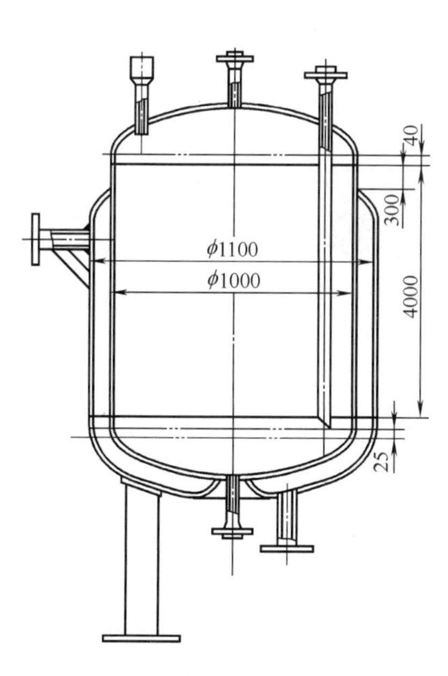

图 4-72 习题 6 附图

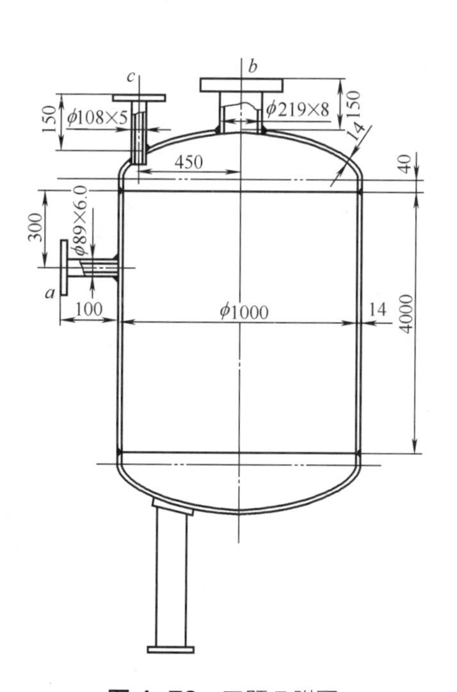

图 4-73 习题 7 附图

5 储运设备

学习意义

储运设备主要是指用于储存与运输气体、液体、液化气体等介质的设备，在石油、化工、能源、环保、轻工、制药及食品等行业应用广泛。流体的加工、运输、储存，特别是国家战略物资石油、天然气的储备均离不开各种容量和类型的储运设备。由于内部介质大多有毒有害、易燃易爆，因而其安全风险等级较高。根据介质特性、使用环境、储存容量确定储运设备结构，正确选择相应的规范标准开展设计，才能确保设备安全运行。

学习目标

- ○ 熟悉储运设备的分类、介质特性、装量系数等基本知识；
- ○ 了解卧式圆柱形储罐、立式平底筒形储罐、球形储罐及低温储罐的基本结构和特点；
- ○ 掌握双鞍座卧式储罐的结构布置、应力分析与计算、强度与稳定性设计；
- ○ 了解移动式压力容器的基本结构、受力特点及其设计要点。

5.1 概述

5.1.1 介质特性

储运设备的介质特性主要指介质的物理性质和化学性质，包括闪点、沸点、饱和蒸气压、密度、腐蚀性、毒性程度、化学反应活性（如聚合趋势）等。闪点、沸点、饱和蒸气压与介质的可燃性密切相关，是选择储运设备结构形式的主要依据。

饱和蒸气压是指在一定温度下，储存在密闭容器中的液化气体达到气 - 液两相平衡时，气 - 液分界面上的蒸气压力。饱和蒸气压与储运设备的容积大小无关，仅依赖于温度的变化，随温度的升高而增大。对于混合储存介质，饱和蒸气压还与各组分的混合比例有关，可根据道尔顿定律和拉乌尔定律进行计算。如家用液化石油气就是一种以丙烷和异丁烷为主的混合液化气体，其饱和蒸气压由丙烷和异丁烷的百分比决定。

介质重量是储运设备的主要载荷之一，因而介质密度直接影响容器的载荷分布及其应力大小。介质的腐蚀性是选择储运设备主材的首要依据，决定容器的制造工艺和成本。而介质的毒性程度不仅直接影响压力容器的安全技术管理分类，还影响容器的安全附件配置。

5.1.2 最大充装量

当压力容器用于盛装液化气体时，还应考虑液化气体的膨胀性和压缩性。

液化气体的体积会随温度的上升而膨胀，随温度的降低而收缩。当容器装满液态液化气体时，如果温度升高，内部压力也随之升高。压力的变化程度与液化气体的膨胀系数和温度变化量成正比，而与压缩系数成反比。以液化石油气储罐为例，在满液情况下，温度每升高 1℃，储罐压力就会上升 1～3MPa。不难计算，充满液化石油气的储罐，只要环境温度超过设计温度一定数值，就可能因超压而爆破。为此，液化气体储运设备充装时，必须严格控制罐体内部的最大充装量。液化气体罐体的最大充装量应符合式（5-1）的规定

$$W = \phi V \rho_t \tag{5-1}$$

式中 V——罐体的实际容积，m^3；

W——最大充装量，t；

ϕ——装量系数，无论是固定式储罐，还是移动式压力容器，液化气体装量系数不得大于 0.95；

ρ_t——设计温度下的饱和液体密度，t/m^3。

5.1.3 环境对设计参数的影响

对于常温储存压力容器，当正常工作条件下大气环境温度对压力容器壳体金属温度有影响时，其最低设计金属温度不得高于该地区历年来月平均最低气温的最低值。月平均最低气温是指当月各天的最低气温值相加后除以当月的天数。

对于液化气体储存压力容器，随着温度升高，液化气体的饱和蒸气压呈增大趋势，其压力主要由可能达到的最高工作温度下液化气体的饱和蒸气压决定。一般无保温或无保冷设施时，设计温度不得低于 50℃；若固定式储罐安装在天气炎热的地区，则在夏季中午时分必须对储罐进行喷淋冷却降温，以防止罐体金属壁温超过 50℃。当所在地区的最低设计温度较低时，还应对罐体进行稳定性校核，以防止因低温致使罐体内部压力低于大气压而发生真空失稳。

设计储存设备时，应首先满足给定的工艺设计条件，并综合考虑介质特性、容量大小、设置场所、设备重量以及施工条件等，确定储运设备的结构形式；同时还应考虑使用地区的环境条件，包括环境温度、风载荷、地震载荷、雪载荷、地基承载力等，再根据使用性质选择固定式压力容器或移动式压力容器规范标准开展设计，以确保储运设备的安全。

5.2 固定式储罐的结构

固定式储罐有多种分类方法，按几何形状分为卧式圆柱形储罐、立式平底筒形储罐、球形储罐和（双层）低温储罐；按温度划分为低温储罐（或称为低温贮槽）、常温储罐（<90℃）和高温储罐（90～250℃）；按材料可划分为非金属储罐、金属储罐和复合材料储罐；按所处的位置又可分为地面储罐、地下储罐、半地下储罐和海上储罐等。单罐容积大于 1000m^3 的可称为大型储罐。金属制焊接式储罐是应用最多的一种储存设备，目前国际上最大的金属储罐的容量已达到 $20 \times 10^4 m^3$。

下面结合几何形状分类方法，分别介绍卧式圆柱形储罐、立式平底筒形储罐、球形储罐和（双层）低温储罐的基本结构及其使用特点。

卧式圆柱形储罐

5.2.1 卧式圆柱形储罐

卧式圆柱形储罐简称卧式储罐或卧罐，可分为地面卧式储罐与地下卧式储罐。

（1）地面卧式储罐

属于典型的卧式压力容器，主要由筒体、封头、支座、接管、安全附件等组成，其中支座通常采用鞍式支座。因受运输条件等限制，这类储罐的容积一般在 150m^3 以下，最大不超过 200m^3；若是现场组焊，其容积可更大一些。图 5-1 所示为 100m^3 液化石油气储罐结构示意图。

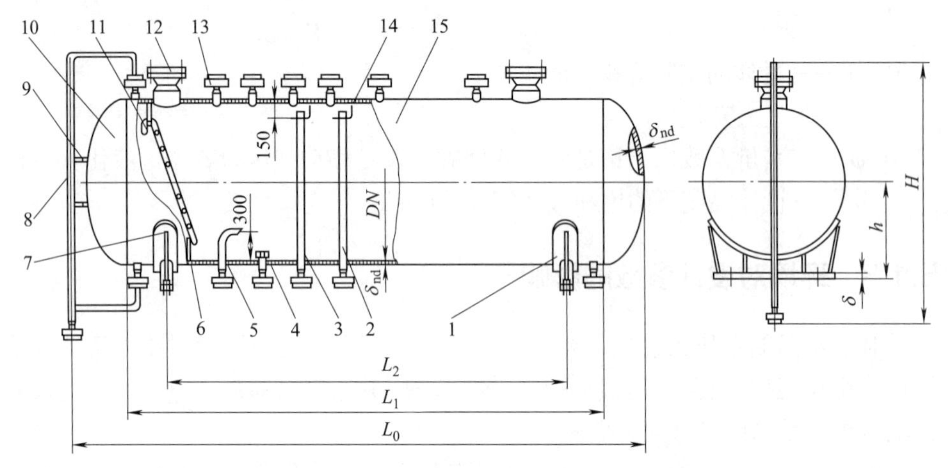

图 5-1 100m^3 液化石油气储罐结构示意图

1—活动支座；2—气相平衡引入管；3—气相引入管；4—出液口防涡器；5—进液口引入管；6—支撑板；7—固定支座；8—液位计连通管；9—支撑；10—椭圆形封头；11—内梯；12—人孔；13—法兰接管；14—管托架；15—筒体

（2）地下卧式储罐

结构如图 5-2 所示，主要用于储存汽油、液化石油气等液化气体。将储罐埋于地下，既可以减少占地面积，缩短安全防火间距，也可以避开环境温度对储罐的影响，维持地下储罐内介质压力的基本稳定。

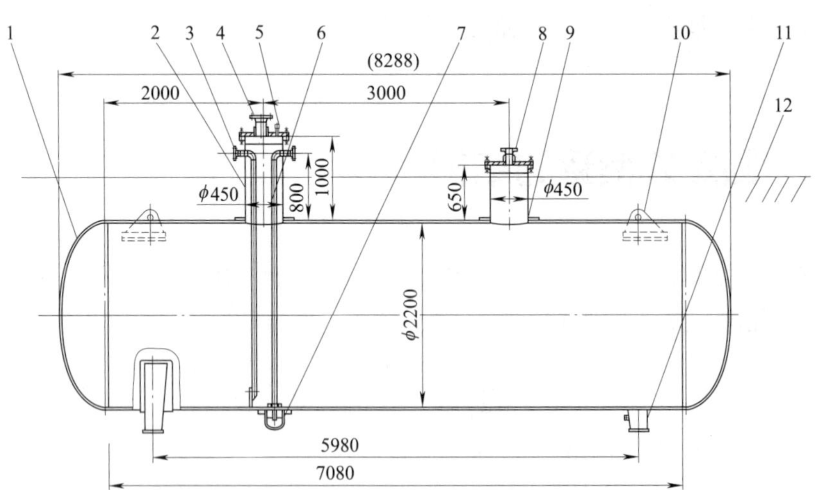

图 5-2 30m^3 地下丙烷储罐结构示意图

1—罐体；2—人孔 I；3—液相进口、液相出口、回流口和气相平衡口（共 4 根管子）；4—液面计接口；5—压力表与温度计接口；6—排污及倒空管；7—聚污器；8—安全阀；9—人孔 II；10—吊耳；11—支座；12—地平面

卧式储罐的埋地措施分两种：一种是将卧式储罐安装在地下预先构筑好的

空间里，实际上就是把地面罐搬到地下室里；另一种是先对卧式储罐的外表面进行防腐处理，如涂刷沥青防锈漆，设置牺牲阳极保护设施等，然后放置在地下基础上，最后采用地土覆盖埋没并达到规定的埋土深度。

地下卧式储罐与地面卧式储罐的形状极为相似，所不同的是管口的开设位置。为了适应埋地状况下的安装、检修和维护，一般将地下卧式储罐的各种接管集中安放，即设置在一个或几个人孔盖板上。图5-2中，件2在不同方位有4根接管，其中液相进口管、液相出口管和回流管插入液体中，末端距筒体下方内表面约100mm，气相平衡管不插入液体，其末端在人孔接管内。

5.2.2 立式平底筒形储罐

这类固定式储罐属于大型仓储式常压或低压储存设备，主要用于储存压力不大于0.1MPa的消防水、石油、汽油等常温条件下饱和蒸气压较低的物料。

立式平底筒形储罐按其罐顶结构可分为固定顶储罐和浮顶储罐两大类。

（1）固定顶储罐

固定顶储罐按罐顶的形式可分为锥顶储罐、拱顶储罐、伞形顶储罐和网壳顶储罐。

① 锥顶储罐　锥顶储罐又可分为自支撑锥顶和支撑式锥顶两种。锥顶坡度最小为1/16，最大为3/4。锥形罐顶是一种形状接近于正圆锥体表面的罐顶。

自支撑锥顶其锥顶载荷靠锥顶板周边支撑在罐壁上，如图5-3所示。自支撑锥顶分无加强肋锥顶和有加强肋锥顶两种结构。储罐容量一般小于1000m^3。

支撑式锥顶其锥顶载荷主要靠梁或檩条（桁架）及柱来承担，如图5-4所示。其储罐容量可大于1000m^3。

锥顶罐制造简单，但耗钢量较多，顶部气体空间较小，可减少“小呼吸”损耗。自支撑锥顶罐不受地基条件限制。但支撑式锥顶不适用于有不均匀沉陷的地基或地震载荷较大的地区。除容量很小的罐（200m^3以下）外，锥顶罐在国内很少应用，在国外特别是地震很少发生的地区，如新加坡、英国、意大利等地用得较多。

② 拱顶储罐　拱顶储罐的罐顶类似于球冠形封头，如图5-5所示，其结构一般只有自支撑拱顶一种。这类罐可承受较高的饱和蒸气压，蒸发损耗较少，它与锥顶罐相比耗钢量少但罐顶气体空间较大，制作时需用模具，是国内外广泛采用的一种储罐结构。国内最大的拱顶罐容积为$3\times10^4m^3$，国外拱顶罐的容积已达$5\times10^4m^3$。

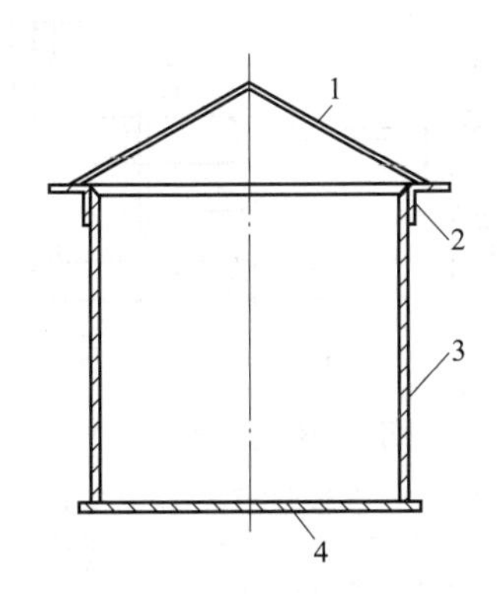

图5-3　自支撑锥顶罐简图

1—锥顶；2—包边角钢；3—罐壁；4—罐底

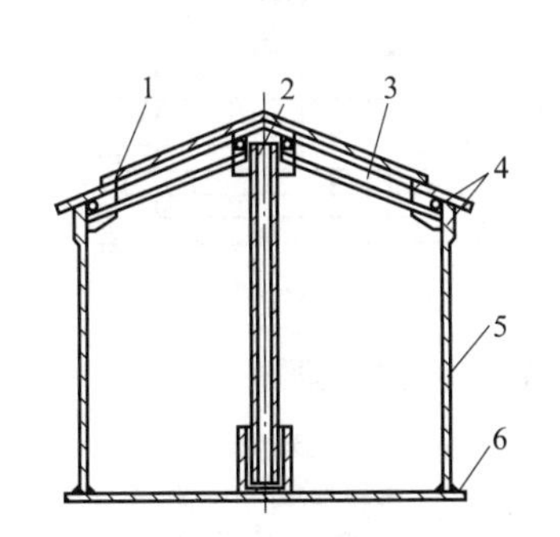

图5-4　支撑式锥顶罐简图

1—锥顶板；2—中间支柱；3—梁；4—承压圈；5—罐壁；6—罐底

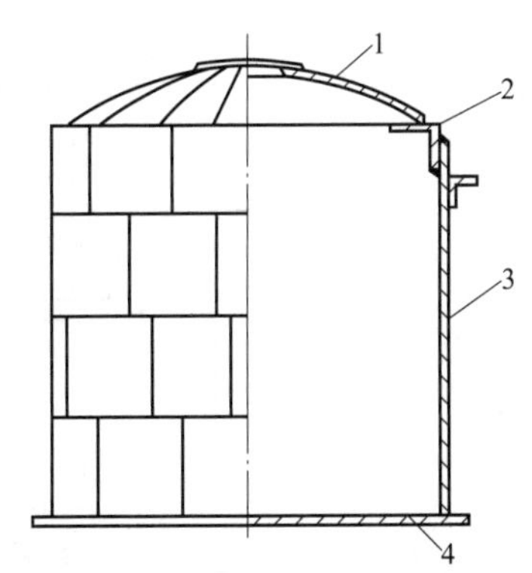

图5-5　自支撑拱顶罐简图

1—拱顶；2—包边角钢；3—罐壁；4—罐底

③ 伞形顶储罐　自支撑伞形顶是自支撑拱顶的变种，其任何水平截面都具有规则的多边形。罐顶荷载靠伞顶支撑于罐壁上，其强度接近于拱形顶，但安装较容易，因为伞形板仅在一个方向弯曲。这类罐在美国、日本应用较多，在我国很少采用。

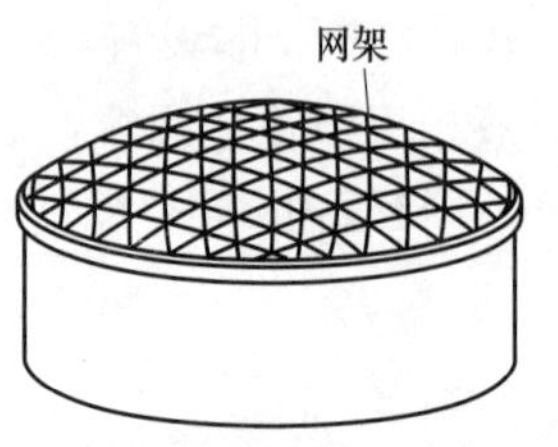

图 5-6 短程线型网壳结构罐顶示意图

④ 网壳顶储罐（球面网壳）　如图 5-6 所示，应用在储罐上的球面网壳顶的主体结构是一个与罐壁相连并置于罐顶钢板内的单层或双层球面网壳（即网格），类似于近代大型体育馆屋顶的网架结构。网壳主材有钢制和铝制两种，其中铝材密度低，可制作大容量储罐。目前，国内已建成 $6\times10^4m^3$ 的铝网壳顶储罐，国外容积已达 $12\times10^4\sim15\times10^4m^3$。

（2）浮顶储罐

浮顶罐可分为外浮顶储罐和内浮顶储罐（带盖浮顶罐）。

① 外浮顶储罐　这种罐的浮动顶（简称浮顶）漂浮在储液面上。浮顶与罐壁之间有一个环形空间，环形空间内装有密封元件，浮顶与密封元件一起构成了储液面上的覆盖层，随着储液上下浮动，使得罐内的储液与大气完全隔开，减少介质储存过程中的蒸发损耗，保证安全，并减少大气污染。浮顶的形式有单盘式（见图 5-7）、双盘式、浮子式等结构。一般情况下，原油、汽油、溶剂油等需要控制蒸发损耗及大气污染，有着火灾危险的液体化学品都可采用外浮顶罐。我国已建成的绝大多数国家战略石油储备基地均采用该罐型作为主力存储单元，单罐容积以 $10\times10^4m^3$ 为主，直径约 80m。

② 内浮顶储罐　内浮顶储罐是在固定罐的内部再加上一个浮动顶盖。主要由罐体、内浮盘、密封装置、静电导线、通气孔、高低位液体报警器等组成，如图 5-8 所示。

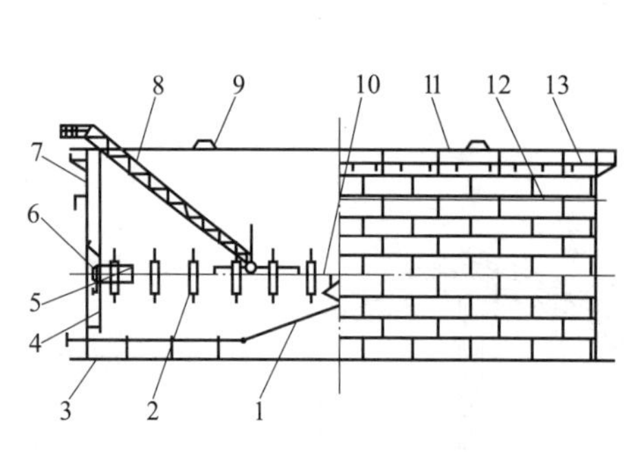

图 5-7 单盘式浮顶罐

1—中央排水管；2—浮顶立柱；3—罐底板；4—量液管；5—浮船；6—密封装置；7—罐壁；8—转动浮梯；9—泡沫消防挡板；10—单盘板；11—包边角钢；12—加强圈；13—抗风圈

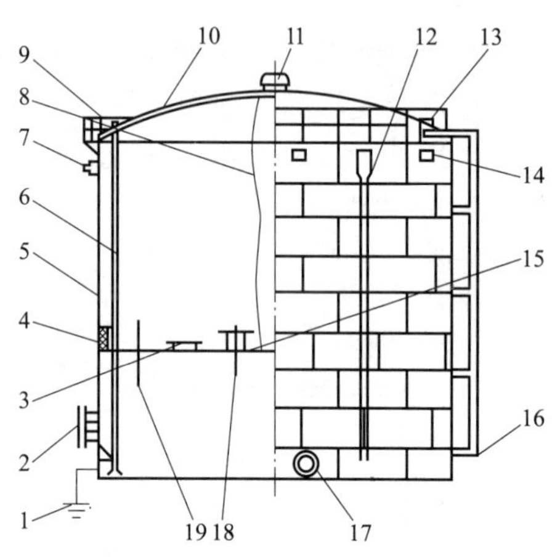

图 5-8 内浮顶储罐

1—接地线；2—带芯人孔；3—浮盘人孔；4—密封装置；5—罐壁；6—量油管；7—高液位报警器；8—静电导线；9—手工量油口；10—固定罐顶；11—罐顶通气孔；12—消防口；13—罐顶人孔；14—罐壁通气孔；15—内浮盘；16—液面计；17—罐壁人孔；18—自动通气阀；19—浮盘立柱

与外浮顶储罐相比，内浮顶储罐可大量减少储液的蒸发损耗，降低内浮盘上雨雪荷载，省去浮盘上的中央排水管、转向扶梯等附件，并可在各种气候条件下保证储液的质量，因而有“全天候储罐”之称，特别适用于储存高级汽油和喷气燃料以及有毒易污染的液体化学品。

5.2.3 球形储罐

球形储罐通常可按照外观形状、壳体构造方式和支承方式的不同进行分类。从形状看有圆球型和椭球型之分；从壳体层数看有单层球壳和双层球壳之分；从球壳的组合方案看有桔瓣式、足球瓣式和二者组合的混合式之分；从支座结构看有支柱式支座、筒形或锥形裙式支座之分。

图 5-9 为圆球型单层壳纯桔瓣式赤道正切的球罐。这种球罐由如下几个部分组成：罐体（包括上下极板、上下温带板和赤道板）、支柱、拉杆、操作平台、盘梯以及各种附件（包括人孔、接管、液面计、压力计、温度计、安全泄放装置等）。在某些特殊场合，球罐内还设有内部转梯、外部隔热或保温层、隔热或防火水幕喷淋管等附属设施。

下面将分别对罐体、支座、人孔和接管以及附件等进行讨论。

（1）罐体

罐体是球形储罐的主体，它是储存物料、承受物料工作压力和液柱静压力的重要构件。罐体按其组合方式常分为以下三种。

① 纯桔瓣式罐体　纯桔瓣式罐体是指球壳全部按桔瓣瓣片的形状进行分割成型后再组合的结构，如图 5-9 所示。纯桔瓣式罐体的特点是球壳拼装焊缝较规则，施焊组装容易，加快组装进度并可对其实施自动焊。由于分块分带对称，便于布置支柱，因此罐体焊接接头受力均匀，质量较可靠。这种罐体适用于各种容量的球罐，为世界各国普遍采用。我国自行设计、制造和组焊的球罐多为纯桔瓣式结构。这种罐体的缺点是球瓣在各带位置尺寸大小不一，只能在本带内或上、下对称的带之间进行互换；下料及成型较复杂，板材的利用率低；球极板往往尺寸较小，当需要布置人孔和众多接管时可能出现接管拥挤，有时焊缝不易错开。

② 足球瓣式罐体　足球瓣式罐体的球壳划分和足球壳一样，所有的球壳板片大小相同，它可以由尺寸相同或相似的四边形或六边形球瓣组焊而成。图 5-10 表示的就是足球瓣式罐体及其附件。这种罐体的优点是每块球壳板尺寸相同，下料成型规格化，材料利用率高，互换性好，组装焊缝较短，焊接及检验工作量小。缺点是焊缝布置复杂，施工组装困难，对球壳板的制造精度要求高，由于受钢板规格及自身结构的影响，一般只适用于制造容积小于 120m^3 的球罐，中国目前很少采用足球瓣式球罐。

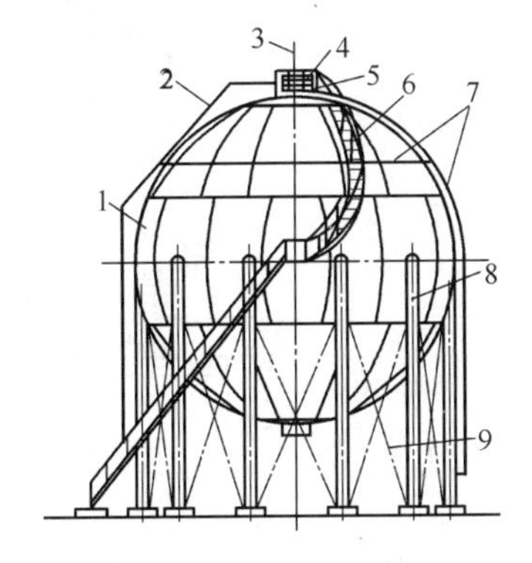

图 5-9　圆球型单层壳纯桔瓣式赤道正切球罐

1—球壳；2—液位计导管；3—避雷针；4—安全泄放阀；5—操作平台；6—盘梯；7—喷淋水管；8—支柱；9—拉杆

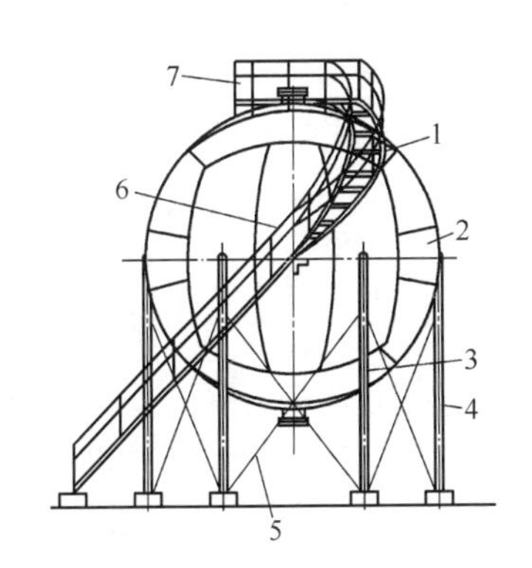

图 5-10　足球瓣式罐体

1—顶部极板；2—赤道板；3—底部极板；4—支柱；5—拉杆；6—扶梯；7—顶部操作平台

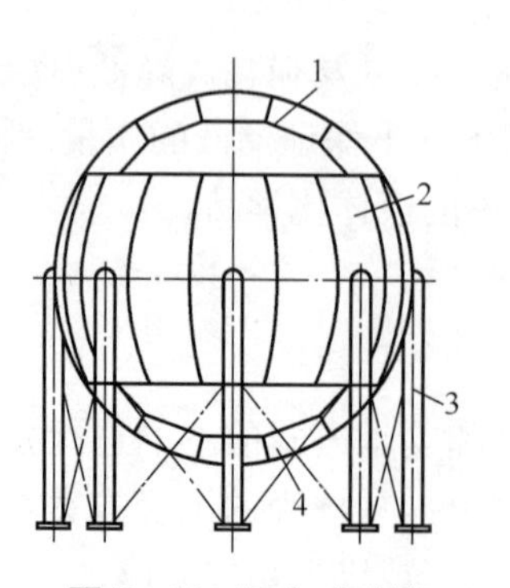

图 5-11 混合式球罐

1—上极；2—赤道带；3—支柱；4—下极

③ 混合式罐体　混合式罐体的组成是赤道带和温带采用桔瓣式，而极板采用足球瓣式结构。图 5-11 表示三带混合式罐体。由于这种结构取桔瓣式和足球瓣式两种结构之优点，材料利用率较高，焊缝长度缩短，球壳板数量减少，且特别适合于大型球罐。极板尺寸比纯桔瓣式大，容易布置人孔及接管，与足球瓣式罐体相比，可避开支柱搭在球壳板焊接接头上，使球壳应力分布比较均匀。近年来随着我国石油、化工、城市煤气等工业的迅速发展，已全面掌握了该种球罐的设计、制造、组装和焊接技术。

桔瓣式和混合式罐体基本参数见 GB/T 17261《钢制球形储罐型式与基本参数》。

（2）支座

球罐支座是球罐中用以支承本体重量和物料重量的重要结构部件。由于球罐设置在室外，受到各种环境的影响，如风载荷、地震载荷和环境温度变化的作用，为此支座的结构形式比较多。

球罐的支座分为柱式支座和裙式支座两大类。柱式支座中又以赤道正切柱式支座用得最多，为国内外普遍采用。

赤道正切柱式支座结构特点是：多根圆柱状支柱在球壳赤道带等距离布置，支柱中心线与球壳相切或相割而焊接起来。当支柱中心线与球壳相割时，支柱的中心线与球壳交点同球心连线与赤道平面的夹角为 10°～20°。为了使支柱支承球罐之重量的同时，还能承受风载荷和地震载荷，保证球罐的稳定性，必须在支柱之间设置连接拉杆。这种支座的优点是受力均匀，弹性好，能承受热膨胀的变形，安装方便，施工简单，容易调整，现场操作和检修也方便。它的缺点主要是球罐重心高，稳定性较差。

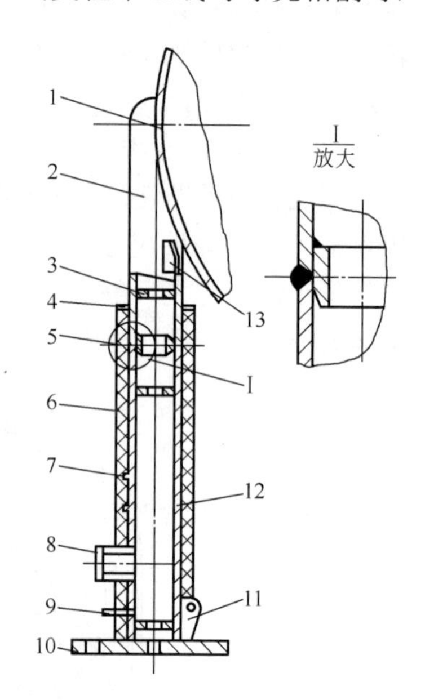

图 5-12 支柱结构图

1—球壳；2—上部支柱；3—内部筋板；4—外部端板；5—内部导环；6—防火隔热层；7—防火层夹子；8—可熔塞；9—接地凸缘；10—底板；11—下部支耳；12—下部支柱；13—上部支耳

① 支柱的结构　支柱的结构见图 5-12，主要由支柱、底板和端板三部分组成。支柱分单段式和双段式两种。

单段式支柱由一根圆管或卷制圆筒组成，其上端与球壳相接的圆弧形状通常由制造厂完成，下端与底板焊好，然后运到现场与球罐进行组装和焊接。单段式支柱主要用于常温球罐。

双段式支柱适用于低温球罐（设计温度为 -100～-20℃）、深冷球罐（设计温度<-100℃）等特殊材质的支座。按低温球罐设计要求，与球壳相连接的支柱必须选用与壳体相同的低温

材料。为此，支柱设计为两段，上段支柱一般在制造厂内与球瓣进行组对焊接，并对连接焊缝进行焊后消除应力热处理，其设计高度一般为支柱总高度的30%～40%。上下两段支柱采用相同尺寸的圆管或圆筒组成，在现场进行地面组对，下段支柱可采用一般材料。常温球罐有时为了改善柱头与球壳的连接应力状况，也常采用双段式支柱结构，不过此时不要求上段支柱采用与球壳相同的材料。双段式支柱结构较为复杂，但它与球壳相焊处的应力水平较低，故得到广泛应用。

GB/T 12337《钢制球形储罐》标准还规定：支柱应采用钢管制作；分段长度不宜小于支柱总长的1/3，段间环向接头应采用带垫板对接接头，应全熔透；支柱顶部应设有球形或椭圆形的防雨盖板；支柱应设置通气口；储存易燃物料及液化石油气的球罐，还应设置防火层；支柱底板中心应设置通孔；支柱底板的地脚螺栓孔应为径向长圆孔。

② 支柱与球壳的连接　支柱与球壳连接处可采用直接连接、加托板结构、U形柱结构和支柱翻边结构等形式，如图5-13所示。支柱与球壳连接端部结构分平板式、半球式和椭圆式三种。平板式结构边角易造成高应力状态，不常采用。半球式和椭圆式结构属弹性结构，不易形成边缘高应力状态，抗拉断能力较强，故为中国球罐标准所推荐。

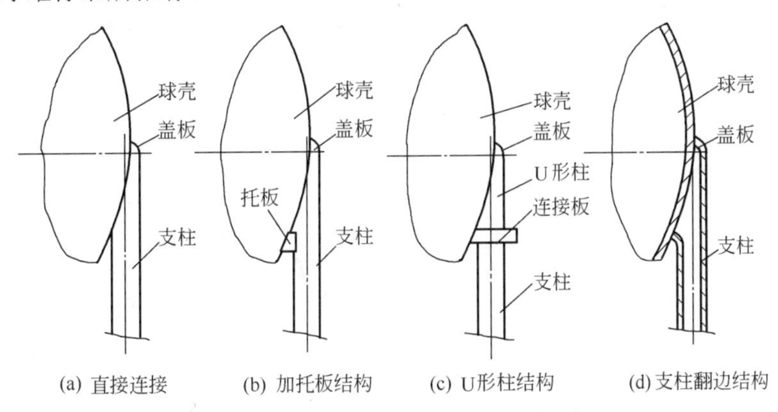

图5-13　支柱与球壳的连接

对大型球罐，支柱与球壳连接采用直接连接结构比较合适；对于加托板结构，可解决由于连接部下端夹角小，间隙狭窄难以施焊的问题；U形柱结构则特别适合低温球罐对材料的要求；翻边结构不但解决了连接部位下端施焊的困难，确保了焊接质量，而且对该部位的应力状态也有所改善，但由于翻边工艺问题，尚未被广泛采用。

③ 拉杆　拉杆结构分可调式和固定式两种。拉杆的作用是承受风载荷与地震载荷作用，增加球罐的稳定性。

可调式拉杆有三种形式：图5-14为单层交叉可调式拉杆，每根拉杆的两段之间采用可调螺母连接，以调节拉杆的松紧度。图5-15中双层交叉可调式拉杆和图5-16中相隔一柱单层交叉可调式拉杆，均可以改善拉杆的受力状况，从而获得更好的球罐稳定性。目前，国内自行建造的球罐和引进球罐大部分都采用可调式拉杆结构。当拉杆松动时应及时调节松紧。

固定式拉杆结构如图5-17所示，其拉杆通常采用钢管制作，管状拉杆必须开设排气孔。拉杆的一端焊在支柱的加强板上，另一端则焊在交叉节点的中心固定板上。也可以取消中心板而将拉杆直接十字焊接。固定式拉杆的优点是制作简单、施工方便，但不可调节。由于拉杆可承受拉伸和压缩载荷，从而大大提高了支柱的承载能力，近年来已在大型球罐上得到应用。

（3）人孔和接管

① 人孔　球罐设置人孔是作工作人员进出球罐以进行检验和维修之用。球罐在施工过程中，罐内的

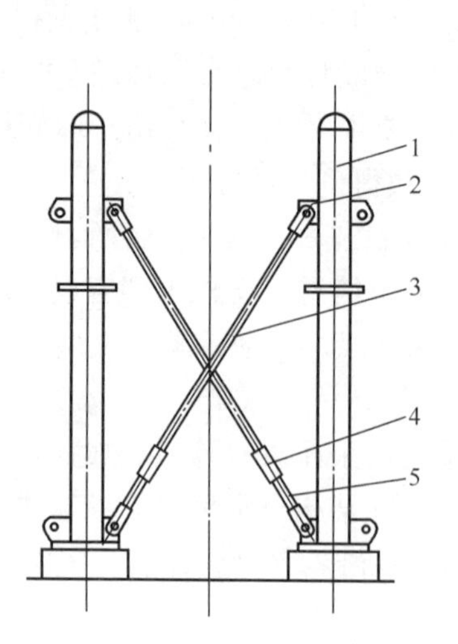

图 5-14 单层交叉可调式拉杆

1—支柱；2—支耳；3—长拉杆；
4—调节螺母；5—短接杆

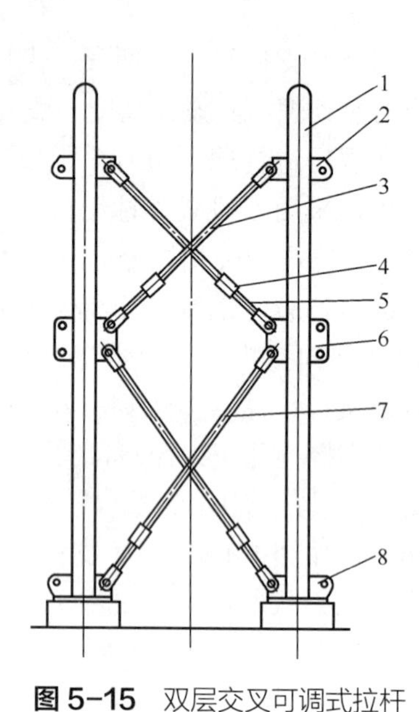

图 5-15 双层交叉可调式拉杆

1—支柱；2—上部支耳；3—上部长拉杆；
4—调节螺母；5—短拉杆；6—中部支耳；
7—下部长拉杆；8—下部支耳

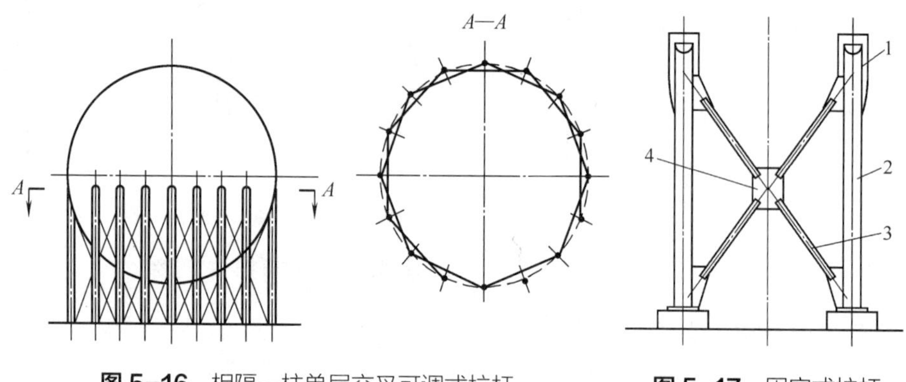

图 5-16 相隔一柱单层交叉可调式拉杆

图 5-17 固定式拉杆

1—补强板；2—支柱；3—拉杆；
4—中心板

通风、烟尘的排除、脚手架的搬运甚至内件的组装等亦需通过人孔。若球罐需进行消除应力的整体热处理时，球罐的上人孔被用于调节空气和排烟，球罐的下人孔被用于通进柴油和放置喷火嘴。因此，人孔的位置应适当，其直径必须保证工作人员携带工具进出球罐方便。球罐应开设两个人孔，分别设置在上下极板上；若球罐必须进行焊后整体热处理，则人孔应设置在上下极板的中心。球罐人孔直径以 *DN*500 为宜，小于 *DN*500，人员进出不便；大于 *DN*500，开孔削弱较大，往往导致补强元件结构过大。人孔的材质应根据球罐的不同工艺操作条件选取。

在球罐上，人孔的结构最好采用带整体锻件凸缘补强的回转盖或水平吊盖，在有压力情况下人孔法兰一般采用带颈对焊法兰，密封面大都采用凹凸面形式。

② 接管　球罐由于工艺操作需要安装各种规格的接管。接管与球壳连接处是强度的薄弱环节，一般采用厚壁管或整体锻件凸缘等补强措施以提高其强度。

球罐接管设计还要采取以下措施：与球壳相焊的接管最好选用与球壳相同或相近的材质；低温球罐应选用低温配管用钢管，并保证在低温下具有足够的冲击韧性；球罐接管除工艺特殊要求外，应尽量布置在上下极板上，以便集中控制，并使接管焊接能在制造厂完成制作和无损检测后统一进行焊后消除应力热处理；球罐上所有接管均需设置加强筋，对于小接管群可采用联合加强，单独接管需配置 3 块以上加强筋，将球壳、补强凸缘、接管和法兰焊在一起，以增加接管部分的刚性；球罐接管法兰应采用凹凸面法兰。

（4）附件

进行球形储罐结构设计时，还必须考虑便于工作人员操作、安装和检查而设置的梯子和平台，控制球罐内部物料温度和压力的水喷淋装置以及隔热或保冷设施。

作为球罐附件的还有液面计、压力表、安全阀和温度计等，这些安全附件由于种类很多，性能不同，构造各异，在选用时要注意其先进、安全、可靠，并满足有关工艺要求和安全规定。

球壳的设计参见有关标准。

5.2.4 低温储罐

低温储罐一般是指具有双层壳体的低温绝热储存容器。其内容器由与介质相容的耐低温材料制成，多为低温容器用钢（如奥氏体不锈钢、含镍钢、奥氏体 - 铁素体双向不锈钢等）、有色金属及其合金，设计温度可低至 −253℃，主要用于储存低温低压液化气体；外壳体在常温下工作，一般由普通碳素钢、低合金钢或钢筋混凝土制作而成；在内、外壳体之间通常填充有多孔性或细粒型绝热材料，或填充具有高绝热性能的多层间隔防辐射材料，同时将夹层空间再抽至一定的真空，以最大限度地减少冷量损失。当容积较小（一般不超过 200m^3）时，这类设备又被称为低温储槽。

根据绝热类型，低温储槽可分为非真空绝热型低温储槽和真空绝热型低温储槽。前者主要用于储存液氧、液氮和液化天然气，工作压力较低，大多采用正压堆积绝热技术，常制成平底圆柱形结构，可大规模储存低温液体，容积可达数千至数万立方米；后者亦可称为杜瓦容器，主要用于中小型液氧、液氮、液氩、液氢和液氦的储存与运输。而真空型低温绝热容器又可分为高真空绝热容器、真空粉末（或纤维）绝热容器、高真空多层绝热容器。

图 5-18 所示为典型的低温真空粉末绝热液氧（液氮、液氩）储槽结构示意图。图中件 1 和件 3 是设置在内外壳之间的支撑构件，主要用于固定内容器，这些构件和内容器的进出管件应采用导热系数较低的材料制作，或在结构上尽可能设计成较为柔性的连接方式。

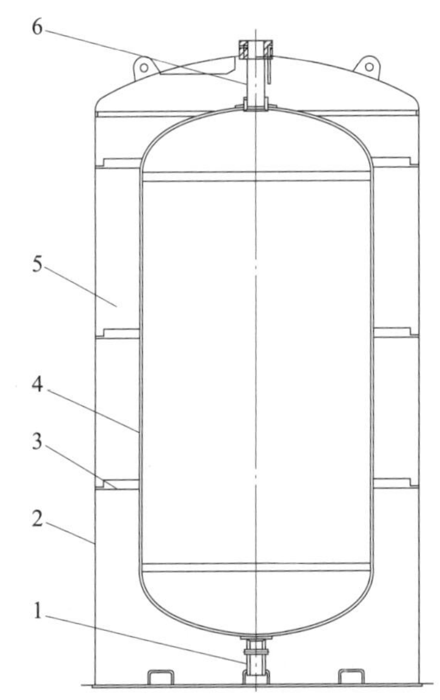

图 5-18 低温真空粉末绝热液氧储槽

1—底部支承；2—外壳体；3—拉杆；4—内容器；5—绝热层；6—进出口管

低温储槽的总体结构一般包括：ⅰ容器本体，包括储液内容器、绝热结构、外壳体和连接内、外壳体的支撑构件等；ⅱ低温液体和气体的注入、排出管道与阀门及回收系统；ⅲ压力、温度、液面等检测仪表；ⅳ安全设施，如内、外壳体的防爆膜、安全阀、紧急排液阀等；ⅴ其他附件，如底盘、把手、抽气口等。

在低温环境下长期运行的容器，最容易产生的是低温脆性断裂。由于低温脆断是在没有明显征兆的情况下发生的，危害很大。为此，在容器的选材、结构设计和制造检验等方面应采取严格的措施，并选择良好的低温绝热结构和密封结构。

大型液化天然气（liquefied natural gas，简称 LNG）储罐是 LNG 接收站或储配站的关键核心设备，立式双层结构，工作压力为常压，设计温度 −161.5℃左右，容积在 1×10^{4}m^3 以上。一台 16×10^{4}m^3 的

LNG 储罐，其直径约 80m，高度在 35m 左右。与低温储槽结构类似，大型 LNG 储罐的内容器材料也要求耐低温，一般选用 9Ni 钢（如国产的 06Ni9DR）或铝合金等材料。为降低建造成本，容积大于 $5\times10^4m^3$ 的超大型 LNG 储罐的外壳体大多采用预应力钢筋混凝土结构。我国已建成的 LNG 储罐最大容积为 $20\times10^4m^3$，2020 年开始动工建造 $22\times10^4m^3$ 特大型 LNG 储罐，制造能力已接近国际先进水平。

5.3 卧式储罐设计

5.3.1 支座结构及布置

卧式储罐常用支座形式有鞍式支座和圈座，如图 5-19 所示。实际工程中很少使用圈座，只有当大直径的薄壁容器或真空容器因自身重量而可能造成严重挠曲变形时才采用圈座，以增加筒体支座处的局部刚度。

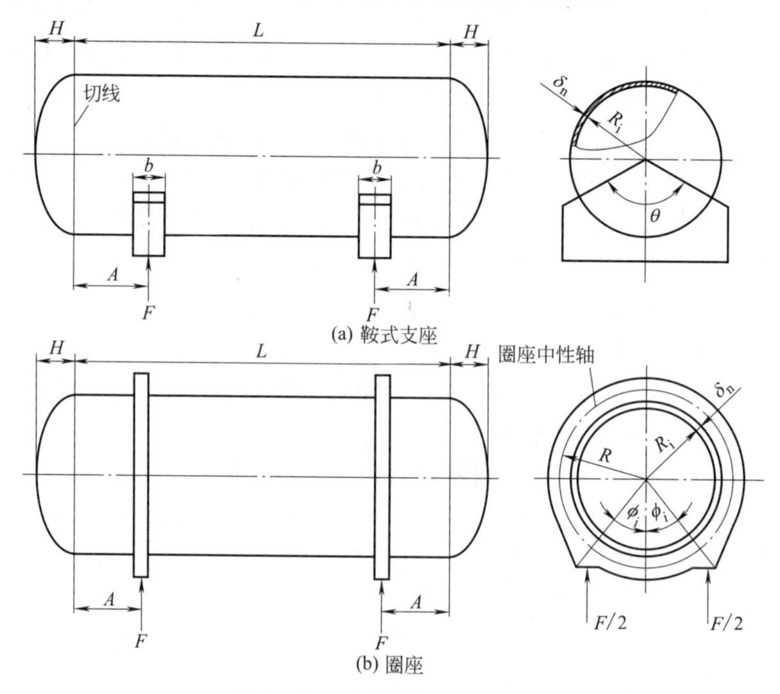

图 5-19 卧式储罐的典型支座

置于鞍式支座上的卧式储罐，其情况类似于弯曲梁。由材料力学分析可知，梁弯曲产生的应力与支点的数量和位置有关。当尺寸和载荷一定时，多支点在梁内产生的应力较小，因此支座数量似乎应该越多越好。但在实际工程中，由于地基的不均匀沉降和制造上的外形偏差，很难保证各支座严格保持在同一水平面上，因而多支座罐在支座处的约束反力并不能均匀分配，体现不出多支座的优点，所以一般卧式储罐最好采用双鞍座结构。

采用双鞍座时，支座位置的选取一方面要考虑封头对圆筒体的加强效应，另一方面还要合理安排载荷分布，避免因荷重引起的弯曲应力过大。为此，要遵循以下原则。

ⅰ. 双鞍座卧式储罐的受力状态可简化为受均布载荷的外伸简支梁。由材料力学可知，当外伸长度 A=0.207L 时，跨度中央的弯矩与支座截面处的弯矩绝对值相等，所以一般近似取 $A\leqslant0.2L$，其中 L 为两封头切线间距离，A 为鞍座中心线至封头切线间距离。

ⅱ. 当鞍座邻近封头时，封头对支座处的筒体有局部加强作用。为充分利用这一加强效应，在满足 $A\leqslant0.2L$ 下应尽量使 $A\leqslant0.5R_a$（R_a 为筒体的平均半径）。

卧罐随操作温度的变化会发生热胀冷缩现象，同时罐体及物料重量的变化也可影响筒体的弯曲变形并在支座处产生附加载荷，从而使卧罐产生轴向的伸缩。为避免由此产生的附加应力，设计双鞍座储罐时，通常只允许将其中一个支座固定，而另一个设计为可沿轴向移动或滑动，具体做法是将滑动支座的基础螺栓孔沿罐体轴向开成长圆形的，如图 5-20 所示。为使滑动支座在热变形时能灵活移动，有时也采用滚动支承。必须注意的是，固定支座通常设置在卧式储罐配管较多的一端，滑动支座则应设置在没有配管或配管较少的另一端。

鞍座包角 θ 也是鞍式支座设计时需要考虑的一个重要参数，其大小不仅影响鞍座处圆筒截面上的应力分布，而且也影响卧式储罐的稳定性及储罐 - 支座系统的重心高低。鞍座包角小，则鞍座重量轻，但是储罐 - 支座系统的重心较高，且鞍座处筒体上的应力较大。常用的鞍座包角有 120°、135°和 150°三种，但中国标准 NB/T 47065.1 中推荐的鞍座包角为 120°和 150°两种形式。

鞍座结构如图 5-20 所示，由腹板、筋板和底板焊接而成，在与设备筒体相连处，有带加强垫板和不带加强垫板两种结构，加强垫板的材料应与容器壳体材料相一致。图 5-20 为带加强垫板结构。

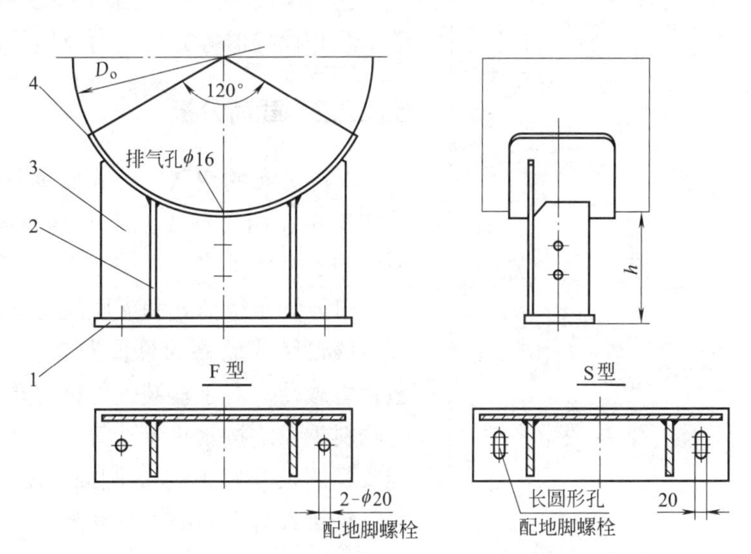

图 5-20 重型带垫板包角 120°的鞍座结构简图

1—底板；2—筋板；3—腹板；4—垫板

鞍式支座的结构和尺寸，除特殊情况需要另外设计外，一般可根据储罐的公称直径选用标准形式（鞍座标准为 NB/T 47065.1）。NB/T 47042《卧式容器》规定：鞍式支座宜按 NB/T 47065.1 选取，在满足 NB/T 47065.1 所规定的条件下，可免除对鞍式支座的强度校核；否则应对储罐进行强度校核。

标准鞍座分 A 型（轻型）和 B 型（重型）两种，其中 B 型又分为 BⅠ～BⅤ五种型号。A 型与 B 型的区别在于筋板、底板和垫板的尺寸不同或数量不同。根据鞍座底板上的螺栓孔形状不同，又分为 F 型（固定支座）和 S 型（滑动支座），如图 5-20 所示。除螺栓孔外，F 型与 S 型各部分的尺寸相同。在一台储罐上，F 型和 S 型总是配对使用，其中滑动支座的地脚螺栓采用两个螺母，第一个螺母拧紧后倒退一圈，然后用第二个螺母锁紧，以保证储罐在温度变化时，鞍座能在基础面上自由滑动。当储罐操作温度与安装环境有较大差异时，应根据储罐圆筒金属温度、两鞍座间距核算滑动鞍座上长圆螺栓孔的长度。

选用标准鞍座时，首先应根据鞍座实际承载的大小，确定选用 A 型（轻型）或 B 型（重型）鞍座，找出对应的公称直径，再结合罐体载荷大小选择 120°或 150°包角的鞍座。

标准鞍座标记方法：

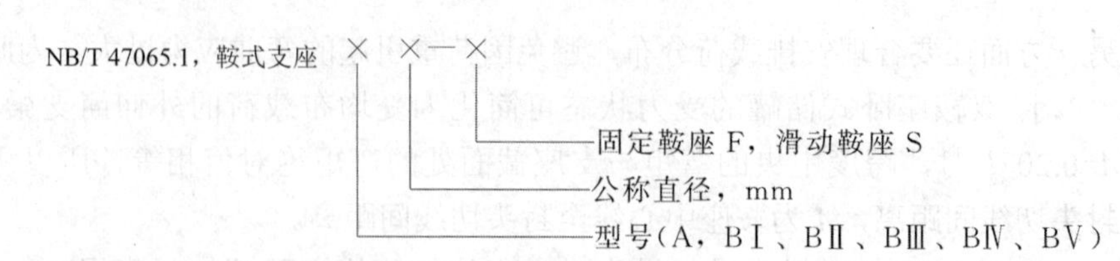

标记示例：

DN1600，150°包角，重型滑动鞍座，鞍座材料 Q235B，垫板材料 Q345R。

标记：NB/T 47065.1，鞍式支座 BⅡ1600—S；材料：Q235B/Q345R。

5.3.2 设计计算

5.3.2.1 设计载荷

卧式储罐的设计载荷包括长期载荷、短期载荷和附加载荷。

① 长期载荷　设计压力，内压或外压（真空）；储罐的质量载荷，除自身质量外，还包括储罐所容纳的物料质量，保温层、梯子平台、接管等附加质量载荷。

② 短期载荷　雪载荷、风载荷、地震载荷，水压试验充水重量。

③ 附加载荷　指卧罐上高度不大于 10m 的附属设备（如精馏塔、除氧头、液下泵和搅拌器等）受重力及地震影响所产生的载荷。

5.3.2.2 载荷分析

对称分布的双鞍座卧式储罐所受的外力包括载荷和支座反力，可以近似地看成支承在两个铰支点上受均布载荷的外伸简支梁，梁上受到如图 5-21（b）所示的外力作用。

（1）均布载荷 q 和支座反力 F

假设卧式储罐的总重为 $2F$，此总重包括储罐重量及物料重量，必要时还包括雪载荷。对于盛装气体或轻于水的液体储罐，因水压试验时重量最大，此时物料重量均按水重量计算。对于半球形、椭圆形或碟形等凸形封头，折算为同直径的长度为 $2H/3$ 的圆筒（H 为封头的曲面深度），故储罐两端为凸形封头时，重量载荷作用的总长度为

$$L' = L + \frac{4}{3}H \tag{5-2}$$

设储罐总重沿长度方向均匀分布，则作用在总长度上的单位长度均布载荷为

$$q = \frac{2F}{L'} = \frac{2F}{L + \frac{4}{3}H} \tag{5-3}$$

由静力平衡条件，对称配置的双鞍座中每个支座的反力就是 F，或写成

$$F = \frac{q\left(L + \frac{4}{3}H\right)}{2} \tag{5-4}$$

（2）竖向剪力 F_q 和力偶 M

封头本身和封头中物料的重量为 $2Hq/3$，此重力作用在封头（含物料）的重心上。对于半球形封头，重心的位置 $e=3R_a/8$，e 为重心到封头切线的距离。

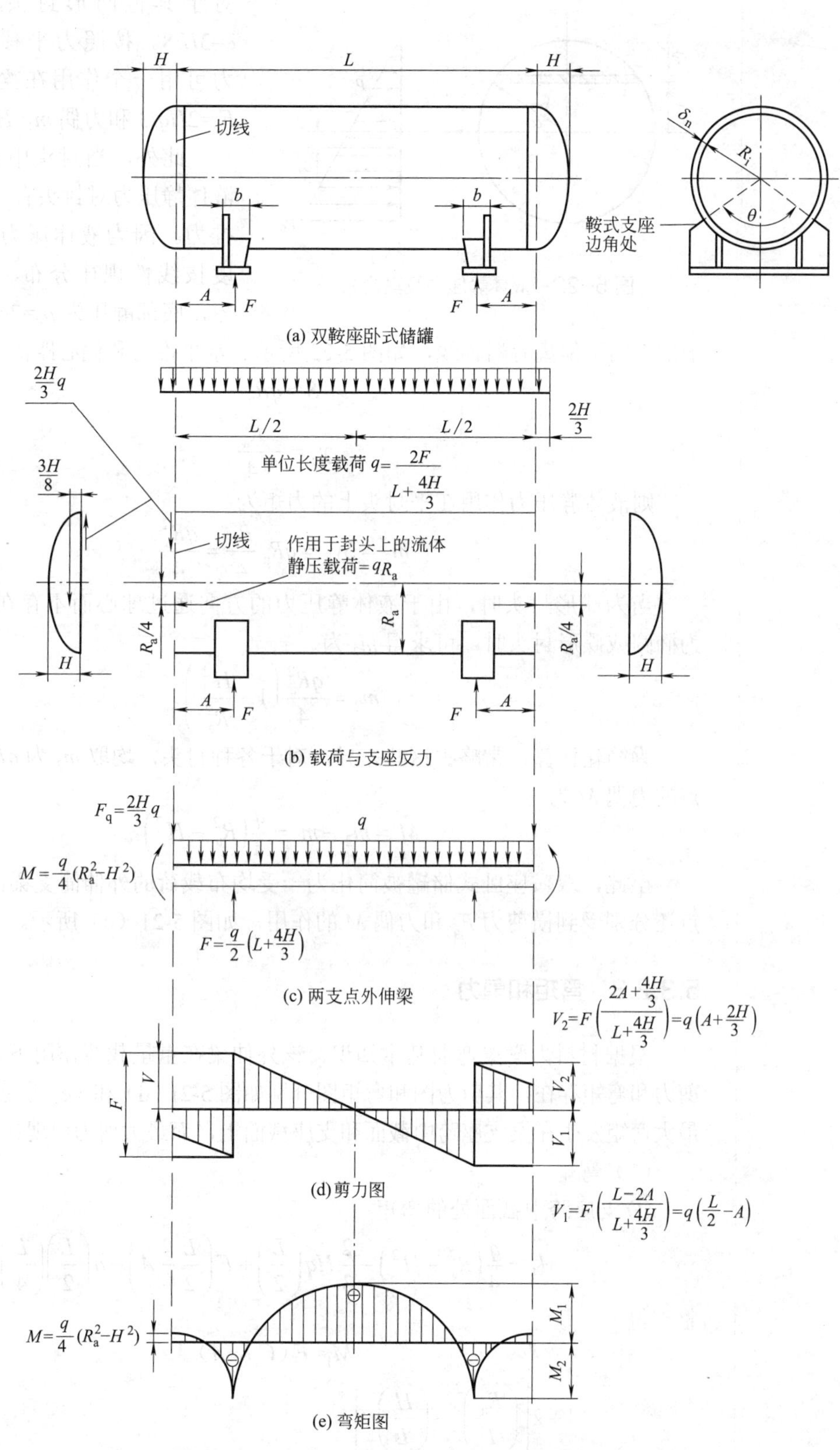

图 5-21 双鞍座卧式储罐受力分析得弯矩图与剪力图

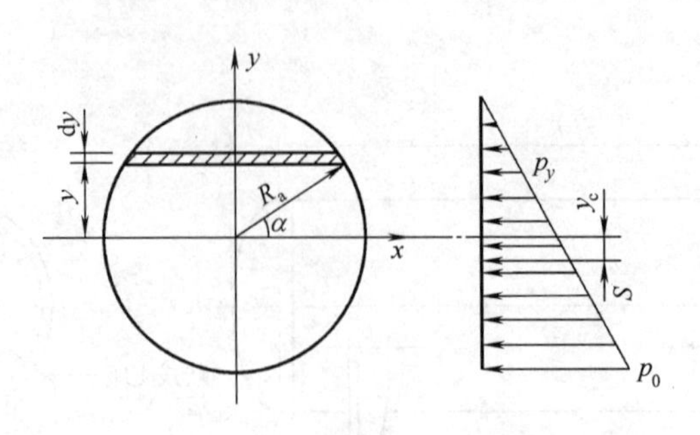

图 5-22 液体静压力及其合力

对于其他凸形封头，也近似取 $e=3H/8$。按照力平移法则，此重力可用一个作用在梁端点的剪力 $F_q=2Hq/3$ 和力偶 $m_1=H^2q/4$ 代替。

此外，当封头中充满液体时，液体静压力对封头有一向外的水平推力。因为液体压力 p_y 沿筒体高度按线性规律分布，顶部静压为零，底部静压为 $p_0=2\rho gR_a$，所以水平推力向下偏离容器轴线，如图 5-22 所示。水平推力和偏心距离为

$$S \approx qR_a$$

$$y_c = -\frac{R_a}{4}$$

则液体静压力作用在平封头上的力矩为

$$m_2 = Sy_c = qR_a\frac{R_a}{4} = \frac{qR_a^2}{4}$$

当为球形封头时，由于液体静压力的方向通过球心而不存在力偶 m_2；当为椭圆或碟形封头时，可求得 m_2 为

$$m_2 = \frac{qR_a^2}{4}\left(1-\frac{H^2}{R_a^2}\right)$$

为简化计算，常略去这些差异，对于各种封头，均取 m_2 为 $qR_a^2/4$，故梁端点的力偶 M 为

$$M = m_2 - m_1 = \frac{q}{4}\left(R_a^2 - H^2\right)$$

至此，双鞍座卧式储罐被简化为一受均布载荷的外伸筒支梁，梁的两个端点还分别受到横剪力 F_q 和力偶 M 的作用，如图 5-21（c）所示。

5.3.2.3 弯矩和剪力

根据材料力学梁弯曲基本知识，该外伸梁在重量载荷作用下，梁截面上有剪力和弯矩存在，其剪力图和弯矩图分别如图 5-21（d）和（e）所示。由图可知，最大弯矩发生在梁支座跨中截面和支座截面上，而最大剪力出现在支座截面处。

（1）弯矩

① 支座跨中截面处的弯矩

$$M_1 = \frac{q}{4}\left(R_a^2 - H^2\right) - \frac{2}{3}Hq\left(\frac{L}{2}\right) + F\left(\frac{L}{2} - A\right) - q\left(\frac{L}{2}\right)\left(\frac{L}{4}\right)$$

整理得

$$M_1 = F(C_1L - A) \tag{5-5}$$

式中 $C_1 = \dfrac{1+2\left[\left(\dfrac{R_a}{L}\right)^2 - \left(\dfrac{H}{L}\right)^2\right]}{4\left(1+\dfrac{4}{3}\dfrac{H}{L}\right)}$。

M_1 通常为正值，表示上半部圆筒受压缩，下半部圆筒受拉伸。

② 支座截面处的弯矩

$$M_2 = \frac{q}{4}\left(R_a^2 - H^2\right) - \frac{2}{3}HqA - qA\left(\frac{A}{2}\right)$$

整理得

$$M_2 = \frac{FA}{C_2}\left(1 - \frac{A}{L} + C_3\frac{R_a}{A} - C_2\right) \quad (5\text{-}6)$$

式中 $C_2 = 1 + \frac{4}{3}\frac{H}{L}$，$C_3 = \frac{R_a^2 - H^2}{2R_a L}$。

M_2 一般为负值，表示筒体上半部受拉伸，下半部受压缩。

（2）剪力

这里只讨论支座截面上的剪力，因为对于承受均匀载荷的外伸筒支梁，其跨距中点处截面的剪力等于零，所以不予讨论。

ⅰ. 当支座离封头切线距离 $A>0.5R_a$ 时，应计及外伸圆筒和封头两部分重量的影响，在支座处截面上的剪力为

$$V = F - q\left(A + \frac{2}{3}H\right) = F\frac{L-2A}{L+\frac{4}{3}H} \quad (5\text{-}7a)$$

ⅱ. 当支座离封头切线距离 $A \leqslant 0.5R_a$ 时，在支座处截面上的剪力为

$$V=F \quad (5\text{-}7b)$$

5.3.2.4 圆筒应力计算及校核

5.3.2.4.1 圆筒轴向应力及校核

根据 Zick（齐克）试验的结论，除支座附近截面外，其他各处圆筒在承受轴向弯矩时，仍可看成抗弯截面模量为$\pi R_a^2\delta_e$的空心圆截面梁，并不承受周向弯矩的作用。如果圆筒上不设置加强圈，且支座的设置位置 $A>0.5R_a$ 时，由于支座处截面受剪力作用而产生周向弯矩，在周向弯矩的作用下，导致支座处圆筒的上半部发生变形，产生所谓“扁塌”现象，如图 5-23 所示。“扁塌”现象一旦发生，支座处圆筒截面的上部就成为难以抵抗轴向弯矩的“无效截面”，而剩余的圆筒下部截面才是能够承担轴向弯矩的“有效截面”。Zick 据实验测定结果认为，与“有效截面”弧长对应的半圆心角 Δ 等于鞍座包角 θ 之半加上$\frac{\beta}{6}$，即

$$\Delta = \frac{\theta}{2} + \frac{\beta}{6} = \frac{1}{12}(360^\circ + 5\theta)$$

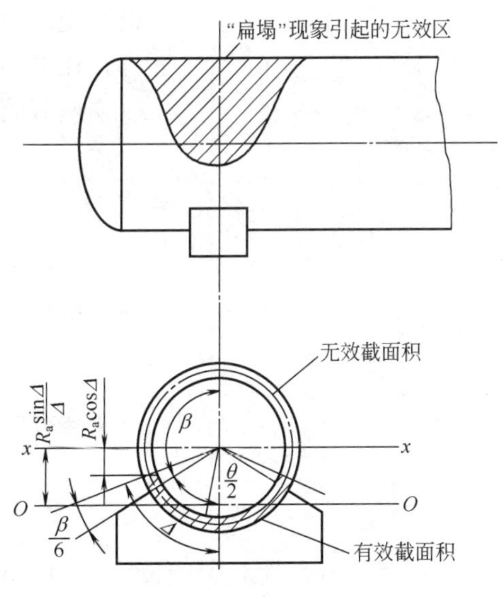

图 5-23 “扁塌”现象

知道有效截面后，就可对两支座跨中截面处和支座截面处的圆筒进行轴向应力计算，各轴向应力的位置如图 5-24 所示。

（1）两支座跨中截面处圆筒的轴向应力

跨中截面最高点（M_1 为正数，上部截面产生压应力）

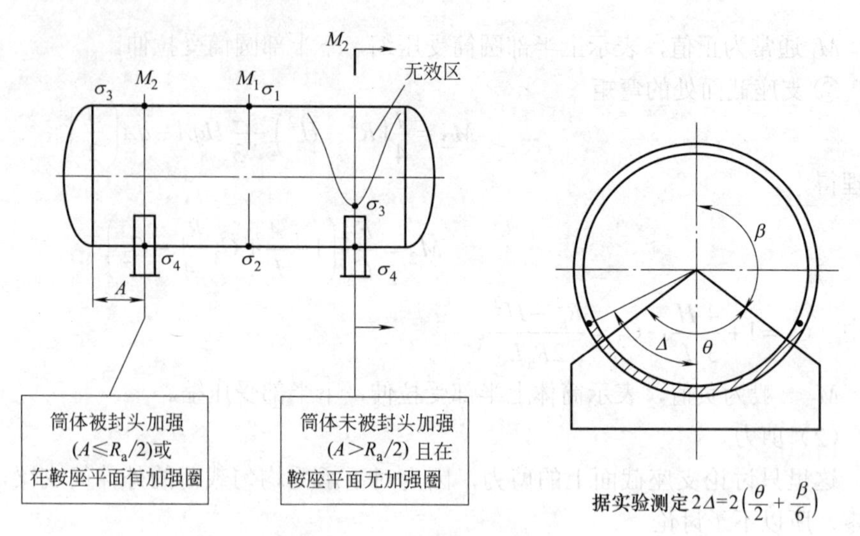

图 5-24 圆筒的轴向应力

$$\sigma_1 = \frac{p_c R_a}{2\delta_e} - \frac{M_1}{\pi R_i^2 \delta_e} \tag{5-8}$$

跨中截面最低点（M_1 为正数，下部截面产生拉应力）

$$\sigma_2 = \frac{p_c R_a}{2\delta_e} + \frac{M_1}{\pi R_i^2 \delta_e} \tag{5-9}$$

式中 δ_e——圆筒有效厚度。

（2）支座截面处圆筒的轴向应力

当支座截面处的圆筒上不设置加强圈，且支座的位置 $A > 0.5R_a$ 时，说明圆筒既不受加强圈加强，又不受封头加强，则圆筒承受弯矩时存在“扁塌”现象，也即仅在 Δ 角范围内的圆筒能承受弯矩。

支座截面最高点（M_2 为负数，上部截面产生拉应力）

$$\sigma_3 = \frac{p_c R_a}{2\delta_e} - \frac{M_2}{K_1 \pi R_a^2 \delta_e} \tag{5-10}$$

式中 $K_1 = \dfrac{\Delta + \sin\Delta\cos\Delta - 2\dfrac{\sin^2\Delta}{\Delta}}{\pi\left(\dfrac{\sin\Delta}{\Delta} - \cos\Delta\right)}$。

支座截面最低点（M_2 为负数，下部截面产生压应力）

$$\sigma_4 = \frac{p_c R_a}{2\delta_e} + \frac{M_2}{K_2 \pi R_a^2 \delta_e} \tag{5-11}$$

式中 $K_2 = \dfrac{\Delta + \sin\Delta\cos\Delta - 2\dfrac{\sin^2\Delta}{\Delta}}{\pi\left(1 - \dfrac{\sin\Delta}{\Delta}\right)}$。

不存在“扁塌”现象时，$\Delta=\pi$；存在“扁塌”现象时，$\Delta=(360°+5\theta)/12$，K_1 和 K_2 为“扁塌”现象引起的抗弯截面模量减少系数，将 Δ 值代入相应的计算式，得到的结果列于表 5-1。可见，对于圆筒有加强的情况，$K_1=K_2=1.0$。

表5-1 系数K_1、K_2

条件	鞍座包角θ/(°)	K_1	K_2
被封头加强的圆筒，即$A \leqslant 0.5R_a$，或在鞍座平面上有加强圈的圆筒	120 135 150	1.0 1.0 1.0	1.0 1.0 1.0
未被封头加强的圆筒，即$A > 0.5R_a$，且在鞍座平面上无加强圈的圆筒	120 135 150	0.107 0.132 0.161	0.192 0.234 0.279

（3）圆筒轴向应力的校核

计算轴向应力$\sigma_1 \sim \sigma_4$时，应根据操作和水压试验时的各种危险工况，分别求出可能产生的最大应力。

在操作工况条件下，轴向拉应力不得超过材料在设计温度下的许用应力$\phi[\sigma]^t$，压应力不应超过轴向许用临界应力$[\sigma]_{cr}$和材料的$[\sigma]^t$。

在水压试验条件下，轴向拉应力不得超过$0.9\phi R_{eL}$；压应力不应超过$\min\{0.8R_{eL}, B\}$，R_{eL}为材料常温屈服强度，B为轴向许用压缩应力。

应该注意到：对于正压操作的储罐，在盛满物料而未升压时，其压应力有最大值，故取这种工况对稳定性进行校核；又如对有加强的圆筒（图5-24中左侧M_2截面），当$|M_1|>|M_2|$时，只需校核跨中截面的应力，反之两个截面都要校核。

5.3.2.4.2 圆筒和封头切应力及校核

由剪力图5-21（d）可知，剪力总是在支座截面处最大，该剪力在圆筒中壁引起切应力，计算支座截面切应力与该截面是否得到加强有关，所以分以下三种情况。

① 支座处设置有加强圈，但未被封头加强（$A>0.5R_a$）的圆筒　由于圆筒在鞍座处有加强圈加强，圆筒的整个截面都能有效地承担剪力的作用，此时支座截面上的切应力分布呈正弦函数形式，如图5-25（a）所示，在水平中心线处有最大值

$$\tau = \frac{K_3 F}{R_a \delta_e}\left(\frac{L-2A}{L+\frac{4}{3}H}\right) = \frac{K_3 V}{R_a \delta_e} \tag{5-12}$$

式中系数K_3，根据圆筒被加强情况和支座包角查表5-2可得。

② 支座截面处无加强圈且$A>0.5R_a$的未被封头加强的圆筒　由于存在无效区，圆筒抗剪有效截面减少。应力分布情况如图5-25（b）所示，最大切应力在$2\Delta = 2\left(\frac{\theta}{2}+\frac{\beta}{20}\right)$处。切应力的计算式与式（5-12）相同，但系数$K_3$取值不同。

③ 支座截面处无加强圈但$A \leqslant 0.5R_a$被封头加强的圆筒　这种情况下大部分剪力先由支座（此处指左支座）的右侧跨过支座传至封头，然后又将载荷传回到支座靠封头的左侧圆筒，此时圆筒中切应力的分布呈图5-25（c）所示的状态，最大切应力位于$2\Delta = 2\left(\frac{\theta}{2}+\frac{\beta}{20}\right)$的支座角点处。

最大切应力按式（5-13）计算

$$\tau = K_3 \frac{F}{R_a \delta_e} \tag{5-13}$$

式中系数K_3查表5-2。

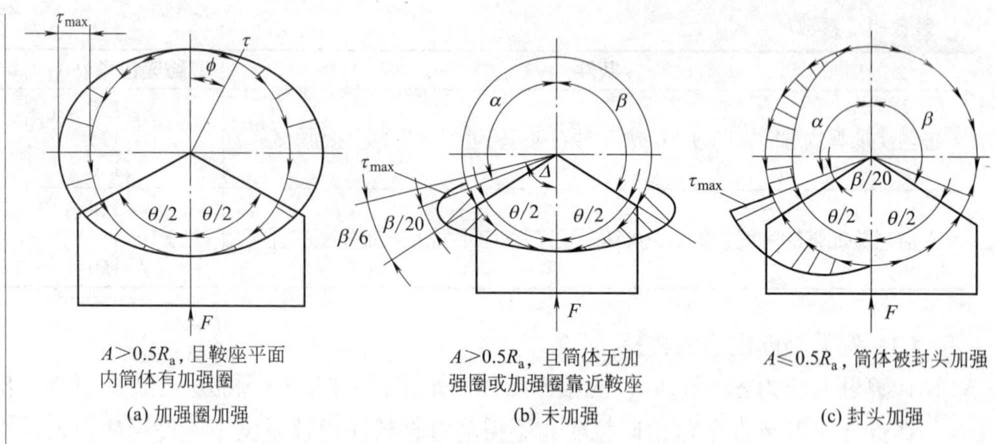

图 5-25　圆筒体切应力

④ 封头切应力　当筒体被封头加强（即 $A\leqslant 0.5R_a$）时，封头中的内力系会在水平方向对封头产生附加拉伸应力作用，作用范围为沿着封头的整个高度，其大小按式（5-14）计算

$$\tau_h = K_4 \frac{F}{R_a \delta_{he}} \tag{5-14}$$

式中　K_4——系数，根据支座包角查表 5-2；

δ_{he}——凸形封头的有效壁厚。

表 5-2　系数 K_3、K_4

条件	鞍座包角 θ/（°）	筒体 K_3	封头 K_4
圆筒在鞍座平面上无加强圈，且 $A>0.5R_a$，或靠近鞍座处有加强圈	120 135 150	1.171 0.958 0.799	—
圆筒在鞍座平面上有加强圈	120 135 150	0.319 0.319 0.319	—
圆筒被封头加强（$A\leqslant 0.5R_a$）	120 135 150	0.880 0.654 0.485	0.401 0.344 0.297

⑤ 圆筒和封头切应力的校核　圆筒的切应力不应超过设计温度下材料许用应力的 0.8 倍，即满足 $\tau\leqslant 0.8[\sigma]^t$。

一般情况下，封头与筒体的材料均相同，其有效厚度往往不小于筒体的有效厚度，故封头中的切应力不会超过筒体，不必单独对封头中的切应力另行校核。

作用在封头上的附加拉伸应力和由内压所引起的拉应力（σ_h）相叠加后，应不超过 $1.25[\sigma]^t$，即

$$\tau_h+\sigma_h\leqslant 1.25[\sigma]^t \tag{5-15}$$

当封头承受外压时，式（5-15）中不必计算 σ_h。

5.3.2.4.3　支座截面处圆筒体的周向应力

圆筒鞍座平面上的周向弯矩如图 5-26（b）所示。当无加强圈或加强圈在

鞍座平面内时［见图 5-26（b）左侧图］，其最大弯矩点在鞍座边角处。当加强圈靠近鞍座平面［见图 5-26（b）右侧图］时，其最大弯矩点在靠近横截面水平中心线处。计算时应按不同的加强圈情况求出最大弯矩点的周向应力。

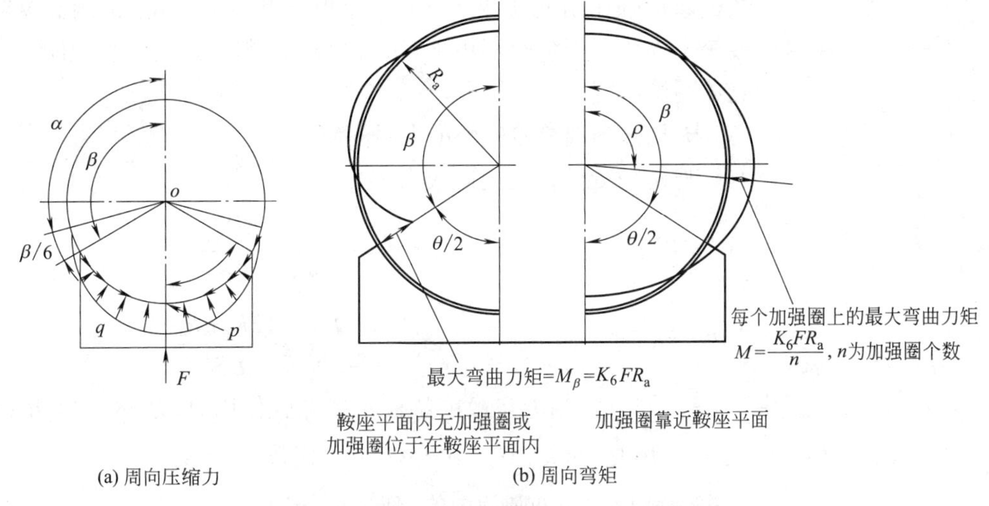

图 5-26 支座处圆筒周向压缩力和周向弯矩

（1）支座截面处无加强的圆筒

支座反力在鞍座接触的圆筒上还产生周向压缩力 P，当圆筒未被加强圈或封头加强时，在鞍座边角处的周向压缩力假设为 $P_\beta=F/4$，在支座截面圆筒最低处，周向压缩力达到最大，$P_{max}=K_5F$，这些周向压缩力均由壳体有效宽度$b_2=b+1.56\sqrt{R_a\delta_n}$来承受。

支座反力在支座处圆筒截面引起切应力，这些切应力导致在圆筒径向截面产生周向弯矩 M_t，周向弯矩在鞍座边角处有最大值。理论上最大周向弯矩为 $M_{tmax}=M_\beta=K_6FR_a$，且作用在一有效计算宽度为 l 的圆筒抗弯截面上，l 的取值与圆筒的长径比有关：

当 $L\geqslant8R_a$ 时，$l=4R_a$；当 $L<8R_a$ 时，$l=0.5L$。

系数 K_5、K_6 可根据鞍座包角查表 5-3 得到，其中 K_6 值还和鞍座与封头切线的相对距离 A/R_a 有关。

表 5-3 系数 K_5、K_6

鞍座包角 θ/（°）	K_5	K_6	
		$A\leqslant0.5R_a$	$A\geqslant R_a$
120	0.760	0.013	0.053
132	0.720	0.011	0.043
135	0.711	0.010	0.041
147	0.680	0.008	0.034
150	0.673	0.008	0.032
162	0.650	0.006	0.025

注：当 $0.5R_a<A<R_a$ 时，K_6 值按表内数值线性内插求值。

（2）圆筒截面最低点处的周向压应力 σ_5

$$\sigma_5=-\frac{K_5Fk}{b_2\delta} \tag{5-16}$$

式中 k——系数，$k=1$，支座与圆筒体不相焊；$k=0.1$，支座与圆筒体相焊；

δ——厚度，当无垫板或垫板不起加强作用，则 $\delta=\delta_e$；当垫板起加强作用时，则 $\delta=\delta_e+\delta_{re}$；

δ_{re}——鞍座垫板有效厚度。

垫板起加强作用的条件是：要求垫板厚度不小于0.6倍圆筒厚度；垫板宽大于或等于 b_2，垫板包角不小于（θ+12°）。一般情况下，加强圈（垫板）宜取等于壳体圆筒厚度。

（3）无加强圈圆筒鞍座处最大周向应力

ⅰ.鞍座边角处的最大周向应力 σ_6：

当 $L\geqslant 8R_a$ 时
$$\sigma_6=-\frac{F}{4\delta b_2}-\frac{3K_6F}{2\delta^2}\tag{5-17}$$

当 $L<8R_a$ 时
$$\sigma_6=-\frac{F}{4\delta b_2}-\frac{12K_6FR_a}{L\delta^2}\tag{5-18}$$

式中　δ——厚度，当无垫板或垫板不起加强作用时，$\delta=\delta_e$；当垫板起加强作用时，$\delta=\delta_e+\delta_{re}$，$\delta^2$ 以 $\delta^2+\delta_{re}^2$ 代替。

ⅱ.鞍座垫板边缘处圆筒中的周向应力 σ_6'：

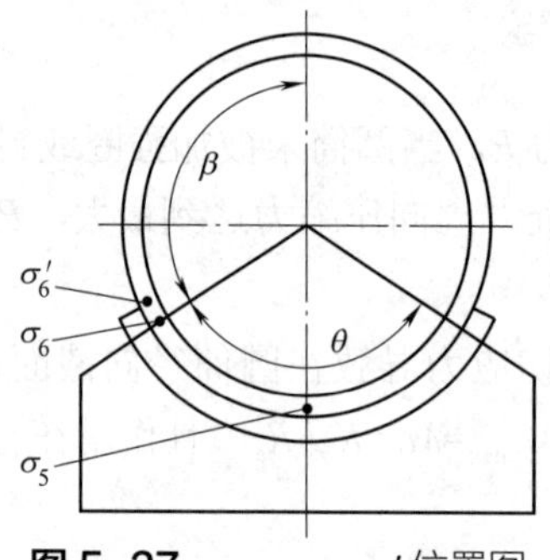

图5-27　σ_5，σ_6，σ_6' 位置图

当 $L\geqslant 8R_a$ 时
$$\sigma'_6=-\frac{F}{4\delta_e b_2}-\frac{3K_6F}{2\delta_e^2}\tag{5-19}$$

当 $L<8R_a$ 时
$$\sigma'_6=-\frac{F}{4\delta_e b_2}-\frac{12K_6FR_a}{L\delta_e^2}\tag{5-20}$$

式（5-17）～式（5-20）中，第二项为周向弯矩引起的壁厚上的弯曲应力；且式（5-19）、式（5-20）中 K_6 值为鞍座板包角（θ+12°）的相应值。σ_5，σ_6，σ_6' 位置如图5-27所示。

（4）有加强圈的圆筒

① 加强圈位于鞍座平面上（图5-26，图5-28）　这种情况是指加强圈中心平面与鞍座中心平面之间在容器轴线方向的距离 $X\leqslant 0.5b+0.78\sqrt{R_a\delta_n}$。

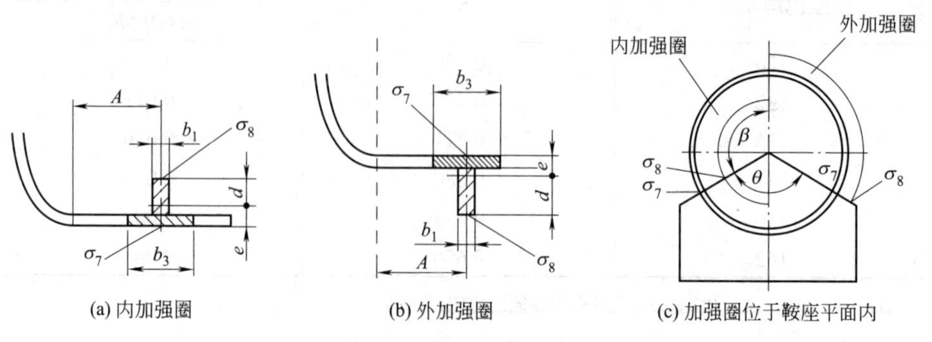

图5-28　加强圈在鞍座平面上时 σ_7、σ_8 位置

最大弯矩发生在鞍座边角处，此时圆筒的内外表面处最大弯曲应力 σ_7 为

$$\sigma_7=\frac{-K_8F}{A_0}+\frac{C_4K_7FR_ae}{I_0}\tag{5-21}$$

式中 A_0——一个支座的所有加强圈与圆筒起加强作用有效段的组合截面积之和，mm^2；

e——对内加强圈，为加强圈与圆筒组合截面形心距圆筒外表面之距离（见图 5-28）；对外加强圈，为加强圈与圆筒组合截面形心距圆筒内表面之距离（见图 5-28），mm；

I_0——一个支座的所有加强圈与圆筒起加强作用有效段的组合截面对该截面形心轴 $X—X$ 的惯性矩之和，mm^4。

鞍座边角处加强圈内、外缘处的周向应力 σ_8 为

$$\sigma_8 = \frac{-K_8 F}{A_0} + \frac{C_5 K_7 F R_a d}{I_0} \tag{5-22}$$

式中 d——对内加强圈，为加强圈与圆筒组合截面形心距加强圈内缘表面之距离（见图 5-28）；对外加强圈，为加强圈与圆筒组合截面形心距加强圈外缘表面之距离（见图 5-28），mm。

系数 C_4、C_5、K_7、K_8 值由表 5-4 查取。

表 5-4 系数 C_4、C_5、K_7、K_8

加强圈位置		位于鞍座平面						靠近鞍座		
θ/（°）		120	132	135	147	150	162	120	135	150
C_4	内加强圈	−1	−1	−1	−1	−1	−1	+1	+1	+1
	外加强圈	+1	+1	+1	+1	+1	+1	−1	−1	−1
C_5	内加强圈	+1	+1	+1	+1	+1	+1	−1	−1	−1
	外加强圈	−1	−1	−1	−1	−1	−1	+1	+1	+1
K_7		0.053	0.043	0.041	0.034	0.032	0.025	0.058	0.047	0.036
K_8		0.341	0.327	0.323	0.307	0.302	0.283	0.271	0.248	0.219

② 加强圈靠近鞍座平面　这种情况是指加强圈中心平面与鞍座中心平面之间在容器轴线方向的距离$X>0.5b+0.78\sqrt{R_a\delta_n}$，且 $X \leqslant 0.5R_a$。

此时，周向压应力 σ_5 的计算式按式（5-16）；鞍座边角处周向应力 σ_6 的计算式按式（5-17）和式（5-18）。

K_6 按 $A \leqslant 0.5R_a$ 选取。最大周向应力 σ_7、σ_8 发生在靠近水平中心线处（ρ 在 90°左右）的圆筒内外表面及加强圈的内外缘，如图 5-29 所示。K_7、K_8 值与加强圈在鞍座平面内的情况相同。

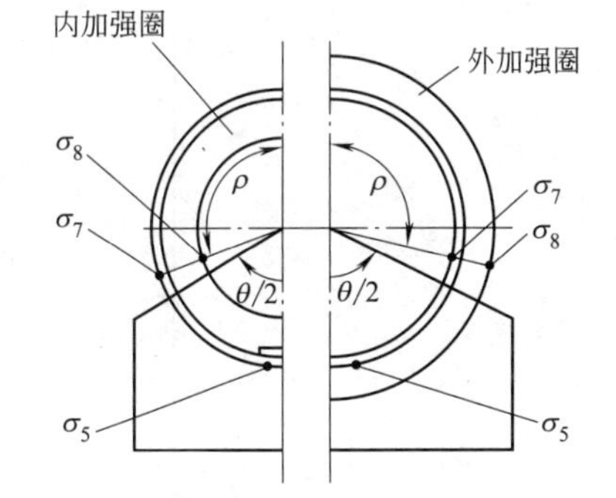

图 5-29 加强圈靠近鞍座平面时 σ_7、σ_8 位置

（5）周向应力的校核

周向压应力 σ_5 不得超过材料的许用应力，即$|\sigma_5| \leqslant [\sigma]^t$。

而σ_6、σ_6'、σ_7 与 σ_8 是因周向压缩力与周向弯矩产生的合成压应力，属于局部应力，应不大于材料许用应力的 1.25 倍，即$|\sigma_6| \leqslant 1.25[\sigma]^t$，$|\sigma_6'| \leqslant 1.25[\sigma]^t$，$|\sigma_7| \leqslant 1.25[\sigma]^t$，$|\sigma_8| \leqslant 1.25[\sigma]^t_r$。

5.3.2.5 鞍座设计

鞍座宽度 b 一般取大于或等于$8\sqrt{R_a}$，当采用 NB/T 47065.1 中标准“鞍式支座”时，b 应取筋板大端宽度与腹板厚 b_0 之和，筋板对称布置时，b 应包括腹板厚 b_0。

当所采用的鞍座超出标准规定的适用范围（鞍座包角 120°、150°，地震烈度 8 度，钢 - 钢摩擦系数 0.3）而重新设计鞍座，或卧式储罐上有附加载荷，或其上有配管及地震载荷，或对需抽芯的换热器时，需对鞍座腹板 - 筋板组合截面进行强度校核。具体计算参见 NB/T 47042《卧式容器》。

5.3.2.6 有附加载荷作用时对称双鞍座卧式储罐的强度校核

当卧式储罐上设有立式设备（如换热器、精馏塔、除氧器等）、液下泵、搅拌器等附属设备（高度小于10m）时，其强度校核应将附属设备视为集中载荷作用在受均布载荷的双支承外伸梁上。其计算、校核内容包括：

ⅰ. 附属设备的重力载荷对容器产生的支座反力、剪力和弯矩；

ⅱ. 在考虑地震载荷（或者配管外力载荷）时，其轴向载荷分量引起的支座反力，以及计算截面处的剪力、弯矩；

ⅲ. 上述附加载荷在储罐圆筒中引起的局部应力；

ⅳ. 根据不同性质的载荷（长期、短期、温度等）计算得到的应力，按标准规定以不同的强度校核条件分别进行校核。

具体计算可参见NB/T 47042《卧式容器》附录B。

5.3.2.7 对称设置三鞍座卧式储罐的强度校核简介

与双鞍座储罐类似，多鞍座卧式储罐只能有一个固定支座，其余为滑动或滚动支座。为保证储罐的对称性，三鞍座储罐应将中间鞍座设置为固定，两端鞍座为滑动或滚动，如图5-30所示。其强度校核如下。

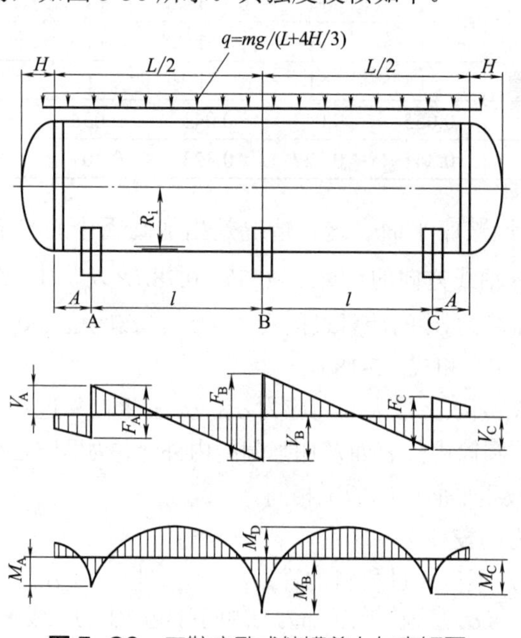

图5-30 三鞍座卧式储罐剪力与弯矩图

（1）截面弯矩

端支座弯矩

$$M_A = M_C = -\frac{q}{2}\left(A^2 + \frac{4}{3}HA - \frac{R_a^2 - H^2}{2}\right) = M_k \tag{5-23}$$

中间支座弯矩

$$M_B = -\frac{q}{8}\left(\frac{l}{2} - A\right)^2 - \frac{1}{2}M_A \tag{5-24}$$

支座跨间最大弯矩

$$M_D = M_A + \left[\frac{q}{2}\left(\frac{L}{2} - A\right) + \frac{M_B - M_A}{\left(\frac{L}{2} - A\right)} \right]^2 \Big/ 2q \tag{5-25}$$

（2）支座反力

端支座

$$F_A = F_C = K_0 \left[q\left(\frac{2}{3}H + \frac{L}{4} + \frac{A}{2}\right) + \frac{M_B - M_A}{\left(\frac{L}{2} - A\right)} \right] \tag{5-26}$$

中间支座

$$F_B = K_0 \left[q\left(\frac{L}{2} - A\right) + \frac{2(M_B - M_A)}{\left(\frac{L}{2} - A\right)} \right] \tag{5-27}$$

式中，K_0=1.2 是考虑支座高度偏差对支反力分布的影响系数。

（3）圆筒的应力校核

轴向弯曲应力将分别依据两支座间最大弯矩处、边支座及中间支座等处是否被加强情况参照双鞍座 σ_1～σ_4 公式进行校核。

切应力是分别对边支座及中间支座以 F_A、F_B 及是否被加强等情况进行 τ、τ_h 校核。

周向应力根据是否有加强圈、垫板是否起加强作用及［$(L/2)/R_a$］值是否大于或等于 8 等情况分别对 σ_5、σ_6、σ_6'、σ_7、σ_8 进行校核。

具体计算可参见 NB/T 47042《卧式容器》附录 D 或 HG/T 20582《钢制化工容器强度计算规定》。

5.4 移动式压力容器

移动式压力容器是指由罐体或者大容积无缝气瓶与走行装置或者框架采用永久性连接组成的运输设备，包括汽车罐车、铁路罐车、罐式集装箱、长管拖车、管束式集装箱等。铁路罐车、汽车罐车、罐式集装箱中用于充装介质的压力容器称为罐体；长管拖车、管束式集装箱中用于充装介质的压力容器称为大容积气瓶。

移动式压力容器使用时不仅承受内压或者外压，运输时还会受到惯性力、内部液体晃动引起的作用力、振动载荷等的作用。其储运介质通常为压缩气体、液化气体，大多具有易燃、易爆、窒息或者有毒等危害性。因而，移动式压力容器在结构、使用和安全方面均有其特殊的要求，世界各国均制定了严格的规范标准，对其材料、设计、制造、使用管理、充装与卸载、定期检验等提出基本安全要求。

本节以常温型汽车罐车和长管拖车为例简单介绍移动式压力容器的基本结构。

5.4.1 汽车罐车

5.4.1.1 基本结构

汽车罐车由汽车底盘、罐体、安全附件等三大部分组成。

汽车底盘是罐车的主要组成部分之一，起着承担载荷和行驶的功能。底盘的技术性能（如发动机功率、牵动与载重能力、制动性能）与转弯性能、轴距以及重心位置等都有直接关系，会影响到罐车的动力性、机动性、安全性和经济性。

罐体主要用于储存所需搬运的各类物料，是罐车的最重要部件，也是一个承受内压或外压载荷的压力容器。罐体截面有圆形、椭圆形和方形三种，用于承压时以圆形为主。罐体容积一般为2～50m^3，近年来，罐体容积越来越大，有的容积已经达到60m^3。

安全附件包括紧急切断装置、安全阀、液位计、温度计、压力表、消除静电装置、灭火装置等，有时还包括一些装卸装置，如装卸球阀、快装接头、装卸软管、防护装置等。但为了防止直接用罐车充装气瓶，罐车上一般不得安装用于充装的设施，液化气体罐车上严禁装设充装泵。

根据罐体与汽车的连接情况，汽车罐车可分为固定式汽车罐车和半挂式汽车罐车。

（1）固定式汽车罐车

固定式汽车罐车采用螺栓连接将罐体永久性地固定在载重汽车的底盘上，使罐体与汽车底盘成为一个整体，因而具有坚固、美观、稳定、安全等特性。图5-31所示为固定式液化石油气汽车罐车结构示意图。

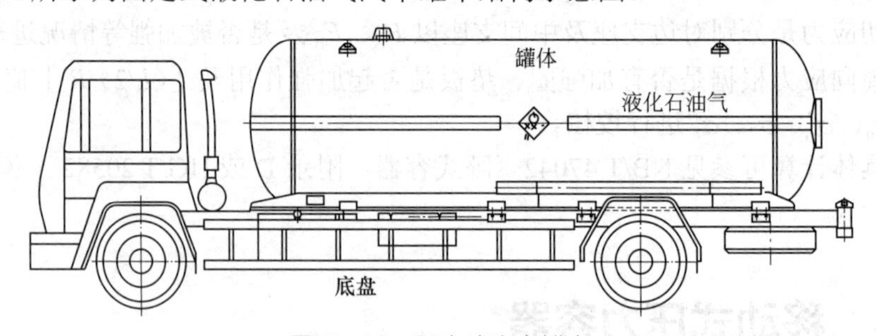

图5-31 固定式汽车罐车

为防止运动着的易爆储存介质因摩擦产生高达数千伏乃至上万伏的静电引发火花导致事故，罐车上必须装有可靠的防静电接地装置。同时在汽车罐车后部车架上，还须架有与罐体不相连接的缓冲装置（后保险杠），以防止来自后部的碰撞。

固定式汽车罐车，由于是专车专用，因而在设计与制造时，可以根据汽车底盘的技术特点（如载重重量、车梁长度、轴距、重心位置和外形尺寸等）进行整体设计，附件及相关装置能够得到比较合理的安排，外形也比较协调美观。更主要的是由于罐车与汽车纵梁采用永久性螺栓连接固定，能够经受运输过程中的剧烈振动，罐体的重心较低，使整车的运输比较稳定，具有较高的安全行车速度、较好的通过性和较高的经济性。

（2）半挂式汽车罐车

半挂式汽车罐车是将罐体固定在拖挂式汽车底盘上，如图5-32所示。它能比较充分地利用汽车承载和拖挂能力，可不受底盘尺寸的限制，因而其装载能力较强，罐体容积相对较大，稳定性好。与固定式汽车罐车结构相比，除汽车底盘结构不同外，其他要求基本相同。但这种罐车车身较长，整体性和灵活性较差。

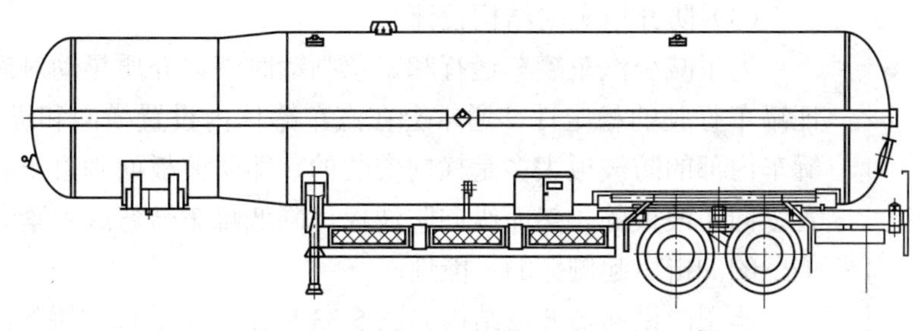

图 5-32 半挂式汽车罐车

5.4.1.2 罐体设计要点

罐体设计包括强度设计、防介质晃动结构设计以及行车稳定性计算等。

（1）设计载荷

汽车罐车的罐体在设计时，除了要考虑固定式压力容器通常要遇到的问题之外，还要考虑装卸或运输过程中受到的各种附加载荷。这些载荷都会使罐壁产生整体或局部的变形，并相应地产生各种应力。比较常见的载荷有以下几种。

① 压力载荷　若储运液化气体，则与固定式储罐一样，罐内液化气体在外界环境温度的作用下所产生的饱和蒸气压力是罐体所承受的主要载荷。

② 重量载荷　重量载荷主要包括罐体本体自重、储存物料重量、安全附件重量以及罐体外其他附件装置，如保温装置、装卸阀门、平台扶梯等的重量。此外还应考虑水压试验时水的重量。

③ 装卸载荷　液化气体罐车的装卸过程，通常是利用泵或压缩机来完成的。不论是泵将液化气体输入罐内，或是用压缩机加压卸掉罐车内的液化气体，泵和压缩机都会对罐体产生装卸压力。这种装卸压力可使罐壁产生一次总体薄膜应力。

④ 惯性力载荷　罐车在行驶过程中加速、紧急制动或转弯时，罐内液体晃动对罐壁将产生附加惯性力载荷。设计时，可将惯性力载荷按照以下方法转换成等效静态力：

ⅰ. 运动方向：最大质量的 2 倍乘以重力加速度；

ⅱ. 与运动方向垂直的水平方向：最大质量乘以重力加速度（当运动方向不明确时，为最大质量的 2 倍乘以重力加速度）；

ⅲ. 垂直向上：最大质量乘以重力加速度；

ⅳ. 垂直向下：最大质量的 2 倍乘以重力加速度。

⑤ 振动载荷　罐车在行驶过程中，道路不平整会引起车辆底盘振动。这种振动载荷的频率高，有可能导致罐体与支座等连接部位的高周疲劳。

⑥ 外压载荷　由于罐车在充装前或检修后都要进行抽真空处理，抽真空时既要考虑罐体的刚度，同时也要考虑罐体外压稳定性。

⑦ 水压试验压力载荷　按照有关规程，汽车罐车与铁路罐车的水压试验压力均为设计压力的 1.3 倍，比一般固定式压力容器要高。

（2）强度设计

罐体通常由圆柱形筒体、标准凸形封头、各种接口凸缘、防波板及条形支座等零部件组成。罐体应遵照国家相关的法规标准进行设计。设计压力取值时应考虑充装、卸料工况及罐内顶部不溶性气体的分压力。针对常见无保温或者保冷结构的充装液化气体介质的罐车，TSG R0005《移动式压力容器安全技术监察规程》给出了设计压力、腐蚀裕量等设计参数的取值下限，且规定该类罐车的设计压力不得低于 0.7MPa。

（3）防介质晃动结构设计

为了减少汽车罐车运行和紧急制动时液体介质晃动对罐体的冲击载荷，保证罐车行驶的稳定性，通常会在汽车罐体内设置横向和纵向的防波板。目前，罐车内部的防波板大多是横向安装的，即防波板面垂直于罐体轴线，较少有设置纵向防波板的。然而纵向防波板可降低罐车转弯或者紧急躲闪时介质对容器侧壁的冲击引起侧翻的可能性。

典型的横向防波板结构如图 5-33 所示。防波板与罐体的连接应采用牢固可靠的结构，以防止产生裂纹和脱落。螺栓连接和焊接连接是最常用的连接方法。

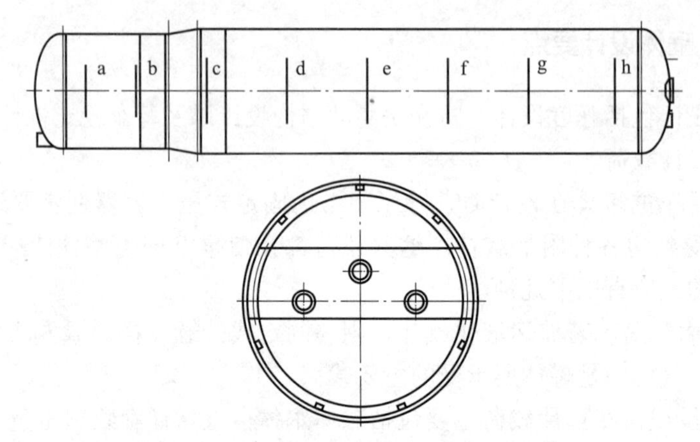

图 5-33　典型的横向防波板结构

（4）行车稳定性计算

汽车罐车不是简单地将罐车安放到汽车底盘上，而是应根据罐体容积大小选择合适的载重卡车底盘，并对汽车底盘进行适当改装，然后进行行车稳定性计算。

汽车底盘改装一般包括以下内容：

ⅰ. 降低罐体重心，主要通过移去或转移某些妨碍罐车重心下降的零部件，确保罐体尽量靠近纵梁顶面；

ⅱ. 加长或缩短底盘纵梁，以取得合适的载重量；

ⅲ. 增加必要的安全装备，如在罐车尾部增设钢制后保险杠，以及增设阀门操作箱等安全附件设施等。

若汽车底盘的改动较大，还应按 GB/T 1332《载货汽车定型试验规程》的要求，对有关改装部分的性能进行鉴定试验。

行车稳定性计算主要包括确定合理的重心位置、轴荷分配及空载时的最大侧向稳定角，检验汽车罐车的限速平直路面、限速转弯、最小转弯直径等安全技术指标是否符合 GB 7258《机动车运行安全技术条件》的规定。

5.4.2　长管拖车

长管拖车是储存、运输压缩气体的专用车辆，主要用于运输压缩天然气、氢气等能源气体，以及压缩氧气、氮气、氦气等工业气体。长管拖车运输气体具有机动、灵活、便捷等特点，能将气体运输到任何通公路的地方，在气体运输中发挥着重要的作用。

长管拖车主要由走行装置、大容积气瓶、连接装置组成，如图 5-34 所示。走行装置既是运输部件又是承载部件。大容积气瓶又称为瓶式压力容器。通常，大容积气瓶外径为 ϕ559mm、ϕ610mm；材料为 4130X；公称压力为 20MPa、25MPa；长度为 8m、11m。为提高运输效率，大容积气瓶呈现出高压化、大型化和轻量化的发展趋势，压力已达 50MPa，外直径达到 ϕ720mm，并开发出铝（塑料）内胆纤维全缠绕大容积气瓶。

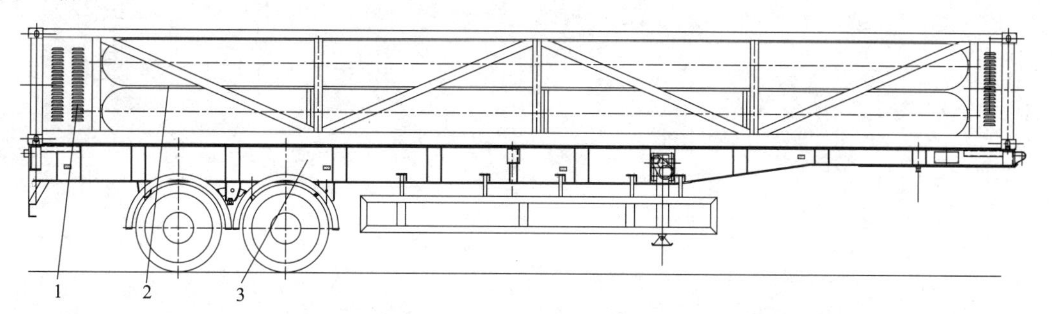

图 5-34 长管拖车

1—连接装置；2—大容积气瓶；3—走行装置

思考题

1. 设计双鞍座卧式容器时，支座位置应按哪些原则确定？试说明理由。
2. 双鞍座卧式容器受力分析与外伸梁承受均布载荷有何相同和不同之处？试用剪力图和弯矩图进行对比。
3. 卧式容器支座截面上部有时出现“扁塌”现象是什么原因？如何防止这一现象出现？
4. 双鞍座卧式容器设计中应计算哪些应力？试分析这些应力是如何产生的？
5. 鞍座包角对卧式容器筒体应力和鞍座自身强度有何影响？
6. 在什么情况下应对双鞍座卧式容器进行加强圈加强？
7. 球形储罐有哪些特点？设计球罐时应考虑哪些载荷？各种罐体形式有何特点？
8. 球形储罐采用赤道正切柱式支座时，应遵循哪些准则？
9. 液化气体储存设备设计时如何考虑环境对它的影响？
10. 与固定式压力容器相比，移动式压力容器在载荷分析、结构设计等方面有何不同点？
11. 试简述汽车罐车罐体的设计要点。

习 题

试设计一双鞍座支承的卧式内压容器，其设计条件如下：

容器内径 D_i=2000mm　　圆筒长度（焊缝到焊缝）L_0=6000mm

设计压力 p=0.35MPa　　设计温度 t=100℃

焊接接头系数 ϕ=0.85　　腐蚀裕量 C_2=1.5mm

物料密度 ρ=1500kg/m^3　　许用应力 $[\sigma]^t$=113MPa

NB/T 47065.1，鞍式支座 A 型，120° 包角，材料 Q235B

设备材料 Q245R，设备不保温

鞍座中心距封头切线 A=500mm。

6　换热设备

学习意义

热能是流程工业中最主要的能量形式，热量的产生、散失、回收、转移等过程极为常见。换热设备主要用于冷热流体的热量传递与交换，其性能直接关系到过程系统的能耗、效率、产物分布，进而影响系统的经济性、可靠性、耐久性。面向不同流程工业生产的需求，涌现了结构原理各不相同的换热设备，这在提供生产便利的同时，也增加了合理选型和设计的难度。因此，系统了解换热设备的种类、结构、原理、特点、设计方法等很有必要。

学习目标

- ○ 熟悉常用换热设备的种类、结构、原理和特点，能根据换热设备使用要求正确选型；
- ○ 掌握管壳式换热器的类型、结构、设计方法，能正确进行关键零部件的选型与设计；
- ○ 掌握换热设备强化传热技术；
- ○ 了解换热设备的技术发展动向。

6.1 概述

6.1.1 换热设备的应用

用于在两种或两种以上流体间、一种流体一种固体间、固体粒子间或者热接触且具有不同温度的同一种流体间的热量（或焓）传递的装置称为换热设备。它是化工、炼油、食品、轻工、能源、制药、机械及其他许多工业部门广泛使用的一种通用设备。在化工厂中，换热设备的投资约占总投资的10%～20%；在炼油厂中，约占总投资的35%～40%。近20年来，换热设备在能量储存、转化、回收，以及新能源利用和污染治理中得到了广泛的应用。

在工业生产中，换热设备的主要作用是使热量由温度较高的流体传递给温度较低的流体，使流体温度达到工艺过程规定的指标，以满足工艺过程上的需要。此外，换热设备也是回收余热、废热特别是低品位热能的有效装置。例如，烟道气（200～300℃）、高炉炉气（约1500℃）、需要冷却的化学反应工艺气（300～1000℃）等的余热，通过余热锅炉可生产压力蒸汽，作为供热、供汽、发电和动力的辅助能源，从而提高热能的总利用率，降低燃料消耗和电耗，提高工业生产的经济效益。

6.1.2 换热设备分类及其特点

在工业生产中，由于用途、工作条件和物料特性的不同，出现了各种不同形式和结构的换热设备。

6.1.2.1 按作用原理或传热方式分类

按热传递原理或传热方式进行分类，换热设备可分为以下几种主要形式。

（1）直接接触式换热器

这类换热器又称混合式换热器，如图 6-1 所示。它是利用冷、热流体直接接触，彼此混合进行换热的换热器，如冷却塔、冷却冷凝器等。为增加两流体的接触面积，以达到充分换热，在设备中常放置填料和栅板，通常采用塔状结构。直接接触式换热器具有传热效率高、单位容积提供的传热面积大、设备结构简单、价格便宜等优点，但仅适用于工艺上允许两种流体混合的场合。

（2）蓄热式换热器

这类换热器又称回热式换热器，如图 6-2 所示。它是借助由固体（如固体填料或多孔性格子砖等）构成的蓄热体与热流体和冷流体交替接触，把热量从热流体传递给冷流体的换热器。在换热器内，首先由热流体通过，把热量积蓄在蓄热体中，然后由冷流体通过，由蓄热体把热量释放给冷流体。由于两种流体交替与蓄热体接触，因此不可避免地会使两种流体少量混合。若两种流体不允许有混合，则不能采用蓄热式换热器。

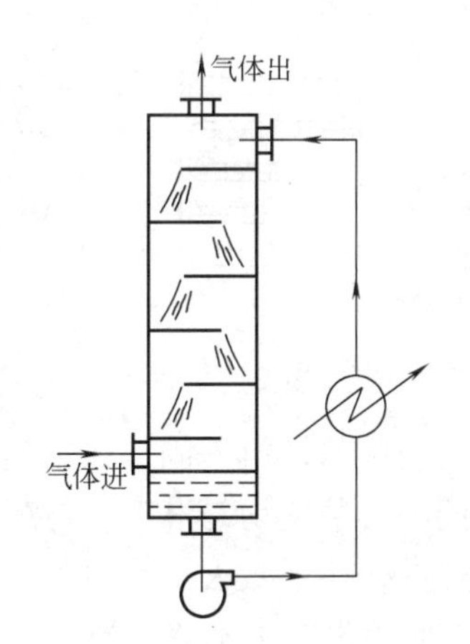

图 6-1 直接接触式换热器

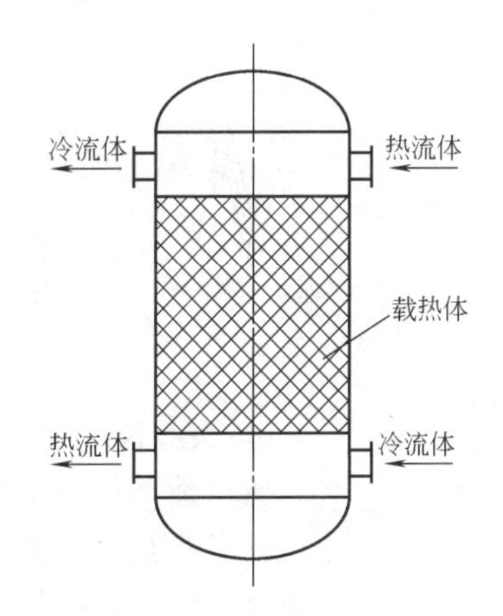

图 6-2 蓄热式换热器

蓄热式换热器结构紧凑、价格便宜、单位体积传热面大，故较适合用于气 - 气热交换的场合。如回转式空气预热器就是一种蓄热式换热器。

（3）间壁式换热器

这类换热器又称表面式换热器。它是利用间壁（固体壁面）将进行热交换的冷热两种流体隔开，互不接触，热量由热流体通过间壁传递给冷流体的换热器。间壁式换热器是工业生产中应用最为广泛的换热器，其形式多种多样，如常见的管壳式换热器和板式换热器都属于间壁式换热器。

（4）中间载热体式换热器

这类换热器是把两个间壁式换热器用在其中循环的载热体连接起来的换热器。载热体在高温流体换热器和低温流体换热器之间循环，在高温流体换热器中吸收热量，在低温流体换热器中释放热量，如热管式换热器。

6.1.2.2 间壁式换热器分类

6.1.2.2.1 管式换热器

这类换热器都是通过管子壁面进行传热的换热器。按传热管的结构形式不同大致可分为蛇管式换热器、套管式换热器、缠绕管式换热器和管壳式换热器。

（1）蛇管式换热器

蛇管式换热器一般由金属或非金属管子，按需要弯曲成所需的形状，如圆盘形、螺旋形和长的蛇形等。它是最早出现的一种换热设备，具有结构简单和操作方便等优点。按使用状态不同，蛇管式换热器又可分为沉浸式蛇管和喷淋式蛇管两种。

① 沉浸式蛇管　如图 6-3 所示，蛇管多以金属管子弯绕而成，或由弯头、管件和直管连接组成，也可制成适合不同设备形状要求的蛇管。使用时沉浸在盛有被加热或被冷却介质的容器中，两种流体分别在管内、外进行换热。它的特点是：结构简单，造价低廉，操作敏感性较小，管子可承受较大的流体介质压力。但是，由于管外流体的流速很小，因而传热系数小，传热效率低，需要的传热面积大，设备显得笨重。沉浸式蛇管换热器常用于高压流体的冷却，以及反应器的传热元件。

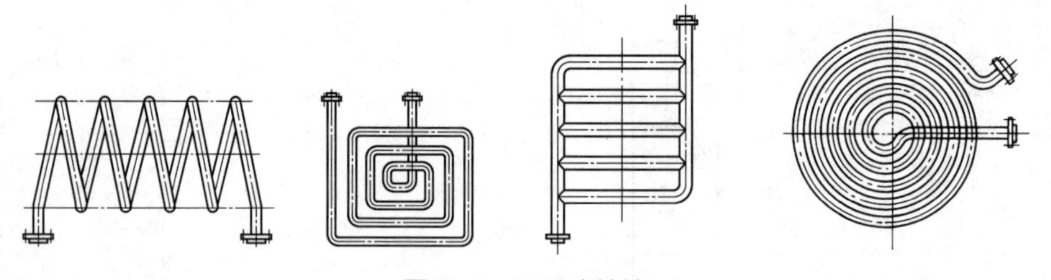

图 6-3　沉浸式蛇管

② 喷淋式蛇管　如图 6-4 所示，将蛇管成排地固定在钢架上，被冷却的流体在管内流动，冷却水由管排上方的喷淋装置均匀淋下。与沉浸式相比较，喷淋式蛇管换热器主要优点是管外流体的传热系数大，且便于检修和清洗。其缺点是体积庞大，冷却水用量较大，有时喷淋效果不够理想。

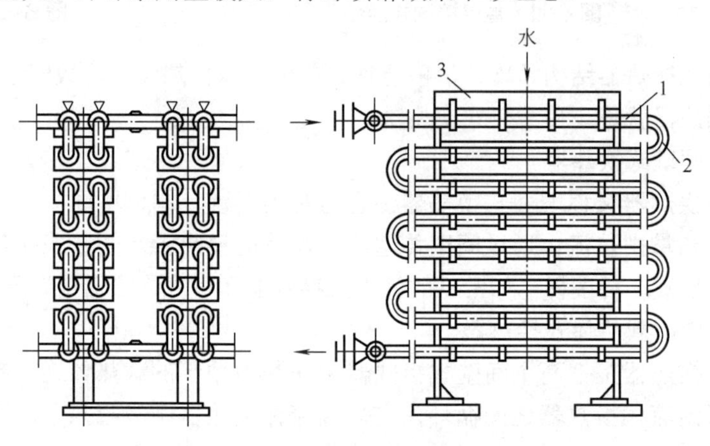

图 6-4　喷淋式蛇管

1—直管；2—U 形管；3—水槽

（2）套管式换热器

它由两种不同大小直径的管子组装成同心管，两端用U形弯管将它们连接成排，并根据实际需要，排列组合形成传热单元，如图6-5所示。换热时，一种流体走内管，另一种流体走内外管之间的环隙，内管的壁面为传热面，一般按逆流方式进行换热。两种流体都可以在较高的温度、压力、流速下进行换热。

套管式换热器的优点是：结构简单，工作适应范围大，传热面积增减方便，两侧流体均可提高流速，使传热面的两侧都具有较高的传热系数。缺点是：单位传热面的金属消耗量大，检修、清洗和拆卸都较麻烦，在可拆连接处容易造成泄漏。

套管式换热器一般适用于高温、高压、小流量流体和所需要的传热面积不大的场合。

（3）管壳式换热器

这类换热器是目前应用最为广泛的换热设备。它的基本结构如图6-6所示，在圆筒形壳体中放置了由许多管子组成的管束，管子的两端（或一端）固定在管板上，管子的轴线与壳体的轴线平行。为了增加流体在管外空间的流速并支承管子，改善传热性能，在筒体内间隔安装多块折流板（或其他新型折流元件），用拉杆和定距管将其与管子组装在一起。换热器的壳体上和两侧的端盖上（对偶数管程而言，则在一侧）装有流体的进出口，有时还在其上装设检查孔，为安置测量仪表用的接口管、排液孔和排气孔等。管壳式换热器类型与结构将在下一节中作详细介绍。

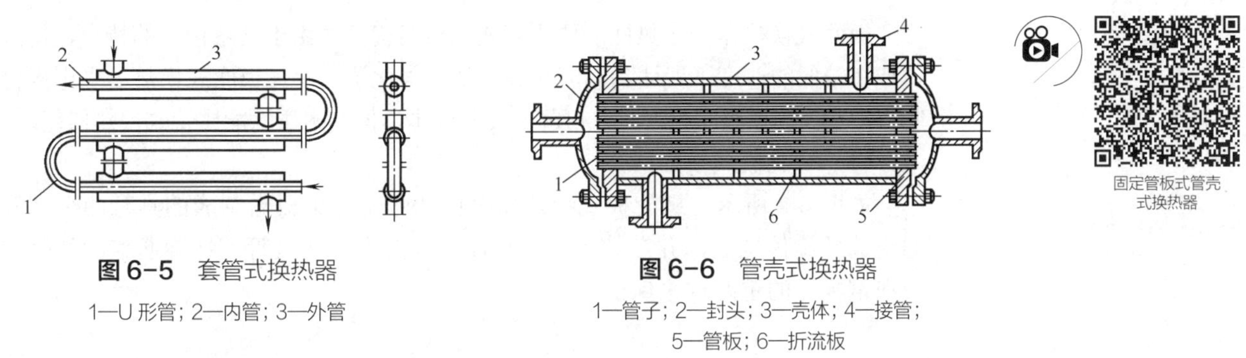

图6-5 套管式换热器

1—U形管；2—内管；3—外管

图6-6 管壳式换热器

1—管子；2—封头；3—壳体；4—接管；5—管板；6—折流板

管壳式换热器虽然在传热效率、结构紧凑性（换热器在单位体积中的传热面积 m^2/m^3）和单位传热面积的金属消耗量（kg/m^2）等方面不如一些新型高效紧凑式换热器，但它具有明显的优点，即结构坚固、可靠性高、适应性广、易于制造、处理能力大、生产成本低、选用的材料范围广、换热表面的清洗比较方便、能承受较高的操作压力和温度。在高温、高压和大型换热器中，管壳式换热仍具有绝对优势，是目前使用最广泛的一类换热器。

（4）缠绕管式换热器

这类换热器是在芯筒与外筒之间的空间内将传热管按螺旋线形状交替缠绕而成的，相邻两层螺旋状传热管的螺旋方向相反，并采用一定形状的定距件使之保持一定的间距，如图6-7所示。缠绕管可以采用单根绕制，也可采用两根或多根组焊后一起绕制。管内可以通过一种介质，称单通道型缠绕管式换热器，如图6-7（a）所示；也可分别通过几种不同的介质，而每种介质所通过的传热管均汇集在各自的管板上，构成多通道型缠绕管式换热器，如图6-7（b）所示。缠绕管式换热器适用于同时处理多种介质、在小温差下需要传递较大热量且管内介质操作压力较高的场合，如制氧等低温过程中使用的换热设备等。

6.1.2.2.2 板面式换热器

这类换热器都是通过板面进行传热的换热器。板面式换热器按传热板面的结构形式可分为以下六种：螺旋板式换热器、板式换热器、板翅式换热器、印刷线路板换热器、板壳式换热器和伞板式换热器。

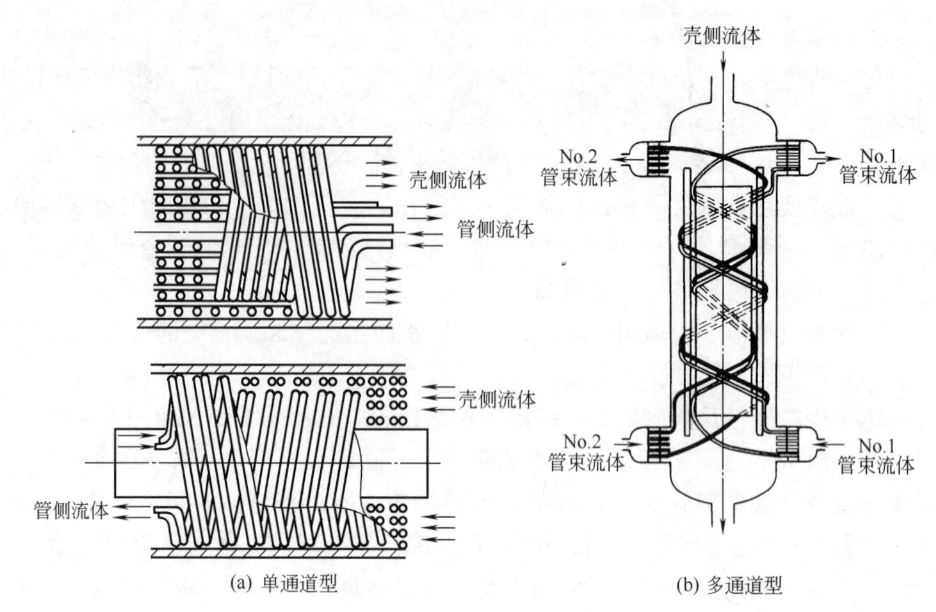

图 6-7 缠绕管式换热器

板面式换热器的传热性能要比管式换热器优越，由于其结构上的特点，使流体能在较低的速度下就达到湍流状态，从而强化了传热。板面式换热器采用板材制作，在大规模组织生产时，可降低设备成本，但其耐压性能比管式换热器差。

（1）螺旋板式换热器

如图 6-8 所示，螺旋板式换热器是由两张平行钢板卷制成的具有两个螺旋通道的螺旋体构成，并在其上安有端盖（或封板）和接管。螺旋通道的间距靠焊在钢板上的定距柱来保证。

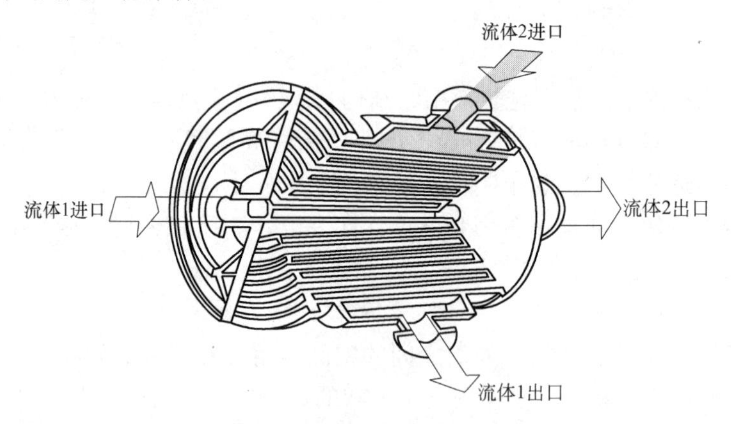

图 6-8 螺旋板式换热器

螺旋板式换热器的结构紧凑，单位体积内的传热面积约为管壳式换热器的 2～3 倍，传热效率比管壳式高 50%～100%；制造简单；材料利用率高；流体单通道螺旋流动，有自冲刷作用，不易结垢；可呈全逆流流动，传热温差小。适用于液 - 液、气 - 液流体换热，对于高黏度流体的加热或冷却、含有固体颗粒的悬浮液的换热，尤为适合。

（2）板式换热器

板式换热器是由一组长方形的薄金属传热板片和密封垫片以及压紧装置所

组成，其结构类似板框压滤机。板片表面通常压制成为波纹形或槽形，以增加板的刚度、增大流体的湍流程度、提高传热效率。两相邻板片的边缘用垫片夹紧，以防止流体泄漏，起到密封作用，同时也使板与板之间形成一定间隙，构成板片间流体的通道。冷热流体交替地在板片两侧流过，通过板片进行传热，其流动方式如图 6-9 所示。常见的板片表面形式如图 6-10 所示。

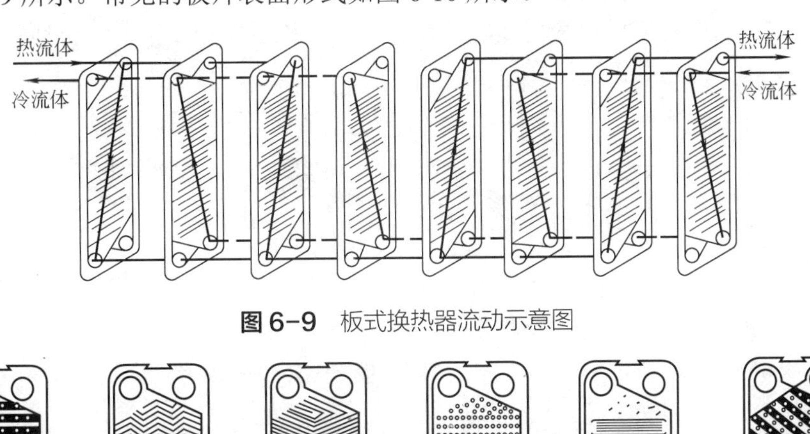

图 6-9 板式换热器流动示意图

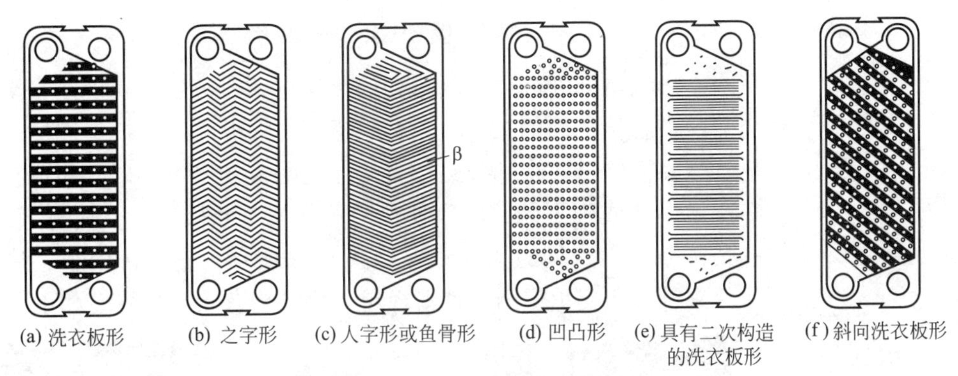

图 6-10 常见的板片表面形式

板式换热器由于板片间流通的当量直径小，板形波纹使截面变化复杂，流体的扰动作用激化，在较低流速下即可达到湍流，具有较高的传热效率。同时板式换热器还具有结构紧凑、使用灵活、清洗和维修方便、能精确控制换热温度等优点，应用范围广。其缺点是密封周边太长，不易密封，渗漏的可能性大；承压能力低；受密封垫片材料耐温性能的限制，使用温度不宜过高；流道狭窄，易堵塞，处理量小；流动阻力大。

板式换热器可用于处理从水到高黏度的液体的加热、冷却、冷凝、蒸发等过程，适用于经常需要清洗、工作环境要求十分紧凑等场合。

由于传统板式换热器中装有垫片，限制了其在可压缩流体（非腐蚀流体）中的应用，同时也使其可承受的操作温度与压力不能太高。为了克服以上缺点，出现了一些在一侧或两侧焊接由换热板面组合而成的板式换热器，如图 6-11 所示。同时，为了降低焊接费用，这种换热器的尺寸通常要比装有垫片的板式换热器大许多。这种换热器保留了板式换热器的诸多优点，通过合理的布置，也可以用于多种流体间的换热。焊接板式换热器将四周原来装垫片的部位改成焊接形式，增大了其承受高温与高压（350℃和 4.0MPa）的能力，也可以用于与板材相适应的腐蚀性介质间的换热；但也由于焊接，使得换热器丧失了在焊接侧的拆装性能。

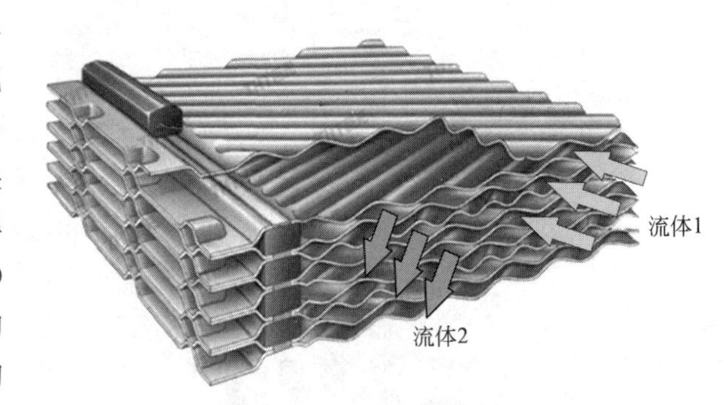

图 6-11 焊接板式换热器

（3）板翅式换热器

这种换热器的基本结构是在两块平行金属板（隔板）之间放置一种波纹状的金属导热翅片。翅片称“二次表面”，在其两侧边缘以封条密封而组成单元体，对各个单元体进行不同的组合和适当的排列，并用钎焊焊牢，组成板束，把若干板束按需要组装在一起，便构成逆流、错流、错逆流板翅式换热器，如图 6-12 所示。

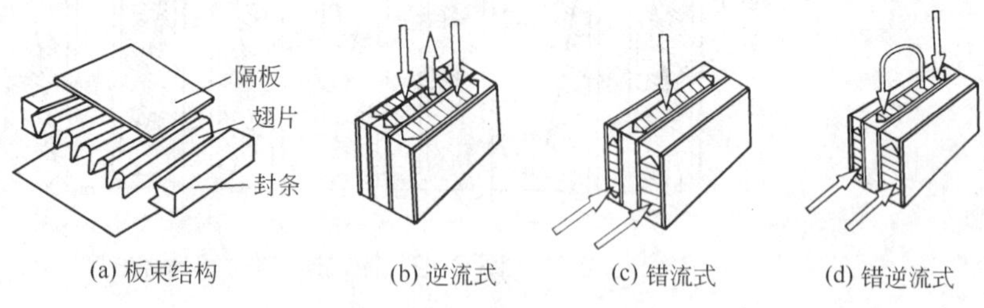

(a) 板束结构　(b) 逆流式　(c) 错流式　(d) 错逆流式

图 6-12　板翅式换热器

冷、热流体分别流过间隔排列的冷流层和热流层而实现热量交换。一般翅片传热面占总传热面的 75%～85%，翅片与隔板间通过钎焊连接，大部分热量由翅片经隔板传出，小部分热量直接通过隔板传出。不同几何形状的翅片使流体在流道中形成强烈的湍流，使热阻边界层不断破坏，从而有效地降低热阻，提高传热效率。常见的翅片形式如图 6-13 所示。另外，由于翅片焊于隔板之间，起到骨架和支承作用，使薄板单元件结构有较高的强度和承压能力。

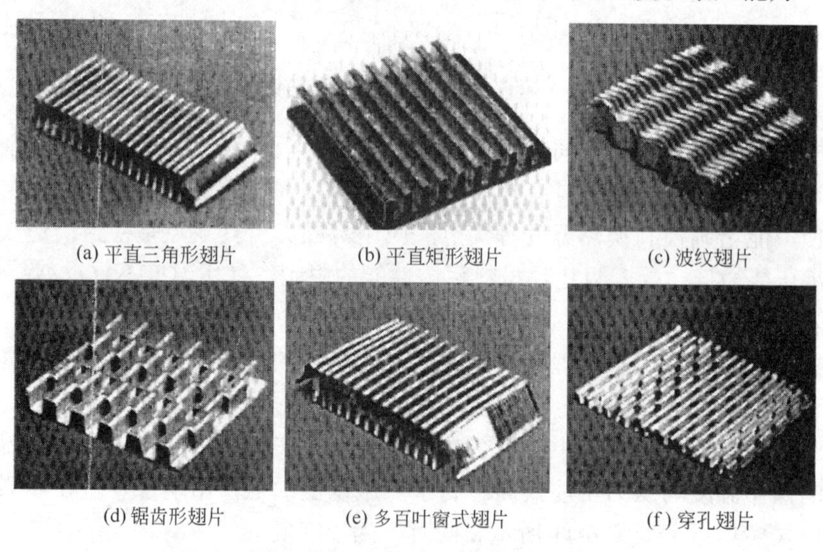

(a) 平直三角形翅片　(b) 平直矩形翅片　(c) 波纹翅片

(d) 锯齿形翅片　(e) 多百叶窗式翅片　(f) 穿孔翅片

图 6-13　板翅换热器翅片形式

板翅式换热器是一种传热效率较高的换热设备，其传热系数比管壳式换热器大 3～10 倍。板翅式换热器结构紧凑、轻巧，单位体积内的传热面积一般都能达到 2500～4370m^2/m^3，几乎是管壳式换热器的十几倍到几十倍，而相同条件下换热器的重量只有管壳式换热器的 10%～65%；适应性广，可用作气 - 气、气 - 液和液 - 液的热交换，亦可用于冷凝和蒸发，同时适用于多种不同的流体在同一设备中操作，特别适用于低温或超低温的场合。其主要缺点是结构复杂，造价高，流道小，易堵塞，不易清洗，难以检修等。

（4）印刷线路板换热器

印刷线路板换热器（printed-circuit heat exchanger）只有主换热面，由应用制作印刷线路板技术制成的换热板面组装而成，如图 6-14 所示。换热板面一般是在相应的金属板上用腐蚀的方法加工出所需流道，流道横截面的形状多为近似半圆形，其深度一般为 0.1～2.0mm。把加工好的板面按一定的工艺要求组合起来，用扩散焊连接等方法组装在一起，即成为印刷线路板换热器。印刷线路板传热效率与紧凑度非常高，传热面积密度为 650～1300m^2/m^3，可以承受工作压力 10～50MPa，温度可达 150～800℃，可用于非常清洁的气体、流体以及相变的换热过程。

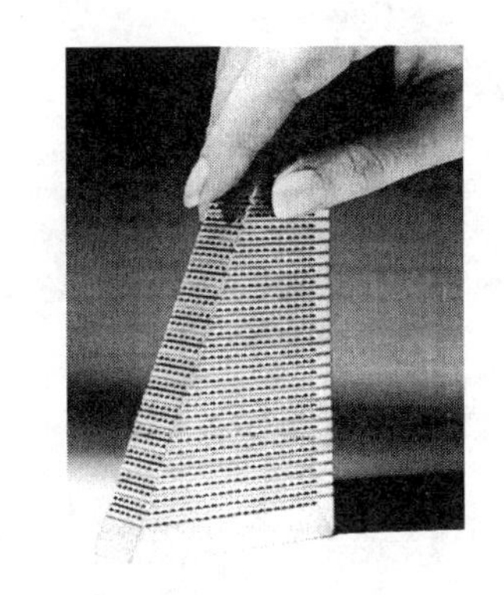

图 6-14 印刷线路板换热器

（5）板壳式换热器

板壳式换热器主要由板束和壳体两部分组成，是介于管壳式和板式换热器之间的一种换热器，如图 6-15 所示。板束相当于管壳式换热器的管束，每一板束由许多宽度不等的板管元件组成，每一根板管相当于一根管子，由板束元件构成的流道称为板壳式换热器的板程，相当于管壳式换热器的管程；板束与壳体之间的流通空间则构成板壳式换热器的壳程。板束元件的形状可以是多种多样的。

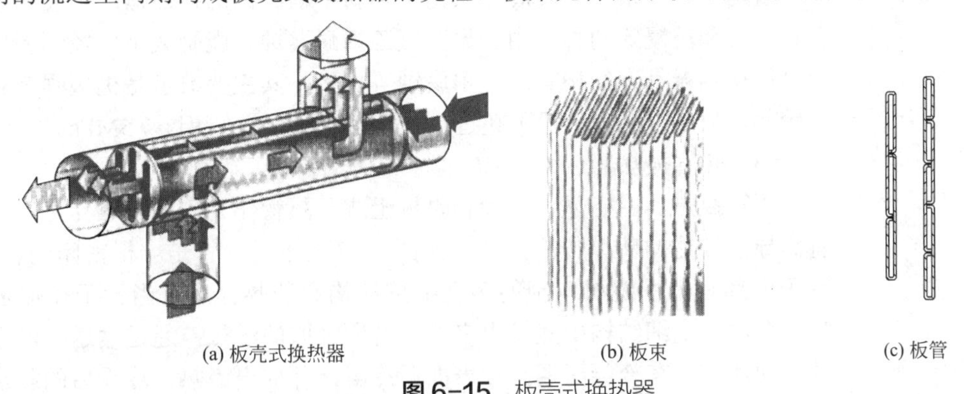

(a) 板壳式换热器　(b) 板束　(c) 板管

图 6-15 板壳式换热器

板壳式换热器具有管壳式和板式换热器的优点：结构紧凑，单位体积包含的换热面积较管壳式换热器增加 70%；传热效率高，压力降小；与板式换热器相比，由于没有密封垫片，较好解决了耐温、抗压与高效率之间的矛盾；容易清洗。其缺点是焊接技术要求高。板壳式换热器常用于加热、冷却、蒸发、冷凝等过程。

（6）伞板式换热器

伞板式换热器是中国独创的新型高效换热器，由板式换热器演变而来。伞板式换热器由伞形传热板片、异形垫片、端盖和进出口接管等组成。它以伞形板片代替平板片，从而使制造工艺大为简化，成本降低。伞形板式结构稳定，板片间容易密封。蜂螺型伞板式换热器工作原理如图 6-16 所示。该设备的螺旋流道内具有湍流花纹，增加了流体的扰动程度，因而提高了传热效率。伞板式换热器具有结构紧凑、传热效率高、便于拆洗等优点。但由于设备的流道较小，容易堵塞，不宜处理较脏的介质，目前一般只适用于液 - 液、液 - 蒸汽换热，处理量小，工作压力及工作温度较低的场合。

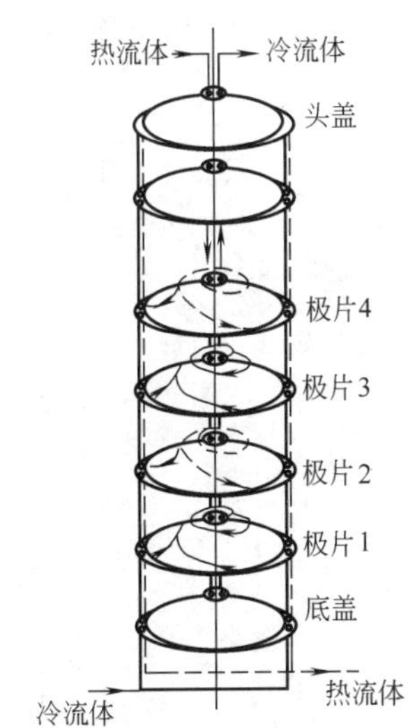

图 6-16 蜂螺型伞板式换热器工作原理

6.1.2.2.3 其他形式换热器

这类换热器是指一些具有特殊结构的换热器，一般是为满足工艺

特殊要求而设计的，如石墨换热器、聚四氟乙烯换热器等特殊材料换热器，热管换热器以及流化床换热器。

（1）石墨换热器

它是一种用不渗透性石墨制造的换热器。由于石墨具有优良的物理性能和化学稳定性，除了强氧化性酸以外，几乎可以处理一切酸、碱、无机盐溶液和有机物。石墨的线膨胀系数小、导热系数高，不易结垢，因而石墨换热器具有良好的耐腐蚀性和传热性能，将它用于腐蚀性强的液体和气体场合，最能发挥它的优越性。但由于石墨的抗拉和抗弯强度较低，易脆裂，在结构设计中应尽量采用实体块，以避免石墨件受拉伸和弯曲。同时，应在受压缩的条件下装配石墨件，以充分发挥它抗压强度高的特点。此外，换热器的通道走向必须符合石墨的各向异性所带来的最佳导热方向。根据这些情况，石墨换热器有管壳式、块孔式和板式等多种形式，其中尤以管壳式和块孔式更为目前所广泛采用。

（2）聚四氟乙烯换热器

它是最近十余年所发展起来的一种新型耐腐蚀的换热器。主要的结构形式有管壳式和沉浸式两种。由于聚四氟乙烯耐腐蚀、能制成小口径薄壁软管，因而可使换热器具有结构紧凑、耐腐蚀等优点。其主要缺点是机械强度和导热性能较差，故使用温度一般不超过 150℃，使用压力不超过 1.5MPa。

（3）热管换热器

热管换热器由壳体、热管和隔板组成。热管作为主要传热元件，是一种具有高导热性能的新型传热元件。如图 6-17 所示，热管是一根密闭的金属管子，管子内部有用特定材料制的多孔毛细结构和载热介质。当管子在加热区加热时，介质从毛细结构中蒸发出来，带着所吸取的潜热，通过输送区沿温度降低的方向流动，在冷凝区遇到冷表面后冷凝，并放出潜热，冷凝后的载热介质通过它在毛细结构中的表面张力作用，重新返回加热区，如此往复循环，连续不断地把热端的热量传送到冷端。

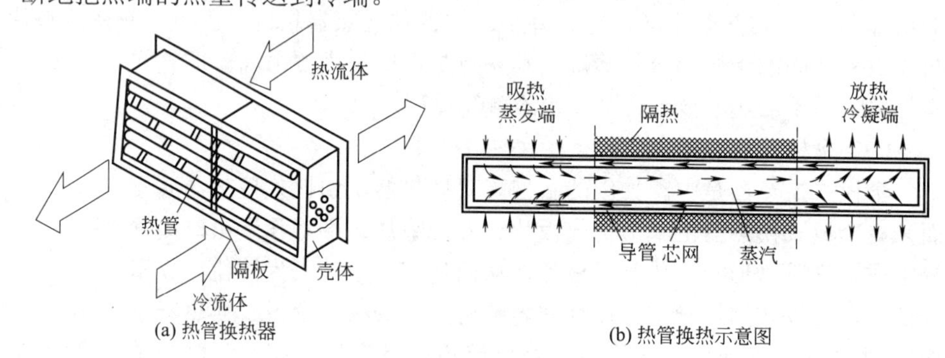

(a) 热管换热器 (b) 热管换热示意图

图 6-17 热管换热器

热管换热器的主要特点是结构简单、重量轻、经济耐用；在极小的温差下，具有极高的传热能力；通过材料的适当选择和组合，可用于大幅度的温度范围，如从 −200～2000℃的温度范围内均可应用；且一般没有运动部件，操作无声，不需要维护，寿命长；输热效率高，其效率可达到 90%。

热管换热器结构形式复杂多变，用途广泛，如用作传送热量、保持恒温、当作热流阀和热流转换器等，特别适用于工业尾气余热回收的换热设备。

（4）流化床换热器

流化床换热器是基于流化床热交换理论所研究的一种新型换热器，此种换热器特别适用于烟气中粉尘较多且为气 - 液换热的余热回收，主要由布风板（多孔板）、砂床、换热管和壳体组成，如图 6-18 所示。换热器内部的热交换过程一般由以下几个过程组成：固体粒子与流化介质之间的传热，包括乳化相内气体与固体粒子之间的传热和气泡与固体粒子之间的传热；流化床与壁面和埋入换热器中的换热管道之间的传热；固体粒子内部的传热以及换热管与液体介质之间的传热等。

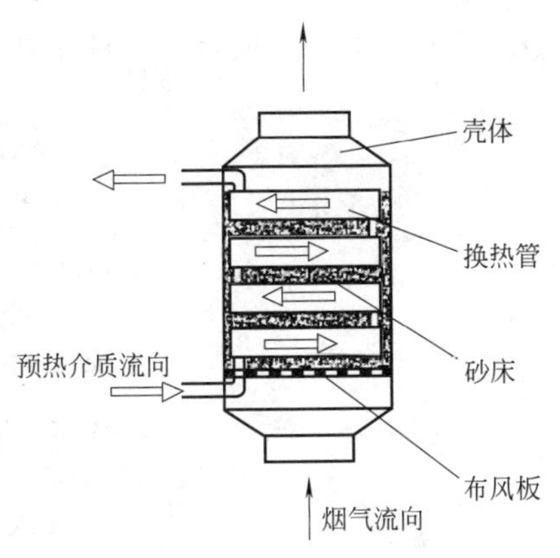

图 6-18 流化床换热器

在流化床换热器中，流动着的粒子可以破坏气体边界层，直接将热量传给传热面，且“流动”着的粒子可以“清洗”换热面，因此它的综合传热系数较高，所需的传热面积比通常的换热器要小许多。其内部温度十分均匀，不会造成局部过热现象，而且其传热系数非常高，壁面温度较低。这种换热器适应工况能力强，不易产生低温腐蚀和烟灰堵塞，但由于气流的方向受限制，烟气只能自下而上垂直通过床层，换热器阻力较大。

6.1.3 换热器选型

换热设备有多种多样的形式，每种结构形式的换热设备都有其本身的结构特点和工作特性。有些结构形式，在某种情况下使用是好的，但是，在另外的情况下，却不太合适，或根本不能使用。只有熟悉和掌握这些特点，并根据生产工艺的具体情况，才能进行合理的选型和正确的设计。

换热器选型时需要考虑的因素很多，主要包括流体的性质、压力、温度、压降及其可允许范围；对清洗、维修的要求；材料价格及制造成本；动力消耗费；现场安装和检修的方便程度；壁面工作温度；使用寿命和可靠性等。

要使一台换热器完全满足上述全部条件几乎是不可能的。一般情况下，在满足生产工艺条件的前提下，仅考虑一个或几个相对重要的影响因素就可以进行选型了。其基本的选择标准为：

ⅰ. 所选换热器必须满足工艺过程要求，流体经过换热器换热以后必须能够以要求的参数进入下个工艺流程；

ⅱ. 换热器本身必须能够在所要求的工程实际环境下正常工作，换热器需要能够抗工程环境和介质的腐蚀，并且具有合理的抗结垢性能；

ⅲ. 换热器应容易维护，这就要求换热器容易清理，对于容易发生腐蚀、振动等破坏的元件应易于更换，换热器应满足工程实际场地的要求；

ⅳ. 换热器在选用时应综合考虑安装费用、维护费用等，使换热器尽可能地经济；

ⅴ. 选用换热器时要根据场地的限制考虑换热器的直径、长度、重量和换热管结构等。

流体的种类、热导率、黏度等物理性质，以及腐蚀性、热敏性等化学性质，对换热器选型有很大的影响。例如冷却湿氯气时，湿氯气的强腐蚀性决定了设备必须选用聚四氟乙烯等耐腐蚀材料，限制了可能采用的结构范围。对于处理热敏性流体的换热器，要求能有效地控制加热过程中的温度和停留时间。对于易结垢的流体，应选用易清洗的换热器。

换热介质的压力、温度等参数对选型也有影响。如在高温和高压条件下操作的大型换热器，需要承受高温、高压，可选用管壳式换热器。若操作温度和压力都不高，处理的量又不大，处理的物料具有腐蚀性，可选用板面式换热器。

在换热器选型时，还应考虑材料的价格、制造成本、动力消耗费用和使用寿命等因素，力求使换热器在整个使用寿命内最经济地运行。

6.1.4 换热器相关技术发展动向

换热器相关技术的发展主要表现在以下几个方面。

① 防腐技术的应用　近年来，在换热器防腐蚀领域的研究和设计方面取得了较为显著的成果，如阳极保护技术的开发和新型防腐蚀材料的应用等。

② 大型化与微小型化并重　随着成套装置的大型化，换热器向大型化发展，同时由于微电子、航空航天、医疗、化学生物工程、材料科学等场合的特殊要求而向微小型化发展。大型化换热器直径超过5m。微小型换热器与普通换热器相比，其主要特点在于单位体积内的传热面积很大，比普通换热器要高1～2个数量级。

③ 强化技术　各种新型、高效换热器逐步取代现有常规产品。电场动力效应强化传热技术、添加物强化沸腾传热技术、通入惰性气体强化传热技术、滴状冷凝技术、微生物传热技术、磁场动力传热技术、纳米流体传热技术等将得到研究和发展。

④ 抗振技术　由于工业生产规模的日益增大，换热器的尺寸也越来越大，因流体诱导振动所造成的破坏事故显著增多。目前，已出现多种应用新型壳程支撑结构和其他的抗振方法的新型换热器，它们在工业生产中获得广泛应用，大大延长了换热器的使用寿命。

⑤ 防结垢技术　结垢不仅造成换热器传热效率的降低和输送动力的增加，而且大大减少有效传热面积和增大材料的浪费，甚至于使换热器发生堵塞失效。随着结垢机理的研究，防止结垢的方法也获得了发展，如采用表面涂层或特殊表面形状、管内弹簧插入物或清洗球等在线除垢，声波除垢，使用除垢剂以及改变流道结构等技术方法均得到了一定的工业运用。

⑥ 先进制造技术　制造技术的进步主要表现在各种强化管加工工艺的日渐成熟和新材料焊接工艺水平的提高。许多新材料在换热器设计中的应用带来了焊接工艺的进步，进一步推动了新型材料换热器的发展。

⑦ 研究手段　随着计算流体力学（CFD）的发展和计算机软硬件技术的飞速进步，以及大型商业化CFD软件的日渐成熟，通过计算机程序来对复杂的流体流动现象进行数值模拟和仿真已成可能。当前用CFD方法对换热器进行数值模拟已成为新型换热器开发研究的一种重要手段，CFD方法已成为性能检验和性能评价的有效方法之一。

随着工业中经济效益与社会中环境保护的要求，制造水平的不断提高，新能源的逐渐开发，研究手段的日益发展，各种新思路与新结构的涌现，换热器将朝着更高效、经济、环保的方向发展。

6.2 管壳式换热器

管壳式换热器具有可靠性高、适应性广等优点，在各工业领域中得到最为广泛的应用。近年来，尽管受到了其他新型换热器的挑战，但反过来也促进了其自身的发展。在换热器向高参数、大型化发展的今天，管壳式换热器仍占主导地位。

6.2.1 基本类型

根据管壳式换热器的结构特点，可分为固定管板式、浮头式、U 形管式、填料函式换热器和釜式重沸器五类，如图 6-19 所示。

（1）固定管板式换热器

固定管板式换热器的典型结构如图 6-19（a）所示，管束连接在管板上，管板与壳体焊接。其优点是结构简单、紧凑，能承受较高的压力，造价低，管程清洗方便，管子损坏时易于堵管或更换；缺点是当管束与壳体的壁温或材料的线膨胀系数相差较大时，壳体和管束中将产生较大的热应力。这种换热器适用于壳侧介质清洁且不易结垢并能进行清洗，管、壳程两侧温差不大或温差较大但壳侧压力不高的场合。

为减少热应力，通常在固定管板式换热器中设置柔性元件（如膨胀节、挠性管板等），来吸收热膨胀差。

（2）浮头式换热器

浮头式换热器的典型结构见图 6-19（b），两端管板中只有一端与壳体固定，另一端可相对壳体自由移动，称为浮头。浮头由浮动管板、钩圈和浮头端盖组成，是可拆连接，管束可从壳体内抽出。管束与壳体的热变形互不约束，因而不会产生热应力。

浮头式换热器的优点是管间和管内清洗方便，不会产生热应力；但其结构复杂，造价比固定管板式换热器高，设备笨重，材料消耗量大，且浮头端小盖在操作中无法检查，制造时对密封要求较高。适用于壳体和管束之间壁温差较大或壳程介质易结垢的场合。

（3）U 形管式换热器

U 形管式换热器的典型结构如图 6-19（c）所示。这种换热器的结构特点是：只有一块管板，管束由多根 U 形管组成，管的两端固定在同一块管板上，管子可以自由伸缩。当壳体与 U 形换热管有温差时，不会产生热应力。

由于受弯管曲率半径的限制，其换热管排布较少，管束最内层管间距较大，管板的利用率较低；壳程流体易形成短路，对传热不利。当管子泄漏损坏时，只有管束外围处的 U 形管才便于更换，内层换热管坏了不能更换，只能堵死，而坏一根 U 形管相当于坏两根管，报废率较高。

U 形管式换热器结构比较简单、价格便宜，承压能力强，适用于管、壳壁温差较大或壳程介质易结垢需要清洗，又不适宜采用浮头式和固定管板式的场合。特别适用于管内走清洁而不易结垢的高温、高压、腐蚀性强的物料。

（4）填料函式换热器

填料函式换热器结构如图 6-19（d）、（e）所示。这种换热器的结构特点与浮头式换热器相类似，浮头部分露在壳体以外，在浮头与壳体的滑动接触面处采用填料函式密封结构。由于采用填料函式密封结构，使得管束在壳体轴向可以自由伸缩，不会产生壳壁与管壁热变形差而引起的热应力。其结构较浮头式换热器简单，加工制造方便，节省材料，造价比较低廉，且管束可以从壳体内抽出，管内、管间都能进行清洗，维修方便。

因填料处易产生泄漏，填料函式换热器一般适用于 4MPa 以下的工作条件，且不适用于易挥发、易燃、易爆、有毒及贵重介质，使用温度也受填料的物性限制。填料函式换热器现在已很少采用。

（5）釜式重沸器

釜式重沸器的结构如图6-19(f) 所示。这种换热器的管束可以为浮头式、U 形管式和固定管板式结构，所以它具有浮头式、U 形管式换热器的特性。在结构上与其他换热器不同之处在于壳体上部设置一个蒸发空间，蒸发空间的大小由产气量和所要求的蒸气品质所决定。产气量大、蒸气品质要求高者蒸发空间大，否则可以小些。

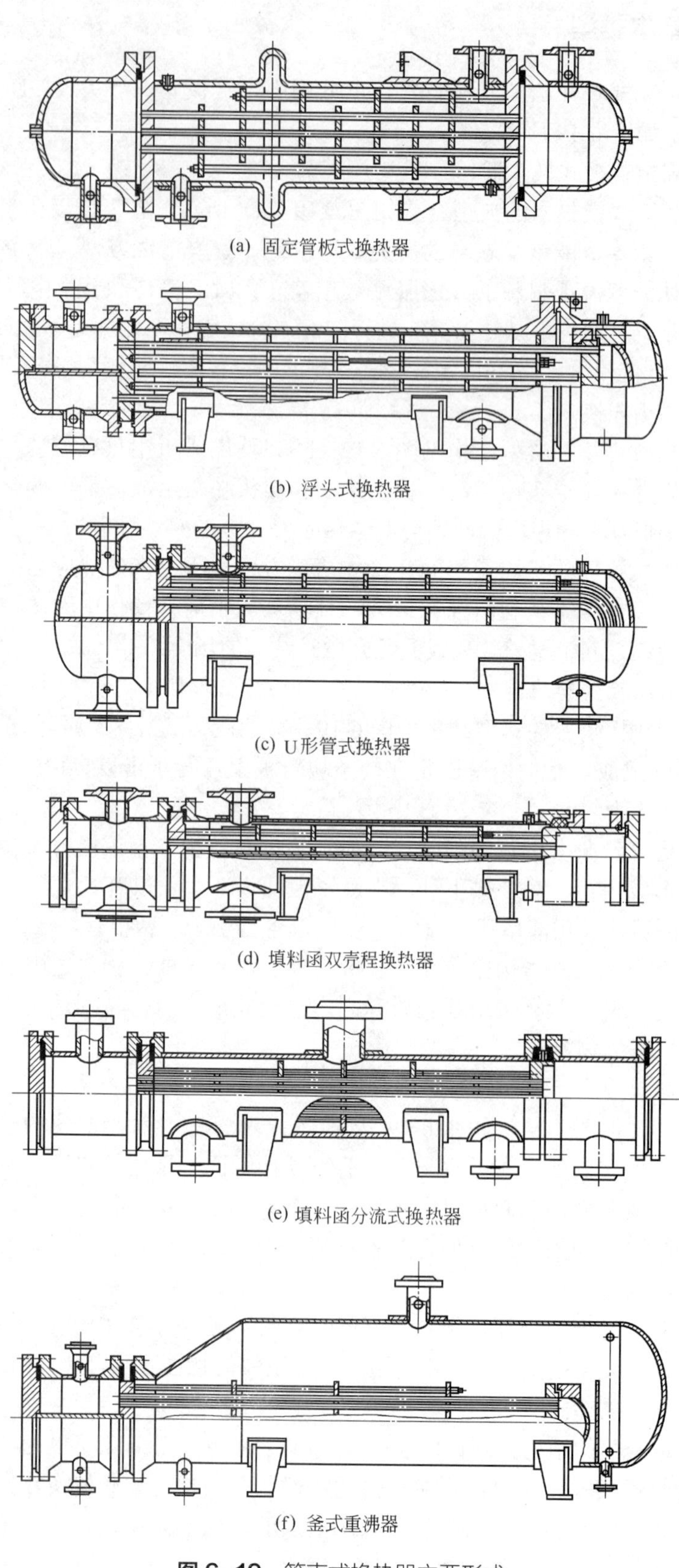

(a) 固定管板式换热器

(b) 浮头式换热器

(c) U形管式换热器

(d) 填料函双壳程换热器

(e) 填料函分流式换热器

(f) 釜式重沸器

图 6-19 管壳式换热器主要形式

此种换热器与浮头式、U 形管式换热器一样，清洗维修方便，可处理不清洁、易结垢的介质，并能承受高温、高压。

6.2.2 管壳式换热器结构

流体流经换热管内的通道及与其相贯通部分称为管程；流体流经换热管外的通道及与其相贯通部分称为壳程。

管壳式换热器的主要组合部件有前端管箱、壳体和后端结构（包括管束）三部分，GB/T 151《热交换器》中，分别用字母来表示，详细分类及代号如表 6-1 所示。换热器的名称是三个字母的组合，如 AES，表示一端是平盖，一端是浮头，中间是单程壳体的换热器。GB/T 151 给出了 7 种主要的壳体类型、5 种前端管箱类型和 8 种后端结构类型。

表6-1 主要部件的分类及代号

前端管箱结构		壳体类型		后端结构类型	
A	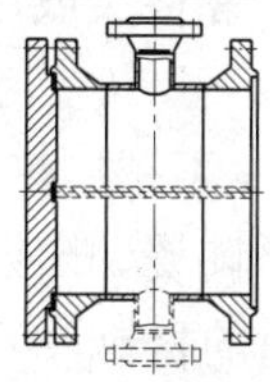 平盖管箱	E	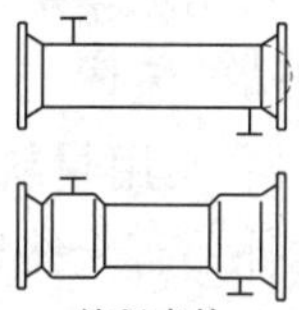 单程壳体	L	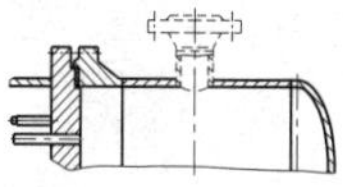 固定管板与A相似的结构
B	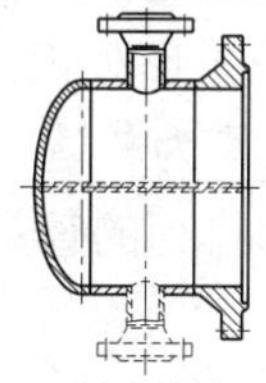 封头管箱	F	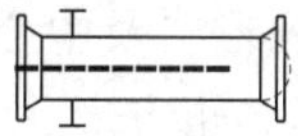 带纵向隔板的双程壳体	M	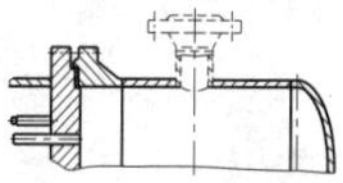 固定管板与B相似的结构
C	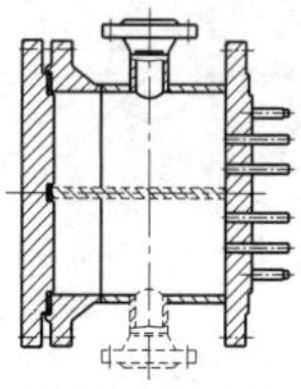 可拆管束与管板制成一体的管箱	G	 分流壳体	N	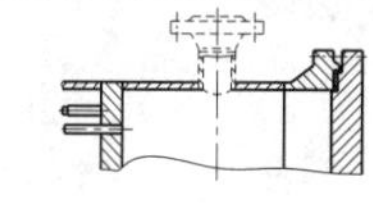 固定管板与N相似的结构
N	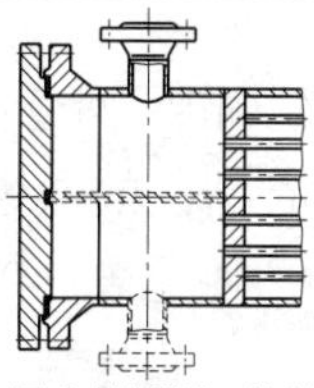 与固定管板制一体的管箱	H	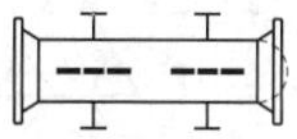 双分流壳体	P	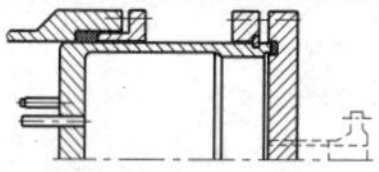 外填料函式浮头
D	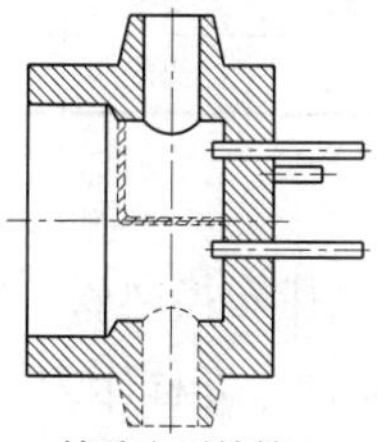 特殊高压管箱	J	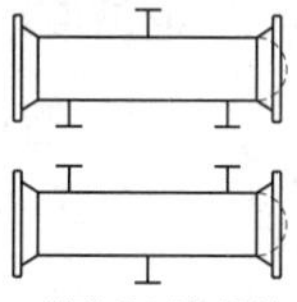 无隔板分流壳体	S	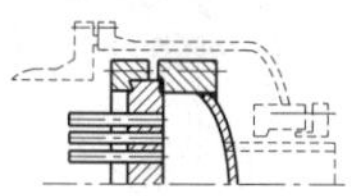 钩圈式浮头
		K	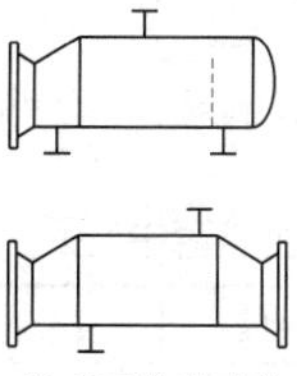 斧式重沸器壳体	T	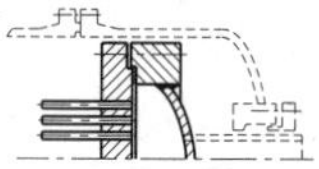 可抽式浮头
		X	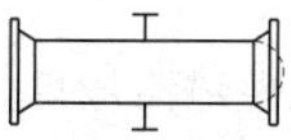 穿流壳体	U	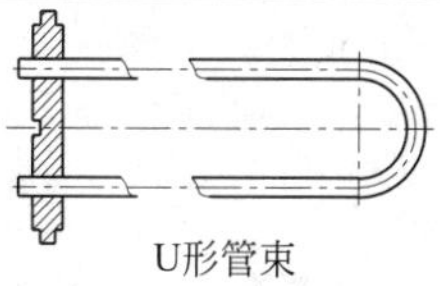 U形管束
				W	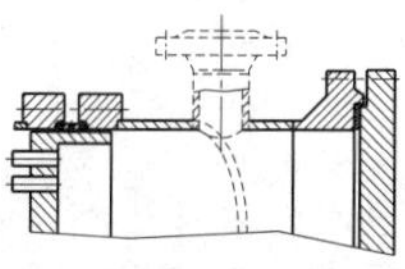 带套环填料函式浮头

6.2.2.1 管程结构

（1）换热管

① 换热管形式　除光管外，换热管还可采用各种各样的强化传热管，如翅片管、螺旋槽管、螺纹管等。当管内外两侧传热系数相差较大时，翅片管的翅片应布置在传热系数低的一侧。

② 换热管尺寸　换热管常用的尺寸（外径×壁厚）主要为ϕ19mm×2mm、ϕ25mm×2.5mm和ϕ38mm×2.5mm的无缝钢管以及ϕ25mm×2mm和ϕ38mm×2.5mm的不锈钢管。标准管长有1.5m、2.0m、3.0m、4.5m、6.0m、9.0m等。采用小管径，可使单位体积的传热面积增大、结构紧凑、金属耗量减少、传热系数提高。据估算，将同直径换热器的换热管由ϕ25mm改为ϕ19mm，其传热面积可增加40%左右，节约金属20%以上。但小管径流体阻力大，不便清洗，易结垢堵塞。一般大直径管子用于黏性大或污浊的流体，小直径管子用于较清洁的流体。

③ 换热管材料　常用材料有碳素钢、低合金钢、不锈钢、铜、铜镍合金、铝合金、钛等。此外还有一些非金属材料，如石墨、陶瓷、聚四氟乙烯等。设计时应根据工作压力、温度和介质腐蚀性等选用合适的材料。

④ 换热管排列形式及中心距　如图6-20所示，换热管在管板上的排列形式主要有正三角形、正方形、转角正三角形和转角正方形。正三角形排列形式可以在同样的管板面积上排列最多的管数，故用得最为普遍，但管外不易清洗。为便于管外清洗，可以采用正方形或转角正方形排列的管束。

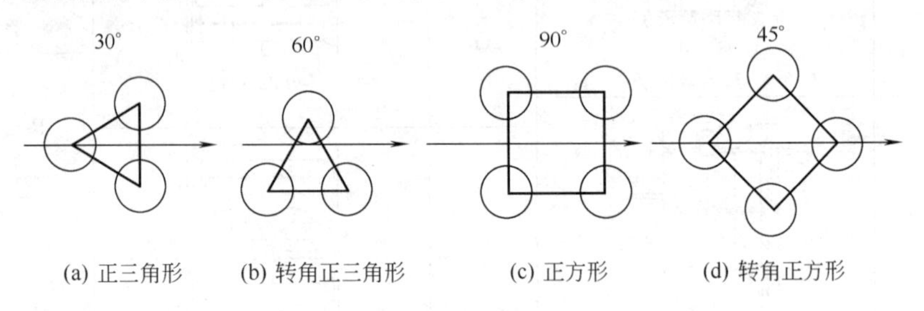

图6-20　换热管排列形式

注：流向垂直于折流板缺口

换热管中心距要保证管子与管板连接时，管桥（相邻两管间的净空距离）有足够的强度和宽度。管间需要清洗时还要留有进行清洗的通道。换热管中心距宜不小于1.25倍的换热管外径，常用的换热管中心距见表6-2。

表6-2　常用的换热管中心距　mm

换热管外径 d_o	12	14	19	25	32	38	45	57
换热管中心距	16	19	25	32	40	48	57	72

（2）管板

管板是管壳式换热器最重要的零部件之一，用来排布换热管，将管程和壳程的流体分隔开来，避免冷、热流体混合，并同时受管程、壳程压力和温度的作用。

① 管板材料　在选择管板材料时，除力学性能外，还应考虑管程和壳程流体的腐蚀性，以及管板和换热管之间的电位差对腐蚀的影响。当流体无腐蚀性或有轻微腐蚀性时，管板一般采用压力容器用碳素钢或低合金钢板或锻件制造。

当流体腐蚀性较强时，管板应采用不锈钢、铜、铝、钛等耐腐蚀材料。但对于较厚的管板，若整体采用价格昂贵的耐腐蚀材料，则造价很高。例如，在高温、高压换热器中，管板厚达300mm以上，有的甚至达到500mm。为节约耐腐蚀材料，工程上常采用不锈钢+钢、钛+钢、铜+钢等复合板，或堆焊衬里。

② 管板结构　当换热器承受高温、高压时，高温和高压对管板的要求是矛盾的。增大管板厚度，可以提高承压能力，但当管板两侧流体温差很大时，管板内部沿厚度方向的热应力增大；减薄管板厚度，可以降低热应力，但承压能力降低。此外，在开车、停车时，由于厚管板的温度变化慢，换热管的温度变化快，在换热管和管板连接处会产生较大的热应力。当迅速停车或进气温度突然变化时，热应力往往会导致管板和换热管在连接处发生破坏。因此，在满足强度的前提下，应尽量减少管板厚度。

薄管板顾名思义是指相对于采用标准、规范（如GB/T 151《热交换器》、美国管式换热器制造商协会标准TEMA）计算所得的管板厚度要薄得多的管板，一般厚度为8～20mm。

目前薄管板主要有平面形、椭圆形、碟形、球形、挠性薄管板等形式，最为常用的是平面形薄管板。

图6-21所示为用于固定管板式换热器中的薄管板的四种结构形式。其中图6-21（a）中的薄管板贴于法兰表面上，当管程通过的是腐蚀性介质时，由于密封槽开在管板上，法兰不与管程介质接触，不必采用耐腐蚀材料。图6-21（b）中的薄管板嵌入法兰内，并将表面车平。在这种结构中，不论管程或壳程有腐蚀性介质，法兰都会与腐蚀性介质接触，因此需采用耐腐蚀材料，而且管板受法兰力矩的影响较大。图6-21（c）中，薄管板在法兰下面且与筒体焊接。当壳程通入腐蚀性介质时，法兰可不与腐蚀性介质接触，不必采用耐腐蚀材料，而且管板离开了法兰，减小了法兰力矩和变形对管板的影响，从而降低了管板因法兰力矩引起的应力，同时管板与刚度较小的筒体连接，也降低了管板的边缘应力，因此这是一种较好的结构。图6-21（d）为挠性薄管板结构。由于管板与壳体之间有一个圆弧过渡连接，并且很薄，所以管板具有一定弹性，可补偿管束与壳体之间的热膨胀，且过渡圆弧还可以减少管板边缘的应力集中，同时该种管板也没有法兰力矩的影响。当壳程流体通入腐蚀性介质时，法兰不会受到腐蚀，但是挠性薄管板结构加工比较复杂。

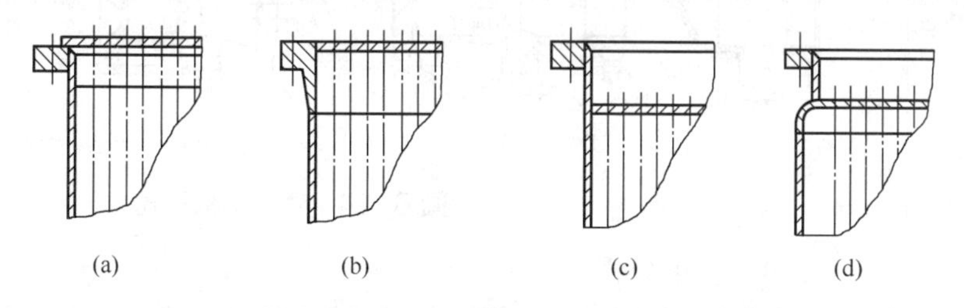

图6-21　薄管板结构形式

图6-22所示为椭圆形管板。所谓椭圆形管板，是以椭圆形封头作为管板，与换热器壳体焊接在一起。椭圆形管板的受力情况比平管板好得多，所以可以做得很薄，有利于降低热应力，故适用于高压、大直径的换热器。

当要求严格禁止管程与壳程中的介质互相混合时，可采用双管板结构（如图6-23所示）。在双管板结构中，管子分别固定在两块管板上，两块管板保持一定距离。如果管子与管板连接处有少量流体漏出，可让其从两管板之间的空隙泄放至外界。也可利用一薄壁圆筒（短节）将此空隙封闭起来，充入惰性介质，使其压力高于管程和壳程的压力，达到避免两种介质混合的目的。

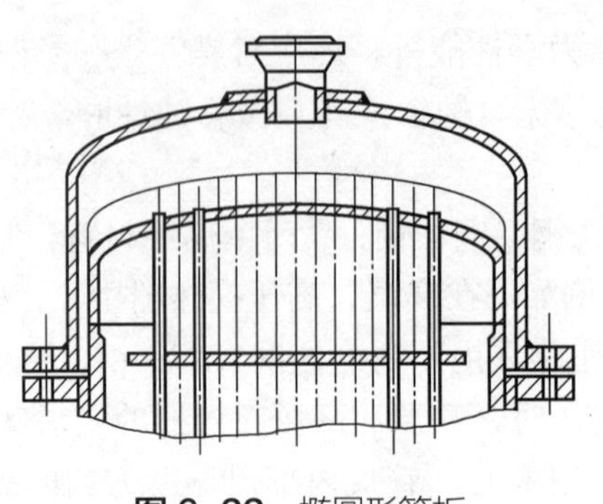

图 6-22　椭圆形管板

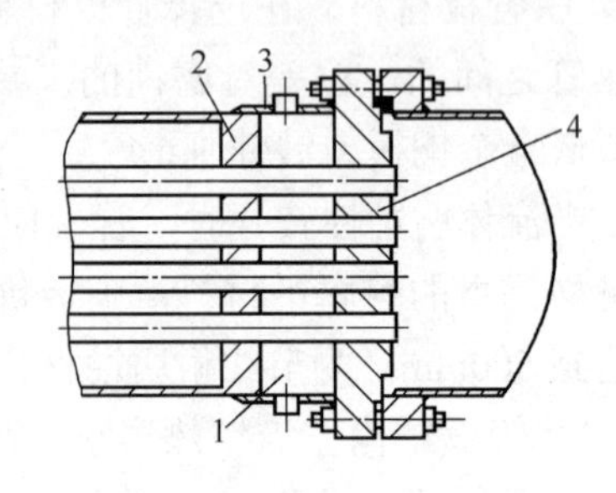

图 6-23　双管板结构

1—空隙；2—壳程管板；3—短节；4—管程管板

（3）管箱

壳体直径较大的换热器大多采用管箱结构。管箱位于管壳式换热器的两端，管箱的作用是把从管道输送来的流体均匀地分布到各换热管和把管内流体汇集在一起送出换热器。在多管程换热器中，管箱还起改变流体流向的作用。

管箱的结构形式主要根据换热器是否需要清洗或管束是否需要分程等因素来决定。图 6-24 为管箱的几种结构形式。图 6-24（a）的管箱结构适用于较清洁的介质情况。因为在检查及清洗管子时，必须将连接管道一起拆下，很不方便。图 6-24（b）为在管箱上装箱盖，将盖拆除后（不需拆除连接管），就可检查及清洗管子，但其缺点是用材较多。图 6-24（c）形式是将管箱与管板焊成一体，从结构上看，可以完全避免在管板密封处的泄漏，但管箱不能单独拆下，检修、清理不方便，所以在实际使用中很少采用。图 6-24（d）为一种多程隔板的安置形式。

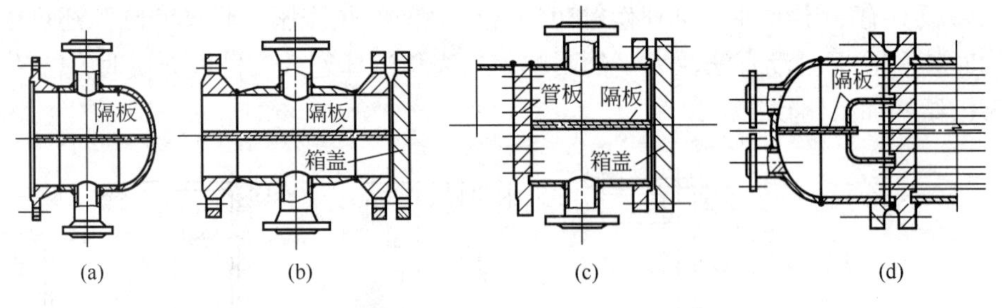

图 6-24　管箱结构形式

（4）管束分程

在管内流动的流体从管子的一端流到另一端，称为一个管程。在管壳式换热器中，最简单最常用的是单管程的换热器。如果根据换热器工艺设计要求，需要加大换热面积时，可以采用增加管长或者管数的方法。前者受到加工、运输、安装以及维修等方面的限制，故经常采用后一种方法。增加管数可以增加换热面积，但介质在管束中的流速随着换热管数的增多而下降，结果反而使流体的传热系数降低，故不能仅采用增加换热管数的方法来达到提高传热系数的目的。为解决这个问题，使流体在管束中保持较大流速，可将管束分成若干程数，使流体依次流过各程管子，以增加流体速度，提高传热系数。管束分程可采用多种不同的组合方式，每一程中的管数应大致相等，且程与程之间温度相差不宜过大，温差以不超过 20℃左右为宜，否则在管束与管板中将产生很大的热应力。

表 6-3 列出了 1～6 程的几种管束分程布置形式。从制造、安装、操作等角度考虑，偶数管程更加方便，最常用的程数为 2、4、6。

表6-3 管束分程布置图

管程数	1	2	4			6	
流动方向		1 2	1 2 3 4	1 2 4 3	1 2 3 4	2 3 5 4 6	2 1 3 4 6 5
前端管箱隔板（介质进口侧）							
后端管箱隔板（介质返回侧）							

对于 4 程的分法，有平行和工字形两种。一般为了接管方便，选用平行分法较合适，同时平行分法亦可使管箱内残液放尽。工字形排列法的优点是比平行法密封线短，且可排列更多的管子。

（5）换热管与管板连接

换热管与管板连接是管壳式换热器设计、制造最关键的技术之一，是换热器事故率最多的部位。所以换热管与管板连接质量的好坏，直接影响换热器的使用寿命。

换热管与管板的连接方法主要有强度胀接、强度焊和胀焊并用。

① 强度胀接　是指换热管与管板的胀接连接强度满足换热管轴向（拉或压）机械和温差载荷设计要求并保证密封性能的胀接。常用的胀接有非均匀胀接（机械滚珠胀接）和均匀胀接（液压胀接、液袋胀接、橡胶胀接和爆炸胀接等）两大类。强度胀接的结构形式和尺寸见图 6-25。图中 l_1 为换热管伸出管板的长度，K 为槽深，它们随换热管外径的大小而改变；l 为最小胀接长度，其值与管板名义厚度有关。

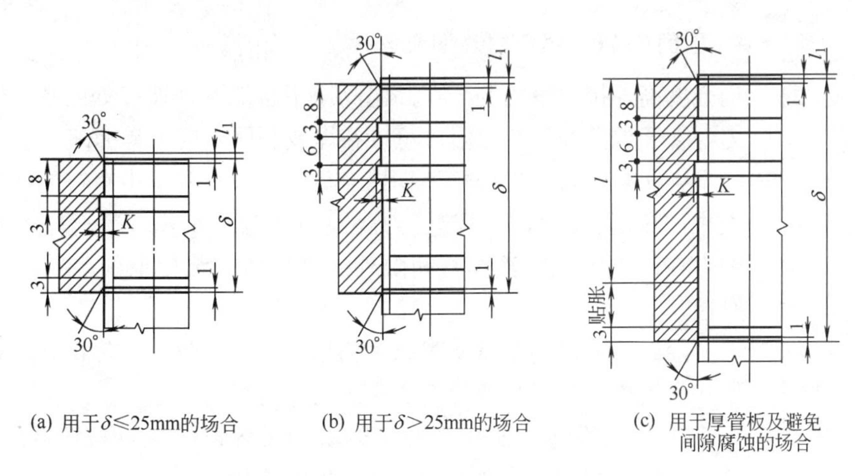

(a) 用于δ≤25mm的场合　(b) 用于δ>25mm的场合　(c) 用于厚管板及避免间隙腐蚀的场合

图6-25 强度胀接管孔结构

机械滚珠胀接为最早的胀接方法，目前仍在大量使用。它利用滚胀管伸入插在管板孔中的管子的端部，旋转胀管器使管子直径增大并产生塑性变形，而管板只产生弹性变形。取出胀管器后，管板弹性恢复，使管板与管子间产生一定的挤压力而贴合在一起，从而达到紧固与密封的目的。

液压胀接与液袋胀接的基本原理相同，都是利用液体压力使换热管产生塑性变形。橡胶胀接是利用

机械压力使特种橡胶长度缩短，直径增大，从而带动换热管扩张达到胀接的目的。爆炸胀接是利用炸药在换热管内有效长度内爆炸，使换热管贴紧管板孔而达到胀接目的。这些胀接方法具有生产率高，劳动强度低，密封性能好等特点。

强度胀接主要适用于设计压力小于等于 4.0MPa；设计温度小于等于 300℃；操作中无剧烈振动、无过大温度波动及无明显应力腐蚀等场合。

强度胀接还需换热管材料的硬度低于管板的硬度，且由下式得到的以管壁减薄率计算的胀度 k 应满足根据换热管材料确定的相关要求，或通过胀接工艺试验确定的合适条件

$$k=\frac{d_2-d_1-b}{2\delta}\times 100\%$$

式中　d_1——换热管胀前内径；

d_2——换热管胀后内径；

b——换热管与管板管孔的径向间隙（管孔直径与换热管的外径之差）；

δ——换热管壁厚。

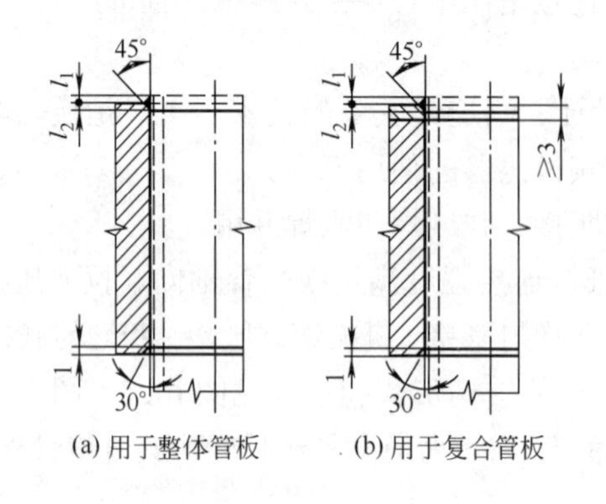

(a) 用于整体管板　(b) 用于复合管板

图 6-26　强度焊接管孔结构

② 强度焊　是指换热管与管板的焊接连接强度满足换热管轴向（拉或压）机械和温差载荷设计要求并保证密封性能的焊接。强度焊的结构形式见图 6-26。图中 l_1 为换热管最小伸出长度，l_2 为最小坡口深度，其值与换热管规格有关。此法目前应用较为广泛。由于管孔不需要开槽，且对管孔的粗糙度要求不高，管子端部不需要退火和磨光，因此制造加工简单。焊接结构强度高，抗拉脱力强。在高温高压下也能保证连接处的密封性能和抗拉脱能力。管子焊接处如有渗漏，可以补焊或利用专用工具拆卸后予以更换。

当换热管与管板连接处焊接之后，管板与管子中存在的残余热应力与应力集中，在运行时可能引起应力腐蚀与疲劳。此外，管子与管板孔之间的间隙中存在的不流动的液体与间隙外的液体有着浓度上的差别，还容易产生间隙腐蚀。

除有较大振动及有间隙腐蚀的场合，只要材料可焊性好，强度焊可用于其他任何场合。管子与薄管板的连接应采用焊接方法。

③ 胀焊并用　胀接与焊接方法都有各自的优点与缺点，在有些情况下，例如高温、高压，换热器管子与管板的连接处，在操作中受到反复热变形、热冲击、腐蚀及介质压力的作用，工作环境极其苛刻，很容易发生破坏，无论单独采用焊接或是胀接都难以解决问题。如果采用胀焊并用的方法，不仅能改善连接处的抗疲劳性能，而且还可消除应力腐蚀和间隙腐蚀，提高使用寿命。因此目前胀焊并用方法已得到比较广泛的应用。

胀焊并用的方法，从加工工艺过程来看，主要有强度胀 + 密封焊、强度

焊＋贴胀、强度焊＋强度胀等几种形式。这里所说的“密封焊”是指保证换热管与管板连接密封性能的焊接，不保证强度；“贴胀”是指为消除换热管与管孔间的间隙，并不承担拉脱力的轻度胀接。如强度胀与密封焊相结合，则胀接承受拉脱力，焊接保证紧密性。如强度焊与贴胀相结合，则焊接承受拉脱力，胀接消除管子与管板间的间隙。至于胀、焊的先后顺序，虽无统一规定，但一般认为以先焊后胀为宜。因为当采用胀管器胀管时需用润滑油，胀后难以洗净，在焊接时存在于缝隙中的油污在高温下生成气体从焊面逸出，导致焊缝产生气孔，严重影响焊缝的质量。

胀焊并用主要用于密封性能要求较高；承受振动或循环载荷；有间隙腐蚀倾向；采用复合管板的场合。

6.2.2.2 壳程结构

壳程主要由壳体、折流板或折流杆、支持板、纵向隔板、拉杆、防冲挡板、防短路结构等元件组成。

（1）壳体

壳体一般是一个圆筒，在壳壁上焊有接管，供壳程流体进入和排出之用。为防止进口流体直接冲击管束而造成管子的侵蚀和振动，在壳程进口接管处常装有防冲挡板，或称缓冲板。当壳体法兰采用高颈法兰或壳程进出口接管直径较大或采用活动管板时，壳程进出口接管距管板较远，流体停滞区过大，靠近两端管板的传热面积利用率很低。为克服这一缺点，可采用导流筒结构。导流筒除可减小流体停滞区，改善两端流体的分布，增加换热管的有效换热长度，提高传热效率外，还起防冲挡板的作用，保护管束免受冲击。

（2）折流板

设置折流板的目的是为了提高壳程流体的流速，增加湍动程度，并使壳程流体垂直冲刷管束，以改善传热，增大壳程流体的传热系数，同时减少结垢。在卧式换热器中，折流板还起支承管束的作用。当工艺上无折流板要求，而换热管又比较细长，且浮头式换热器的浮头端重量较重或 U 形管换热器的管束较长时，则应考虑设置支持板，以起到防止换热管变形的目的。

常用的折流板形式有弓形和圆盘 - 圆环形两种。其中弓形折流板有单弓形、双弓形和三弓形三种，各种形式的折流板如图 6-27 所示。根据需要也可采用其他形式的折流板与支持板，如堰形折流板。

弓形折流板缺口高度应使流体通过缺口时与横向流过管束时的流速相近。缺口大小用切去的弓形弦高占壳体内直径的百分比来确定。如单弓形折流板，缺口弦高宜取 0.20～0.45 倍的壳体内直径，最常用的是 0.25 倍壳体内直径。

对于卧式换热器，壳程为单相清洁液体时，折流板缺口应水平上下布置。若气体中含有少量液体时，则在缺口朝上的折流板最低处开设通液口，见图 6-28（a)；若液体中含有少量气体，则应在缺口朝下的折流板最高处开通气口，见图 6-28（b）。卧式换热器的壳程介质为气 - 液相共存或液体中含有固体颗粒时，折流板缺口应垂直左右布置，并在折流板最低处开通液口，见图 6-28（c）。

折流板一般应按等间距布置，管束两端的折流板应尽量靠近壳程进、出口接管。折流板的最小间距宜不小于壳体内直径的 1/5，且不小于 50mm；最大间距应不大于壳体内直径。折流板上管孔与换热管之间的间隙以及折流板与壳体内壁之间的间隙应合乎要求，间隙过大，泄漏严重，对传热不利，还易引起振动；间隙过小，安装困难。

从传热角度考虑，有些换热器（如冷凝器）是不需要设置折流板的。但是为了增加换热管的刚度，防止产生过大的挠度或引起管子振动，当换热器无支承跨距超过了标准中的规定值时，必须设置一定数量的支持板，其形状与尺寸均按折流板规定来处理。

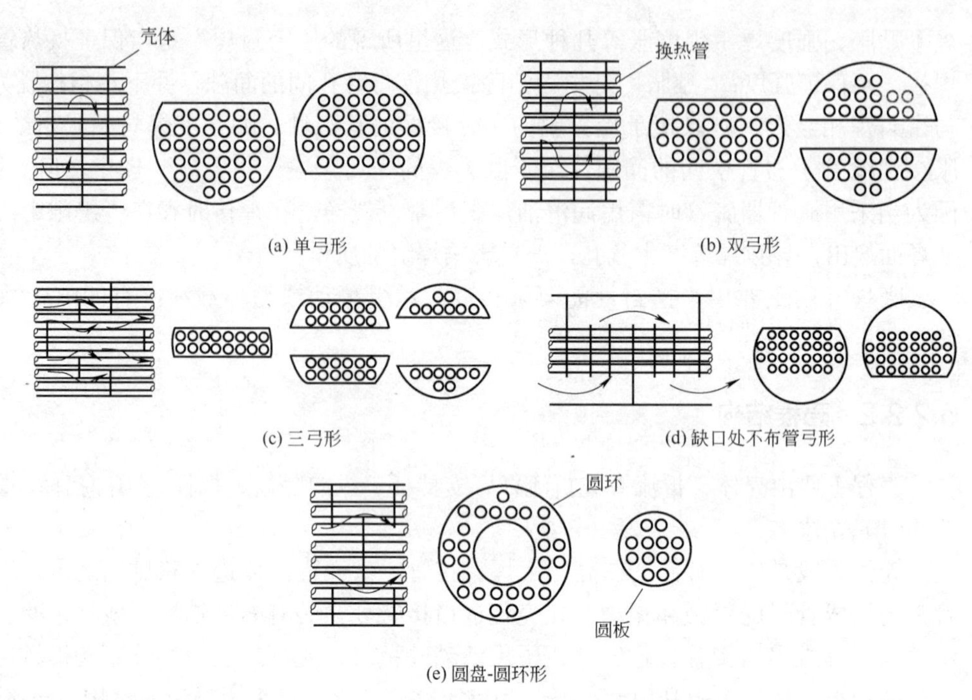

图 6-27 折流板形式

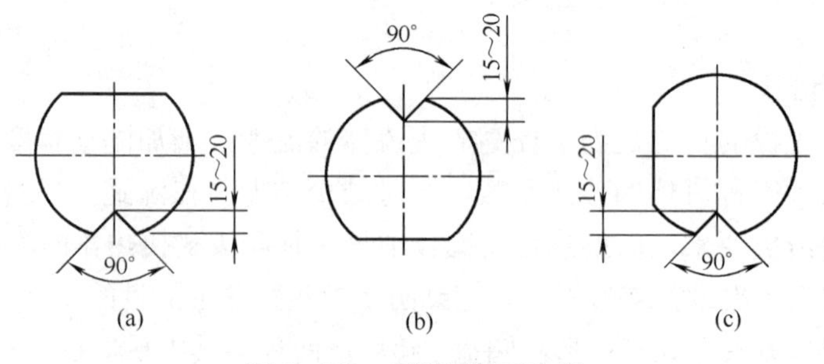

图 6-28 折流板缺口布置

折流板与支持板一般用拉杆和定距管连接在一起，如图 6-29（a）所示。当换热管外径小于或等于 14mm 时，采用折流板与拉杆点焊在一起而不用定距管，如图 6-29（b）所示。图中 d_n 为拉杆直径，d 为换热管外径。

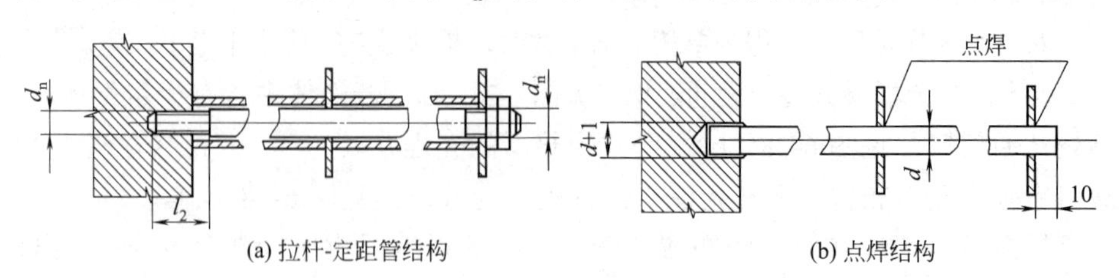

图 6-29 拉杆结构

在大直径的换热器中，如折流板的间距较大，流体绕到折流板背后接近壳体处，会有一部分流体停滞起来，形成了对传热不利的“死区”。为了消除这个弊病，宜采用多弓形折流板。如双弓形折流板，因流体分为两股流动，在折流板之间的流速相同时，其间距只有单弓形的一半。不仅减少了传热死区，而且提高了传热效率。

（3）折流杆

传统的装有折流板的管壳式换热器存在着影响传热的死区，流体阻力大，且易发生换热管振动与破坏。为了避免传统折流板换热器中换热管与折流板的切割破坏和流体诱导振动，并且强化传热提高传热效率，近年来开发了一种新型管束支承结构——折流杆支承结构。该支承结构由折流圈和焊在折流圈上的支承杆（杆可以水平、垂直或其他角度）组成。折流圈可由棒材或板材加工而成，支承杆可由圆钢或扁钢制成。一般 4 块折流圈为一组，如图 6-30 所示，也可采用 2 块折流圈为一组。支承杆的直径等于或小于管子之间的间隙。因而能牢固地将换热管支承住，提高管束的刚性。

（4）防短路结构

为了防止壳程流体流动在某些区域发生短路，降低传热效率，需要采用防短路结构。常用的防短路结构主要有旁路挡板、挡管（或称假管）、中间挡板。

① 旁路挡板　为了防止壳程边缘介质短路而降低传热效率，需增设旁路挡板，以迫使壳程流体通过管束与管程流体进行换热。旁路挡板可用钢板或扁钢制成，其厚度一般与折流板相同。旁路挡板嵌入折流板槽内，并与折流板焊接，如图 6-31 所示。通常两折流板缺口间距小于 6 个管心距时，管束外围设置一对旁路挡板；超过 6 个管心距时，每增加 5～7 个管心距增设一对旁路挡板。

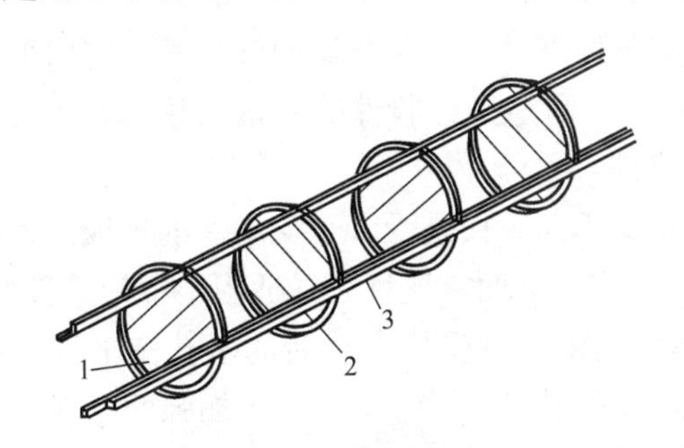

图 6-30　折流杆支承结构

1—支承杆；2—折流圈；3—滑轨

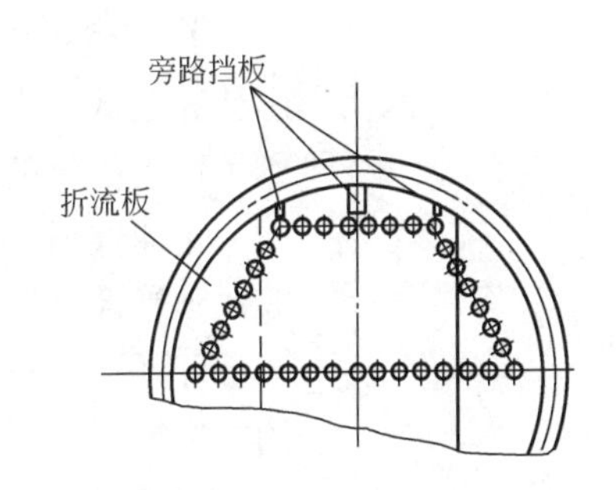

图 6-31　旁路挡板结构

② 挡管　当换热器采用多管程时，为了安排管箱分程隔板，在管中心（或在每程隔板中心的管间）不排列换热管，导致管间短路，影响传热效率。为此，在换热器分程隔板槽背面两管板之间设置两端堵死的管子，即挡管。挡管一般与换热管的规格相同，可与折流板点焊固定，也可用拉杆（带定距管或不带定距管）代替。挡管应每隔 3～4 排换热管设置一根，但不应设置在折流板缺口处。挡管伸出第一块及最后一块折流板或支持板的长度应不大于 50mm。如图 6-32 所示。

③ 中间挡板　在 U 形管式换热器中，U 形管束中心部分存在较大间隙，流体易走短路而影响传热效率。为此在 U 形管束的中间通道处设置中间挡板。中间挡板一般与折流板点焊固定，如图 6-33 所示。中间挡板应每隔 4～6 个管心距设置一个，但不应设置在折流板缺口区。

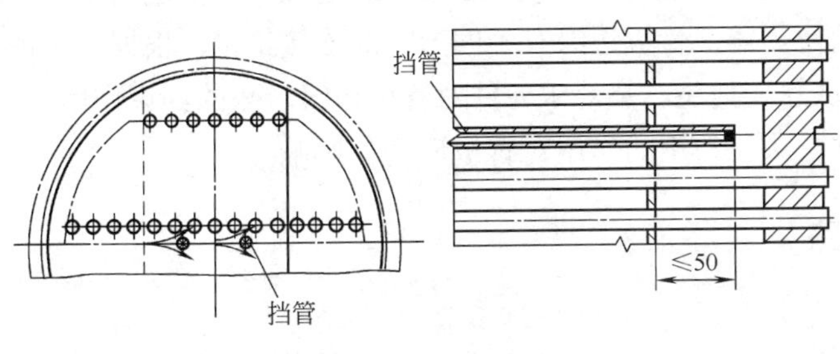

图 6-32　挡管结构

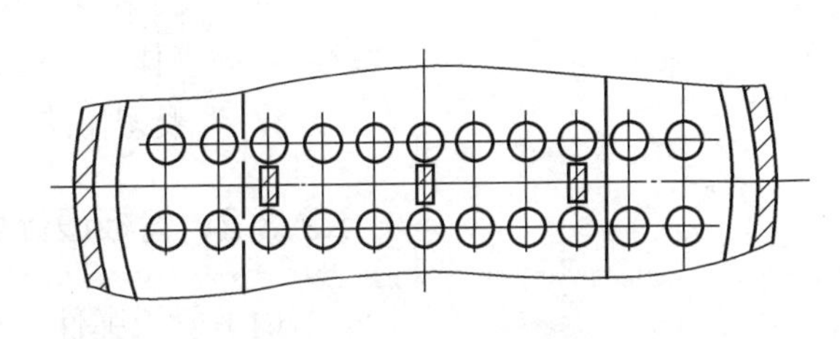

图 6-33　中间挡板

（5）壳程分程

根据工艺设计要求，或为增大壳程流体传热系数，也可将换热器壳程分为多程的结构。

6.2.3 管板设计

管板是管壳式换热器的主要部件之一，特别是在高参数、大型化的场合下，管板的材料供应、加工工艺、生产周期往往成为整台设备生产的决定性因素。管板与换热管、壳体、管箱、法兰等连接在一起构成一个复杂的弹性体系，给正确的强度分析带来一定的困难。但是管板的合理设计，对提高换热器的安全性、节约材料、降低制造成本具有重要意义。世界各主要工业国家都十分重视和寻求先进合理的管板设计方法。在许多国家的标准或规范中，如美国的 TEMA 标准、日本工业标准（JIS）、中国的 GB/T 151《热交换器》等都列入了管板的计算公式。各国的管板设计公式尽管形式各异，但其大体上均是分别在以下三种基本假设的前提下得出的。

ⅰ. 将管板看成为周边简支条件下承受均布载荷的圆平板，应用平板理论得出计算公式。考虑到管孔的削弱，再引入经验性的修正系数。如在力学模型上作了适当简化的美国 TEMA 方法。

ⅱ. 将管子当作管板的固定支承而管板是受管子支承着的平板。管板的厚度取决于管板上不布管区的范围。实践证明，这种公式适用于各种薄管板的计算。

ⅲ. 将管板视为在广义弹性基础上承受均布载荷的多孔圆平板，即把实际的管板简化为受到规则排列的管孔削弱、同时又被管子加强的等效弹性基础上的均质等效圆平板。这种简化假定既考虑到管子的加强作用，又考虑了管孔的削弱作用，分析比较全面，现今已为大多数国家的管板规范所采用。

6.2.3.1 管板设计的基本考虑

GB/T 151《热交换器》所列入的管板公式基于的基本考虑是：把实际的管板简化为承受均布载荷、放置在弹性基础上且受管孔均匀削弱的当量圆平板。同时在此基础上还考虑了以下几方面对管板应力的影响因素。

ⅰ. 管束对管板挠度的约束作用，但忽略管束对管板转角的约束作用。

ⅱ. 管板周边不布管区对管板应力的影响，将管板划分为两个区，即靠近中央部分的布管区和靠近周边处较窄的不布管区。通常管板周边部分较窄的不布管区按其面积简化为圆环形实心板。由于不布管区的存在，管板边缘的应力下降。

ⅲ. 不同结构形式的换热器，管板边缘有不同形式的连接结构，根据具体情况，考虑壳体、管箱、法兰、封头、垫片等元件对管板边缘转角的约束作用。

ⅳ. 管板兼作法兰时，法兰力矩的作用对管板应力的影响。

6.2.3.2 管板设计思路

（1）管板弹性分析

按照上述基本考虑，将换热器分解成封头、壳体、法兰、管板、螺栓、垫片等元件组成的弹性系统，各元件之间的相互作用用内力表示，把管板简化为弹性基础上的等效均质圆平板，综合考虑壳程压力 p_s，管程压力 p_t，因管程和壳程的不同温度所引起的热膨胀差以及预紧条件下的法兰力矩等载荷的作用。对于固定管板式换热器，其力学模型及各元件之间相互作用的内力与位移见图 6-34。

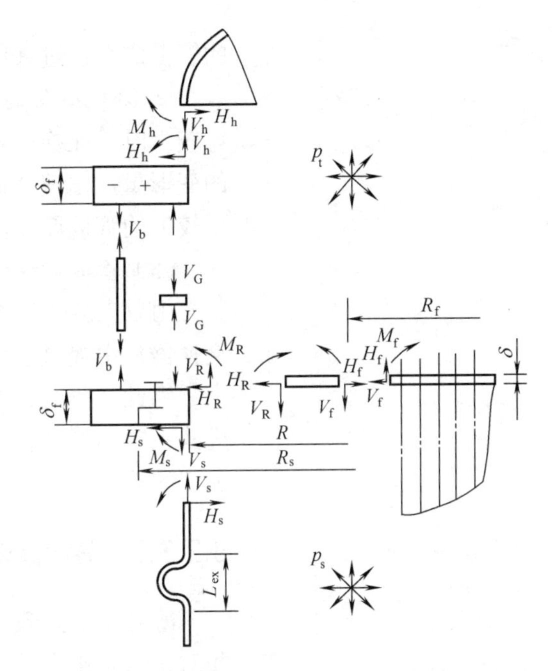

图 6-34 管板与其相关元件的内力分析图

内力共有 14 个，它们是作用在封头（管箱）与管箱法兰连接处的边缘弯矩 M_h、横向剪力 H_h、轴向力 V_h；作用在壳体与壳体法兰连接处的边缘弯矩 M_s、横向剪力 H_s、轴向力 V_s；作用在环形的不布管区与壳体法兰之间即半径为 R 处的弯矩 M_R、径向力 H_R、轴向剪力 V_R；作用在管板布管区与边缘环板连接处即半径为 R_f 处的边缘弯矩 M_f、径向剪力 H_f、边缘剪力 V_f；作用在垫片上的轴向内力 V_G 与作用在螺栓圆上的螺栓力 V_b。

设法建立每个单独元件的位移或转角与作用在该元件上的内力的关系式，列出各元件间应满足的变形协调条件，得到以内力为基本未知量表达的变形协调方程组，求出内力后再计算危险截面上的应力，并进行强度校核。

（2）危险工况

如果不能保证换热器壳程压力 p_s 与管程压力 p_t 在任何情况下都能同时作用，则不允许以壳程压力和管程压力之差进行管板设计。如果 p_s 和 p_t 之一为负压时，则应考虑压力差的危险组合。

例如，如图 6-24（c）上半部分所示的不带法兰管板，由于压力引起的应力强度与压力和热膨胀差共同引起的应力强度限制值不同，管板分析时应考虑下列危险工况。

ⅰ. 只有壳程设计压力 p_s，而管程设计压力 $p_t=0$，不计热膨胀变形差；

ⅱ. 只有壳程设计压力 p_s，而管程设计压力 $p_t=0$，同时考虑热膨胀变形差；

ⅲ. 只有管程设计压力 p_t，而壳程设计压力 $p_s=0$，不计热膨胀变形差；

ⅳ. 只有管程设计压力 p_t，而壳程设计压力 $p_s=0$，同时考虑热膨胀变形差。

（3）管板应力校核

在不同的危险工况组合下，计算出相应的管板布管区应力、环板的应力、壳体法兰应力、换热管轴向应力、换热管与管板连接拉脱力 q，再进行危险工况下的应力校核。

压力引起的管板应力属于一次弯曲应力，可用 1.5 倍的许用应力限制。管束与壳体的热膨胀差所引起的管板应力属于二次应力，一次加二次应力强度不得超过 3 倍许用应力。法兰预紧力矩作用下的管板应力属于为满足安装要求的有自限性质的应力，应划为二次应力；法兰操作力矩作用下的管板应力属于为平衡压力引起的法兰力矩的应力，属于一次应力。但许多标准将法兰力矩引起的管板应力都划为一次应力。显然，这种处理方法是偏于安全的。

中国管壳式换热器管板的具体计算参见 GB/T 151《热交换器》。

（4）管板应力的调整

在固定管板式换热器中，当管板应力超过许用应力时，为使其满足强度要求，可采用以下两种方法进行调整。

① 增加管板厚度　可以大大提高管板的抗弯截面模量，有效地降低管板应力。因此一般在压力引起

的管板应力超过许用应力时，通常采取增加管板厚度的方法。

② 降低壳体轴向刚度　由于管束和壳体是刚性连接，当管束与壳壁的温差较大时，在换热管和壳体上将产生很大的轴向热应力，从而使管板产生较大的变形量，出现挠曲现象，使管板应力增高。为有效地降低热应力，又避免采用较大的管板厚度，可采取降低壳体轴向刚度的方法，如设置膨胀节。

（5）管板设计计算软件

由以上分析可知，管壳式换热器管板的计算十分繁杂，尽管 GB/T 151《热交换器》中提供了便于工程设计应用的计算式和图表，但手算的工作量仍然很大。为此，中国已根据 GB/T 150、GB/T 151 及其他相关标准，开发了包括管壳式换热器在内的过程设备强度计算软件，如 SW6 等。在实际计算时可采用相应的软件。

6.2.3.3 薄管板设计

薄管板主要载荷由管壁与壳壁的温度差决定，流体压力引起的应力与挠度相对说来是不大的。一般在中、低压力条件下薄管板的厚度可从表 6-4 直接查出，或采用规范通过计算得到，如 NB/T 47036《制冷装置用小型压力容器》等。

表6-4 薄管板的厚度 mm

公称直径	300～400	500～600	700～800	900～1200	1400～1800
管板厚度	8	10	12	14	16

因为薄管板本身的刚度小，载荷主要由管子承担，故需要验算管子的稳定性，如果管子的稳定性差，可减小折流板或支持板的间距。

6.2.4 膨胀节设计

（1）膨胀节的作用

膨胀节是一种能自由伸缩的弹性补偿元件，能有效地起到补偿轴向变形的作用。在壳体上设置膨胀节可以降低由于管束和壳体间热膨胀差所引起的管板应力、换热管与壳体上的轴向应力以及管板与换热管间的拉脱力。

膨胀节的结构形式较多，一般有波形（U 形）膨胀节、Ω 形膨胀节、平板膨胀节等。在实际工程应用中，U 形膨胀节应用得最为广泛（如图 6-35 所示），其次是 Ω 形膨胀节。前者一般用于需要补偿量较大的场合，后者则多用于压力较高的场合。

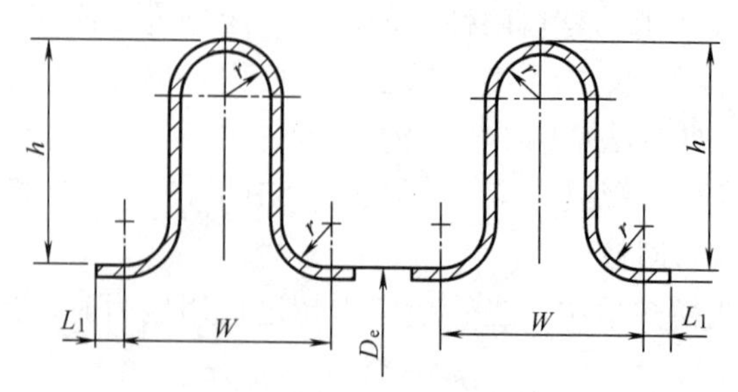

图 6-35 U 形膨胀节

（2）是否设置膨胀节的判断

进行固定管板式换热器设计时，一般应先根据设计条件下（如设计压力、设计温度、壳程圆筒和换热管的金属温度等）换热器各元件的实际应力状况，判断是否需要设置膨胀节。若由于管束与壳体间热膨胀差引起的应力过高，首先应考虑调整材料或某些元件尺寸或改变连接方式（如胀接改为焊接），或采用管束和壳体可以自由膨胀的换热器，如U形管式换热器、浮头式换热器等，使应力满足强度条件。如果不可能，或是虽然可能但不合理或不经济，则考虑设置膨胀节，以便得到安全、经济合理的换热器。

需要指出，根据管束和壳体的温度差是否超过某一值，或假设管板绝对刚性，估算管束和壳体中的轴向应力，根据轴向应力是否超过规定值，来判断是否需要设置膨胀节，均不尽合理。假设管板绝对刚性，与实际情况相差很大，管束与壳体的温度差与热膨胀差是两个概念，前者不一定引起热应力。例如，管束与壳体材料不同时，有可能温度差很大，但热膨胀差很小；也有可能温度差很小，但热膨胀差很大。

有关膨胀节设计计算参见GB/T 16749《压力容器波形膨胀节》。

6.2.5 管束振动和防止

6.2.5.1 流体诱导振动

换热器流体诱导振动是指换热器管束受壳程流体流动的激发而产生的振动，它可分为两大类：由平行于管子轴线流动的流体诱导振动（简称纵向流诱振）和由垂直于管子轴线流动的流体诱导振动（简称横向流诱振）。在一般情况下，纵向流诱振引起的振幅小，危害性不大，往往可以忽略。只有当流速远远高于正常流速时，才需要考虑纵向流诱振的影响。但横向流诱振则不同，即使在正常的流速下，也会引起很大的振幅，使换热器产生振动而破坏。其主要表现为：相邻管子、管子与折流板或壳体之间发生撞击、摩擦，使管和壳体受到磨损而变薄，甚至使管子破裂；使管子产生交变应力，从而引起管子的疲劳，管子与管板连接处发生泄漏；壳程空间发生强烈的噪声；增加壳程的压力降等。

由于流体诱导振动的复杂性以及现有技术的限制，目前尚无完善的预测换热器振动的方法。一般认为，横向流诱导振动的主要原因如下。

（1）旋涡脱落

在亚声速横向流中，与流体横向流过单个圆柱形物体一样，当其流过管束时，管子背后也有卡门旋涡产生。当旋涡从换热器管子的两侧周期性交替脱落时，便在管子上产生周期性的升力和阻力。这种流线谱的变化将引起压力分布的变化，从而导致作用在换热器管子上的流体压力的大小和方向发生变化，最后引起管子振动。

当卡门旋涡脱落频率等于管子的固有频率时，管子便发生剧烈的振动。

旋涡脱落在液体横流、节径比较大的管束中才会发生，而且在进口处比较严重。在大多数密集的管束中，旋涡脱落并不是导致管子破坏的主要原因，但可激发起声振动。

（2）流体弹性扰动

流体弹性扰动又称为流体弹性不稳定性。这是一种复杂的管子结构在流动流体中的自激振动现象。一根管子在某一排中偏离了原先的或静止的位置产生了位移，就会改变流场并破坏邻近管子上力的平衡，使这些管子受到波动压力的作用发生位移而处于振动状态。当流体流动速度达到某一数值时，由流体弹性力对管子系统所做的功就大于管子系统阻尼作用所消耗的功，管子的振幅将迅速增大，即使流速有一很小的增量，也会导致管子振幅的突然增大，使管子与其相邻的管子发生碰撞而破坏。

（3）湍流颤振

由湍流引起的振动是最常见的振动形式，因为在管束中总存在着偶然的流动干扰。经过管束的流体

在某一速度下湍流能谱有一主频，当此湍流脉动的主频与管子的固有频率合拍时，则会发生共振，导致大振幅的管子振动。

（4）声振动

当低密度气体稳定地横向流过管束时，在与流动方向及管子轴线都垂直的方向上形成声学驻波。这种声学驻波在壳体内壁（即空腔）之间穿过管束来回反射，能量不能往外界传播，而流动场的旋涡脱落或冲击的能量却不断地输入。当声学驻波的频率与空腔的固有频率或旋涡脱落频率一致时，便激发起声学驻波的振动，从而产生强烈的噪声，同时，气体在壳侧的压力降也会有很大的增加。

如果流入壳程的是液体，因液体中的声速很高，故不会发生振动。因此，一般声学驻波激发的振动在壳程流体为液体的换热器中并不严重。

（5）射流转换

当流体横向流过紧密排列（节径比≤1.5）的管束时，在同排管上的两根管子之间的窄道处形成如同一个射流的流动方式。在尾流中可观察到射流对的出现。如果单排管有充分的时间交替地向上游或下游移动时，射流方向也随之改变。当形成扩散射流时，管子受力（等于流体阻力）较小，当形成收缩射流时受力较大。如果射流对的方向变化与管子运动的方向同步，管子从流体吸收的能量比管子因阻尼而消耗的能量大得多，管子的振动便会加剧。

总之，在横流速度较低时，容易产生周期性的卡门旋涡，这时在换热器中既可能产生管子的振动，也可能产生声振动。当横流速度较高时，管子的振动一般情况下是由流体弹性不稳定性激发的，但不会产生声振动。只有当横流速度很高，才会出现射流转换而引起管子的振动。

6.2.5.2 管子固有频率

从上面的流体诱导振动分析中可以看到，为了避免出现共振，都必须使激振频率远离固有频率。因此，必须正确计算管束或管子的固有频率。

通常，换热器管子的两端用焊接、胀接等方法紧固在刚性较大的管板上，中间由许多折流板、支持板支承。但是，管子的固有频率和端部固定的多支点连续梁并不相同，除了跨长、管子几何尺寸和材料性能外，还必须考虑下述因素的影响：管束中间的管子和折流板切口区中的管子的跨数和跨长也都不同；折流板有一定的厚度，板孔都稍大于管子外径；当管程和壳程流体之间的温差所产生的热应力得不到有效补偿时，管子还将受轴向载荷；管程和壳程的流体均影响着管子的实际质量等。

由于存在众多的影响因素，使得从理论上来精确分析计算管子固有频率很困难。计算管子固有频率时，工程上一般作如下简化假设：ⅰ管子是线弹性体，且管子材料是均匀的、连续的和各向同性的；ⅱ管子的变形和位移是微小的，且满足连续性条件；ⅲ管子与管板连接处作为固定支承，在折流板处作为简支。根据上述假设，可以计算单跨管和多跨管的固有频率。

流体诱导振动是管壳式换热器在应用与发展时遇到的关键问题之一。近年来由于各国学者的重视与努力，无论在理论方面还是在实验方面都取得了较多成果。但也应指出，迄今为止工程上所用的一些预测振动的计算方法，都是利用理想条件下获得的实验数据整理出来的，并且有些参数的取值尚存在着不确定的因素。例如对于大多数换热器来说，壳程流体并非是单纯的横向流动，特别是在折流板的绕转处，有时局部流速的变化非常明显；换热器有时安装成百上千根管子，要求每根管子与折流板孔之间的间隙都相同，那是很难保证的等。有关这方面的研究进展参见美国焊接研究委员会（Weld Research Council）研究报告 WRC Bulletin 372 和 389。

6.2.5.3 防振措施

对于可能发生振动的换热器，在设计时应采取适当的防振措施，以防止发生危害性的振动。下面介绍一些已被实践证明是有效的防振措施。

① 改变流速　通过减少壳程流量或降低横流速度来改变卡门旋涡频率以消除振动，但会降低传热效率。如果壳程流体的流量不能改变，可用增大管间距的办法来降低流速，特别是当设计是以压力降为限制条件时，更是如此，但此法最终将导致增大壳体直径。在特定条件下，也可考虑拆除部分管子以降低横流速度。改变管束的排列角，也可降低流速和激振频率。

② 改变管子固有频率　由于管子的固有频率与管子跨距的平方成反比，因此，增大管子固有频率最有效的方法是减小跨距。其次，可在管子之间插入杆状物或板条来限制管子的运动，也可增大管子的固有频率，这个方法多用于换热器 U 形弯管区的防振。采用在折流板缺口区不布管的弓形或圆盘 - 圆环形折流板，或采用管束支承杆代替折流板，或提供附加的管子支承，也可改变管子固有频率。

③ 增设消声板　在壳程插入平行于管子轴线的纵向隔板或多孔板，可有效地降低噪声，消除振动。隔板的位置，应离开驻波的节点靠近波腹。

④ 抑制周期性旋涡　在管子的外表面沿周向缠绕金属丝或沿轴向安装金属条，可以抑制周期性旋涡的形成，减少作用在管子上的交变力。

⑤ 设置防冲板或导流筒　当壳程进口或出口速度是振动主要原因时，可增大进出口接管尺寸，以降低进出口流速；或者设置防冲板，以避免流体过大的激振力冲蚀进口处管子；严重时可设置导流筒，防止流体冲刷管束以降低流体进入壳程时的流速。

6.2.6 设计方法

上述各节已介绍了管壳式换热器的总体和主要零部件的结构及选用和设计计算方法，本节中，以管壳式换热器工艺设计计算为主线，概述管壳式换热器的基本设计方法。

在满足工艺过程要求的前提下，换热器应达到安全与经济的目标。换热器设计的主要任务是参数选择、结构设计、传热计算及压降计算等。设计主要包括壳体形式、管程数、换热管类型、管长、管子排列、管子支承结构（如折流板结构等）、冷热流体的流动通道等工艺设计和封头、壳体、管板等零部件的结构、强度设计计算。

换热器的工艺设计计算，依据设计任务的不同可分为设计计算和校核计算两种，包括计算换热面积和选型两个方面。一般已知冷、热流体的处理量和它们的物性。进出口温度、压力由工艺要求确定。设计中需选择或确定的数据有三大类，即物性数据、结构数据和工艺数据。设计计算是由已知数据计算换热面积，进而决定换热器的结构，可选定标准形式的换热器；校核计算是对已有换热器核定一些运行参数，校核它是否满足预定的换热要求。

通常的设计步骤如图 6-36 所示。

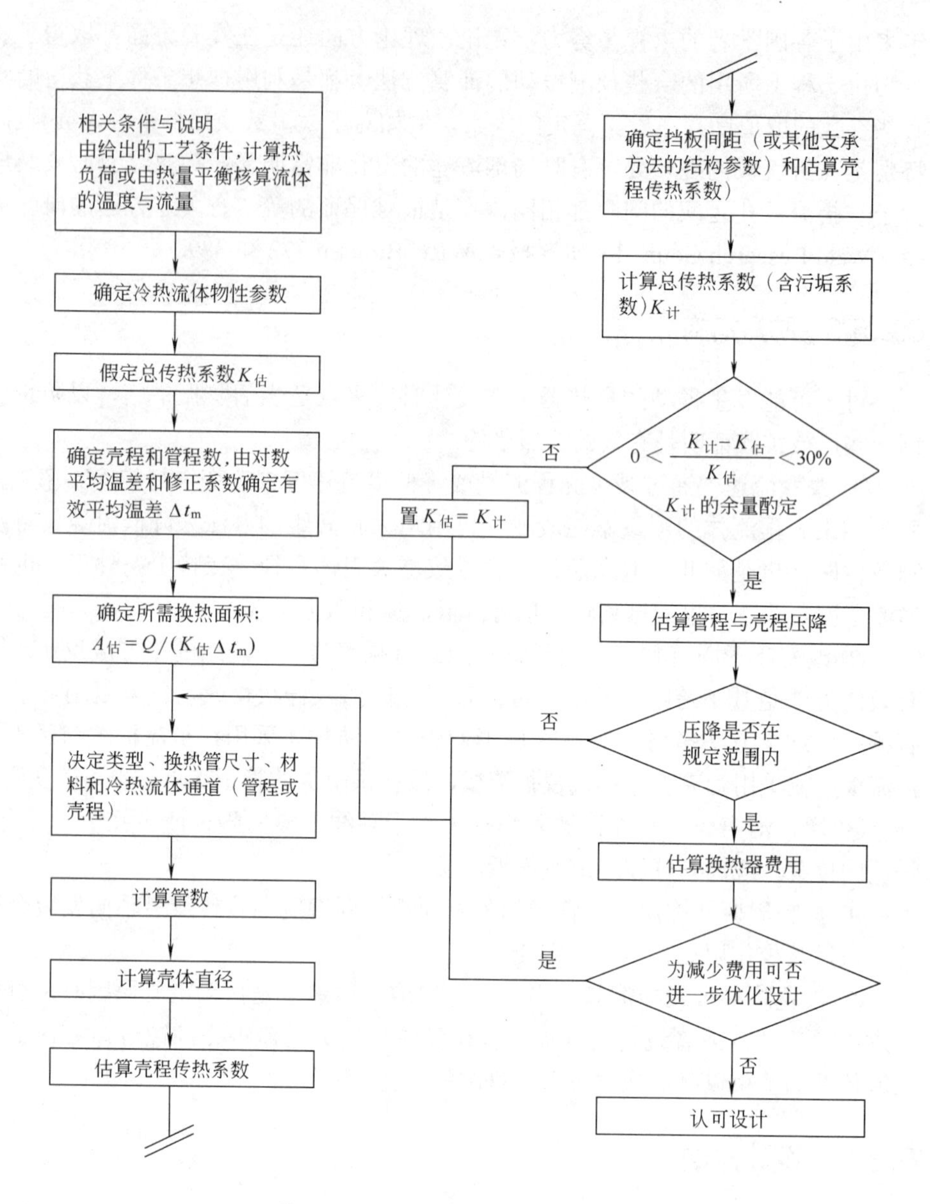

图 6-36　管壳式换热器设计步骤

6.3　传热强化技术

近二三十年来，化工、石油、轻工等过程工业得到了迅猛发展。能源紧缺已成为世界性重大问题之一，各工业部门都在大力发展大容量、高性能设备，以减少设备的投资和运转费用。因此，要求提供尺寸小、重量轻、换热能力大的换热设备。特别是 20 世纪 70 年代的世界能源危机，加速了当代先进换热技术和节能技术的发展。世界各国十分重视传热强化和热能回收利用的研究和开发工作，开发适用于不同工业过程要求的高效能换热设备来提高工业生产经济效益，并取得了丰硕成果。到目前为止，已研究和开发出多种新的强化传热技术和高效传热元件。本节仅简要介绍传热强化和节能技术的近代研究成果及其发展趋势。

6.3.1 传热强化概述

传热强化是一种改善传热性能的技术，通过改善和提高热传递的速率，以达到用最经济的设备来传递一定热量的目的。狭义的强化传热是指提高流体和传热面之间的传热系数。

对于换热器，强化传热就是力求使换热器在单位时间、单位传热面积传递热量的能力得到增强。

间壁式换热设备稳定传热时的传热量 Q，用传热基本方程式表示

$$Q=KA\Delta t_{\mathrm{m}} \tag{6-1}$$

式（6-1）表明，间壁式换热设备中的换热量除了与换热面积和平均温差成正比外，还与表征传热过程强弱程度的传热系数 K 成正比。当换热设备中换热面积与平均温差一定时，K 愈大，则换热量愈大。因此，要使换热设备中的传热过程强化，可以通过提高传热系数、增大换热面积和增大平均传热温差来实现。

（1）增加平均传热温差

增加平均传热温差的方法有两种：一是在冷流体和热流体的进出口温度一定时，利用不同的换热面布置来改变平均传热温差。如尽可能使冷、热流体相互逆流流动，或采用换热网络技术，合理布置多股流体流动与换热。二是扩大冷、热流体进出口温度的差别以增大平均传热温差。此法受生产工艺限制，不能随意变动，只能在有限范围内采用。同时，在设计中还要考虑，当温度过高或过低可能会出现的结垢、物料沉淀或结晶等导致的传热恶化现象。

（2）扩大换热面积

扩大换热面积也是实现换热设备传热强化的一种有效方法，通过增大单位体积内的传热面积，使换热器高效而紧凑。在管壳式换热器中，采用小直径换热管和扩展表面换热面均可增大传热面积。管径愈小，耐压愈高，在同样金属重量下，总表面积愈大。采用合适的管间距或排列方式来合理布置受热面，即可加大单位空间所能布置的传热面积，还可以改善流动特性；采用合适的导流结构，最大限度地消除传热不活跃区，高效利用换热面；采用扩展表面换热面，不仅增大了换热面积，同时也能提高传热系数，但同时也会带来流动阻力增大等问题。

（3）提高传热系数

提高换热设备的传热系数以增加换热量，是传热强化的重要途径，也是当前研究传热强化的重点。当换热设备的平均传热温差和换热面积给定时，提高传热系数将是增大换热设备换热量的唯一方法。

在定态条件下，忽略管壁内外表面积的差异，则传热系数计算公式为

$$K=\frac{1}{\dfrac{1}{\alpha_1}+R_1+\dfrac{\delta}{\lambda}+R_2+\dfrac{1}{\alpha_2}} \tag{6-2}$$

式中 K——总传热系数；

α_1，α_2——传热面两侧的对流传热系数；

R_1，R_2——两侧污垢热阻；

δ——管壁的厚度；

λ——管材的热导率。

当介质清洁而无污垢热阻，即 R_1、R_2 均为零，且管壁材料的热导率很大，管子又很薄时，式（6-2）可简化为

$$K=\frac{1}{\dfrac{1}{\alpha_1}+\dfrac{1}{\alpha_2}} \tag{6-3}$$

由式（6-3）可以看出，K 值小于 α_1、α_2，通过提高 α_1、α_2 值就可以提高 K。但 α_1 和 α_2 相差较大时，K 值主要由较小值的传热系数决定。在这种情况下，要增大 K 值，就应强化管子传热差一侧的传热，增大其传热系数，才能取得显著效果。

增大对流传热系数 α_1、α_2 的方法主要有如下几种。

对无相变的流体，强化传热可采用提高流体流速并减小污垢热阻，增大流体对传热表面的冲刷，采用粗糙表面（主要用于湍流情况）或产生涡流或造成湍流（主要用于层流情况）来破坏流体流动边界层，减小层流底层的办法。其主要机理就是增加二次传热表面、破坏原来未强化的流体的速度分布和温度分布场。

对有相变的流体，强化传热应根据换热器和流体相变的具体情况采用相应的强化措施。对于冷凝传热应从减薄传热面上的冷凝膜厚度入手。对于沸腾传热过程，通过以采用有利的金属特性，表面形状、粗糙度及表面的化学性质来增加汽化核心或提高操作压力来增强传热。

提高传热系数的方法大致可分为主动强化（有源强化）和被动强化（无源强化）。

① 主动强化　指需要采用外加的动力（如机械力、电磁力等）来增强传热的技术。主动强化主要包括：对换热介质做机械搅拌、使换热表面振动或流体振动、将电磁场作用于流体以促使换热表面附近流体的混合、将异种或同种流体喷入换热介质或将流体从换热表面抽吸走等技术。

② 被动强化　指除了输送传热介质的功率消耗外不再需要附加动力来增强传热的技术。被动强化主要包括：涂层表面、粗糙表面、扩展表面、扰流元件、涡流发生器、射流冲击、螺旋管以及添加物等手段。由于主动强化传热技术要求外加能量等因素的限制，工程中采用更多的是被动强化传热技术。被动强化的方法和装置多种多样，但其强化的物理机制可分为：

ⅰ.主流区或近壁处流动的混合（如采用粗糙表面、添加物等）；

ⅱ.减薄或破坏边界层（如采用射流冲击、扩展表面等）；

ⅲ.流动旋转或形成二次流（如采用涡流发生器等）；

ⅳ.增加湍动（如采用粗糙表面等）。

在管壳式换热器中，采用最多的被动强化传热方法是扩展表面及管内放置强化传热元件，它既能提高传热系数，又能增加传热面积，下面将重点介绍。

随着强化传热技术研究的发展，中国科学院院士过增元教授等从流场和温度场相互配合的角度重新审视对流换热机制，在此基础上提出了换热强化的场协同原则，现作简单介绍。

场协同原则可以表述为：“对流换热的性能不仅取决于流体的速度和物性

以及流体与固壁的温差，而且取决于流体速度场与流体热流场间协同的程度。在相同的速度和温度边界条件下，它们的协同程度越好，则换热强度就越高。”该原则认为对流换热可以比拟为有内热源的导热问题，速度场与热流场协同的改善能够使传热强化。对换热器强化的场协同原则可以表述为：换热器中冷热流体温度场间的协同越好，换热器的换热性能就越好。该理论的正确性已被许多文献所证实，为今后传热强化提供了新思路。

6.3.2 扩展表面及内插件强化传热

6.3.2.1 扩展表面强化传热

扩展表面强化传热主要包括槽管和翅片管。

（1）槽管

槽管是一种壁面扰流装置。在圆管的内外壁形成凸出肋和凹槽的扰流结构，如碾轧槽管，使得流体流过这些扰流结构的壁面时，产生流动脱离区，从而形成强度不同、大小不等的旋涡。正是这些旋涡改变了流体的流动结构，增加近壁区的湍流度，从而提高流体和壁面的对流传热膜系数。

6

① 碾轧槽管 碾轧槽管是从圆管外面按照设计要求碾轧出一定节距和深度的横槽或螺旋槽，在管子内壁就形成凸出的横肋或螺旋肋。这样管子外壁的凹槽和内壁的凸起物可以同时对管子内外两侧的流体起到增强传热的作用，特别适用于强化换热器管内单相流体的传热以及增强换热器管外流体蒸汽冷凝和液体膜态沸腾传热。

② 螺旋槽管［图 6-37（a）］ 有单程和多程螺旋两种类型。成型后螺旋槽管管外有带一定螺旋角的沟槽，管内呈相应的凸肋。螺旋槽不宜太深，槽愈深流阻越大，螺旋角越大，槽管的传热膜系数越大。如果流体能顺槽旋转，则螺纹条数对传热的影响不大。

③ 横纹槽管［图 6-37（b）］ 采用变截面连续滚轧成型。管外有与管轴成 90°相交的横向沟槽，管内为横向凸肋。流体流经管内凸肋后不产生螺旋流而是沿整个截面产生轴向涡流群，使传热得到强化。横纹槽管对于管内流体的膜态沸腾传热也具有很大的强化作用，可使沸腾传热系数增加 3～8 倍。

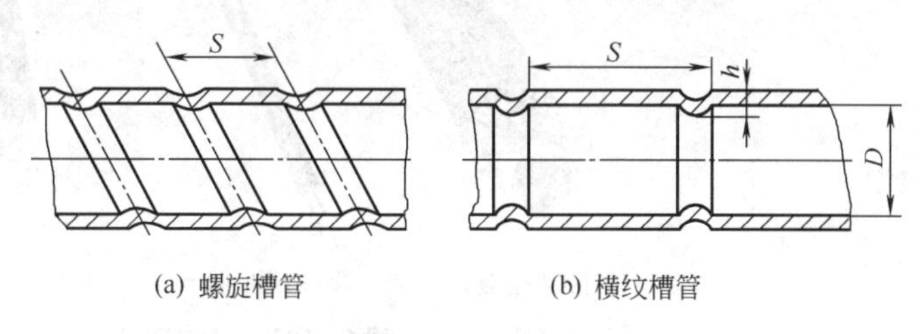

图 6-37 槽管结构

（2）翅片管

在换热设备中，传热壁面两侧流体的对流传热膜系数的大小往往差别较大，如当管外是气体的强制对流，管内是水的强制对流或饱和水蒸气的凝结时，管外的传热膜系数就比管内的小得多，这种情况下，管外气体传热的增强通常采用扩展表面，如加装翅片，来增加外侧传热面积，减少该侧的传热阻。

翅片有多种形式，依应用场合和设计要求不同而异。翅片不适用于高表面张力的液体冷凝和会产生严重结垢的场合，尤其不适用于需要机械清洗、携带大量颗粒流体的流动场合。

① 管内翅片 管内翅片在一定程度上增加了传热面积，同时也改变了流体在管内的流动形式和阻力分布。在应用翅片增加传热系数的同时，泵功率的损失也相应增加。在层流流动时，内翅片高度愈大，对换热的增强也愈大。管内翅片形式多种多样，部分内翅片形式如图 6-38 所示。

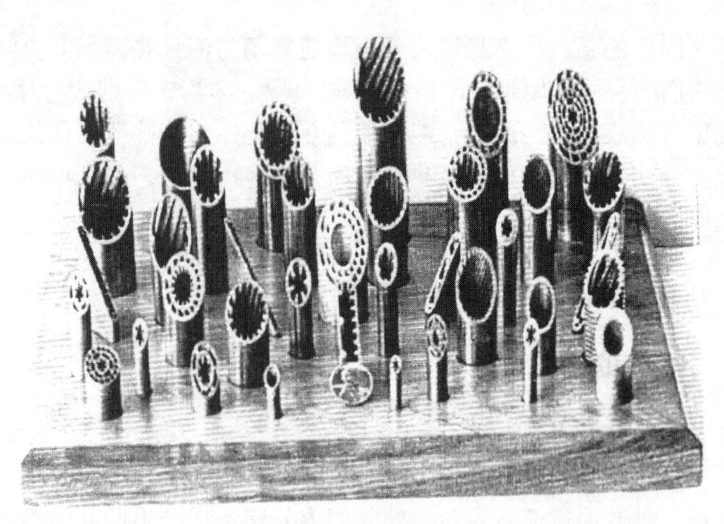

图 6-38 管内翅片

② 管外翅片 当管外流体传热膜系数比管内流体传热膜系数小时，需要在管外扩展传热表面，增加传热膜系数。和管内翅片一样，影响翅化表面传热的主要因素是翅片高度、翅片厚度、翅片间距以及翅片材料的导热系数。管外翅片有纵向翅片和横向翅片等。纵向翅片有连续平直翅片、波纹翅片等，如图 6-39 所示。横向翅片有圆形翅片、螺旋翅片、扇形翅片等，如图 6-40 所示。

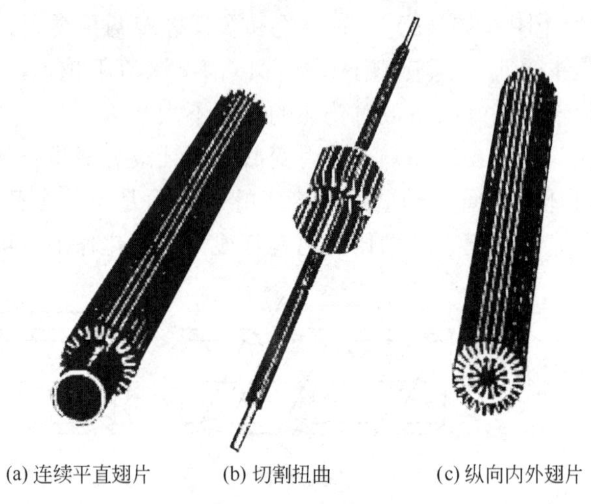

(a) 连续平直翅片 (b) 切割扭曲 (c) 纵向内外翅片

图 6-39 纵向翅片

③ 板式翅片 也叫管板式翅片，如图 6-41 所示。在由管板式翅片组成的换热元件中，由于管子的影响，管外流体沿板式翅片表面的流动既有层流和湍流，又有涡旋流和加速流。因此，板式翅片上各局部位置的换热强弱存在着很大差异，板式翅片传热受到雷诺数、管排数、翅片间距和管间距的影响。

④ 槽带板式翅片 即在板式翅片的表面上加工出一些隆起于翅片表面且相互平行的窄小条带，而在每个条带的下方对应有一个槽缝的板式翅片结构，如图 6-42 所示。这种槽带板式翅片的传热系数比普通板式翅片高 60% 左右，而空气的流动阻力仅比普通板式翅片大 10% 左右。槽带板式翅片已广泛应用在空调工业以及干式冷却塔的空气冷却器中。

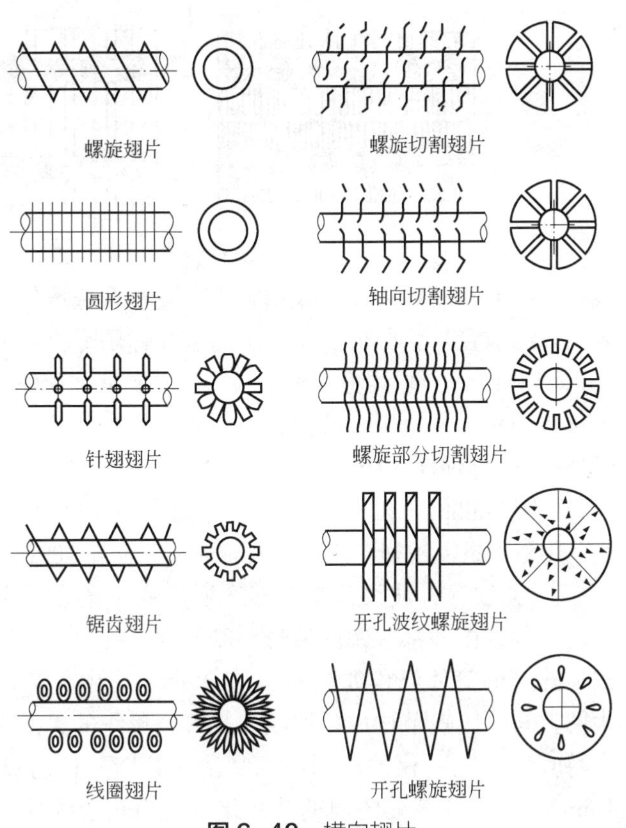

图 6-40 横向翅片

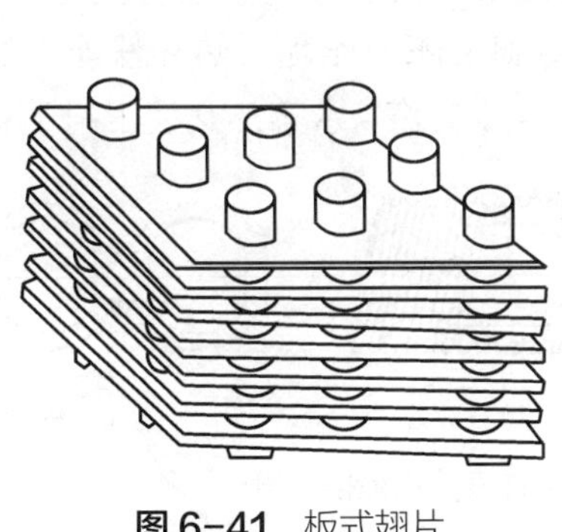

图 6-41 板式翅片

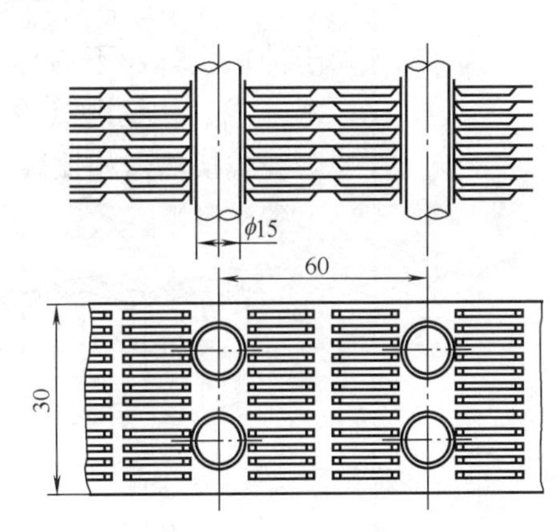

图 6-42 槽带板式翅片

⑤ 穿孔翅片　是在翅片上加工了一些常圆孔或者圆孔的翅片，翅片上的这些小孔按一定的方向排列，或者是错排，或者是顺排，如图 6-43 所示。穿孔翅片可增加对流传热膜系数而流动阻力增加不大。翅片表面上的小孔不仅具有扰动气流，阻止边界层发展的作用，而且还具有使流经它的气流产生涡旋的作用。翅片上的小孔促使流动状态由层流提前过渡到湍流，使翅片表面的传热得到增强。

（3）其他形状换热管

① 缩放管　缩放管是由依次交替的收缩段和扩张段组成，如图 6-44（a）所示，使流体始终在方向反复改变的纵向压力梯度作用下流动。扩张段产生的剧烈旋涡在收缩段可以得到有效的利用，收缩段还可起到提高边界层速度的目的。试验表明，缩放管在大雷诺数下操作特别有利。该性质正好与纵流式管束支承物的特点相适应。在同等压力降下，缩放管的传热量比光管增加 70% 以上。缩放管的形状为相对流

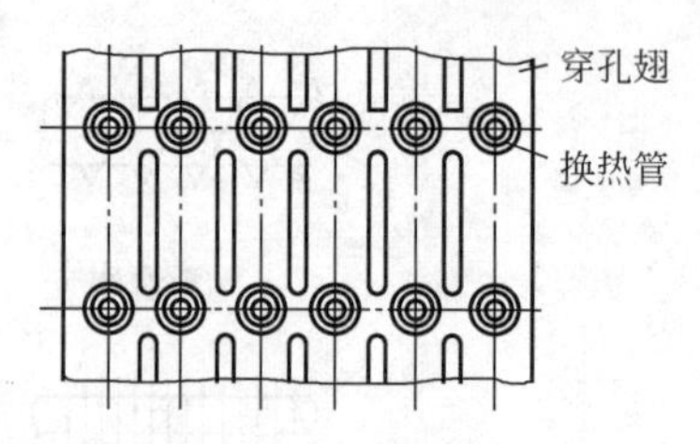

图 6-43　穿孔翅片

线形，因而流动阻力比横纹槽管小，更适合低压气体和肮脏流体的传热。实践表明，缩放管与整圆形折流板等的组合有显著的强化传热效果。

② 螺纹管　螺纹管又称低肋管，主要是靠管外肋化（肋化系数为 2～3）扩大传热面积，一般用于管内传热系数比管外传热系数大 1 倍以上的场合。对于管外冷凝及沸腾，由于表面张力作用，也有较好的强化作用。如图 6-44（b）所示。美国 Phillips 石油公司用螺纹管与折流杆组合，不仅消除了换热管振动问题，而且比弓形折流板横向流换热器传热系数提高 30% 左右，管束的压降减少 50%。

③ 波纹管　波纹管是在普通换热管（光管）的基础上经特殊工艺加工而成的一种管内外都有凹凸波形，既能强化管内又能强化管外的双面强化管。波纹换热管的管体结构如图 6-44（c）所示，由大圆弧与小圆弧相切构成，或由大圆弧与直段短节构成。波纹换热管与传统的光滑换热管相比较，结构上有两大特点：一是变化的波形；二是薄的管壁（目前投入使用的管壁厚度均小于 1mm）。由于其截面的周期性变化，使换热管内外流体总是处于规律性的扰动状态，流体在管内周期性的能量积累与释放使整个内表面都受到流体冲刷，由于冲刷良好，不易形成污垢层，从而使传热系数得到提高，K 值较光管提高 2～3 倍。由这种换热管制成的管壳式换热器（称为波纹管换热器）与传统的管壳式换热器相比较，具有传热效率高、不易结垢、热补偿能力好、体积小、节省材料等一系列优点。目前已在水 - 水、汽 - 水等热交换工况下得到应用。

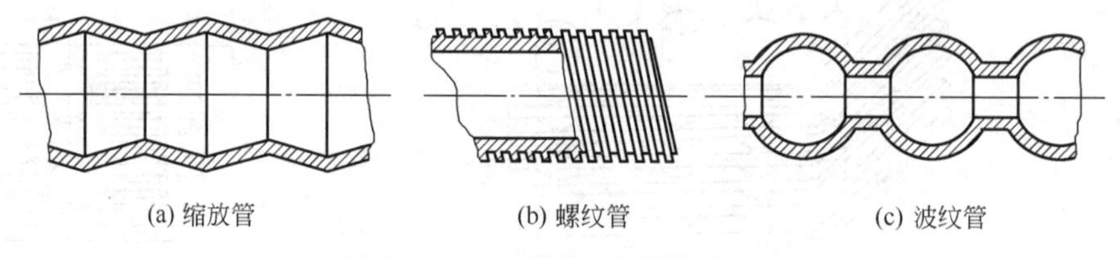

(a) 缩放管　　(b) 螺纹管　　(c) 波纹管

图 6-44　几种表面粗糙换热管

6.3.2.2　内插件强化传热

在换热管内加入某种形式的内插强化元件是管式换热器强化管程单相流体传热的有效措施之一，尤其是强化气体、低雷诺数或高黏度流体传热更为有效。此方法不改变传热面形状，通过改变换热管内流体流动来强化传热，提高传热效率，简便有效，也有利于传热面积的扩大，且易于对旧设备进行改造，应用广泛。目前管内插入物种类较多，主要是利用各种金属的条、带、片和丝等绕制或扭曲成螺旋形（如螺旋线、扭带、错开扭带、螺旋片和静态混合器等），或冲成带有缺口的插入带。各种插入物强化传热的机理是：利用插入物使流体产生径向流动，从而加强流体的扰动，获得较高的对流传热系数。在设计过程中应考虑加入内插件后的压降增大影响。

6.3.3 壳程强化传热

目前，换热设备壳程强化传热的途径主要有：一是改变管子外形或在管外加翅片，即通过管子形状或表面性质的改变来达到强化传热目的，如采用螺纹管、外翅片管等；二是改变壳程挡板或管束支承结构，使壳程流体流动形态发生变化，以减少或消除壳程流动与传热的滞留死区，使换热面积得到充分利用。

（1）改变壳程挡板结构

传统的管壳式换热器采用单弓形折流板支承，壳程流体易产生流动死区，换热面积无法充分利用，因而壳程传热系数低、易结垢、流体阻力大。且当流体横向流过管束时，还可能引起管束流体诱导振动。因此，为了消除它的弊病，近年来出现了许多新型折流板支承结构，如多弓形折流板、整圆形板、异形孔板、网状整圆形板等。它们的特点是尽可能将原折流板的流体横向流动变为平行于换热管的纵向流动，以消除壳程流体流动与传热的死区，达到强化传热的目的。

（2）改变管束支承结构

经过多年的研究、应用和发展，产生了多种管束支承结构，下面重点介绍杆式支承、自支承以及螺旋折流式支承结构。

① 杆式支承结构　将管壳式换热器中的折流板改成杆式支承结构，具有许多优点。

ⅰ. 使换热器壳程流体的流动方向主要呈轴向流动，消除了弓形折流板造成的传热死区；

ⅱ. 由于壳程介质为轴向流动，没有弓形折流板那么多转向和缺口处的节流效应，因而流动阻力比较小，一般为传统弓形折流板的 50% 以下，达到了节能的效果；

ⅲ. 结垢速率变慢，延长了操作周期；

ⅳ. 消除了弓形折流板造成的局部腐蚀和磨损（或切割）破坏，改善了换热管的支承情况和介质的流动状态，消除或减少了因换热管的振动而引起的管子破坏，延长了换热器的使用寿命。

由于折流杆换热器壳程流体为纵向流动，因此折流杆换热器适合在高雷诺数（或高流速）下运行，在中低雷诺数下运行强化传热效果不显著，或者无效，甚至比折流板换热器更差，此时可进一步改进换热器结构，例如采用多壳程的折流杆换热器。

② 自支承结构　自支承结构通过采用自支承管，如刺孔膜片管、螺旋扁管和变截面管来简化管束支承，提高换热器的紧凑度。

刺孔膜片管是将每根换热管上下两侧开沟槽，内中嵌焊冲有孔和毛刺的膜片。如图 6-45（a）所示。对壳程性能的主要影响是：膜片上的毛刺起扰流作用，增大了流体湍动程度，同时，各区域的流体通过小孔实现了一定程度的混合。刺孔膜片嵌焊于管壁上，既是支承元件，又是管壁的延伸，增大了单位体积内的有效传热面积。刺和孔可使换热表面上的边界层不断更新，减薄了层流内层厚度，能有效提高传热系数。壳程流体流动为完全纵向流动，阻力几乎全部是液体的黏性力，因此壳程压力降大大降低。

螺旋扁管是由圆管轧制或椭圆管扭曲而成的具有一定导程螺旋的扁管，靠相邻管突出处的点接触支承管子，如图 6-45（b）所示。对壳程性能的主要影响是：壳程流体在换热管螺旋面的作用下总体呈轴向（即纵向）流动，同时伴有螺旋运动，这种流速和流向的周期性改变加强了流体的轴向混合和湍动程度。同时，流体流经相邻管子的螺旋线接触点后形成脱离管壁的尾流，增大了流体自身的湍流度，破坏了流体在管壁上的传热边界层，从而强化了传热。

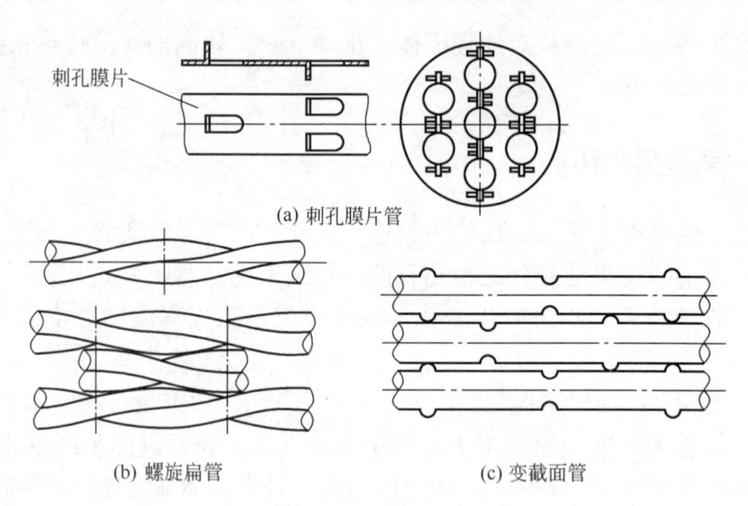

图 6-45　自支承管

变截面管变径部分的点接触支承管子，同时又构成壳程的扰流元件，省去了管间支承物，如图 6-45（c）所示。对壳程性能的主要影响是：管子排列紧凑，增大了单位体积内的传热面积。因管间距小，可提高壳程流速，从而增强了湍流度，使管壁上传热边界层减薄。另外，换热管截面形状的变化对管内、外流体的传热都具有强化作用。

③ 螺旋折流式支承结构　螺旋折流板是圆截面的折流板相互组合形成的一种特殊螺旋形结构，每个折流板与壳程流体的流动方向成一定角度，使得壳程流体沿着折流板做螺旋运动，如图 6-46 所示。螺旋流动增强了流体湍动，减少了管板与壳体之间易结垢的死角，能显著地防止结垢，从而提高换热效率；相同流量下的流动压降小；消除了弓形折流板后面的卡门旋涡，防止了流体诱导振动；对于低雷诺数下（$Re<1000$）的传热效果更为突出。实验表明，螺旋流换热器的流动状况非常理想，即不存在流动死区，消除了弓形折流板的返混现象，可大大提高有效传热温差，螺旋通道内柱状流的速度梯度影响了边界层的形成，使传热系数大大提高。

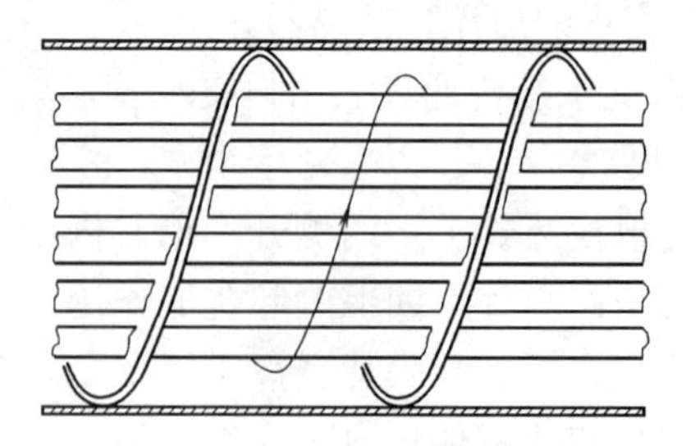

图 6-46　螺旋折流式支承

上述各种传热强化的结构已在工程中得到了不同程度的应用。换热设备在实际的工程应用中往往也同时利用不同种管子支承结构的复合，新型支承和强化管复合等两种或两种以上不同强化传热手段来实现强化传热。然而，各种结构对换热设备中流体流动的细观形态和对传热的影响还不是十分清楚，理论研究还不很完善，有待于进一步研究。

思考题

1. 换热设备有哪几种主要形式？
2. 间壁式换热器有哪几种主要形式？各有什么特点？
3. 管壳式换热器主要有哪几种形式？换热管与管板有哪几种连接方式？各有什么特点？
4. 换热器流体诱导振动的主要原因有哪些？相应采取哪些防振措施？
5. 换热设备传热强化可采取哪些途径来实现？

7 塔设备

学习意义

塔设备通过气 - 液或液 - 液两相间的充分接触，完成过程工业中的质量传递和热量传递过程，能实现精馏、吸收、解吸及萃取等单元操作，广泛应用于石油化工、煤化工、医药化工、能源等领域。塔设备的选型、结构设计及选材、强度设计等知识的学习，对于提高塔设备性能、保证装置安全运行等方面具有重要意义。

学习目标

○ 掌握塔设备的总体结构，熟悉选型原则；
○ 熟悉填料塔和板式塔内件及附件的结构、选型和工作原理；
○ 掌握塔设备强度设计计算方法，能对塔设备进行载荷分析、强度和屈曲校核；
○ 熟悉风的诱导振动原理和常用的防振措施，培养分析和解决工程问题的能力。

7.1 概述

7.1.1 塔设备的应用

在化工、炼油、医药、食品及环境保护等工业部门，塔设备是一种重要的单元操作设备。它的应用面广、量大。据统计，塔设备无论是投资费用还是所消耗的钢材重量，在整个过程设备中所占的比例都相当高，表 7-1 所示为几个典型的实例。

表 7-1 塔设备的投资及重量在过程设备中所占的比例

装置名称	塔设备投资的比例 /%	装置名称	塔设备重量的比例 /%
化工及石油化工	25.4	60 万吨，120 万吨 / 年催化裂化	48.9
炼油及煤化工	34.85	30 万吨 / 年乙烯	25.3
化纤	44.9	4.5 万吨 / 年丁二烯	54

塔设备的作用是实现气（汽）- 液相或液 - 液相之间的充分接触，从而达到相际间传质及传热的目的。塔设备广泛用于蒸馏、吸收、解吸（汽提）、萃取、气体的洗涤、增湿及冷却等单元操作中，它的操作性能好坏，对整个装置的生产，产品产量、质量、成本以及环境保护、“三废”处理等都有较大的影

响。因此对塔设备的研究一直是工程界所关注的热点。随着石油、化工的迅速发展，塔设备的合理选型及设计将越来越受到关注和重视。

为了使塔设备能更有效、更经济地运行，除了要求它满足特定的工艺条件外，还应满足以下基本要求。

ⅰ. 气-液两相充分接触，相际间传热面积大。只有在气-液两相充分接触的情况下，相际的传质才能有效进行。作为塔设备，应具有尽可能大的两相接触面积，并使这些接触面积被充分利用，才可能得到较高的传质效率。

ⅱ. 生产能力大，即气-液处理量大。如一定塔径的塔设备在较大的气-液负荷时，仍能保证该塔正常、有效地操作，则可减少传质设备的体积，使之更加紧凑。

ⅲ. 操作稳定，操作弹性大。当塔设备的气相或液相负荷发生一定范围的变化或波动时，设备仍能正常有效地运行。

ⅳ. 阻力小。如流体通过设备时阻力小，即流体的压降小，则可降低能耗，从而减少设备的操作费用。

ⅴ. 结构简单，制造、安装、维修方便，设备的投资及操作费用低。

ⅵ. 耐腐蚀，不易堵塞。

7.1.2 塔设备的选型

7.1.2.1 塔设备的总体结构

目前，塔设备的种类很多，为了便于比较和选型，必须对塔设备进行分类，常见的分类方法有：

ⅰ. 按操作压力分，有加压塔、常压塔及减压塔；

ⅱ. 按单元操作分，有精馏塔、吸收塔、解吸塔、萃取塔、反应塔、干燥塔等；

ⅲ. 按内件结构分，有填料塔、板式塔。

因为目前工业上应用最广泛的还是填料塔及板式塔，所以本章将主要讨论这两类塔设备。

填料塔属于微分接触型的气-液传质设备。塔内以填料作为气-液接触和传质的基本构件。液体在填料表面呈膜状自上而下流动，气体呈连续相自下而上与液体作逆流流动，并进行气-液两相间的传质和传热。两相的组分浓度或温度沿塔高呈连续变化。图 7-1 为填料塔的总体结构。

板式塔是一种逐级（板）接触的气-液传质设备。塔内以塔板作为基本构件，气体自塔底向上以鼓泡或喷射的形式穿过塔板上的液层，使气-液相密切接触而进行传质与传热，两相的组分浓度呈阶梯式变化。图 7-2 为板式塔的总体结构。

由图 7-1 及图 7-2 可见，无论是填料塔还是板式塔，除了各种内件之外，均由塔体、支座、人孔或手孔、除沫器、接管、吊柱及扶梯、操作平台等组成。

① 塔体　塔体即塔设备的外壳，常见的塔体由等直径、等厚度的圆筒及上下封头组成。对于大型塔设备，为了节省材料也有采用不等直径、不等厚度的塔体。塔设备通常安装在室外，因而塔体除了承受一定的操作压力（内压或外压）、温度外，还要考虑风载、地震载荷、偏心载荷。此外还要满足在试压、运输及吊装时的强度、刚度及稳定性要求。

② 支座　塔体支座是塔体与基础的连接结构。因为塔设备较高、重量较大，为保证其足够的强度及刚度，通常采用裙式支座。

③ 人孔及手孔　为安装、检修、检查等需要，往往在塔体上设置人孔或手孔。不同的塔设备，人孔或手孔的结构及位置等要求不同。

④ 接管　用于连接工艺管线，使塔设备与其他相关设备相连接。按其用途可分为进液管、出液管、回流管、进气及出气管、侧线抽出管、取样管、仪表接管、液位计接管等。

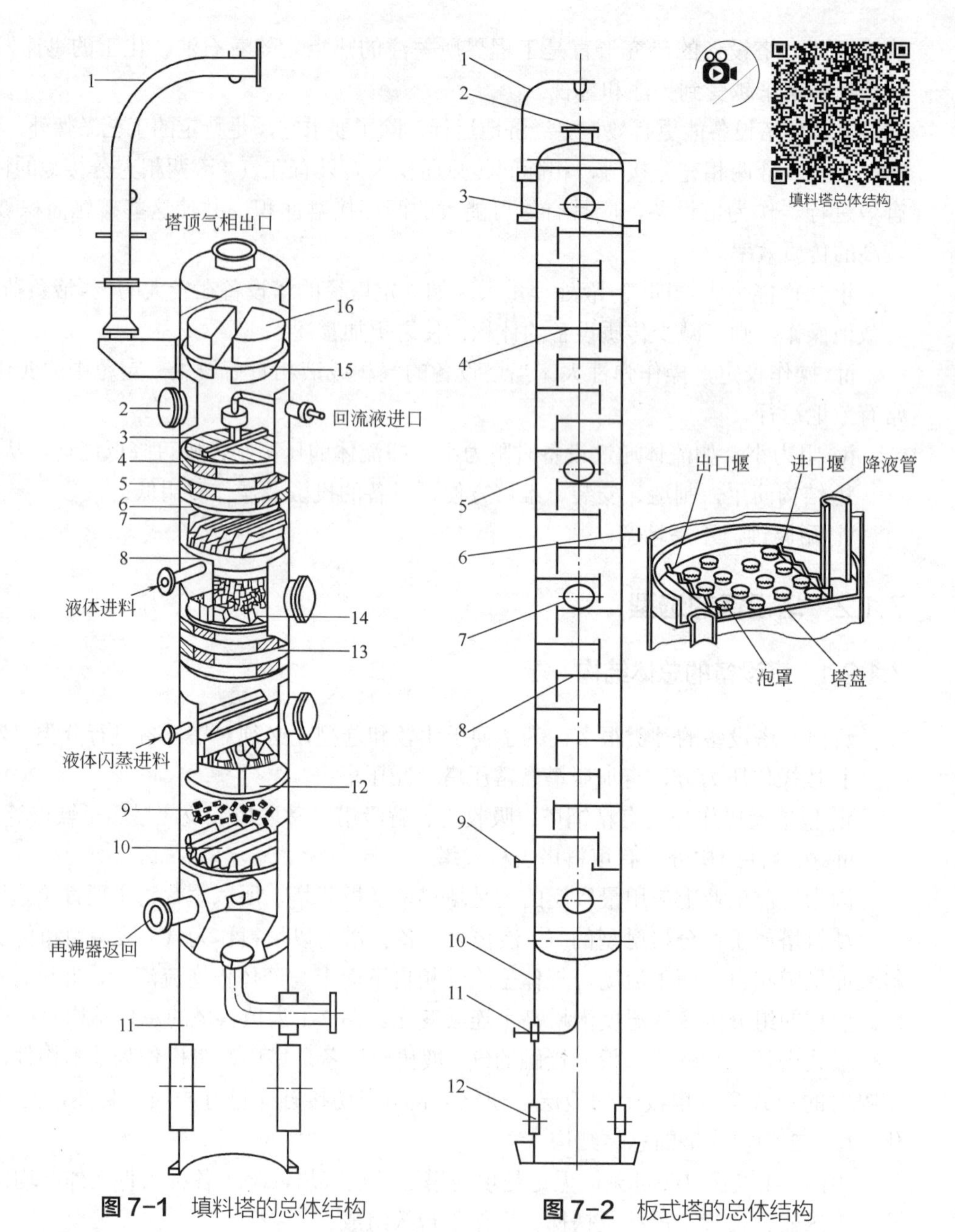

图 7-1 填料塔的总体结构

1—吊柱；2—人孔；3—排管式液体分布器；4—床层定位器；5,13—规整填料；6—填料支承栅板；7—液体收集器；8—集液管；9—散装填料；10—填料支承装置；11—支座；12—槽式液体再分布器；14—盘式液体分布器；15—防涡流器；16—除沫器

图 7-2 板式塔的总体结构

1—吊柱；2—气体出口；3—回流液入口；4—精馏段塔盘；5—壳体；6—料液进口；7—人孔；8—提馏段塔盘；9—气体入口；10—支座；11—釜液出口；12—出入口

⑤ 除沫器　用于捕集夹带在气流中的液滴。除沫器工作性能的好坏对除沫效率、分离效果都具有较大的影响。

⑥ 吊柱　安装于塔顶，主要用于安装、检修时吊运塔内件。

7.1.2.2 塔设备的选型

填料塔和板式塔均可用于蒸馏、吸收等气 - 液传质过程，但在两者之间进行比较及合理选择时，必须考虑多方面因素，如与被处理物料性质、操作条件和塔的加工、维修等方面有关的因素等。选型时很难提出绝对的选择标准，而只能提出一般的参考意见，表 7-2 给出了填料塔和板式塔的一些主要区别。

表7-2 填料塔与板式塔的主要区别

项目＼塔型	填料塔	板式塔
压降	小尺寸填料，压降较大，而大尺寸填料及规整填料，则压降较小	较大
空塔气速	小尺寸填料气速较小，而大尺寸填料及规整填料则气速可较大	较大
塔效率	传统的填料，效率较低，而新型乱堆及规整填料则塔效率较高	较稳定、效率较高
液 - 气比	对液体量有一定要求	适用范围较大
持液量	较小	较大
安装、检修	较难	较容易
材质	金属及非金属材料均可	一般用金属材料
造价	新型填料，投资较大	大直径时造价较低

在进行填料塔和板式塔的选型时，下列情况可考虑优先选用填料塔：

ⅰ. 在分离程度要求高的情况下，因某些新型填料具有很高的传质效率，故可采用新型填料以降低塔的高度；

ⅱ. 对于热敏性物料的蒸馏分离，因新型填料的持液量较小，压降小，故可优先选择真空操作下的填料塔；

ⅲ. 具有腐蚀性的物料，可选用填料塔，因为填料塔可采用非金属材料，如陶瓷、塑料等；

ⅳ. 容易发泡的物料，宜选用填料塔，因为在填料塔内，气相主要不以气泡形式通过液相，可减少发泡的危险，此外，填料还可以使泡沫破碎。

下列情况下，可优先选用板式塔：

ⅰ. 塔内液体滞液量较大，要求塔的操作负荷变化范围较宽，对进料浓度变化要求不敏感，要求操作易于稳定；

ⅱ. 液相负荷较小，因为这种情况下，填料塔会由于填料表面湿润不充分而降低其分离效率；

ⅲ. 含固体颗粒，容易结垢，有结晶的物料，因为板式塔可选用液流通道较大，堵塞的危险较小；

ⅳ. 在操作过程中伴随有放热或需要加热的物料，需要在塔内设置内部换热组件，如加热盘管，需要多个进料口或多个侧线出料口，这是因为一方面板式塔的结构上容易实现，此外，塔板上有较多的滞液量，以便与加热或冷却管进行有效的传热。

实践证明，在较高压力下操作的蒸馏塔仍多采用板式塔，因为在压力较高时，塔内气液比过小，气相返混剧烈，填料塔的分离效果往往不佳。

7.2 填料塔

填料塔的基本特点是结构简单，压力降小，传质效率高，便于采用耐腐蚀材料制造等。对于热敏性及容易发泡的物料，更显出其优越性。过去，填料塔多推荐用于 0.6～0.7m 以下的塔径。近年来，随着高效新型填料和其他高性能塔内件的开发，以及人们对填料流体力学、放大效应及传质机理的深入研究，

填料塔技术得到了迅速发展。目前，国内外已开始利用大型高效填料塔改造板式塔，并在增加产量、提高产品质量、节能等方面取得了巨大的成效。

近年来，工程界对填料塔进行了大量的研究工作，主要集中在以下几个方面：

ⅰ. 开发多种形式、规格和材质的高效、低压降、大流量的填料；

ⅱ. 与不同填料相匹配的塔内件结构；

ⅲ. 填料层中液体的流动及分布规律；

ⅳ. 蒸馏、萃取等过程的模拟；

ⅴ. 塔设备节能技术的研究。

随着塔设备的大型化，今后需要进一步研究新型高性能的填料及其他新型塔内件，特别要加强气体及液体分布器的研究。

7.2.1 填料

填料是填料塔的核心内件，它为气 - 液两相接触进行传质和换热提供了表面，与塔的其他内件共同决定了填料塔的性能。因此，设计填料塔时，首先要适当地选择填料。要做到这一点，必须了解不同填料的性能。填料一般可以分为散装填料及规整填料两大类。

7.2.1.1 散装填料

散装填料是指安装以乱堆为主的填料，也可以整砌。这种填料是具有一定外形结构的颗粒体，故又称颗粒填料。根据其形状，这种填料可分为环形、鞍形及环鞍形。每一种填料按其尺寸、材质的不同又有不同的规格。散装填料的发展过程如图 7-3 所示。

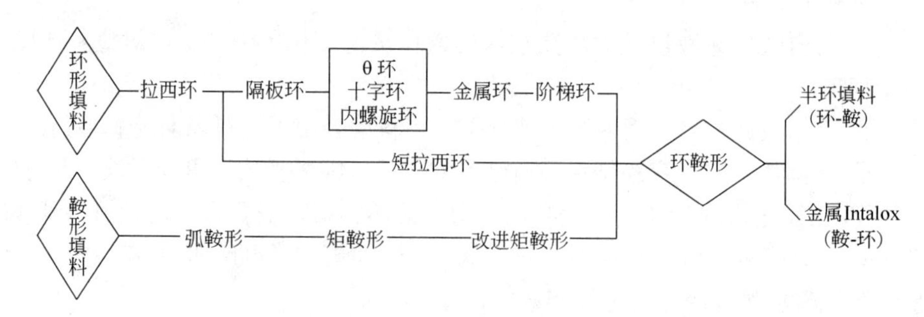

图 7-3 散装填料的发展

（1）环形填料

① 拉西环　最原始的填料塔是以碎石、砖块、瓦砾等无定形物作为填料的。1914 年拉西（F. Rasching）发明了具有固定几何形状的拉西环瓷制填料。与无定形填充物的填料塔相比，其流体通量与传质效率都有了较大的提高。这种填料的使用，标志着填料的研究和应用进入了科学发展的新时期。从此，人们不断改进填料的形状、结构，出现了许多新型填料，并在化工生产中获得成功应用。

拉西环是高度与外径相等的圆柱体，详见图 7-4。可由陶瓷、金属、塑料等制成。拉西环的规格以外径为特征尺寸，大尺寸的拉西环（100mm 以上）

一般采用整砌方式装填，小尺寸的拉西环（75mm 以下）多采用乱堆方式填充。因为乱堆的填料间容易产生架桥，使相邻填料外表面间形成线接触，填料层内形成积液、液体的偏流、沟流、股流等。此外，由于填料层内滞液量大，气体通过填料层绕填料壁面流动时折返的路程较长，因此阻力较大，通量较小。但由于这种填料具有较长的使用历史，结构简单，价格便宜，所以在相当一段时间内应用比较广泛。

② θ 环、十字环及内螺旋填料　θ 环与十字环填料是在拉西环内分别增加一竖直隔板及十字隔板而形成的，如图 7-5（a）、(b）所示。与拉西环比较，虽然它们表面积增加，分离效率有所提高，但总体而言，其传质效率并没有显著提高。大尺寸的十字环填料，多采用整砌装填于填料支承上，作为散装乱堆填料的过渡支承。内螺旋环填料是在拉西环内增加了螺旋形隔板而成，如图 7-5（c）所示。螺旋环填料尺寸较大，一般采用整砌方式装填。

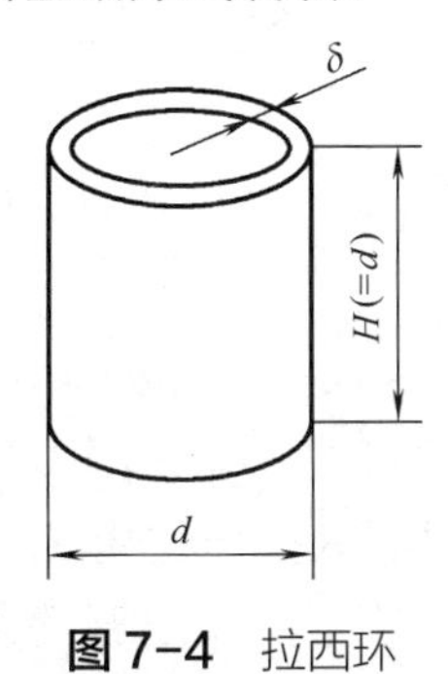

图 7-4　拉西环

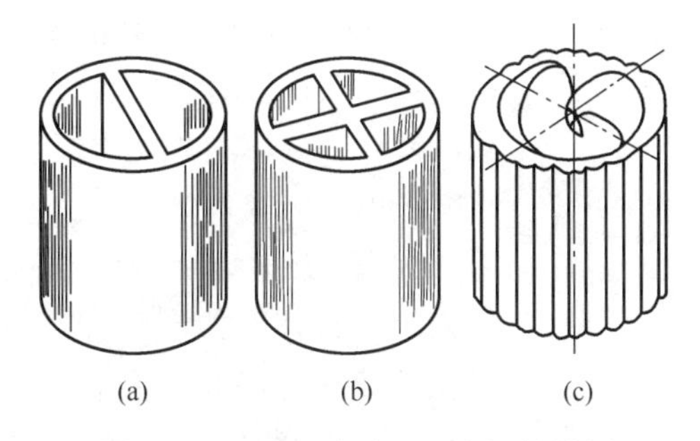

图 7-5　θ 环、十字环及内螺旋填料

（2）开孔环形填料

开孔环形填料是在环形填料的环壁上开孔，并使断开窗口的孔壁形成一具有一定曲率且指向环中心的内弯舌片。这种填料既充分利用了环形填料的表面又增加了许多窗孔，从而大大改善了气 - 液两相物料通过填料层时的流动状况，增加了气体通量，减少了气相的阻力，增加了填料层的湿润表面，提高了填料层的传质效率。

① 鲍尔环填料　是针对拉西环的一些缺点经改进而得到的，是高度与直径相等的开孔环形填料，在其侧面开有两层长方形的孔窗，每层有 5 个窗孔，每个孔的舌叶弯向环心，上下两层孔窗的位置交错。孔的面积占环壁总面积的 35% 左右。鲍尔环一般用金属或塑料制成。图 7-6 为金属鲍尔环的结构。实践表明，同样尺寸与材质的鲍尔环与拉西环相比，其相对效率要高出 30% 左右，在相同的压降下，鲍尔环的处理能力比拉西环增加 50% 以上，而在相同的处理能力下，鲍尔环填料的压降仅为拉西环的一半。

② 改进型鲍尔环填料　其结构与鲍尔环相似，只是环壁上开孔的大小及内弯叶片的数量不同。每个窗孔改为上下两片叶片从两端分别弯向环内，详见图 7-7，叶片数比鲍尔环多出了一倍，并交错地分布在四个平面上，同时，环壁上的开孔面积也比鲍尔环填料有所增加，因而使填料内的气、液分布情况得到改善，处理能力较鲍尔环提高 10% 以上。

③ 阶梯环填料　阶梯环是 20 世纪 70 年代初期，由英国传质公司开发所研制的一种新型短开孔环形填料。其结构类似于鲍尔环，但其高度减小一半，且填料的一端扩为喇叭形翻边，这样不仅增加了填料环的强度，而且使填料堆积时相互的接触由线接触为主变成为以点接触为主，不仅增加了填料颗粒间的空隙，减少了气体通过填料层的阻力，而且改善了液体的分布，促进了液膜的更新，提高了传质效率。因此，阶梯环填料的性能较鲍尔环填料又有了进一步的提高。目前，阶梯环填料可由金属、陶瓷和塑料等材料制造而成。详见图 7-8。

（3）鞍形填料

鞍形填料类似马鞍形状，这种填料层中主要为弧形的液体通道，填料层内的空隙率较环形填料连续，气体向上主要沿弧形通道流动，从而改善气液流动状况。

图 7-6　鲍尔环填料　　图 7-7　改进型鲍尔环填料　　图 7-8　阶梯环填料

① 弧鞍形填料　其形状如图 7-9 所示。通常由陶瓷制成。这种填料虽然与拉西环比较性能有一定程度的改善，但由于相邻填料容易产生套叠和架空的现象，使一部分填料表面不能被湿润，即不能成为有效的传质表面，目前基本被矩鞍形填料所取代。

② 矩鞍形填料　是一种敞开式的填料，它是在弧鞍形填料的基础上发展起来的。其外形如图 7-10 所示。它将弧鞍填料的两端由圆弧改为矩形，克服了弧鞍填料容易相互叠合的缺点。这种填料因为在床层中相互重叠的部分较少，空隙率较大，填料表面利用率高，所以与拉西环相比压降低，传质效率提高，与尺寸相同的拉西环相比效率约提高 40% 以上。生产实践证明这种填料不易被固体悬浮颗粒所堵塞，装填时破碎量较少。因而被广泛推广使用。矩鞍填料可用瓷质材料、塑料制成。

③ 改进型矩鞍填料　近年来出现了矩鞍填料的改进型填料，其特点是将原矩鞍填料的平滑弧形边缘改为锯齿状。在填料的表面增加皱折，并开有圆孔，见图 7-11。由于结构上做了上述改进，改善了流体的分布，增大了填料表面的湿润率，增强了液膜的湍动，降低了气体阻力，提高了处理能力和传质效率。目前，这种填料一般用陶瓷或塑料制造。

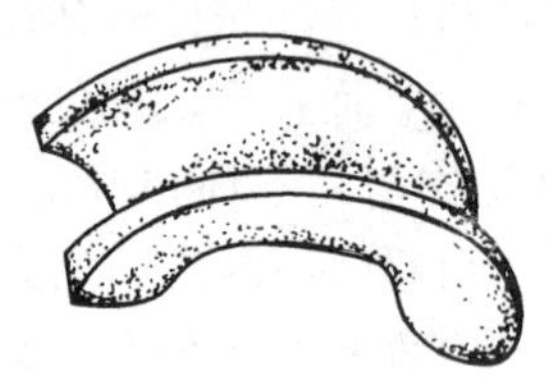

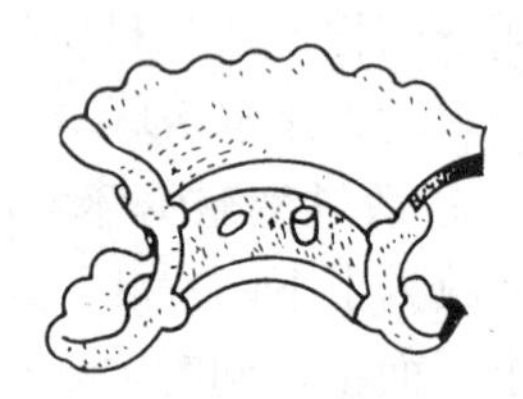

图 7-9　弧鞍形填料　　图 7-10　矩鞍形填料　　图 7-11　改进型矩鞍填料

（4）金属环矩鞍填料

金属环矩鞍填料（intalox）是 1978 年由美国 Norton 公司首先开发出来的，不久国产金属环矩鞍填料即用于生产。这种填料将开孔环形填料和矩鞍填料的特点相结合，既有类似于开孔环形填料的圆环、环壁开孔和内伸的舌片，又有类似于矩鞍填料的圆弧形通道（图 7-12）。这种填料是用薄金属板冲制而成的整体环鞍结

图 7-12　金属环矩鞍填料

构，两侧的翻边增加了填料的强度和刚度。因为这种填料是一种开敞的结构，所以流体的通量大、压降低、滞留量小，有利于液体在填料表面的分布及液体表面的更新，从而提高传质性能。与金属鲍尔环相比，这种填料的通量提高15%～30%，压降降低40%～70%，效率提高10%左右。因而金属环矩鞍填料获得了广泛的应用，特别在乙烯、苯乙烯等减压蒸馏中效果更为突出。

7.2.1.2 规整填料

在乱堆的散装填料塔内，气-液两相的流动路线往往是随机的，加之填料装填时难以做到各处均一，因而容易产生沟流等不良情况，从而降低塔的效率。

规整填料是一种在塔内按均匀的几何图形规则、整齐地堆砌的填料，这种填料人为地规定了填料层中气、液的流路，减少了沟流和壁流的现象，大大降低了压降，提高了传热、传质的效果。规整填料的种类，根据其结构可分为丝网波纹填料及板波纹填料。

（1）丝网波纹填料

用于制造丝网波纹填料的材料有金属，如不锈钢、铜、铝、铁、镍及蒙乃尔等，除此之外，还有塑料丝网波纹填料及碳纤维波纹填料。

金属丝网波纹填料是由厚度为0.1～0.25mm，相互垂直排列的不锈钢丝网波纹片叠合组成的盘状规整填料。相邻两片波纹的方向相反，于是在波纹网片间形成一相互交叉又相互贯通的三角形截面的通道网。叠合在一起的波纹片周围用带状丝网箍住，箍圈可以有向外的翻边以防壁流。波片的波纹方向与塔轴的倾角为30°或45°。每盘的填料高度为40～300mm，如图7-13所示。通常填料盘的直径略小于塔体的内径。上下相邻两盘填料交错90°排列。对于小塔径，填料整盘装填，对于直径在1.5m以上的大塔或无法兰连接的不可拆塔体，则可用分块形式从人孔吊入塔内再拼装。

操作时，液体均匀分布于填料表面并沿丝网表面以曲折的路途向下流动，气体在网片间的交叉通道内流动，因而气、液两相在流动过程中不断地、有规则地转向，获得了较好的横向混合。又因上下两盘填料的板片方向交错90°，故每通过一层填料后，气-液两相进行一次再分布，有时还在波纹填料片上按一定的规则开孔（孔径ϕ5mm，孔间距约为10mm），这样相邻丝网片间气、液分布更加均匀，几乎无放大效应。这样的特点有利于丝网波纹填料在大型塔器中的应用。金属丝网波纹填料的缺点是造价高，抗污能力差，难以清洗。

（2）板波纹填料

板波纹填料可分为金属、塑料及陶瓷板波纹填料三大类。

金属板波纹填料保留了金属丝网波纹填料几何规则的结构特点，所不同的是改用表面具有沟纹及小孔的金属板波纹片代替金属网波纹片，即每个填料盘由若干金属板波纹片相互叠合而成。相邻两波纹片间形成通道且波纹流道成90°交错，上、下两盘填料中波纹片的叠合方向旋转90°，同样，对小型塔可用整盘的填料，而对于大型塔或无法兰连接的塔体则可用分块型填料。这种填料的结构如图7-14所示。

图7-13 丝网波纹填料

图7-14 金属板波纹填料

7

金属板波纹填料保留了金属丝网波纹填料压降低、通量高、持液量小、气-液分布均匀、几乎无放大效应等优点，传质效率也比较高，但其造价比丝网波纹填料要低得多。

7.2.1.3 填料的选用

填料的选用主要根据其效率、通量和压降三个重要的性能参数决定。它们决定了塔能力的大小及操作费用。在实际应用中，考虑到塔体的投资，一般选用具有中等比表面积（单位体积填料中填料的表面积，m^2/m^3）的填料比较经济。比表面积较小的填料空隙率大，可用于流体高通量、大液量及物料较脏的场合。对于老塔改造，在塔高和塔径确定的前提下应根据改造的目的，选择性能相宜的填料。在同一塔中，可根据塔中不同高度处两相流量和分离难易而采用多种不同规格的填料。此外，在选择填料时还应考虑系统的腐蚀性、成膜性和是否含有固体颗粒等因素来选择不同材料、不同种类的填料。

7.2.2 填料塔内件的结构设计

填料塔的内件是整个填料塔的重要组成部分。内件的作用是为了保证气-液更好地接触，以便发挥填料塔的最大效率和生产能力。因此内件设计的好坏直接影响到填料性能的发挥和整个填料塔的效率。

7.2.2.1 填料的支承装置

填料的支承装置安装在填料层的底部。其作用是防止填料穿过支承装置而落下；支承操作时填料层的重量；保证足够的开孔率，使气-液两相能自由通过。因此不仅要求支承装置具备足够的强度及刚度，而且要求结构简单，便于安装，所用的材料耐介质的腐蚀。

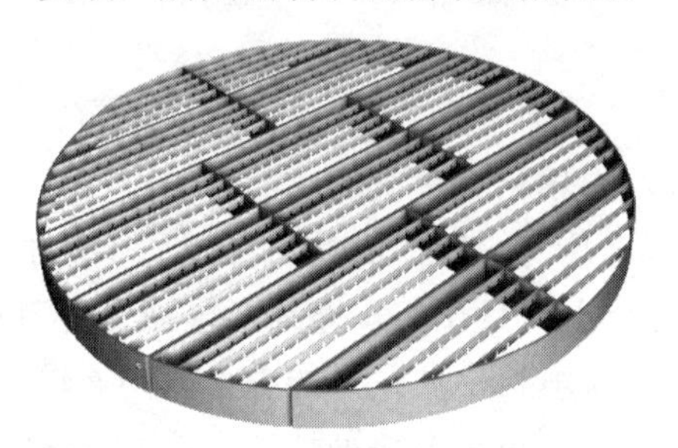

图 7-15 栅板型支承装置

（1）栅板型支承

填料支承栅板是结构最简单、最常用的填料支承装置，如图 7-15 所示。它由相互垂直的栅条组成，放置于焊接在塔壁的支承圈上。塔径较小时可采用整块式栅板，大型塔则可采用分块式栅板。

栅板支承的缺点是如将散装填料直接乱堆在栅板上，则会使空隙堵塞从而减少其开孔率，故这种支承装置广泛用于规整填料塔。有时在栅板上先放置一盘板波纹填料，然后再装填散装填料。

（2）气液分流型支承

气液分流型支承属于高通量低压降的支承装置。其特点是为气体及液体提供了不同的通道，避免了栅板式支承中气液从同一孔槽中逆流通过。这样既避免了液体在板上的积聚，又有利于液体的均匀再分配。

① 波纹式　波纹式支承装置由金属板加工的网板冲压成波形，然后焊接

在钢圈上，如图7-16所示。网孔呈菱形，且波形沿菱形的长轴冲制。目前使用的网板最大厚度：碳钢为8mm，不锈钢为6mm。菱形长轴150mm，短轴为60mm，波纹高度为25～50mm，波距一般大于50mm。

② 驼峰式　驼峰式支承装置是组合式的结构，其梁式单元体，尺寸为宽290mm，高300mm，各梁式单元体之间用定距凸台保持10mm的间隙供排液用。驼峰上具有条形侧孔，如图7-17所示。图中各梁式单元体由钢板冲压成型。板厚：不锈钢为4mm，碳钢为6mm。

这种支承装置的特点是：气体通量大，液体负荷高，液体不仅可以从盘上的开孔排出，而且可以从单元体之间的间隙穿过，最大液体负荷可达200m^3/（m^2·h）。它是目前性能最优的散装填料的支承装置，且适用于大型塔。对于直径大于3m的大塔，中间沿与驼峰轴线的垂直方向应加工字钢梁支承以增加刚度。

③ 孔管式　孔管式支承装置，如图7-18所示。其特点是将位于支承板上的升气管上口封闭，在管壁上开长孔，因而气体分布较好，液体从支承板上的孔中排出，特别适用于塔体用法兰连接的小型塔。

图7-16　波纹式支承装置

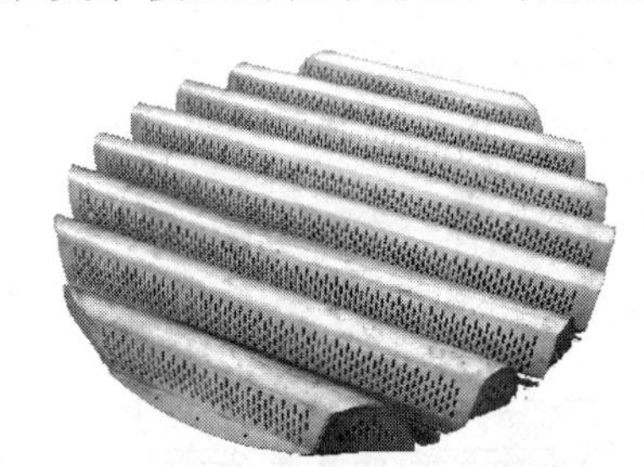

图7-17　驼峰式支承装置

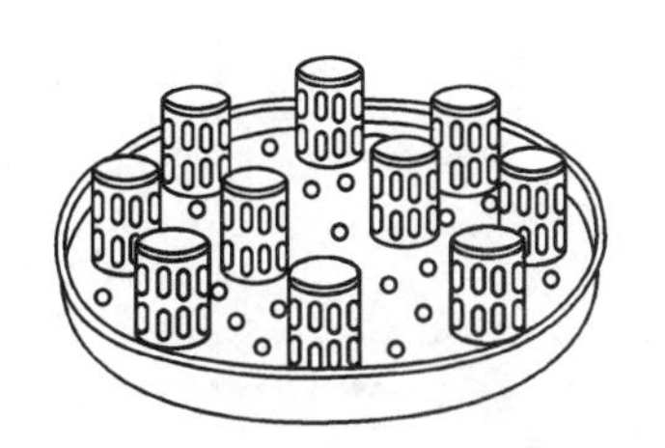

图7-18　孔管式支承装置

7.2.2.2　填料塔的液体分布器

液体分布器安装于填料上部，它将液相加料及回流液均匀地分布到填料的表面上，形成液体的初始分布。在填料塔的操作中，因为液体的初始分布对填料塔的影响最大，所以液体分布器是填料塔最重要的塔内件之一。液体分布器的设计应考虑液体分布点的密度，分布点的布液方式及布液的均匀性等因素，其中包括分布器的结构形式、几何尺寸的确定，液位高度或压头大小、阻力等。

为了保证液体初始分布均匀，应保证液体分布点的密度即单位面积上的喷淋点数。由于实际设备结构上的限制，液体分布点不可能太多，常用填料塔的喷淋点数可参照下列数值：

D≤400mm时，每30cm^{2}的塔截面设一个喷淋点；

D≤750mm时，每60cm^{2}的塔截面设一个喷淋点；

D≤1200mm时，每240cm^{2}的塔截面设一个喷淋点。

对于规整填料，其填料效率较高，对液体分布均匀的要求也高，根据填料效率的高低及液量的大小，可按每20～50cm^{2}塔截面设置一个喷淋点。

液体分布器的安装位置，一般高于填料层表面150～300mm，以提供足够的空间，让上升气流不受约束地穿过分布器。

理想的液体分布器，应该是液体分布均匀，自由面积大，操作弹性宽，能处理易堵塞、有腐蚀，易起泡的液体，各部件可通过人孔进行安装和拆卸。

液体分布器根据其结构形式，可分为管式、槽式、喷洒式及盘式。

（1）管式液体分布器

管式液体分布器分重力型和压力型两种。

图7-19为重力型排管式液体分布器。它由进液口、液位管、液体分配管及布液管组成。进液口为漏斗形，内置金属丝网过滤器，以防止固体杂质进入液体分布器内。液位管及液体分配管可用圆管或方管

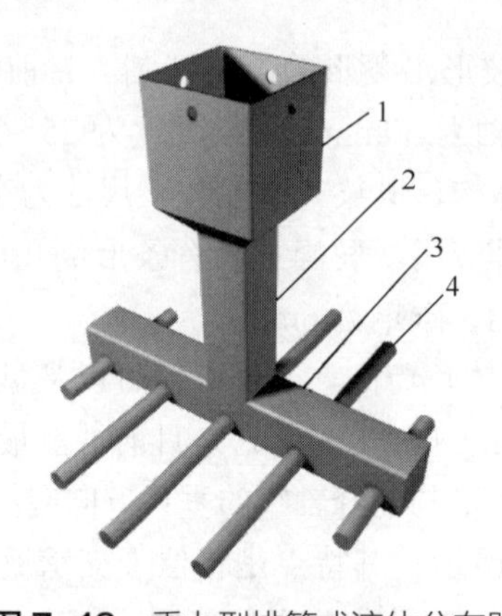

图 7-19　重力型排管式液体分布器

1—进液口；2—液位管；3—液体分配管；4—布液管

制成。布液管一般由圆管制成，且底部打孔以将液体分布到填料层上部。对于塔体分段由法兰连接的小型塔排管式液体分布器做成整体式，而对于整体式大塔，则可做成可拆卸结构，以便从人孔进入塔中，在塔内安装。

这种分布器的最大优点是塔在风载荷作用下产生摆动时，液体不会溅出。此外，液体管中有一定高度的液位，故安装时水平度误差不会对从小孔流出的液体有较大的影响，因而可达到较高的分布质量。因此一般用于中等以下液体负荷及无污物进入的填料塔中，特别是丝网波纹填料塔。

压力型管式液体分布器是靠泵的压头或高液位通过管道与分布器相连，将液体分布到填料上，根据管子安排的方法不同，有排管式和环管式，如图 7-20 所示。

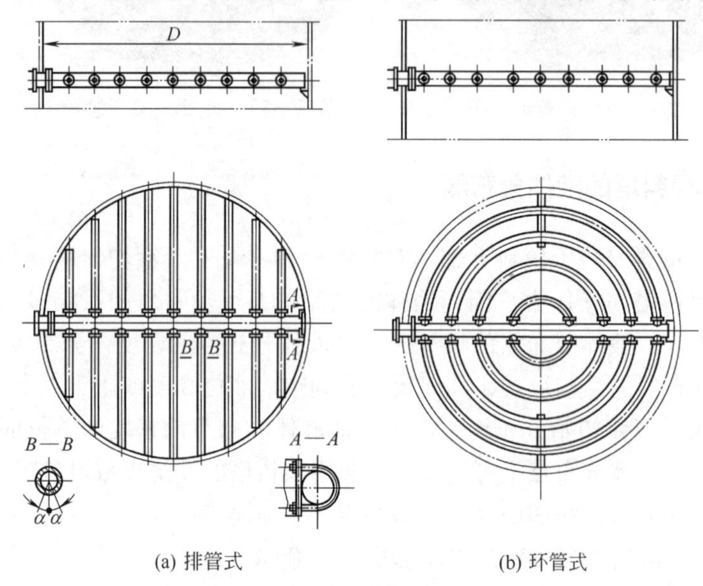

(a) 排管式　　(b) 环管式

图 7-20　压力型管式液体分布器

压力型管式液体分布器结构简单，易于安装，占用空间小，适用于带有压力的液体进料，值得注意的是压力型管式液体分布器只能用于液体单相进料，操作时必须充满液体。

（2）槽式液体分布器

槽式液体分布器为重力型分布器，它是靠液位（液体的重力）分布液体。就结构而言，可分为孔流型与溢流型两种。

图 7-21 为槽式孔流型液体分布器，它由主槽和分槽组成。主槽为矩形截面敞开式的结构，长度由塔径及分槽的尺寸决定，高度取决于操作弹性，一般取 200～300mm。主槽的作用是将液体通过其底部的布液孔均匀稳定地分配到各分槽中。分槽将主槽分配的液体，均匀地分布到填料的表面上。分槽的长度由塔径及排列情况确定，宽度由液体量及要求的停留时间确定，一般

30～60mm，高度通常为250mm左右。分槽是靠槽内的液位由槽底的布液孔来分布液体的，其设计的关键是布液结构。一般情况下，最低液位以50mm为宜，最高液位由操作弹性、塔内允许的高度及造价确定，一般200mm左右。

槽式溢流型液体分布器与槽式孔流型液体分布器结构上有相似处，它是将槽式孔流型液体分布器的底孔改成侧向溢流孔。溢流孔一般为倒三角形或矩形，如图7-22所示。它适用于高液量或物料内有脏物易被堵塞的场合。液体先进入主槽，靠液位由主槽的矩形或三角形溢流孔分配至各分槽中，然后再依靠分槽中的液位从三角形或矩形溢流孔流到填料表面上。主槽可设置一个或多个，视塔径而定，直径2m以下的塔可设置一个主槽，直径2m以上或液量很大的塔可设2个或多个主槽。

图7-21 槽式孔流型液体分布器
1—主槽；2—分槽

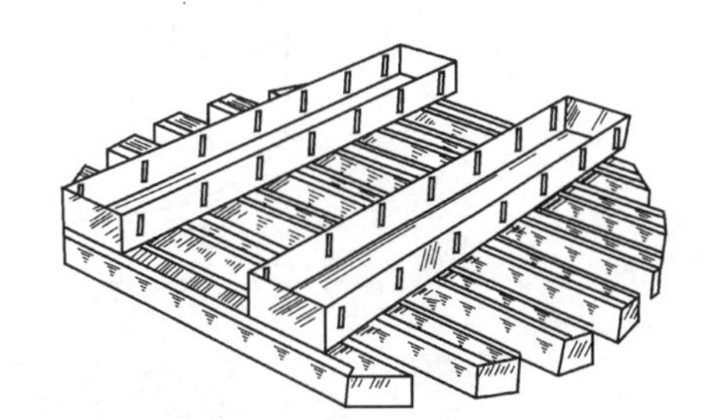
图7-22 槽式溢流型液体分布器

这种分布器常用于散装填料塔中，由于其分布质量不如槽式孔流型液体分布器，故高效规整填料塔中应用不多。分槽宽度一般为100～120mm，高度为100～150mm，分槽中心距为300mm左右。

（3）喷洒式液体分布器

喷洒式液体分布器的结构与压力型管式分布器相似，它是在液体压力下，通过喷嘴（而不是管式分布器的喷淋孔）将液体分布在填料上，其结构如图7-23所示。最早使用的喷洒式液体分布器是莲蓬头喷淋式分布器，由于其分布性能差，现已很少使用。利用喷嘴代替莲蓬头，可取得较好的分布效果。喷洒式分布器的关键是喷嘴的设计，包括喷嘴的结构、布置、喷射角度、液体的流量及喷嘴的安装高度等。喷嘴喷出的液体呈锥形，为了达到均匀分布，锥底需有部分重叠，重叠率一般为30%～40%，喷嘴安装于填料上方约300～800mm处，喷射角度约120°。

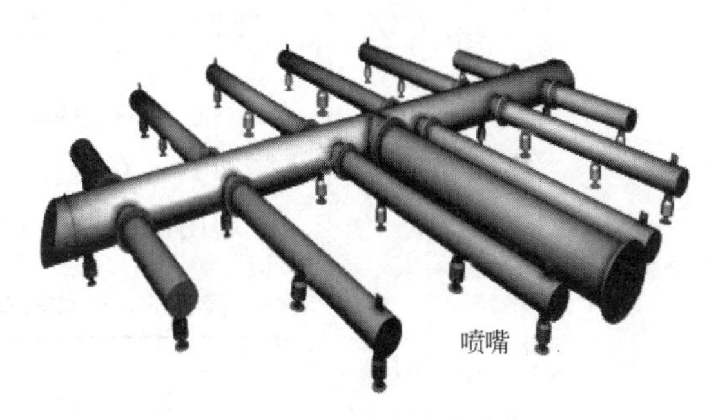

图7-23 喷洒式液体分布器

喷洒式分布器结构简单、造价低、易于支承，气体处理量大，液体处理量的范围比较宽，但雾沫夹带较严重，需安装除沫器，且压头损失也比较大，使用时要避免液体直接喷到塔壁上，产生过大的壁流。进料中不能含有气相及固相。

（4）盘式液体分布器

盘式液体分布器分为孔流型和溢流型两种。

盘式孔流型液体分布器是在底盘上开有液体喷淋孔并装有升气管。气液的流道分开：气体从升气管上升，液体在底盘上保持一定的液位，并从喷淋孔流下。升气管截面可为圆形，也可为锥形，高度一般在200mm以下。当塔径在1.2m以下时，可制成具有边圈的结构，如图7-24所示。分布器边圈与塔壁间的空间可作为气体通道。

对于大直径塔，可用图7-25所示的盘式分布器，它采用支承梁将分布器分为2～3个部分，设计时注意支承梁在载荷作用下每米的最大挠度应小于1.5mm，两个分液槽安装在矩形升气管上，并将液体加入到盘上。

盘式溢流型液体分布器是将上述盘式孔流型液体分布器的布液孔改成溢流管。对于大塔径，分布器可制成分盘结构，如图 7-26 所示。每块分盘上设升气管，且各分盘间，周边与塔壁间也有升气管道，三者总和约为塔截面积的 15%～45%。溢流管多采用 ϕ20mm，上端开 60°斜口的小管制成，溢流管斜口高出盘底 20mm 以上，溢流管布管密度可为每平方米塔截面 100 个以上，适用于规整填料及散装填料塔，特别是中小流量的操作。

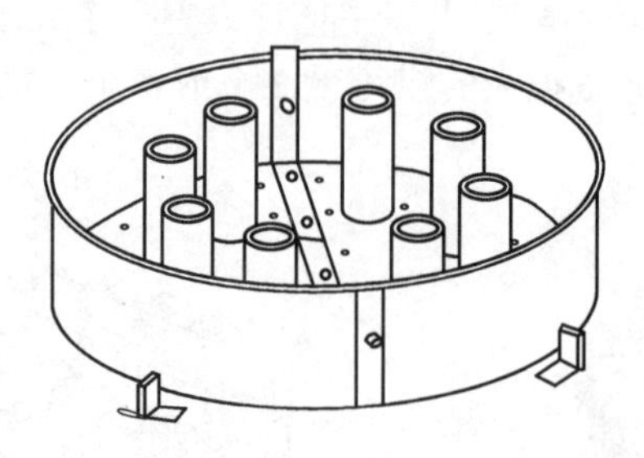

图 7-24 小直径塔用盘式孔流型液体分布器

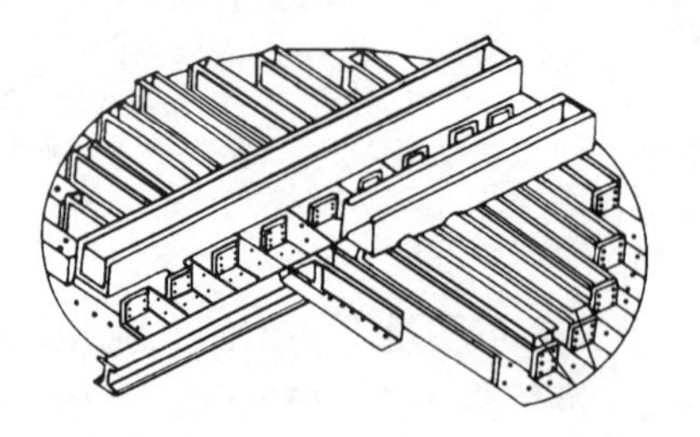

图 7-25 大直径塔用盘式孔流型液体分布器

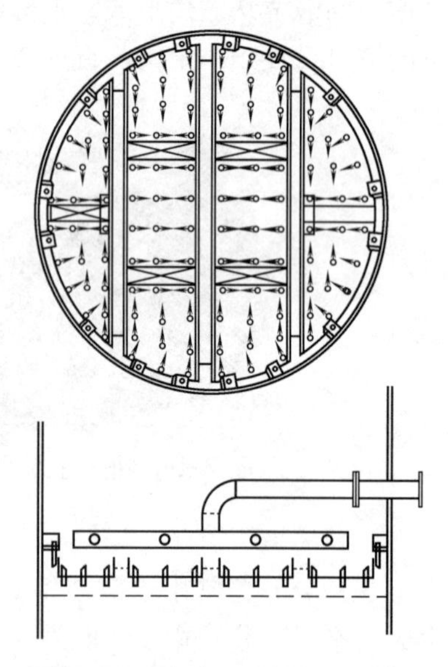

图 7-26 盘式溢流型液体分布器

在选择液体分布器时，对于金属丝网填料及非金属丝网填料，应选用管式分布器；对于比较脏的物料，应优先选用槽式分布器。对于分批精馏的情况，应选用高弹性分布器。表 7-3 为各种分布器性能的比较。

表 7-3 液体分布器的性能比较

项目	管式		喷洒式	槽式孔流	槽式溢流	盘式孔流	盘式溢流
	重力	压力	压力	重力	重力	重力	重力
液体分布质量	高	中	低 - 中	高	低 - 中	高	低 - 中
处理能力 /[m^3/(m^2·h)]	0.25～10	0.25～2.5	范围较宽	范围宽	范围宽	范围宽	范围宽
塔径 /m	任意	＞0.4	任意	任意，通常＞0.6	任意，通常＞0.6	＜1.2	＜1.2
留堵程度	高	高	中 - 高	中	低	中	低
气体阻力	低	低	低	低	低 - 高	高	高
对水平度的要求	低	无	无	低载荷时高	高	低载荷时高	高
腐蚀的影响	中	大	大	大	小	大	小
液相夹带重量	低	高	高	低	低	低	低
	低	低	低	中	中	高	高

7.2.2.3 液体收集再分布器

当液体沿填料层向下流动时，具有流向塔壁而形成“壁流”的倾向，结果造成液体分布不均匀，降低传质效率，严重时使塔中心的填料不能被液体湿润而形成“干锥”。为此，必须将填料分段，在各段填料之间需要将上一段填料下来的液体收集，再分布。液体收集再分布器的另一作用是当塔内气、液相出现径向浓度差时，液体收集再分布器将上层填料流下的液体完全收集、混合，然后均匀分布到下层填料，并将上升的气体均匀分布到上层填料以消除各自的径向浓度差。

（1）液体收集器

① 斜板式液体收集器　如图 7-27 所示。上层填料下来的液体落到斜板上后沿斜板流入下方的导液槽中，然后进入底部的横向或环形集液槽。再由集液槽中心管流入再分布器中进行液体的混合和再分布。斜板在塔截面上的投影必须覆盖整个截面并稍有重叠。安装时将斜板点焊在收集器筒体及底部的横槽及环槽上即可。

斜板液体收集器的特点是自由面积大，气体阻力小，一般不超过 2.5mm 水柱（=24.5Pa）。因此特别适用于真空操作。

② 升气管式液体收集器　其结构与盘式液体分布器相同，只是升气管上端设置挡液板，以防止液体从升气管落下，其结构如图 7-28 所示。这种液体收集器是把填料支承和液体收集器合二为一，占据空间小，气体分布均匀性好，可用于气体分布性能要求高的场合。其缺点是阻力较斜板式收集器大，且填料容易挡住收集器的布液孔。

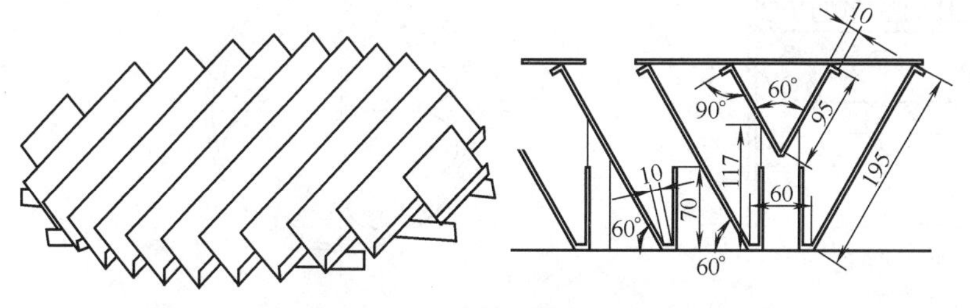

图 7-27　斜板式液体收集器

图 7-28　升气管式液体收集器

（2）液体再分布器

① 组合式液体再分布器　将液体收集器与液体分布器组合起来即构成组合式液体再分布器，而且可以组合成多种结构形式的再分布器。图 7-29（a）为斜板式收集器与液体分布器的组合，可用于规整填料及散装填料塔。图 7-29（b）为气液分流式支承板与盘式液体分布器的组合。两种再分布器相比，后者的混合性能不如前者，且容易漏液，但它所占据的塔内空间小。

② 盘式液体再分布器　其结构与升气管液体收集器相同（见图 7-28），只是在盘上打孔以分布液体。开孔的大小、数量及分布由填料种类及尺寸、液体流量及操作弹性等因素确定。

③ 壁流收集再分布器　分配锥是最简单的壁流收集再分布器，如图 7-30（a）所示。它将沿塔壁流下的液体用再分配锥导出至塔的中心。圆锥小端直径 D_1 通常为塔径 D_i 的 0.7～0.8 倍。分配锥一般不宜安装在填料层里，而适宜安装在填料层分段之间，作为壁流的液体收集器使用。这是因为分配锥若安装在填料内会使气体的流动面积减少，扰乱了气体的流动。同时分配锥与塔壁间又形成死角，填料的安装也困难。分配锥上具有通孔的结构，是分配锥的改进结构，如图 7-30（b）所示。通孔使通气面积增加，且使气体通过时的速度变化不大。

图 7-31 为玫瑰式再分布器，与上述分配锥相比，具有较高的自由截面积，较大的液体处理能力，不易被堵塞；分布点多且均匀，不影响填料的操作及填料的装填，它将液体收集并通过突出的尖端分布到填料中。

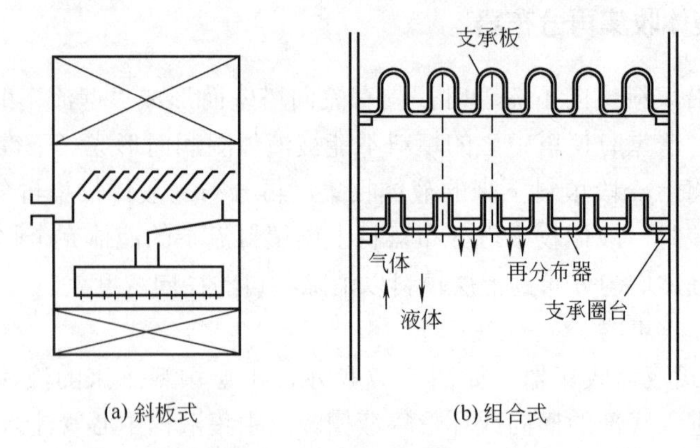

(a) 斜板式　　(b) 组合式

图 7-29　组合式液体再分布器

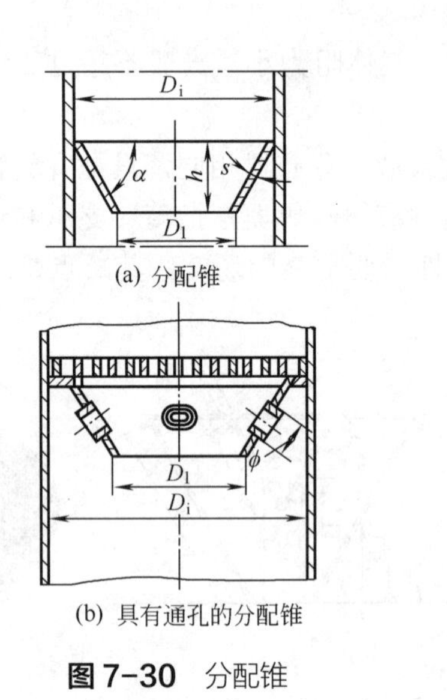

(a) 分配锥

(b) 具有通孔的分配锥

图 7-30　分配锥

图 7-31　玫瑰式壁流收集再分布器

应当注意的是上述壁流收集再分布器，只能消除壁流，而不能消除塔中的径向浓度差。因此，只适用于直径小于 0.6～1m 的小型散装填料塔。

7.2.2.4　填料的压紧和限位装置

当气速较高或压力波动较大时，会导致填料层的松动从而造成填料层内各处的装填密度产生差异，引起气、液相的不良分布，严重时会导致散装填料的流化，造成填料的破碎、损坏、流失。为了保证填料塔的正常、稳定操作，在填料层上部应当根据不同材质的填料安装不同的填料压紧器或填料层限位器。

一般情况下，陶瓷、石墨等脆性散装填料宜用填料压紧器，而金属、塑料制散装填料及各种规整填料则使用填料层限位器。

（1）填料压紧器

填料压紧器又称填料压板。将其自由放置于填料层上部，靠其自身的重量压紧填料。当填料层移动并下沉时，填料压板即随之一起下落，故散装填料的压板必须有一定的重量。常用的填料压紧板有栅条式，其结构与图 7-15 所示

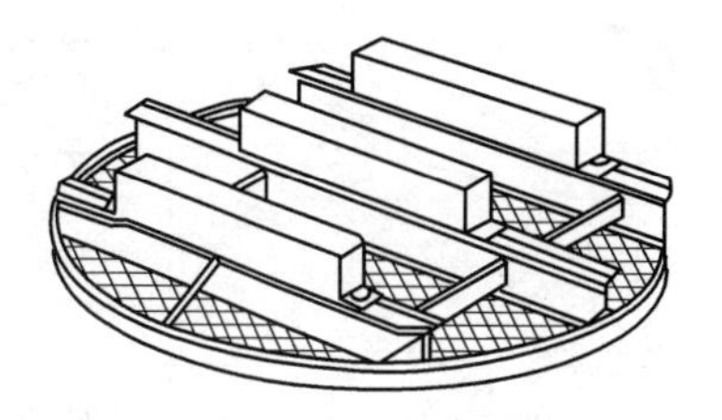
图 7-32 网板式填料压板

的栅板型支承板类似，只是要求其空隙率大于 70%。栅条间距约为填料直径的 0.6～0.8 倍，或是底面垫金属丝网以防止填料通过栅条间隙。其次是如图 7-32 所示的网板式填料压板，它由钢圈、栅条及金属网制成，如果塔径较大，简单的压紧网板不能达到足够的压强，设计时可适当增加其重量。无论是栅板式还是网板式压板，均可制成整体式或分块结构，视塔径大小及塔体结构而定。

（2）填料限位器

填料限位器又称床层定位器，用于金属、塑料制散装填料及所有规整填料。它的作用是防止高气速、高压降或塔的操作出现较大波动时，填料向上移动而造成填料层出现空隙，从而影响塔的传质效率。

对于金属及塑料制散装填料，可采用如图 7-32 所示的网板结构作为填料限位器。因为这种填料具有较好的弹性，且不会破碎，故一般不会出现下沉，所以填料限位器需要固定在塔壁上。对于小塔，可用螺钉将网板限位器的外圈顶于塔壁，而大塔则用支耳固定。

对于规整填料，因具有比较固定的结构，因此限位器也比较简单，使用栅条间距为 100～500mm 的栅板即可。

7.3 板式塔

7.3.1 板式塔的分类

板式塔的种类繁多，通常可按如下分类。

① 按塔板的结构分　有泡罩塔、筛板塔、浮阀塔、舌形塔等。应用最早的是泡罩塔及筛板塔。20 世纪 50 年代后期开发了浮阀塔。目前应用最广泛的板式塔是筛板塔及浮阀塔，一些新兴的塔板仍在不断地开发和研究中。

② 按气 - 液两相流动方式分　有错流板式塔和逆流板式塔，或称有降液管的塔板和无降液管的塔板。它们的工作情况如图 7-33 所示，其中有降液管的塔板应用较广。

③ 按液体流动形式分　有单溢流型和双溢流型等，图 7-34 为其示意图。单溢流型塔板应用最为广泛，它的结构简单，液体行程长，有利于提高塔板效率。但当塔径或液量大时，塔板上液位梯度较大，导致气液分布不均或降液管过载。双溢流塔板宜用于塔径及液量较大时，液体分流为两股，减小了塔板上的液位梯度，也减少了降液管的负荷，缺点是降液管要相间地置于塔板的中间或两边，多占了一部分塔板的传质面积。

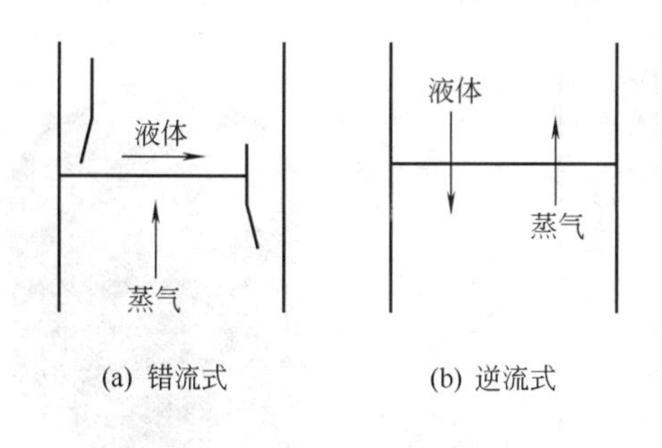

图 7-33 错流式和逆流式塔板

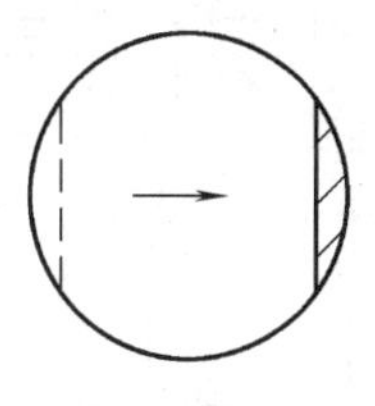

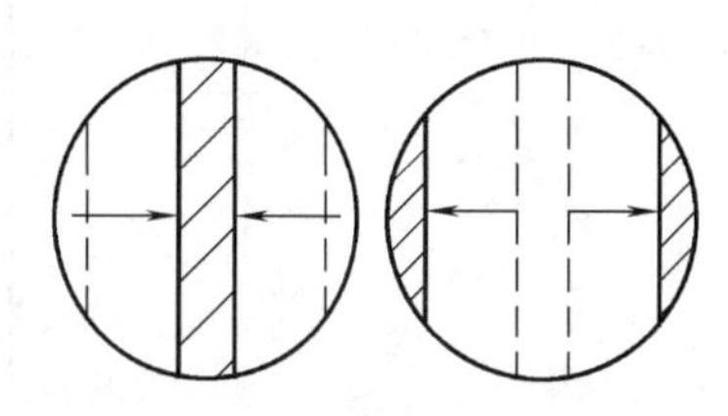

图 7-34 液体的流型

7.3.2 板式塔的结构

7.3.2.1 板式塔的结构

（1）泡罩塔

泡罩塔是工业应用最早的板式塔，而且在相当长的一段时期内是板式塔中较为流行的一种塔型。随着化学和石油化学工业的迅速发展，生产对塔设备提出了越来越高的要求。从20世纪50年代以来，由于各种新型塔板的出现，泡罩塔已几乎被浮阀塔和筛板塔所代替。泡罩塔的优点是操作弹性大，因而在负荷波动范围较大时，仍能保持塔的稳定操作及较高的分离效率；气液比的范围大，不易堵塞等。其缺点是结构复杂、造价高、气相压降大以及安装维修麻烦等。目前，只是在某些情况如生产能力变化大，操作稳定性要求高，要求有相当稳定的分离能力等要求时，才考虑使用泡罩塔。

泡罩塔盘的结构主要由泡罩、升气管、溢流堰、降液管及塔板等部分组成，详见图7-35。液体由上层塔板通过左侧降液管经下部*A*处流入塔盘，然后横向流过塔盘上布置泡罩的区段*B-C*，此区域为塔盘上有效的气-液接触区，*C-D*段用于初步分离液体中夹带的气泡，然后液体越过出口堰板并流入右侧的降液管。在堰板上方的液层高度称为堰上液层高度，液体流入降液管内后经静止分离。蒸气上升返回塔盘，清液则流入下层塔板。蒸气由下层塔盘上升进入泡罩的升气管内，经过升气管与泡罩间的环形通道，穿过泡罩的齿缝分散到泡罩间的液层中去。蒸气从齿缝中流出时，形成气泡，搅动了塔盘上的液体，并在液面上形成泡沫层。气泡离开液面时破裂而形成带有液滴的气体，小液滴相互碰撞形成大液滴而降落，回到液层中。如上所述，蒸气从下层塔盘进入上层塔盘的液层并继续上升的过程中，与液体充分接触，并进行传热与传质。

泡罩塔的气-液接触元件是泡罩，泡罩有圆形和条形两大类，但应用最广泛的是圆形泡罩，圆形泡罩的直径有ϕ80mm、ϕ100mm和ϕ150mm三种。其中前两种为矩形齿缝，并带有帽缘，ϕ150mm的圆形泡罩为敞开式齿缝（图7-36）。泡罩在塔盘上通常采用等边三角形排列，中心距一般为泡罩直径的1.25～1.5倍。两泡罩外缘的距离应保持25～75mm左右，以保持良好的鼓泡效果。

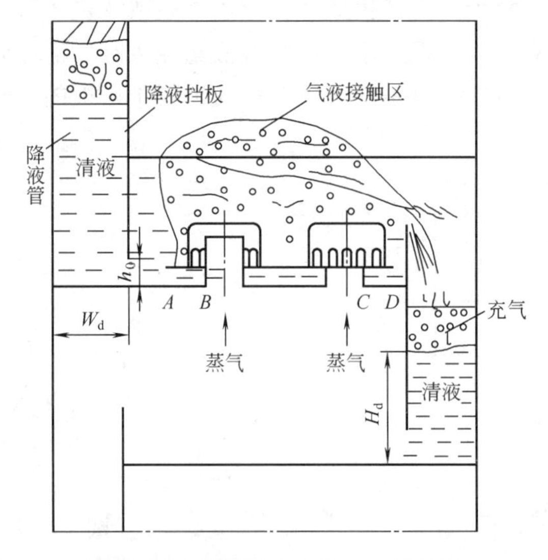

图7-35 泡罩塔盘上的气-液接触

图7-36 圆形泡罩

泡罩塔的设计或操作不当，可能出现液体流量很小或液封高度不够，此时从齿缝出来的蒸气会推开液体，掠过液面直接上升而形成锥流，使气-液接触不良。

若蒸气量太小，气体不能以连续鼓泡的形式通过液层时，下层塔盘逐渐积蓄蒸气，使压力升高，当升高到足够的数值后，气体才通过齿缝鼓泡溢出，此时又造成气压下降，停止鼓泡，待气压再次升高到一定数值后，才能重新鼓泡通过齿缝，为此，蒸气的鼓泡以脉冲方式进行。如果液体量过大，蒸气量过小时，液体可能从泡罩的升气管流到下层塔板，称为倾流。尤其是在接近液体进口端的泡罩，倾流现象较为严重。这样液体没有传质就下流，使塔板效率明显下降。蒸气量过大，速度过高会形成过量的雾沫夹带。若气液量均很大，而降液管的容积又太小，此时部分液体不能通过降液管流下，而阻截在塔板上，使塔板上泡沫层高度超过塔板间距而形成液泛，此时，塔板效率下降，甚至塔的操作无法进行。以上情况，设计及操作时应当注意避免。

（2）浮阀塔

浮阀塔是20世纪50年代前后开发和应用的，并在石油、化工等工业部门代替了传统使用的泡罩塔，成为当今应用最广泛的塔型之一，并因具有优异的综合性能，在设计和选用塔型时常是首选的板式塔。

浮阀塔塔盘上开有一定形状的阀孔，孔中安装了可在适当范围内上下浮动的阀片，因而可适应较大的气相负荷的变化。阀片的形状有圆形、矩形等。

实践证明，浮阀塔具有以下优点：

ⅰ. 生产能力大，比泡罩塔提高20%～40%；

ⅱ. 操作弹性大，在较宽的气相负荷范围内，塔板效率变化较小，其操作弹性较筛板塔有较大的改善；

ⅲ. 塔板效率较高，因为它的气-液接触状态较好，且气体沿水平方向吹入液层，雾沫夹带较小；

ⅳ. 塔板结构及安装较泡罩简单，重量较轻，制造费用低，仅为泡罩塔的60%～80%。

浮阀塔的缺点为：

ⅰ. 在气速较低时，仍有塔板漏液，故低气速时板效率有所下降；

ⅱ. 浮阀阀片有卡死和吹脱的可能，这会导致操作运转及检修的困难；

ⅲ. 塔板压力降较大，妨碍了它在高气相负荷及真空塔中的应用。

浮阀塔操作时气、液两相的流程与泡罩塔相似，蒸气从阀孔上升，顶开阀片，穿过环形缝隙，然后以水平方向吹入液层，形成泡沫。浮阀能随气速的增减在相当宽的气速范围内自由升降，以保持稳定的操作。

浮阀是浮阀塔的气-液传质元件。目前国内应用最为普遍的是F1型浮阀。F1型浮阀分为轻阀和重阀两种，轻阀采用1.5mm薄板冲压而成，质量约为25g；重阀采用2mm薄板冲压，质量约为33g。由于轻阀漏液较大，除真空操作时选用外，一般用重阀。浮阀的阀片及三个阀腿是整体冲压的，阀片的周边还冲有三个下弯的小定距片。在浮阀关闭阀孔时，它能使浮阀与塔板间保留一小的间隙，一般为2.5mm，同时，小定距片还能保证阀片停在塔板上与其他点接触，避免阀片粘在塔板上而无法上浮。阀片四周向下倾斜，且有锐边，增加了气体进入液层的湍动作用，有利于气-液传质。浮阀的最大开度由阀腿的高度决定，一般为12.5mm。图7-37为典型的浮阀结构。

图7-37 浮阀

（3）筛板塔

筛板塔也是应用历史较久的塔型之一，与泡罩塔相比，筛板塔结构简单，成本低（比泡罩塔减少40%左右），板效率提高10%～15%，安装维修方便。自20世纪50年代起，对筛板的效率、流体力学及漏液等问题进行了大量的研究，在理论及实践上获得了成熟的经验，使筛板塔成为应用较广的一种塔型，近年来，发展了大筛孔（孔径达20～25mm），导向筛板等多种筛板塔。

筛板塔结构及气-液接触状况如图7-38所示。筛板塔塔盘分为筛孔区、无孔区、溢流堰及降液管等

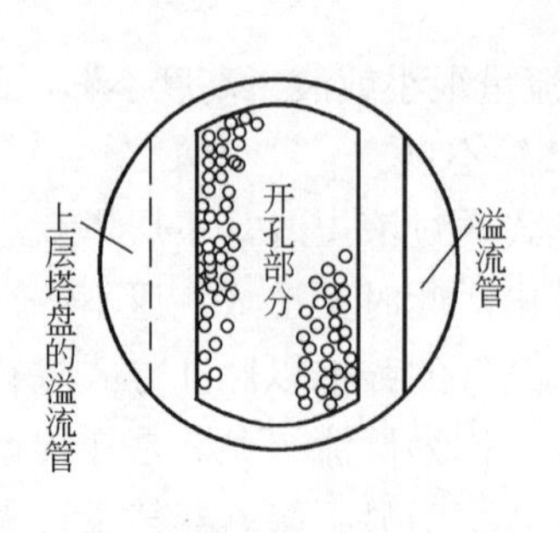

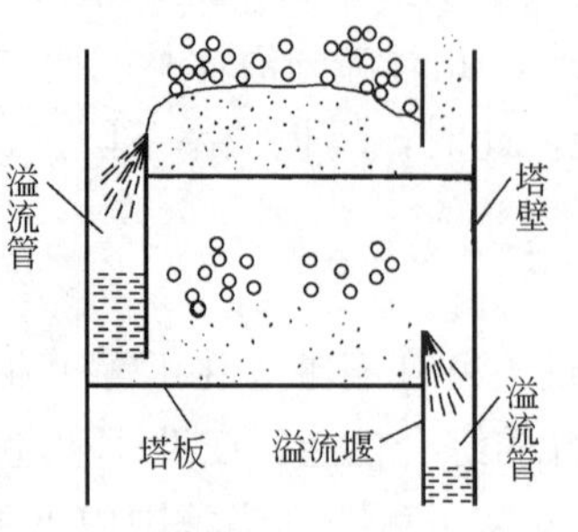

图 7-38 筛板塔结构及气 - 液接触状况

部分。气 - 液接触情况与泡罩塔类似。液体从上层塔盘的降液管流下，横向流过塔盘，越过溢流堰经溢流管流入下一层塔盘，塔盘上依靠溢流堰的高度保持其液层高度。蒸气自下而上穿过筛孔时，被分散成气泡，在穿越塔盘上液层时，进行气 - 液两相间的传热与传质。

筛板上筛孔直径的大小及间距直接影响塔板的操作性能，一般液相负荷的塔板，筛孔孔径可采用 4～6mm。筛孔通常按正三角形排列，孔间距 t 与孔径 d_0 的比值通常采用 2.5～5，最佳值为 3～4。

溢流堰高度决定了塔盘上液层深度，溢流堰高，则气 - 液接触时间长，板效率高；在液相负荷较小时，也容易保证气 - 液接触的均匀，对筛板安装水平度的要求也可适当降低。但是，当堰太高时，塔板压降增大；当气量较小时，筛板容易漏液，一般而言，常压操作时，溢流堰高度可为 25～50m，减压蒸馏时，可取为 10～15mm。

（4）无降液管塔

无降液管塔是一种典型的气 - 液逆流式塔，这种塔的塔盘上无降液管。但开有栅缝或筛孔作为气相上升和液相下降的通道。在操作时，蒸气由栅缝或筛孔上升，液体在塔盘上被上升的气体阻挠，形成泡沫。两相在泡沫中进行传热与传质。与气相密切接触后的液体又不断从栅缝或筛孔流下，气 - 液两相同时在栅缝或筛孔中形成上下穿流。因此又称为穿流式栅板或筛板塔。

塔盘上的气 - 液通道可为冲压而成的长条栅缝或圆形筛孔。栅板也可用扁钢条拼焊而成，栅缝宽度为 4～6mm，长度为 60～150mm，栅缝中心距为 1.5～3 倍栅缝宽度，筛孔直径通常采用 5～8mm，塔板的开孔率为 15%～30%，塔盘间距可用 300～600mm。图 7-39 为栅板塔的简图。

这种塔的优点为：

ⅰ. 由于没有降液管，所以结构简单，加工容易、安装维修方便，投资少；

ⅱ. 因节省了降液管所占的塔截面（一般约为塔盘截面的 15%～30%），允许通过更多的蒸气量，因此生产能力比泡罩塔大 20%～100%；

ⅲ. 因为塔盘上开孔率大，栅缝或筛孔处的气速比溢流式塔盘小，所以，压力降较小，比泡罩塔低 40%～80%，可用于真空蒸馏。

其缺点是：

ⅰ. 板效率比较低，比一般板式塔低 30%～60%，但因这种塔盘的开孔率大，气速低，形成的泡沫层高度较低，雾沫夹带量小，所以可以降低塔板的间距，在同样分离条件下，塔总高与泡罩塔基本相同；

ⅱ. 操作弹性较小，能保持较好的分离效率时，塔板负荷的上下限之比为 2.5～3.0。

（5）导向筛板塔

导向筛板塔在普通筛板塔的基础上，对筛板作了两项有意义的改进：一是在塔盘上开有一定数量的导向孔，通过导向孔的气流对液流有一定的推动作用，有利于推进液体并减小液面梯度；二是在塔板的液体入口处增设了鼓泡促进结构，也称鼓泡促进器，有利于液体刚进入塔板就迅速鼓泡，达到良好的气-液接触，以提高塔板的利用率，使液层减薄，压降减小。与普通筛板塔相比，使用这种塔盘，压降可下降 15%，板效率可提高 13% 左右，可用于减压蒸馏和大型分离装置。

导向筛板的结构如图 7-40 所示。图中可见导向孔和鼓泡促进器的结构，导向孔的形状类似百叶窗，在板面上冲压而凸起，开口为细长的矩形缝。缝长有 12mm、24mm 和 36mm 三种。导向孔的开孔率一般取 10%～20%，可视物料性质而定。导向孔开缝高度，常用 1～3mm。鼓泡促进器是在塔板入口处形成一凸起部分，凸起高度一般取 3～5mm，斜面的正切 $\tan\theta$ 一般在 0.1～0.3，斜面上通常仅开有筛孔，而不开导向孔。筛孔的中心线与斜面垂直。

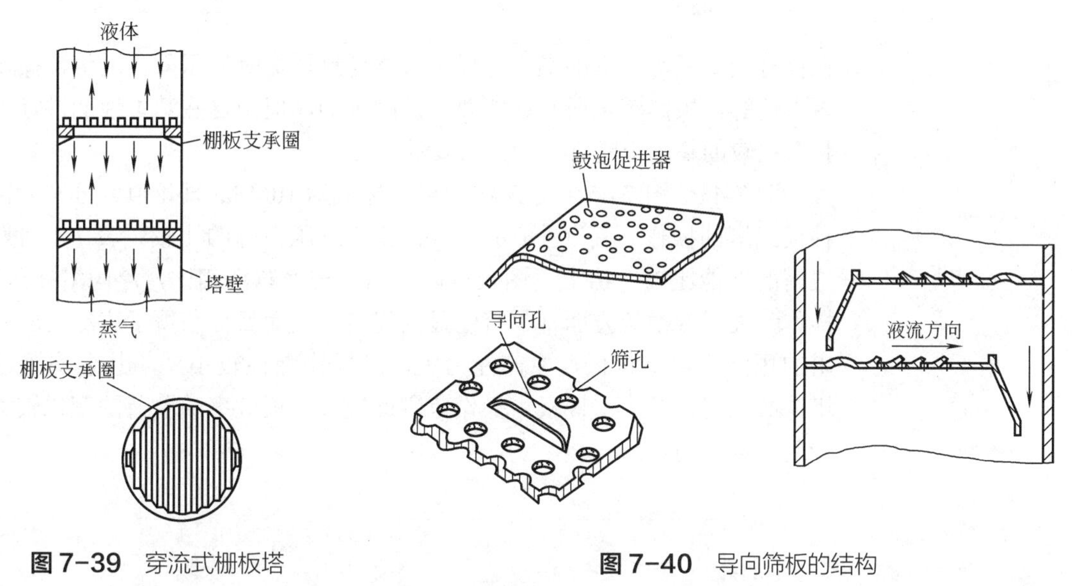

图 7-39 穿流式栅板塔　　**图 7-40** 导向筛板的结构

（6）斜喷型塔

一般情况下，塔盘上气流垂直向上喷射（如筛板塔），这样往往造成较大的雾沫夹带，如果使气流在盘上沿水平方向或倾斜方向喷射，则可以减轻夹带，同时通过调节倾斜角度还可改变液流方向，减小液面梯度和液体返混。

① 舌形塔　是应用较早的一种斜喷型塔。气体通道为在塔盘上冲出的以一定方式排列的舌片。舌片开启一定的角度，舌孔方向与液流方向一致，如图 7-41（a）所示。因此，气相喷出时可推动液体，使液面梯度减小，液层减薄，处理能力增大，并使压降减小。舌形塔结构简单，安装检修方便，但这种塔的负荷弹性较小，塔板效率较低，因而使用受到一定限制。

舌孔有两种，三面切口［图 7-41（b）］及拱形切口［图 7-41（c）］。通常采用三面切口的舌孔。舌片的大小有 25mm 和 50mm 两种，一般采用 50mm［如图 7-41（d）］，舌片的张角常为 20°。

② 浮动舌形塔　是 20 世纪 60 年代研制的一种定向喷射型塔板。它的处理能力大，压降小，舌片可以浮动。因此，塔盘的雾沫夹带及漏液均较小，操作弹性显著增加，板效率也较高，但其舌片容易损坏。

浮动舌片的结构见图 7-42，其一端可以浮动，最大张角约 20°。舌片厚度一般 1.5mm，质量约为 20g。

7.3.2.2 板式塔的比较

塔盘结构在一定程度上决定了它在操作时的流体力学状态及传质性能，如它的生产能力，塔的效率，

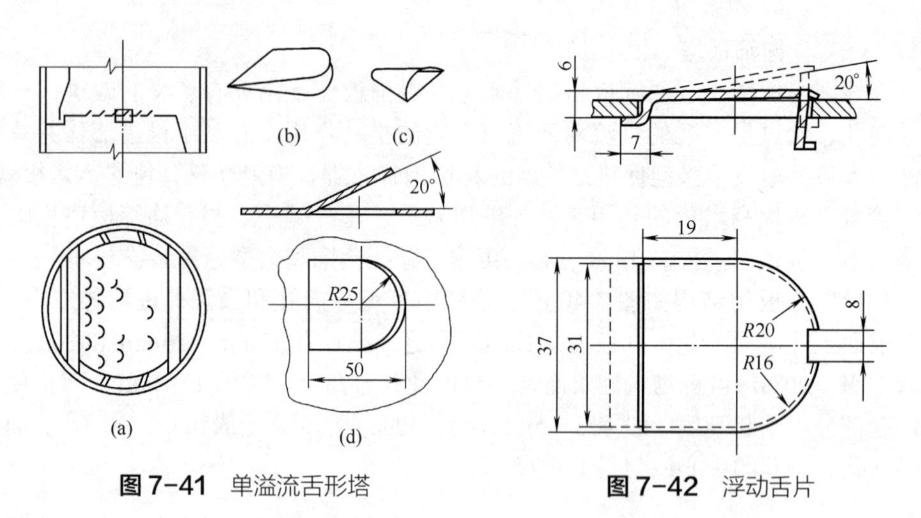

图 7-41 单溢流舌形塔 **图 7-42** 浮动舌片

在保持较高效率下塔的操作弹性，气体通过塔盘时的压降，造价，操作维护是否方便等。虽然满足所有这些要求是困难的，但用这些基本性能进行评价，在相互比较的基础上进行选用是必要的。

图 7-43～图 7-45（图 7-45 中纵坐标值为 10MPa/ 理论值）分别为常用的几种板式塔的操作负荷（生产能力）、效率及压力降的比较。表 7-4 则为常用板式塔的性能比较。由上述图表可以看出，与泡罩塔相比，浮阀塔在蒸气负荷、操作弹性、效率等方面都具有明显的优势，因而目前获得了广泛的应用。筛板塔的压降小，造价低，生产能力大，除操作弹性较小外，其余均接近于浮阀塔，故应用也较广。栅板塔操作范围比较窄，板效率随负荷的变化较大，应用受到一定限制。

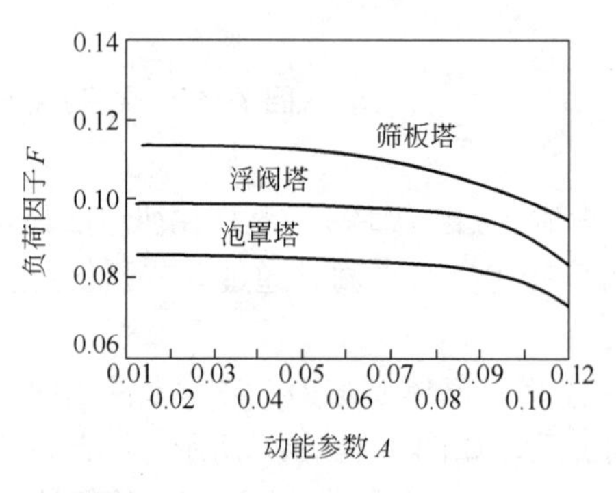

图 7-43 板式塔生产能力的比较

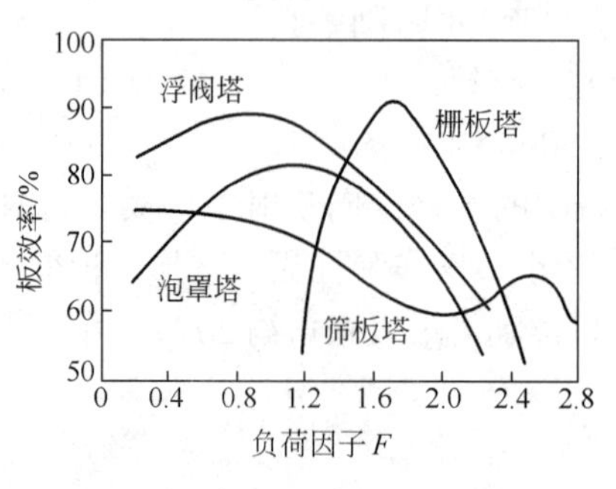

图 7-44 板式塔板效率的比较

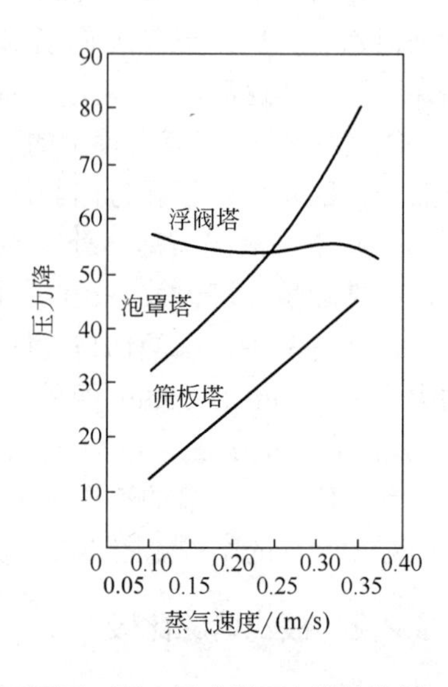

图 7-45 板式塔压力降的比较

表7-4 板式塔性能的比较

塔型	与泡罩塔相比的相对气相负荷	效率	操作弹性	85% 最大负荷时的单板压降 /mm（水柱）①	与泡罩塔相比的相对价格	可靠性
泡罩塔	1.0	良	超	45～80	1.0	优
浮阀塔	1.3	优	超	45～60	0.7	良
筛板塔	1.3	优	良	30～50	0.7	优
舌形塔	1.35	良	超	40～70	0.7	良
栅板塔	2.0	良	中	25～40	0.5	中

① 1mm（水柱）=9.80665Pa。

7.3.3 板式塔塔盘的结构

如前所述，板式塔的塔盘可分为两类，即溢流型和穿流型。溢流型塔盘具有降液管，塔盘上的液层高度由溢流堰高度调节。因此，操作弹性较大，并且能保持一定的效率。穿流式塔盘，气 - 液两相同时穿过塔盘上的孔，因而处理能力大，压力降小，但其操作弹性及效率较差。本节仅介绍溢流型塔盘的结构。

溢流型塔盘，由塔板、降液管、受液槽、溢流堰和气 - 液接触元件等部件组成。

7.3.3.1 塔盘

塔盘按其塔径的大小及塔盘的结构特点可分为整块式塔盘及分块式塔盘。当塔径 DN≤700mm 时，采用整块式塔盘；塔径 DN≥800mm 时，宜采用分块式塔盘。

（1）整块式塔盘

整块式塔盘根据组装方式不同可分为定距管式及重叠式两类。采用整块式塔盘时，塔体由若干个塔节组成，每个塔节中装有一定数量的塔盘，塔节之间采用法兰连接。

① 定距管式塔盘　用定距管和拉杆将同一塔节内的几块塔盘支承并固定在塔节内的支座上，定距管起支承塔盘和保持塔盘间距的作用。塔盘与塔体之间的间隙，以软填料密封并用压圈压紧，如图 7-46 所示。

对于定距管式塔盘，其塔节高度随塔径而定，一般情况下，塔节高度随塔径的增大而增加。通常，当塔径 DN=300～500mm 时，塔节高度 L=800～1000mm；塔径 DN=600～700mm 时，塔节高度 L=1200～1500mm。为了安装的方便起见，每个塔节中的塔盘数以 5～6 块为宜。

② 重叠式塔盘　在每一塔节的下部焊有一组支座，底层塔盘支承在支座上，然后依次装入上一层塔盘，塔盘间距由其下方的支柱保证，并可用三只调节螺栓来调节塔盘的水平度。塔盘与塔壁之间的间隙，同样采用软填料密封，然后用压圈压紧，其结构详见图 7-47。

整块式塔盘有两种结构，即角焊结构及翻边结构。角焊结构如图 7-48 所示。这种结构是将塔盘圈角焊于塔盘板上。角焊缝为单面焊，焊缝可在塔盘圈的外侧，也可在内侧。当塔盘圈较低时，采用图 7-48（a）所示的结构，而塔盘圈较高时，则采用图 7-48（b）所示的结构。角焊结构的结构简单，制造方便，但在制造时，要求采取有效措施，减小因焊接变形而引起的塔板不平整度。

翻边式结构，如图 7-49 所示。这种结构的塔盘圈直接取塔板翻边而形成，因此，可避免焊接变形。如直边较短，则可整体冲压成型［见图 7-49（a）］，反之可将塔盘圈与塔板对接焊而成［见图 7-49（b）］。

确定整块式塔盘的结构尺寸时，塔盘圈高度 h_1 一般可取 70mm，但不得低于溢流堰的高度。塔圈上密封用的填料支承圈用 ϕ8～10mm 的圆钢弯制并焊于塔盘圈上。塔盘圈外表面与塔内壁面之间的间隙一般为 10～12mm。圆钢填料支承圈距塔盘圈顶面的距离 h_2，一般可取 30～40mm，视需要的填料层数而定。

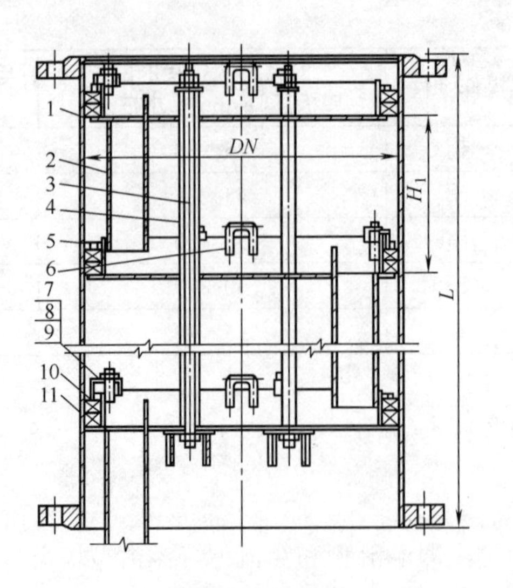

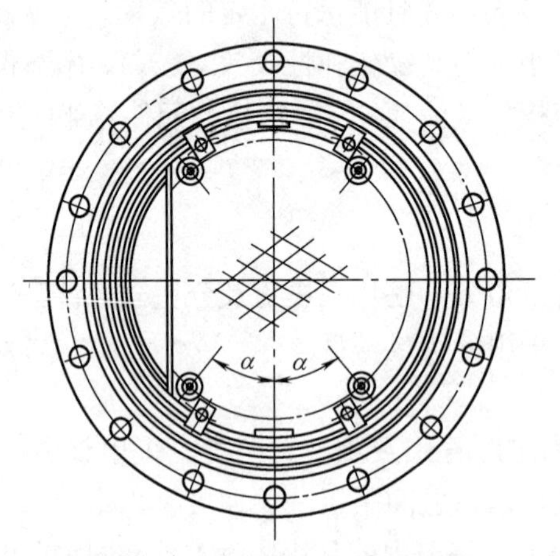

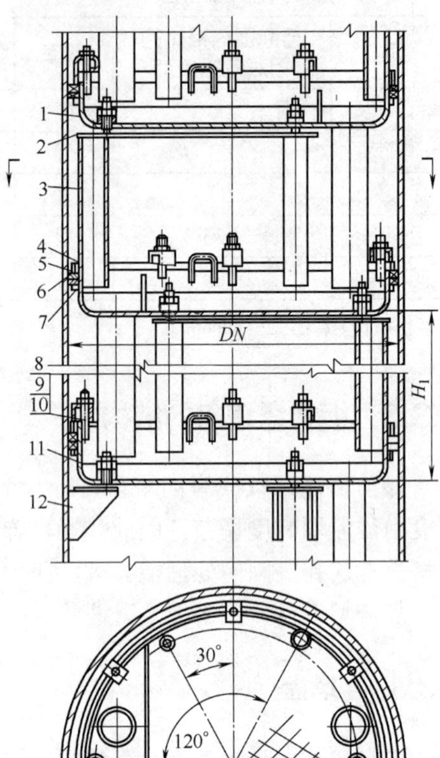

图 7-46 定距管式塔盘结构

1—塔盘板；2—降液管；3—拉杆；4—定距管；5—塔盘圈；6—吊耳；7—螺栓；8—螺母；9—压板；10—压圈；11—石棉绳

图 7-47 重叠式塔盘结构

1—调节螺栓；2—支承板；3—支柱；4—压圈；5—塔盘圈；6—填料；7—支承圈；8—压板；9—螺母；10—螺柱；11—塔盘板；12—支座

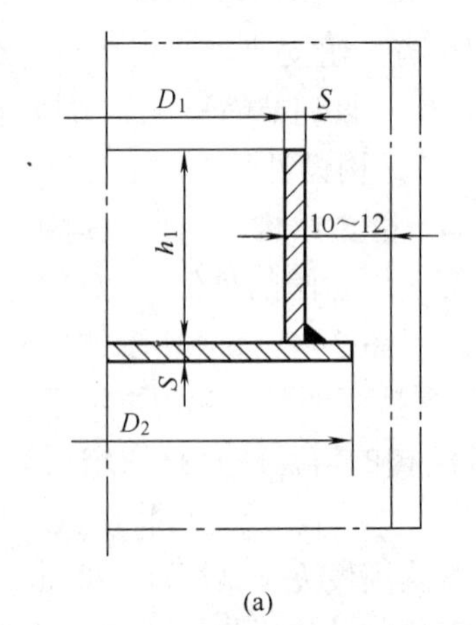

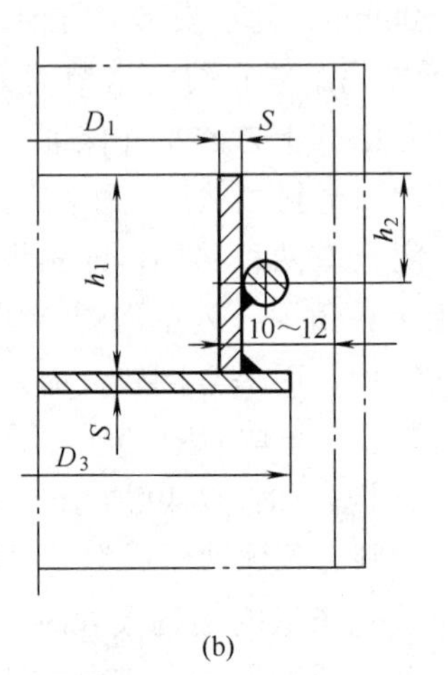

图 7-48 角焊式整块塔盘

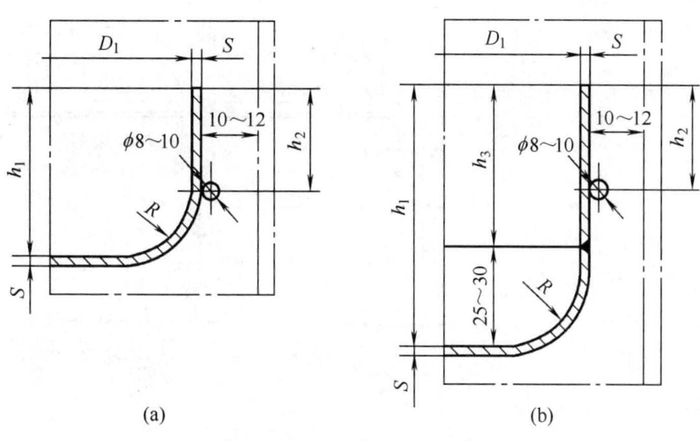

图 7-49 翻边式整块塔盘

整块式塔盘与塔内壁环隙的密封采用软填料密封，软填料可采用石棉线和聚四氟乙烯纤维编织填料。其密封结构如图 7-50 所示。

（2）分块式塔盘

直径较大的板式塔，为便于制造、安装、检修，可将塔盘板分成数块，通过人孔送入塔内，装在焊于塔体内壁的塔盘支承件上。分块式塔盘的塔体，通常为焊制整体圆筒，不分塔节。分块式塔盘的组装结构，详见图 7-51。

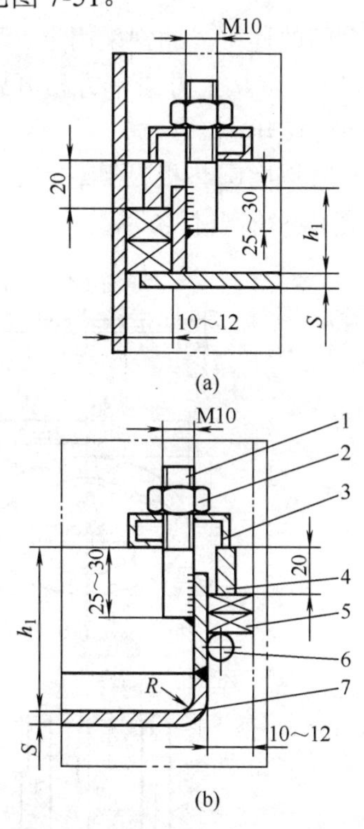

图 7-50 整块式塔盘的密封结构

1—螺栓；2—螺母；3—压板；4—压圈；
5—填料；6—圆钢圈；7—塔盘

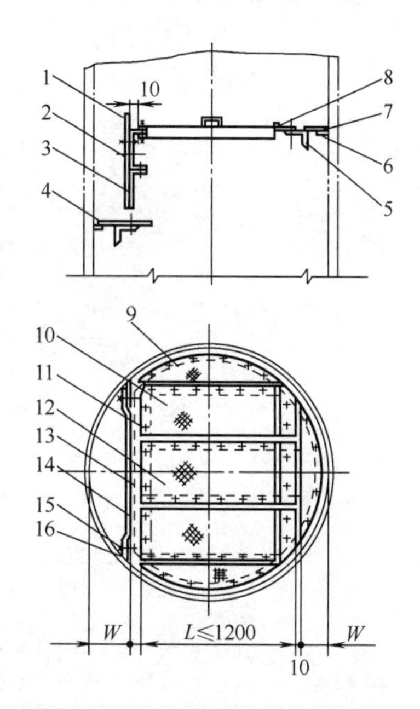

图 7-51 分块式塔盘的组装结构

1,14—出口堰；2—上段降液板；3—下段降液板；4,7—受液盘；
5—支承梁；6—支承圈；8—入口堰；9—塔盘边板；10—塔盘板；
11,15—紧固件；12—通道板；13—降液板；16—连接板

塔盘的分块，应结构简单，装拆方便，具有足够的刚性，且便于制造、安装和维修。分块的塔盘板多采用自身梁式或槽式，常用自身梁式，如图 7-52 所示。通常将分块的塔盘板冲压成带有折边，使其具有足够的刚性，这样既使塔盘结构简单，而且又可以节省钢材。

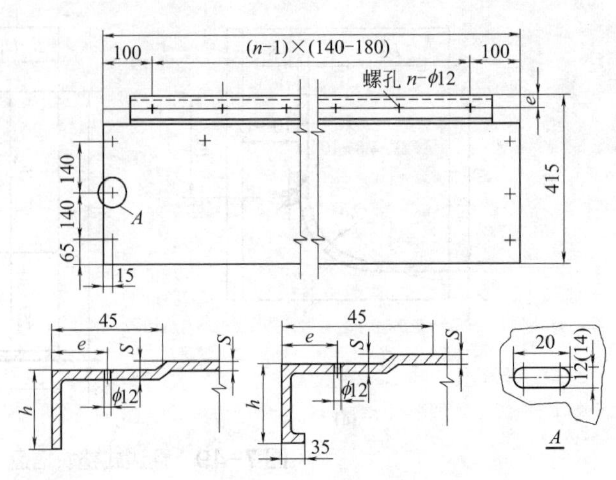

图 7-52　分块式塔盘板

为进行塔内清洗和维修，使人能进入各层塔盘，在塔盘板接近中央处设置一块通道板。各层塔盘板上的通道板最好开在同一垂直位置上，以利于采光和拆卸。有时也可用一块塔盘板代替通道板，详见图 7-51。在塔体的不同高度处，通常开设有若干个人孔，人可以从上方或下方进入。因此，通道板应为上、下均可拆的连接结构。

分块式塔盘之间及通道板与塔盘板之间的连接，通常采用上、下均可拆的连接结构，如图 7-53 所示。检修需拆开时，可从上方或下方松开螺母，将椭圆垫旋转到虚线所示的位置，塔盘板 I 即可移开。

图 7-53 的连接结构中，主要的紧固件是椭圆垫板及螺柱，详见图 7-54。为保证拆装的迅速、方便，紧固件通常采用不锈钢材料。

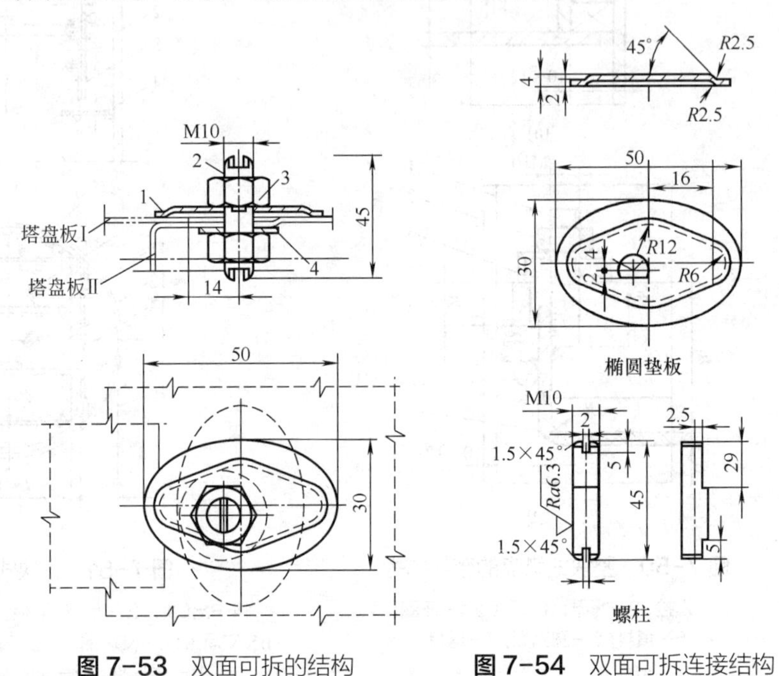

图 7-53　双面可拆的结构

1—椭圆垫板；2—螺栓；3—螺母；4—垫圈

图 7-54　双面可拆连接结构

塔盘板安放在焊接于塔壁的支承圈上。塔盘板与支承圈的连接采用卡子，卡子由卡板、椭圆垫板、圆头螺钉及螺母等零件组成，其结构如图 7-55 所示。

塔盘上所开的卡子孔通常为长圆形，如图 7-52 所示。这是考虑到塔体椭圆度公差及塔盘板宽度尺寸公差等因素。

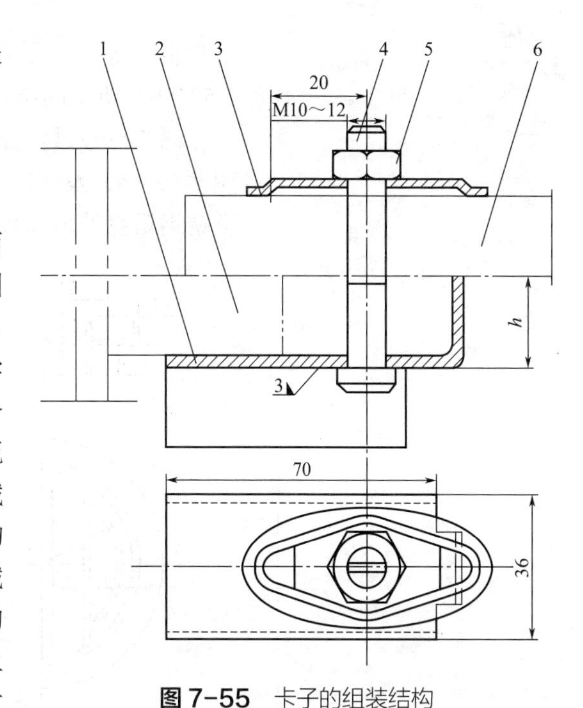

图 7-55 卡子的组装结构

1—卡板；2—支撑圈；3—椭圆垫板；4—圆头螺钉；5—螺母；6—塔盘板

7.3.3.2 降液管

（1）降液管的形式

降液管的结构形式可分为圆形降液管和弓形降液管两类。圆形降液管通常用于液体负荷低或塔径较小的场合［图 7-56（a）、(b)］。采用圆形还是长圆形降液管［图 7-56（c）］，如使用圆形降液管，是采用一根还是几根，应根据流体力学的计算结果而确定。为了增加溢流周边，并且保证足够的分离空间，可在降液管前方设置溢流堰。由于这种结构的溢流堰所包含的弓形区截面中仅有一小部分用于有效的降液截面，因而圆形降液管不适宜用于大液量及容易引起泡沫的物料。弓形降液管将堰板与塔体壁面间所组成的弓形区全部截面用作降液面积，详见图 7-56（d）。对于采用整块式塔盘的小直径塔，为了尽量增大降液截面积，可采用固定在塔盘上的弓形降液管，如图 7-56（e）所示。弓形降液管适用于大液量及大直径的塔，塔盘面积的利用率高，降液能力大，气液分离效果好。

（2）降液管的尺寸

在确定降液管的结构尺寸时，应该使夹带气泡的液流进入降液管后具有足够的分离空间，能将气泡分离出来，从而，仅有清液流往下层塔盘。为此在设计降液管结构尺寸时，应遵守以下几点：

ⅰ. 液体在降液管内的流速为 0.03～0.12m/s；

ⅱ. 液流通过降液管的最大压降为 250Pa；

ⅲ. 液体在降液管内的停留时间为 3～5s，通常＜4s；

ⅳ. 降液管内清液层的最大高度不超过塔板间距的一半；

ⅴ. 越过溢流堰降落时抛出的液体，不应射及塔壁；降液管的截面积占塔盘总面积的比例，通常为 5%～25% 之间。

为了防止气体从降液管底部窜入，降液管必须有一定的液封高度 h_W，详见图 7-57。降液管底端到下层塔盘受液盘面的间距 h_0 应低于溢流堰高度 h_W，通常取 h_W-h_0=6～12mm。大型塔不小于 38mm。

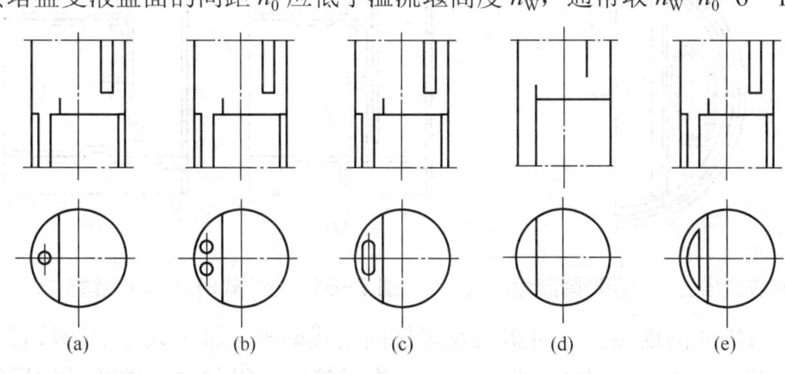

图 7-56 降液管的形式

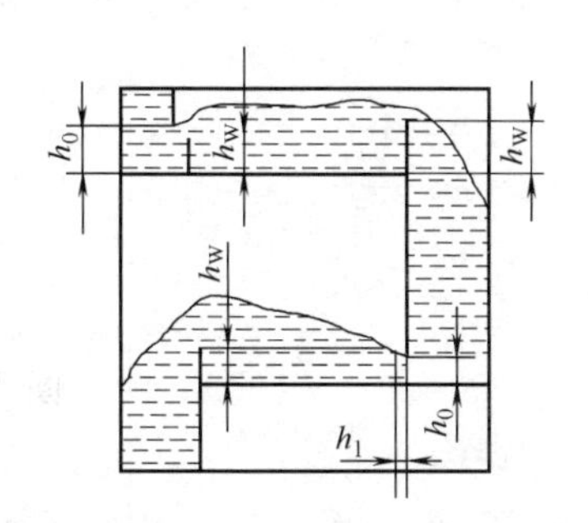

图 7-57 降液管的液封结构

（3）降液管的结构

整块式塔盘的降液管，一般直接焊接于塔盘板上。图 7-58 为弓形降液管的连接结构。碳钢塔盘，或

塔盘板较厚时，采用图 7-58（a）结构；不锈钢塔盘或塔盘板较薄时，采用图 7-58（b）所示的结构。

图 7-59 为具有溢流堰的圆形降液管结构，碳素钢和不锈钢塔盘分别采用图 7-59（a）及（b）所示的结构。图 7-60 为具有溢流堰的长圆形降液管结构，不锈钢塔盘的塔盘板应翻边后再与降液管焊接，以保证焊接质量。

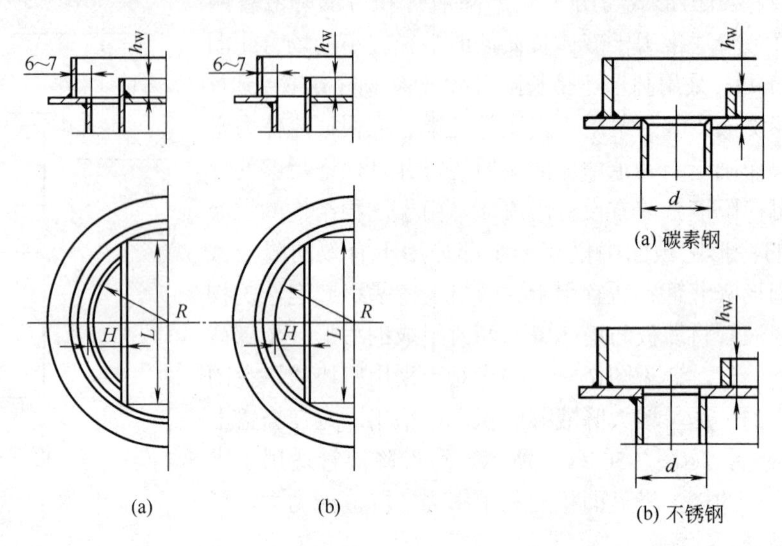

图 7-58　整块式塔盘的弓形降液管结构　　**图 7-59**　整块式塔盘的圆形降液管结构

分块式塔盘的降液管，有垂直式和倾斜式，详见图 7-61。选用时可根据工艺的要求确定。对于小直径或负荷小的塔，一般采用垂直式降液管，因为它的结构比较简单，如果降液面积占塔盘总面积的比例超过 12% 以上时，应选用倾斜式降液管。一般取倾斜降液板的倾角为 10°左右，使降液管下部的截面积为上部截面积的 55%～60%，这样可以增加塔盘的有效面积。

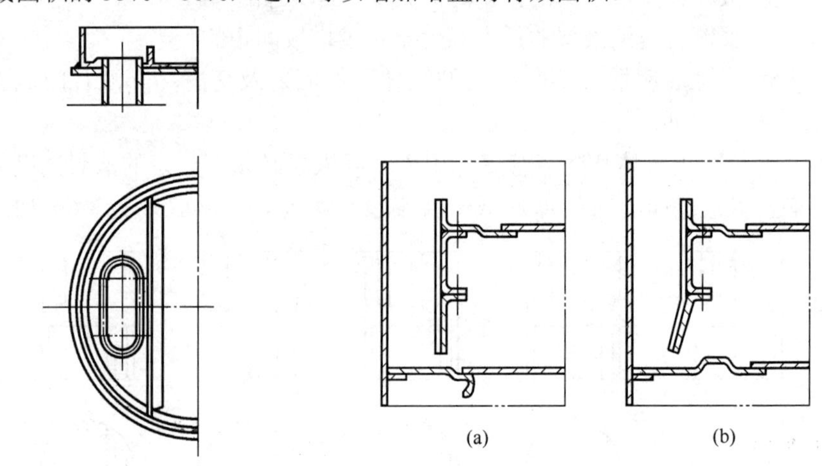

图 7-60　整块式塔盘的长圆形降液管结构　　**图 7-61**　分块式塔盘的降液管形式

降液管与塔体的连接，有可折式及焊接固定式两种。可折式弓形降液管的组装结构如图 7-62 所示。其中图 7-62（a）为搭接式，组装时可调节其位置的高低；图 7-62（b）所示的结构具有折边辅助梁，可增加降液板的刚度，但组装时不能调节；图 7-62（c）为兼有可调节及刚性好的结构。

焊接固定式降液管的降液板，支承圈和支承板连接并焊于塔体上，形成一塔盘固定件，其优点是结构简单，制造方便。但不能对降液板进行校正调节，也不便于检修，适合于介质比较干净，不易聚合，且直径较小的塔设备。

7.3.3.3 受液盘

为了保证降液管出口处的液封，在塔盘上设置受液盘，受液盘有平型和凹型两种。受液盘的形式和性能直接影响到塔的侧线取出，降液管的液封和流体流入塔盘的均匀性等。

平型受液盘适用于物料容易聚合的场合。因为可以避免在塔盘上形成死角。平型受液盘的结构可分为可拆式和焊接固定式，图 7-63（a）为可拆式平型受液盘的一种。

当液体通过降液管与受液盘的压力降大于 25mm 水柱，或使用倾斜式降液管时，应采用凹型受液盘，详见图 7-63（b），因为凹型受液盘对液体流动有缓冲作用，可降低塔盘入口处的液封高度，使液流平稳，有利于塔盘入口区更好地鼓泡。凹型受液盘的深度一般大于 50mm，但不超过塔板间距的三分之一，否则应加大塔板间距。

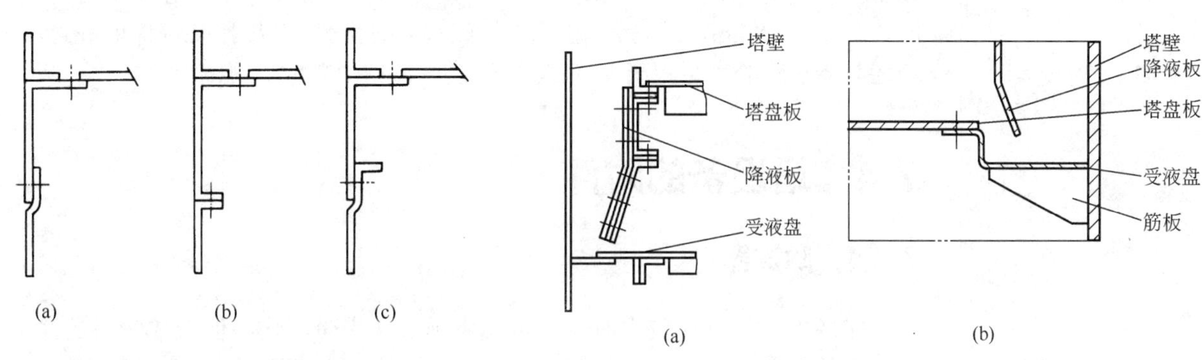

图 7-62 可拆式降液管的组装结构

图 7-63 受液盘结构

在塔或塔段的最底层塔盘降液管末端应设置液封盘，以保证降液管出口处的液封。用于弓形降液管的液封盘如图 7-64 所示，用于圆形降液管的液封盘如图 7-65 所示。液封盘上应开设泪孔以供停工时排液用。

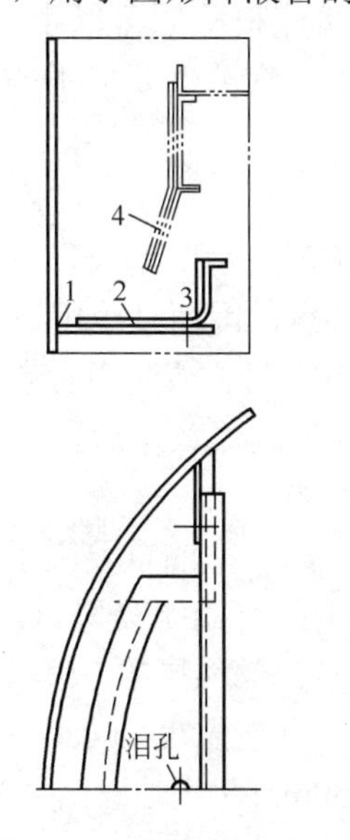

图 7-64 弓形降液管液封盘结构

1—支承圈；2—液封盘；3—泪孔；4—降液板

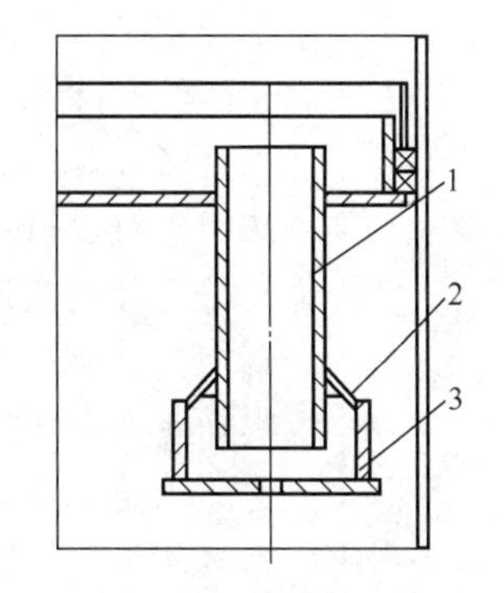

图 7-65 圆形降液管液封盘结构

1—圆形降液管；2—筋板；3—液封盘

7.3.3.4　溢流堰

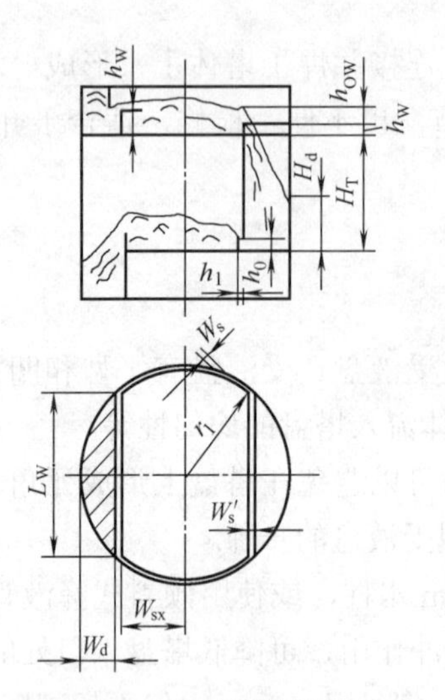

图 7-66　溢流堰的结构尺寸

溢流堰根据它在塔盘上的位置，可分为进口堰及出口堰。当塔盘采用平型受液盘时，为保证降液管的液封，使液体均匀流入下层塔盘，并减少液流在水平方向的冲击，故在液流进入端设置入口堰。而出口堰的作用是保持塔盘上液层的高度，并使流体均匀分布。通常，出口堰上的最大溢流强度不宜超过 100～130m^3/(h · m)。根据其溢流强度，可确定出口堰的长度，对于单流型塔盘，出口堰的长度 L_W=(0.6～0.8)D_i；双流型塔盘，出口堰长度 L_W=(0.5～0.7)D_i(其中 D_i 为塔的内径)。出口堰的高度 h_W，由物料的性能、塔型、液体流量及塔板压力降等因素确定。进口堰的高度 h'_W 按以下两种情况确定：当出口堰高度 h_W 大于降液管底边至受液盘板面的间距 h_0 时，可取 6～8mm，或与 h_0 相等；当 $h_W < h_0$ 时，h'_W 应大于 h_0 以保证液封。进口堰与降液管的水平距离 h_1 应大于 h_0 值，详见图 7-66 所示。

7.4　塔设备的附件

7.4.1　除沫器

在塔内操作气速较大时，会出现塔顶雾沫夹带，这不但造成物料的流失，也使塔的效率降低，同时还可能造成环境的污染。为了避免这种情况，需在塔顶设置除沫装置，从而减少液体的夹带损失，确保气体的纯度，保证后续设备的正常操作。

常用的除沫装置有丝网除沫器、折流板除沫器以及旋流板除沫器。此外，还有多孔材料除沫器及玻璃纤维除沫器。在分离要求不严格的情况下，也可用干填料层作除沫器。

（1）丝网除沫器

丝网除沫器具有比表面积大、重量轻、空隙率大以及使用方便等优点。特别是它具有除沫效率高，压力降小的特点，因而是应用最广泛的除沫装置。

丝网除沫器适用于清洁的气体，不宜用于液滴中含有或易析出固体物质的场合（如碱液、碳酸氢钠溶液等），以免液体蒸发后留下固体堵塞丝网。当雾沫中含有少量悬浮物时，应注意经常冲洗。

合理的气速是除沫器取得较高的除沫效率的重要因素。气速太低，雾滴没有撞击丝网；气速太大，聚集在丝网上的雾滴不易降落，又被气流重新带走。实际使用中，常用的设计气速取 1～3m/s。丝网层的厚度按工艺条件通过试验确定。当金属网丝直径为 0.076～0.4mm，网层重度为 480～5300N/m^3，在上述适宜气速下，丝网层的蓄液厚度为 25～50mm，此时取网层厚度为 100～150mm，可获得较好的除沫效果。如除沫要求严格，可取厚一些或采用两段丝网。当采用合成纤维丝网，且纤维直径为 0.005～0.03mm 时，制成的丝网层应压紧到重度为 1100～1600N/m^3，网层厚度一般取 50mm。

丝网除沫器的网块结构有盘形和条形两种。盘形结构采用波纹形丝网缠绕至所需要的直径。网块的厚度等于丝网的宽度。条形网块结构是采用波纹形丝网一层层平铺至所需的厚度，然后上、下各放置一块隔栅板，再使用定距杆使其连成一整体。图 7-67 为用于小径塔的缩径型丝网除沫器，这种结构其丝网块直径小于设备内直径，需要另加一圆筒短节（升气管）以安放网块。图 7-68 为可用于大直径塔设备的全径型丝网除沫器。丝网与上、下栅板分块制作，每一块应能通过人孔在塔内安装。

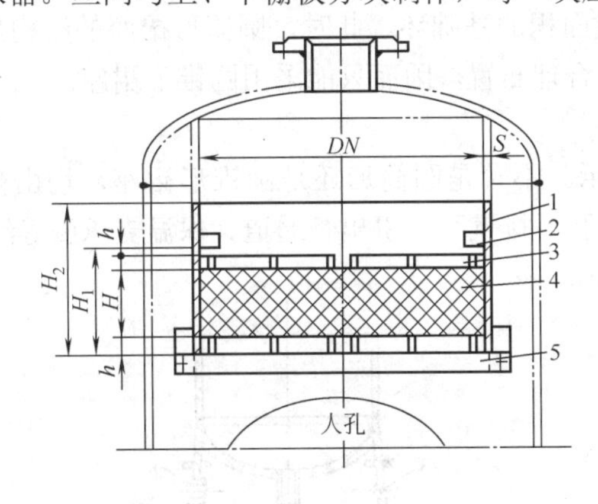

图 7-67 缩径型丝网除沫器

1—升气管；2—挡板；3—格栅；4—丝网；5—梁

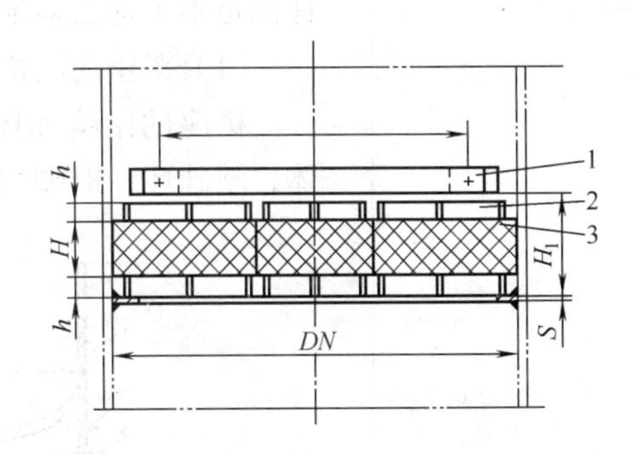

图 7-68 全径型丝网除沫器

1—压条；2—格栅；3—丝网

（2）折流板除沫器

折流板除沫器，如图 7-69 所示。折流板由 50mm×50mm×3mm 的角钢制成。夹带液体的气体通过角钢通道时，由于碰撞及惯性作用而达到截留及惯性分离。分离下来的液体由导液管与进料一起进入分布器。这种除沫装置结构简单，不易堵塞，但金属消耗量大，造价较高。一般情况下，它可除去直径为 5×10^{-5}m 以上的液滴，压力降为 50～100Pa。

（3）旋流板除沫器

旋流板除沫器，如图 7-70 所示。它由固定的叶片组成如风车状。夹带液滴的气体通过叶片时产生旋转和离心运动。在离心力的作用下将液滴甩至塔壁，从而实现气液分离。除沫效率可达 95%。

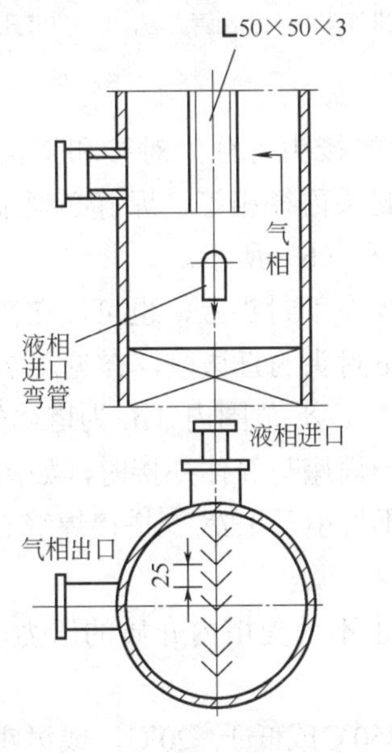

图 7-69 折流板除沫器

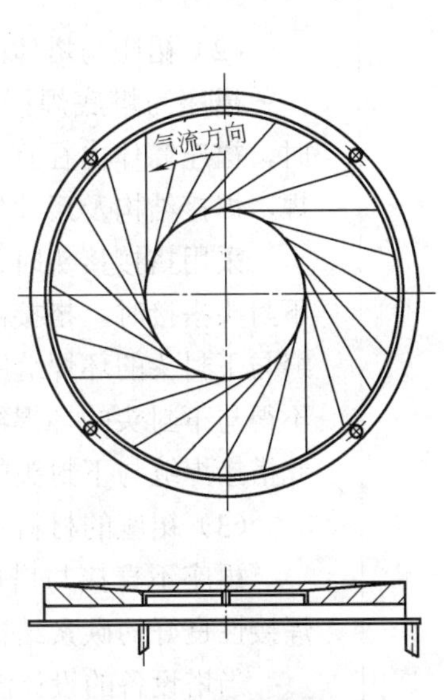

图 7-70 旋流板除沫器

7.4.2 裙座

塔体常采用裙座支承。裙座形式根据承受载荷情况不同，可分为圆筒形和圆锥形两类。圆筒形裙座制造方便，经济上合理，故应用广泛。但对于受力情况比较差、塔径小且很高的塔（如 $DN<1\text{m}$，且 $H/DN>25$，或 $DN>1\text{m}$，且 $H/DN>30$），为防止风载或地震载荷引起的弯矩造成塔翻倒，则需要配置较多的地脚螺栓及具有足够大承载面积的基础环。此时，圆筒形裙座的结构尺寸往往满足不了这么多地脚螺栓的合理布置，因而只能采用圆锥形裙座。

（1）裙座的结构

裙座的结构如图 7-71 所示。不管是圆筒形还是圆锥形裙座，均由裙座筒体、基础环、地脚螺栓座、人孔、排气孔、引出管通道、保温支承圈等组成。

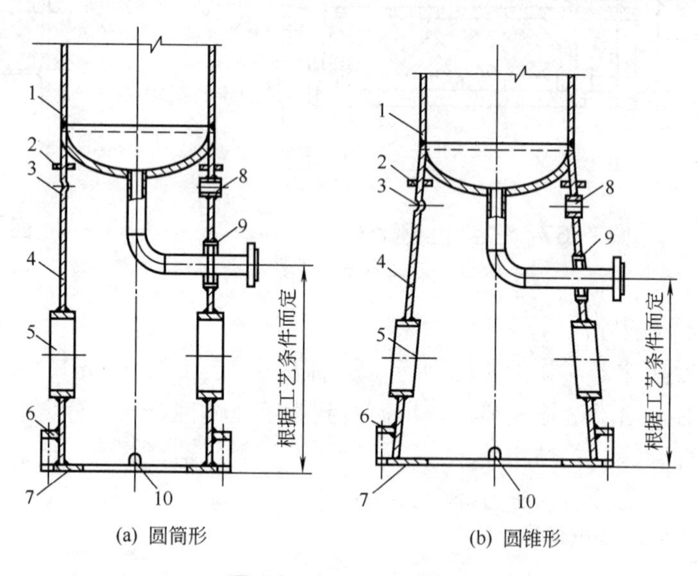

图 7-71 裙座的结构

1—塔体；2—保温支承圈；3—无保温时排气孔；4—裙座筒体；5—人孔；6—地脚螺栓座；7—基础环；8—有保温时排气孔；9—引出管通道；10—排液孔

（2）裙座与塔体的焊缝

裙座与塔底焊接于封头间的焊接接头可分为对接和搭接。采用对接接头时，裙座筒体内径宜与相连塔体下封头内径相等，焊缝必须采用全熔透的连续焊，焊接结构及尺寸如图 7-72（a）和（b）所示。

采用搭接接头时，搭接部位可焊在下封头上，也可焊在筒体上。当裙座与下封头搭接时，搭接部位必须位于下封头的直边段，详见图 7-72（c），搭接焊缝与下封头的环焊缝距离应在（1.7～3）δ_n 范围内（δ_n 为塔体的名义厚度），且不得与下封头的环焊缝连成一体。当筒座与筒体搭接时，如图 7-72（d）所示，此搭接焊缝与下封头的环焊缝距离不得小于 $1.7\delta_n$。搭接焊缝必须填满。

（3）裙座的材料

裙座不直接与塔内介质接触，也不承受塔内介质的压力，可选用较经济、焊接性良好的碳素结构钢。

当塔设备的设计温度高于等于 350℃或低于 −20℃，或裙座与塔体的焊接可

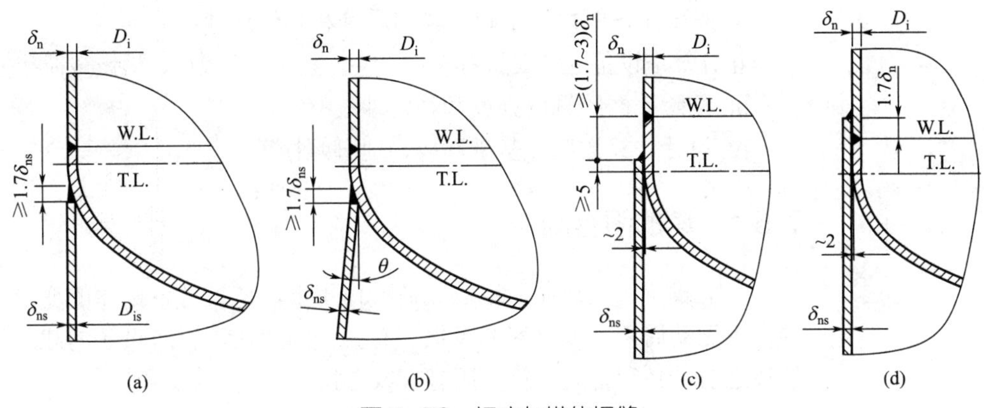

图 7-72　裙座与塔体焊缝

能影响相连塔体的材料性能（如塔体材料为低温钢、铬钼钢、不锈钢等）时，裙座筒体宜设置过渡段。过渡段用金属材料应与相焊的塔体金属材料一致，其设计温度和许用应力与相连塔体相同。通常过渡段长度为保温层厚度的四倍，且不小于 500mm，塔底温度为 200～350℃时可考虑采用异种钢的过渡，18-8 型不锈钢可作为任何不锈钢与碳素钢之间的过渡。过渡段长度一般可取 200～300mm。

地脚螺栓宜选用符合 GB/T 700 规定的 Q235 或 GB/T 1591 规定的 Q345，许用应力分别为 147MPa 和 170MPa。如果采用其他碳素钢，则 $n_s \leqslant 1.6$；如果采用其他低合金钢，则 $n_s \geqslant 2.0$。

基础环、盖板及筋板采用碳素钢和低合金钢时，许用应力分别取 147MPa 和 170MPa。

7.4.3　吊柱

安装在室外，无框架的整体塔设备，为了安装及拆卸内件，更换或补充填料，往往在塔顶设置吊柱。吊柱的方位：应使吊柱中心线与人孔中心线间有合适的夹角，使人能站在平台上操纵手柄，使吊柱的垂直线可以转到人孔附近，以便从人孔装入或取出塔内件。

吊柱的结构及在塔体上的安装如图 7-73 所示。吊柱管材料一般用 20 号无缝钢管；使用环境温度小于或等于 -20℃的场合，吊柱管材料采用正火状态的 10 号无缝钢管。吊柱与塔体连接的衬板应与塔体材料相同。除吊柱管和支座垫板材料外，其他零件材料为 Q235A。

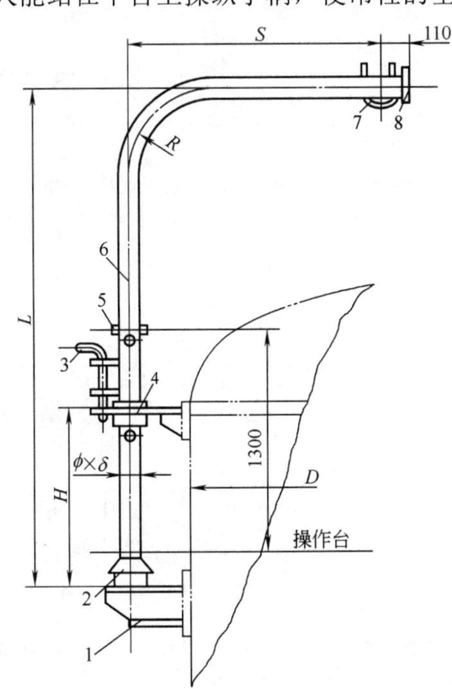

图 7-73　吊柱的结构及安装位置

1—支架；2—防雨罩；3—固定销；4—导向板；5—手柄；6—吊柱管；7—吊钩；8—挡板

7.5　塔的强度设计

塔设备大多安装在室外，靠裙座底部的地脚螺栓固定在混凝土基础上，通常称为自支承式塔。除承受介质压力外，塔设备还承受各种重量（包括塔体、塔内件、介质、保温层、操作平台、扶梯等附件的重量）、管道推力、偏心载荷、风载荷及地震载荷的联合作用。由于在正常操作、停工检修、压力试验等三种工况下，塔所受的载荷并不相同，为了保证塔设备安全运行，必须对其在这三种工况下进行轴向强度及稳定性校核。

轴向强度及稳定性校核的基本步骤为：

ⅰ. 按设计条件，初步确定塔的厚度和其他尺寸；

ⅱ. 计算塔设备危险截面的载荷，包括重量、风载荷、地震载荷和偏心载荷等；

ⅲ. 危险截面的轴向强度和稳定性校核；

ⅳ. 设计计算裙座、基础环板、地脚螺栓等。

7.5.1　塔的固有周期

在动载荷（风载荷、地震载荷）作用下，塔设备各截面的变形及内力与塔的自由振动周期（或频率）及振型有关。因此在进行塔设备的载荷计算及强度校核之前，必须首先计算其固有（或自振）周期。

在不考虑操作平台及外部管线的限制作用时，若将塔设备视为具有多个自由度的体系，则它就具有多个固有频率（或周期），其中最低的频率 ω_1，称为基本固有频率或称基本频率，然后从低到高依次为第二频率，第三频率，……，即频率 ω_2，ω_3，……。对应于任意一个频率，体系中各质点振动后的变形曲线称为振型。与基本频率相对应的周期称为基本固有周期或基本周期。

图 7-74　计算模型

（1）等直径、等厚度塔的固有周期

对于等直径、等厚度的塔，质量沿高度均匀分布，则计算模型通常简化为顶端自由、底部固定、质量沿高度均匀分布的悬臂梁，如图 7-74 所示。梁在动载荷作用下发生弯曲振动时，其挠度曲线随时间而变化，可表示为 $y=y(x, t)$。设塔为理想弹性体、振幅很小、无阻尼、塔高与塔直径之比较大（大于 5），由材料力学中的弯曲理论知，在分布惯性力 q 的作用下的挠曲线微分方程为

$$EI\frac{\partial^4 y}{\partial x^4}=q \tag{7-1}$$

式中　E——塔体材料在设计温度下的弹性模量，Pa；

I——塔截面的形心轴惯性矩，$I=\frac{\pi}{64}\left(D_o^4-D_i^4\right)\approx\frac{\pi}{8}D^3_i\delta_e$，m^4；

D_i——塔的内直径，m；

D_o——塔的外直径，m；

δ_e——塔壁的有效厚度，m。

根据牛顿第二定律，梁上的分布惯性力 q 为

$$q=-m\frac{\partial^2 y}{\partial t^2} \tag{7-2}$$

式中　m——塔单位高度上的质量，kg/m。

将式（7-2）代入式（7-1）得

$$\frac{\partial^4 y}{\partial x^4}+\frac{m}{EI}\frac{\partial^2 y}{\partial t^2}=0 \tag{7-3}$$

根据塔的振动特性，令上式的解为

$$y(x, t)=Y(x)\sin(\omega t+\varphi)$$

式中　ω——塔的固有圆频率，rad/s；

t——时间，s；

$Y(x)$——塔振动时在距地面为 x 处的最大位移，m。

将 $y(x,t)$ 代入振动方程式（7-3）得

$$\frac{d^4Y(x)}{dx^4}-k^4Y(x)=0 \tag{7-4}$$

式中 k——系数，$k=\sqrt[4]{\frac{m\omega^2}{EI}}$。

式（7-4）的边界条件为：塔底固定端，$Y(x)\big|_{x=0}=0,\frac{dY(x)}{dx}\bigg|_{x=0}=0$；塔顶自由端，$\frac{d^2Y(x)}{dx^2}\bigg|_{x=H}=0,\frac{d^3Y(x)}{dx^3}\bigg|_{x=H}=0$，

求解此方程得塔设备前三个振型时的 k 值分别为：$k_1=\frac{1.875}{H}$；$k_2=\frac{4.694}{H}$；$k_3=\frac{7.855}{H}$。

由系数 k 值的表达式以及圆频率 ω 和周期 T 间的关系 $T=\frac{2\pi}{\omega}$，得塔在前三个振型时的固有周期分别为

$$T_1=1.79\sqrt{\frac{mH^4}{EI}}$$
$$T_2=0.285\sqrt{\frac{mH^4}{EI}} \tag{7-5}$$
$$T_3=0.102\sqrt{\frac{mH^4}{EI}}$$

式中 H——塔高，m。

与塔设备前三个圆频率相对应的振型如图 7-75 所示。

（2）不等直径或不等厚度塔设备的固有周期

对于不等直径或不等厚度的塔，质量沿塔高的分布是不均匀的，因而难以得到类似式（7-3）的振动方程。工程设计时常将这种塔视为由多个塔节组成，将每个塔节简化为质量集中于其重心的质点，并采用质量折算法计算第一振型的固有周期。直径和厚度相等的圆柱壳、改变直径用的圆锥壳可视为塔节。

质量折算法的基本思路是将一个多自由度体系，用一个折算的集中质量来代替，从而将一个多自由度体系简化成一个单自由度体系，如图 7-76 所示。确定集中质量的原则是使两个相互折的算体系在振动时产生的最大动能相等。

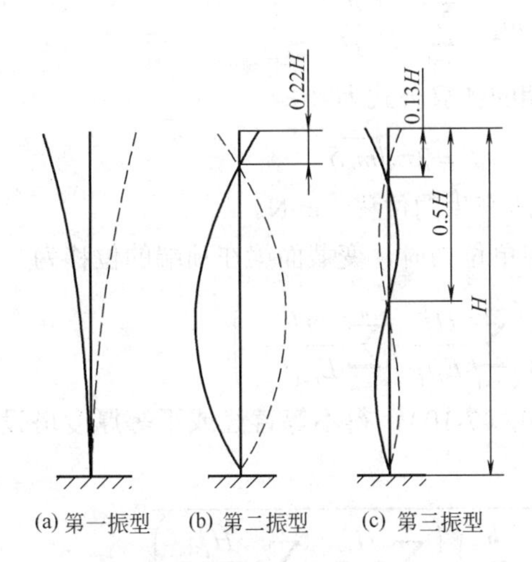

图 7-75 塔设备振型

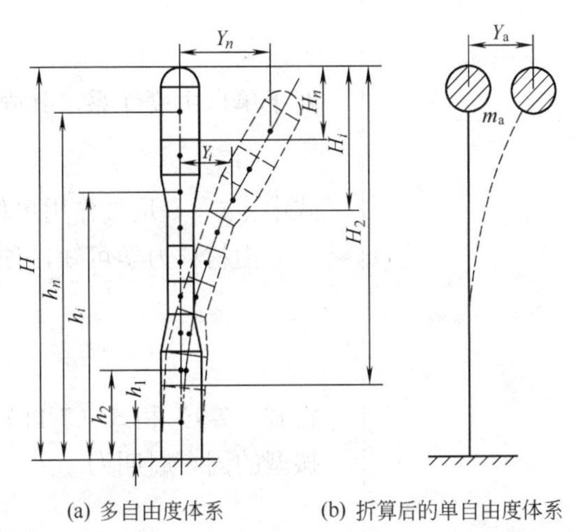

图 7-76 不等直径或不等厚度塔的计算

图 7-76（a）中，设塔节数为 n，塔体振动时最大动能为各质点最大动能之和，即

$$T_{\max}=\frac{1}{2}\sum_{i=1}^{n}m_i v_{i\max}^{2}=\frac{1}{2}\sum_{i=1}^{n}m_i\omega^2 Y_i^2 \tag{7-6}$$

式中　$T_{\max}$——多质点体系振动时的最大动能，J；

m_i——第 i 段塔节的质量，kg；

$v_{i\max}$——第 i 段塔节重心的最大速度，m/s；

Y_i——第 i 段塔节重心的最大位移，即振幅，m。

同理，设单自由度体系的折算质量为 m_a，则振动时产生的最大动能为

$$T_{\max}^{*}=\frac{1}{2}m_a Y_a^2\omega_a^2$$

式中　$T_{\max}^{*}$——折算后单自由度体系的动能，J；

m_a——折算成单自由度体系后的质量，kg；

ω_a——折算成单自由度体系后的振动圆频率，rad/s；

Y_a——折算成单自由度体系后质点的最大位移（振幅），详见图 7-76（b），m。

令

$$T_{\max}=T_{\max}^{*}$$

即

$$\frac{1}{2}\sum_{i=1}^{n}m_i Y_i^2\omega^2=\frac{1}{2}m_a Y_a^2\omega_a^2 \tag{7-7}$$

因将多自由度体系折算成等价的单自由度体系，所以，振动圆频率相同，即 $\omega=\omega_a$；塔顶的最大位移即振幅相等，即 $Y_n=Y_a$。研究表明，多自由度体系的第一振型曲线可近似为抛物线，且最大位移 Y_i 和 Y_a 之间有如下关系

$$Y_i\approx Y_a\left(\frac{h_i}{H}\right)^{\frac{3}{2}} \tag{7-8}$$

将上式代入式（7-7）得

$$m_a=\sum_{i=1}^{n}m_i\left(\frac{h_i}{H}\right)^3 \tag{7-9}$$

对于单自由度体系，其固有周期的计算公式为

$$T=2\pi\sqrt{m_a\delta} \tag{7-10}$$

式中　δ——顶端作用单位力时所产生的位移，m/N。

由材料力学可知，顶端作用单位力时，变截面梁在顶端的位移为

$$\delta=\frac{1}{3}\left(\sum_{i=1}^{n}\frac{H_i^3}{E_iI_i}-\sum_{i=2}^{n}\frac{H_i^3}{E_{i-1}I_{i-1}}\right) \tag{7-11}$$

将式（7-9）和式（7-11）代入式（7-10），得不等直径或不等厚度塔设备第一振型的固有周期为

$$T_1=2\pi\sqrt{\frac{1}{3}\sum_{i=1}^{n}m_i\left(\frac{h_i}{H}\right)^3\left(\sum_{i=1}^{n}\frac{H_i^3}{E_iI_i}-\sum_{i=2}^{n}\frac{H_i^3}{E_{i-1}I_{i-1}}\right)} \tag{7-12}$$

式中 H_i——第 i 段塔节底部截面至塔顶的距离，m；

E_i——第 i 段塔节材料在设计温度下的弹性模量，Pa；

I_i——第 i 段塔节形心轴的惯性矩，对于圆柱形塔节，$I_i \approx \dfrac{\pi}{8}(D_i+\delta_{ei})^3\delta_{ei}$；对于圆锥形塔节，$I_i=\dfrac{\pi D_{ie}^2 D_{if}^2\delta_{ei}}{4(D_{ie}+D_{if})}$，$m^4$；

D_{ie}——圆锥形塔节大端内直径，m；

D_{if}——圆锥形塔节小端内直径，m；

δ_{ei}——第 i 段塔节的有效厚度，m。

若第 I 段塔节形状为圆柱形，则 $D_{ie}=D_{if}=D_i$。

7.5.2 塔的载荷分析

7.5.2.1 质量载荷

质量载荷包括：塔体、裙座质量 m_{01}；塔内件如塔盘或填料的质量 m_{02}；保温材料的质量 m_{03}；操作平台及扶梯的质量 m_{04}；操作时物料的质量 m_{05}；塔附件如人孔、接管、法兰等质量 m_a；水压试验时充水的质量 m_w；偏心载荷 m_e。

塔设备在正常操作时的质量

$$m_0=m_{01}+m_{02}+m_{03}+m_{04}+m_{05}+m_a+m_e \tag{7-13}$$

塔设备在水压试验时的最大质量

$$m_{max}=m_{01}+m_{02}+m_{03}+m_{04}+m_w+m_a+m_e \tag{7-14}$$

塔设备在停工检修时的最小质量

$$m_{min}=m_{01}+0.2m_{02}+m_{03}+m_{04}+m_a+m_e \tag{7-15}$$

7.5.2.2 偏心载荷

塔体上有时悬挂有再沸器、冷凝器等附属设备或其他附件，因此承受偏心载荷，该载荷产生的弯矩为

$$M_e=m_e ge \tag{7-16}$$

式中 g——重力加速度，m/s^2；

e——偏心距，即偏心质量中心至塔设备中心线间的距离，m；

M_e——偏心弯矩，N·m。

7.5.2.3 风载荷

安装在室外的塔设备将受到风力的作用。风力除了使塔体产生应力和变形外，还可能使塔体产生顺风向的振动（纵向振动）及垂直于风向的诱导振动（横向振动）。过大的塔体应力会导致塔体的强度及屈曲失效，而太大的塔体挠度则会造成塔盘上的流体分布不均，从而使分离效率下降。

因风载荷是一种随机载荷，因而对于顺风向风力，可视为由两部分组成：平均风力，又称稳定风力，它对结构的作用相当于静力的作用；脉动风力，又称阵风脉动，它对结构的作用是动力的作用。

平均风力是风载荷的静力部分，其值等于风压和塔设备迎风面积的乘积。而脉动风力是非周期性的随机作用力，它是风载荷的动力部分，会引起塔设备的振动。计算时，通常将其折算成静载荷，即在静力的基础上考虑与动力有关的折算系数，称风振系数。

（1）风力计算

塔设备中第 i 计算段所受的水平风力可由下式计算

$$P_i=K_1K_{2i}f_iq_0l_iD_{ei} \qquad (7\text{-}17)$$

式中 P_i——塔设备中第 i 段的水平风力，N；

D_{ei}——塔设备中第 i 段迎风面的有效直径，m；

f_i ——风压高度变化系数；

q_0 ——各地区的基本风压，N/m^2，但应不小于 $300N/m^2$；

l_i ——塔设备各计算段的计算高度（见图 7-77），m；

K_1——体型系数；

K_{2i}——塔设备中第 i 计算段的风振系数。

① 基本风压 q_0　基本风压 q_0 由相应地区的基本风速 v_0 通过下式确定

$$q_0=\frac{1}{2}\rho v_0^2 \qquad (7\text{-}18)$$

式中 ρ ——空气密度，随当地的高度和湿度而异，kg/m^3；

v_0——基本风速，随地区、季节及离地面的高度而变化，m/s。

中国设计规范中，对空气密度 ρ，统一采用一个大气压下、10℃时的干空气密度计算，即 $\rho=1.25kg/m^3$；基本风速 v_0 系按当地空旷平坦地面上 10m 高度处 10min 时距，平均的年最大风速观测数据，经概率统计得出 50 年一遇最大值后确定的风速。全国各城市的基本风压值按 GB 50009《建筑结构荷载规范》表 E. 5 中重现期为 50 年的数值选取。

② 高度变化系数　由于风的黏滞作用，当它与地面上的物体接触时，形成一具有速度梯度的边界层气流。因而风速或风压是随离地面的高度而变化的。研究表明：在一定的高度范围内，风速沿高度变化呈指数规律，风压等于基本风压 q_0 与高度变化系数 f_i 的乘积。根据地面的粗糙度类别，风压高度变化系数 f_i 值详见表 7-5。

表7-5　风压高度变化系数 f_i

距地面高度 H_{it}	地面粗糙度类别			
	A	B	C	D
5	1.17	1.00	0.74	0.62
10	1.38	1.00	0.74	0.62
15	1.52	1.14	0.74	0.62
20	1.63	1.25	0.84	0.62
30	1.80	1.42	1.00	0.62
40	1.92	1.56	1.13	0.73
50	2.03	1.67	1.25	0.84
60	2.12	1.77	1.35	0.93
70	2.20	1.86	1.45	1.02
80	2.27	1.95	1.54	1.11
90	2.34	2.02	1.62	1.19
100	2.40	2.09	1.70	1.27
150	2.64	2.38	2.03	1.61

注：1. A类系指近海海面及海岛、海岸、湖岸及沙漠地区；B类系指田野、乡村、丛林、丘陵以及房屋比较稀疏的乡镇和城市郊区；C类系指有密集建筑群的城市郊区；D类系指有密集建筑群且房屋较高的城市郊区。

2. 中间值可采用线性内插法求取。

③ 风压 风压计算时，对于高度在10m以下的塔设备，按一段计算，以设备顶端的风压作为整个塔设备的均布风压；对于高度超过10m的塔设备，可分段进行计算，每10m分为一计算段，余下的最后一段高度取其实际高度，如图7-77所示。其中任意计算段的风压为

$$q_i=f_i q_0 \tag{7-19}$$

式中 q_i——第i段的风压，N/m^2。

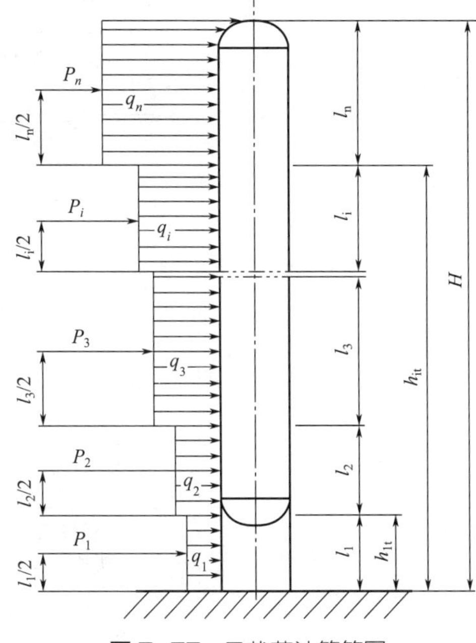

图7-77 风载荷计算简图

④ 体型系数K_1 上述基本风压中没有考虑结构的体型因素。在同样的风速条件下，风压在不同体型的结构表面分布亦不相同，对细长的圆柱形塔体结构，体型系数K_1=0.7。

⑤ 风振系数K_{2i} 如前所述，风振系数K_{2i}是考虑风载荷的脉动性质和塔体的动力特性的折算系数。塔的振动会影响到风力的大小。当塔设备很高时，基本周期越大，塔体摇晃越大，则反弹时在同样的风压下将引起更大的风力。对塔高$H \leqslant 20m$的塔设备，取K_{2i}=1.70。而对于塔高$H>20m$时，则K_{2i}按下式计算

$$K_{2i}=1+\frac{\xi v_i \phi_{zi}}{f_i} \tag{7-20}$$

式中 ξ——脉动增大系数，其值按表7-6确定；

v_i——第i段的脉动影响系数，由表7-7确定；

ϕ_{zi}——第i段的振型系数，由表7-8查得。

⑥ 塔设备迎风面的有效直径D_{ei} 塔设备迎风面的有效直径D_{ei}是该段所有受风构件迎风面的宽度总和。

当笼式扶梯与塔顶管线布置成180°时

$$D_{ei}=D_{oi}+2\delta_{si}+K_3+K_4+d_0+2\delta_{ps} \tag{7-21}$$

当笼式扶梯与塔顶管线布置成90°时，D_{ei}取下列两式中的较大值

$$D_{ei}=D_{oi}+2\delta_{si}+K_3+K_4$$

$$D_{ei}=D_{oi}+2\delta_{si}+K_4+d_0+2\delta_{ps} \tag{7-22}$$

式中 D_{oi}——塔设备各计算段的外径，m；

δ_{si}——塔设备各计算段保温层的厚度，m；

d_0——塔顶管线外径，m；

δ_{ps}——管线保温层的厚度，m；

K_3——笼式扶梯的当量宽度，当无确定数据时，可取K_3=0.40m；

K_4——操作平台的当量宽度，m；

$$K_4=\frac{2\sum A}{h_0}$$

$\sum A$——第i段内操作平台构件的投影面积（不计空挡的投影面积），m^2；

h_0——操作平台所在计算段的塔的高度，m。

7

表7-6 脉动增大系数ξ

$q_1T_1^2/(N\cdot s^2/m)$	10	20	40	60	80	100
ξ	1.47	1.57	1.69	1.77	1.83	1.88
$q_1T_1^2/(N\cdot s^2/m)$	200	400	600	800	1000	2000
ξ	2.04	2.24	2.36	2.46	2.53	2.80
$q_1T_1^2/(N\cdot s^2/m)$	4000	6000	8000	10000	20000	30000
ξ	3.09	3.28	3.42	3.54	3.91	4.14

注：1. T_1为第一自振周期。

2. 计算$q_1T_1^2$时，对于地面粗糙度B类的情况，可直接代入基本风压即$q_1=q_0$，而对A类以$q_1=1.38q_0$、C类以$q_1=0.62q_0$、D类以$q_1=0.32q_0$代入。

3. 中间值可采用线性内插法求取。

表7-7 脉动影响系数ν_i

地面粗糙度类别	高度h_{it}/m									
	10	20	30	40	50	60	70	80	100	150
A	0.78	0.83	0.86	0.87	0.88	0.89	0.89	0.89	0.89	0.87
B	0.72	0.79	0.83	0.85	0.87	0.88	0.89	0.89	0.90	0.89
C	0.64	0.73	0.78	0.82	0.85	0.87	0.90	0.90	0.91	0.93
D	0.53	0.65	0.72	0.77	0.81	0.84	0.89	0.89	0.92	0.97

注：中间值可采用线性内插法求取。

表7-8 振型系数ϕ_{zi}

相对高度 h_{it}/H	振型序号		相对高度 h_{it}/H	振型序号	
	1	2		1	2
0.10	0.02	−0.09	0.60	0.46	−0.59
0.20	0.06	−0.30	0.70	0.59	−0.32
0.30	0.14	−0.53	0.80	0.79	0.07
0.40	0.23	−0.68	0.90	0.86	0.52
0.50	0.34	−0.71	1.00	1.00	1.00

注：1. h_{it}为第i计算段顶部截面至地面的高度，m（见图7-77）；H为塔设备总高度，（见图7-77）。

2. 中间值可采用线性内插法求取。

（2）顺风向风弯矩计算

如图7-77所示，将塔设备沿高度分为若干段，则水平风力在第i段塔底截面I—I处的风弯矩为

$$M_W^{I-I}=p_i\frac{l_i}{2}+p_{i+1}\left(l_i+\frac{l_{i+1}}{2}\right)+p_{i+2}\left(l_i+l_{i+1}+\frac{l_{i+2}}{2}\right)+\cdots+p_n\left(l_i+l_{i+1}+l_{i+2}+\cdots+\frac{l_n}{2}\right) \tag{7-23}$$

7.5.2.4 地震载荷

地震起源于地壳的深处。地震时所产生的地震波，通过地壳的岩石或土壤向地球表面传播。当地震波传到地面时，引起地面的突然运动，从而迫使地面上的建筑物和设备发生振动。

地震发生时，地面运动是一种复杂的空间运动，可以分解为三个平动分量和三个转动分量。鉴于转动分量的实测数据很少，地震载荷计算时一般不予考虑。地面水平方向（横向）的运动会使设备产生水平方向的振动，危害较大。而垂直方向（纵向）的危害较横向振动要小，所以只有当地震设防烈度为8度或9度地区的塔设备才考虑纵向振动的影响。

（1）地震力计算

① 水平地震力　所谓地震力是地震时地面运动对于设备的作用力。对于底部刚性固定在基础上的塔设备，如将其简化成单质点的弹性体系，如图7-78所示。则地震力即为该设备质量相对于地面运动时的惯性力，此力为

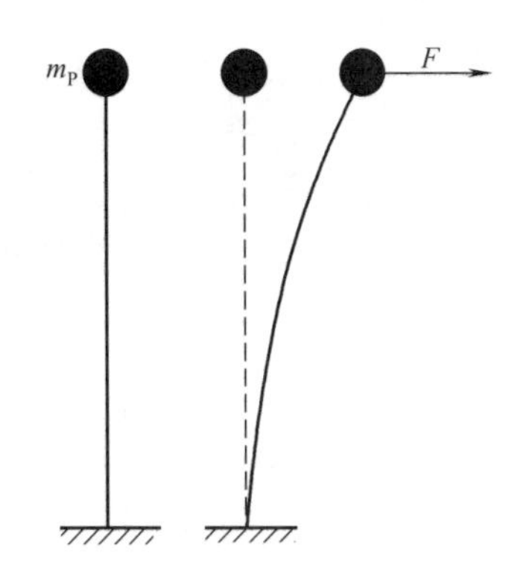

图7-78 单质点体系的地震力

$$F=\alpha m_P g \tag{7-24}$$

式中　m_P——集中于单质点的质量，kg；

g——重力加速度，m/s²；

α——地震影响系数，根据场地土的特征周期及塔的自振周期由图7-79确定。

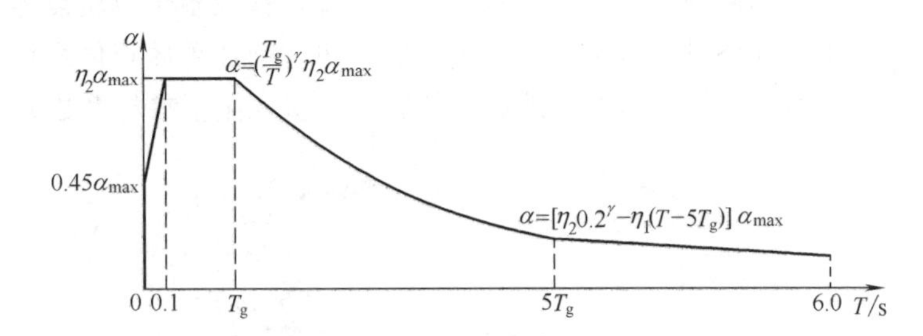

图7-79 地震影响系数α值

对于图7-79中的曲线下降段，地震影响系数按式（7-25）计算

$$\alpha=\left(\frac{T_g}{T}\right)^\gamma \eta_2\alpha_{max} \tag{7-25}$$

式中　T_g——特征周期，按场地土的类型及震区类型由表7-9确定；

α_{max}——地震影响系数的最大值，见表7-10；

γ——衰减指数，根据塔的阻尼比按式（7-26）确定；

η_2——阻尼调整系数，按式（7-27）计算。

表7-9 各类场地土的特征周期T_g

设计地震分组	场地土类型				
	I_0	I_1	Ⅱ	Ⅲ	Ⅳ
第一组	0.20	0.25	0.35	0.45	0.65
第二组	0.25	0.30	0.40	0.55	0.75
第三组	0.30	0.35	0.45	0.65	0.90

表7-10 地震影响系数最低值α_{max}

设防烈度	7		8		9
设计基本地震加速度	0.1g	0.15g	0.2g	0.3g	0.4g
对应于多遇地震的α_{max}	0.08	0.12	0.16	0.24	0.32

$$\gamma = 0.9 + \frac{0.05 - \xi_i}{0.3 + 6\xi_i} \tag{7-26}$$

式中，ξ_i 为塔的阻尼比，根据实测值确定。无实测数据时，一阶振型阻尼比可取 ξ_i=0.01～0.03。高阶振型阻尼比，可参照第一振型阻尼比选取

$$\eta_2 = 1 + \frac{0.05 - \xi_i}{0.08 + 1.6\xi_i} \tag{7-27}$$

对于图 7-79 中直线下降段，地震影响系数按式（7-28）计算

$$\alpha = [\eta_2 0.2^{\gamma} - \eta_1(T - 5T_{\mathrm{g}})]\alpha_{\max} \tag{7-28}$$

式中　η_1——直线下降段下降斜率的调整系数，按式（7-29）计算

$$\eta_1 = 0.02 + \frac{0.05 - \xi_i}{4 + 32\xi_i} \tag{7-29}$$

式（7-24）中 αg 可以理解为质点的绝对加速度。实际上，塔设备是一多质点的弹性体系，如图 7-78 所示。对于多质点体系，具有多个振型。根据振型迭加原理，可将多质点体系的计算转换成多个单质点体系相叠加。因此，对于实际塔设备水平地震力的计算，可在前述单质点体系计算的基础上，为考虑振型对绝对加速度及地震力的影响，引入振型参与系数 η_k

$$\eta_k = \frac{Y_k \sum_{i=1}^{n} m_i Y_i}{\sum_{i=1}^{n} m_i Y_i^2} \tag{7-30}$$

塔设备的第一振型曲线可以近似为式（7-8）所表示的抛物线。将式（7-8）代入 η_k 的表达式，可得相应于第一振型的振型参与系数 η_{k1}

$$\eta_{k1} = \frac{h_k^{1.5} \sum_{i=1}^{n} m_i h_i^{1.5}}{\sum_{i=1}^{n} m_i h_i^3} \tag{7-31}$$

因而，第 k 段塔节重心处（k 质点处）产生的相当于第一振型（基本振型）的水平地震力为

$$F_{k1} = \alpha_1 \eta_{k1} m_k g \tag{7-32}$$

式中　α_1——对应于塔器基本固有周期 T_1 的地震影响系数 α 值；

m_k——第 k 段塔节的集中质量（见图 7-80），kg。

② 垂直地震力　在地震设防烈度为 8 度或 9 度的地区，塔设备应考虑垂直地震力的作用。一个多质点体系见图 7-81，在地面的垂直运动作用下，塔设备底部截面上的垂直地震力为

$$F_V^{0-0} = \alpha_{v\max} m_{\mathrm{eq}} g \tag{7-33}$$

式中　$\alpha_{v\max}$——垂直地震影响系数的最大值，取 $\alpha_{v\max} = 0.65\alpha_{\max}$；

m_{eq}——塔设备的当量质量，取 m_{eq}=0.75m_0，kg；

m_0——塔设备操作时的质量，kg。

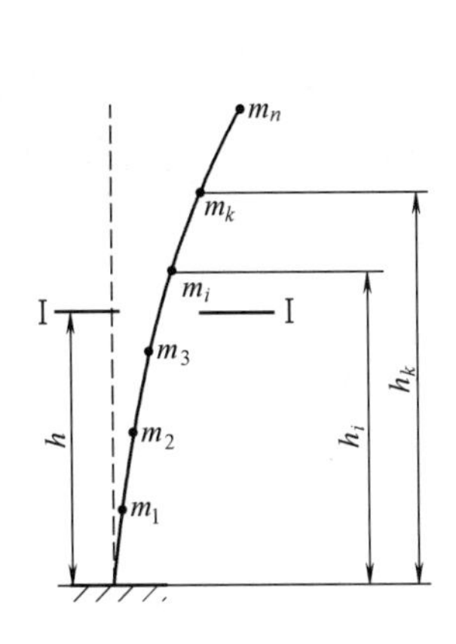

图 7-80 多质点体系

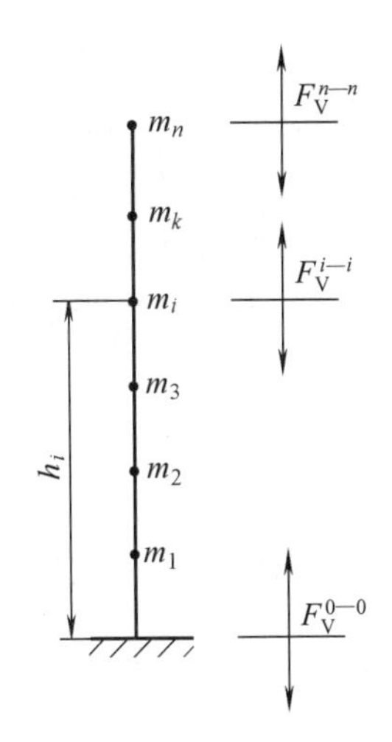

图 7-81 多质点体系的垂直地震力

塔任意质点 i 处垂直地震力为

$$F_V^{i-i} = \frac{m_i h_i}{\sum_{k=1}^{n} m_k h_k} F_V^{0-0} \qquad (i=1,2,3,\cdots,n) \tag{7-34}$$

（2）地震弯矩

由于水平地震力的作用下，在塔设备的任意计算截面 I—I 处，基本振型的地震弯矩为

$$M_{E1}^{I-I} = \sum_{k=i}^{n} F_{k1}(h_k - h) \tag{7-35}$$

式中 M_{E1}^{I-I}——任意截面 I—I 处基本振型的地震弯矩，N · m；

h_k——第 k 段塔节的集中质量 m_k 离地面的距离，m。

对于等直径、等壁厚的塔，质量沿塔高均匀分布，如图 7-74 所示。在距离地面高度为 x 处，取微元 dx，则质量为 mdx，其振型参与系数为

$$\eta_{k1} = \frac{h_k^{1.5} \int_0^H m h^{1.5} \mathrm{d}h}{\int_0^H m h^3 \mathrm{d}h} = 1.6 \frac{h_k^{1.5}}{H^{1.5}}$$

则水平地震力 dF_{k1} 为

$$\mathrm{d}F_{k1} = \mathrm{d}\alpha_1 m_k g \left(1.6 \frac{h_k^{1.5}}{H^{1.5}}\right) = 1.6 \frac{\alpha_1 m g}{H^{1.5}} x^{1.5} \mathrm{d}x$$

设任意计算截面 I—I 距地面的高度为 h（见图 7-80），基本振型在 I—I 截面处产生的地震弯矩为

$$M_{E1}^{I-I} = \int_h^H (x-h)\mathrm{d}F_{k1} = \int_h^H 1.6 \frac{\alpha_1 m g}{H^{1.5}} x^{1.5}(x-h)\mathrm{d}x$$

$$= \frac{8\alpha_1 m g}{175 H^{1.5}}\left(10H^{3.5} - 14hH^{2.5} + 4h^{3.5}\right) \tag{7-36}$$

当 h=0 时，即塔设备底部截面 0—0 处，由基本振型产生的地震弯矩为

$$M_{E1}^{0-0} = \frac{16}{35}\alpha_1 m g H^2 \tag{7-37}$$

以上计算是按塔设备基本振型（第一振型）的结果。当 $H/D>15$ 且塔设备高度大于 20m 时，还必须考虑高振型的影响。这时应根据前三振型，即第一、第二、第三振型，分别计算其水平地震力及地震弯矩。然后根据振型组合的方法确定作用于 k 质点处的最大地震力及地震弯矩。这样的计算方法显然很复杂。一种简化的近似算法是按第一振型的计算结果估算考虑高振型影响时的地震弯矩，即

$$M_{\mathrm{E}}^{\mathrm{I-I}}=1.25M_{\mathrm{E1}}^{\mathrm{I-I}} \tag{7-38}$$

7.5.2.5 最大弯矩

确定最大弯矩时，偏保守地假设风弯矩、地震弯矩和偏心弯矩同时出现，且出现在塔设备的同一方向。但考虑到最大风速和最高地震级别同时出现的可能性很小，在正常或停工检修时，取计算截面处的最大弯矩为

$$M_{\max}=\begin{cases}M_{\mathrm{W}}+M_{\mathrm{e}}\\ M_{\mathrm{E}}+0.25M_{\mathrm{W}}+M_{\mathrm{e}}\end{cases}\quad \text{取其中较大值} \tag{7-39}$$

在水压试验时，由于试验日期可以选择且持续时间较短，取最大弯矩为 $0.3M_{\mathrm{W}}+M_{\mathrm{e}}$。

7.5.3 筒体的强度及稳定性校核

根据操作压力（内压或真空）计算塔体厚度之后，对正常操作、停工检修及压力试验等工况，分别计算各工况下相应压力、重量和垂直地震力、最大弯矩引起的筒体轴向应力，再确定最大拉伸应力和最大压缩应力，并进行强度和稳定性校核。如不满足要求，则须调整塔体厚度，重新进行应力校核。

7.5.3.1 筒体轴向应力

（1）内压或外压在筒体中引起的轴向应力 σ_1

$$\sigma_1=\frac{pD_{\mathrm{i}}}{4\delta_{ei}} \tag{7-40}$$

式中 p——设计压力，取绝对值，Pa。

（2）重力及垂直地震力在筒壁产生的轴向压应力 σ_2

$$\sigma_2=-\frac{9.8m_0^{\mathrm{I-I}}\pm F_{\mathrm{V}}^{\mathrm{I-I}}}{\pi D_{\mathrm{i}}\delta_{\mathrm{e}i}} \tag{7-41}$$

式中 $m_0^{\mathrm{I-I}}$——任意截面 I—I 以上塔设备承受的质量，kg；

$F_{\mathrm{V}}^{\mathrm{I-I}}$——垂直地震力，仅在最大弯矩为地震弯矩参与组合时计入此项，N。

（3）最大弯矩在筒体中引起的轴向应力 σ_3

$$\sigma_3^{\mathrm{I-I}}=\frac{M_{\max}^{\mathrm{I-I}}}{W_{\mathrm{I}}} \tag{7-42}$$

式中 M_{max}^{I-I}——计算截面Ⅰ—Ⅰ处的最大弯矩，由式（7-39）确定，N·m；

W_I——计算截面Ⅰ—Ⅰ处的抗弯截面模量，$W_I=\frac{\pi}{4}D_i^2\delta_{ei}$，$m^3$。

7.5.3.2 轴向应力校核条件

对于内压塔和真空塔，筒体最大组合拉应力分别为（$\sigma_1-\sigma_2+\sigma_3$）和（$-\sigma_2+\sigma_3$），最大组合压应力分别为（$\sigma_2+\sigma_3$）和（$\sigma_1+\sigma_2+\sigma_3$）。

由于最大弯矩在筒体中引起的轴向应力沿环向是不断变化的。与沿环向均布的轴向应力相比，这种应力对塔强度或稳定失效的危害要小一些。为此，在塔体应力校核时，对许用拉伸应力和压缩应力引入载荷组合系数 K，并取 K=1.2。

在正常操作和停工检修工况下，轴向拉伸应力用 $K[\sigma]^t\phi$ 限制。其中，$[\sigma]^t$ 为筒体材料在相应温度下的许用应力；ϕ 为应力校核点处的环向焊缝的焊接接头系数。轴向压缩应力用 $K[\sigma]^t$ 和 KB 中的较小值限制。其中 B 为许用轴向压缩应力。$[\sigma]^t$ 和 B 的确定参见本书第4章。

在压力试验工况下，轴向拉伸应力用 $0.9KR_{eL}\phi$（液压试验）或 $0.8KR_{eL}\phi$（气压试验）限制。轴向压缩应力用 $K[\sigma]^t$ 和 B 中的较小值限制。

7.5.4 裙座的强度及稳定性校核

7.5.4.1 裙座筒体

裙座筒体受到重量和各种弯矩的作用，但不承受压力。重量和弯矩在裙座底部截面处最大，因而裙座底部截面是危险截面。此外，裙座上的检查孔或人孔、管线引出孔有承载削弱作用，这些孔中心横截面处也是裙座筒体的危险截面。

裙座筒体不受压力作用，轴向组合拉伸应力总是小于轴向组合压缩应力。因此，只需校核危险截面的最大轴向压缩应力。

7.5.4.2 裙座基础环

裙座基础环的结构如图7-82及图7-83所示，分为无筋板的结构及有筋板的结构两类。基础环的内、外直径可按下式选取

$$D_{ob}=D_{is}+(0.16\sim0.40)\,m \tag{7-43}$$

$$D_{ib}=D_{is}-(0.16\sim0.40)\,m \tag{7-44}$$

（1）基础环应力分布

塔设备的重量及由风载荷、地震载荷及偏心载荷引起的弯矩通过裙座筒体作用在基础环上，而基础环安放在混凝土基础上。在基础环与混凝土基础接触面上，重量引起均布压缩应力，弯曲引起弯曲应力，压缩应力始终大于拉伸应力，最大压缩应力为 σ_{max}，应力分布如图7-84所示。基础环板应有足够厚度来承受这种应力。

（2）基础环厚度

① 无筋板基础环 假想把基础环沿圆周方向拉直，当作受到均布载荷 σ_{max} 作用的悬臂梁，梁的长度等于 b，如图7-82所示。设拉直后梁的宽度为 L，则梁所受的最大弯矩为

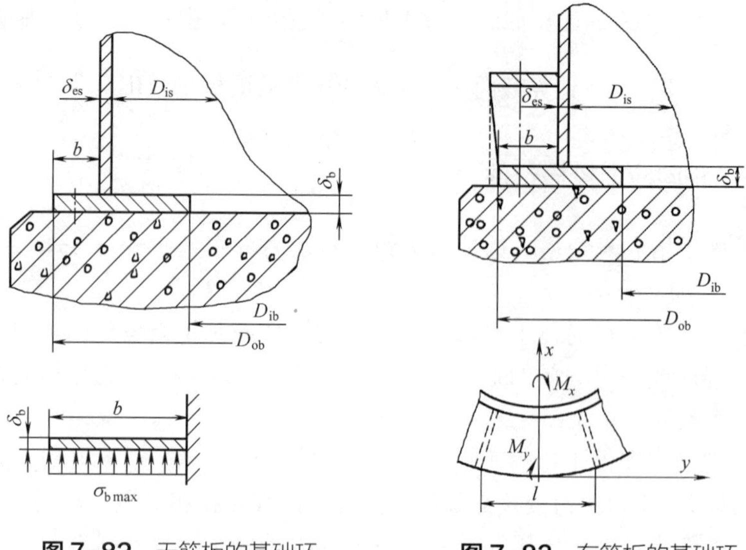

图 7-82　无筋板的基础环　　　**图 7-83**　有筋板的基础环

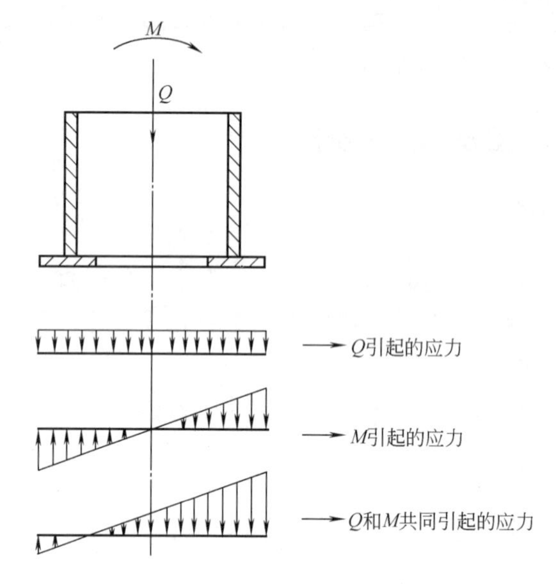

图 7-84　基础环的应力

$$M=\frac{1}{2}b^2L\sigma_{\mathrm{bmax}}$$

由弯矩引起的最大弯应力位于梁根部的上下表面，其值应小于基础环材料的许用应力 $[\sigma]_{\mathrm{b}}$，即

$$\sigma_{\mathrm{b}}=\frac{M}{Z}=\frac{6M}{L\delta_{\mathrm{b}}^2}\leqslant[\sigma]_{\mathrm{b}}$$

因此，基础环所需的厚度 δ_{b} 为

$$\delta_{\mathrm{b}}=1.73b\sqrt{\frac{\sigma_{\mathrm{bmax}}}{[\sigma]_{\mathrm{b}}}} \tag{7-45}$$

② 有筋板基础环　在两相邻筋板之间的基础环板可近似地视为受均布载荷为 $\sigma_{\mathrm{b\ max}}$ 的矩形板（$b\times l$），有筋板的两侧边（边长为 b）视为简支，与裙座

筒体连接的边缘（边长视为 l）作为固支，基础环的外边缘（长度视为 l）作为自由边。根据平板理论，分别计算图 7-83 中 x 与 y 方向的单位长度弯矩，取较大值作为计算弯矩 M_s。此时，基础环的厚度为

$$\delta_b = \sqrt{\frac{6M_s}{[\sigma]_b}} \tag{7-46}$$

7.5.4.3 地脚螺栓

地脚螺栓的作用是使高的塔设备固定在混凝土基础上，以防风弯矩或地震弯矩等使其发生倾倒。

如图 7-84 所示，在重力和弯矩作用下，如果迎风侧地脚螺栓承受的应力 $\sigma_B<0$，则表示塔设备自身稳定而不会倾倒，原则上可不设地脚螺栓，但是为了固定设备的位置，还应设置一定数量的地脚螺栓；如果 $\sigma_B>0$ 则必须安装地脚螺栓并进行计算。

7.5.4.4 裙座与塔体连接焊缝

裙座直接焊接在塔体的底部封头上，焊缝形式有搭接焊缝和对接焊缝两种。

ⅰ. 搭接焊缝是裙座焊在壳体外侧的结构。焊缝承受由设备重量及弯矩产生的切应力。这种结构受力情况较差，但安装方便，可用于小型塔设备。

ⅱ. 对接焊缝主要校核在弯矩及重力作用下迎风侧焊缝的拉应力。

7

7.6 塔设备的振动

早在 20 世纪的初期，就出现了一些钢制圆筒形的烟囱在较低的风速作用下，以较高的频率沿着与风力的垂直方向（横向）产生振动，并导致结构破坏的事故。这种现象引起了人们的广泛注意，并开始对这种横向振动进行研究。安装于室外的塔设备，在风力的作用下，将产生两个方向的振动。一种是顺风向的振动，即振动方向沿着风的方向；另一种是横向振动，即振动方向沿着风的垂直方向，又称横向振动或风的诱导振动。因为后者对塔设备的破坏性大，所以本章主要讨论风的诱导振动。

7.6.1 风的诱导振动

（1）诱导振动的流体力学原理

当风以一定的速度绕流圆柱形的塔设备时，塔设备周围的风速是变化的，如图 7-85 所示。在迎风侧的 A 点风速为 0，当风折转方向沿塔表面由 A 到 B 时，风速不断增加，但从 B 点到 D 点，即在塔的背后，流速又不断减小。就塔设备周围的风压而言，正好与风速相反。在 A 点处风压最高，由 A 向 B 点，风压不断降低，而从 B 点向 D 点，其压力又不断升高。

由于塔的表面存在边界层，层内各点的速度从壁面为零沿径向逐渐增大，直到与边界层外的主流体的速度相同。在塔的前半周（从 A 点到 B 点），尽管由于边界层内的黏性摩擦力使层内流速不断下降，但由于边界层外的主流体其流速是逐步增加的，所以边界层内的流体能从主流体获得能量而使速度不下降，然而在塔的后半周（从 B 到 D 点），由于主流体本身不断减速，使边界层内的流体不能从主流体获得补充的能量，从而因黏性摩擦力使其速度逐步减小，结果导致边界层不断增厚，在 C 点处出现边界层流体的

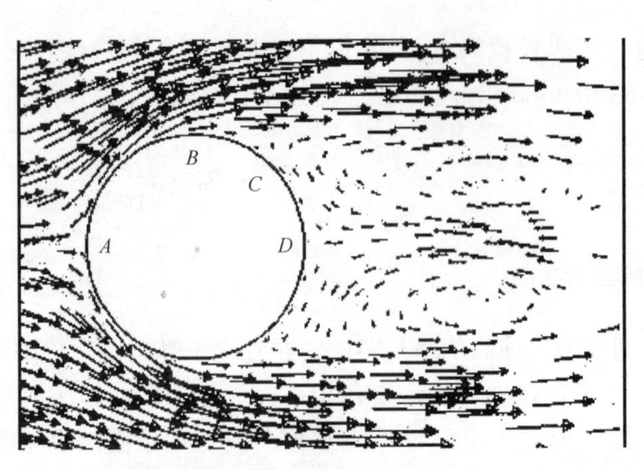

图 7-85 塔周围的风速

增厚并堆积，如图 7-86（a）所示。此时外层主流体将绕过堆积的边界层，使堆积的边界层背后形成一流体的空白区。在逆向压强梯度的作用下，流体倒流至空白区，并推开堆积层的流体，这样在塔体的背后就产生了旋涡，如图 7-86（b）所示，进而旋涡从塔体脱落、分离，并随主流体流向下游，与此同时，在塔体两侧又形成新的流体堆积层，如图 7-86（c）所示，这样的旋涡通常称为卡门旋涡（Karman vortex）。

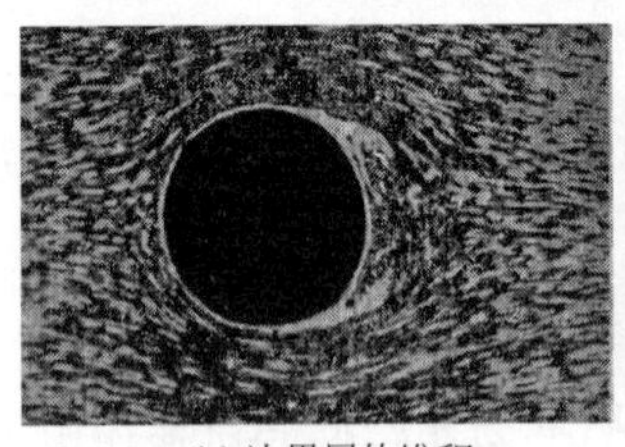

(a) 边界层的堆积

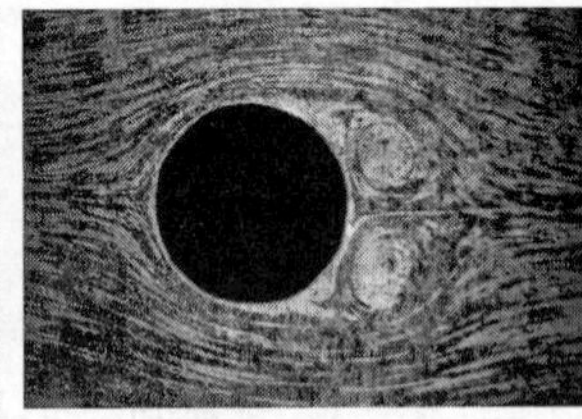

(b) 旋涡的形成

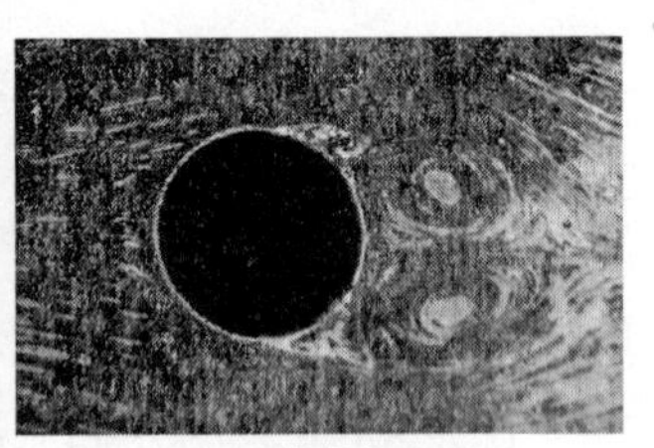

(c) 旋涡的分离

图 7-86 边界层的堆积及旋涡的形成与分离

产生的旋涡特性与流动的雷诺数有关。当风吹过塔体时，如雷诺数 $Re<5$，则塔体后部流线是封闭形的，且塔体上、下游的流线是对称的，边界层未发现分离现象；当 $5\leq Re<40$ 时，塔体背后出现一对稳定的旋涡；当 $40\leq Re<150$ 时，塔体背后的一侧先形成一个旋涡，在它从塔体表面脱落而向下游移动时，塔体背后另一侧的对称位置处形成一个旋转方向相反的旋涡。在这个旋涡脱落时，在原先的一侧又形成一个新的旋涡，这些旋涡在尾流中有规律地交错排列成两行，如图 7-87 所示，此现象工程上称为卡门涡街（Karman vortex street）。当 $300\leq Re<3\times10^5$ 范围内，旋涡以一确定的频率周期性地脱落，该范围称为亚临界区。当 $3\times10^5\leq Re<3.5\times10^6$ 范围内，称为过渡期。这时，尾流变窄，无规律且都变成紊流，无涡街出现。当 $Re>3.5\times10^6$ 范围，称超临界区，卡门涡街又重新出现。

在出现卡门涡街时，由于塔体两侧旋涡的交替产生和脱落，在塔两侧的流体阻力是不相同的，并呈周期性的变化。在阻力大的一侧，即旋涡形成并长大的一侧绕流较差，流速下降，静压强较高；而阻力小的一侧，即旋涡脱落的一侧，绕流改善，速度较快，静压力较低，因而，阻力大（静压强高）的一侧产

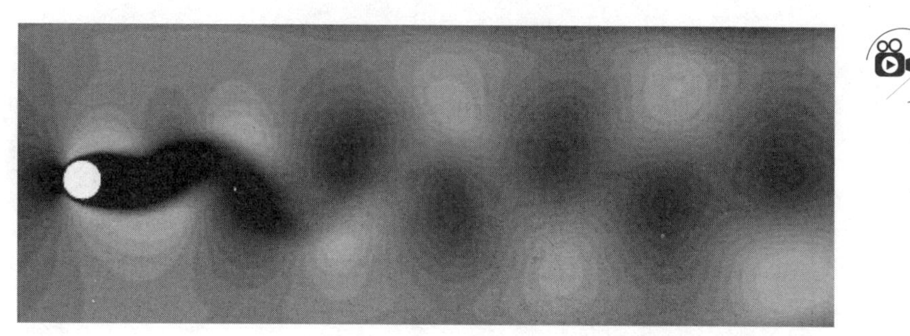

图 7-87 卡门涡街

生一垂直于风向的推力。当一侧旋涡脱落后，另一侧又产生旋涡。因此在另一侧产生一垂直于风向，与上述方向相反的推力，从而使塔设备在沿风向的垂直方向产生振动，称之为横向振动。显然，其振动的频率就等于旋涡形成或脱落的频率。

（2）升力

上述由于旋涡交替产生及脱落而在沿风向的垂直方向产生的推力称为升力。风在沿风向产生的风力成为拽力，通常升力要比拽力大得多。

升力的大小可由下式确定

$$F_L=C_L\rho v^2A/2 \tag{7-47}$$

式中 F_L——升力，N；

ρ——空气密度，kg/m^3；

v——风速，m/s；

A——沿风向的投影面积，等于塔径乘以塔高，m^2；

C_L——升力系数，无因次，与雷诺数 Re 有关，当 $5\times10^4<Re<2\times10^5$ 范围内，C_L=0.5；当 $Re>4\times10^5$，C_L=0.2；当 $2\times10^5<Re<4\times10^5$ 范围内按线性插值。

（3）塔设备风诱导振动的激振频率

在塔的一侧，卡门旋涡是以一定的频率产生并从圆柱形塔体表面脱落的，该频率即为塔一侧横向力 F_L 作用的频率或塔体的激振频率。研究表明，对于单个圆柱体，其旋涡脱落的频率与圆柱体的直径及风速有关，并可用下式表示

$$f_v=Sr\frac{v}{D} \tag{7-48}$$

式中 Sr——斯特劳哈尔数，其值与雷诺数 Re 大小有关，可由图 7-88 确定；

D——塔体的外直径，如塔体有保温层，则为保温层外表面处的直径，m。

由图 7-88 可以看出，当雷诺数 Re 在 $300\sim2\times10^5$ 范围内（亚临界范围），其 Sr 值近似地保持一常数 0.21；当 Re 增加至 3.5×10^5 时，Sr 增大，但难以保持一确定数值；当 $Re>3.5\times10^6$ 时，Sr 值接近 0.27。

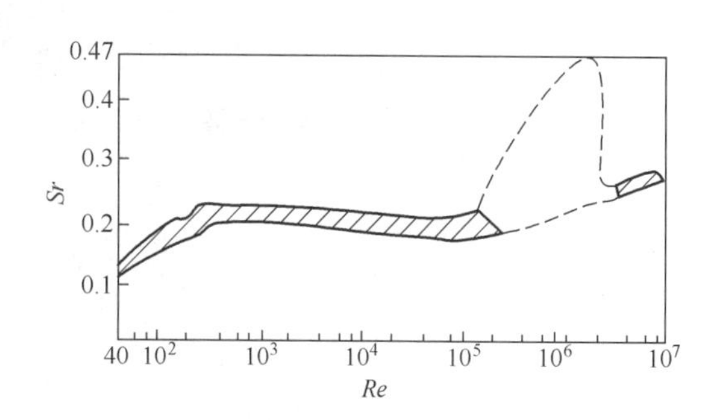

图 7-88 圆柱体的 Sr 值

（4）临界风速

作用在塔体上的升力是交变的，因为升力的频率与旋涡脱落的频率相同，所以当旋涡脱落的频率与塔的任一振型的固有频率一致时，塔就会产生共振。塔产生共振时的风速称为临界风速，若采用 Sr=0.2，则由

式（7-48）可求得临界风速

$$v_{cn}=5f_{cn}D=\frac{5D}{T_{cn}} \tag{7-49}$$

式中　v_{cn}——塔在第 n 振型下共振时的临界风速，m/s；

f_{cn}——塔在第 n 振型时的固有频率，1/s；

T_{cn}——塔在第 n 振型时的固有周期，s；

D——塔的外直径，m。

7.6.2　塔设备的防振

如果塔设备产生共振，轻者使塔产生严重弯曲、倾斜，塔板效率下降，影响塔设备的正常操作，重者导致塔设备严重破坏，造成事故。因此，在塔的设计阶段就应采取措施以防止共振的发生。

为了防止塔的共振，塔在操作时激振力的频率（即升力作用的频率或旋涡脱落的频率）f_v 不得在塔体第一振型固有频率的 0.85～1.3 倍范围内，即 f_v 不得在如下范围内

$$0.85f_{c1}<f_v<1.3f_{c1} \tag{7-50}$$

式中　f_v——激振力的频率，Hz；

f_{c1}——塔第一振型的固有频率，Hz。

如果激振频率 f_v 处于式（7-50）的范围内，则应采取以下相应的措施。

（1）增大塔的固有频率

降低塔高，增大内径，可降低塔的高径比，从而可增大塔的固有频率或提高临界风速，但这必须在工艺条件许可的情况下进行，增加塔的厚度也可有效地提高固有频率，但这样会增加塔的成本。

（2）采用扰流装置

合理地布置塔体上的管道、平台、扶梯和其他的连接件可以消除或破坏卡门旋涡的形成。在沿塔体周围焊接一些螺旋型板可以消除旋涡的形成或改变旋涡脱落的方式，进而达到消除过大振动的目的。此方法已获广泛应用，图 7-89 为安装了破风圈的塔设备。螺旋板焊接在塔顶部 1/3 塔高的范围内，它的螺距可取为塔径的 5 倍，板高可取塔径的 1/10。

图 7-89　安装扰流装置的塔设备

（3）增大塔的阻尼

增加塔的阻尼对控制塔的振动起着很大的作用。当阻尼增加时塔的振幅会明显下降。当阻尼增加到一定数值后，振动会完全消失。塔盘上的液体或塔内的填料都是有效的阻尼物。研究表明，塔盘上的液体可以将振幅减小 10% 左右。

思考题

1. 塔设备由哪几部分组成？各部分的作用是什么？
2. 填料塔中液体分布器及液体再布器的作用是什么？
3. 试分析塔在正常操作、停工检修和压力试验等三种工况下的载荷？
4. 简述塔设备设计的基本步骤。
5. 塔设备振动的原因有哪些？如何判断塔设备是否会产生共振？如何预防振动。
6. 塔设备设计中，哪些危险截面需要校核轴向强度和稳定性？如何校核？
7. 试分析哪种工况下，内压操作的塔体具有最大的轴向压应力？并画出此时最大的组合轴向压应力图。
8. 风载荷与地震载荷沿塔高如何变化？塔设备强度设计时如何分段？

8 反应设备

学习意义

反应过程是流程工业的基本操作过程之一。反应设备作为反应过程的载体，其性能直接关系到反应效率和产物的品质。但反应种类繁多、千差万别，为适应不同反应过程，涌现出了大小、形状、操作方式各不相同的反应设备。系统了解反应设备的种类、特点、结构是合理设计、选用和使用的前提，有利于保障反应需求、提高反应效率、降低运行能耗。

学习目标

○ 了解常见反应设备的种类和特点；
○ 熟悉机械搅拌设备结构，能完成关键组件的选型与设计；
○ 掌握搅拌器的流型、种类和应用场合；
○ 了解搅拌设备的技术发展趋势。

8.1 概述

8.1.1 反应设备的应用

反应设备是发生化学反应或生物质变化等过程的场所，是流程性材料产品生产中的核心设备。通过化学反应或生物质变化等将原料加工成产品，是化工、冶金、石油、新能源、医药、食品和轻工等领域的重要生产方式。任何一种流程性材料产品的生产流程都可概括为：原料预处理、化学反应或生物质变化、反应产物的分离与提纯等。

反应设备开发应考虑以下因素：ⅰ物料性质，如黏度、密度、腐蚀性、相态等；ⅱ反应条件，如温度、压力、浓度等；ⅲ反应过程的特点，如气相的生成、固相的沉积和多相的输送等。反应设备应满足传质、传热和流体流动等要求，其通过影响反应速率、选择性和化学平衡等，对产品的生产成本、能耗和环保等起决定作用。综合运用反应动力学、传递过程原理、机械设计和机电控制等知识，正确选用反应设备的结构形式，以获得最佳的反应操作特性和控制方式，开发高效、节能和绿色的反应设备，是当今过程工业设计中的重点。

8.1.2 反应设备的分类与特征

工业反应设备主要有化学反应设备、生物反应设备、电化学反应设备和微反应设备等。其中，按反应物系的相态来划分，可分为均相反应器和多相反应器；按操作方式来划分，可分为间歇式、半连续式和连续式反应器；按过程流体力学划分，可分为泡状流型、活塞流型和全混流型反应器；按过程传热学划分，可分为绝热、等温和非等温非绝热反应器；按结构原理划分，可分为管式反应器、釜式反应器、塔式反应器、固定床反应器、流化床反应器、移动床反应器、滴流床反应器、电极式反应器和微反应器等。表 8-1 给出的是化学反应设备的主要结构形式与特征，表 8-2 给出的是生物反应设备的主要结构形式与特征，表 8-3 给出的是电化学反应设备的主要结构形式与特征，表 8-4 给出的是微反应设备的主要结构形式与特征。

表8-1 化学反应设备的主要结构形式与特征

物料相态	操作方式	流动状态	传热情况	结构特征
均相 气相 液相 非均相 气-液相 液-液相 气-固相 液-固相 气-液-固相	间歇操作 连续操作 半连续操作	泡状流型 活塞流型 全混流型	绝热式 等温式 非等温非绝热式	搅拌釜式 管式 固定床 流化床 移动床 塔式 滴流床

表8-2 生物反应设备的主要结构形式与特征

生物催化剂	操作方式	流动状态	输入能量	结构特征
酶催化反应器 细胞催化反应器（发酵罐）	间歇操作 连续操作 半连续操作	活塞流型 全混流型	搅拌桨叶式 气体喷射式（气升式）	搅拌釜式 气升式 固定床 流化床

表8-3 电化学反应设备的主要结构形式与特征

应用领域	操作方式	功能特点	电极连接形式	结构特征
工业电解 化学电源 电镀	间歇操作 连续操作 半连续操作	电解槽 一次电池 二次电池 燃料电池 电镀槽	单极式电连接 复极式电连接	箱式 压滤机式 特殊结构形式

表8-4 微反应设备的主要结构形式与特征

物料相态	操作方式	功能特点	处理规模	结构特征
均相 气相 液相 非均相 气-液相 液-液相 气-固相 液-固相 气-液-固相	间歇操作 连续操作 半连续操作	化学分析与生物检测 化学工程的产品加工	分析检测型 制备生产型	微混合器式 微换热器式 微分离器式 微多相反应器式 多功能集成的微芯片式

8.1.3 常见反应设备的特点

从以上反应设备的分类与特征可以看出，各类反应器的结构形式和工作原理具有许多共性特点，常见的结构形式为机械搅拌式反应器、管式反应器、塔式反应器、固定床反应器、移动床反应器、流化床反应器、电极式反应器和微反应器等。

（1）机械搅拌式反应器

这种反应器可用于均相反应，也可用于多相（如液-液、气-液、液-固）反应，可以间歇操作，也

可以连续操作。连续操作时，几个釜串联起来，通用性很大，停留时间可以得到有效地控制。机械搅拌反应器灵活性大，根据生产需要，可以生产不同规格、不同品种的产品，生产的时间可长可短，可在常压、加压、真空下生产操作，可控范围大。反应结束后出料容易，反应器的清洗方便，机械设计相对成熟。机械搅拌式反应器是流程工业中应用最广泛的一种反应器，将在8.2节中详细介绍。

（2）管式反应器

管式反应器由多根细管串联或并联构成，结构简单，制造简便。混合好的气相或液相反应物从管道一端进入，连续流动，连续反应，最后从管道另一端排出。根据反应的不同，管长和管径之比可灵活配置。反应物在管内的流动速度快，停留时间短，返混小，生产效率高。管外壁可以进行换热，单位反应器体积内的换热面积较大。实际应用中，管式反应器多数采用连续操作，少数采用半连续操作，在涉及快速气相反应或液相反应的场合中较为常见，特别适于反应压力很高的场合。

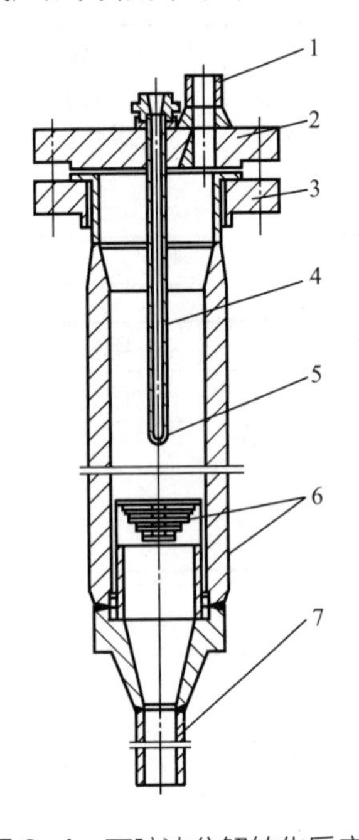

图8-1 石脑油分解转化反应器

1—进气管；2—上法兰；3—下法兰；4—温度计；5—管子；6—触媒支承架；7—下猪尾巴管

图8-1为石脑油分解转化管式反应器，其内径ϕ102mm，外径ϕ143mm，长1109mm，管的下部触媒支承架内装有触媒，气体由进气总管进入管式转化器，在触媒存在条件下，石脑油转化为H_2和CO，供合成氨用，反应温度为750～850℃，压力为2.1～3.5MPa。

（3）塔式反应器

塔式反应器的主要特点是：其高度一般为直径的数倍乃至数十倍，塔内设有增加两相接触的构件，如填料、筛板等。塔式反应器主要用于两种流体之间的反应过程，如气-液反应和液-液反应等。例如，鼓泡塔，作为塔式反应器，常用于气-液反应，其内部不设构件，气体以气泡的形式通过液层；喷雾塔，作为塔式反应器，可用于气-液反应，液体成雾滴状分散于气体中，与鼓泡塔正好相反。无论采用何种形式的塔式反应器，参与反应的两种流体可以是成逆流，也可以是并流，应按实际需要设计。

（4）固定床反应器

气体流经固定不动的催化剂床层进行催化反应的装置称为固定床反应器。它主要用于气-固相催化反应，具有结构简单、操作稳定、便于控制、易实现大型化和连续化生产等优点，是现代化工和反应中应用很广泛的反应器。例如，氨合成塔、甲醇合成塔、硫酸及硝酸生产的一氧化碳变换塔、三氧化硫转化器等。

固定床反应器有三种基本形式：轴向绝热式、径向绝热式和列管式。轴向绝热式固定床反应器见图 8-2（a），催化剂均匀地放置在一多孔筛板上，预热到一定温度的反应物料自上而下沿轴向通过床层进行反应，在反应过程中反应物系与外界无热量交换。径向绝热式固定床反应器见图 8-2（b），催化剂装载于两个同心圆筒的环隙中，流体沿径向通过催化剂床层进行反应。径向反应器的特点是在相同筒体直径下增大流道截面积。列管式固定床反应器见图 8-2（c），这种反应器由很多并联管子构成，管内（或管外）装催化剂，反应物料通过催化剂进行反应，载热体流经管外（或管内），在化学反应的同时进行换热。图 8-3 所示的氨合成塔是典型的固定床反应器，N_2、H_2 合成气由主进气口进入反应塔，塔内压力约 30MPa，温度 550℃，在触媒作用下合成为氨。氨的合成反应为放热反应，高温的合成气及未合成的 N_2、H_2 混合气经塔下部换热器降温后从底部排出。

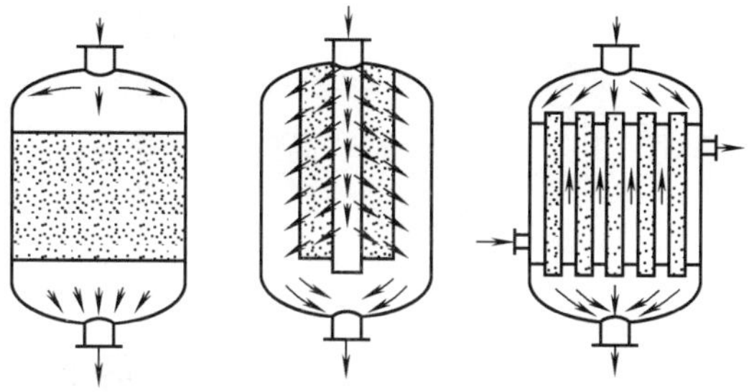

(a) 轴向绝热式　(b) 径向绝热式　(c) 列管式

图 8-2 固定床反应器

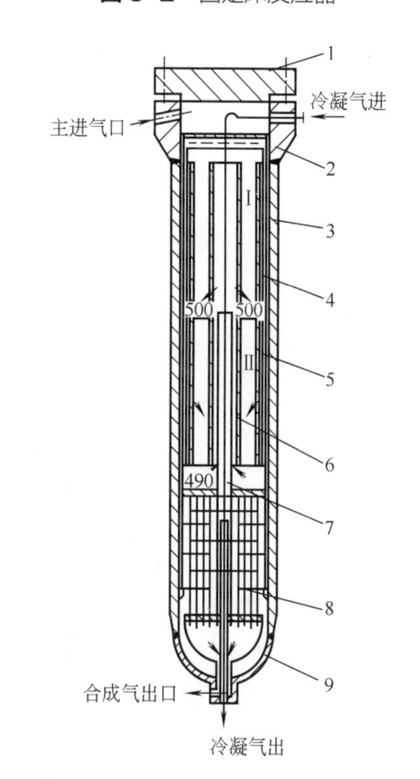

图 8-3 氨合成塔

1—平顶盖；2—筒体端部法兰；3—筒体；4—上触媒框；5—下触媒框；6—中心网筒；7—升气管；8—换热器；9—半球形封头

加氢反应器是加氢处理、加氢精制、加氢裂化等加氢工艺中的关键设备，操作条件苛刻、技术难度大、加工要求高、造价昂贵，其设计制造水平一定程度上体现了一个国家总体技术发展的水平。按照工艺流程和结构进行分类，加氢反应器主要有固定床、移动床和流化床三种类型，其中固定床结构的加氢反应器使用最为广泛。固定床加氢反应器中，床层内的固体催化剂处于静止状态，催化剂磨损较小，在催化剂不失活的情况下可长期使用，尤其适于固体杂质少、油溶性金属含量少的加氢工艺。加氢反应器的外壳体既有单层的卷焊或锻焊结构，也有多层的绕带式或热套式结构，内部设置有入口扩散器、积垢篮、分配盘、催化剂支撑盘、冷氢箱、出口收集器等构件。

固定床反应器的缺点是床层的温度分布不均匀，由于固相粒子不动，床层导热性较差，因此对放热量大的反应，应增大换热面积，及时移走反应热，但这会减少有效空间。

（5）移动床反应器

如果固体催化剂连续加入，反应物通过固体颗粒连续反应后连续排出，这种反应器称为移动床反应器。在反应器中，固体颗粒之间基本上没有相对运动，而是整个颗粒层移动，因此可看成是移动的固定床反应器。和固定床反应器相比，移动床反应器有如下特点：固体和流体的停留时间可以在较大范围内改变，固体和流体的运动接近活塞流，返混较少。控制固体粒子运动的机械装置较复杂，床层的传热性能与固定床接近。

与固定床反应器不同，移动床反应器中固体颗粒自反应器一边连续加入，从进口边向出口边连续移动直至卸出，如图 8-4 所示。若固体颗粒为催化剂，则用提升装置将其输送至反应器内，反应流体与颗粒一起流动。该类反应器适用于催化剂需要连续进行再生的催化反应过程和固相加工反应。新一代的模拟

移动床则是固相实际不动，通过机电程控来切换进、出料液口的位置来模拟移动固相，实现反应流体与固体颗粒成逆流操作，因而具有更好的可操作性和更高的反应效率。

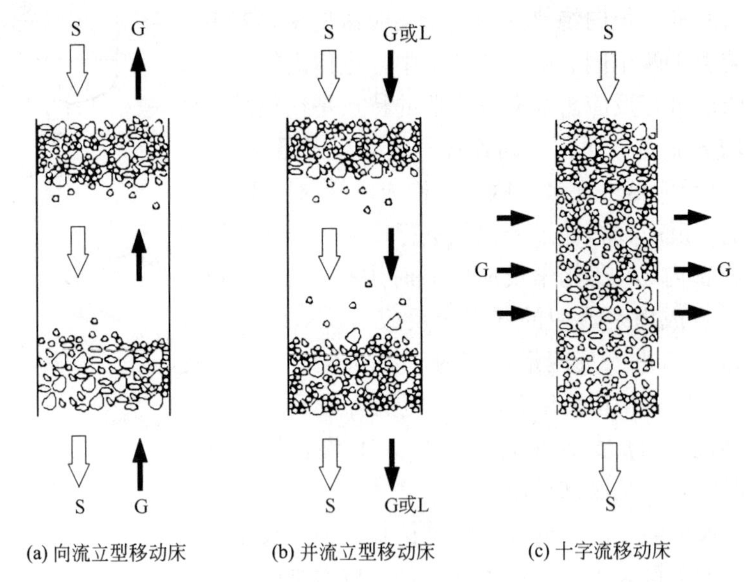

图 8-4　移动床反应器

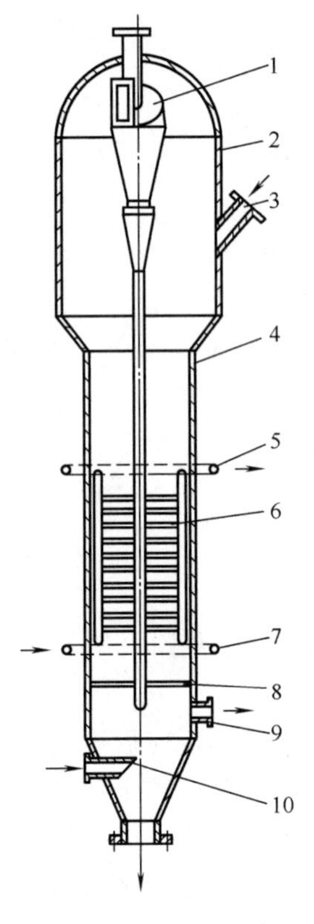

图 8-5　流化床反应器

1—旋风分离器；2—筒体扩大段；3—催化剂入口；4—筒体；5—冷却介质出口；6—换热器；7—冷却介质进口；8—气体分布板；9—催化剂出口；10—反应气入口

（6）流化床反应器

流体（气体或液体）以较高的流速通过床层，带动床内的固体颗粒运动，使之悬浮在流动的主体流中进行反应，并具有类似流体流动的一些特性的装置称为流化床反应器。流化床反应器是工业上应用较广泛的反应装置，适用于催化或非催化的气 - 固、液 - 固和气 - 液 - 固反应。在反应器中固体颗粒被流体吹起呈悬浮状态，可做上下左右剧烈运动和翻动，好像是液体沸腾一样，故流化床反应器又称沸腾床反应器。流化床反应器的结构形式很多，一般由壳体、气体分布装置、换热装置、气 - 固分离装置、内构件以及催化剂加入和卸出装置等组成。典型的流化床反应器如图 8-5 所示，反应气体从进气管进入反应器，经气体分布板进入床层。反应器内设置有换热器，气体离开床层时总要带走部分细小的催化剂颗粒，为此将反应器上部直径增大，使气体速度降低，从而使部分较大的颗粒沉降下来，落回床层中，较细的颗粒经过反应器上部的旋风分离器分离出来后返回床层，反应后的气体由顶部排出。

流化床反应器的最大优点是传热面积大、传热系数高和传热效果好。流态化较好的流化床，床内各点温度相差一般不超过 5℃，可以防止局部过热。流化床的进料、出料、废渣排放都可以用气流输送，易于实现自动化生产。流化床反应器的缺点是：反应器内物料返混大，粒子磨损严重；通常要有回收和集尘装置；内构件比较复杂；操作要求高等。

（7）电极式反应器

电极式反应器由两个电极和电解质构成，用于输入电能发生电化学反应或者由电化学反应产生电能。图 8-6 所示的质子交换膜氢氧燃料电池，是以氢气为燃料，氧气为氧化剂。在向氢电极供应氢气同时，向氧电极供应氧气。在电极上的催化剂作用下，氢电极上会产生多余的电子而带负电，在氧电极上由于缺少电子而带正电，其反应产物为水。最终将氢气储存的化学能转化为电能，向外电路输出。燃料电池的优点是：能量转化效率为 40%～60%；运动部件很少，安全可靠，工作时安静，噪声很低；反应产物为水，与环境友好。

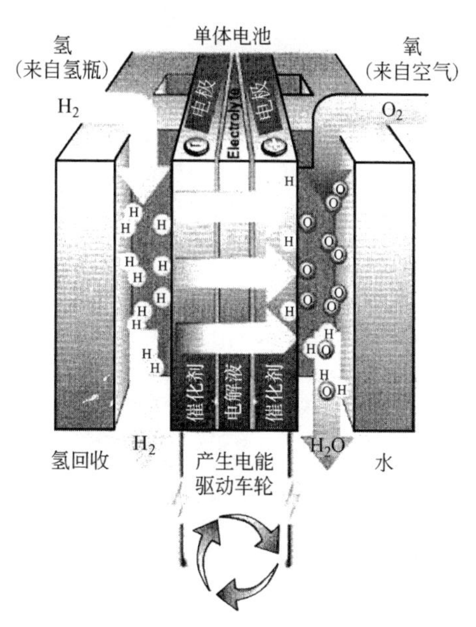

图 8-6　氢氧燃料电池

（8）微反应器

微反应器是通过纳米、微米加工和细观精密集成技术制造的小型反应系统，微反应器内反应流体的通道尺寸在纳米、亚微米到亚毫米量级，反应单元能实现串、并和交叉流等高度集成，可以制成微混合、微换热、微分离、微反应和集多功能于一体的微芯片。微反应器不仅所需空间小、质量和能量消耗少、响应时间短，而且单位时间和空间获得的信息量大。可大批量生产和自动化安装，成本低，很容易实现一体化集成。微反应器内，微尺度下流体的质量、热量和动量传递等不同于宏观尺度下的规律，以分子效应为主，如气体表现为稀薄效应，液体表现出颗粒效应。

每种反应器都有其优点和缺点，设计时应根据使用场合和设计要求等因素，确定最合适的反应器结构。

反应器设计较为复杂，下面着重介绍机械搅拌反应设备的设计和微反应器。

8.2 机械搅拌反应设备

8.2.1 基本结构

机械搅拌反应器（也称为搅拌釜式反应器）适用于各种物性（如黏度、密度）和各种操作条件（温度、压力）的反应过程，广泛应用于合成塑料、合成纤维、合成橡胶、医药、农药、化肥、染料、涂料、食品、冶金、废水处理等行业。如实验室的搅拌反应器可小至数十毫升，而污水处理、湿法冶金、磷肥等工业大型反应器的容积可达数千立方米。除用作化学反应器和生物反应器外，搅拌反应器还大量用于混合、分散、溶解、结晶、萃取、吸收或解吸、传热等操作。

搅拌反应器由搅拌容器和搅拌机两大部分组成。搅拌容器包括筒体、换热元件及内构件。搅拌器、搅拌轴及其密封装置、传动装置等统称为搅拌机。

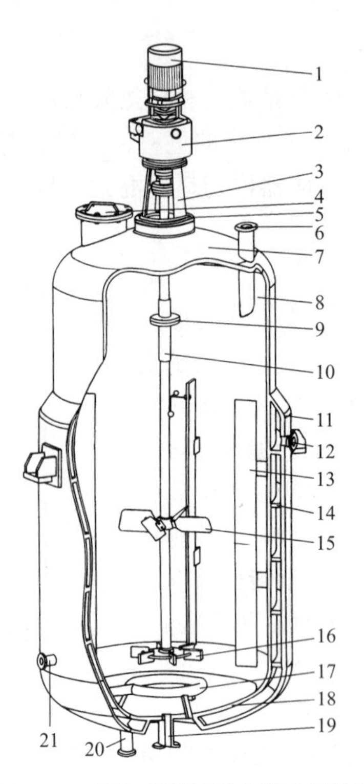

图 8-7　通气式搅拌反应器典型结构

1—电动机；2—减速机；3—机架；4—人孔；5—密封装置；6—进料口；7—上封头；8—筒体；9—联轴器；10—搅拌轴；11—夹套；12，20—载热介质进出口；13—挡板；14—螺旋导流板；15—轴向流搅拌器；16—径向流搅拌器；17—气体分布器；18—下封头；19—出料口；21—气体进口

图 8-7 是一台通气式搅拌反应器，由电动机驱动，经减速机带动搅拌轴及安装在轴上的搅拌器，以一定转速旋转，使流体获得适当的流动场，并在流动场内进行化学反应。为满足工艺的换热要求，容器上装有夹套。夹套内螺旋导流板的作用是改善传热性能。容器内设置有气体分布器、挡板等内构件。在搅拌轴下部安装径向流搅拌器、上层为轴向流搅拌器。

8.2.2　搅拌容器

8.2.2.1　搅拌容器

搅拌容器的作用是为物料反应提供合适的空间。搅拌容器的筒体基本上是圆筒，封头常采用椭圆形封头、锥形封头和平盖，以椭圆形封头应用最广。根据工艺需要，容器上装有各种接管，以满足进料、出料、排气等要求。为对物料加热或取走反应热，常设置外夹套或内盘管。上封头焊有凸缘法兰，用于搅拌容器与机架的连接。操作过程中，为了对反应进行控制，必须测量反应物的温度、压力、成分及其他参数，容器上还设置有温度、压力等传感器。支座选用时应考虑容器的大小和安装位置，小型的反应器一般用悬挂式支座，大型的用裙式支座或支承式支座。

在确定搅拌容器的容积时，应考虑物料在容器内充装的比例即装料系数，其值通常可取 0.6～0.85。如果物料在反应过程中产生泡沫或呈沸腾状态，取 0.6～0.7；如果物料在反应中比较平稳，可取 0.8～0.85。

工艺设计给定的容积，对直立式搅拌容器通常是指筒体和下封头两部分容积之和；对卧式搅拌容器则指筒体和左右两封头容积之和。根据使用经验，搅拌容器中筒体的高径比可按表 8-5 选取。设计时，根据搅拌容器的容积、所选用的筒体高径比，就可确定筒体直径和高度。

搅拌容器的强度计算和稳定性分析方法见本书第 4 章。

8.2.2.2　换热元件

有传热要求的搅拌反应器，为维持反应的最佳温度，需要设置换热元件。常用的换热元件有夹套和内盘管。当夹套的换热面积能满足传热要求时，应优先采用夹套，这样可减少容器内构件，便于清洗，不占用有效容积。

表8-5 几种搅拌设备筒体的高径比

种类	罐内物料类型	高径比	种类	罐内物料类型	高径比
一般搅拌罐	液-固相、液-液相	1～1.3	聚合釜	悬浮液、乳化液	2.08～3.85
	气-液相	1～2	发酵罐类	发酵液	1.7～2.5

所谓夹套就是在容器的外侧，用焊接或法兰连接的方式装设各种形状的钢结构，使其与容器外壁形成密闭的空间。在此空间内通入加热或冷却介质，可加热或冷却容器内的物料。夹套的主要结构形式有：整体夹套、型钢夹套、半圆管夹套和蜂窝夹套等，其适用的温度和压力范围见表8-6。

表8-6 各种碳素钢夹套的适用温度和压力范围

夹套形式		最高温度/℃	最高压力/MPa
整体夹套	U形	350	0.6
	圆筒形	300	1.6
型钢夹套		200	2.5
蜂窝夹套	短管支承式	200	2.5
	折边锥体式	250	4.0
半圆管夹套		350	6.4

① 整体夹套　常用的整体夹套形式有圆筒形和U形两种。图8-8（a）所示的圆筒形夹套仅在圆筒部分有夹套，传热面积较小，适用于换热量要求不大的场合。U形夹套是圆筒部分和下封头都包有夹套，传热面积大，是最常用的结构，如图8-8（b）所示。

根据夹套与筒体的连接方式不同，夹套可分为可拆卸式和不可拆卸式。可拆卸式用于夹套内载热介质易结垢、需经常清洗的场合。工程中使用较多的是不可拆卸式夹套。夹套肩与筒体的连接处，做成锥形的称为封口锥，做成环形的称为封口环，如图8-9所示。当下封头底部有接管时，夹套底与容器封头的连接方式也有封口锥和封口环两种，其结构见图8-10。

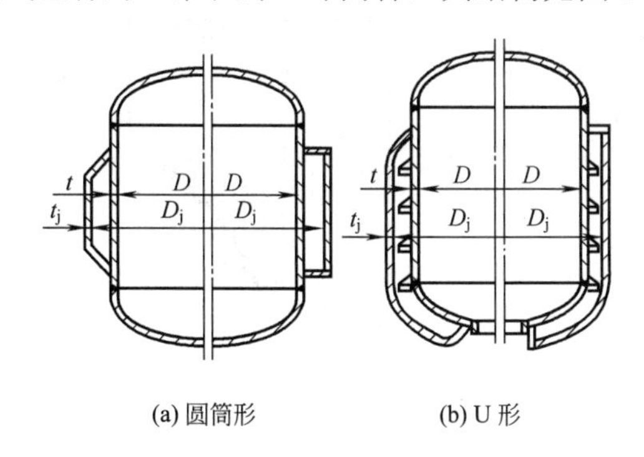

图8-8 整体夹套

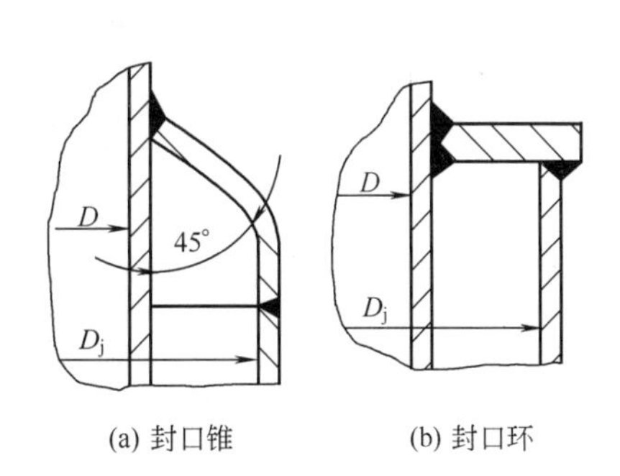

图8-9 夹套肩与筒体的连接

载热介质流过夹套时，其流动横截面积为夹套与筒体间的环形面积，流道面积大、流速低、传热性能差。为提高传热效率，常采取以下措施：ⅰ在筒体上焊接螺旋导流板，以减小流道截面积，增加载热介质流速，如图8-7所示；ⅱ进口处安装扰流喷嘴，使载热介质呈湍流状态，提高传热系数；ⅲ夹套的不同高度处安装切向进口，提高载热介质流速，增加传热系数。

② 型钢夹套　一般用角钢与筒体焊接组成，如图8-11所示。角钢主要有两种布置方式：沿筒体外壁轴向布置和沿容器筒体外壁螺旋布置。型钢的刚度大，不易弯曲成螺旋形。

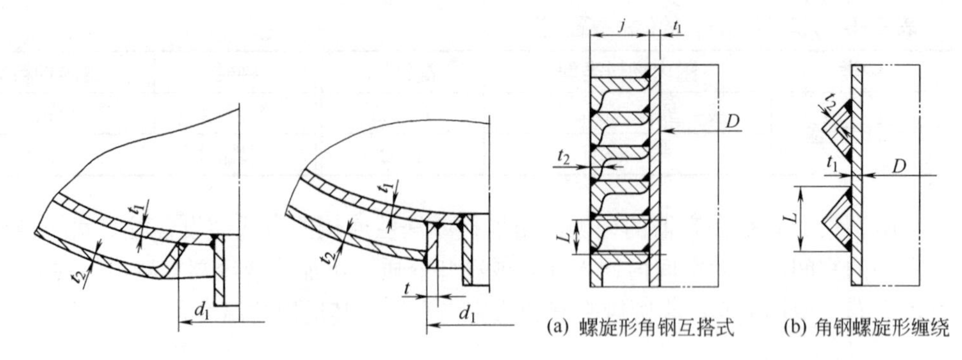

图 8-10 夹套底与封头连接结构

图 8-11 型钢夹套结构

③ 半圆管夹套 如图 8-12 所示。半圆管在筒体外的布置，既可螺旋形缠绕在筒体上，也可沿筒体轴向平行焊在筒体上或沿筒体圆周方向平行焊接在筒体上，见图 8-13。半圆管或弓形管由带材压制而成，加工方便。当载热介质流量小时宜采用弓形管。半圆管夹套的缺点是焊缝多，焊接工作量大，筒体较薄时易造成焊接变形。

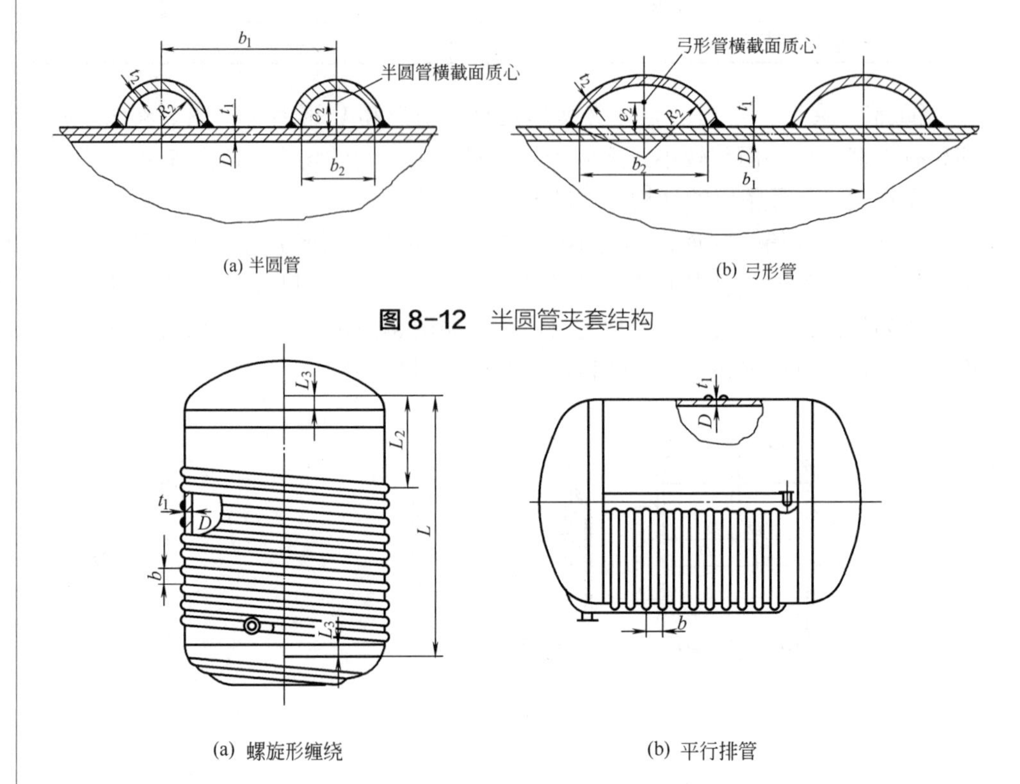

图 8-12 半圆管夹套结构

图 8-13 半圆管夹套的安装

④ 蜂窝夹套 是以整体夹套为基础，采取折边或短管等加强措施，提高筒体的刚度和夹套的承压能力，减少流道面积，从而减薄筒体厚度，强化传热效果。常用的蜂窝夹套有折边式和拉撑式两种形式。夹套向内折边与筒体贴合好再进行焊接的结构称为折边式蜂窝夹套，如图 8-14 所示。拉撑式蜂窝夹套是用冲压的小锥体或钢管做拉撑体。图 8-15 为短管支承式蜂窝夹套，蜂窝孔在筒体上呈正方形或三角形布置。

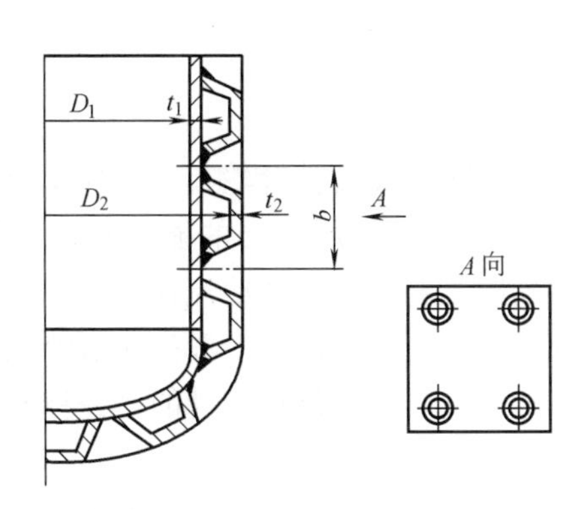

图 8-14 折边式蜂窝夹套

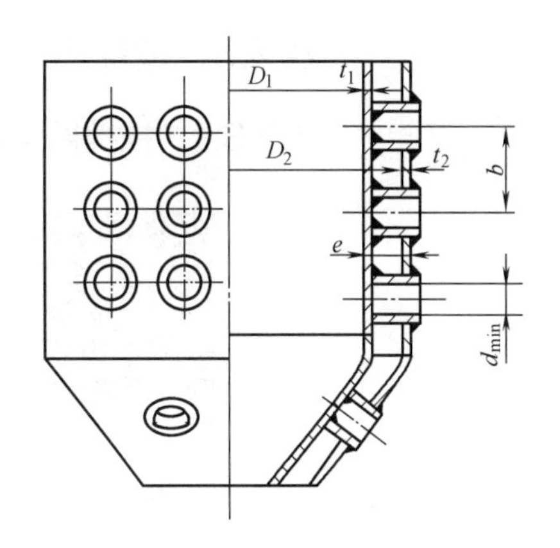

图 8-15 短管支承式蜂窝夹套

近年还出现了激光焊接式蜂窝夹套，如图 8-16 所示。夹套薄平板与筒体紧密贴合，用高能激光束将沿正三角形或正方形布置的蜂窝点深熔焊接，再压力鼓胀成蜂窝状的夹套。和其他蜂窝夹套相比，激光焊接式蜂窝夹套蜂窝点不开孔，应力集中小，相同条件下的夹套厚度较小。且该新型夹套的通道高度较小，载热介质流动快，同时蜂窝点对流体有扰动作用，传热系数大，换热效果好。

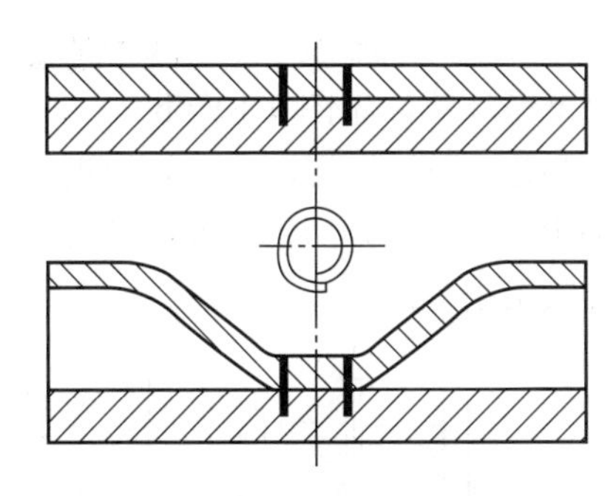
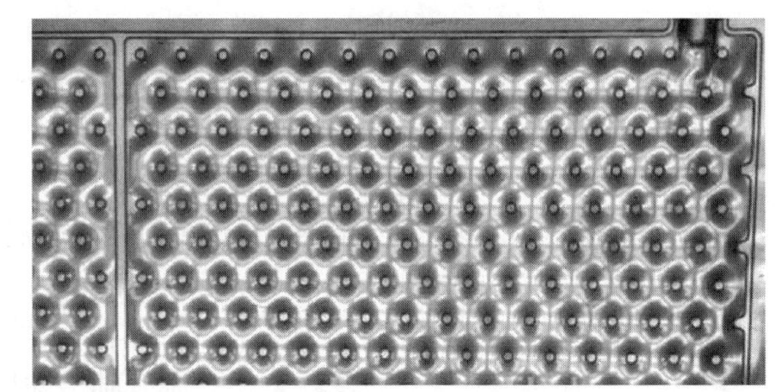

图 8-16 激光焊接式蜂窝夹套

当反应器的热量仅靠外夹套传热，换热面积不够时，常采用内盘管。它浸没在物料中，热量损失小，传热效果好，但检修较困难。内盘管可分为螺旋形盘管和竖式蛇管，其结构分别如图 8-17 和图 8-18 所示。对称布置的几组竖式蛇管除传热外，还起到挡板作用。

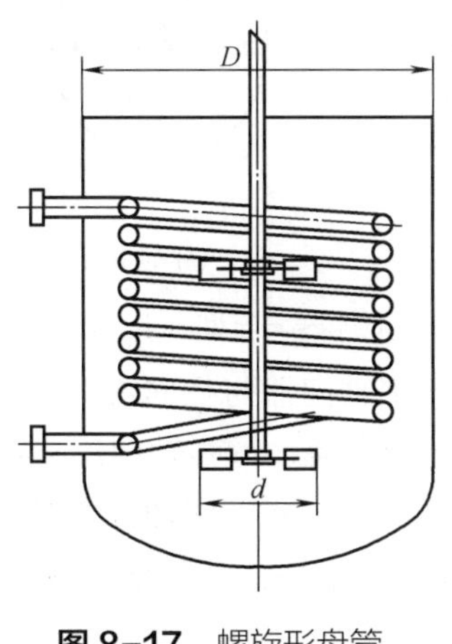

图 8-17 螺旋形盘管

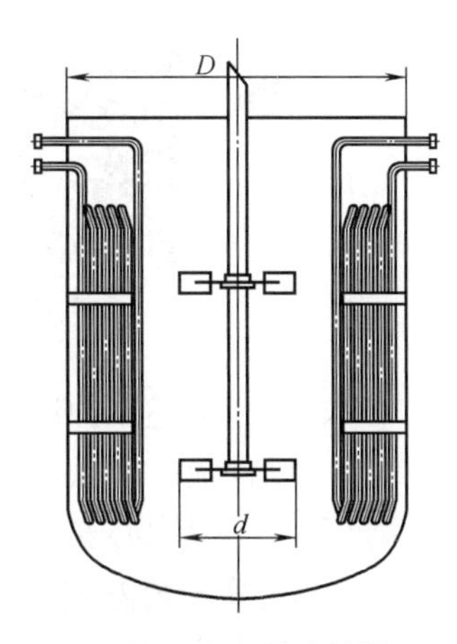

图 8-18 竖式蛇管

8.2.3 搅拌器

8.2.3.1 搅拌器与流动特征

搅拌器

搅拌器又称搅拌桨或搅拌叶轮，是搅拌反应器的关键部件。其功能是提供过程所需要的能量和适宜的流动状态。搅拌器旋转时把机械能传递给流体，在搅拌器附近形成高湍动的充分混合区，并产生一股高速射流推动液体在搅拌容器内循环流动。这种循环流动的途径称为流型。

（1）流型

搅拌器的流型与搅拌效果、搅拌功率的关系十分密切。搅拌器的改进和新型搅拌器的开发往往从流型着手。搅拌容器内的流型取决于搅拌器的形式、搅拌容器和内构件几何特征，以及流体性质、搅拌器转速等因素。对于搅拌机顶插式中心安装的立式圆筒，有三种基本流型。

① 径向流　流体的流动方向垂直于搅拌轴，沿径向流动，碰到容器壁面分成两股流体分别向上、向下流动，再回到叶端，不穿过叶片，形成上、下两个循环流动，如图 8-19（a）所示。

② 轴向流　流体的流动方向平行于搅拌轴，流体由桨叶推动，使流体向下流动，遇到容器底面再翻上，形成上下循环流，见图 8-19（b）。

③ 切向流　无挡板的容器内，流体绕轴作旋转运动，流速高时液体表面会形成旋涡，这种流型称为切向流，如图 8-19（c）所示。此时流体从桨叶周围周向卷吸至桨叶区的流量很小，混合效果很差。

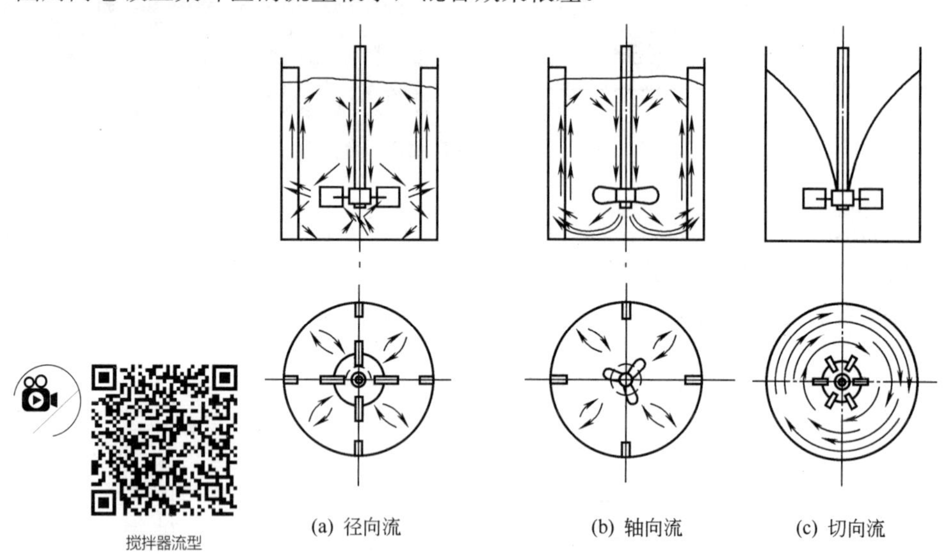

搅拌器流型

(a) 径向流　　(b) 轴向流　　(c) 切向流

图 8-19　搅拌器与流型

上述三种流型通常同时存在，其中轴向流与径向流对混合起主要作用，而切向流应加以抑制，采用挡板可削弱切向流，增强轴向流和径向流。

除中心安装的搅拌机外，还有垂直偏心式、底插式、侧插式、斜插式、卧式等安装方式，如图 8-20 所示。显然，不同方式安装的搅拌机产生的流型也各不相同。

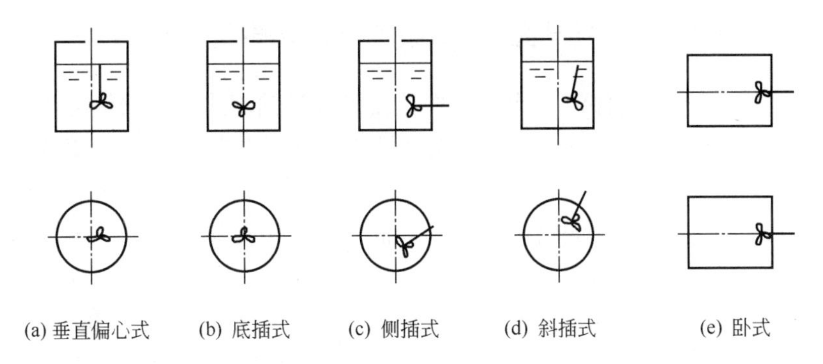

图 8-20 搅拌器在容器内的安装方式

（2）挡板与导流筒

① 挡板 搅拌器沿容器中心线安装，搅拌物料的黏度不大，搅拌转速较高时，液体将随着桨叶旋转方向一起运动，容器中间部分的液体在离心力作用下涌向内壁面并上升，中心部分液面下降，形成旋涡，通常称为打旋区［图 8-19（c）］。随着转速的增加，旋涡中心下凹到与桨叶接触，此时外面的空气进入桨叶被吸到液体中，液体混入气体后密度减小，从而降低混合效果。为消除这种现象，通常可在容器中加入挡板。一般在容器内壁面均匀安装 4 块挡板，其宽度为容器直径的 1/12～1/10。当再增加挡板数和挡板宽度，功率消耗不再增加时，称为全挡板条件。全挡板条件是消除液面旋涡的最低条件，与挡板数量和宽度有关。挡板的安装见图 8-21。搅拌容器中的传热蛇管可部分或全部代替挡板，装有垂直换热管时一般可不再安装挡板。

② 导流筒 是上下开口圆筒，安装于容器内，在搅拌混合中起导流作用。对于涡轮式或桨式搅拌器，导流筒刚好置于桨叶的上方。对于推进式搅拌器，导流筒套在桨叶外面，或略高于桨叶，如图 8-22 所示。通常导流筒的上端都低于静液面，且筒身上开孔或槽，当液面降落后流体仍可从孔或槽进入导流筒。导流筒将搅拌容器截面分成面积相等的两部分，即导流筒的直径约为容器直径的 70%。当搅拌器置于导流筒之下，且容器直径又较大时，导流筒的下端直径应缩小，使下部开口小于搅拌器的直径。

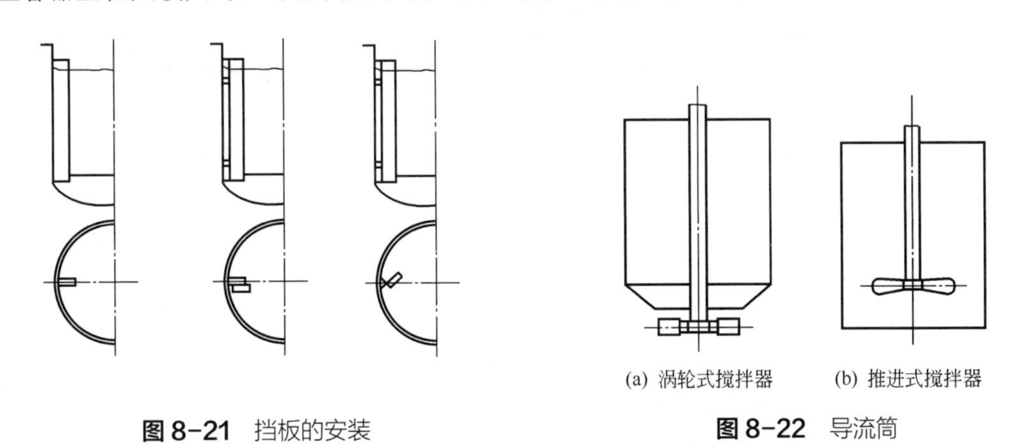

图 8-21 挡板的安装

图 8-22 导流筒

（3）流动特性

搅拌器从电动机获得的机械能，推动物料（流体）运动。搅拌器对流体产生剪切作用和循环流动。剪切作用与液 - 液搅拌体系中液滴的细化、固 - 液搅拌体系中固体粒子的破碎以及气 - 液搅拌体系中气泡的细微化有关；循环作用则与混合时间、传热、固体的悬浮等相关。当搅拌器输入流体的能量主要用于流体的循环流动时，称为循环型叶轮，如框式、螺带式、锚式、桨式、推进式等为循环型叶轮。当输入液体的能量主要用于对流体的剪切作用时，则称为剪切型叶轮，如径向涡轮式、锯齿圆盘式等为剪切型叶轮。

8.2.3.2 搅拌器分类、图谱及典型搅拌器特性

按流体流动形态，搅拌器可分为轴流式搅拌器、径流式搅拌器和混合式搅拌器。按搅拌器结构可分为平叶、折叶、螺旋面叶。桨式、涡轮式、框式和锚式的桨叶都有平叶和折叶两种结构；推进式、螺杆式和螺带式的桨叶为螺旋面叶。按搅拌的用途可分为：低黏流体用搅拌器和高黏流体用搅拌器。用于低黏流体搅拌器有：推进式、长薄叶螺旋桨、桨式、开启涡轮式、圆盘涡轮式、布鲁马金式、板框桨式、三叶后弯式、MIG和改进MIG等。用于高黏流体的搅拌器有：锚式、框式、锯齿圆盘式、螺旋桨式、螺带式（单螺带、双螺带）等。轴流、径流和混流式搅拌器的图谱见图8-23。

桨式、推进式、涡轮式和锚式搅拌器在搅拌反应设备中应用最为广泛，据统计约占搅拌器总数的75%～80%。下面介绍这几种常用的搅拌器。

（1）桨式搅拌器

桨式搅拌器是搅拌器中结构最简单的一种搅拌器，如图8-24所示，一般叶片用扁钢制成，焊接或用螺栓固定在轮毂上，叶片数是2、3或4片，叶片形式可分为平直叶式和折叶式两种。主要应用在：液-液系中用于防止分离，使罐的温度均一；固-液系中多用于防止固体沉降。但桨式搅拌器不能用于以保持气体和以细微化为目的的气-液分散操作中。

桨式搅拌器主要用于流体的循环，由于在同样排量下，折叶式比平直叶式的功耗少，操作费用低，故轴流桨叶使用较多。桨式搅拌器也可用于高黏流体的搅拌，促进流体的上下交换，代替价格高的螺带式叶轮，能获得良好的效果。桨式搅拌器的转速一般为20～100r/min，最高黏度为20Pa·s。其常用参数见表8-7。

表8-7 桨式搅拌器常用参数

<table>
<tr><th>常用尺寸</th><th>常用运转条件</th><th>常用介质黏度范围</th><th>流动状态</th><th>备注</th></tr>
<tr><td>d/D=0.35～0.8
b/d=0.1～0.25
B_n=2</td><td rowspan="2">n=1～100r/min
v=1.0～5.0m/s</td><td rowspan="2">小于2Pa·s</td><td>低转速时水平环向流为主；转速高时为径向流；有挡板时为上下循环流</td><td rowspan="2">当d/D=0.9以上，并设置多层桨叶时，可用于高黏度液体的低速搅拌。在层流区操作，适用的介质黏度可达100Pa·s，v=1.0～3.0m/s</td></tr>
<tr><td>折叶式
θ=45°，60°</td><td>折叶式有轴向、径向和环向分流作用</td></tr>
</table>

注：n—转速；v—叶端线速度；B_n—叶片数；d—搅拌器直径；D—容器内径；θ—折叶角。

（2）推进式搅拌器

推进式搅拌器（又称船用推进器）常用于低黏流体中，如图8-25所示。标准推进式搅拌器有三瓣叶片，其螺距与桨直径d相等。搅拌时，流体由桨叶上方吸入，下方以圆筒状螺旋形排出，流体至容器底再沿壁面返至桨叶上方，形成轴向流动。推进式搅拌器搅拌时流体的湍流程度不高，但循环量大。容器内装挡板、搅拌轴偏心安装或搅拌器倾斜，可防止旋涡形成。推进式搅拌器的直径较小，d/D=1/4～1/3，叶端速度一般为7～10m/s，最高达15m/s。

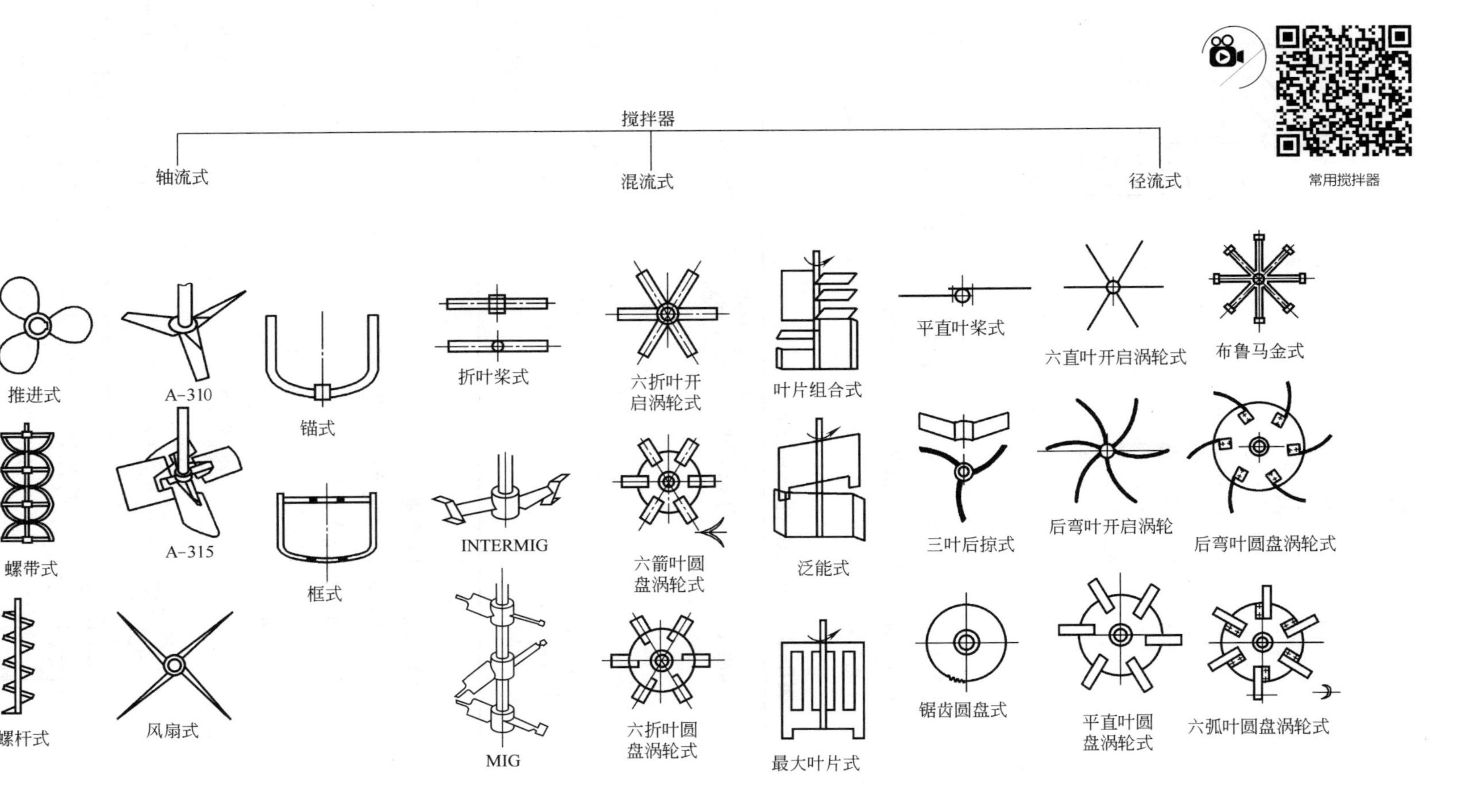

图 8-23 搅拌器流型分类图谱

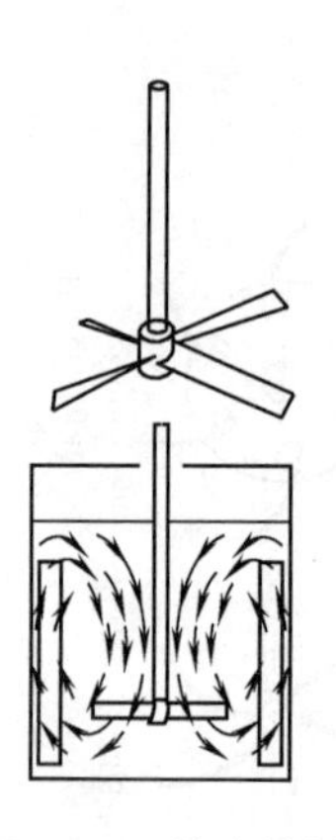

图 8-24 桨式搅拌器

图 8-25 推进式搅拌器

推进式搅拌器结构简单，制造方便，适用于黏度低、流量大的场合，利用较小的搅拌功率，通过高速转动的桨叶能获得较好的搅拌效果，主要用于液 - 液相混合使温度均匀，在低浓度固 - 液相中防止淤泥沉降等。推进式搅拌器的循环性能好，剪切作用不大，属于循环型搅拌器。其常用参数见表 8-8。

表8-8 推进式搅拌器常用参数

常用尺寸	常用运转条件	常用介质黏度范围	流动状态	备注
d/D=0.2～0.5（以 0.33 居多） p/d=1，2 B_n=2，3，4（以 3 居多） p — 螺距	n=100～500r/min v=3～15m/s	小于 2Pa・s	轴流式，循环速率高，剪切力小。采用挡板或导流筒则轴向循环更强	最高转速可达 1750r/min；最高叶端线速度可达 25m/s。转速在 500r/min 以下，适用介质黏度可达 50Pa・s

（3）涡轮式搅拌器

涡轮式搅拌器（又称透平式叶轮），是应用较广的一种搅拌器，能有效地完成几乎所有的搅拌操作，并能处理黏度范围很广的流体。图 8-26 给出一种典型的涡轮式搅拌器结构。涡轮式搅拌器可分为开式和盘式两类。开式有平直叶、斜叶、弯叶等；盘式有圆盘平直叶、圆盘斜叶、圆盘弯叶等。开式涡轮常用的叶片数为 2 叶和 4 叶；盘式涡轮以 6 叶最常见。为改善流动状况，有时把桨叶制成凹形或箭形。涡轮式搅拌器有较大的剪切力，可使流体微团分散得很细，适用于低黏度到中等黏度流体的混合、液 - 液分散、液 - 固悬浮，以及促进良好的传热、传质和化学反应。平直叶剪切作用较大，属剪切型搅拌器。弯叶是指叶片朝着流动方向弯曲，可降低功率消耗，适用于含有易碎固体颗粒的流体搅拌。其常用参数见表 8-9。

图 8-26 涡轮式搅拌器

表 8-9 涡轮式搅拌器常用参数

形式	常用尺寸	常用运转条件	常用介质黏度范围	流动状态	备注
开式涡轮	d/D=0.2～0.5 （以 0.33 居多） b/d=0.2 B_n=3，4，6，8 （以 6 居多） 折叶式 θ=30°, 45°, 60° 后弯式 β=30°, 50°, 60° β 后弯角	n=10～300r/min v=4～10m/s 折叶式 v=2～6m/s	小于 50Pa·s 折叶和后弯叶小于 10Pa·s	平直叶、后弯叶为径流式。在有挡板时以桨叶为界形成上下两个循环流 折叶的还有轴向分流，近于轴流式	最高转速可达 600r/min，圆盘上下液体的混合不如开式涡轮
盘式涡轮	$d:l:b$=20：5：4 d/D=0.2～0.5 （以 0.33 居多） B_n=4，6，8 θ=45°, 60° β=45°	n=10～300r/min v=4～10m/s 折叶式 v=2～6m/s	小于 50Pa·s，折叶和后弯叶小于 10Pa·s		

表 8-10 锚式搅拌器常用参数

常用尺寸	常用运转条件	常用介质黏度范围	流动状态	备注
d/D=0.9～0.98 b/D=0.1 h/D=0.48～1.0	n=1～100r/min v=1～5m/s	小于 100Pa·s	不同高度上的水平环向流	为了增大搅拌范围，可根据需要在桨叶上增加立叶和横梁

（4）锚式搅拌器

锚式搅拌器结构简单，如图 8-27 所示。它适用于黏度在 100Pa·s 以下的流体搅拌，当流体黏度在 10～100Pa·s 时，可在锚式桨中间加一横桨叶，即为框式搅拌器，以增加容器中部的混合。锚式或框式桨叶的混合效果并不理想，只适用于对混合要求不太高的场合。由于锚式搅拌器在容器壁附近流速比其他搅拌器大，能得到大的表面传热系数，故常用于传热、晶析操作，也常用于搅拌高浓度淤浆和沉降性淤浆。当搅拌黏度大于 100Pa·s 的流体时，应采用螺带式或螺杆式。其常用参数见表 8-10。

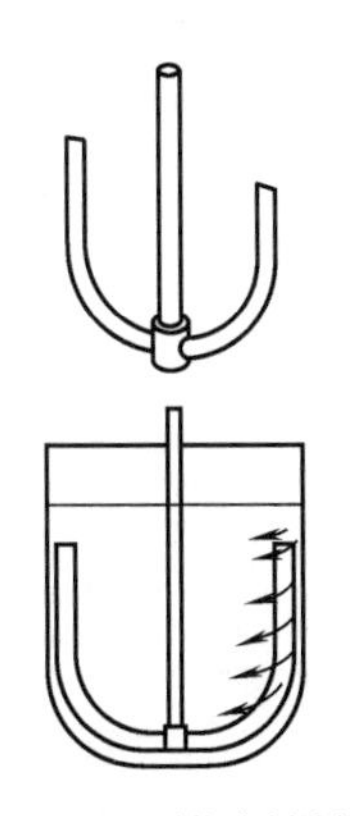

图 8-27 锚式搅拌器

8.2.3.3 搅拌器的选用

搅拌操作涉及流体的流动、传质和传热，所进行的物理和化学过程对搅拌效果的要求也不同，至今对搅拌器的选用仍带有很大的经验性。搅拌器选型一般从三个方面考虑：搅拌目的、物料黏度和搅拌容器容积的大小。选用时除满足工艺要求外，还应考虑功耗、操作费用，以及制造、维护和检修等因素。常用的搅拌器选用方法如下。

（1）按搅拌目的选型

仅考虑搅拌目的时搅拌器的选型见表 8-11。

表8-11　搅拌目的与推荐的搅拌器形式

搅拌目的	挡板条件	推荐形式	流动状态
互溶液体的混合及在其中进行化学反应	无挡板	三叶折叶涡轮、六叶折叶开启涡轮、桨式、圆盘涡轮	湍流（低黏流体）
	有导流筒	三叶折叶涡轮、六叶折叶开启涡轮、推进式	
	有或无导流筒	桨式、螺杆式、框式、螺带式、锚式	层流（高黏流体）
固-液相分散及在其中溶解和进行化学反应	有或无挡板	桨式、六叶折叶开启式涡轮	湍流（低黏流体）
	有导流筒	三叶折叶涡轮、六叶折叶开启涡轮、推进式	
	有或无导流筒	螺带式、螺杆式、锚式	层流（高黏流体）
液-液相分散（互溶的液体）及在其中强化传质和进行化学反应	有挡板	三叶折叶涡轮、六叶折叶开启涡轮、桨式、圆盘涡轮式、推进式	湍流（低黏流体）
液-液相分散（不互溶的液体）及在其中强化传质和进行化学反应	有挡板	圆盘涡轮、六叶折叶开启涡轮	湍流（低黏流体）
	有反射物	三叶折叶涡轮	
	有导流筒	三叶折叶涡轮、六叶折叶开启涡轮、推进式	
	有或无导流筒	螺带式、螺杆式、锚式	层流（高黏流体）
气-液相分散及在其中强化传质和进行化学反应	有挡板	圆盘涡轮、闭式涡轮	湍流（低黏流体）
	有反射物	三叶折叶涡轮	
	有导流筒	三叶折叶涡轮、六叶折叶开启涡轮、推进式	
	有导流筒	螺杆式	层流（高黏流体）
	无导流筒	锚式、螺带式	

（2）按搅拌器形式和适用条件选型

表 8-12 是以操作目的和搅拌器流动状态选用搅拌器的。由表可见，对低黏度流体的混合，推进式搅拌器由于循环能力强，动力消耗小，可应用到很大容积的搅拌容器中。涡轮式搅拌器应用的范围较广，各种搅拌操作都适用，但流体黏度不宜超过 50Pa · s。桨式搅拌器结构简单，在小容积的流体混合中应用较广，对大容积的流体混合，则循环能力不足。对于高黏流体的混合则以锚式、螺杆式、螺带式更为合适。

表8-12 搅拌器形式和适用条件

搅拌器形式	流动状态			搅拌目的									搅拌容器容积/m^3	转速范围/(r/min)	最高黏度/Pa·s
	对流循环	湍流扩散	剪切流	低黏度混合	高黏度液混合传热反应	分散	溶解	固体悬浮	气体吸收	结晶	传热	液相反应			
涡轮式	◆	◆	◆	◆	◆	◆	◆	◆	◆	◆	◆	◆	1～100	10～300	50
桨式	◆	◆	◆	◆	◆		◆	◆		◆	◆	◆	1～200	10～300	50
推进式	◆	◆		◆		◆	◆	◆		◆	◆	◆	1～1000	10～500	2
折叶开启涡轮式	◆	◆		◆		◆	◆	◆			◆	◆	1～1000	10～300	50
布鲁马金式	◆	◆	◆	◆	◆		◆				◆	◆	1～100	10～300	50
锚式	◆				◆		◆						1～100	1～100	100
螺杆式	◆				◆		◆						1～50	0.5～50	100
螺带式	◆				◆		◆						1～50	0.5～50	100

注：有◆者为可用，空白者不详或不合用。

8.2.3.4 生物反应物料特性及搅拌器

生物反应器中常常采用机械搅拌式反应器。例如青霉素生产过程中用到的种子罐和主发酵罐常采用机械搅拌。生物反应与化学反应的不同点在于它们所处理的对象不同，以细胞生物反应器（俗称发酵罐）为例，发酵罐所处理的对象是微生物，它的繁殖、生长，与化学反应过程有很大的区别。

（1）生物反应都是在多相体系中进行的

绝大多数生物反应体系包括气-液-固三相，即空气或CO_2等气体产物、液态培养基和生物细胞及其载体颗粒，如青霉素、链霉素、头孢菌素等医药产品。发酵液的特点是：ⓘ黏度是变化的，发酵开始时，发酵液的黏度一般不大，属牛顿型流体，但随着发酵的进行，菌体不断繁殖，代谢物不断产生，发酵液的黏度不断增加，从牛顿型流体变成非牛顿型流体；ⓘⓘ生物颗粒具有生命活力，它从环境中提取营养、获得能量、自我繁殖，其形态可能随着加工过程的进行而变化，如从丝状变为圆球状，从单细胞到絮凝细胞团等。

（2）大多数生物颗粒对剪切力非常敏感

剪切作用可能影响细胞的生成速率和组成比例，因此对搅拌产生的剪切力要控制在一定的范围内。

（3）大多数微生物发酵需要氧气

氧气对需氧菌的培养至关重要，只要短暂缺氧，就会导致菌体的失活或死亡。而氧在水中溶解度极低，因此氧气的供应就成为十分突出的问题。

鉴于上述生物反应的特点，搅拌过程要求：ⓘ打碎空气气泡，使气泡细化以增加气-液接触界面，提高气-液面的传质速率；ⓘⓘ发酵液要有较大的流动循环量，使液体中的固形物保持悬浮状态。因此搅拌器既要有较强剪切力，又要有较大的流体循环特性，往往采用径向流和轴向流相结合的多层搅拌器组合式搅拌系统。

生物技术产品的应用范围不断扩展，已广泛应用于医药工业、食品工业、农业、环境保护等领域。

作为生物反应过程的核心设备生物反应器，更是生物反应工程研究的中心内容。近年来提出了生物反应器工程，研究的内容包括生物反应特性、生物反应器结构、操作条件与混合、传质、传热的关系；生物反应器的设计与放大、生物反应器的优化操作与控制等，可以预见生物反应器将得到更快的发展。

8.2.3.5 搅拌功率计算

搅拌功率是指搅拌器以一定转速进行搅拌时，对液体做功并使之发生流动所需的功率。计算搅拌功率的目的，一是用于设计或校核搅拌器和搅拌轴的强度和刚度，二是用于选择电机和减速机等传动装置。

影响搅拌功率的因素很多，主要有以下四个方面。

ⅰ.搅拌器的几何尺寸与转速：搅拌器直径、桨叶宽度、桨叶倾斜角、转速、单个搅拌器叶片数、搅拌器至容器底部的距离等。

ⅱ.搅拌容器的结构：容器内径、液面高度、挡板数、挡板宽度、导流筒的尺寸等。

ⅲ.搅拌介质的特性：液体的密度、黏度。

ⅳ.重力加速度。

上述影响因素可用下式关联

$$N_P=\frac{P}{\rho n^3 d^5}=K\left(Re\right)^r\left(Fr\right)^q f\left(\frac{d}{D},\frac{B}{D},\frac{h}{D},\cdots\right) \tag{8-1}$$

式中 B——桨叶宽度，m；

d——搅拌器直径，m；

D——搅拌容器内直径，m；

Fr——弗劳德数，$Fr=\frac{n^2 d}{g}$；

h——液面高度，m；

K——系数；

n——转速，s^{-1}；

N_P——功率准数；

P——搅拌功率，W；

r，q——指数；

Re——雷诺数，$Re=\frac{d^2 n\rho}{\mu}$；

ρ——密度，kg/m^3；

μ——黏度，Pa·s。

一般情况下弗劳德数 Fr 的影响较小。容器内直径 D、挡板宽度 b 等几何参数可归结到系数 K。由式（8-1）得搅拌功率 P 为

$$P=N_P\rho n^3 d^5 \tag{8-2}$$

上式中 ρ、n、d 为已知数，故计算搅拌功率的关键是求得功率准数 N_P。在特定的搅拌装置上，可以测得功率准数 N_P 与雷诺数 Re 的关系。将此关系绘于双

对数坐标图上即得功率曲线。图 8-28 为六种搅拌器的功率曲线。由图 8-28 可知，功率准数 N_P 随雷诺数 Re 变化。在低雷诺数（$Re \leqslant 10$）的层流区内，流体不会打旋，重力影响可忽略，功率曲线为斜率 −1 的直线；当 $10 \leqslant Re \leqslant 10000$ 时为过渡流区，功率曲线为一下凹曲线；当 $Re > 10000$ 时，流动进入充分湍流区，功率曲线呈一水平直线，即 N_P 与 Re 无关，保持不变。用式（8-2）计算搅拌功率时，功率准数 N_P 可直接从图 8-28 查得。

需要指出图 8-28 所示的功率曲线只适用于图示六种搅拌器的几何比例关系。如果比例关系不同，功率准数 N_P 也不同。不同比例关系搅拌装置的功率曲线，请参见文献［67］第 145 和第 146 页。

上述功率曲线是在单一液体下测得的。对于非均相的液 - 液或液 - 固系统，用上述功率曲线计算时，需用混合物的平均密度 $\bar{\rho}$ 和修正黏度 $\bar{\mu}$ 代替式（8-2）中的 ρ、μ。

计算气 - 液两相系统搅拌功率时，搅拌功率与通气量的大小有关。通气时，气泡的存在降低了搅拌液体的有效密度，与不通气相比，搅拌功率要低得多。

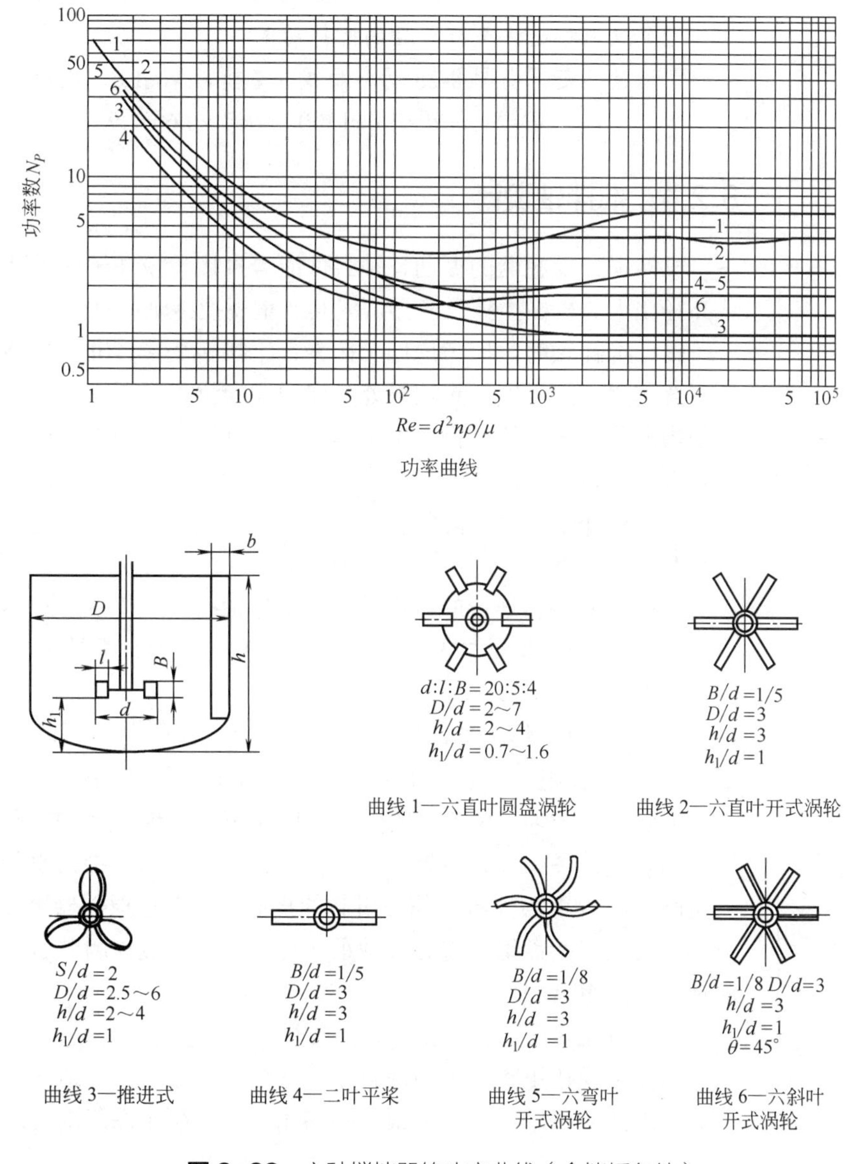

图 8-28 六种搅拌器的功率曲线（全挡板条件）

例 8-1

搅拌反应器的筒体内直径为1800mm，采用六直叶圆盘涡轮式搅拌器，搅拌器直径600mm，搅拌轴转速160r/min。容器内液体的密度为1300kg/m³，黏度为0.12Pa·s。试求：①搅拌功率；②改用推进式搅拌器后的搅拌功率。

解　已知ρ=1300kg/m³，μ=0.12Pa·s，d=600mm，n=160r/min=2.667s⁻¹。

（1）计算雷诺数Re

$$Re=\frac{\rho n d^2}{\mu}=\frac{1300\times 2.667\times 0.6^2}{0.12}=10401.3$$

由图8-28功率曲线1查得，N_P=6.3。

按式（8-2）计算搅拌功率

$$P=N_P\rho n^3 d^5=6.3\times 1300\times 2.667^3\times 0.6^5=12.08\ (\text{kW})$$

（2）改用推进式搅拌器后的搅拌功率

雷诺数不变，由图8-28功率曲线3查得，N_P=1.0。搅拌功率为

$$P=N_P\rho n^3 d^5=1.0\times 1300\times 2.667^3\times 0.6^5=1.92\ (\text{kW})$$

8.2.4　搅拌轴设计

机械搅拌反应器的振动、轴封性能等直接与搅拌轴的设计相关。对于大型或高径比大的机械搅拌反应器，尤其要重视搅拌轴的设计。

设计搅拌轴时，应考虑四个因素：ⓘ扭转变形；ⓘⓘ临界转速；ⓘⓘⓘ扭矩和弯矩联合作用下的强度；ⓘⓥ轴封处允许的径向位移。考虑上述因素计算所得的轴径是指危险截面处的直径。确定轴的实际直径时，通常还得考虑腐蚀裕量，最后把直径圆整为标准轴径。

（1）搅拌轴的力学模型

对搅拌轴设定：

ⅰ. 刚性联轴器连接的可拆轴视为整体轴；

ⅱ. 搅拌器及轴上的其他零件（附件）的重力、惯性力、流体作用力均作用在零件轴套的中部；

ⅲ. 轴受扭矩作用外，还考虑搅拌器上流体的径向力以及搅拌轴和搅拌器（包括附件）在组合重心处质量偏心引起的离心力的作用。

因此将悬臂轴和单跨轴的受力简化为如图8-29（悬臂式）和图8-30（单跨式）所示的模型。图中a指悬臂轴两支点间距离；D_j指搅拌器直径；F_e指搅拌轴及各层圆盘组合重心处质量偏心引起的离心力；F_h指搅拌器上流体径向力；L_e指搅拌轴及各层圆盘组合重心离轴承（对悬臂轴为搅拌侧轴承，对单跨轴为传动侧轴承）的距离。

（2）按扭转变形计算搅拌轴的轴径

搅拌轴受扭矩和弯矩的联合作用，扭转变形过大会造成轴的振动，使轴封失效，因此应将轴单位长度最大扭转角γ限制在允许范围内。轴扭矩的刚度条件为

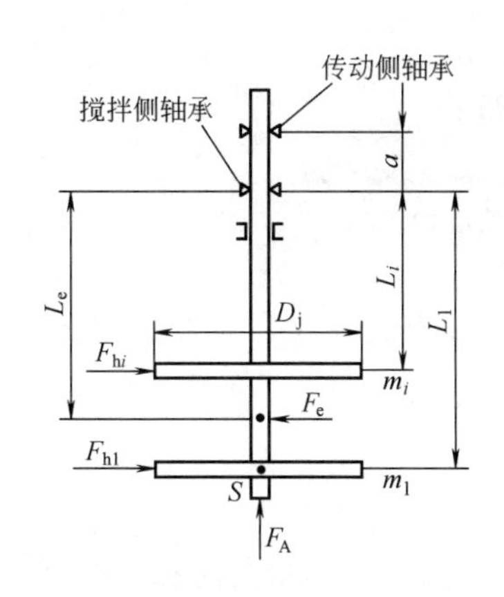

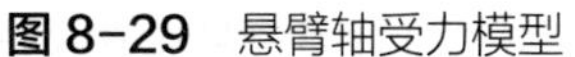
图 8-29 悬臂轴受力模型

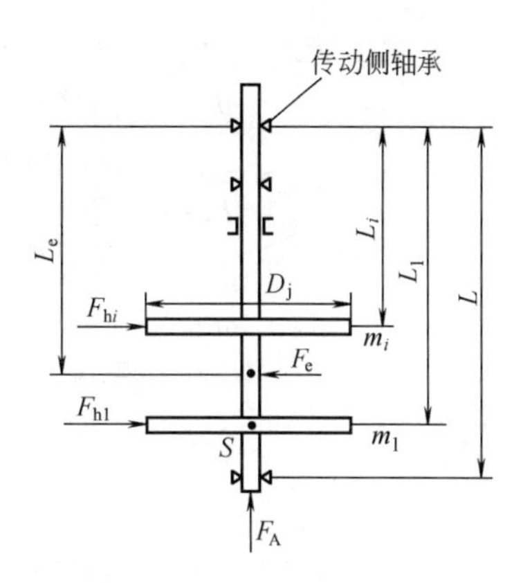

图 8-30 单跨轴受力模型

$$\gamma = \frac{583.6M_{\mathrm{n\,max}}}{Gd^4(1-\alpha^4)} \leqslant [\gamma] \tag{8-3}$$

式中　d——搅拌轴直径，m；

G——轴材料剪切弹性模量，Pa；

$M_{\mathrm{n\,max}}$——轴传递的最大扭矩，$M_{\mathrm{n\,max}} = 9553\frac{P_{\mathrm{n}}}{n}\eta$，N·m；

n——搅拌轴转速，r/min；

P_{n}——电机功率，kW；

α——空心轴内径和外径的比值；

η——传动装置效率；

$[\gamma]$——许用扭转角，对于悬臂轴 $[\gamma]$=0.35°/m，对于单跨轴 $[\gamma]$=0.7°/m。

故搅拌轴的直径为

$$d = 4.92\left[\frac{M_{\mathrm{n\,max}}}{[\gamma]G(1-\alpha^4)}\right]^{\frac{1}{4}} \tag{8-4}$$

（3）按临界转速校核搅拌轴的直径

当搅拌轴的转速达到轴自振频率时会发生强烈振动，并出现很大弯曲，这个转速称为临界转速，记作 n_{c}。在靠近临界转速运转时，轴常因强烈振动而损坏，或破坏轴封而停产。因此工程上要求搅拌轴的工作转速避开临界转速，工作转速低于第一临界转速的轴称为刚性轴，要求 $n \leqslant 0.7n_{\mathrm{c}}$；工作转速大于第一临界转速的轴称为柔性轴，要求 $n \geqslant 1.3n_{\mathrm{c}}$。一般搅拌轴的工作转速较低，大都为低于第一临界转速下工作的刚性轴。

对于小型的搅拌设备，由于轴径细，长度短，轴的质量小，往往把轴理想化为无质量的带有圆盘的转子系统来计算轴的临界转速。随着搅拌设备的大型化，搅拌轴直径变粗，如忽略搅拌轴的质量将引起较大的误差。此时一般采用等效质量的方法，把轴本身的分布质量和轴上各个搅拌器的质量按等效原理，分别转化到一个特定点上（如对悬臂轴为轴末端 S），然后累加组成一个集中的等效质量。这样把原来复杂多自由度转轴系统简化为无质量轴上只有一个集中等效质量的单自由度问题。临界转速与支承方式、支承点距离及轴径有关，不同形式支承轴的临界转速的计算方法不同。

按上述方法，具有 z 个搅拌器的等直径悬臂轴可简化为如图 8-29 所示的模型，其一阶临界转速 n_{c} 为

$$n_{\mathrm{c}} = \frac{30}{\pi}\sqrt{\frac{3EI(1-\alpha^4)}{L_1^2(L_1+a)m_S}} \tag{8-5}$$

式中 a——悬臂轴两支点间距离，m；

E——轴材料的弹性模量，Pa；

I——轴的惯性矩，m^4；

L_1——第 1 个搅拌器悬臂长度，m；

n_c——临界转速，r/min；

m_S——轴及搅拌器有效质量在 S 点的等效质量之和，kg。

等效质量 m_S 的计算公式

$$m_S = m + \sum_{i=1}^{z} m_i$$

式中 m——悬臂轴 L_1 段自身质量及附带液体质量在轴末端 S 点的等效质量，kg；

m_i——第 i 个搅拌器自身质量及附带液体质量在轴末端 S 点的等效质量，kg；

z——搅拌器的数量。

等直径悬臂轴、单跨轴的临界转速详细计算见文献［64］第 71～第 75 页。不同形式的搅拌器、搅拌介质，刚性轴和柔性轴的工作转速 n 与临界转速 n_c 的比值可参考表 8-13。

（4）按强度计算搅拌轴的直径

搅拌轴的强度条件是

$$\tau_{\max} = \frac{M_{te}}{W_P} \leqslant [\tau] \tag{8-6}$$

式中 $\tau_{\max}$——截面上最大切应力，Pa；

M_{te}——轴上扭转和弯矩联合作用时的当量扭矩，$M_{te} = \sqrt{{M_n}^2 + M^2}$，N·m；

M_n——扭矩，N·m；

M——弯矩，$M=M_R+M_A$；

M_R——水平推力引起的轴的弯矩，N·m；

M_A——由轴向力引起的轴的弯矩，N·m；

W_P——抗扭截面模量，对空心圆轴 $W_P = \frac{\pi d^3}{16}(1-\alpha^4)$，$m^3$；

$[\tau]$——轴材料的许用切应力，$[\tau]=\frac{R_m}{16}$，Pa；

R_m——轴材料的抗拉强度，Pa。

表 8-13 搅拌轴工作转速的选取

搅拌介质	刚性轴		柔性轴
	搅拌器（叶片式搅拌器除外）	叶片式搅拌器	高速搅拌器
气体	$\frac{n}{n_c} \leqslant 0.7$	$n/n_c \leqslant 0.7$	不推荐
液体 - 液体 液体 - 固体		$n/n_c \leqslant 0.7$ 和 $n/n_c \neq$（0.45～0.55）	n/n_c=1.3～1.6
液体 - 气体	$n/n_c \leqslant 0.6$	$n/n_c \leqslant 0.4$	不推荐

注：叶片式搅拌器包括桨式、开启涡轮式、圆盘涡轮式、三叶后掠式、推进式；不包括锚式、框式、螺带式。

则搅拌轴的直径

$$d=1.72\left[\frac{M_{\text{te}}}{[\tau](1-\alpha^4)}\right]^{\frac{1}{3}} \tag{8-7}$$

（5）按轴封处允许径向位移验算轴径

轴封处径向位移的大小直接影响密封的性能，径向位移大，易造成泄漏或密封的失效。轴封处的径向位移主要由三个因素引起：ⅰ轴承的径向游隙；ⅱ流体形成的水平推力；ⅲ搅拌器及附件组合质量不均匀产生的离心力。其计算模型如图 8-31 所示。因此要分别计算其径向位移，然后叠加，使总径向位移 δ_{L_0} 小于允许的径向位移 $[\delta]_{L_0}$，即

$$\delta_{L_0} \leqslant [\delta]_{L_0} \tag{8-8}$$

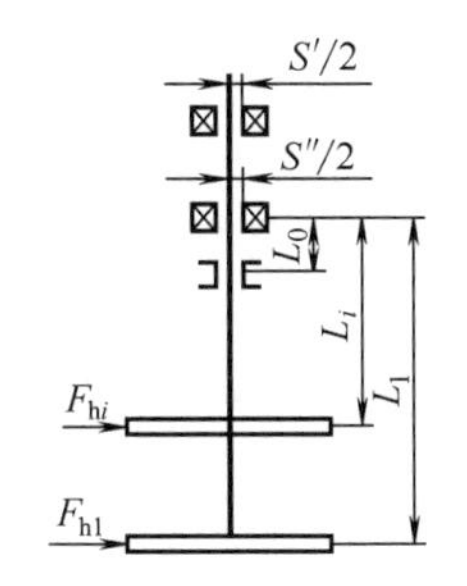

图 8-31 径向位移计算模型

式中 $[\delta]_{L_0}$——轴封处的允许径向位移，通常$[\delta]_{L_0}=0.1\times K_3\sqrt{d}$，mm；

K_3——径向位移系数，当设计压力 p=0.1～0.6MPa、n＞100r/min 时，一般物料 K_3=0.3。

有关搅拌轴的详细计算及参数的选取见文献［64］第 68～第 86 页。

（6）减小轴端挠度、提高搅拌轴临界转速的措施

① 缩短悬臂段搅拌轴的长度　受到端部集中力作用的悬臂梁，其端点挠度与悬臂长度的三次方成正比。缩短搅拌轴悬臂长度，可以降低梁端的挠度，这是减小挠度最简单的方法，但这会改变设备的高径比，影响搅拌效果。

② 增加轴径　轴径越大，轴端挠度越小。但轴径增加，与轴连接的零部件均需加大规格，如轴承、轴封、联轴器等，导致造价增加。

③ 设置底轴承或中间轴承　设置底轴承或中间轴承改变了轴的支承方式，可减小搅拌轴的挠度。但底轴承和中间轴承浸没在物料中，润滑不好，如物料中有固体颗粒，更易磨损，需经常维修，影响生产。发展趋势是尽量避免采用底轴承和中间轴承。

④ 设置稳定器　安装在搅拌轴上的稳定器的工作原理是：稳定器受到的介质阻尼作用力的方向与搅拌器对搅拌轴施加的水平作用力的方向相反，从而减少轴的摆动量。稳定器摆动时，其阻尼力与承受阻尼作用的面积有关，迎液面积越大，阻尼作用越明显，稳定效果越好。采用稳定器可改善搅拌设备的运行性能，延长轴承的寿命。

稳定器有圆筒型和叶片型两种结构形式。圆筒型稳定器为空心圆筒，安装在搅拌器下面，如图 8-32 所示。叶片型稳定器有多种安装方式，有的叶片切向布置在搅拌器下面，如图 8-33（a）所示，有的叶片安装在轴上，并与轴垂直，如图 8-33（b）～（d）所示。安装在轴上的叶片，由于距离上部轴承较近，阻尼产生的反力矩较小，稳定效果较差。稳定叶片的尺寸一般取为：W/d=0.25，h/d=0.25。圆筒型稳定器的应用效果较好，主要是因为稳定筒的迎液面积较大，所产生的阻尼力也较大，且位于轴下端。

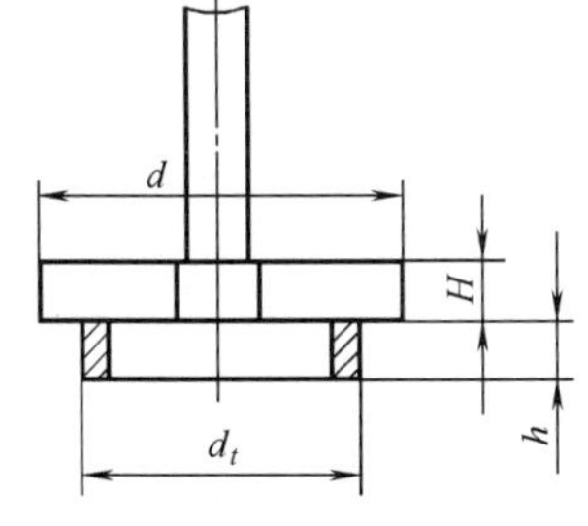

图 8-32 圆筒型稳定器

8.2.5 密封装置

用于机械搅拌反应器的轴封主要有两种：填料密封和机械密封。轴封的目的是避免介质通过转轴从搅拌容器内泄漏或外部杂质渗入搅拌容器内。

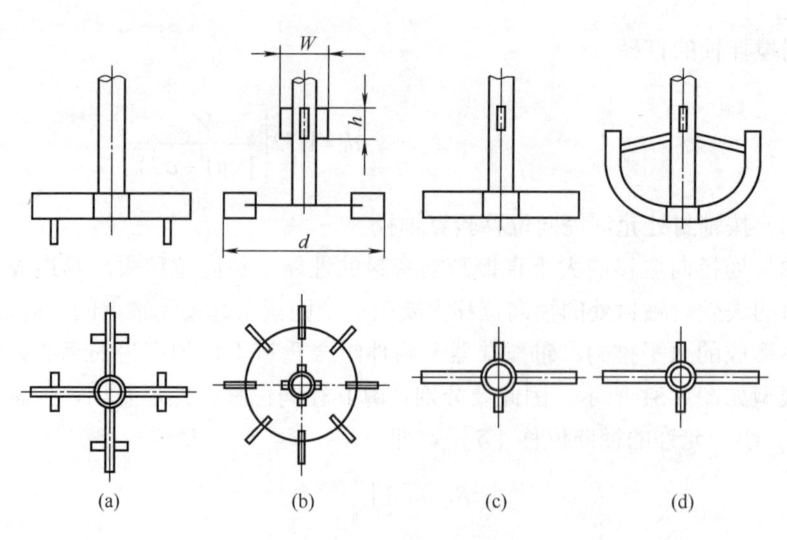

图 8-33　叶片型稳定器

8.2.5.1　填料密封

填料密封结构简单，制造容易，适用于非腐蚀性和弱腐蚀性介质、密封要求不高、并允许定期维护的搅拌设备。

（1）填料密封的结构及工作原理

填料密封的结构如图 8-34 所示，它是由底环、本体、油环、填料、螺柱、压盖及油杯等组成。在压盖压力作用下，装在搅拌轴与填料箱本体之间的填料，对搅拌轴表面产生径向压紧力。由于填料中含有润滑剂，因此，在对搅拌轴产生径向压紧力的同时，形成一层极薄的液膜，一方面使搅拌轴得到润滑，另一方面阻止设备内流体的逸出或外部流体的渗入，达到密封的目的。虽然填料中含有润滑剂，但在运转中润滑剂不断消耗，故在填料中间设置油环。使用时可从油杯加油，保持轴和填料之间的润滑。填料密封不可能绝对不漏，因为增加压紧力，填料紧压在转动轴上，会加速轴与填料间的磨损，使密封更快失效。在操作过程中应适当调整压盖的压紧力，并需定期更换填料。

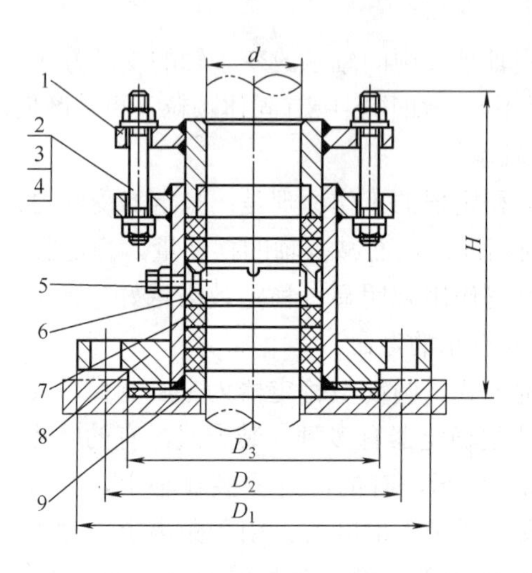

图 8-34　填料密封的结构

1—压盖；2—双头螺柱；3—螺母；4—垫圈；5—油杯；6—油环；7—填料；8—本体；9—底环

（2）填料密封箱的特点

为便于使用，一般将填料密封做成一整体，这种填料箱具有以下的特点。

① 设置衬套　在填料箱的压盖上设置衬套，可提高装配精度，使轴有良好对中，填料压紧时受力均匀，保证填料密封在良好条件下进行工作。

② 成型环状填料 因盘状填料装配时尺寸公差很难保证，填料压紧后不能完全保证每圈都与轴均匀良好接触，受力状态不好，易造成填料密封失效而泄漏。采用具有一定公差的成型环状填料，密封效果可大为改善。填料一般在裁剪、压制成填料环后使用。成型环状填料的形状见图 8-35。

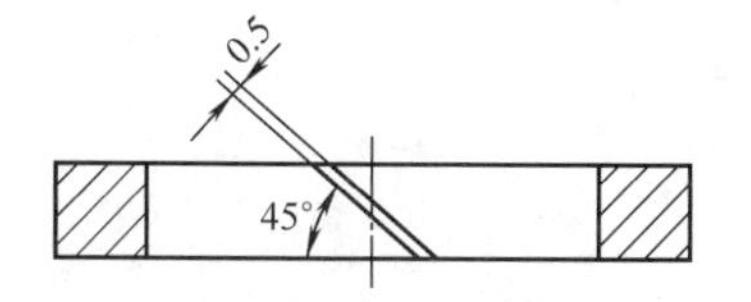

图 8-35 成型环状填料

当旋转轴线速度大于 1m/s 时，摩擦热大，填料寿命会降低，轴也易烧坏。此时应提高轴表面硬度和加工精度，以及填料的自润滑性能，如在轴表面堆焊硬质合金或喷涂陶瓷或采用水夹套等。轴表面的粗糙度应控制在 0.8～0.2μm。

（3）填料密封的选用

① 根据设计压力、设计温度及介质腐蚀性选用 当介质为非易燃、易爆、有毒的一般物料且压力不高时，按表 8-14 选用填料密封。

表 8-14 标准填料箱的允许压力、温度

材料	公称压力 /MPa	允许压力范围 /MPa（负值指真空）	允许温度范围 /℃	转轴线速度 /（m/s）
碳钢	常压	<0.1	<200	<1
	0.6	-0.03～0.6	≤200	
	1.6	-0.03～1.6	-20～300	
不锈钢	常压	<0.1	<200	<1
	0.6	-0.03～0.6	≤200	
	1.6	-0.03～1.6	-20～300	

② 根据填料的性能选用 当密封要求不高时，选用一般石棉或油浸石棉填料，当密封要求较高时，选用膨体聚四氟乙烯、柔性石墨等填料。各种填料材料的性能不同，按表 8-15 选用。

表 8-15 填料材料的性能

填料名称	介质极限温度 /℃	介质极限压力 /MPa	线速度 /（m/s）	适用条件（接触介质）
油浸石棉填料	450	6		蒸汽、空气、工业用水、重质石油产品、弱酸液等
聚四氟乙烯纤维编结填料	250	30	2	强酸、强碱、有机溶剂
聚四氟乙烯石棉盘根	260	25	1	酸碱、强腐蚀性溶液、化学试剂等
石棉线或石棉线与尼龙线浸渍聚四氟乙烯填料	300	30	2	弱酸、强碱、各种有机溶剂、液氨、海水、纸浆废液等
柔性石墨填料	250～300	20	2	醋酸、硼酸、柠檬酸、盐酸、硫化氢、乳酸、硝酸、硫酸、硬脂酸、水钠、溴、矿物油料、汽油、二甲苯、四氯化碳等
膨体聚四氟乙烯石墨盘根	250	4	2	强酸、强碱、有机溶液

8.2.5.2 机械密封

机械密封是把转轴的密封面从轴向改为径向，通过动环和静环两个端面的相互贴合，并做相对运动

达到密封的装置，又称端面密封。机械密封的泄漏率低，密封性能可靠，功耗小，使用寿命长，在搅拌反应器中得到广泛应用。

（1）机械密封的结构及工作原理

机械密封的结构如图 8-36 所示。它由固定在轴上的动环及弹簧压紧装置、固定在设备上的静环以及辅助密封圈组成。当转轴旋转时，动环和固定不动的静环紧密接触，并经轴上弹簧压紧力的作用，阻止容器内介质从接触面上泄漏。图中有四个密封点，A 点是动环与轴之间的密封，属静密封，密封件常用“O”形环，B 点是动环和静环作相对旋转运动时的端面密封，属动密封，是机械密封的关键。两个密封端面的平面度和粗糙度要求较高，依靠介质的压力和弹簧力使两端面保持密紧接触，并形成一层极薄的液膜起密封作用。C 点是静环与静环座之间的密封，属静密封。D 点是静环座与设备之间的密封，属静密封。通常设备凸缘做成凹面，静环座做成凸面，中间用垫片密封。

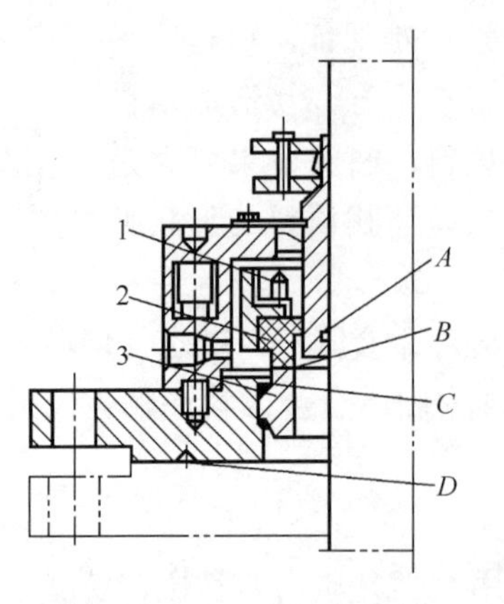

图 8-36 机械密封结构

1—弹簧；2—动环；3—静环

动环和静环之间的摩擦面称为密封面。密封面上单位面积所受的力称为端面比压，它是动环在介质压力和弹簧力的共同作用下，紧压在静环上引起的，是操作时保持密封所必需的净压力。端面比压过大，将造成摩擦面发热使摩擦加剧，功率消耗增加，使用寿命缩短；端面比压过小，密封面因压不紧而泄漏，密封失效。

（2）机械密封分类

① 单端面与双端面　根据密封面的对数分为单端面密封（一对密封面）和双端面密封（两对密封面）。图 8-36 所示的单端面密封结构简单、制造容易、维修方便、应用广泛。双端面密封有两个密封面，且可在两密封面之间的空腔中注入中性液体，使其压力略大于介质的操作压力，起到堵封及润滑的双重作用，故密封效果好，但结构复杂，制造、拆装比较困难，需一套封液输送装置，且不便于维修。

② 平衡型与非平衡型　根据密封面负荷平衡情况分为平衡型和非平衡型，如图 8-37 所示。平衡型与非平衡型是以液体压力负荷面积对端面密封面积的比值大小判别的。设液压负荷面积为 A_y，密封面接触面积为 A_j，其比值 K 为

$$K = \frac{A_y}{A_j} \tag{8-9}$$

由图 8-37 可知　$A_y = \frac{\pi}{4}\left(D_2^2 - d^2\right)$；$A_j = \frac{\pi}{4}\left(D_2^2 - D_1^2\right)$

故

$$K = \frac{D_2^2 - d^2}{D_2^2 - D_1^2}$$

经过适当的尺寸选择，可使机械密封设计成$K<1$，$K=1$或$K>1$。当$K<1$时称为平衡型机械密封，如图8-37（a）所示，平衡型密封由于液压负荷面积减小，使接触面上的净负荷也越小。$K\geqslant 1$时为非平衡型，如图8-37（b）、（c）所示。通常平衡型机械密封的K值在0.6～0.9，非平衡型机械密封的K值在1.1～1.2之间。

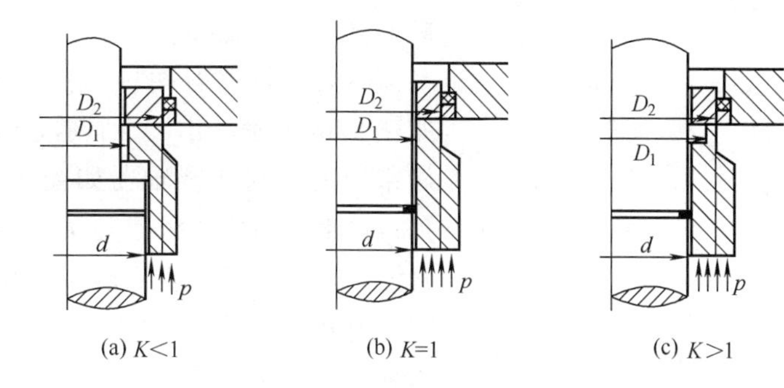

图8-37 机械密封的K值

③ 机械密封的选用　当介质为易燃、易爆、有毒物料时，宜选用机械密封。机械密封已标准化，其使用的压力和温度范围见表8-16。

表8-16 机械密封许用的压力和温度范围

密封面对数	压力等级/MPa	使用温度/℃	最大线速度/(m/s)	介质端材料
单端面	0.6	−20～150	3	碳素钢 不锈钢
双端面	1.6	−20～300	2～3	

设计压力小于0.6MPa且密封要求一般的场合，可选用单端面非平衡型机械密封。设计压力大于0.6MPa时，常选用平衡型机械密封。

密封要求较高，搅拌轴承受较大径向力时，应选用带内置轴承的机械密封，但机械密封的内置轴承不能作为轴的支点。当介质温度高于80℃，搅拌轴的线速度超过1.5m/s时，机械密封应配置循环保护系统。

④ 动环、静环的材料组合　动环（旋转环）和静环是一对摩擦副，在运转时还与被密封的介质接触，在选择动环和静环材料时，要同时考虑它们的耐磨性及耐腐蚀性。另外摩擦副配对材料的硬度应不同，一般是动环高静环低，因为动环的形状比较复杂，在改变操作压力时容易产生变形，故动环选用弹性模量大、硬度高的材料，但不宜用脆性材料。动环、静环及密封圈材料的组合推荐见表8-17。

表8-17 机械密封常用动环和静环材料组合

介质性质	介质温度/℃	介质侧			弹簧	结构件	大气侧		
		动环	静环	辅助密封圈			动环	静环	辅助密封圈
一般	<80	石墨浸渍树脂	碳化钨	丁腈橡胶	铬镍钢	铬钢	石墨浸渍树脂	碳化钨	丁腈橡胶
	>80			氟橡胶					氟橡胶
腐蚀性强	<80			橡胶包覆聚四氟乙烯	铬镍钼钢	铬镍钢			
	>80								

8.2.5.3 全封闭密封

介质为剧毒、易燃、易爆、昂贵物料、高纯度物质以及在高真空下操作，密封要求很高采用填料密封和机械密封均无法满足时，用全封闭的磁力搅拌最为合适。

全封闭密封的工作原理：套装在输入机械能转子上的外磁转子，和套装在搅拌轴上的内磁转子，用隔离套使内外转子隔离，靠内外磁场进行传动，隔离套起到全封闭密封作用。套在内外轴上的电磁转子

称为磁力联轴器。

磁力联轴器有两种结构：平面式联轴器和套筒式联轴器。平面式联轴器如图 8-38 所示，由装在搅拌轴上的内磁转子和装在电机轴上的外磁转子组成。最常用的套筒式联轴器如图 8-39 所示，它由内磁转子、外磁转子、隔离套、轴、轴承等组成，外磁转子与电机轴相连，安装在隔离套和内磁转子上。隔离套为一薄壁圆筒，将内磁转子和外磁转子隔开，对搅拌容器内介质起全封闭作用。内外磁转子传递的力矩与内外磁转子的间隙有关，而间隙的大小取决于隔离套厚度。如厚度过薄，由于隔离套强度、刚度的限制，使用压力低。一般隔离套是由非磁性金属材料组成。隔离套在高速下切割磁力线将造成较大的涡流和磁滞等损耗，因此必须考虑用电阻率高、抗拉强度大的材料制造。目前，较多采用合金钢或钛合金等。

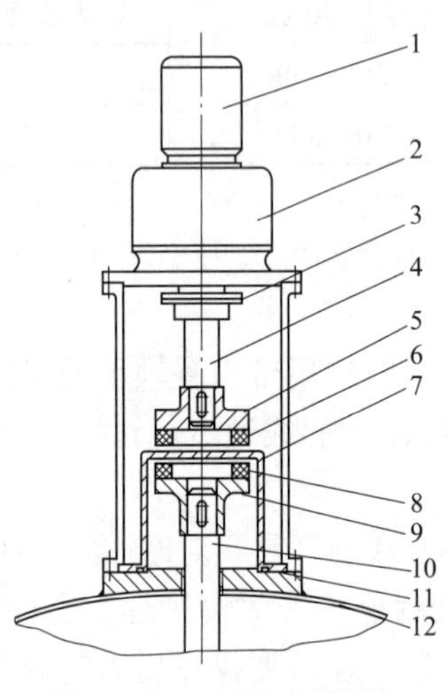

图 8-38 平面式联轴器

1—电动机；2—减速机；3—联轴器；4—电机轴；5—外磁转子；6—外磁极；7—隔离套；8—内磁极；9—内磁转子；10—搅拌轴；11—密封圈；12—上封头

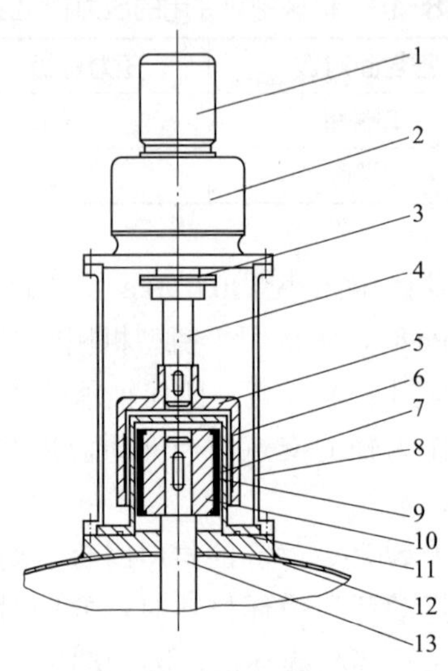

图 8-39 套筒式联轴器

1—电动机；2—减速机；3—联轴器；4—电机轴；5—外磁转子；6—外磁极；7—隔离套；8—支架；9—内磁极；10—内磁转子；11—密封圈；12—上封头；13—搅拌轴

内外磁转子是磁力传动的关键，一般采用永久磁钢。永久磁钢有陶瓷型、金属型和稀土钴。陶瓷型铁氧磁钢长期使用不易退磁，但传递力矩小。金属型铝镍钴磁钢磁性能低，易退磁。稀土钴磁钢稳定性高，磁性能为铝镍钴的 3 倍以上，如将两个同性磁极压在一起也不易退磁，是较理想的磁体材料。

全封闭型密封的磁力传动的优点：

ⅰ. 无接触和摩擦，功耗小，效率高；

ⅱ. 超载时内外磁转子相对滑脱，可保护电机过载；

ⅲ. 可承受较高压力，且维护工作量小。

其缺点：

ⅰ. 筒体内轴承与介质直接接触影响了轴承的寿命；

ⅱ. 隔离套的厚度影响传递力矩，且转速高时造成较大的涡流和磁滞等损耗；

ⅲ.温度较高时会造成磁性材料严重退磁而失效，使用温度受到限制。

新近研制的一种称为气体润滑机械密封，已开始应用在搅拌设备上。气体润滑机械密封的基本原理是：在动环或静环的密封面上开有螺旋形的槽及孔。当旋转时，利用缓冲气，密封面之间引入气体，使动环和静环之间产生气体动压及静压，密封面不接触，分离微米级距离，起到密封作用。这种密封技术由于密封面不接触，使用寿命较长，适合于反应设备内无菌、无油的工艺要求，特别适用于高温、有毒气体等特殊要求的场合。

气体润滑机械密封与常规机械密封相比，使用寿命长，可达4年以上，不需要润滑油系统及冷却系统，维护方便，避免了产品的污染。与全封闭密封相比，运行费用少，传递功率不受限制，投资成本低，维护方便。

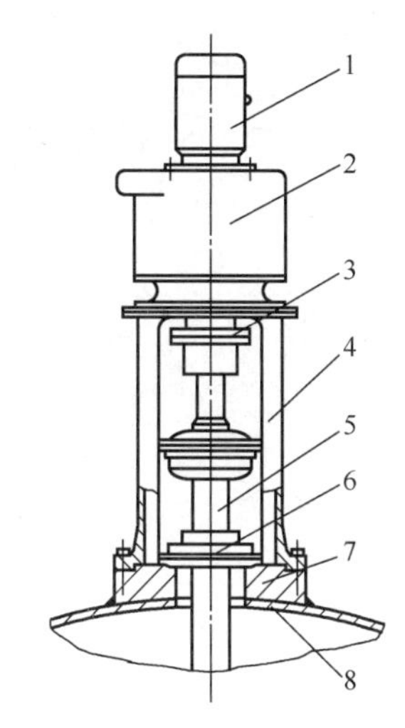

图8-40 传动装置

1—电动机；2—减速机；3—联轴器；4—机架；5—搅拌轴；6—轴封装置；7—凸缘；8—上封头

8.2.6 传动装置

传动装置包括电动机、减速机、联轴器及机架。常用的传动装置如图8-40所示。

（1）电动机的选型

由搅拌功率计算电动机的功率 P_e

$$P_e = \frac{P + P_s}{\eta} \tag{8-10}$$

式中 P_s——轴封消耗功率，kW；

η——传动系统的机械效率。

电动机的型号应根据功率、工作环境等因素选择。工作环境包括防爆、防护等级、腐蚀环境等。

（2）减速机选型

搅拌反应器往往在载荷变化、有振动的环境下连续工作，选择减速机的形式时应考虑这些特点。常用的减速机有摆线针轮行星减速机、齿轮减速机、三角皮带减速机以及圆柱蜗杆减速机，其传动特点见表8-18。一般根据功率、转速来选择减速机。选用时应优先考虑传动效率高的齿轮减速机和摆线针轮行星减速机。

表8-18 四种常用减速机的基本特性

特性参数	减速机类型			
	摆线针轮行星减速机	齿轮减速机	三角皮带减速机	圆柱蜗杆减速机
传动比 i	87～9	12～6	4.53～2.96	80～15
输出轴转速 /（r/min）	17～160	65～250	200～500	12～100
输入功率 /kW	0.04～55	0.55～315	0.55～200	0.55～55
传动效率	0.9～0.95	0.95～0.96	0.95～0.96	0.80～0.93
传动原理	利用少齿差内啮合行星传动	两级同中距并流式斜齿轮传动	单级三角皮带传动	圆弧齿圆柱蜗杆传动
主要特点	传动效率高，传动比大，结构紧凑，拆装方便，寿命长，重量轻，体积小，承载能力高，工作平稳。对过载和冲击载荷有较强的承受能力，允许正反转，可用于防爆要求	在相同传动比范围内具有体积小，传动效率高，制造成本低，结构简单，装配检修方便，可以正反转，不允许承受外加轴向载荷，可用于防爆要求	结构简单，过载时能打滑，可起安全保护作用，但传动比不能保持精确，不能用于防爆要求	凹凸圆弧齿廓啮合，磨损小，发热低，效率高，承载能力高，体积小，重量轻，结构紧凑，广泛用于搪玻璃反应罐，可用于防爆要求

（3）机架

机架一般有无支点机架、单支点机架（图 8-41）和双支点机架（图 8-42）。无支点机架一般仅适用于传递小功率和小的轴向载荷的条件。单支点机架适用于电动机或减速机可作为一个支点，或容器内可设置中间轴承和底轴承的情况。双支点机架适用于悬臂轴。

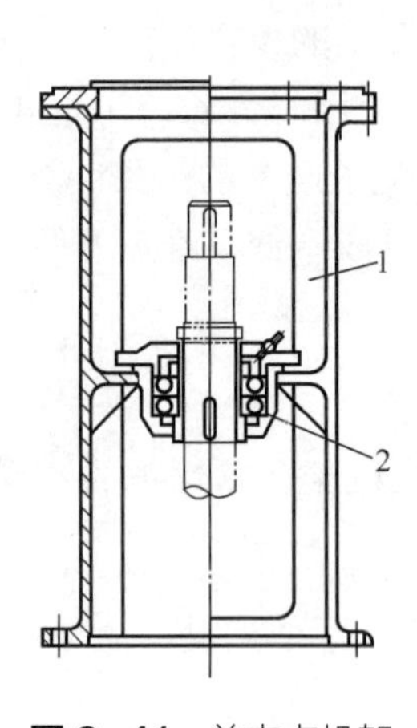

图 8-41 单支点机架

1—机架；2—轴承

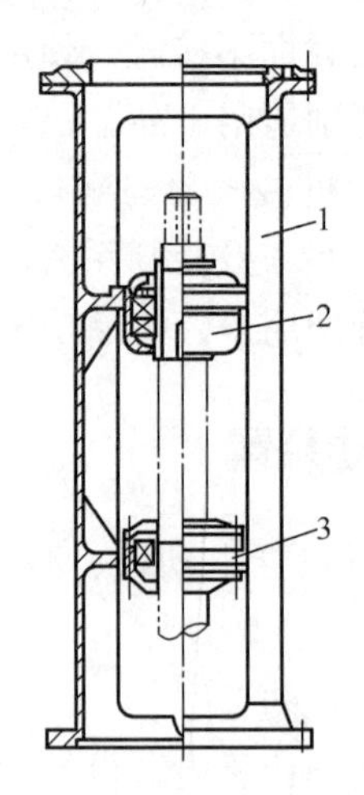

图 8-42 双支点机架

1—机架；2—上轴承；3—下轴承

搅拌轴的支承有悬臂式和单跨式。由于筒体内不设置中间轴承或底轴承，维护检修方便，特别对卫生要求高的生物反应器，减少了筒体内的构件，因此应优先采用悬臂轴。对悬臂轴选用机架时应考虑以下几点。

ⅰ. 当减速机中的轴承能够完全承受液体搅拌所产生的轴向力时，可在轴封下面设置一个滑动轴承来控制轴的横向摆动，此时可选用无支点机架。计算时，这种支座条件可看作是一个支点在减速机出轴上的滚动轴承，另一个支点为滑动轴承的双支点支承悬臂式轴，减速机与搅拌轴的连接用刚性联轴器。

ⅱ. 当减速机中的轴承能承受部分轴向力，可采用单支点机架，机架上的滚动轴承承担大部分轴向力。搅拌轴与减速机出轴的连接采用刚性联轴器。计算时，这种支承看作是一个支点在减速机上的滚动轴承，另一个支点在机架上的滚动轴承组成的双支点支承悬臂式结构。

ⅲ. 当减速机中的轴承不能承受液体搅拌所产生的轴向力时，应选用双支点机架，由机架上两个支点的滚动轴承承受全部轴向力。这时搅拌轴与减速机出轴的连接采用了弹性联轴器，有利于搅拌轴的安装对中要求，确保减速机只承受扭矩作用。对于大型设备，对搅拌密封要求较高的场合以及搅拌轴载荷较大的情况，一般都推荐采用双支点机架。

8.2.7 机械搅拌设备技术进展

机械搅拌反应器的操作性能直接关系到产品的质量、能耗和生产成本。工程界和学术界对搅拌混合都非常重视，进行了大量的研究工作，取得了不少的研究成果。

8.2.7.1 搅拌器结构优化与组合

（1）新型搅拌器的开发

每一种搅拌器都不是万能的，只有在某一特定的应用范围内才是高效的。最近开发的几种适用于低、中黏度流体的高效轴流型搅拌器，由于叶片的宽度和倾角随径向位置而变，称为变倾角变叶宽搅拌器。这种搅拌器非常适合于均相混合、固 - 液悬浮操作，典型的轴向流搅拌器如图 8-43 所示。高效的径向流型有 Scaba 搅拌器（图 8-44），其特点是弧形叶片形状可消除叶片后面的气穴，使通气功率下降较小，常用于发酵罐的底层搅拌，提高气体分散能力。图 8-45 所示的最大叶片式、泛能式、叶片组合式搅拌器，适用的黏度范围宽，对于混合、传热、固 - 液悬浮以及液 - 液分散等操作都比常用的搅拌器效率高。这些搅拌器具有高效节能、造价低廉而且易于大型化的优点，正在传统的搅拌设备改造中发挥着重要作用。

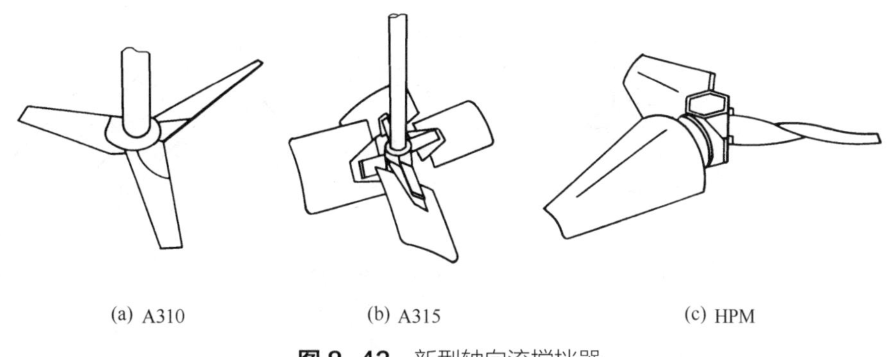

图 8-43 新型轴向流搅拌器

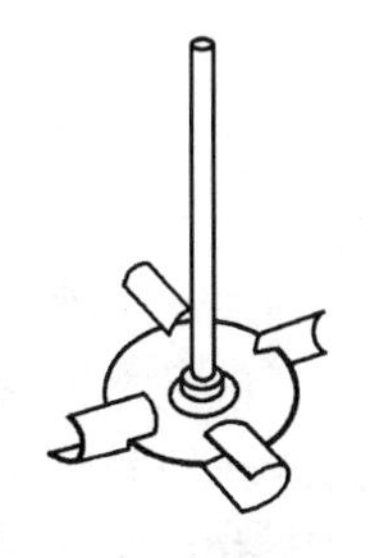

图 8-44 Scaba 搅拌器

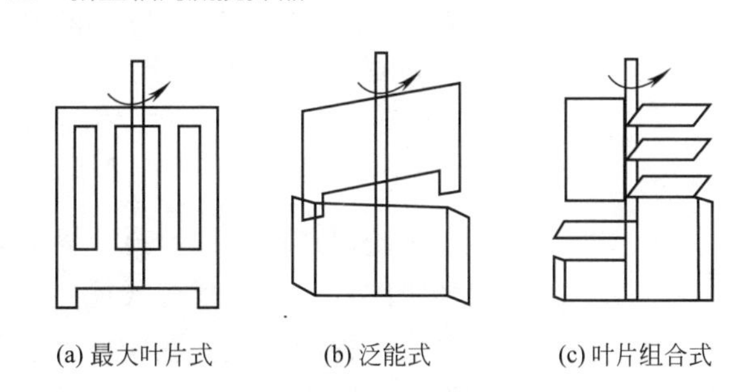

图 8-45 三种宽适应性搅拌器

（2）组合式搅拌器的应用

在一个搅拌容器内设置不同构形、不同转速的搅拌器以达到全罐搅拌与混合的目的。例如，用于化妆品、牙膏等生产的搅拌设备，其介质为高黏物料，含有大量固体粉末，混合要求较高，常在一个容器内设有齿片式、锚式和螺杆式三个不同转速搅拌轴。齿片式搅拌器高速回转、高剪切打碎和分散固体粒子；慢速旋转的锚式搅拌器不断把流体输送到齿片搅拌器产生的高剪切区；螺杆式搅拌器使流体上下循环，三个搅拌器的配合使用，使全罐物料更快达到均匀混合。这种组合式搅拌器可减少混合时间，大量节省能耗，提高产品质量。

传统的好氧发酵生物发酵罐都是采用相同构形、相同几何尺寸的多层搅拌器。如三层六平直叶、六箭叶、六弯叶等圆盘涡轮搅拌器，剪切性能好，但各层之间分区明显，流体的循环性能较差，不利于整个罐流体的混合。采用底层为径流式搅拌器，起剪切和分散气体的作用，上面两层配以轴流式搅拌器，促进整罐流体的循环，增加气 - 液接触面积，延长气泡停留时间，起到高效节能的效果。这种同一个搅拌轴上安装不同形式、不同几何尺寸搅拌器的组合，已在青霉素发酵、柠檬酸发酵等制药工业上试验成功，取得了明显的节能效果，正推广应用。

（3）改变搅拌器传动方式，实现高效节能

回转兼上下往复运动的搅拌反应器已在很多场合应用，其运动机构可用图 8-46 加以说明：上下往复运动由曲轴带动连杆来完成，通过在曲轴上挂一副伞齿轮并辅以万向节产生回转运动，合理地设计伞齿轮副，使转动和上下往复运动之间有一个小的相位差，桨叶每次不走重复路线（图 8-47 所示），提高混合效果。由于使用了曲轴连杆机构，转速太高会产生振动，一般适合于转速低于 100r/min、中黏流体的混合，以及固体粉末在中黏流体中的溶解。

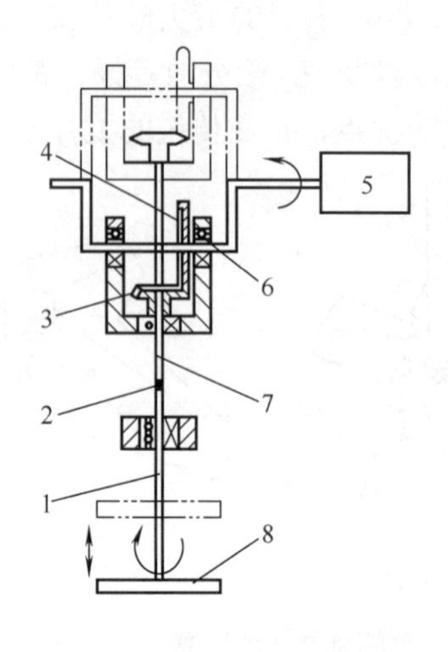

图 8-46 回转兼上下往复运动机构

1—搅拌轴；2—万向节；3—小伞齿轮；4—大伞齿轮；5—电机；6—曲轴；7—连杆；8—搅拌器

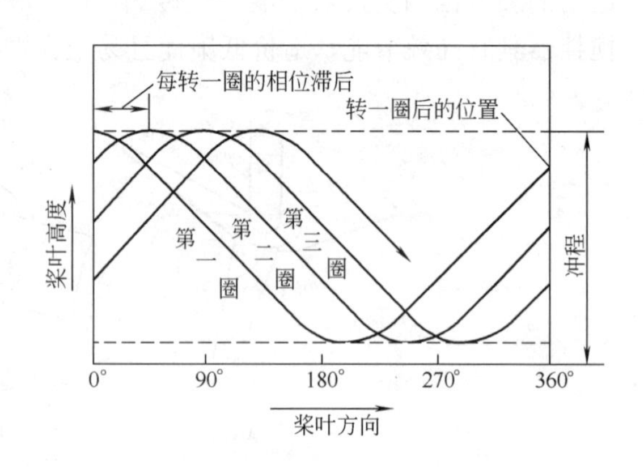

图 8-47 桨叶端部的运动路线

传统搅拌设备中，搅拌器的旋转是固定在一根轴上，只能是一种转速。研究开发的双轴异桨复动式搅拌设备，由低速的大循环量搅拌器和高速高剪切的齿盘式搅拌器组成，双搅拌器绕各自的轴相反方向旋转的同时，由液压活塞带动作上下往复运动，该搅拌设备处理的物料黏度可达 50Pa · s，含固量达 70%，混合效果好，节省能耗 20% 以上，已应用在涂料、壁纸、油墨、橡胶等行业。

8.2.7.2 搅拌设备的多功能化与智能化

搅拌设备操作灵活方便，特别适合于批量小、更新快、工艺流程用计算机控制的间歇操作的精细化工生产。对于干扰因素多的搅拌反应器，应用传感器测控，对反应过程进行预测图控制和模糊控制，使设备运行更加稳定可靠，产品质量更好。

搅拌操作往往与反应、蒸发、真空等过程相联系。对特定的工艺，可以把几个功能集中在一起，在同一个搅拌设备内完成，实现多功能一体化。这种设备具有结构紧凑，无连接管道，损耗少，效率高，易于满足卫生要求等优点。这类集多功能于一体的搅拌装置已在制药行业中获得应用。

图 8-48 所示用于聚合反应上的组合式搅拌设备已实现计算机控制。搅拌设备是由两个搅拌器装在同一中心轴线的内外套筒上，外轴带动框式搅拌器慢

速旋转，框式搅拌器的外缘装有刮板，可对容器内壁面进行清污，内轴带动二层斜叶涡轮搅拌器高速旋转。这种搅拌设备特别适合于操作过程黏度变化的场合。当黏度低时，仅开动内轴涡轮搅拌器；黏度高了，则起动框式搅拌器，刮板可清除壁面黏结物，大幅度提高高黏度流体对槽壁的传热膜系数，使整个搅拌操作高效节能。

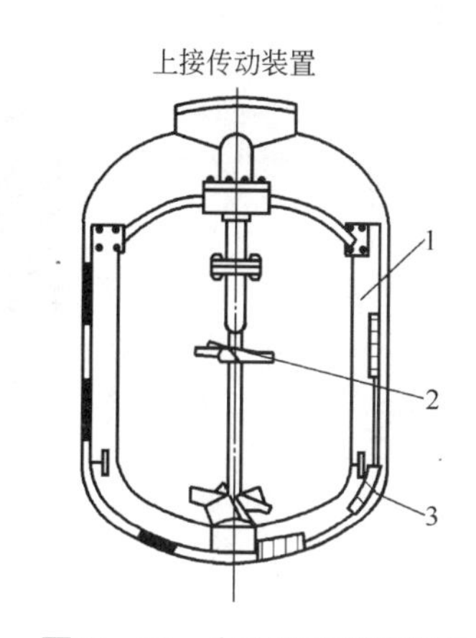

图 8-48 多功能化搅拌设备

1—框式搅拌器；2—涡轮式搅拌器；3—刮板

搅拌反应器是化学工程和生物工程中最常见也是最重要的单元设备之一。目前，反应器的选型和内构件的设计还在很大程度上依赖于实验和经验，对放大规律还缺乏深入的认识，对于能耗和生产成本只能在一定规模的生产装置上对比后才能得出结论。由于对产品的回收率和质量要求越来越高，对搅拌反应器的研究日趋深入，已从早期对搅拌功率和混合时间的研究，20 世纪 80 年代对反应釜内的流体速度场分布的研究，进入到 20 世纪 90 年代以来的搅拌釜内三维流场的数值模拟研究。流场数值模拟必须在深入进行流体力学研究的基础上，综合考虑其流动的三维性、随机性、非线性和边界条件不确定性。通过数值模拟不但可以解决反应器的放大机理，而且可以优化设计开发新型高效搅拌器，使机械搅拌反应器的设计理论更加完善。

8.3 微反应器

8.3.1 概述

自 20 世纪 90 年代以来，自然科学与工程技术发展的一个重要趋势是微型化，科学研究的注意力已从所能感知的宏观对象转向所不能感知的微观世界。特别是，纳米材料以及微 / 纳电子机械系统（micro/nano electro mechanical systems，MEMS/NEMS）的迅速发展，激起了人们对微小尺度和快速过程的极大兴趣。MEMS/NEMS 器件一般是指以集成电路等工艺批量制作的集微 / 纳型机构、传感器、执行器及信号处理和控制电路等于一体的系统及装置。其开发不仅在于缩小尺寸，而是通过微型化和集成化来探索新原理、开发新功能的元件和系统，开辟出一个新技术领域，形成一个全新产业。

MEMS/NEMS 器件具有尺寸小、重量轻、响应快、精度高和性能好等优点，集控制、感应和执行于一体。将 MEMS/NEMS 系统引入化工过程，可以构成化工单元微器件、组件和集成系统等。目前，MEMS/NEMS 器件已在化工领域得到了广泛的应用，如图 8-49 所示，有微混合器、微反应器、微分离器、微化学分析仪器、微型换热器、微型萃取器、微型泵和微阀等。微过程机械技术主要是研究时空特征尺度在数百微米和数百毫秒范围内的微型设备，以及并行分布系统中的过程特征和规律，以微反应为核心的微化工系统是 21 世纪化学工程学科发展的主要方向之一，备受世界著名高等学府以及跨国化工公司等关注。

目前，许多高新技术领域的化工过程问题已经不能完全用“三传一反”为核心原理的传统化学工程方法解决，新技术更提出要求在分子水平上进行操作与加工，如许多超纯物质的制备、特殊功能材料和光电子器件的加工，要求杂质含量极微，相际间传递等要从表面、界面、分子水平等来掌握其规律性和作用机理。因此，基于微 / 纳制造技术的微型过程机械，会给予化学过程相关的许多领域带来革命性的变化。已有研究表明，微 / 纳尺度下反应转化率、选择性和反应速度等均有明显改变，传热系数、相间传质效率等比传统设备有很大提高。所以，微 / 纳过程机械极具发展与应用前景。

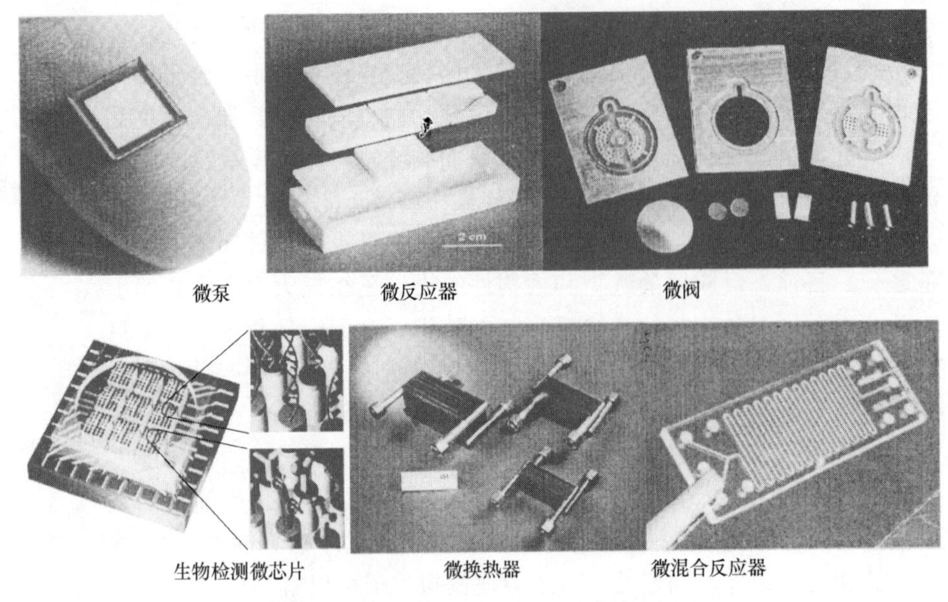

图 8-49　MEMS/NEMS 技术的应用

8.3.2　微 / 纳反应器

化学反应与分离提取是化学工程学科的两大核心，这在 MEMS/NEMS 微化工器件开发领域得到了特别关注。微 / 纳反应器是一种借助于新型微纳加工技术，以固体基质制造的可用于进行化学反应与分离提取的三维结构元件。如图 8-50 所示，是一种典型微通道反应器的内部结构，该类微反应器通常含有当量直径小于 500μm 的流体流动通道，在这些通道中能按要求控制反应与分离，因此微反应器通常也称为微通道反应器。纳反应器除了通道类反应器外，还包括超分子自组装而成的反应单元，甚至可以仅容纳一个分子。在这些极微小的反应空间内，分子作用能改变电特性，空间作用可以影响分子构象或基团的旋转等，进而能够改变反应物的化学性质、传递和分离特性等。

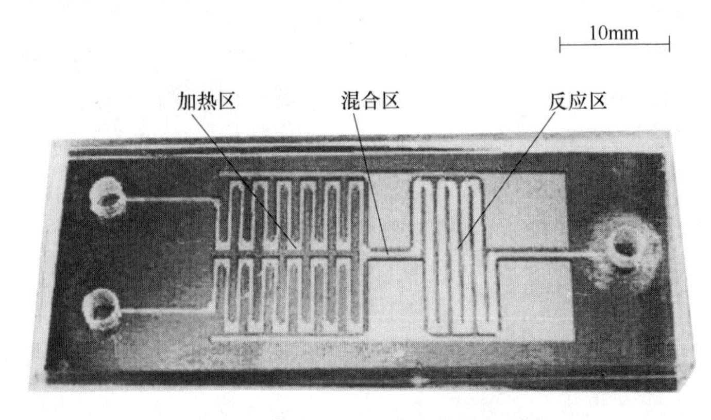

图 8-50　微通道反应器的内部结构

微 / 纳反应器不仅具有所需空间小、质量和能量消耗少以及响应时间短的优点，更重要的是，其在单位体积和单位时间内得到的信息量很大。以微小通道作为化学反应空间，可以实现边流动边反应，因此与传统反应器相比，其主要优势在于：

i. 高一个数量级的热传导系数；

ii. 毫秒或纳秒级的微混合时间；

iii. 有利于表面催化的高比表面积（10000～50000m^2/m^3，比传统的1000m^2/m^3高10～50倍）；

iv. 大量减少有毒、有污染溶剂的使用；

v. 安全、易储运等。

以上优势能够极大地提高新化合物的合成可能性，更可以通过高通量合成的方法，达到组合化学反应的目的。

目前，已开发成功的微反应器主要有两类应用：一是用于化学分析和生物检测，称为分析检测型微反应器，应用于收集信息，如探测生态环境的某种化学成分或微生物；二是用于化学工业生产流程，称为制备型微反应器，主要是用于合成和提取微量级的制品，如新药及新型化合物等。

8.3.3 微反应器的加工制造

用于加工制造微反应器的材料主要有单晶硅、无定形硅、石英、玻璃、金属和高分子材料，如环氧树脂、聚甲基丙烯甲酯（PMMA）、聚碳酸酯（PC）和聚二甲基硅氧烷（PDMS）等。实际选用时，主要考虑材料的化学相容性、可复制、可加工性、可检测性以及表面是否可以电镀、化学处理等。因此，硅、玻璃和高分子材料是最常用的选择。

不同材料、不同的反应器结构需要采用不同的加工方法，目前主要的加工方法如下。

（1）各向异性湿法化学蚀刻加工技术

例如单晶硅的湿法化学蚀刻，主要是采用平版印刷及薄膜技术产生设计图案的蚀刻阻滞层，可在硅晶表面制造出凹槽、通道、过滤器、悬臂或膜等多种结构。这些微结构已在许多微反应器元件中得到应用，如用于分析测试的微泵、微阀或静态微混合器等。

（2）软光刻

该技术是基于平版印刷和光刻技术之上的微图形转移和微制造方法，是一种新的低成本微细加工技术。其核心是图形转移元件的制作，最佳制作材料是PDMS。主要是通过平版印刷和光刻等技术先制得微结构的玻璃硅基等母模，用模塑法在其上浇注PDMS，固化剥离得到表面复制精细的图形转移元件，在其上键合玻璃盖板等就制成微通道结构反应器。因而，是一种生产低成本微反应器的理想技术。

（3）低压等离子或离子束的干法蚀刻加工技术

该技术是利用低压等离子体或在高真空环境下产生的粒子束去除硅等。干法蚀刻的优点在于，对微结构几何形状的限制较少、结构分辨率高、材质选择范围可以拓宽等。

（4）深层平版印刷、电成型和电铸、激光辐射微机械加工等的组合技术（LIGA）

首先，在一个厚的阻滞层上通过平版印刷技术形成微结构，这些微结构可通过激光、高能电子或离子束、带同步加速器辐射的标准紫外线或X射线平版印刷技术实现；然后，在电阻层母板上通过电子成型技术形成一些附属的金属结构；最后，将这些金属结构用作模具插件或压花工具，通过插入式制模或压花进行复制。其可以选用塑料作为微结构的基材，方便地在金属、金属合金、陶瓷和高分子材料等众多材料上，实现微结构的大规模生产。

（5）玻璃湿法化学蚀刻技术

该技术是通过标准平版印刷技术加工或通过加工光敏玻璃来蚀刻制备微芯片。

（6）精密度极高的先进粉碎、旋转、刨锯、压花、冲压和钻孔技术

由于不锈钢等是化学反应设备中的首选材料，该加工方法主要针对不锈钢等金属材料进行精密加工。扩散键合技术及激光焊接技术等能满足微流体结构的加工要求，而碾磨、钻孔、冲压及压花等精密加工技术可应用于含微流道结构薄板的制造。

（7）激光切割技术

与传统的掩模加工技术相比，激光微型机械加工使得在垂直方向上的微型加工成为可能，因此，激光切割技术尤其适用于三维微型结构加工。由于省去了制造掩模，微型结构可以快速地由CAD设计直接转化而成，这种过程也称为快速成型过程。该技术可以实现在研发阶段很快地制造出想要的微型结构器件，但加工成本较高，不适用于大批量制作。

（8）各向同性湿法化学蚀刻技术

该技术主要用于表面或主体微机械加工，是一种大规模微机械元件制造方法。通过在各向同性材料表面上涂布蚀刻剂层，先采用紫外辐射进行刻花，然后对暴露出来的各向同性材料表面进行选择性蚀刻。该技术主要用于制造气相反应器的微通道阵列，包括高温合成、催化剂筛选及周期性运转的设备。

（9）微细电火花加工

微细电火花加工（micro electrical discharge machining，micro-EDM）是应用电火花加工技术制造微型和小型元件或件。其基本原理是基于工具和工件之间脉冲性火花放电时的电腐蚀现象来蚀除多余的材料，以达到对零件的尺寸、形状及表面质量预定的加工要求。适用于加工金属材料微细结构，其优点在于：电极与工件之间不发生任何机械接触；加工过程中表面不受污染，可以省去清洗过程；经腐蚀所得的元件边缘几乎没有瑕疵，可实现机械后加工过程的最小化；可进行三维微结构加工，且灵活性更高。

其他还有显微成型、气相沉积和精密电镀等技术。对于微加工技术的选择，主要考虑生产成本、加工耗时、精确度、可靠性、选材和可实现性。

以下给出应用较多的软光刻方法加工微通道反应器的实例。在图8-51给出的微通道混合反应器及其实验平台中，微通道混合反应器属于管式反应器，其工作原理是让两种反应物质在足够长的反应通道和时间历程内，经流动充分混合，并通过控制其流型来实现完全反应。图8-52是多种微通道混合反应器的结构设计方案。

微通道反应器的制作过程及主要步骤如图8-53所示。制作微反应器通道的硅基母模需要在拥有精密加工设备的洁净室内完成。

硅基母模的加工 采用L-Edit（tanner research Inc.，monrovia，CA）软件绘制芯片流道的设计图形，采用20000DPI分辨率图形影印在透明塑料薄膜上作为光学膜板（CAD/Art Services Inc.，Bandon，OR），用于在接触式平版印刷过程中，将图形以负影像印在硅基底层表面的光胶上。微流道的硅基母模采用SU-8 2010（Microchem Corp.，Newton，MA）光胶来加工制作，主要步骤是：用清洁剂，如丙酮、异丙醇、甲醇和去离子水，除去直径为100mm的硅片表面的有机污物；通过旋转涂覆将SU-8光敏胶在硅基片上形成大约10μm厚的涂层；用标准的照相平版印刷方法加工SU-8光敏胶的底部微观结构；硅基层

图 8-51 微通道混合反应器及其实验平台

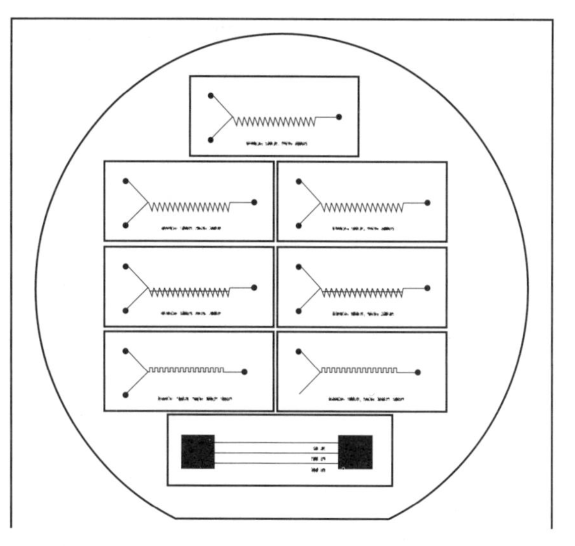

图 8-52 多种微通道混合反应器的结构设计方案

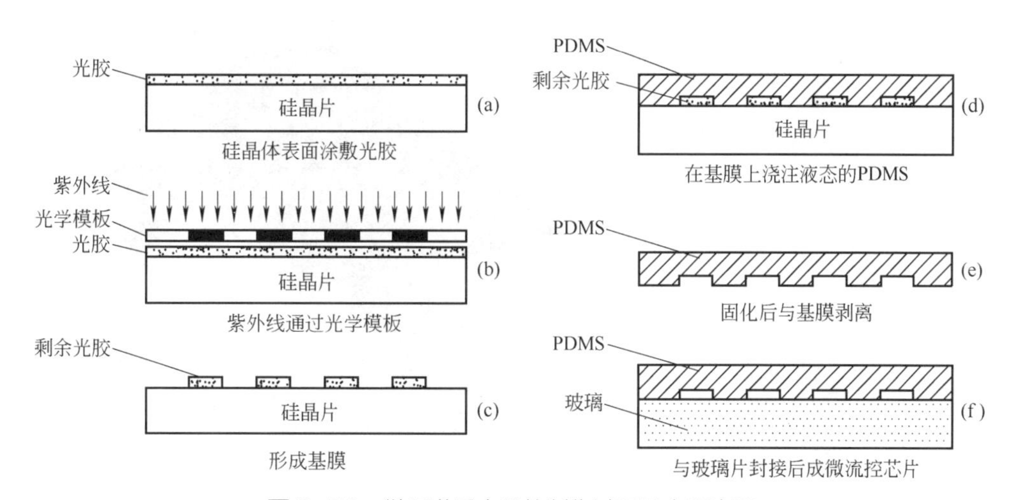

图 8-53 微通道反应器的制作过程及主要步骤

也可用各向异性离子干刻方法（Unaxis Versaline Fast DRIE）加工 60min，形成厚度为 200μm 的单层微观结构。最后得到如图 8-54 所示的，与以上设计图相一致的微通道混合反应器硅基母模。

PDMS 微流道的制作 采用标准的 PDMS（聚二甲基硅氧烷）复制成型方法来加工微流道结构。具体地说，首先在 200μL 硅烷试剂的挥发蒸汽中，用氯代硅烷（Gelest，Morrisville，PA）蒸气将硅基母模进行 20min 的硅烷化；在金属铝箔纸包裹的硅基母模上，倒入 80g 配比为 10∶1 的 PDMS/Sylgard 184（Dow Corning，Midland，MI）聚合物，通过交联反应进行固化；将带液态 PDMS 聚合物的母模放入压力为 -8.47×10^4Pa 的真空干燥器中抽气 30min，在 75℃的加热盘上固化 3h；然后，小心地将硬化成型的 PDMS 塑体与硅基母模分离，并用刀具切割成块；流道

图 8-54 微通道混合反应器硅基母模

的进出口处分别采用孔径为1.9mm和1.2mm的钝注射器针头打穿；使用前，PDMS样片需在70%的酒精中进行3min的超声清洗，然后用去离子水淋洗。获得如图8-55所示的微通道混合反应器样片。

微通道反应器的封装 加工成型的PDMS芯片被封装在一个平整的表面上以构成微流道，该平整表面可以是玻璃片、硅基片或者平整的PDMS材料片等。封装可以做成可拆或者不可拆的，在制作可拆封装时，PDMS芯片只需简单地放置于平整表面上，其底部与表面垂直接触。由于PDMS结构较软而且可以贴合到平整表面微小的结构中，因而这种可拆封装常压下是不会泄漏的；在制作不可拆封装时，PDMS芯片与平整表面需要暴露在空气等离子体中1min至3min，PDMS与材料表面之间会通过共价键进行结合。PDMS、玻璃或者硅等在空气等离子体环境下，由于其表面均包含Si-OH基团，两者的表面基团可以结合，会形成共价Si-O-Si而构成不可拆的键合耐压封装。

最后，加工制作、组装完成的微通道反应器及其系统如图8-56所示。

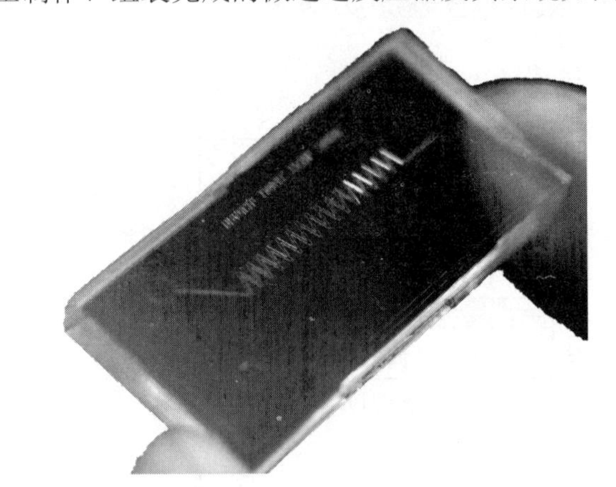

图8-55 微通道混合反应器样片

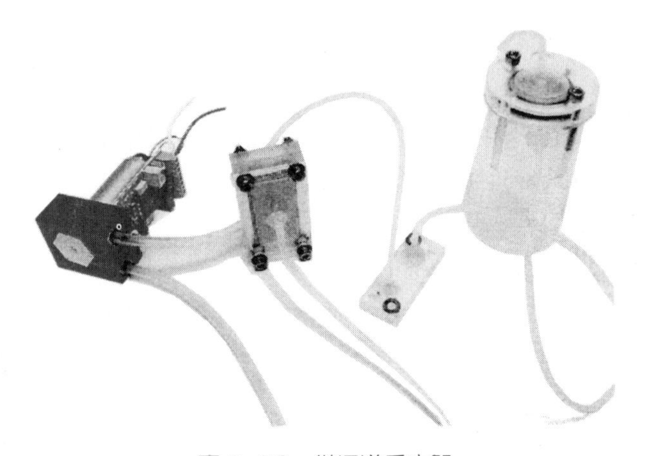

图8-56 微通道反应器

8.3.4 微反应器的发展前景

近年来，国内外对微反应器进行了系统深入的研究，已在微反应器的设计、制造、集成和放大等关键技术上取得了突破性进展。尤其是在微反应器的设计和制造方面，已经开发出了微泵、微混合器、微反应室、微换热器、微分离器和具有控制单元的完全耦合型微芯片反应系统等。但是，微反应器要想取代传统反应器应用于实际生产，还需要解决一系列实际难题，如微通道易堵塞、催化剂设计、传感器和控制器的集成以及微反应器的放大等。其中，微反应器的集成放大虽然看似简单，要实现却是一个巨大的挑战。特别是，当微反应单元的数量增加时，微反应器监测和控制的复杂程度将大大增加。

因此，展望微反应器的未来应用，需要在以下几个方面尽快取得突破：ⓘ建立完善的微反应器模型，易于实现微反应器耦合、集成和放大等；ⓘⓘ更深入地研究微反应机理，建立有效的微反应器系统设计与优化方法；ⓘⓘⓘ在微反应过程及微反应器设计中不断探索新的途径，使微化工生产过程更加绿色、经济和节能。

思考题

1. 反应设备有哪几种分类方法？简述几种常见反应设备的特点。
2. 机械搅拌反应器主要由哪些零部件组成？
3. 搅拌容器的传热元件有哪几种？各有什么特点？
4. 搅拌器在容器内的安装方法有哪几种？对于搅拌机顶插式中心安装的情况，其流型有什么特点？
5. 涡轮式搅拌器在容器中的流型及其应用范围？
6. 生物反应器中选用搅拌器时应考虑的因素？
7. 搅拌轴的设计需要考虑哪些因素？
8. 搅拌轴的密封装置有几种？各有什么特点？

习 题

1. 某发酵罐（生物反应器）的内直径为3000mm，容器的上下封头为标准椭圆封头，高径比为2.2，试确定发酵罐的筒体高度和容积。
2. 某搅拌反应器的筒体内直径为1200mm，液深为1800mm，容器内均布四块挡板，搅拌器采用直径为400mm的推进式以320r/min转速进行搅拌，反应液的黏度为0.1Pa·s，密度为1050kg/m^3，试求：①搅拌功率；②改用六直叶圆盘涡轮式搅拌器，其余参数不变时的搅拌功率；③如反应液的黏度改为25Pa·s，搅拌器采用六斜叶开式涡轮，其余参数不变时的搅拌功率。

附录A　压力容器设计常用标准

本附录给出中国压力容器设计常用的法规、国家标准、化工标准、机械标准和国家能源局标准。随着科学研究的深入和生产实践经验的积累，这些法规标准会不断得到修改、补充和更新，设计师应关注法规标准的变动情况，采用最新版本。

（1）法规

中华人民共和国特种设备安全法

特种设备安全监察条例（中华人民共和国国务院令第549号）

固定式压力容器安全技术监察规程（TSG 21—2016）

移动式压力容器安全技术监察规程（TSG R0005—2011）

（2）设计、制造和检验

GB/T 150 压力容器

GB/T 151 热交换器

GB/T 12337 钢制球形储罐

GB/T 34019 超高压容器

GB/T 18442 固定式真空绝热深冷压力容器

GB/T 324 焊缝符号表示法

GB/T 985.1 气焊、焊条电弧焊、气体保护焊和高能束焊的推荐坡口

GB/T 985.2 埋弧焊的推荐坡口

GB/T 9019 压力容器公称直径

GB/T 17261 钢制球型储罐形式与基本参数

GB/T 20663 蓄能用压力容器

GB/T 21432 石墨制压力容器

GB/T 21433 不锈钢压力容器晶间腐蚀敏感性检验

GB/T 26929 压力容器术语

GB/T 28712.1 热交换器型式与基本参数 第1部分：浮头式热交换器

GB/T 28712.2 热交换器型式与基本参数 第2部分：固定管板换热器

GB/T 28712.3 热交换器型式与基本参数 第3部分：U形管式换热器

GB/T 28712.4 热交换器型式与基本参数 第4部分：立式热虹吸式重沸器

GB/T 28712.5 热交换器型式与基本参数 第5部分：螺旋板式热交换器

GB/T 28712.6 热交换器型式与基本参数 第6部分：空冷式热交换器

HG/T 3145～3154 普通碳素钢和低合金钢贮罐标准系列

HG/T 3796.1 搅拌器型式及基本参数

HG/T 20569 机械搅拌设备

HG/T 20580 钢制化工容器设计基础规定

HG/T 20581 钢制化工容器材料选用规定

HG/T 20582 钢制化工容器强度计算规定

HG/T 20583 钢制化工容器结构设计规定

HG/T 20584 钢制化工容器制造技术要求
HG/T 20585 钢制低温压力容器技术规定
HG/T 20660 压力容器中化学介质毒性危害和爆炸危险程度分类
HG/T 21563 搅拌传动装置系统组合、选用及技术要求
JB/T 4732 钢制压力容器——分析设计标准（2005 年确认版）
JB/T 4711 压力容器涂敷与运输包装
JB/T 4734 铝制焊接容器
JB/T 4745 钛制焊接容器
JB/T 4755 铜制压力容器
JB/T 4756 镍及镍合金制压力容器
NB/T 47003.1 钢制焊接常压容器
NB/T 47004.1 板式热交换器 第 1 部分：可拆卸板式热交换器
NB/T 47007 空冷式热交换器
NB/T 47011 锆制压力容器
NB/T 47013.1 承压设备无损检测 第 1 部分：通用要求
NB/T 47013.2 承压设备无损检测 第 2 部分：射线检测
NB/T 47013.3 承压设备无损检测 第 3 部分：超声检测
NB/T 47013.4 承压设备无损检测 第 4 部分：磁粉检测
NB/T 47013.5 承压设备无损检测 第 5 部分：渗透检测
NB/T 47013.6 承压设备无损检测 第 6 部分：涡流检测
NB/T 47013.7 承压设备无损检测 第 7 部分：目视检测
NB/T 47013.8 承压设备无损检测 第 8 部分：泄漏检测
NB/T 47013.9 承压设备无损检测 第 9 部分：声发射检测
NB/T 47013.10 承压设备无损检测 第 10 部分：衍射时差法超声检测
NB/T 47013.11 承压设备无损检测 第 11 部分：X 射线数字成像检测
NB/T 47013.12 承压设备无损检测 第 12 部分：漏磁检测
NB/T 47013.13 承压设备无损检测 第 13 部分：脉冲涡流检测
NB/T 47014 承压设备焊接工艺评定
NB/T 47015 压力容器焊接规程
NB/T 47016 承压设备产品焊接试件的力学性能检验
NB/T 47041 塔式容器
NB/T 47042 卧式容器
（3）零部件
GB/T 567.1～567.4 爆破片安全装置
GB/T 6170 1 型六角螺母
GB/T 16749 压力容器波形膨胀节
GB/T 41 1 型六角螺母　C 级
GB/T 901 等长双头螺柱　B 级
GB/T 1237 紧固件标记方法
GB/T 5780 六角头螺栓　C 级

GB/T 5782 六角头螺栓
GB/T 12241 安全阀 一般要求
GB/T 12242 压力释放装置性能试验规范
GB/T 12243 弹簧直接载荷式安全阀
GB/T 13402 大直径钢制管法兰
GB/T 13403 大直径钢制管法兰用垫片
GB/T 13404 管法兰用非金属聚四氟乙烯包覆垫片
GB/T 14566.1～14566.4 爆破片型式与参数
GB/T 25198 压力容器封头
GB/T 29463.1 管壳式热交换器用垫片 第 1 部分：金属包垫片
GB/T 29463.2 管壳式热交换器用垫片 第 2 部分：缠绕式垫片
GB/T 29463.3 管壳式热交换器用垫片 第 3 部分：非金属软垫片
HG/T 20592～20635 钢制管法兰、垫片、紧固件
HG/T 21506 补强圈
HG/T 21514～21535 钢制人孔和手孔
HG/T 21537.1～21537.6 填料箱
HG/T 21550 防霜液面计
HG/T 21574 化工设备吊耳设计选用规范
HG/T 21588 玻璃板液面计标准系列及技术要求
HG/T 21589 透光式玻璃板液面计
HG/T 21590 反射式玻璃板液面计
HG/T 21591 视镜式玻璃板液面计
HG/T 21592 玻璃管液面计标准系列及技术要求
HG/T 21619 视镜标准图
HG/T 21620 带颈视镜标准图
HG/T 21622 衬里视镜标准图
NB/T 47065.1 容器支座 第 1 部分：鞍式支座
NB/T 47065.2 容器支座 第 2 部分：腿式支座
NB/T 47065.3 容器支座 第 3 部分：耳式支座
NB/T 47065.4 容器支座 第 4 部分：支承式支座
NB/T 47065.5 容器支座 第 5 部分：刚性环支座
JB/T 4736 补强圈
NB/T 47020 压力容器法兰分类与技术条件
NB/T 47021 甲型平焊法兰
NB/T 47022 乙型平焊法兰
NB/T 47023 长颈对焊法兰
NB/T 47024 非金属软垫片
NB/T 47025 缠绕垫片
NB/T 47026 金属包垫片
NB/T 47027 压力容器法兰用紧固件

（4）材料

GB/T 709 热轧钢板和钢带的尺寸、外形、重量及允许偏差
GB/T 713 锅炉和压力容器用钢板
GB/T 3087 低中压锅炉用无缝钢管
GB/T 3531 低温压力容器用钢板
GB/T 5310 高压锅炉用无缝钢管
GB/T 6479 高压化肥设备用无缝钢管
GB/T 9948 石油裂化用无缝钢管
GB/T 21833 奥氏体 - 铁素体型双相不锈钢无缝钢管
GB/T 13296 锅炉、热交换器用不锈钢无缝钢管
GB/T 18248 气瓶用无缝钢管
GB/T 19189 压力容器用调质高强度钢板
GB/T 24510 低温压力容器用镍合金钢板
GB/T 24511 承压设备用不锈钢和耐热钢钢板和钢带
GB/T 3274 碳素结构钢和低合金结构钢热轧钢板和钢带
GB/T 3280 不锈钢冷轧钢板和钢带
GB/T 4237 不锈钢热轧钢板和钢带
GB/T 8163 输送流体用无缝钢管
GB/T 8165 不锈钢复合钢板和钢带
GB/T 14976 流体输送用不锈钢无缝钢管
NB/T 47002 压力容器用复合板
NB/T 47008 承压设备用碳素钢和合金钢锻件
NB/T 47009 低温承压设备用合金钢锻件
NB/T 47010 承压设备用不锈钢和耐热钢锻件
NB/T 47018 承压设备用焊接材料订货技术要求
NB/T 47019 锅炉、热交换器用管订货技术要求

附录 B　过程设备设计图样的表达特点和设计实例

压力容器设计文件包括设计计算书、设计图样、制造技术条件、风险评估报告（适用于第Ⅲ类压力容器或设计委托方要求时）、安装与使用维护说明，以及安全泄放量、安全阀排量或者爆破片泄放面积的计算书。设计图样通常包括装配图、零件图、部件图、管口方位图等。装配图是表示设备全貌、组成和特性的图样，它应表达设备各主要部分的结构特征、装配和连接关系，注有主要特征尺寸、外形尺寸、安装尺寸及对外连接等尺寸，并写明设计参数，设计、制造与检验要求等内容。

过程设备设计图样除了应满足机械制图国家标准外，还应结合过程设备的特点，根据有关规定加以表达。本附录以一氯甲烷储槽为例，简要介绍过程设备设计图样的表达特点和设计要点。

B.1　过程设备设计图样的表达方式

B.1.1　装配图图面布置

装配图的幅面一般为 A1。图中除必需的视图外还应包含设计数据表、管口表、标题栏、明细栏等内容。常见的图面布置见图 B-1。

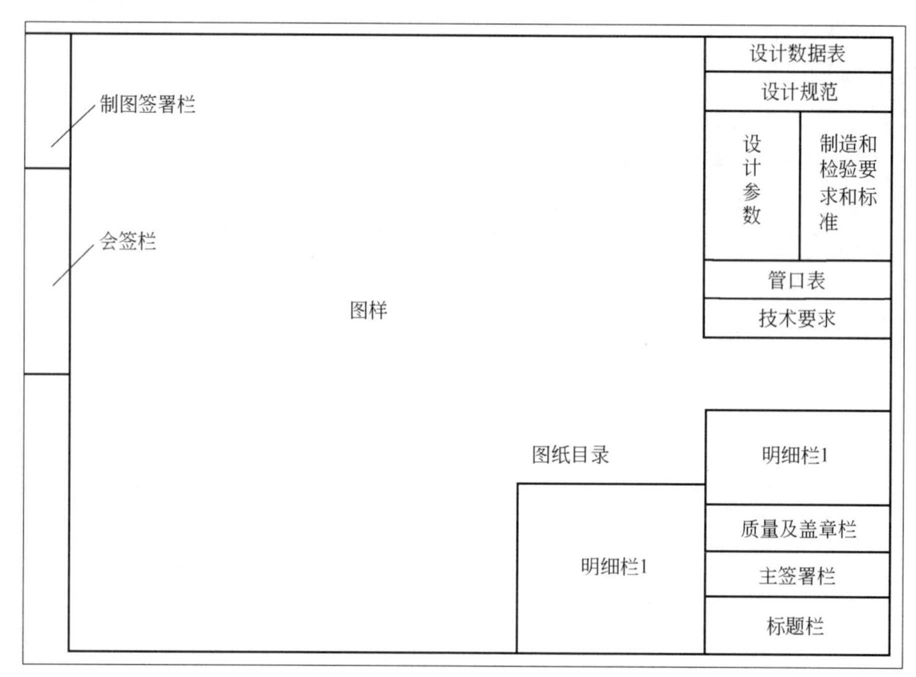

图 B-1　装配图的图面布置

（1）视图选择

在表示明确的前提下，应以视图（包括向视图、剖视图等）数量最少为原则。必要时应绘制局部放大图、焊接节点图等。

（2）设计数据表

设计数据表是用来表示设备设计参数及设计、制造、检验要求的表格，布置在图的右上角，是视图中很重要的却又是令初学者感到有难度的部分。

设计数据表一般应包括：压力容器类别；工作压力；工作温度；介质（组分）；介质特性；设计压力；设计温度；主要受压元件用材；腐蚀裕量；焊接接头系数；充装系数；无损检测要求；热处理要求；耐压和泄漏试验要求；安全附件的开启压力；压力容器设计寿命以及压力容器设计、制造所依据的主要法规、标准。详见 HG/T 20668—2000《化工设备设计文件编制规定》。

（3）管口表

管口表应包括：管口符号、公称尺寸、公称压力、连接尺寸标准、连接面形式、用途或名称，有时还应标注接管伸出长度或设备中心线至法兰面距离。

管口符号按 A、B、C、…顺序由上而下填写。当管口规格、连接标准、用途完全相同时，可合并成一项填写如 C1～2。

不对外连接的管口如人孔、手孔等，在连接尺寸标准和连接面形式两栏内用斜细实线表示。

螺纹连接的管口在连接尺寸标准栏内填写螺纹规格，如 M24、G3/4″、ZG3/4″，连接面形式栏内填写内螺纹或外螺纹。

（4）标题栏、明细栏等

通常在装配图的右下角安排有标题栏、签署栏、质量及盖章栏（装配图用）、明细栏等。

B.1.2 零、部件图

设备上的每一零件，一般均应单独绘制零件图。

由于加工工艺或设计的需要，如果零件必须在组合后才能进行机械加工，则应绘制部件图。例如：对于多管程列管式换热器中的带分程隔板管箱，为保证法兰与隔板端面的密封面齐平，并满足一定的表面精度要求，应绘制部件图，并注明“××× 面需在焊后（有时甚至还需经消除应力热处理后）进行加工”等字样。

当在一张图纸上绘制若干个图样时，可按 GB/T 14689《技术制图 图纸幅面和格式》规定分为若干个小幅面，如图 B-2 所示。一张图纸上仅有一个标题栏，每一小图样均有一明细栏 2 建立起与上一级图

附录B

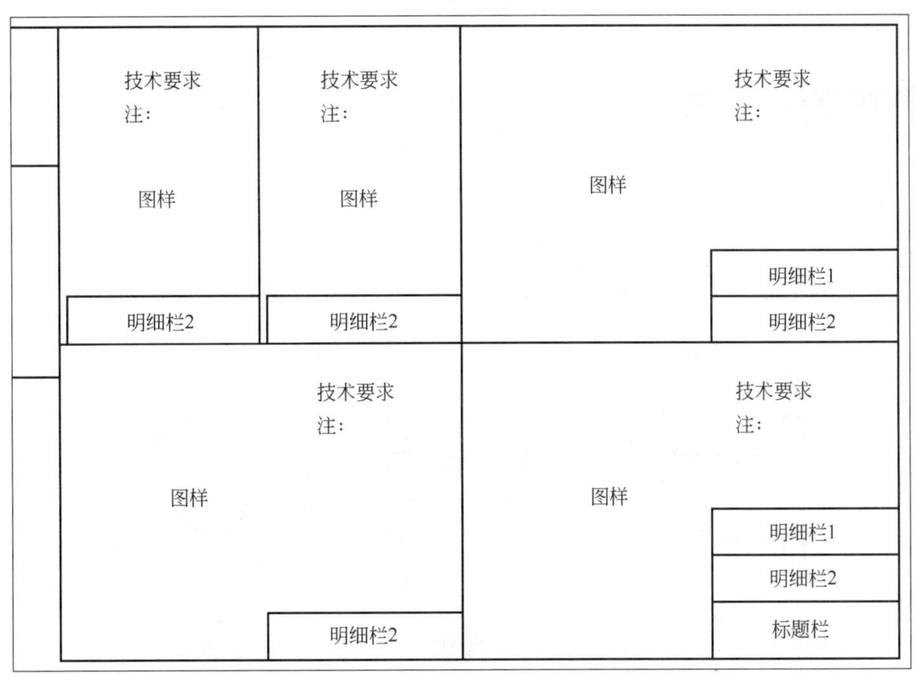

图 B-2 零、部件图画一起的图面布置

样的关系。如果该图样是部件图，则在明细栏 2 上方还应有明细栏 1 表示出该部件的组成情况。

A3 幅面不允许单独竖放；A4 幅面不允许横放；A5 幅面不允许单独存在。不单独存在的图样，组成一张图纸时，每一图样的明细栏内“所在图号”为同一图号。

在符合下列情况时，可不单独绘制零件图。

ⅰ. 国家标准、行业标准等标准规定的零部件和外购件。

ⅱ. 结构简单，且图形、尺寸及其他要求已在视图上表示清楚、不需机加工（焊缝坡口及少量钻孔等加工除外）的零件。但应在明细栏中列出规格或实际尺寸，如：

筒体 $DN1000$　$\delta=10$　$H=2000$（以内径为基准）

筒体 $\phi1020\times10$　$H=2000$（以外径为基准）

接管 $\phi57\times5$　$L=160$

垫片 $\phi1140/\phi1130$　$\delta=3$

角钢 $\angle50\times50\times5$　$L=500$

ⅲ. 螺栓、螺母、垫圈、法兰等尺寸符合标准的零件。即使其材料与标准不同，也不必单独绘制零件图，但需在明细栏中注明规格和材料，并在备注栏内注明“尺寸按 ××× 标准”字样。此时，明细栏中的“图号或标准”一栏不应标注标准号。

ⅳ. 两个简单的对称零件，在不致造成施工错误的情况下，可以只画出其中一个。但每件应标以不同的件号，并在图样中予以说明。

ⅴ. 形状相同、结构简单可用同一图样表示清楚的，一般不超过 10 个不同可变参数的零件，可用表格图绘制。

设备施工图绘制除应按机械制图国家标准外，还应结合过程设备图的特点，根据有关规定加以表达。化工设备一般是圆筒形，筒体、封头上往往有处在不同方位的接管、支座。为在视图上表示出接管、支座的结构和尺寸，允许在主视图上旋转画出，而它们在设备上的真正方位由俯视图、侧视图或者管口方位图表示。

B.2 图样的简化画法

绘制设备图时，常采用一些简化画法。现举例说明如下。

（1）管法兰

装配图中，管法兰不必分清连接面和密封面形式（已在管口表和明细表中给出），可画成如图 B-3 所

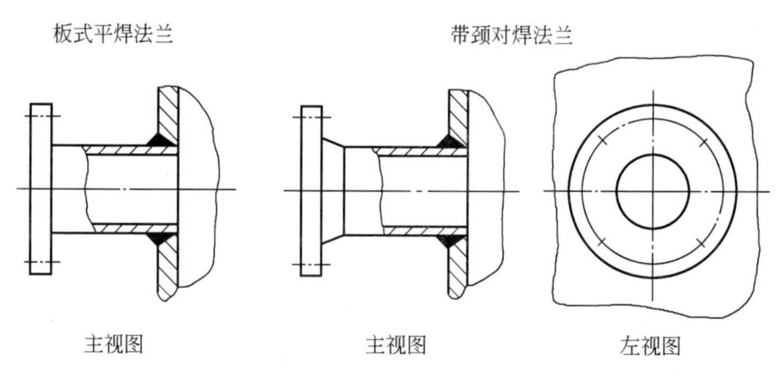

图 B-3 法兰的简化画法

示的形式。对于有特殊要求的管法兰（如带有薄衬里的管法兰），要用局部剖视图来表示。

（2）螺栓孔及螺栓法兰连接

装配图中螺栓孔在图形上用中心线表示，如图 B-4 所示。一般法兰的连接螺栓、螺母、垫片的简化画法如图 B-5 所示。同一种螺栓孔或螺栓连接，在俯视图中至少画两个，以表示方位。

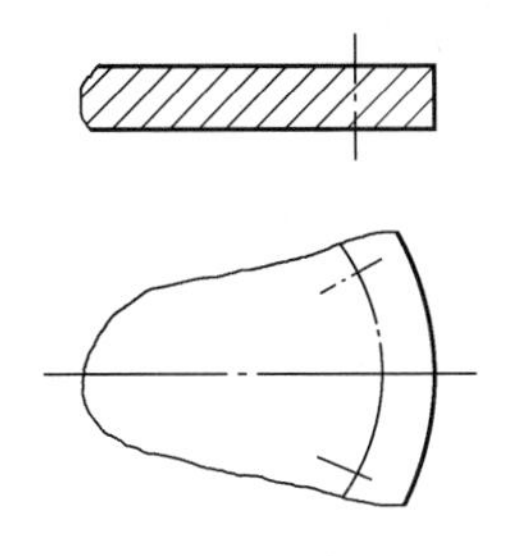

图 B-4　螺栓孔简化画法

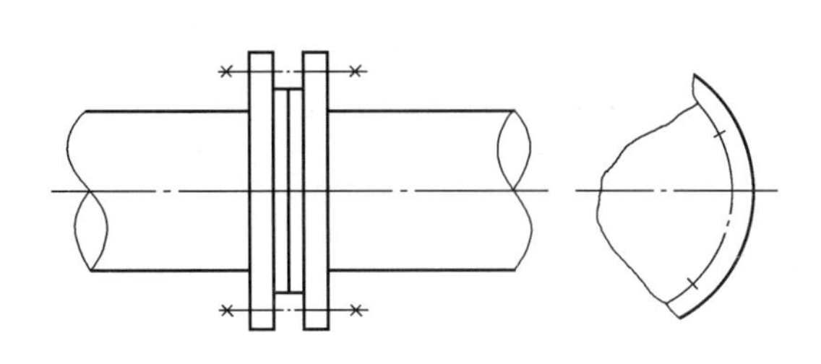

图 B-5　螺栓法兰连接简化画法

（3）多孔板孔眼

按规则排列的管板，折流板或塔板上的孔眼的简化表达，见图 B-6。孔眼的倒角和开槽、排列方式、间距、加工情况，应用局部放大图表示。

图 B-6 中“**+**”为粗实线，表示管板上定距杆螺孔的位置。该螺孔与周围孔眼的相对位置、排列方式、孔间距、螺孔深度等尺寸和加工情况等，均应用局部放大图表示。

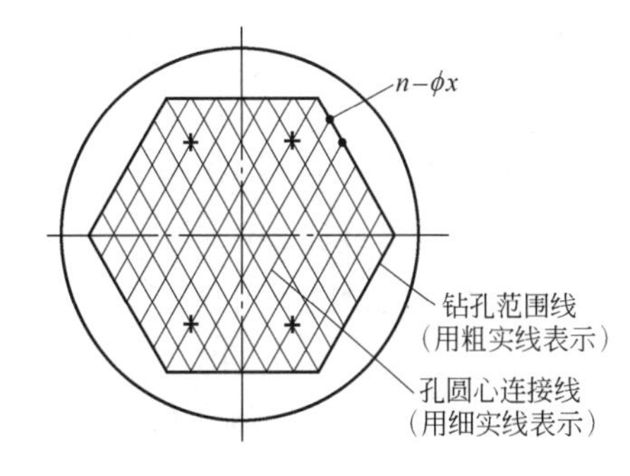

图 B-6　多孔板孔眼的简化画法

（4）液面计

图 B-7 中带有一组液面计（如玻璃管、双面板式、磁性液面计等）的简化画法。

（5）填充物

同一规格、材料和同一堆放方法的填充物，如瓷环、木格条、玻璃棉、卵石和砂砾等，在装配图的剖视图中可用交叉的细直线及有关的尺寸和文字简化表达，如图 B-8 所示。

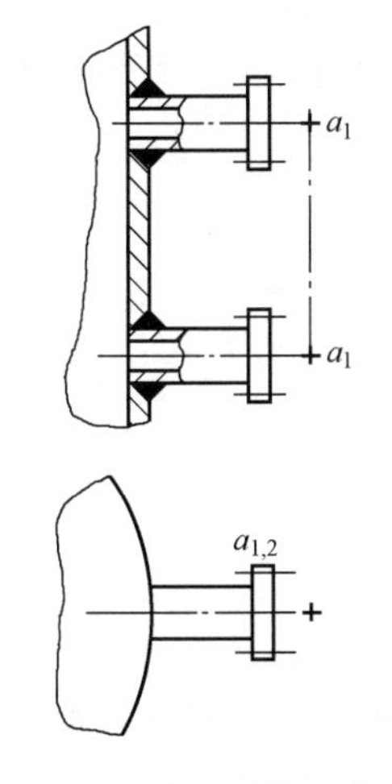

图 B-7　液面计简化画法

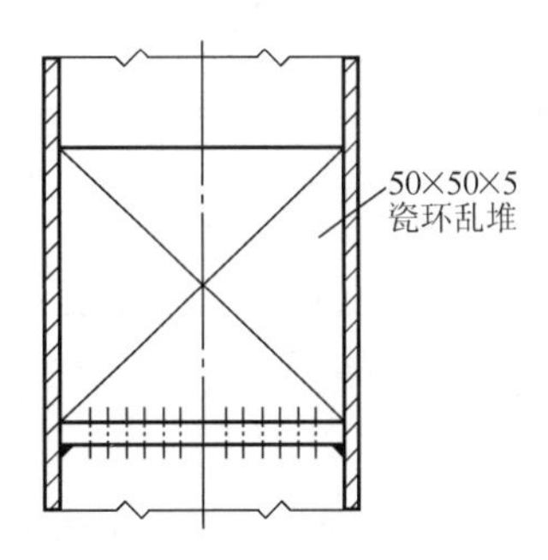

图 B-8　填充物简化画法

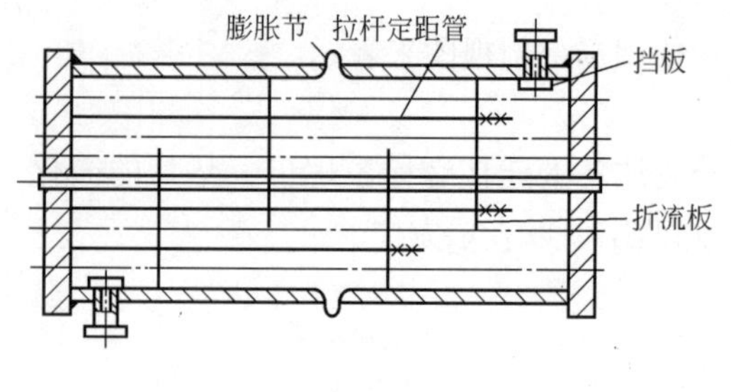

图 B-9 管束简化画法

(6) 管束

在图中至少画一根管子，其余用中心线表示。在已有部件图、零件图、剖视图、局部放大图等能清楚表示出结构的情况下，装配图中的下列图形均可按比例简化为单线（粗实线）表示。例如，换热器的折流板、挡板、拉杆、定距管、膨胀节等，如图 B-9 所示。

B.3 设计实例

现以一氯甲烷储槽为例，说明压力容器设计步骤。

B.3.1 设计条件

压力容器设计委托方应当以正式书面形式向设计单位提出压力容器设计条件。对于单个设备，设计压力、设计温度、接管法兰的公称压力、连接面形式等由设计人员确定。对于成套装置中的设备，也可在设计条件图中直接给出上述参数。

设计条件一般以设计条件图的方式给出。设计单位通常有各类设备的设计条件图。图 B-10 是作为设计实例的一氯甲烷储槽的条件图。

压力容器设计时，除按 GB/T 150《压力容器》外，有关材料、结构设计、强度计算、制造要求等还可参照 HG/T 20580～20585 等资料。图 B-11 是根据设计条件图的要求所完成的装配图。

图 B-12 是将装配图中所有管口零件作为一个部件而单独画出的部件图。把管口零件单独作一部件图处理，可以简化以后的修改工作，同时使装配图的明细栏更简洁，便于布置图面。

B.3.2 设计参数

① 几何参数　直径 ϕ2300mm，直筒长 6200mm，容积 29.3m^3。

② 储存介质　一氯甲烷，高度危害性质的液化气体。

③ 设计温度、设计压力　设计温度 $T_{设计}$为 50℃；一氯甲烷的临界温度为 143.8℃，超过 50℃，储罐无保冷设施，其设计温度取 50℃，此时一氯甲烷的饱和蒸气压为 1.4MPa。考虑到装置系统的安全要求，为使储槽设计压力不小于泵的最高出口压力，并使安全阀在使用过程中尽量不起跳，本例中把设计压力提高到 1.6MPa，即 $p_{设计}$=1.6MPa。

B.3.3 容器类别

本设备内介质一氯甲烷，属于第一组介质，且 $p_{设计}$=1.6MPa。

pV=1.6×29.3=46.88MPa · m^3＜50MPa · m^3，故为第Ⅱ类压力容器。

B.3.4 材料选择

一氯甲烷是高度危害介质。筒体、封头钢板采用 Q345R；外部接管采用 20 钢管；厚壁管接头及高颈法兰采用 16MnⅢ锻件（Ⅲ级锻件是极度、高度危害介质的要求）；法兰紧固件采用 35CrMo 的全螺纹螺柱；30CrMo 的Ⅱ级螺母和缠绕式密封垫片。

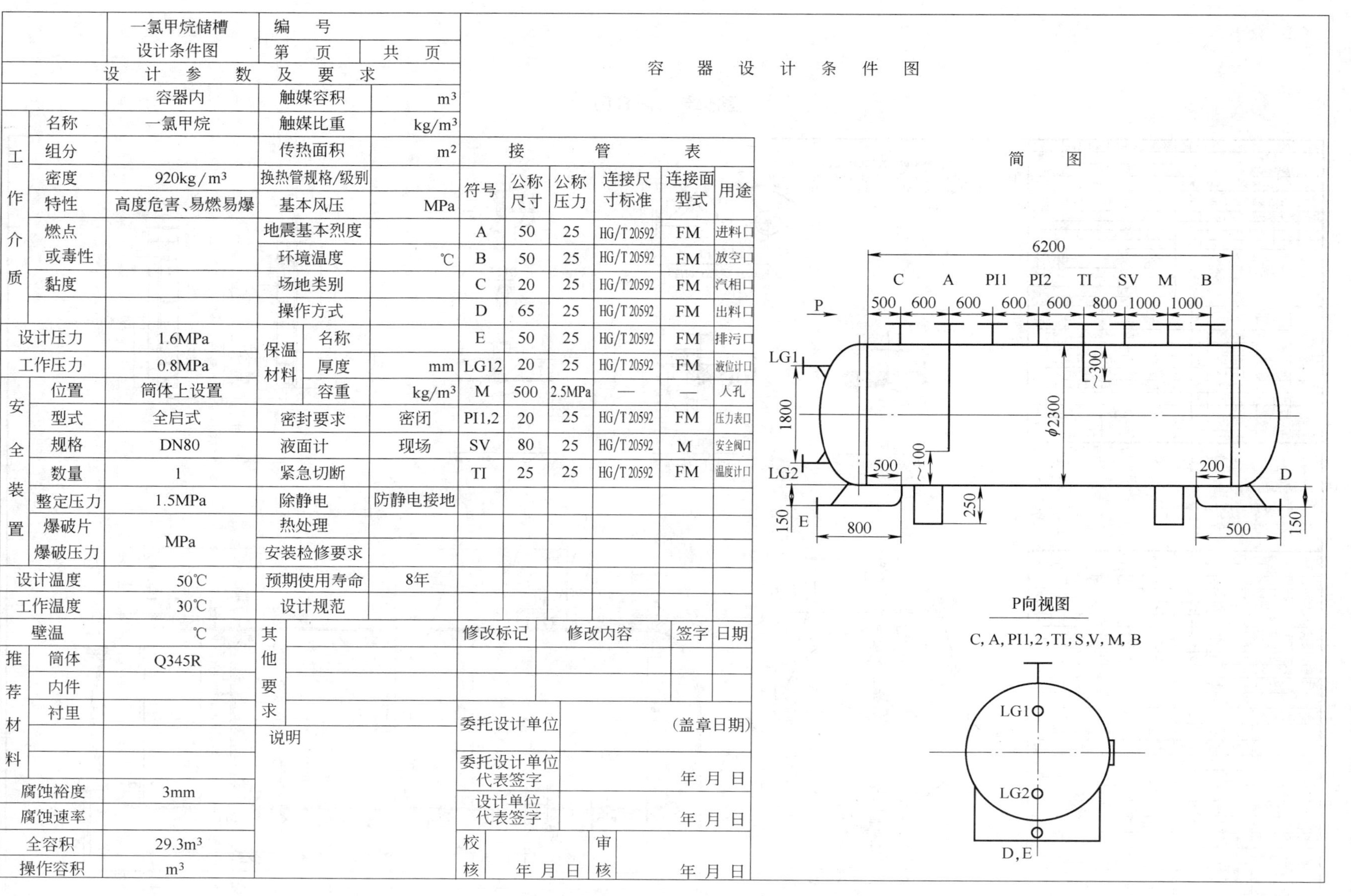

一氯甲烷储槽设计条件图		编号		
		第　页	共　页	
设计参数及要求				
	容器内	触媒容积		m^3
工作介质 名称	一氯甲烷	触媒比重		kg/m^3
组分		传热面积		m^2
密度	$920kg/m^3$	换热管规格/级别		
特性	高度危害、易燃易爆	基本风压		MPa
燃点或毒性		地震基本烈度		
		环境温度		℃
黏度		场地类别		
		操作方式		
设计压力	1.6MPa	保温材料 名称		
工作压力	0.8MPa	厚度		mm
安全装置 位置	筒体上设置	容重		kg/m^3
型式	全启式	密封要求	密闭	
规格	DN80	液面计	现场	
数量	1	紧急切断		
整定压力	1.5MPa	除静电	防静电接地	
爆破片 爆破压力	MPa	热处理		
		安装检修要求		
设计温度	50℃	预期使用寿命	8年	
工作温度	30℃	设计规范		
壁温	℃	其他要求		
推荐材料 筒体	Q345R			
内件				
衬里				
		说明		
腐蚀裕度	3mm			
腐蚀速率				
全容积	$29.3m^3$			
操作容积	m^3			

接管表

符号	公称尺寸	公称压力	连接尺寸标准	连接面型式	用途
A	50	25	HG/T 20592	FM	进料口
B	50	25	HG/T 20592	FM	放空口
C	20	25	HG/T 20592	FM	汽相口
D	65	25	HG/T 20592	FM	出料口
E	50	25	HG/T 20592	FM	排污口
LG12	20	25	HG/T 20592	FM	液位计口
M	500	2.5MPa	—	—	人孔
PI1,2	20	25	HG/T 20592	FM	压力表口
SV	80	25	HG/T 20592	M	安全阀口
TI	25	25	HG/T 20592	FM	温度计口

修改标记	修改内容	签字	日期

委托设计单位			(盖章日期)
委托设计单位代表签字			年 月 日
设计单位代表签字			年 月 日
校核	年 月 日	审核	年 月 日

图 B-10　设计条件图

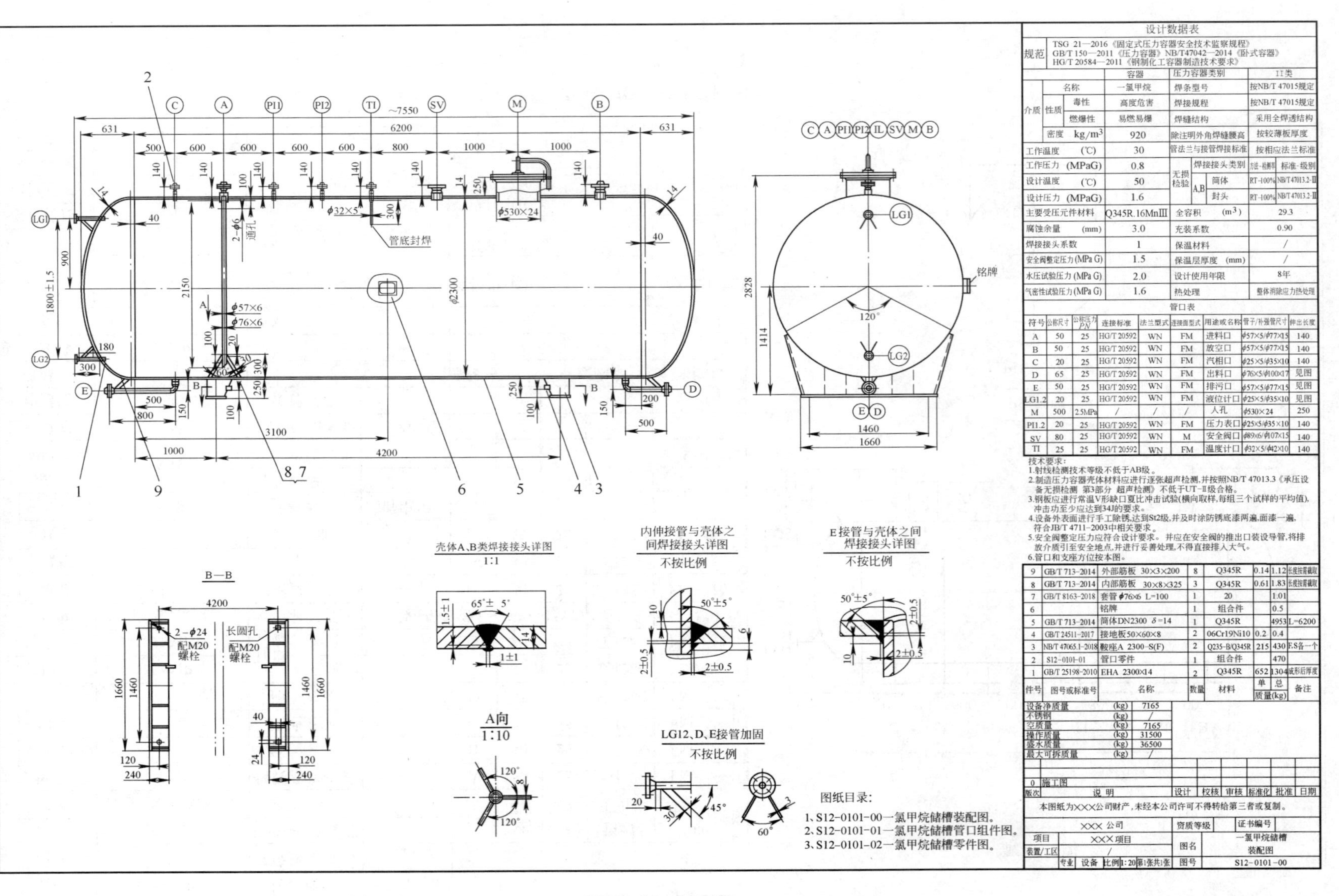
设计数据表
规范
TSG 21—2016《固定式压力容器安全技术监察规程》
GB/T 150—2011《压力容器》NB/T47042—2014《卧式容器》
HG/T 20584—2011《钢制化工容器制造技术要求》
管口表
技术要求：
1.射线检测技术等级不低于AB级。
2.制造压力容器壳体材料应进行逐张超声检测，并按照NB/T 47013.3《承压设备无损检测 第3部分 超声检测》不低于UT-Ⅱ级合格。
3.钢板应进行常温V形缺口夏比冲击试验(横向取样，每组三个试样的平均值)，冲击功至少应达到34J的要求。
4.设备外表面进行手工除锈，达到St2级，并及时涂防锈底漆两遍，面漆一遍，符合JB/T 4711-2003中相关要求。
5.安全阀整定压力应符合设计要求。并应在安全阀的推出口装设导管，将排放介质引至安全地点，并进行妥善处理，不得直接排入大气。
6.管口和支座方位按本图。
B—B
壳体A、B类焊接接头详图
1:1
内伸接管与壳体之间焊接接头详图
不按比例
E接管与壳体之间焊接接头详图
不按比例
A向
1:10
LG12、D、E接管加固
不按比例
管底封焊
铭牌
图纸目录：
1、S12-0101-00—氯甲烷储槽装配图。
2、S12-0101-01—氯甲烷储槽管口组件图。
3、S12-0101-02—氯甲烷储槽零件图。
本图纸为×××公司财产，未经本公司许可不得转给第三者或复制。
×××公司
×××项目
一氯甲烷储槽
装配图
S12-0101-00

图 B-11 装配图

管口符号	图号或标准号	名称	数量	材料	单质量(kg)	总质量(kg)	备注
TI	GB/T 8163—2018	接管ϕ32×5　L=300	1	20		1	下端封焊
	GB/T 6175—2016	螺母M12	8	30CrMo	0.02	0.16	
	HG/T 20613—2009	全螺纹螺柱M12×75	4	35CrMo	0.05	0.2	
	HG/T 20610—2009	缠绕垫B25－25	1	0232		/	
	S12－0101－02	补强管DN25(内伸)	1	16MnⅢ		1.5	
	HG/T 20592—2009	法兰盖BL25－25M	1	16MnⅢ		1.5	
	HG/T 20592—2009	法兰WN25(B)－25FM	1	16MnⅢ		1	
SV	S12－0101－02	补强管DN80	1	16MnⅢ		5	
	HG/T 20592—2009	法兰WN80(B)－25M	1	16MnⅢ		5	
PT1.2	GB/T 6175—2016	螺母M12	16	30CrMo	0.02	0.32	
	HG/T 20613—2009	全螺纹螺柱M12×75	8	35CrMo	0.05	0.4	
	HG/T 20610—2009	缠绕垫B20－25	2	0232		/	
	S12－0101－02	补强管DN20	2	16MnⅢ	1	2	
	HG/T 20592—2009	法兰盖BL20－25M	2	16MnⅢ	1	2	
	HG/T 20592—2009	法兰WN20(B)－25FM	2	16MnⅢ	1	2	
M	HG/T 21524—2014	人孔MFMⅢt-35CM(W.B－0232)500－2.5	1	组合件		370	筒节尺寸ϕ530x24
LG1.2	GB/T 8163—2018	接管ϕ25×5　L=180	2	20	0.44	0.88	
	S12－0101－02	补强管DN20	2	16MnⅢ	1	2	
	HG/T 20592—2009	法兰WN20(B)－25FM	2	16MnⅢ	1	2	
E	GB/T 12459—2017	弯头DN50Ⅱ-5　90E(S)	1	20		1	
	GB/T 8163—2018	接管ϕ57×5　L=701	1	20		4.5	
	S12－0101－02	补强管DN50	1	16MnⅢ		3	
	HG/T 20592—2009	法兰WN50(B)－25MFM	1付	16MnⅢ		6	
D	GB/T 12459—2017	弯头DN65Ⅱ-5　90E(S)	1	20		1	
	GB/T 8163—2018	接管ϕ76×5　L=384	1	20		3.4	
	S12－0101－02	补强管DN65	1	16MnⅢ		4	
	HG/T 20592—2009	法兰WN65(B)－25MFM	1付	16MnⅢ		8	
C	S12－0101－02	补强管DN20	1	16MnⅢ		1	
	HG/T 20592—2009	法兰WN20(B)－25MFM	1付	16MnⅢ		2	
B	S12－0101－02	补强管DN50	1	16MnⅢ		3	
	HG/T 20592—2009	法兰WN50(B)－25MFM	1付	16MnⅢ		6	
A	GB/T 8163—2018	接管ϕ57×6　L=2150	1	20		15.6	
	S12－0101－02	补强管DN50(内伸)	1	16MnⅢ		4	
	HG/T 20592—2009	法兰WN50(B)－25MFM	1付	16MnⅢ		6	

件号	名称	材料	质量(kg)	比例	所在图号	装配图号
2	管口零件	组合件	470	/	S12－0101－01	S12－0101－00

版次	说明	设计	校核	审核	标准化	批准	日期
0	施工图						

本图纸为×××公司财产，未经本公司许可不得转给第三者或复制。

××× 公司		资质等级		证书编号	
项目	××× 项目	图名	一氯甲烷储槽 管口组件图		
装置/工区	/				
专业 / 设备	比例 / 第 张共 张	图号	S12－0101－01		

图 B-12　管口组件

B.3.5 结构设计

i. 对高度危害介质，其接管法兰应采用高颈法兰（WN 型），MFM 密封面，本例法兰的公称压力选用为 *PN*25。

ii. 法兰凹面、凸面的选择：位于上封头、筒体两侧的法兰一般应焊凹面法兰；位于下封头的（朝下）法兰一般应焊凸面法兰。这样，上部、两侧的法兰密封面不易擦伤，底部便于安装。对于连接安全阀或其他阀门的，则要注意与阀的密封面相匹配。例如：凹凸面安全阀往往是凹面法兰，与其相配的设备法兰，即使接管朝上，也应采用凸面法兰。

由于图上的法兰一般采用简化画法，所以该信息应在管口表中“法兰连接面”一栏中给予表示。

iii. 进料管为防料液飞溅内插较深。但下部需采用套管定位，以防止振动。为防止由于虹吸作用而出现液体倒流现象，在筒内的进料管上部需钻 2 个直径 $\phi6$～$\phi10$ 的小孔。

iv. 对于公称直径不超过 25mm、伸出长度大于等于 150mm 的接管，以及公称直径在 32～50mm、伸出长度大于等于 200mm 的接管，应采用加强筋加强，以防接管弯曲变形，影响法兰连接。本设计中接管 LG12、D、E 伸出长度均较长，采用筋板支撑。

v. 本设备采用 NB/T 47065.1—2018 标准的 A 型鞍式支座。由于储槽左侧接管较多，F 型（带圆孔）的鞍座应配置在左侧，以尽量减少接管因储槽热胀冷缩产生的附加载荷。

B.3.6 强度（刚度）计算

（1）设计依据

TSG 21—2016《固定式压力容器安全技术监察规程》

GB/T 150《压力容器》

NB/T 47042—2014《卧式容器》

（2）计算、校核项目

筒体、封头的厚度计算；接管的开孔补强计算；支座的选用及校核；安全泄放量及安全阀排放能力计算。

（3）厚度计算

常规设计一般均采用 SW6《过程设备强度计算软件包》等计算软件进行强度（刚度）计算。经计算得筒体和封头的计算厚度如下。

内压作用下，筒体计算厚度为 9.83mm；左、右封头计算厚度为 9.81mm。取腐蚀裕量 C_2=3mm。根据 GB/T 713—2014《锅炉和压力容器用钢板》和 GB/T 709—2019《热轧钢板和钢带的尺寸、外形、重量及允许偏差》的规定，钢板负偏差按 B 类偏差为 C_1=0.30mm。结合钢板规格，取筒体、封头的名义厚度为 14mm。

（4）接管开孔补强

高度危害介质不应采用补强圈补强，因此本设计采用厚壁管补强。因 C_2=3mm，必须对各接管进行补强计算。

（5）鞍座计算

设备及物料总质量不大，采用轻型 A 型鞍座；由于底部接管存在，鞍座距封头环缝距离定为 1000mm；按水压试验的最大承重计算，符合要求。

（6）一氯甲烷储槽安全泄放量按易燃液化气无绝热材料保温层时计算；安全阀的排放能力按饱和蒸气压且 $p_d \leqslant 10$MPa 时的工况计算。后者大于前者，符合要求。

B.3.7 制造和检验

（1）焊接接头结构

所有焊接接头均要求全熔透。A、B 类对接接头：采用（按 HG/T 20583—2011）DU8；D 类焊接接头：接管与壳体内伸时采用 G4，不内伸时（如底部放料口）采用 G6。

角焊缝的焊角尺寸按较薄板的厚度确定。

（2）焊条牌号

设计数据表格中可不写出焊条牌号，仅注明“按 NB/T 47015—2011 规定”。焊材可由制造厂的焊接责任工程师确定，但设计人员应有所了解。根据焊接方式的不同，焊材牌号为：

① 手工焊接 Q345R 之间可采用 J507，Q345R 与 Q235B 之间、Q235B 之间可采用 J427。

② 自动埋弧焊 对于 Q345R，焊丝可采用 H08MnA，焊剂为 431。

（3）钢板超声检测要求

壳体钢板厚度大于或等于 12mm，且储存介质为极度危害、高度危害时，应对钢板逐张进行超声检测。按照 NB/T 47013.3《承压设备无损检测 第 3 部分：超声检测》不低于 UT-Ⅱ级为合格。

（4）钢板冲击试验要求

钢板应进行常温 V 型缺口夏比冲击试验（横向取样，每组三个试样的平均值），冲击功应至少达到 41J 的要求。

（5）A、B 类对接接头射线检测要求

筒体、封头均为 100%RT -Ⅱ（高度危害介质要求）时，射线检测技术等级不低于 AB 级（为此相应的焊接接头系数：筒体、封头均为 1）。

公称直径小于 250mm 的接管与接管、接管与高颈法兰的焊接接头属 B 类焊接接头。按照 NB/T 47013.4《承压设备无损检测 第 4 部分：磁粉检测》进行 100%MT -Ⅰ合格。

（6）热处理

压力容器焊接工作全部结束并经过检验合格后，应进行消除残余应力的整体焊后热处理（高度危害介质要求）。热处理应在耐压试验前进行。

（7）耐压试验压力

耐压试验有液压试验、气压试验和气 - 液组合试验三种类型。本例采用液压试验。由于温度不高，不需进行温度校正，水压试验压力为设计压力的 1.25 倍，即

$$p_{水压}=2.0\text{MPa}$$

（8）泄漏试验压力

对极度、高度危害介质应当进行泄漏试验。根据介质的不同，泄漏试验分为气密性试验、氨检漏试验、卤素检漏试验及氦检漏试验等。本例采用气密性试验。气密性试验压力等于设计压力，即

$$p_{气密}=1.6\text{MPa}$$

附录 C　中英文术语对照

（参照 ASME Ⅷ -1 和 ASME Ⅷ -2 整理，按汉语拼音顺序排列）

O 形环 O ring

U 形管式换热器 U-type heat exchanger

U 形膨胀节 U expansion joint

A

安定 Shakedown

安全阀 Safety valve

安全附件 Safety devices/accessories

安全评定 Safety assessment

安全系数 Safety factor

安全泄放量 Safety relieving capacity

鞍式支座 Saddle support

奥氏体不锈钢 Austenitic stainless steel

B

板翅式换热器 Plate-fin heat exchanger

板式塔 Plate column

半球形封头 Hemispherical head

爆破片 Rupture disk

爆破压力 Bursting pressure

扁平钢带错绕式筒体 Flat steel ribbon wound cylindrical shell

变形 Deformation

波纹管膨胀节 Bellows expansion joint

泊松比 Poisson's ratio

薄壁容器 Thin-walled vessel

薄膜应力 Membrane stress

补强范围 Limit of reinforcement

补强圈 Reinforcement pad

布管 Tube layout

C

材料 Material

材料性能 Material properties

材质劣化 Deterioration of material

操作温度 Operating temperature

层板包扎筒体 Concentric wrapped shell

常规设计 Design by rules

超高压容器 Super-high pressure vessel

超声检测 Ultrasonic examination

冲击载荷 Impact load

储罐 Storage tank

传热设备 Heat transfer equipment

磁粉检测 Magnetic particle examination

脆性断裂 Brittle fracture

D

搭接焊 Lap welding

大开孔 Opening exceeding size limit of standard

带颈对焊法兰 Welding neck flange

单层容器 Monobloc vessel

弹性模量 Modulus of elasticity

等面积补强 Area replacement method

低合金钢 Low alloy steel

地脚螺栓 Anchor bolt

地面卧式储罐 Over ground horizontal storage tank

地震载荷 Earthquake load

垫片 Gasket

碟形封头 Torispherical/dished head

动载荷 Dynamic load

断后伸长率 Rupture elongation

断面收缩率 Reduction of area

对接焊 Butt welding

多层容器 Layered vessel

多层筒体 Layered shell

E

耳式支座 Lug support

二次应力 Secondary stress

F

法兰 Flange

法兰和壳体连接接头 Joint of flange to shell

防腐蚀材料 Corrosion-resistant material

分层隔板 Pass divider

分析设计 Design by analysis

风载荷 Wind load

封头 Head
封头与圆柱形筒体连接接头 Joint of head to cylindrical shell
峰值应力 Peak stress
浮头式换热器 Floating head heat exchanger
辐照脆化 Radiation embrittlement
辅助设备 Ancillary/auxiliary equipment
腐蚀速率 Corrosion rate
腐蚀裕量 Corrosion allowance

G

高压密封装置 High pressure sealing device
工作压力 Operating pressure
公称压力 Nominal pressure
公称直径 Nominal diameter
鼓泡塔式反应器 Bubble column reactor
固定床反应器 Fixed bed reactor
固定管板式换热器 Fixed tube sheet heat exchanger
固有频率 Natural frequency
管板 Tube sheet
管板兼作法兰 Tube sheet extended as a flange
管程 Tube pass
管翅式换热器 Tube fin heat exchanger
管壳式换热器 Shell and tube heat exchanger
管式反应器 Tubular reactor
管式换热器 Tubular heat exchanger
规整填料 Arranged-type packing
过程设备 Process equipment
过度局部变形 Excessive local deformation
过度塑性变形 Progressive plastic deformation
过渡段 Transition section

H

焊接 Welding
焊接接头 Welded joint
焊接接头分类 Welded joint categories
焊接接头系数 Welded joint efficiency factor
后端管箱 Rear end head
厚壁容器 Thick-walled vessel
厚度附加量 Additional thickness
化学成分 Chemical composition
环向应力 Circumferential/hoop stress
换热器分类 Classification of heat exchanger
回转壳体 Shell of revolution
回转筒式反应器 Rotary drum reactor

J

基础环板 Base ring
极限载荷 Limit load
计算厚度 Calculated thickness
计算压力 Calculation pressure
加强圈 Stiffening ring
夹套 Jacket
间断焊 Intermittent welding
降液管 Downspout
角焊 Fillet welding
搅拌釜式反应器 Stirred tank reactor
搅拌机 Agitator
接管 Nozzle
接管和壳体连接接头 Joint of nozzle to shell
结垢 Fouling
金属温度 Metal temperature
经向应力 Meridional stress
经验公式 Empirical equation
径向应力 Radial stress
静载荷 Static load
局部结构不连续 Local structural discontinuity
局部热处理 Local heat treatment
局部一次薄膜应力 Local primary membrane stress
局部应力 Local stress
绝缘涂层 Dielectric coating

K

开孔 Opening
开孔大小 Size of opening
开孔形状 Shape of opening
抗拉强度 Ultimate tensile strength
壳程 Shell pass
壳体失稳 Buckling of shell
可靠性 Reliability
扩展表面换热器 Extended surface heat exchanger

L

拉伸应力 Tensile stress
力学性能 Mechanical properties
连续焊 Continuous welding
临界失稳压力 Critical buckling pressure
流化床反应器 Fluidized bed reactor

流体诱导振动 Fluid-induced vibration
硫化氢腐蚀 Hydrogen sulfide corrosion
螺栓 Bolt
螺栓法兰连接 Bolted flange connection
螺旋管式换热器 Spiral tube heat exchanger

M

马氏体不锈钢 Martensitic stainless steel
埋地卧式储罐 Underground horizontal storage tank
密封原理 Sealing principle
密封装置 Sealing device
名义厚度 Nominal thickness
膜反应器 Membrane reactor

N

内压 Internal pressure
耐腐蚀衬里 Corrosion resistant lining

P

喷嘴式反应器 Spray reactor
膨胀节 Expansion joint
疲劳 Fatigue
疲劳强度减弱系数 Fatigue strength reduction factor
疲劳设计曲线 Design fatigue curve
平垫密封 Seal with flat gasket
平封头 Flat head
平均应力 Mean stress

Q

气压试验 Pneumatic test
前端管箱 Front end head
强制密封 Forced seal
氢脆 Hydrogen embrittlement
球形储罐 Spherical storage tank
球形容器 Spherical vessel
屈服强度 Yield strength
屈服压力 Yield pressure
缺陷检验 Defect inspection
裙式支座 Skirt support
屈曲 Buckling
圈式支座 Ring support

R

绕板式筒体 Coil wound shell
热处理 Heat treatment
热管 Heat tube
热加工条件 Hot-worked condition
热套筒体 Shrink fit shell
热应力 Thermal stress
热影响区 Heat affected zone
人孔 Manhole
任意法兰 Optional flange
韧性 Toughness
韧性断裂 Ductile rupture
韧脆转变温度 Temperature of ductile-to-brittle transition
蠕变 Creep

S

三角垫 Delta ring
散装填料 Random packing
设计厚度 Design thickness
设计温度 Design temperature
设计压力 Design pressure
设计应力强度 Design stress intensity
设计准则 Design criterion
射线检测 Radiographic examination
渗透检测 Liquid penetrant examination
失效形式 Failure mode
失稳 Instability
试验温度 Test temperature
试验压力 Test pressure
手工焊接 Manual welding
手孔 Handhole
双锥密封 Seal with double-cone
松式法兰 Loose-type flange

T

塔 Tall/column
塔板 Tray
碳当量 Carbon equivalent
碳素钢 Carbon steel
套管式换热器 Double pipe heat exchanger
填料函式换热器 Outside packed floating head heat exchanger
填料塔 Packed column
铁素体不锈钢 Ferritic stainless steel
透镜垫 Len ring
腿式支座 Leg support
椭圆形封头 Ellipsoidal head

W

外压 External pressure
弯曲应力 Bending stress
温度 Temperature
无损检测 Nondestructive examination

X

牺牲阳极法 Sacrificial anode
夏比 V 型缺口冲击吸收功 Charpy V-notch impact energy
泄漏 Leakage
泄漏检测和监控 Leak detection and monitoring
型槽绕带式筒体 Helically wound interlocking str-ip shell
许用应力 Allowable stress
循环载荷 Cyclic load

Y

压力 Pressure
压力表 Pressure gauge
压力容器 Pressure vessel
压力容器分类 Classification of pressure vessels
压力试验 Pressure test
压缩应力 Compressive stress
延寿 Life extension
液化气体 Liquefied gas
液体分布器 Liquid distributor
液体收集器 Liquid collector
液压试验 Hydrostatic test
液柱静压力 Static head
应变 Strain
一次弯曲应力 Primary bending stress
一次应力 Primary stress
应力 Stress
应力分类 Stress categories
应力幅 Stress amplitude
应力腐蚀 Stress corrosion
应力集中 Stress concentration
应力集中系数 Stress concentration factor
应力强度 Stress intensity
应力限制 Stress limit
应力 - 应变关系图 Stress-strain diagram
圆筒有效长度 Effective length of a cylinder
圆柱形容器 Cylindrical vessel

Z

折流板 Baffle
整体法兰 Integral-type flange
整体管板 Integral tube sheet
整体热处理 Bulk heat treatment
支座 Support
支座反力 Reaction of support
制造工艺 Fabrication technology
重量 Weight
轴向临界压缩应力 Critical axial buckling stress
轴向应力 Longitudinal/axial stress
锥形封头 Conical head
自动焊接 Automatic welding
自紧式密封 Self-energized closure
自增强 Autofrettage
总体结构不连续 Gross structural discontinuity
总体塑性变形 Gross plastic deformation
总体一次薄膜应力 General primary membrane stress
最大允许工作压力 Maximum allowable working pressure
最小设计金属温度 Minimum design metal temperature

附录D 压力容器材料

D.1 压力容器材料的通用要求

ⅰ.压力容器选材应当考虑容器使用条件（如设计压力、设计温度、介质特性和操作特点等）、材料性能（力学性能、工艺性能、化学性能和物理性能）、容器制造工艺以及经济合理性。

ⅱ.压力容器用材料的性能、质量、规格与标志，应当符合相应材料的国家标准或者行业标准的规定。

ⅲ.压力容器材料制造单位应当在材料的明显部位作出清晰、牢固的钢印标志或者其他可以追溯的标志，并向材料使用单位提供质量证明书。

ⅳ.压力容器制造、改造、修理单位对主要受压元件的材料代用，应当事先取得原设计单位的书面批准，并且在竣工图上做详细记录。

D.2 压力容器选材的原则

（1）一般选材原则

ⅰ.按刚度或者结构设计的场合，应尽量选用碳素钢。按强度设计的场合，应根据压力、温度、介质等使用条件，优先选用低合金钢，如Q245R、Q345R等；

ⅱ.高温压力容器用钢应选用耐热钢，低温压力容器用钢应考虑低温脆性；

ⅲ.耐腐蚀不锈钢厚度大于12mm时，应尽量采用复合板或衬里、堆焊等结构；

ⅳ.耐酸不锈钢应尽量不用作设计温度小于或等于500℃的耐热用钢。

（2）按介质选用时，一般应遵循：

ⅰ.碳素钢用于介质腐蚀性不强的常压、低压容器、壁厚不大的中压容器、非受压元件，以及其他由刚度或结构决定壁厚的场合；

ⅱ.低合金高强度钢用于介质腐蚀性不强、壁厚较大（≥8mm）的压力容器；

ⅲ.珠光体耐热钢用作抗高温氢或硫化氢腐蚀，或设计温度为350～650℃的压力容器用耐热钢；

ⅳ.不锈钢通常用于介质腐蚀性较强（电化学腐蚀、化学腐蚀）、防铁离子污染、设计温度大于500℃或者设计温度小于-100℃的场合。

D.3 许用应力

GB/T 150中给出的钢板、钢管、锻件和螺柱的许用应力见表D1～表D8。

表D-1 碳素钢和低合金钢钢板许用应力

钢号	钢板标准	使用状态	厚度 /mm	室温强度指标		在下列温度（℃）下的许用应力 /MPa															
				R_m /MPa	R_{eL} /MPa	≤20	100	150	200	250	300	350	400	425	450	475	500	525	550	575	600
Q245	GB/T 713	热轧，控轧，正火	3～16	400	245	148	147	140	131	117	108	98	91	85	61	41					
			>16～36	400	235	148	140	133	124	111	102	93	86	84	61	41					
			>36～60	400	225	148	133	127	119	107	98	89	82	80	61	41					
			>60～100	390	205	137	123	117	109	98	90	82	75	73	61	41					
			>100～150	380	185	123	112	107	100	90	80	73	70	67	61	41					
Q345R	GB/T 713	热轧，控轧，正火	3～16	510	345	189	189	189	183	167	153	143	125	93	66	43					
			>16～36	500	325	185	185	183	170	157	143	133	125	93	66	43					
			>36～60	490	315	181	181	173	160	147	133	123	117	93	66	43					
			>60～100	490	305	181	181	167	150	137	123	117	110	93	66	43					
			>100～150	480	285	178	173	160	147	133	120	113	107	93	66	43					
			>150～200	470	265	174	163	153	143	130	117	110	103	93	66	43					
Q370R	GB/T 713	正火	10～16	530	370	196	196	196	196	190	180	170									
			>16～36	530	360	196	196	196	193	183	173	163									
			>36～60	520	340	193	193	193	180	170	160	150									
18MnMoNbR	GB/T 713	正火加回火	30～60	570	400	211	211	211	211	211	211	211	207	195	177	117					
			>60～100	570	390	211	211	211	211	211	211	211	203	192	177	117					
16MnDR	GB/T 3531	正火，正火加回火	6～16	490	315	181	181	180	167	153	140	130									
			>16～36	470	295	174	174	167	157	143	130	120									
			>36～60	460	285	170	170	160	150	137	123	117									
			>60～100	450	275	167	167	157	147	133	120	113									
			>100～120	440	265	163	163	153	143	130	117	110									
09MnNiDR	GB/T 3531	正火，正火加回火	6～16	440	300	163	163	163	163	163	157	147									
			>16～36	440	280	163	163	163	160	153	147	137									
			>36～60	430	270	159	159	159	153	147	140	130									
			>60～120	420	260	156	156	156	150	143	137	127									
08Ni3DR	—	正火，正火加回火，	6～60	490	320	181	181														
			>60～100	480	300	178	178														
06Ni9DR	—	调质	5～30	680	575	252	252														
			>30～40	680	565	252	252														

附录D

表 D-2 高合金钢钢板许用应力

钢号	钢板标准	厚度 /mm	在下列温度（℃）下的许用应力 /MPa																					
			≤20	100	150	200	250	300	350	400	450	500	525	550	575	600	625	650	675	700	725	750	775	800
S11306	GB/T 24511	1.5～25	137	126	123	120	119	117	112	109														
S11348	GB/T 24511	1.5～25	113	104	101	100	99	97	95	90														
S30408	GB/T 24511	1.5～80	①137	137	137	130	122	114	111	107	103	100	98	91	79	64	52	42	32	27				
			137	114	103	96	90	85	82	79	76	74	73	71	67	62	52	42	32	27				
S30403	GB/T 24511	1.5～80	①120	120	118	110	103	98	94	91	88													
			120	98	87	81	76	73	69	67	65													
S30409	GB/T 24511	1.5～80	①137	137	137	130	122	114	111	107	103	100	98	91	79	64	52	42	32	27				
			137	114	103	96	90	85	82	79	76	74	73	71	67	62	52	42	32	27				
S31008	GB/T 24511	1.5～80	①137	137	137	137	134	130	125	122	119	115	113	105	84	61	43	31	23	19	15	12	10	8
			137	121	111	105	99	96	93	90	88	85	84	83	81	61	43	31	23	19	15	12	10	8
S31608	GB/T 24511	1.5～80	①137	137	137	134	125	118	113	111	109	107	106	105	96	81	65	50	38	30				
			137	117	107	99	93	87	84	82	81	79	78	78	76	73	65	50	38	30				
S31603	GB/T 24511	1.5～80	①120	120	117	108	100	95	90	86	84													
			120	98	87	80	74	70	67	64	62													

① 该行许用应力仅适用于允许产生微量永久变形的元件，对于法兰或其他有微量永久变形就引起泄漏或故障的场合不能采用。

表 D-3 碳素钢和低合金钢钢管许用应力

钢号	钢板标准	使用状态	壁厚 /mm	室温强度指标		在下列温度（℃）下的许用应力 /MPa															
				R_m/MPa	R_{eL}/MPa	≤20	100	150	200	250	300	350	400	425	450	475	500	525	550	575	600
10	GB/T 8163	热轧	≤8	335	205	124	121	115	108	98	89	82	75	70	61	41					
10	GB/T 9948	正火	≤16	335	205	124	121	115	108	98	89	82	75	70	61	41					
			＞16～30	335	195	124	117	111	105	95	85	79	73	67	61	41					
20	GB/T 8163	热轧	≤8	410	245	152	147	140	131	117	108	98	88	83	61	41					
20	GB/T 9948	正火	≤16	410	245	152	147	140	131	117	108	98	88	83	61	41					
			＞16～30	410	235	152	140	133	124	111	102	93	83	78	61	41					
12CrMo	GB/T 9948	正火加回火	≤16	410	205	137	121	115	108	101	95	88	82	80	79	77	74	50			
			＞16～30	410	195	130	117	111	105	98	91	85	79	77	75	74	72	50			
15CrMo	GB/T 9948	正火加回火	≤16	440	235	157	140	131	124	117	108	101	95	93	91	90	88	58	37		
			＞16～30	440	225	150	133	124	117	111'	103	97	91	89	87	86	85	58	37		
			＞30～50	440	215	143	127	117	111	105	97	92	87	85	84	83	81	58	37		
12Cr2Mo1	—	正火加回火	≤30	450	280	167	167	163	157	153	150	147	143	140	137	119	89	61	46	37	

表D-4　高合金钢钢管许用应力

钢号	钢板标准	厚度/mm	在下列温度（℃）下的许用应力/MPa																				
			≤20	100	150	200	250	300	350	400	450	500	525	550	575	600	625	650	675	700	725	750	775	800
0Cr18Ni9（S30408）	GB/T 13296	≤14	①137	137	137	130	122	114	111	107	103	100	98	91	79	64	52	42	32	27				
			137	114	103	96	90	85	82	79	76	74	73	71	67	62	52	42	32	27				
0Cr18Ni9（S30408）	GB/T 14976	≤28	①137	137	137	130	122	114	111	107	103	100	98	91	79	64	52	42	32	27				
			137	114	103	96	90	85	82	79	76	74	73	71	67	62	52	42	32	27				
00Cr19Ni10（S30403）	GB/T 13296	≤14	①117	117	117	110	103	98	94	91	88													
			117	97	87	81	76	73	69	67	65													
00Cr19Ni10（S30403）	GB/T 14976	≤28	①117	117	117	110	103	98	94	91	88													
			117	97	87	81	76	73	69	67	65													
0Cr18Ni10Ti（S32168）	GB/T 13296	≤14	①137	137	137	130	122	114	111	108	105	103	101	83	58	44	33	25	18	13				
			137	114	103	96	90	85	82	80	78	76	75	74	58	44	33	25	18	13				
0Cr18Ni10Ti（S32168）	GB/T 14976	≤28	①137	137	137	130	122	114	111	108	105	103	101	83	58	44	33	25	18	13				
			137	114	103	96	90	85	82	80	78	76	75	74	58	44	33	25	18	13				
0Cr17Ni12Mo2（S31608）	GB/T 13296	≤14	①137	137	137	134	125	118	113	111	109	107	106	105	96	81	65	50	38	30				
			137	117	107	99	93	87	84	82	81	79	78	78	76	73	65	50	38	30				
0Cr17Ni12Mo2（S31608）	GB/T 14976	≤28	①137	137	137	134	125	118	113	111	109	107	106	105	96	81	65	50	38	30				
			137	117	107	99	93	87	84	82	81	79	78	78	76	73	65	50	38	30				

① 该行许用应力仅适用于允许产生微量永久变形之元件，对于法兰或其他有微量永久变形就引起泄漏或故障的场合不能采用。

表D-5　碳素钢和低合金钢钢锻件许用应力

钢号	钢锻件标准	使用状态	公称厚度/mm	室温强度指标		在下列温度（℃）下的许用应力/MPa															
				R_m/MPa	R_{eL}/MPa	≤20	100	150	200	250	300	350	400	425	450	475	500	525	550	575	600
20	NB/T 47008	正火、正火加回火	≤100	410	235	152	140	133	124	111	102	93	86	84	61	41					
			>100～200	400	225	148	133	127	119	107	98	89	82	80	61	41					
			>200～300	380	205	137	123	117	109	98	90	82	75	73	61	41					
35①	NB/T 47008	正火、正火加回火	≤100	510	265	177	157	150	137	124	115	105	98	85	61	41					
			>100～300	490	245	163	150	143	133	121	111	101	95	85	61	41					
16Mn	NB/T 47008	正火、正火加回火，调质	≤100	480	305	178	178	167	150	137	123	117	110	93	66	43					
			>100～200	470	295	174	174	163	147	133	120	113	107	93	66	43					
			>200～300	450	275	167	167	157	143	130	117	110	103	93	66	43					

续表

钢号	钢锻件标准	使用状态	公称厚度 /mm	室温强度指标		在下列温度（℃）下的许用应力 /MPa															
				R_m /MPa	R_{eL} /MPa	≤20	100	150	200	250	300	350	400	425	450	475	500	525	550	575	600
20MnMo	NB/T 47008	调质	≤300	530	370	196	196	196	196	196	190	183	173	167	131	84	49				
			＞300～500	510	350	189	189	189	189	187	180	173	163	157	131	84	49				
			＞500～700	490	330	181	181	181	181	180	173	167	157	150	131	84	49				
20MnMoNb	NB/T 47008	调质	≤300	620	470	230	230	230	230	230	230	230	230	230	177	117					
			＞300～500	610	460	226	226	226	226	226	226	226	226	226	177	117					
20MnNiMo	NB/T 47008	调质	≤500	620	450	230	230	230	230	230	230	230	230								
35CrMo	NB/T 47008	调质[1]	≤300	620	440	230	230	230	230	230	230	223	213	197	150	111	79	50			
			＞300～500	610	430	226	226	226	226	226	226	223	213	197	150	111	79	50			
15CrMo	NB/T 47008	正火加回火，调质	≤300	480	280	178	170	160	150	143	133	127	120	117	113	110	88	58	37		
			＞300～500	470	270	174	163	153	143	137	127	120	113	110	107	103	88	58	37		
12Cr2Mo1	NB/T 47008	正火加回火，调质	≤300	510	310	189	187	180	173	170	167	163	160	157	153	119	89	61	46	37	
			＞300～500	500	300	185	183	177	170	167	163	160	157	153	150	119	89	61	46	37	
12Cr1MoV	NB/T 47008	正火加回火，调质	≤300	470	280	174	170	160	153	147	140	133	127	123	120	117	113	82	57	35	
			＞300～500	460	270	170	163	153	147	140	133	127	120	117	113	110	107	82	57	35	
16MnD	NB/T 47009	调质	≤100	480	305	178	178	167	150	137	123	117									
			＞100～200	470	295	174	174	163	147	133	120	113									
			＞200～300	450	275	167	167	157	143	130	117	110									
20MnMoD	NB/T 47009	调质	≤300	530	370	196	196	196	196	196	190	183									
			＞300～500	510	350	189	189	189	189	187	180	173									
			＞500～700	490	330	181	181	181	181	180	173	167									

① 该钢锻件不得用于焊接结构。

表 D-6 高合金钢钢锻件许用应力

钢号	钢锻件标准	公称厚度 /mm	在下列温度（℃）下的许用应力 /MPa																					
			≤20	100	150	200	250	300	350	400	450	500	525	550	575	600	625	650	675	700	725	750	775	800
S11306	NB/T 47010	≤150	137	126	123	120	119	117	112	109														
S30408	NB/T 47010	≤300	137①	137	137	130	122	114	111	107	103	100	98	91	79	64	52	42	32	27				
			137	114	103	96	90	85	82	79	76	74	73	71	67	62	52	42	32	27				
S30403	NB/T 47010	≤300	117①	117	117	110	103	98	94	91	88													
			117	98	87	81	76	73	69	67	65													
S30409	NB/T 47010	≤300	137①	137	137	130	122	114	111	107	103	100	98	91	79	64	52	42	32	27				
			137	114	103	96	90	85	82	79	76	74	73	71	67	62	52	42	32	27				
S31008	NB/T 47010	≤300	137①	137	137	137	134	130	125	122	119	115	113	105	84	61	43	31	23	19	15	12	10	8
			137	121	111	105	99	96	93	90	88	85	84	83	81	61	43	31	23	19	15	12	10	8
S31608	NB/T 47010	≤300	137①	137	137	134	125	118	113	111	109	107	106	105	96	81	65	50	38	30				
			137	117	107	99	93	87	84	82	81	79	78	78	76	73	65	50	38	30				
S31603	NB/T 47010	≤300	117①	117	117	108	100	95	90	86	84													
			117	98	87	80	74	70	67	64	62													
S31668	NB/T 47010	≤300	137①	137	137	134	125	118	113	111	109	107												
			137	117	107	99	93	87	84	82	81	79												
S31703	NB/T 47010	≤300	130①	130	130	130	125	118	113	111	109													
			130	117	107	99	93	87	84	82	81													

① 该行许用应力仅适用于允许产生微量永久变形之元件，对于法兰或其他有微量永久变形就引起泄漏或故障的场合不能采用。

表 D-7 碳素钢和低合金钢螺柱许用应力

钢号	钢棒标准	使用状态	螺柱规格 /mm	室温强度指标		在下列温度（℃）下的许用应力 /MPa															
				R_m /MPa	R_{eL} /MPa	≤20	100	150	200	250	300	350	400	425	450	475	500	525	550	575	600
20	GB/T 699	正火	≤M22	410	245	91	81	78	73	65	60	54									
			M24～M27	400	235	94	84	80	74	67	61	56									
35	GB/T 699	正火	≤M22	530	315	117	105	98	91	82	74	69									
			M24～M27	510	295	118	106	100	92	84	76	70									
40MnB	GB/T 3077	调质	≤M22	805	685	196	176	171	165	162	154	143	126								
			M24～M36	765	635	212	189	183	180	176	167	154	137								
40MnVB	GB/T 3077	调质	≤M22	835	735	210	190	185	179	176	168	157	140								
			M24～M36	9805	685	228	206	199	196	193	183	170	154								

续表

钢号	钢棒标准	使用状态	螺柱规格 /mm	室温强度指标		在下列温度（℃）下的许用应力 /MPa															
				R_m /MPa	R_{eL} /MPa	≤20	100	150	200	250	300	350	400	425	450	475	500	525	550	575	600
40Cr	GB/T 3077	调质	≤M22	805	685	196	176	171	165	162	157	148	134								
			M24～M36	765	635	212	189	183	180	176	170	160	147								
30CrMoA	GB/T 3077	调质	≤M22	700	550	157	141	137	134	131	129	124	116	111	107	103	79				
			M24～M48	660	500	167	150	145	142	140	137	132	123	118	113	108	79				
			M52～M56	660	500	185	167	161	157	156	152	146	137	131	126	111	79				

表D-8 高合金钢螺柱许用应力

钢号	钢棒标准	使用状态	螺柱规格 /mm	室温强度指标		在下列温度（℃）下的许用应力 /MPa															
				R_m /MPa	$R_{p0.2}$ /MPa	≤20	100	150	200	250	300	350	400	450	500	550	600	650	700	750	800
S42020（2Cr13）	GB/T 1220	调质	≤M22	640	440	126	117	111	106	103	100	97	91								
			M24～M27	640	440	147	137	130	123	120	117	113	107								
S30408	GB/T 1220	固溶	≤M22	520	205	128	107	97	90	84	79	77	74	71	69	66	58	42	27		
			M24～M48	520	205	137	114	103	96	90	85	82	79	76	74	71	62	42	27		
S31008	GB/T 1220	固溶	≤M22	520	205	128	113	104	98	93	90	87	84	83	80	78	61	31	19	12	8
			M24～M48	520	205	137	121	111	105	99	96	93	90	88	85	83	61	31	19	12	8
S31608	GB/T 1220	固溶	≤M22	520	205	128	109	101	93	87	82	79	77	76	75	73	68	50	30		
			M24～M48	520	205	137	117	107	99	93	87	84	82	81	79	78	73	50	30		
S32168	GB/T 1220	固溶	≤M22	520	205	128	107	97	90	84	79	77	75	73	71	69	44	25	13		
			M24～M48	520	205	137	114	103	96	90	85	82	80	78	76	74	44	25	13		

注：括号中为旧钢号。

D.4　高合金钢钢板的钢号近似对照

表D-9　高合金钢钢板的钢号近似对照

序号	GB/T 24511—2017		GB/T 4237—1992	ASME（2007）SA240		EN10028-7：2007	
	统一数字代号	新牌号	旧牌号	UNS代号	型号	数字代号	牌号
1	S11306	06Cr13	0Cr13	S41008	410S	—	—
2	S11348	06Cr13A1	0Cr13A1	S40500	405	—	—
3	S11972	019Cr19Mo2NbTi	00Cr18Mo2	S44400	444	1.4521	X2CrMoTi18-2
4	S30408	06Cr19Ni10	0Cr18Ni9	S30400	304	1.4301	X5CrNi18-10
5	S30403	022Cr19Ni10	00Cr19Ni10	S30403	304L	1.4306	X2CrNi19-11
6	S30409	07Cr19Ni10	—	S30409	304H	1.4948	X6CrNi18-10
7	S31008	06Cr25Ni20	0Cr25Ni20	S31008	310S	1.4951	X6CrNi25-20
8	S31608	06Cr17Ni12Mo2	0Cr17Ni12Mo2	S31600	316	1.4401	X5CrNiMo17-12-2
9	S31603	022Cr17Ni12Mo2	00Cr17Ni14Mo2	S31603	316L	1.4404	X2CrNiMo17-12-2
10	S31668	06Cr17Ni12Mo2Ti	0Cr18Ni12Mo2Ti	S31635	316Ti	1.4571	X6CrNiMoTi17-12-2
11	S31708	06Cr19Ni13Mo3	0Cr19Ni13Mo3	S31700	317	—	—
12	S31703	022Cr19Ni13Mo3	00Cr19Ni13Mo3	S31703	317L	1.4438	X2CrNiMo18-15-4
13	S32168	06Cr18Ni11Ti	0Cr18Ni10Ti	S32100	321	1.4541	X6CrNiTi18-10
14	S39042	015Cr21Ni26Mo5Cu2	—	N08904	904L	1.4539	X1NiCrMoCu25-20-5
15	S21953	022Cr19Ni5Mo3Si2N	00Cr18Ni5Mo3Si2	—	—	—	—
16	S22253	022Cr22Ni5Mo3N	—	S31803	—	1.4462	X2CrNiMoN22-5-3
17	S22053	022Cr23Ni5Mo3N	—	S32205	2205	—	—

附录E　过程设备设计常用网站

1. 全国锅炉压力容器标准化技术委员会

2. 中国特种设备检测研究院

3. 中国压力容器技术网

4. 美国压力容器研究委员会（Pressure Vessel Research Council，PVRC）

5. 欧盟承压设备研究委员会（European Pressure Equipment Research Council，简称 EPERC）

6. 美国标准化协会（American National Standards Institute，ANSI）

7. 美国石油协会（American Petroleum Institute，API）

8. 美国无损检测协会（American Society for Non-Destructive Testing）

9. 美国材料与试验协会（ASTM International）

10. 美国焊接协会（American Welding Society）

11. 美国换热器制造商协会（Tubular Exchanger Manufacturers Association，TEMA）

12. 国际标准化组织 [International Standards Organization，ISO。ISO 下设 227 个技术委员会，与过程设备设计有关的主要有 TC11 锅炉压力容器（Boilers and Pressure Vessels）、TC58 气瓶（Gas Cylinders）、TC135 无损检测（Non-destructive Testing）、TC197 氢技术（Hydrogen Technologies）、TC220 低温容器（Cryogenic Vessels）]

13. 欧洲标准化委员会（European Committee for Standardization）

参考文献

[1] 陈学东，崔军，张小浒，等 . 我国压力容器设计、制造和维护十年回顾与展望 . 压力容器，2012，12：1-23.

[2] GB/T 150. 压力容器 .

[3] TSG 21—2016. 固定式压力容器安全技术监察规程 .

[4] JB/T 4732. 钢制压力容器—分析设计标准（2005 年确认）.

[5] NB/T 47003 .1. 钢制焊接常压容器 .

[6] JIS B 8270—1993. 压力容器（基础标准）. 全国压力容器标准化技术委员会（译），1995.

[7] JIS B 8271～8285—1993. 压力容器（单项标准）. 全国压力容器标准化技术委员会（译），1995.

[8] 郑津洋，等 . 我国三个主要钢制压力容器标准之间的关系 . 石油机械，1999，27（2）：53-57.

[9] 寿比南 . 中、美压力容器标准的对比分析 . 中国锅炉压力容器安全，1999，15（1）：27-30.

[10] 刘鸿文 . 板壳理论 . 杭州：浙江大学出版社，1987.

[11] 吴泽炜 . 化工容器设计 . 武汉：湖北科学技术出版社，1985.

[12] 范钦珊 . 轴对称应力分析 . 北京：高等教育出版社，1985.

[13] 黄克智 . 固定换热器管板应力的一种建议计算方法 . 机械工程学报，1980，16：1-26.

[14] 程真喜 . 压力容器材料及选用 . 2 版 . 北京：化学工业出版社，2016.

[15] 黄载生 . 化工机械力学基础 . 北京：化学工业出版社，1990.

[16] 黄克智，等 . 板壳理论 . 北京：清华大学出版社，1987.

[17] 维西曼 K R，默逊 J K. 容器局部受载应力计算 . 姚金源，曾志兴译 . 成都：成都科技大学出版社，1989.

[18] 王志文，蔡仁良 . 化工容器设计 . 3 版 . 北京：化学工业出版社，2005.

[19] 阚珂，蒲长城，刘平均 . 中华人民共和国特种设备安全法释义 . 北京：中国法制出版社，2013.

[20] 戚国胜，段瑞 . 压力容器工程师设计指南 . 2 版 . 北京：化学工业出版社，2018.

[21] 陈旭 . 过程装备力学基础 . 2 版 . 北京：化学工业出版社，2007.

[22] 黄炎 . 局部应力及其应用 . 北京：机械工业出版社，1986.

[23] 毕杰春，宁宝宽，黄杰，李晓川 . 实验力学 . 北京：化学工业出版社，2011.

[24] 贺匡国 . 压力容器分析设计基础 . 北京：机械工业出版社，1995.

[25] 江楠 . 压力容器分析设计方法 . 北京：化学工业出版社，2013.

[26] 王宝忠，等 . 超大型核电锻件绿色制造技术与实践 . 北京：中国电力出版社，2017.

[27] 束德林 . 工程材料力学性能 . 北京：机械工业出版社，2016.

[28] 霍立兴 . 焊接结构的断裂行为及评定 . 北京：机械工业出版社，2000.

[29] 范钦珊 . 工程力学教程（Ⅰ），（Ⅱ）. 北京：高等教育出版社，1998.

[30] 郑津洋，陈志平 . 特殊压力容器 . 北京：化学工业出版社，1997.

[31] 美国压缩气体学会 . 压缩气体手册 . 肖家立，等译 . 北京：冶金工业出版社，1991.

[32] 石智豪 . 压力容器介质手册 . 北京：北京科学技术出版社，1992.

[33] 郭明鸥 . 液化石油气安全技术与管理 . 北京：中国劳动出版社，1995.

[34] HG/T 20660—2017. 压力容器中化学介质毒性危害和爆炸危险程度分类标准 .

[35] 丁伯民，蔡仁良 . 压力容器设计——原理及工程应用 . 北京：中国石化出版社，1992.

[36] 左景伊，等 . 腐蚀数据与选材手册 . 北京：化学工业出版社，1995.

[37] 沈鋆，刘应华 . 压力容器分析设计方法与工程应用 . 北京：清华大学出版社，2016.
[38] 王嘉麟 . 球形储罐建造技术 . 北京：中国建筑工业出版社，1990.
[39] 戴树和，王明娥 . 可靠性工程及其在化工设备中的应用 . 北京：化学工业出版社，1987.
[40] 丁伯民 . 钢制压力容器——设计、制造与检验 . 上海：华东化工学院出版社，1992.
[41] 丁伯民 . ASME Ⅷ压力容器规范分析（修订版）. 北京：化学工业出版社，2018.
[42] 黄泽，郑津洋，等 . 内压圆筒厚度计算公式分析讨论 . 压力容器，2012，29（8）：18-21.
[43] 余国琮，等 . 化工容器及设备 . 天津：天津大学出版社，1988.
[44] 王志斌 . 压力容器结构与制造 . 2 版 . 北京：化学工业出版社，2017.
[45] HG/T 20582—2011. 钢制化工容器强度计算规定 .
[46] 涂善东 . 过程装备与控制工程概论 . 北京：化学工业出版社，2009.
[47] 蔡仁良，等 . 化工容器设计例题、习题集 . 北京：化学工业出版社，1996.
[48] 朱国辉，郑津洋 . 新型绕带式压力容器 . 北京：机械工业出版社，1995.
[49] 朱秋尔 . 高压容器设计 . 上海：上海科学技术出版社，1988.
[50] 蔡仁良 . 新的法兰螺栓载荷设计方法 . 化工设备设计 . 1994（2）：14-17.
[51] Zheng J Y，Zhan Z K，Li K M，et al. A simple formula for prediction of plastic collapse pressure of steel ellipsoidal heads under internal pressure. Thin-Walled Structure 156（2020）106994.
[52] 全国压力容器标准化技术委员会 . GB 150—89 钢制压力容器标准释义 . 北京：学苑出版社，1989.
[53] 凯斯 W M，伦敦 A L. 紧凑式热交换器 . 宣益民，张后雷译 . 北京：科学出版社，1997.
[54] 施林德尔 E U. 换热器设计手册 第一卷：换热器原理 . 马庆芳，马重芳译 . 北京：机械工业出版社，1987.
[55] ASME Boiler & Pressure Vessel Code，Section XII，Rules for Construction and Continued Service of Transport Tanks，2019.
[56] 罗森诺 W M，等 . 传热学基础手册（上，下册）. 齐欣译 . 北京：科学出版社，1992.
[57] Spence J，Nash D H. Milestone in Pressure Vessel Technology. International Journal of Pressure Vessels and Piping，2004，81：89～246.
[58] GB/T 151. 热交换器 .
[59] 聂清德 . 化工设备设计 . 北京：化学工业出版社，1991.
[60] June L. The Evolution of the ASME Boiler and Pressure Vessel Code. ASME Journal of Pressure Vessel Technology，2000，122：242～246.
[61] 陈乙崇 . 搅拌设备设计 . 上海：上海科技出版社，1985.
[62] 王凯，冯连芳 . 混合设备设计 . 北京：机械工业出版社，2000.
[63] 陈国理 . 压力容器及化工设备 . 2 版 . 广州：华南理工大学出版社，1994.
[64] HG/T 20569—2013. 机械搅拌设备 .
[65] Zheng J Y，Wu L L，Shi J F. Extreme Pressure Equipment. Chinese Journal of Mechanical Engineering，2011，24（2）：202～206.
[66] 戚以致，汪叔雄 . 生化反应动力学与反应器 . 2 版 . 北京：化学工业出版社，2007.
[67] 陈敏恒，丛德滋，方图南，等 . 化工原理（上、下册）. 5 版 . 北京：化学工业出版社，2020.
[68] 陈学东，范志超，陈永东，等 . 我国压力容器设计制造与维护的绿色化与智能化 . 压力容器，2017，11：12-27.
[69] 朱保国 . 压力容器设计知识 . 2 版 . 北京：化学工业出版社，2016.
[70] Zheng J Y，Li L，Chen R，et al. High Pressure Steel Storage Vessels Used in Hydrogen Refueling Station. ASME Journal of Pressure Vessel Technology，2008，130（1）：014503.

[71] 渠川瑾 . 反应釜 . 北京：高等教育出版社，1992.
[72] 蔡仁良 . 流体密封技术——原理与工程应用 . 北京：化学工业出版社，2013.
[73] 陶文铨 . 传热学 . 5 版 . 北京：高等教育出版社，2019.
[74] 李俊梅 . 高等传热学 . 北京：北京工业大学出版社，2020.
[75] 何潮洪，刘永忠，窦梅，等 . 化工原理 . 3 版 . 北京：科学出版社，2019.
[76] 崔政斌，王明明 . 压力容器安全技术 . 3 版 . 北京：化学工业出版社，2020.
[77] 张武平，杨永信，张勤，等 . 移动式压力容器安全管理与操作技术 . 北京：机械工业出版社，2015.
[78] 钱颂文 . 换热器设计手册 . 北京：化学工业出版社，2002.
[79] Donatello A. Pressure Vessel Design. Berlin : Springer-Verlag，2007.
[80] 李世玉 . 压力容器设计工程师教程 . 北京：新华出版社，2005.
[81] Maan H J. Design of Plate and Shell Structures. New York : ASME Press，2004.
[82] 郑津洋，缪存坚，寿比南 . 轻型化——压力容器的发展方向 . 压力容器，2009，26（9）：42-48.
[83] ASME Boiler & Pressure Vessel Code，Section Ⅷ，Rules for Construction of Pressure Vessels，Division 1，2019.
[84] ASME Boiler & Pressure Vessel Code，Section Ⅷ，Rules for Construction of Pressure Vessels，Division 2，Alternative Rules，2019.
[85] ASME Boiler & Pressure Vessel Code，Section Ⅷ，Rules for Construction of Pressure Vessels，Division 3，Alternative Rules for Construction of High Pressure Vessels，2019.
[86] 2014/29/EU Simple Pressure Vessel Directive.
[87] 2014/68/EU Pressure Equipment Directive.
[88] EN13445 Unfired Pressure Vessels，2014.
[89] John F. Harvey，P. E. Theory and Design of Pressure Vessels. Second Edition. New York : Van Nostrand Reihold Company，1991.
[90] John F. Harvey，P. E. Pressure Component Construction Design and Materials Application. New York : Van Nostrand Reihold Company，1980（中译本，压力容器部件结构——设计和材料，刘汉槎，等译，北京：化学工业出版社，1985）.
[91] Maan H. Jawad. James R. Farr. Structural Analysis and Design of Process Equipment. New York : John Wiley & Sons，Inc. 1984（中译本，化工设备结构分析与设计 . 琚定一，译校，北京：中国石化出版社，1991）.
[92] Donald M F，John F H. High Pressure Vessels. New York : Chapman & Hall，1997.
[93] Timoshenko S P，Goodier J N. Theory of Elasticity. New York : McGraw Hill Book Company，Inc. 1951.
[94] Burgreen D. Element of Thermal Stress Analysis. New York : C.P. Press，Jamaica，1971.
[95] Timoshenko S P. Strength of Materials，Part Ⅱ，Advanced Theory and Problems. New York : Van Nostrand Reihold Company，1957（中译本，材料力学高等理论与问题，汪一麟，等译，北京：科学出版社，1964）.
[96] Rodabaugh E C. and Moore S. E. Stress Indices and Flexibility Factors for Nozzles in Pressure Vessels and Piping. NUREG/CR-0778，June 1979.
[97] Xie D S，Lu Y G. Prediction of Stress Concentration Factors for Cylindrical Pressure Vessels With Nozzles. International Journal of Pressure Vessels and Piping，1985（1）：1-20.
[98] James R F，Maan H J. Guidebook for the Design of ASME Section Ⅷ Pressure Vessels. New York：ASME Press，2001（中译本 . ASME 压力容器设计指南 . 郑津洋，等译 . 北京：化学工业出版社，2003）.
[99] Spence J，Tooth A S. Pressure Vessels Design : Concepts and Principles. Oxford : Alden Press，1994.
[100] Zick L P. Stress in Large Horizontal Cylindrical Pressure Vessels on Two Supports. Welding Journal Research Supplement，1951，30：435～445.

[101] Brownell L E，Young E H. Process Equipment Design-Vessel Design. New York：John Wiley & Sons，1959（中译本，化工容器设计，据定一，谢端绶译，上海：上海科学技术出版社，1964）.

[102] Earland S. Nash D，Garden B. Guide to European Pressure Equipment，the Complete Reference Source. Professional Engineering Publishing，2003（中译本 . 欧盟承压设备实用指南 . 郑津洋，等译 . 北京：化学工业出版社，2005）.

[103] 宋继红 . 特种设备法规体系现状及总体框架思路 . 中国锅炉压力容器安全，2005，21（4）：14-20.

[104] 吴元欣，等 . 新型反应器与反应器工程中的新技术 . 北京：化学工业出版社，2006.

[105] Rao K R. Companion Guide to the ASME Boiler & Pressure Vessel Code. 4th edition. New York：ASME Press，2012.

[106] 衣宝廉 . 燃料电池—原理、技术、应用 . 北京：化学工业出版社，2013.

[107] Zheng Jin Y，Liu X X，Xu P，et al. Development of High Pressure Gaseous Hydrogen Storage Technologies. International Journal of Hydrogen Energy，2012，37：1048-1057.

重印说明

为了更好地提供在线资源配套服务，响应国家保护知识产权的要求，在第 5 版第 2 次印刷时，我们进行了技术升级，为每本图书增加了防伪码，一书一码，正版验证即可获得资源（方式见封底导引）。